Handbuch Bibliothekspädagogik

Handbuch Bibliothekspädagogik

Herausgegeben von
Ute Engelkenmeier, Kerstin Keller-Loibl, Bernd Schmid-Ruhe
und Richard Stang

DE GRUYTER
SAUR

ISBN 978-3-11-102805-7
e-ISBN (PDF) 978-3-11-103203-0
e-ISBN (EPUB) 978-3-11-103220-7
DOI https://doi.org/10.1515/9783111032030

Library of Congress Control Number: 2024930836

Bibliografische Information der Deutschen Nationalbibliothek
Die Deutsche Nationalbibliothek verzeichnet diese Publikation in der Deutschen Nationalbibliografie; detaillierte bibliografische Daten sind im Internet über http://dnb.dnb.de abrufbar.

Bildnachweis: Nadya So / iStock / Getty Images Plus
Satz: bsix information exchange GmbH, Braunschweig
Druck und Bindung: CPI books GmbH, Leck

www.degruyter.com

Vorwort der Herausgeberinnen und Herausgeber

Die Bibliothekslandschaft ist gekennzeichnet von zahlreichen Ansätzen und Konzepten im Feld des pädagogischen Handelns. Die bisherige Diskussion über Bibliothekspädagogik ist vor allem an der Praxis orientiert. Das vorliegende *Handbuch Bibliothekspädagogik* schließt somit eine Lücke in der theoretischen Fundierung dieser angewandten Pädagogik und gibt einen umfassenden Überblick zu theoretischen Grundlagen, Diskursen und unterschiedlichen Praxisansätzen und -konzepten. Die Herausgeberinnen und Herausgeber gehen dabei von einem weiten Verständnis von Bibliothekspädagogik aus.

Das *Handbuch Bibliothekspädagogik* leistet eine Einführung in die Bibliothekspädagogik und in die wichtigsten Themen, Entwicklungen und Forschungsansätze dieses Fachgebietes. Es wird eine breite Palette an Themen, Konzepten und potenziellen Handlungsfeldern der Bibliothekpädagogik dargestellt, wobei den Herausgeberinnen und Herausgebern bewusst ist, dass es sich hierbei um eine Auswahl handelt und keine Vollständigkeit angesichts der Komplexität dieses vielfältigen und interdisziplinären Themas erreicht werden kann. Das Handbuch ermöglicht eine Orientierung in dieser noch jungen Fachdisziplin und deren theoretischer Fundierung und verweist auf die Breite der Handlungsfelder der Bibliothekspädagogik.

Im Fokus des Handbuchs steht der Versuch, einen umfassenden Blick auf unterschiedliche Aspekte der Bildung in Bibliotheken zu werfen und damit nicht nur deren Vielfältigkeit abzubilden, sondern die Bibliothekspädagogik ebenso als Institutionenpädagogik zu begründen und das Feld des pädagogischen Handelns in Bibliotheken damit zu stärken.

Wer heute im bibliothekarischen Kontext etwas in die Fachdiskussion einbringt, läuft entweder Gefahr, etwas zu wiederholen, was schon längst diskutiert wurde, oder, dass dessen Relevanz (noch) nicht erkannt wird. Während das Thema Bibliothekspädagogik sicherlich schon unter anderen Begriffen diskutiert wurde und möglicherweise auch vor zehn oder 20 Jahren die Zeit noch nicht reif für eine breite Debatte war, sind wir heute an einer Stelle angekommen, an welcher wir deutlich mehr Klarheit über Begriffe und Konzepte benötigen, um auch inhaltlich weiterzukommen. Die letzten Jahre der Bibliothekspädagogik waren gekennzeichnet von einer praxisorientierten Pragmatik; es ging darum, mehr Bibliotheken zu befähigen, mehr Kolleginnen und Kollegen in die Lage zu versetzen, pädagogisch zu arbeiten. Es handelte sich häufig um generische Anleitungen, oft an technischen Geräten oder Raumkonzepten orientiert, um eine schnelle Adaption zu erlauben. Die Herausgeberinnen und Herausgeber haben mit diesem Band versucht, den Blick zu heben, um die theoretischen Grundlagen zu betrachten, aber auch die Ränder und Grenzen zu beleuchten und den Horizont darzustellen.

https://doi.org/10.1515/9783111032030-201

Wir als Herausgeberinnen und Herausgeber möchten uns an dieser Stelle bei unseren Autorinnen und Autoren herzlich bedanken, ohne deren Beiträge ein solch umfassendes Projekt nicht zustande gekommen wäre. Dass einzelne thematische Aspekte im Handbuch fehlen, liegt auch an kurzfristigen Absagen, die nicht mehr zu kompensieren waren, weil sich sonst das Erscheinen des Handbuchs erheblich hinausgezögert hätte. Unser besonderer Dank gilt dem Verlag De Gruyter, insbesondere Claudia Heyer, die bei De Gruyter für die Akquisition in Library and Information Science verantwortlich ist und uns diesen Band ermöglicht hat.

Erfreulich ist, dass der Verlag zugestimmt hat, dieses Handbuch zeitgleich mit der gedruckten Ausgabe als Open Access-Version verfügbar zu machen. Ein großer Dank gilt deshalb allen Hochschulen, Studiengängen sowie Autorinnen und Autoren, die dazu beigetragen haben, dass dieses Handbuch als Open Access-Publikation erscheinen kann. Dies sind:

- Hochschule der Medien Stuttgart, Studiengang Informationswissenschaften,
- Hochschule für Technik, Wirtschaft und Kultur Leipzig, Fakultät Informatik und Medien,
- Technische Universität Nürnberg/University of Technology Nuremberg (UTN),
- Technische Hochschule Köln, Institut für Informationswissenschaft,
- Hochschule Hannover, Publikationsfond der Bibliothek.

Allen Leserinnen und Lesern möge dieses Handbuch wertvolle Unterstützung und Orientierung wie auch neue Impulse bieten.

Dortmund, Leipzig, Mannheim und Stuttgart, Januar 2024
Ute Engelkenmeier, Kerstin Keller-Loibl, Bernd-Schmid-Ruhe, Richard Stang

Inhalt

Berufliche und professionelle Perspektiven

Perspektiven

Richard Stang, Kerstin Keller-Loibl, Ute Engelkenmeier und Bernd Schmid-Ruhe

Einleitung

Die Welt ist im Umbruch und es mehren sich die Anzeichen, dass mit den herkömmlichen Strategien die gesellschaftlichen, wirtschaftlichen und ökologischen Herausforderungen nicht mehr zu bewältigen sind. Vielmehr zeichnet sich ab, dass besonders Bildung zu einem zentralen Faktor der Bewältigungsstrategien wird, um nicht nur auf regionaler oder nationaler Ebene, sondern auch global die notwendigen intellektuellen Ressourcen zur Verfügung zu stellen, die für eine Lösung der Probleme notwendig sind. Die veränderten Rahmenbedingungen des 21. Jahrhunderts fordern damit auch Bildungsinstitutionen heraus, sich weiterzuentwickeln. Dies gilt nicht nur für Bildungseinrichtungen wie Schulen, Hochschulen und Erwachsenenbildungs-/Weiterbildungsinstitutionen, sondern auch für Bibliotheken, die bei der Gestaltung von Lehr-/Lernkontexten eine immer größere Rolle einnehmen, unabhängig davon, ob es sich hierbei um Öffentliche oder Wissenschaftliche Bibliotheken handelt.

Vor allem die Digitalisierung und die damit verbundene, immer präsenter werdende Künstliche Intelligenz (KI) verändern die Koordinaten für Bildung grundlegend. Es wird deutlich, dass das für die Menschen zu erwerbende Kompetenzportfolio immer komplexer wird. Die Diskussion über die 21st Century Skills (WEF 2016) zeigt, dass neben der Allgemeinbildung Kompetenzen wie kritisches Denken und Problemlösen, Kreativität, Fähigkeit zur Kommunikation und zur Zusammenarbeit immer wichtiger werden und nicht unwichtiger, wie man zu Beginn der umfassenden Digitalisierungswelle in den 1990er Jahren glauben machen wollte. Außerdem sollen Menschen dabei unterstützt werden, ihre Charaktereigenschaften wie Neugier, Initiative, Beharrlichkeit, Anpassungsfähigkeit, Führungsqualität sowie soziales und kulturelles Bewusstsein weiterzuentwickeln. Das familiäre Umfeld, Kindergärten, Schule, Hochschule und Erwachsenenbildung/Weiterbildung können Bildung und Kompetenzförderung nicht mehr allein leisten. Sozialen Institutionen, wie zum Beispiel Vereinen und Jugendzentren, sowie Kultur- und Bildungseinrichtungen, wie Museen, Theater oder Bibliotheken, kommt dabei eine immer wichtigere Rolle zu.

Vor allem Öffentliche Bibliotheken haben hier mit ihrem niedrigschwelligen Zugang vielfältige Optionen, für Menschen aller Altersstufen und sozialer Hintergründe Zugang zu Bildung zu schaffen. Doch auch Wissenschaftliche Bibliotheken schaffen im Kontext von Hochschulen einen flexiblen Zugang zu Bildungsressourcen. Waren Bibliotheken lange Zeit Institutionen, die den Zugang zu Informationen – egal auf welchem Trägermedium – sicherstellten, hat sich ihr Portfolio längst erweitert. Bibliotheken stellen nicht nur Lernräume zur Verfügung, sondern bieten selbst eine breite Palette von Bildungsangeboten an. Diese reichen unter anderem von Leseförderung über Informationskompetenzförderung bis zur Lernbegleitung.

https://doi.org/10.1515/9783111032030-001

Doch je größer hier die Anforderungen an Bibliotheken werden, desto drängender stellt sich die Frage, wie diese Angebote pädagogisch unterfüttert sind. Vor diesem Hintergrund erstaunt es nicht, dass die Diskussion um Bibliothekspädagogik in den letzten Jahren an Fahrt aufgenommen hat und mit der Übernahme von Verantwortung für gesellschaftliche Belange durch Bibliotheken immer drängender wird. Dabei wird auf der einen Seite immer wieder kritisiert, dass es an pädagogischer Kontextualisierung fehlt (Stang 2020). Auf der anderen Seite legen Konzepte wie das Spiralcurriculum nahe, dass es sehr wohl eine pädagogische Strukturierung gibt (Marci-Boehnke 2018). Diese unterschiedlichen Perspektiven machen deutlich, dass es an der Zeit ist, sich intensiver mit der Bibliothekspädagogik zu beschäftigen.

Entscheidende Impulse für die Etablierung und Professionalisierung einer Bibliothekspädagogik gingen 2013 vom *1. Forum Bibliothekspädagogik – Pluspunkt Bildungspartnerschaft* aus. Auf dieser ersten Tagung, die zum Thema Bibliothekspädagogik in Deutschland stattfand, wurde im Hinblick auf die Bildungsfunktion von Bibliotheken die Notwendigkeit eines Perspektivwechsels von einer rein bibliothekarischen hin zu einer interdisziplinären und pädagogischen Perspektive deutlich herausgestellt (Schultka 2013). Die Tagung verfolgte das Ziel, den Entwicklungsstand der Bibliothekspädagogik zu eruieren, Defizite zu ermitteln und Entwicklungsperspektiven abzuleiten. Damit wurden Fragen wie die Verortung von Bibliotheken im Bildungsbereich sowie Qualitäts- und Professionalisierungsdiskurse aufgriffen und diskutiert. Die wichtigsten Ergebnisse der Tagung wurden von Keller-Loibl (2013) im *Thesenpapier zur Bibliothekspädagogik* zusammengefasst, in das auch Positionen und Erfahrungen aus der Bibliothekscommunity eingeflossen sind.

Das *Thesenpapier zur Bibliothekspädagogik* beginnt mit einer klaren Positionierung: „Die Bibliothekspädagogik ist ein zentrales Tätigkeitsfeld von Bibliothekarinnen und Bibliothekaren in Öffentlichen und Wissenschaftlichen Bibliotheken, das in Zukunft an Bedeutung gewinnen wird“ (Keller-Loibl 2013). Weitere Thesen beschreiben den Begriff und das Tätigkeitsfeld genauer und verweisen auf die Pädagogik als Bezugswissenschaft. Der Begriff wird dabei weit gefasst: „Bibliothekspädagogik umfasst alle Bildungs- und Vermittlungsaktivitäten von Bibliotheken unter Berücksichtigung pädagogischer und didaktischer Grundlagen“ (Keller-Loibl 2013). Der zweite Teil des Thesenpapiers benennt wichtige Rahmenbedingungen für die Etablierung einer professionellen Bibliothekspädagogik im Bibliothekswesen, so zum Beispiel Fragen der Aus-, Fort- und Weiterbildung, die Notwendigkeit der Verankerung der Bibliothekspädagogik in Bildungskonzepten und die Vernetzung mit weiteren Bildungsakteurinnen und -akteuren bis hin zur Öffentlichkeits- und Lobbyarbeit von Seiten der Berufsverbände. Diese grundlegenden Aussagen des *Thesenpapiers zur Bibliothekspädagogik* sind bis heute aktuell. Einzelne Aspekte wie zum Beispiel die Begriffsklärung, die Vernetzung in der Bildungslandschaft oder Fragen der Aus-, Fort- und Weiterbildung werden in den Beiträgen dieses Handbuch differenziert betrachtet.

Je nach Perspektive werden Professionalisierungsgrad und Qualität der bibliothekspädagogischen Arbeit in und von Bibliotheken bis heute unterschiedlich bewertet. Vor allem aus akademischer Sicht wird eine theoretische Fundierung der Bildungsaktivitäten von Bibliotheken gefordert, so zuletzt auf dem *6. Forum Bibliothekspädagogik*, das diesen Aspekt ins Zentrum stellte (BIB 2022).

Die Notwendigkeit einer Professionalisierung pädagogischen Handelns in Bibliotheken war auch der Ausgangspunkt für das Diskussionspapier *Warum wir eine Bibliothekspädagogik brauchen!* der Arbeitsgruppe Bibliothekspädagogik des Deutschen Bibliotheksverbandes e. V. (dbv). Mit diesem Papier sollte die Diskussion in der Bibliothekscommunity angeregt und der Prozess der Qualitätsverbesserung vorangetrieben werden. Im Hinblick auf die Notwendigkeit einer wissenschaftlichen Fundierung enthält das Papier eine klare Positionierung:

> Bibliothekspädagogisches Handeln muss wissenschaftlich fundiert sein, z. B. durch Rückgriff auf einschlägige Disziplinen wie Pädagogik, Psychologie und die Sozialwissenschaften. Zugleich müssen interdisziplinäre Ansätze verfolgt werden, indem Erkenntnisse aus verwandten Disziplinen für die bibliothekspädagogische Arbeit genutzt werden (z. B. Leseforschung, Lernforschung, Informationsdidaktik, Medienpädagogik, Hochschuldidaktik). (AG Bibliothekspädagogik 2021, 490)

Mit dem Ziel, das Profil der Bibliothekspädagogik zu schärfen, beschreibt das Papier unter anderem die Ziele und Zielgruppen, die vielfältigen Arbeitsfelder der Bibliothekspädagogik, die Methoden der Vermittlung und die Qualifikation des Personals. Zum Lehr- und Lernverständnis findet sich folgender Passus:

> Bibliothekspädagogik ist nicht normativ, sondern setzt auf Lerntheorien, die davon ausgehen, dass Lernen individuell verläuft. Die Lehrenden initiieren und begleiten Lernprozesse und beraten die Lernenden. Im Vordergrund steht die Kompetenz-, Handlungs- und Teilnehmerorientierung. Formen entdeckenden und kollaborativen Lernens sowie der Einsatz aktivierender Methoden ermöglichen – auch bei heterogenen Gruppen – einen aktiven Lernprozess. Räume für offene Lernprozesse wie Lernstudios, Bibliothekslabore oder Makerspaces sind Teil des pädagogischen Konzepts von Bibliotheken und tragen zur Profilierung der Bibliothek als Ort des informellen Lernens bei. (AG Bibliothekspädagogik 2021, 490)

Diese Ausführungen zeigen, dass die Bibliothekspädagogik als eine angewandte Pädagogik zu verstehen ist, die klassische und neue Handlungsfelder in Bibliotheken betrifft und der ein spezifisches Lernverständnis zugrunde liegt. In dieser großen Volatilität, aber auch in der großen Bereitschaft des Bibliothekswesens, auf sich verändernde Umweltbedingungen zu reagieren, liegen Chancen und Gefahren. In den letzten Jahren ist deutlich geworden, dass es sich bei der Bibliothekspädagogik weder um eine Mode noch um eine Eintagsfliege handelt. Nicht erst seit dem ersten *Forum Bibliothekspädagogik* ist das Thema nun für Bibliotheken von besonderem Belang, aber seither befasst sich die Bibliothekswelt verstärkt mit Fragen der Methodik und der Didaktik. Das Bibliothekswesen erschließt sich hierüber nicht nur ganz neue Aufgabenfelder und Arbeitsbereiche, sondern vollzieht damit den notwendigen Wandel, um vom reinen Informationsanbieter zum Akteur in Fort-, Aus- und Weiterbildung zu werden.

Neben den Diskursen um Kompetenzorientierung und dem Entstehen einer Bibliothekspädagogik fand in der Bibliotheksfachwelt zum Teil parallel ein intensiver Diskurs über Information Literacy statt. Die Auseinandersetzung mit Begriffen und Konzepten der Information Literacy ist – seitdem in den 1970er Jahren der Begriff im US-amerikanischen Bibliothekswesen geprägt wurde – durch die Entwicklung verschiedener Modelle insbesondere im US-amerikanischen und angelsächsischen Raum seit Ende der 1990er Jahre vorangetrieben worden. Stellte Ingold 2005 noch fest, dass die „Fachliteratur [...] geprägt ist von Debatten über Inhalte und Terminologie" und dass die deutschsprachige Bibliothekswissenschaft relativ spät in die Diskussion eingestiegen sei (Ingold 2005, 99–100), wurden in den Folgejahren Standards auch in europäischen Ländern entwickelt. Dazu gehören beispielsweise die Schweizer Standards der Informationskompetenz, die als Grundlage das *Australian and New Zealand Information Literacy Framework* wie auch die *Information Literacy Competency Standard für Higher Education* der Association of College and Research Libraries (ACRL) verwendeten (Projekt Informationskompetenz an Schweizer Hochschulen 2011). Entwicklungsstände in Deutschland, Österreich, Südtirol und der Schweiz wurden 2012 im *Handbuch Informationskompetenz* (Sühl-Strohmenger 2012) skizziert. Die aktualisierten US-amerikanischen Standards *Framework for Information Literacy for Higher Education* von der ACRL (2015) spielen seit 2016 eine zunehmend wichtige Rolle im Diskurs der Informationskompetenz an Wissenschaftlichen Bibliotheken in Deutschland. Neben dem hier kurz skizzierten Einblick und den fachlichen Beiträgen in diesem Band ist eine tiefergehende Beschäftigung mit dem internationalen Diskurs lohnenswert. In den letzten Jahren ist eine Annäherung und Ausdehnung der Diskurse in Wissenschaftlichen Bibliotheken in Richtung Bibliothekspädagogik festzustellen.

Das nun vorliegende und längst überfällige *Handbuch Bibliothekspädagogik* (Engelkenmeier et al. 2024) gründet auf einem weiten Verständnis von Lernen und Lernprozessen in Bibliotheken. Das Handbuch will einen wesentlichen Beitrag zur wissenschaftlichen Fundierung der bibliothekspädagogischen Praxis leisten, indem bibliothekswissenschaftliche und interdisziplinäre Beiträge aus Theorie und Praxis differenzierte Einblicke in theoretische Grundlagen und Praxisfelder der Bibliothekspädagogik geben. Dazu wurde das Handbuch nach folgenden Aspekten strukturiert: Geschichte und Diskurs, theoretische Grundlagen, Praxisperspektiven, berufliche und professionelle Perspektiven sowie ein abschließender Perspektivenbeitrag.

Geschichte und Diskurs

Kerstin Keller-Loibl liefert in ihrem Beitrag *Bibliothekspädagogik: Entwicklung, Begriff, Potenziale und Herausforderungen* einen fundierten Überblick über zentrale Aspekte der Bibliothekspädagogik. Neben dem geschichtlichen Rückblick diskutiert sie auch den Begriff Bibliothekspädagogik und die Notwendigkeit pädagogischen Handelns in Bibliotheken.

Im Beitrag *Bibliotheks- und Medienpädagogik im Diskurs* von Anke Petschenka und Anke Wittich werden Gemeinsamkeiten und Unterschiede der Bibliotheks- und Medienpädagogik sowie der Fachdidaktiken Bibliotheks-, Informations- und Mediendidaktik anhand der Kriterien Zielgruppen und Ziele, theoretische Grundlagen und Veranstaltungsformate dargestellt.

Die zunehmende Pädagogisierung der Arbeit in Öffentlichen Bibliotheken und die damit verbundenen Konsequenzen stehen im Zentrum des Beitrags *Positionierung Bibliothekspädagogik: Fokus Öffentliche Bibliotheken* von Bernd Schmid-Ruhe. Nach einer aktuellen Situationsbeschreibung werden Entwicklungsansätze ebenso wie Defizite in Theorie und Praxis der Bibliothekspädagogik identifiziert.

Die *Positionierung Bibliothekspädagogik: Fokus Wissenschaftliche Bibliotheken* nimmt Oliver Schoenbeck in den Blick. Er betont die Bedeutung dieses Themas im digitalen Zeitalter und fordert eine stärkere Integration von Bibliotheken in den Bildungsprozess. Bibliotheken sollen nicht nur Vermittlungsangebote entwickeln, sondern aktiv die Rahmenbedingungen ihres eigenen Handelns gestalten. Er plädiert für eine verstärkte Einbindung von Bibliotheken in die hochschuldidaktische Praxis und die Bildungsforschung.

Einen Blick auf Vernetzung von Öffentlichen Bibliotheken im Bildungskontext wirft Kathrin Reckling-Freitag in ihrem Beitrag *Kooperation und Vernetzung: Fokus Öffentliche Bibliotheken*. Die Positionierung von Öffentlichen Bibliotheken im Rahmen kommunaler Bildungslandschaften wird genauso thematisiert wie mögliche Optionen, diese zu gestalten.

Katrin Stolz und Sabine Reisas betrachten in ihrem Beitrag *Kooperationen und Vernetzung: Fokus Wissenschaftliche Bibliotheken* die Schnittstelle zwischen Hochschuldidaktik und Bibliotheken. Strukturelle Bedingungen wie getrennte Institutionalisierung und unterschiedliche Handlungslogiken beeinflussen Kooperationen. Die Gestaltung von Lernräumen wird als interdisziplinäres Beispiel behandelt. Eine transparente Vernetzung von Einrichtungen, Studierendenzentrierung und Evaluationsprozesse spielen eine Schlüsselrolle für das Gelingen von Kooperationen.

Theoretische Grundlagen

Frank Thissen liefert in seinem Beitrag *Kompetenzorientiertes Lernen im 21. Jahrhundert* einen Überblick über die aktuellen Diskussionen zu den Themen Lernen und Lehren. Dabei macht er die Notwendigkeit deutlich, neue Zugänge zu entwickeln und vorhandene Strategien zu überdenken, da sich vor allem durch die Digitalisierung die Voraussetzungen für das Lernen grundlegend verändert haben.

Pädagogische Grundlagen werden im Beitrag von Richard Stang grundlegend reflektiert. Neben der Geschichte der Pädagogik fächert er Begriffe wie Sozialisation, Erziehung, Bildung, Kompetenz, Lernen und Didaktik auf. Handlungsfelder der Pädagogik werden ebenfalls thematisiert.

Olaf Eigenbrodt zeigt in seinem Beitrag *Lerntheorien* theoretische Grundlagen auf und verweist auf die Diskurse im Kontext der Bibliothekspädagogik. Seinen Fokus richtet er auf Kompetenzentwicklung und konstruktivistische Lerntheorien. Dabei macht er deutlich, welche Perspektiven diese Zugänge auch für Bibliotheken eröffnen können.

Dimensionen der Didaktik stehen im Zentrum des Beitrags *Didaktische Grundlagen* von Tobias Seidl. Die verschiedenen Ebenen der Didaktik sowie das grundlegende Vorgehen bei der Gestaltung von Lehr-/Lernprozessen werden thematisiert. Vor diesem Hintergrund wird ein Blick auf die Spezifika der Bibliothek als (außerschulischem) Lernort geworfen.

Ein zentraler Aspekt der Bibliothekspädagogik wird von Joachim Griesbaum in seinem Beitrag *Informationskompetenz: Voraussetzungen und Umsetzung* adressiert. Die Perspektive der Nutzerinnen und Nutzer wird dabei besonders hervorgehoben. Außerdem wird deutlich, welche gesellschaftliche Relevanz die Vermittlung von Informationskompetenz hat. Kognitive, metakognitive und motivationale Voraussetzungen werden thematisiert.

Der Beitrag *Teaching Library* von Wilfried Sühl-Strohmenger leuchtet die verschiedenen Facetten dieses Konzeptes aus. Neben einer Grundlegung des Begriffs werden auch Beispiele aus dem deutschsprachigen Raum vorgestellt und die Begriffe Teaching Librarians und Bibliothekspädagogik kontextualisiert. Auch Qualitätssicherung und Evaluation werden thematisiert.

Im Beitrag *Medienbildung und Medienpädagogik* von Vera Marie Rodewald werden die Entwicklung der Medienpädagogik als Fachdisziplin sowie Aufgaben und Handlungsfelder der Medienkompetenzförderung in Bibliotheken dargestellt. Der Beitrag verweist zudem auf Fördermöglichkeiten für Bibliotheken im Bereich der Medienbildung.

Textverstehen nimmt Yvonne Kammerer in ihrem Beitrag in den Blick. Hier werden psychologische Modelle des Textverstehens vorgestellt. Auch der Einfluss des Lesemediums auf das Textverständnis und diesbezügliche Randbedingungen werden aufgefächert. Damit wird die Grundlegung eines wichtigen Aspektes der Bibliothekspädagogik geliefert.

Der Beitrag *Universelles Design für eine inklusive Bibliothekspädagogik* von Björn Fisseler geht auf die Bedeutung des Universal Designs (UD) und der digitalen Barrierefreiheit ein, um bibliothekspädagogische Angebote für alle zugänglich zu machen. Die vier POUR-Prinzipien der digitalen Barrierefreiheit werden erläutert, wie auch das Konzept des Universal Design in Education (UDE) und des Universal Design for Learning (UDL), die darauf abzielen, Bildungsangebote für alle Lernenden zugänglich zu gestalten.

Lehrende und Lernende sind auf digitale Tools angewiesen, aber oft nutzen sie diese anders als ursprünglich geplant. Im Beitrag *Methoden für Learning Experience Design* von Isa Jahnke, Matthew Schmidt, Andrew Tawfik und Yvonne Earnshaw werden Methoden des Learning Experience Design (LXD) dargestellt, die darauf zielen, positive Lernerfahrungen zu schaffen. Dabei werden technologische, pädagogische und soziokulturelle Dimensionen berücksichtigt. Methoden wie Ethnografie, Fokusgruppen, Kartensortierung und A/B-Tests wie auch Evaluierungsmethoden (Pre-/Posttests und Concept Mapping) werden skizziert.

Daten zu sammeln, zu verwalten, zu bewerten und anzuwenden ist eine wichtige Schlüsselqualifikation im 21. Jahrhundert. Im Beitrag *Data Literacy* geht Christina Kläre dem Kompetenzbündel rund um Daten nach und betrachtet Handlungsfelder von Bibliotheken bei der Konzeption von Angeboten zur Förderung von Datenkompetenzen.

Visual Literacy sollte ein zentrales Thema in Bibliotheken sein – dafür plädiert der Beitrag *Visual Literacy* von Sarah Wildeisen. Neben wissenschaftlichen Grundlagen aus verschiedenen Wissenschaftsdisziplinen zu den Themen „Sehen" und „Bildverständnis" werden Ansätze und Methoden der Förderung von Visual Literacy in Öffentlichen und Wissenschaftlichen Bibliotheken aufgezeigt.

Das Verhältnis von *Bibliothekspädagogik und Digitalisierung* steht im Zentrum des Beitrags von Kerstin Keller-Loibl und Richard Stang. Die Herausforderungen, die die Digitalisierung für Bibliotheken schafft, werden genauso thematisiert wie die Relevanz der Thematik für verschiedene Zielgruppen im Bibliothekskontext (Kinder und Jugendliche, Erwachsene, Studierende sowie Wissenschaftlerinnen und Wissenschaftler).

Ethische Kontexte im Rahmen bibliothekspädagogischen Handelns behandelt Hermann Rösch in seinem Beitrag *Bibliothekspädagogik und Ethik*. Rösch skizziert die wichtigsten Grundwerte und leitet daraus Impulse wie auch Legitimationen ab. Mit Blick auf drei bibliotheksethische Kodizes (Library Bill of Rights der ALA, IFLA Code of Ethics und Ethische Grundsätze von Bibliothek & Information Deutschland) untersucht der Autor zudem weitere Bezüge zu bibliothekspädagogischen Inhalten.

Praxisperspektiven

Welchen Beitrag Öffentliche Bibliotheken für die Persönlichkeitsbildung im Elementarbereich leisten können, beschreibt der Beitrag *Frühkindliche Bildung und Sprachförderung* von Susanne Brandt. Neben der Darstellung der Besonderheiten frühkindlicher Bildung als Aufgabe der Bibliothekspädagogik werden konkrete Förderansätze, Ziele und Methoden für die Sprachentwicklung, die frühkindliche kulturelle Bildung und die Bildung für nachhaltige Entwicklung dargestellt.

Ein für die Bibliothekspädagogik zentrales Handlungsfeld wird im Beitrag *Leseförderung* von Gudrun Marci-Boehncke und Tatjana Vogel-Lefèbre betrachtet. Erkenntnisse aus der Bildungsforschung werden vorgestellt. Die Förderung des Lesens auf den verschiedenen Hierarchieebenen ist ein weiterer thematischer Schwerpunkt. Auch werden zeichentheoretische Grundlagen erläutert.

Stephanie Jentgens wendet sich in ihrem Beitrag *Literaturpädagogik* zunächst der Geschichte der Literaturpädagogik und ihrer Erforschung nach 1945 zu. Als weiteren Schwerpunkt fächert sie zentrale Aspekte des Verhältnisses von Pädagogik und Literatur auf. Literaturpädagogische Praktiken werden ebenfalls in den Blick genommen.

Lernen findet für Kinder und Jugendliche nicht nur in der Schule statt. *Außerschulische Lernorte* werden von Christine Ott aus schulischer Perspektive in den Fokus gerückt. Auf der Basis lern- und lernorttheoretischer Grundlagen zeigt sie auf, worin die pädagogischen Potenziale außerschulischer Lernorte, wie zum Beispiel Bibliotheken, liegen.

Lernbegleitung und Schreibberatung rücken Maike Wiethoff und Peter Salden in ihrem Beitrag in den Fokus. Historische und konzeptionelle Bezüge werden dargelegt und verschiedene Perspektiven aufgefächert (historische, gegenstandsbezogene, lerntheoretische, raumdidaktische und organisationale). Modelle der Zusammenarbeit von Schreibberatung und Bibliotheken werden vorgestellt.

Claudia Frick und Melanie Seltmann widmen sich in ihrem Beitrag *Wissenschaftskommunikation* deren Grundlagen und Potenzialen. Kommunikationsstrukturen werden vorgestellt und es wird herausgearbeitet, warum dieser Bereich für Bibliotheken ein zentrales Betätigungsfeld darstellt. Anhand eines Fallbeispiels wird dies deutlich gemacht.

Mit dem Erkennen und Aufdecken von Fake News bis hin zum Verhindern ihrer Verbreitung beschäftigt sich Claudia Holzmann im Beitrag *Faktenrecherche*. Anhand möglicher Arten, gegen Desinformation vorzugehen (algorithmisch, korrigierend, legislativ, psychologisch), skizziert die Autorin, welche Ansätze Bibliotheken bei der Gestaltung entsprechender Angebote nutzen können und welche Herausforderungen bestehen.

Anhand von zwei Beispielen zeigen Maren Krähling-Pilarek und Carolin Hannich in ihrem Beitrag *Förderung von Informationskompetenz* auf, wie Angebote für Informationskompetenzförderung sowohl in Öffentlichen als auch in Wissenschaftlichen Bibliotheken gestaltet werden können.

Ob und in welcher Ausprägung im Rahmen von Informations- und Beratungstätigkeiten Bibliotheksbeschäftige pädagogisch handeln, skizziert Ute Engelkenmeier in ihrem Beitrag *Information, Auskunft und Beratung*. Persönliche Kompetenzentwicklung von Lernenden kann im Rahmen von Information und Beratung gefördert werden, in spontanen Lernsituationen, in „lehrreichen Momenten“. Dies setzt grundlegende pädagogische Kenntnisse bei allen Beschäftigten voraus.

Richard Stang wirft in seinem Beitrag *Raumperspektiven: Öffentliche Bibliotheken* den Blick auf die Bedeutung der Gestaltung des Lernorts Öffentliche Bibliothek als physischen Raum für die Bibliothekspädagogik. Er fächert Raumstrukturen für das Lernen auf und geht auch auf die Relevanz der Bibliothek als Dritten Ort ein.

Im Beitrag *Raumperspektiven: Wissenschaftliche Bibliotheken* zeigt Christine Gläser die verschiedenen Dimensionen der Lernraumentwicklung auf. Dabei thematisiert sie auch die Veränderung der Rolle der Wissenschaftlichen Bibliotheken von der Teaching Library zum Lernort Bibliothek.

Bibliotheken als Orte, an denen informelles, kreatives wie auch kollaboratives Lernen stattfindet, bieten ideale Umgebungen für Makerspaces. Silke Frye und Tobias Haertel gehen in ihrem Beitrag *Maker-Education und Makerspaces* anhand des Beispiels des Hybrid Learning Centers der TU Dortmund auf wesentliche Rahmenbedingungen und Herausforderungen hinsichtlich von Maker-Education in Bibliotheken ein.

Peter Jobmann behandelt in seinem Beitrag *Demokratiepädagogik* Anknüpfungspunkte für einen bibliothekspädagogischen Diskurs und geht auf die Frage nach Umsetzbarkeit des Themenfeldes außerhalb der Schule ein. Nach einer Annäherung an Definitionen von Demokratiepädagogik werden Ansätze für die bibliothekpädagogische Arbeit beleuchtet.

Im Beitrag *Spielkultur als kulturpädagogischer Möglichkeitsraum* von Nadine Rousseau und Susanne Endres werden die Besonderheiten des Spielens und die Bedeutung der Spielkultur für die Bildung und Persönlichkeitsentwicklung herausgestellt. Zudem thematisiert der Beitrag die pädagogische Begleitung von Kindern und Jugendlichen in diversifizierten Spielwelten.

Gaming und Gamification als Element der Bibliothekspädagogik nimmt Christoph Deeg in seinem Beitrag in den Blick. Nach kurzer Skizzierung von Grundkonzepten von Spielen geht Deeg auf Beispiele und Umsetzungsmöglichkeiten aus bibliothekspädagogischer Sicht ein.

Berufliche und professionelle Perspektiven

Auf *Strukturen, Gremien und Ziele* im Rahmen von bisherigen Aktivitäten bibliothekarischer Verbände und Gremien geht Frank Raumel ein. Er betont die bildungspolitische Notwendigkeit einer qualitätsvollen Bibliothekspädagogik und schlägt unter anderem eine nachhaltige Organisationsstruktur innerhalb des Institutionenverbandes dbv vor.

Die Bibliothekspädagogik erhält im Rollen- und Selbstverständnis von Bibliotheken eine zunehmende Bedeutung. Kerstin Keller-Loibl zeigt in ihrem Beitrag *Rollen- und Selbstverständnis* auf, welche Relevanz bibliothekspädagogische Arbeit für die Bibliotheken in Zukunft haben wird. Organisations- und Rollenstrukturen werden thematisiert und Aufgabenfelder aufgezeigt.

Cornelia Vonhof stellt in ihrem Beitrag *Managementaufgaben in der Bibliothekspädagogik* anhand des EFQM-Modells dar, welche Schritte hinsichtlich Strategie, Realisierung bis hin zu Wirkungszielen erforderlich sind, um Bibliothekspädagogik als Handlungsfeld im besten Sinne zu managen.

Der Beitrag *Qualifikation Personal* von Sabine Rauchmann betrachtet die Kompetenz- und Qualifikationsprofile für Teaching Librarians, Medienpädagoginnen und -pädagogen sowie Leseexpertinnen und -experten und fragt, inwiefern diese als Inspirationsquelle für die Entwicklung eines gemeinsamen Kompetenz- und Qualifikationsprofils für Bibliothekspädagoginnen und -pädagogen von Seiten der Verbände dienen können.

Einen Einblick in die unterschiedlichen maßgeblichen Tarifverträge und Entgeltordnungen skizziert Volker Fritz in seinem Beitrag *Eingruppierungsaspekte*. Der Autor stellt dar, welche spezifischen Tätigkeitsmerkmale im Bereich Bibliothekspädagogik in Betracht kommen können und nach welchen Komplexitätsstufen diese einzuordnen sind. Der Beitrag schließt mit einem Blick auf Bewertungsverfahren.

Frank Raumel reflektiert in seinem Beitrag *Bibliothekspädagogische Angebote gestalten*, wie sich bibliothekspädagogische Angebote in der Praxis gestalten lassen. Dies wird erläutert anhand des Beispiels „Klassenführung“ mit anschließendem Blick auf Qualifikationen von Beschäftigen.

Mit dem Beitrag *Bibliothekspädagogik und die Vielfalt an Weiterbildungsmöglichkeiten* schließen Ursula Georgy und Frauke Buhlmann das Themenfeld berufliche und professionelle Perspektiven. Unterschiedliche Wege und Formen der Weiterbildung (von Studiengängen über Zertifikatskurse bis zu weiteren Formaten) werden aufgezeigt und exemplarisch konkrete Angebote und Inhalte vorgestellt, die zur Kompetenzermittlung und gezielten Förderung von Beschäftigten notwendig sind.

Perspektiven

Kerstin Keller-Loibl, Richard Stang, Bernd Schmid-Ruhe und Ute Engelkenmeier bündeln in ihrem Beitrag *Herausforderungen und Perspektiven* wichtige Erkenntnisse aus dem Diskurs um die Bibliothekspädagogik und zeigen auf, wie wichtig die Auseinandersetzung mit der Theorie, den Strukturen und den aktuellen gesellschaftlichen Entwicklungen ist, wenn die Bibliothekspädagogik weiterentwickelt werden soll.

Bibliothekspädagogik gestaltet sich vielschichtig und umfasst vielfältige Facetten, die sich in den verschiedenen Blickwinkeln der Beiträge in diesem Handbuch finden. Eine entscheidende Frage wird für die Zukunft sein, welchen Beitrag die Bibliothekspädagogik für die Entwicklung der Bildungslandschaft leisten kann. Jede Bibliothek und ihre Mitarbeitenden werden hier einen Weg finden müssen, der zu ihnen und ihrem Umfeld passt. Wenn das Handbuch einen Beitrag dazu leisten kann, dass dies fundiert und selbstbewusst geschieht, hat es seine Aufgabe erfüllt. Unabhängig davon hoffen wir, dass das *Handbuch Bibliothekspädagogik* eine Grundlage für den weiterführenden Diskurs liefert.

Literatur

ACRL – The Association of College and Research Libraries (2015): *Framework for Information Literacy for Higher Education*. http://www.ala.org/acrl/standards/ilframework.

AG Bibliothekspädagogik (2021): Diskussionspapier. Warum wir eine Bibliothekspädagogik brauchen! *BuB. Forum Bibliothek und Information*. 73/08-09, 490–491. https://www.b-u-b.de/fileadmin/archiv/imports/pdf_files/2021/bub_2021_08_490_491.pdf.

BIB – Berufsverband Information Bibliothek e.V. (2022): *6. Forum: Bibliothekspädagogik. Mehr als nur ein Marketingbegriff*. https://www.bib-info.de/fortbildung/forum-bibliothekspaedagogik/forum-bibliothekspaedagogik-bib-fortbildung.

Engelkenmeier, U.; Keller-Loibl, K; Schmid-Ruhe, B; Stang, R. (Hrsg.) (2024): *Handbuch Bibliothekspädagogik*. Berlin; Boston: De Gruyter Saur.

Ingold, M. (2005): *Das bibliothekarische Konzept der Informationskompetenz. Ein Überblick*. Berlin: Institut für Bibliothekswissenschaft an der Humboldt-Universität zu Berlin. https://edoc.hu-berlin.de/handle/18452/18994.

Keller-Loibl, K. (2013): *Thesenpapier zur Bibliothekspädagogik*. https://www.bib-info.de/fortbildung/forum-bibliothekspaedagogik/forum-bibliothekspaedagogik-fortbildung-bib/thesen-bibliothekspaedagogik-forum-bib.

Marci-Boehnke, G. (2018): Das Spiralcurriculum als Eckpfeiler. Optionen für eine bibliotheksdidaktische Grundlegung. In: R. Stang; K. Umlauf (Hrsg.): *Lernwelt Öffentliche Bibliothek. Dimensionen der Verortung und Konzepte*. Berlin; Boston: De Gruyter Saur, 70–80.

Projekt Informationskompetenz an Schweizer Hochschulen (2011): *Schweizer Standards der Informationskompetenz*. Zürich. https://www.informationskompetenz.ch/doc/e-lib/1_d_schweizer%20standards.pdf.

Schultka, H. (2013): Bibliothekspädagogik. Realität oder Utopie? Vortrag auf dem „1. Forum Bibliothekspädagogik – Pluspunkt Bildungspartnerschaft" am 7. Juni 2013 in Mannheim. *Impulse zur bibliothekspädagogischen Arbeit – 5*. https://nbn-resolving.org/urn:nbn:de:gbv:547-201300330.

Sühl-Strohmenger, W. (2012). *Handbuch Informationskompetenz*. Berlin; Boston: De Gruyter Saur. https://doi.org/10.1515/9783110255188.

Stang, R. (2020): Viel Bibliothek, wenig Pädagogik. Zur Kontextualisierung einer Bibliothekspädagogik. *BuB. Forum Bibliothek und Information* 72/06, 316–318. https://www.b-u-b.de/fileadmin/archiv/imports/pdf_files/2020/bub_2020_06_316_318.pdf.

WEF – World Economic Forum (2016): *Ten 21st-century-skills every student needs*. https://www.weforum.org/agenda/2016/03/21st-century-skills-future-jobs-students/.

Geschichte und Diskurse

Kerstin Keller-Loibl

Bibliothekspädagogik: Entwicklung, Begriff, Potenziale und Herausforderungen

Einleitung

In der deutschen Bibliotheksgeschichte spielten Bildungs- und Erziehungsvorstellungen eine wichtige Rolle. Pädagogische Strömungen und Bildungsideale beeinflussten nicht nur die Frage, für wen und wozu Bibliotheken zur Verfügung stehen, sondern sie prägten maßgeblich auch Fragen der Bestandserwerbung, der Buchaufstellung, der Nutzerberatung und der Ausleihe. Zeitgenössische Bildungsvorstellungen beförderten Innovationen im Bibliothekswesen, waren aber auch für fragwürdige Entwicklungen wie zum Beispiel die restriktive Büchereipädagogik in der ersten Hälfte des 20. Jahrhunderts verantwortlich.

Erst seit Beginn des 21. Jahrhunderts wird im deutschen Bibliothekswesen diskutiert, inwiefern die Pädagogik für die Bildungs- und Vermittlungsarbeit in Öffentlichen und Wissenschaftlichen Bibliotheken als theoretische Fundierung relevant ist. Seitdem finden in Theorie und Praxis des Bibliothekswesens vielfältige Bemühungen statt, analog zur Museums- oder Theaterpädagogik eine eigene institutionelle Pädagogik zu etablieren, um den gewachsenen Herausforderungen an Bibliotheken als Bildungseinrichtungen gerecht zu werden.

Um den gegenwärtigen Stand des Diskurses zur Bibliothekspädagogik einordnen zu können, Defizite zu verstehen und Innovationen zu würdigen, ist eine historische Betrachtung aufschlussreich.[1] Darauf aufbauend werden Begriff, Entwicklungspotenziale und Herausforderungen dargestellt.

Pädagogik als Impulsgeber und Hemmnis

Pädagogische Ideen und Konzepte bestimmten Positionierungen und Diskurse an entscheidenden Wegmarken der Bibliotheksentwicklung und waren nicht selten Impulsgeber für neue Entwicklungen im Bibliothekswesen. So entstanden in der aufgeklärten Pädagogik seit Mitte des 18. Jahrhunderts die ersten Schulbibliotheken an Gymnasien. Auch die Funktionsbestimmung der Bibliothek als Bildungseinrichtung und die Notwendigkeit, diese in den Bildungskonzepten der Länder zu verankern, ist nicht neu: Heinrich Stephani, ein bedeutender Pädagoge der Spätaufklärung, entwickelte in

1 Eine vollständige Aufarbeitung der Bibliotheksgeschichte unter dem Aspekt des Einflusses der Pädagogik kann an dieser Stelle nicht geleistet werden.

https://doi.org/10.1515/9783111032030-002

seinem Werk *Grundriß der Staatserziehungswissenschaft* aus dem Jahr 1797 ein staatliches Erziehungs- und Bildungskonzept, in dem das Bibliothekswesen einen integralen Bestandteil darstellte (Thauer/Vodosek 1990, 24).

An der Wende vom 19. zum 20. Jahrhundert brachten neue Vorstellungen von Bildung und Erziehung wirksame Ansätze für die Kinderbibliotheksarbeit in Deutschland. Ziel war es, Kindern aus unteren sozialen Schichten den Zugang zur Jugendliteratur zu eröffnen. Die sich formierende Sozialpädagogik unter Paul Natorp begünstigte dieses Konzept. Die Sozialpädagogik wollte den sozialen Veränderungen und Folgen der Industrialisierung entgegenwirken und Bildungsvoraussetzungen für Kinder aus unteren sozialen Schichten schaffen (Thauer/Vodosek 1990, 54). Die Einrichtung der ersten Kinderlesehallen zu Beginn des 20. Jahrhunderts war maßgeblich von diesem pädagogischen Konzept bestimmt.

Neben diesen positiven Wirkungen zeitgenössischer Bildungsvorstellungen auf die Entwicklung sind auch Einflüsse zu nennen, die sich hemmend auf eine Modernisierung des deutschen Bibliothekswesens auswirkten. Dies wird zum Beispiel beim Leseerziehungskonzept evident, das in den 1920er Jahren unter bibliothekarischem Einfluss in den Lesehallen eingeführt wurde und dessen Ziel es war, beim Umgang mit Büchern zu einer intensiven Beschäftigung mit dem Text, zu einem bewussten, vertieften und genussfähigen Lesen zu erziehen. Ein Buch sollte von Anfang bis Ende gelesen werden, möglichst mehrmals, um den Inhalt zu verstehen und für sich nutzbar zu machen (Lüdtke 1985, 488). Das lesende Kind hatte kaum Spielräume für eigene literarische Erfahrungen. Die Lesehallen versuchten, der als gefährlich eingestuften „Lesesucht“ mit restriktiven Maßnahmen entgegenzuwirken.

Diese Lesehallen-Praxis war ein Spiegelbild des zeitgenössischen Verständnisses von Leseerziehung und literarischer Sozialisation. Die Limitierung der Lesezeit und -menge, die Empfehlung sachorientierter Texte und das Verbot ungeeigneter Romane sowie die wiederholte Rezeption der gleichen Lesestoffe waren um 1900 die wichtigsten pädagogischen Leseempfehlungen (Hurrelmann et al. 2006, 232). In Schulen, Schulbibliotheken und Kinderlesehallen diente die literarische Erziehung dazu, einen Lese- und Kunstgeschmack auszubilden, um der Lektüre von sogenannter Schmutz- und Schundliteratur entgegenzuwirken. Die Vorbehalte gegenüber einem „unkontrollierten“ Lesen wurden zum Ausgangspunkt einer restriktiven lesepädagogischen Bibliotheksarbeit.

Welche Rolle Bibliothekarinnen und Bibliothekare einnehmen sollten, wie viel Beratung und „Lenkung“ der Leserinnen und Leser notwendig wäre und welche Buchauswahl die Richtige sei – diese Fragen bestimmten maßgeblich den pädagogischen Diskurs in Bibliotheken, der im sogenannten Richtungsstreit kulminierte: Mit Walter Hofmanns Idee der pädagogischen Betreuung der Lesenden und Paul Ladewig und Erwin Ackerknechts Orientierung an der angelsächsischen Bibliotheksarbeit standen sich zwei unterschiedliche Positionen gegenüber (Thauer/Vodosek 1990, 77–95).

Bis Ende der 1950er Jahre basierte die Büchereiarbeit in Öffentlichen Bibliotheken noch weitgehend auf der überkommenen bewahr- und volkspädagogischen Büchereiauffassung (König 1986, 95). Mauch fasst die Situation wie folgt zusammen:

> So ging es in der Volksbildungsarbeit noch einmal vorrangig um den Schutz der Persönlichkeit vor den Gefahren der Zeit, um die Vermittlung überlieferter Werte des Humanen durch das ‚gute Buch', durch ‚wertvolles Schrifttum', aber ohne Auseinandersetzung mit den veränderten gesellschaftlichen Verhältnissen. (Mauch 1985, 861–862)

Infragestellung der Notwendigkeit pädagogischen Handelns

In den 1960er Jahren setzte sich in der Bundesrepublik Deutschland das Konzept der *Informationsbibliothek* durch. Dieses Konzept beförderte die bundesweite Einführung der Freihandausleihe, die ein wichtiger Schritt auf dem Weg von einer überholten Büchereipädagogik hin zur Benutzerorientierung war. Mit dieser Neuorientierung des bibliothekarischen Berufes veränderte sich auch die Ausbildung an Wissenschaftlichen Bibliotheken. So empfahl beispielsweise die Kommission für Ausbildungsfragen des Vereins Deutscher Bibliothekarinnen und Bibliothekare (VDB) 1973 im Papier *Vorschläge für die künftige Ausbildung des höheren, gehobenen und mittleren Dienstes an wissenschaftlichen Bibliotheken* die Fächer Soziologie und Psychologie zu lehren (Bornhöft 1999, 76). Es bedurfte jedoch noch vier Jahrzehnte, bis die Fächer Pädagogik und Didaktik in die Curricula von bibliotheksrelevanten Studiengängen Eingang finden sollten.

Mitte der 1970er Jahren verstanden sich viele Öffentliche Bibliotheken als Kommunikationszentrum, Treffpunkt und Aufenthaltsort (König 1986, 116–117). Im Unterschied zur Museumspädagogik und zu den Volkshochschulen, die sich seit den 1970er Jahren intensiv weiterentwickelten, profitierten die Bibliotheken im Hinblick auf eine pädagogisch fundierte Vermittlungspraxis allerdings kaum von der Bildungsreform der 1960er und 1970er Jahre. Die Kritik am überholten bewahrpädagogischen Bibliothekskonzept führte zur Infragestellung eines direkten pädagogischen Handelns. Im *Handbuch Büchereiwesen* schreibt Andrae:

> Ein direktes pädagogisches Tun ist dem Bibliothekar der Öffentlichen Bücherei nur im Ausnahmefall [...] möglich. Die erzieherische Aktivität des Bibliothekars beschränkt sich im wesentlichen darauf, den Buchbestand auch nach pädagogisch-psychologischen Gesichtspunkten auszuwählen und aufzubauen. (Andrae 1965, 503)

Andrae sieht in der Buchauswahl und nicht in einer aktiven Vermittlungsarbeit den pädagogischen Auftrag einer Bibliothek. Programmarbeit firmiert bei ihm unter dem Begriff *Sonderveranstaltungen*, womit Aktivitäten gemeint sind, die über „die wesentlichen bibliothekarischen Tätigkeiten, Ausleihe und Beratung hinausgehen" (Andrae 1965, 530). Auch Rakowski vertrat die Auffassung, dass die Programmarbeit kein konstitutiver Bestandteil bibliothekarischer Arbeit sei (Die Tätigkeit des Bibliothekars 1971, 281). Die Befürworterinnen und Befürworter des Konzepts einer *intensiven Büchereiarbeit*, die eine literaturpädagogische Beratung und eine vielfältige Programmarbeit ins Zentrum ihrer Arbeit stellten, hatten mit der Durchsetzung der Informationsbibliothek im Berufsstand keine ausreichende Lobby mehr (König 1986, 103).

In der Bibliotheksentwicklung der DDR war das Konzept der *intensiven Büchereiarbeit* hingegen weiterhin eine tragende Säule. Neben einer individuellen Leseförderung durch die Kommunikation des Bibliothekspersonals mit den Leserinnen und Lesern gehörte die aktive Literaturvermittlung zum Selbstverständnis der Bibliothekarinnen und Bibliothekare (Kuhnert 1991, 647). Es fand eine umfangreiche literarische Veranstaltungsarbeit mit Literaturdiskussionen, literarischen Ausstellungen und Schriftstellerlesungen statt. Erziehung mit Literatur gehörte in der DDR zum staatlich gelenkten Bildungs- und Erziehungsziel zur sozialistischen Persönlichkeit (Keller-Loibl 2021, 31). Eine umfassende Sichtung der Literatur lässt den Schluss zu, dass der Begriff *Bibliothekspädagogik* für diese literaturpädagogische Arbeit nicht verwendet wurde. Der Begriff war weder in Theorie und Praxis des Bibliothekswesens der DDR noch im Bibliothekswesen der Bundesrepublik Deutschland geläufig.

Vermittlungsarbeit als Teil der Öffentlichkeitsarbeit

In der Bundesrepublik Deutschland gewinnt die Programmarbeit in den 1980er Jahren wieder stärker an Bedeutung. Jedoch entwickelt sich diese nicht aus der Pädagogik heraus, sondern ist eher dem Bereich *Werbung und Öffentlichkeitsarbeit* zugeordnet. Im dbi-Material *Vermittlung von Kinder- und Jugendliteratur* ist das Ziel der Programmarbeit, mit Aktivitäten und Veranstaltungen auf die Bibliothek aufmerksam zu machen und Kinder und Jugendliche in die Bibliothek zu „locken" (Deutsches Bibliotheksinstitut 1983, 115).

Das Dienstleistungskonzept prägte auch die Ziele von Benutzerschulungen und Führungen in Wissenschaftlichen Bibliotheken, die ihre Kundinnen und Kunden in die Benutzung der Bibliothek einführten und mit der Bibliothek, ihren Beständen und weiteren Services bekannt machten. Die Einführung in Kataloge und Datenbanken fanden meist als reine Informationsveranstaltung statt, eine didaktische Fundierung war nicht gegeben: „Es fehlen uns die konzeptionellen Grundlagen, jegliche didaktische, lerntheoretische und berufsethische Untermauerung" (Schulz 1993, 142).

Diese Defizite belegen auch die Curricula in der Ausbildung und im Hochschulstudium zur Bibliothekarin/zum Bibliothekar: Pädagogische, didaktische oder lerntheoretische Themen waren lange Zeit keine Lerninhalte. Pädagogisches Handeln fand in der Praxis meistens auf der Grundlage von Erfahrungswissen statt, das oft durch Learning by Doing erworben wurde. Benutzerschulungen, Führungen für Schulklassen, Beratungsangebote und eine lernförderliche Einrichtung und Gestaltung der Bibliotheksräume waren zentrale Aufgaben, die ohne pädagogisches Grundwissen bewältigt werden mussten.

Paradigmenwechsel: Kompetenzorientierung

Seit Beginn des 21. Jahrhunderts wird im deutschen Bibliothekswesen erstmals von der Notwendigkeit einer Bibliothekspädagogik gesprochen, die sich von der restriktiven Büchereipädagogik zu Anfang des 20. Jahrhunderts im Hinblick auf das Bildungsverständnis diametral unterscheidet: Lernanregung, Lernraumgestaltung, Kompetenzförderung und Lebenslanges Lernen sind die entscheidenden Schlagwörter. Bildung wird als Förderung der Eigenständigkeit und der Selbstbestimmung des Menschen verstanden.

Die Einführung der Kompetenzorientierung in das deutsche Bildungssystem als Reaktion auf die PISA-Studie 2000 und die gewachsene Bedeutung des Lebenslangen Lernens beförderten maßgeblich die Entstehung einer Bibliothekspädagogik. Kompetenzorientierung wurde nicht nur zu einer Forderung des Bologna-Prozesses im Hochschulbereich, sondern bestimmte auch die Neuerungen im Schulsystem mit der Einführung von Kompetenzen und Kompetenzniveaus in die Bildungsstandards und Lehrpläne. Diese bildungspolitischen Veränderungen ließen die Bildungspotenziale von Bibliotheken stärker hervortreten, vor allem das Verständnis der Bibliothek als Ort der Leseförderung, des Lebenslangen Lernens und der Kompetenzförderung erhielt einen neuen Stellenwert. Die „Vermittlung von Informations- und Medienkompetenz" wurde nun explizit als „Kernaufgabe" von Öffentlichen und Wissenschaftlichen Bibliotheken bezeichnet (Lux/Sühl-Strohmenger, 2004). Das Verständnis von Bibliothekspädagogik weitete sich zudem im Hinblick auf die Zielgruppen:

> Es könnte diskutiert werden, inwieweit Kinderbibliothekare eine zusätzliche pädagogische Kenntnis [...] erwerben sollten. Auch die Frage nach der Bibliothekspädagogik, die auch Schüler, ältere Jugendliche und Erwachsene in die didaktischen Konzepte der Vermittlung von Informations- und Medienkompetenz einschließt, muss diskutiert werden. Eine klare Integration in die bibliothekarische Ausbildung scheint erforderlich, wenn man die Anforderungen der Gesellschaft genau betrachtet. (Lux/Sühl-Strohmenger 2004, 47)

Diese Aufforderung, eine alle Altersgruppen umfassende Bibliothekspädagogik zu diskutieren und in die bibliothekarische Ausbildung zu integrieren, blieb nicht folgenlos, auch wenn es noch weiterer Impulse bedurfte. Einer dieser Anstöße stellten die Empfehlungen der Enquete-Kommission *Kultur in Deutschland* dar, die auf die bildungspolitische Bedeutung von Bibliotheken verwiesen und empfahlen, diese stärker in die Bildungskonzepte der Länder einzubinden (Deutscher Bundestag 2007, 129).

Weitere Impulse gingen seit den 2000er Jahren von den neuen Raum- und Servicekonzepten der Hochschulbibliotheken aus, die Lernunterstützung und die soziale Komponente des Lernens in den Vordergrund rückten, indem zum Beispiel Kommunikationsbereiche und Bibliothekscafés eingerichtet wurden. Es entstanden neue Areale für das Lernen, für die Kommunikation und für Schulungskurse. Kooperationen von Hochschulbibliotheken mit den IT- und Medienzentren der Hochschulen ermöglichten eine Bündelung von lernrelevanten Services für die Studierenden. Diese an angloamerikanischen Konzepten orientierten Entwicklungen firmieren in Deutschland häufig unter den Begriffen *Lernraum* oder *Lernort*. (Gläser 2019, 466–468)

Die neuen Lernortkonzepte der Bibliotheken konzentrieren sich nicht nur auf den Raum und dessen Ausstattung, sondern vor allem auf den Ausbau der Services wie Auskunft und Beratung, Schulungen, Workshops und Tutorials. Neben einem grundlegenden Verständnis von Lernprozessen wurden pädagogische und didaktische Grundlagen immer wichtiger. Neue Konzepte zur Förderung von Informationskompetenz und die Einführung der *Teaching Library* modernisierten die Schulungen und Führungen. Der Bedarf an pädagogischer Kompetenz beim Bibliothekspersonal war nicht mehr zu übersehen:

> Mittlerweile hat der Lehrbetrieb an vielen Bibliotheken Ausmaße angenommen, die einen hohen Grad an Professionalisierung, insbesondere im Bereich der theoretischen Fundierung, aber genauso auch im Bereich der didaktischen und methodischen Kompetenz erfordern. (Hilpert et al. 2014, 278)

Ein wichtiger Schritt im Hinblick auf eine Professionalisierung des Personals war der 2010 gestartete Masterstudiengang *Bibliotheks- und Informationswissenschaft* mit der Profillinie *Bibliothekspädagogik* an der Hochschule für Technik, Wirtschaft und Kultur (HTWK) Leipzig. Im Rahmen dieser Profilierung werden Grundlagen der Pädagogik und Erwachsenenbildung, Didaktik als Teilbereich der Pädagogik, Lerntheorien und Lernraumgestaltung sowie Ansätze der Hochschuldidaktik und der Medien- und Spielpädagogik gelehrt. Darüber hinaus erwerben Studierende mit der Methode des *Service Learning* oder *Lernen durch Engagement* überfachliche Kompetenzen wie Selbstreflexion, kritisches Denken und Problemlösen (Keller-Loibl 2018a). Auch andere Hochschulen mit bibliotheks- und informationswissenschaftlichen Studiengängen erweiterten in den letzten Jahren ihr Studienangebot im Hinblick auf benötigte pädagogische und didaktische Kenntnisse und Fähigkeiten (Keller-Loibl 2020).

Für die Etablierung von Fort- und Weiterbildungen zur Bibliothekspädagogik war das 2013 ins Leben gerufene *Forum Bibliothekspädagogik* ein Meilenstein, das von Hochschulen mit bibliothekswissenschaftlichen Studiengängen in Hamburg, Köln, Leipzig und Stuttgart veranstaltet wird (BIB o. J.). Als Ergebnis der Auftaktveranstaltung erschien das *Thesenpapier zur Bibliothekspädagogik* (Keller-Loibl 2013), das Aufgaben und Ziele der Bibliothekspädagogik sowie zu schaffende Rahmenbedingungen definierte.

Im Jahr 2020 wurde vom Deutschen Bibliotheksverband e. V. die *Arbeitsgruppe Bibliothekspädagogik* ins Leben gerufen, die sich für eine Professionalisierung der Bibliothekspädagogik einsetzt und im Diskussionspapier *Warum wir eine Bibliothekspädagogik brauchen!* (AG Bibliothekspädagogik 2021) auf die Bedeutung der Bibliothekspädagogik verweist.

Notwendigkeit einer institutionenspezifischen Pädagogik

Seit den 2000er Jahren etablierten sich im Bibliothekswesen verschiedene Konzepte, die auf pädagogische oder didaktische Grundlagen rekurrieren. So dominiert zum Beispiel in Hochschulbibliotheken das Konzept der *Teaching Library*, während in Öffentlichen Bibliotheken neben der Leseförderung auch die Medienpädagogik immer mehr an Relevanz gewinnt. Teilweise werden diese Konzepte nicht als spezifische Handlungsfelder einer gemeinsamen institutionsbezogenen Pädagogik gesehen, sondern sie stehen nebeneinander.

Die Verwendung des Begriffs *Bibliothekspädagogik* als einen übergreifenden Begriff für jegliches pädagogische und didaktische Handeln in Bibliotheken, ist (noch) nicht State of the Art im Bibliothekswesen. Im Tagungsbericht zum *6. Forum Bibliothekspädagogik* fasst Schmid-Ruhe die Ergebnisse der Podiumsdiskussion zusammen, in der deutlich geworden sei, dass

> zwischen den Wissenschaftlichen und den Öffentlichen Bibliotheken immer noch eine Differenz in der Verwendung des Begriffs „Pädagogik" bestehe und hier unterschiedliche Auffassungen darüber existierten, wie weit es überhaupt einen pädagogischen Auftrag gebe oder ob vielmehr eine fachgerechte Didaktik eine Alternative böte (Schmid-Ruhe 2022, 149).

Im Kontext der Bildungs- und Vermittlungspraxis verwenden Bibliotheken darüber hinaus Begriffe, die aus anderen Disziplinen stammen, so zum Beispiel die Begriffe *Leseförderung* und *Literaturpädagogik* aus der Leseforschung und Literaturvermittlung, *Medienpädagogik* und *Medienbildung* aus der Medien- oder Erziehungswissenschaft und *Informationspädagogik* und *Informationsdidaktik* aus der Informationswissenschaft. Diese Begriffe definieren sich in erster Linie über ihre Inhalte und die zu vermittelnden Kompetenzen und nicht über das Anwendungsfeld Bibliothek. Hier liegt der entscheidende Ausgangspunkt für die Notwendigkeit, eine institutionelle Pädagogik zu etablieren, die sich unabhängig von den Inhalten definiert und sich am Bildungsauftrag und an den Bildungszielen von Bibliotheken orientiert.

Bibliothekspädagogik als angewandte Pädagogik

Unabhängig von den unterschiedlichen Zielgruppen, spezifischen Inhalten und Handlungsfeldern in Wissenschaftlichen und Öffentlichen Bibliotheken kann eine Bibliothekspädagogik als angewandte Pädagogik theoretische Grundlagen und praktisches Handlungswissen für das pädagogische Handeln in Bibliotheken bereitstellen. Dazu gehören pädagogische, didaktische und methodische Aspekte für die personale Vermittlung (z. B. Schulungen, Workshops) ebenso wie Fragen der Lernraumgestaltung, der Beratung und der Betreuung offener Lernräume. „Pädagogik findet statt, wo Lernen absichtsvoll gesteuert, d. h. initiiert und angeleitet wird – sei es in der Steuerung durch einen selbst, sei es durch eine andere Person, sei es in direkter Begegnung oder durch vermittelnde Medien und Strukturen" (Koerrenz et al. 2017, 12).

Trotz der Schnittmengen mit anderen Disziplinen und Fachrichtungen ist die Bibliothekspädagogik ein eigenständiges und spezifisches Theorie- und Praxisfeld, das auf den Lernort Bibliothek abgestimmt ist (Keller-Loibl 2013). Bibliothekspädagogik ist auf die Institution *Bibliothek* mit entsprechenden Zielen und Rahmenbedingungen ausgerichtet. Solche Einflussfaktoren sind beispielsweise die Funktion und der Auftrag der jeweiligen Bibliothek, die Personal- und Raumsituation oder spezifische Vorgaben des Trägers. Je nach Bildungsziel können deshalb unterschiedliche theoretische Aspekte und spezifische didaktische und methodische Grundlagen von Relevanz sein: Für die Konzipierung und Gestaltung von Bildungsaktivitäten werden vor allem das Handlungswissen der Didaktik als Teilbereich der Bezugswissenschaft Pädagogik sowie Erkenntnisse der Lernforschung genutzt. Ergebnisse der Leseforschung und Methoden der Literaturpädagogik sind Grundlage für die Professionalisierung der bibliothekarischen Leseförderung und Literaturvermittlung. Methodische Anregungen können darüber hinaus aus der Erwachsenenbildung, der Medienpädagogik[2], der Spielpädagogik[3] oder der Demokratiepädagogik[4] kommen. Für die Weiterentwicklung der Angebote von Hochschulbibliotheken und des Lernraums Bibliothek können vertiefende Aspekte der Informationsdidaktik und Hochschuldidaktik von Relevanz sein.

Bibliothekspädagogik als übergeordnete Bezeichnung

Die Einführung des Begriffs *Bibliothekspädagogik* in das Bibliothekswesen geht maßgeblich auf Schultka zurück, der in mehreren Publikationen seit den 2000er Jahren diesen Begriff verwendet und beschreibt. In seinen Arbeiten finden sich zahlreiche

---

2 Siehe auch Rodewald (2024) in diesem Band.

3 Siehe auch Rousseau/Endres (2024) in diesem Band.

4 Siehe auch Jobmann (2024) in diesem Band.

Ansätze für eine bibliothekspädagogische Fundierung. Er verdeutlicht, dass ein Paradigmenwechsel von der reinen bibliothekarischen Perspektive hin zu einer pädagogischen Perspektive notwendig ist und verweist darauf, dass eine Bibliothekspädagogik nur auf den theoretischen Grundlagen der Erziehungswissenschaft entwickelt werden kann (Schultka 2005; 2013; 2018).

Im Jahr 2005 plädiert Schultka erstmals für die Verwendung des Begriffs *Bibliothekspädagogik* als übergeordnete Bezeichnung für alle pädagogischen Aktivitäten von Bibliotheken. Er definiert Bibliothekspädagogik als „Theorie und Praxis des pädagogischen Handelns in Bibliotheken" (Schultka 2005, 1467). Sein Verdienst ist es, den Begriff *Bibliothekspädagogik* spartenübergreifend in die Bibliothekswissenschaft einzuführen und nicht auf die Bibliotheksarbeit mit Kindern und Jugendlichen zu reduzieren, so wie es auch Lux/Sühl-Strohmenger 2004 gefordert hatten. Nach Schultka ist die Bibliothekspädagogik darauf ausgerichtet, Kindern, Jugendlichen und Erwachsenen Lernangebote zu unterbreiten. Lernvorgänge sollen angeregt, ermöglicht und befördert werden (Schultka 2005, 1469).

In weiteren Publikationen (Schultka 2013; 2018) werden pädagogische Grundlagen dargestellt sowie Inhalte und Methoden der Bibliothekspädagogik definiert. Schultka verweist zudem auf andere Pädagogiken, an denen sich die Bibliothekspädagogik orientieren kann. Darüber hinaus erschienen Publikationen zur *Bibliotheksdidaktik* (Hanke/Sühl-Strohmenger, 2016), zur *Lernwelt Öffentliche Bibliothek* (Stang/Umlauf 2018) und zur *Lernwelt Wissenschaftliche Bibliothek* (Eigenbrodt 2022), zur pädagogisch fundierten *Leseförderung in Öffentlichen Bibliotheken* (Keller-Loibl/Brandt 2015) und zum Thema *Bibliothekspädagogische Klassenführungen* (Keller-Loibl 2012). Zudem liegt ein Praxisratgeber für die bibliothekspädagogische Arbeit vor (Reckling-Freitag 2017).[5]

Ein wesentliches Ziel der Bibliothekspädagogik besteht darin, eine mündige und aktive Teilhabe an der Gesellschaft zu ermöglichen, indem lebenslange, selbstgesteuerte Lernprozesse unterstützt werden (Keller-Loibl 2018b, 49). Dafür nutzt die Bibliothekspädagogik eine breite Palette an Möglichkeiten – angefangen bei einer benutzerorientierten Auswahl und Aufstellung der Bestände über die Gestaltung von Lernräumen bis hin zu didaktisch strukturierten Lerneinheiten in Form von Schulungen, Workshops oder Tutorials.

Entwicklungspotenziale und Herausforderungen

Um die bibliothekspädagogische Arbeit weiter zu professionalisieren, ist eine Reihe von Herausforderungen zu meistern. Eine Schlüsselrolle kommt dabei der Aus-, Fort- und Weiterbildung des Bibliothekspersonals zu. Künftig sollten in allen bibliotheks-

5 An dieser Stelle kann nur eine Auswahl an Publikationen genannt werden.

und informationswissenschaftlichen Studiengängen pädagogische Inhalte in ausreichendem Umfang gelehrt werden, um zu gewährleisten, dass alle Hochschulabsolventinnen und -absolventen über pädagogisches Grundlagenwissen und entsprechende Kompetenzen verfügen. Eine Analyse des Ist-Standes zeigt, dass die Qualifikation sehr unterschiedlich ist (Keller-Loibl 2020). Gleiches gilt für die Ausbildung zu Fachangestellten für Medien- und Informationsdienste (FaMI). Des Weiteren sind niedrigschwellige und spezifisch zugeschnittene Fort- und Weiterbildungsangebote für das Bibliothekspersonal erforderlich, die teilweise noch nicht passgenau zur Verfügung stehen (Keller-Loibl/Schneider 2021, 713).

Auch eine Verortung der Bibliothekspädagogik im Wissenschaftsdiskurs der Pädagogik steht noch aus. In einschlägigen und auch neueren Titeln der Erziehungswissenschaft (z. B. Nohl 2019) werden Bibliotheken nicht als Handlungsfelder der Pädagogik gesehen, wohingegen Kindertagesstätten, Schulen, Soziale Arbeit, Erwachsenenbildung und zunehmend auch Museen genannt werden. Diese fehlende Wahrnehmung liegt darin begründet, dass die Bibliothekspädagogik eine junge angewandte Pädagogik ist und die (empirische) Forschung noch in den Anfängen steht. Hinzu kommt, dass Bibliotheken in den Strukturen des Bildungssystems kaum sichtbar sind. Hier besteht Handlungsbedarf.

Entscheidend wird ebenfalls sein, ob es gelingt, Leitungskräfte in Bibliotheken, Trägerinstitutionen und Entscheidungsträger in Kommunen und Ländern von den Bildungspotenzialen der Bibliotheken zu überzeugen, damit entsprechende strategische, inhaltliche, personelle und finanzielle Entscheidungen getroffen werden (Keller-Loibl/Schneider 2021, 713). Zukunftsweisend ist in größeren Bibliotheken die Gründung einer eigenen bibliothekspädagogischen Abteilung oder eines Fachbereichs wie zum Beispiel in der Stadtbibliothek Mannheim (Harling/Schmid-Ruhe 2015, 23), um dem Aufgabenfeld Bibliothekspädagogik als Querschnittsaufgabe innerhalb der Bibliothek gerecht zu werden. Grundlegend ist jedoch für alle Bibliotheken, dass der Bedarf an pädagogischer Professionalisierung erkannt wird.

Pädagogische und didaktische Kompetenzen werden im bibliothekarischen Berufsalltag immer häufiger benötigt: in Veranstaltungen und Schulungen ebenso wie beim Kundenkontakt und bei der Entwicklung neuer analoger und digitaler Services. Allerdings reicht es nicht aus, die bibliothekarischen Angebote „nur“ didaktisch zu fundieren und das Methodenarsenal zu erweitern. Bibliothekspädagogik erfordert ein pädagogisches Handeln aus einer Haltung heraus, die Bildung in einem ganzheitlichen Sinne und als sozialen Prozess versteht. Im Mittelpunkt stehen die Wertschätzung und die Ermutigung der Lernenden. Es geht darum, Menschen in verschiedenen Lebenssituationen zu unterstützen und Strukturen zu schaffen, die Teilhabe und Mitgestaltung, Selbstwirksamkeit und Freude am Lernen ermöglichen. Die Entwicklungspotenziale einer solchen angewandten Pädagogik sind groß.

Bibliotheken sind auf dem Weg, sich zu Orten der Inspiration, Kommunikation und Partizipation zu entwickeln. Eine moderne Bibliothekspädagogik, die offen für sich wandelnde Interessen, Bildungsbedürfnisse und Lernformen bleibt, ist auf diesem Weg eine wichtige Unterstützung und angesichts der Herausforderungen an das (digitale) Lernen im 21. Jahrhundert für Bibliotheken als Bildungseinrichtungen essenziell. Bibliotheken fördern niedrigschwellig (digitale) Schlüsselkompetenzen und ermöglichen Teilhabe. Sie leisten damit einen wesentlichen Bildungsbeitrag für die Gesellschaft.

Literatur

AG Bibliothekspädagogik (2021): Diskussionspapier. Warum wir eine Bibliothekspädagogik brauchen! *BuB. Forum Bibliothek und Information*. 73/08-09, 490–491. https://www.b-u-b.de/fileadmin/archiv/imports/pdf_files/2021/bub_2021_08_490_491.pdf.

Andrae, F. (1965): Jugendbüchereiwesen. In: J. Langfeld (Hrsg.): *Handbuch des Büchereiwesens*. Halbbd. 2, Wiesbaden: Harrassowitz, 491–539.

BIB – Berufsverband Information Bibliothek e.V. (o. J.): *Forum Bibliothekspädagogik*. https://www.bib-info.de/fortbildung/forum-bibliothekspaedagogik.

Bornhöft, M. (1999): *Bibliothekswissenschaft in Deutschland. Eine Bestandsaufnahme*. Aachen: Mainz.

Deutsches Bibliotheksinstitut (1983) (Hrsg.): *Vermittlung von Kinder- und Jugendliteratur. Werbung und Veranstaltungen in Öffentlichen Bibliotheken*. Berlin: Deutsches Bibliotheksinstitut.

Deutscher Bundestag (2007) (Hrsg.): *Schlussbericht der Enquete-Kommission „Kultur in Deutschland"*. Berlin: Deutscher Bundestag.

Die Tätigkeit des Bibliothekars in Kinder- und Jugendbüchereien und Schulbibliotheken / Arbeitskreis „Kinder- und Jugendbüchereien" tagte in Bremen (1971). *Buch und Bibliothek* 23/3, 281–287.

Eigenbrodt, O. (2022): *Lernwelt Wissenschaftliche Bibliothek. Pädagogische und raumtheoretische Facetten*. Berlin; Boston: De Gruyter Saur. https://doi.org/10.1515/9783110402025.

Gläser, C. (2019): Vom Lernort Bibliothek zum Lernraum Hochschule. In: F. Schade; H. Georgy (Hrsg.): *Praxishandbuch Informationsmarketing. Konvergente Strategien, Methoden und Konzepte*. Berlin; Boston: De Gruyter Saur, 465–478. https://doi.org/10.1515/iwp-2019-2022.

Hanke, U.; Sühl-Strohmenger, W. (2016): *Bibliotheksdidaktik. Grundlagen zur Förderung von Informationskompetenz*. Berlin; Boston: De Gruyter Saur. https://doi.org/10.1515/9783110403367.

Harling, B.; Schmid-Ruhe, B. (2015): Die Bibliothekspädagogik in Mannheim. *Bibliotheksdienst* 49/1, 22–36. https://doi.org/10.1515/bd-2015-0005.

Hilpert, W.; Gillitzer, B.; Kuttner, S.; Schwarz, S. (2014): *Benutzungsdienste in Bibliotheken*. Berlin; Boston: De Gruyter Saur. https://doi.org/10.1515/9783110301441.

Hurrelmann, B.; Becker, S.; Nickel-Bacon, I. (2006): *Lesekindheiten. Familie und Lesesozialisation im historischen Wandel*. Weinheim; München: Juventa.

Jobmann, P. (2024): Demokratiepädagogik. In: U. Engelkenmeier; K. Keller-Loibl; B. Schmid-Ruhe; R. Stang (Hrsg.): *Handbuch Bibliothekspädagogik*. Berlin; Boston: De Gruyter Saur, 365–375. https://doi.org/10.1515/9783111032030-034.

Keller-Loibl, K. (2012): *Bibliothekspädagogische Klassenführungen. Ideen und Konzepte für die Praxis*. 2. Aufl. Bad Honnef: Bock + Herchen.

Keller-Loibl, K. (2013): *Thesenpapier zur Bibliothekspädagogik*. https://www.bib-info.de/fortbildung/forum-bibliothekspaedagogik/forum-bibliothekspaedagogik-fortbildung-bib/thesen-bibliothekspaedagogik-forum-bib.

Keller-Loibl, K. (2018a): Kompetenzerwerb durch Engagement in öffentlichen Einrichtungen. Die Profillinie Bibliothekspädagogik im Masterstudiengang Bibliotheks- und Informationswissenschaft an der

HTWK Leipzig. *HDS-Journal* 18/1+2, 31–36. https://nbn-resolving.org/urn:nbn:de:bsz:15-qucosa2-332269.

Keller-Loibl, K. (2018b): Zur Etablierung einer Bibliothekspädagogik. Professionalisierung der Bildungsarbeit Öffentlicher Bibliotheken. In: R. Stang; K. Umlauf (Hrsg.): *Lernwelt Öffentliche Bibliothek. Dimensionen der Verortung und Konzepte*. Berlin; Boston: De Gruyter Saur, 47–56. https://doi.org/10.1515/9783110590982-005.

Keller-Loibl, K. (2020): Bibliothekspädagogik in der Hochschullehre. Eine Bestandsaufnahme und ein Plädoyer für die Etablierung einer Bibliothekspädagogik als Wissenschaftsdisziplin. *BuB. Forum Bibliothek und Information* 72/6, 319–321. https://www.b-u-b.de/fileadmin/archiv/imports/pdf_files/2020/bub_2020_06_319_321.pdf.

Keller-Loibl, K. (2021): Entwicklung und Perspektiven der Bibliotheksarbeit mit Kindern und Jugendlichen in Deutschland. In: K. Keller-Loibl (Hrsg.): *Handbuch Kinder- und Jugendbibliotheksarbeit*. 3. Aufl. Bad Honnef: Bock + Herchen, 13–73.

Keller-Loibl, K.; Brandt, S. (2015): *Leseförderung in Öffentlichen Bibliotheken*. Berlin; Boston: De Gruyter Saur. https://doi.org/10.1515/9783110337013.

Keller-Loibl, K.; Schneider, E. (2021): Bedarfe und Probleme der Bibliothekspädagogik. Ergebnisse einer Befragung Wissenschaftlicher und Öffentlicher Bibliotheken. *BuB. Forum Bibliothek und Information* 72/12, 709–713. https://www.b-u-b.de/fileadmin/archiv/imports/pdf_files/2021/bib_bub_2021_12_709_713.pdf.

Koerrenz, R.; Kenklies, K.; Kauhaus, H.; Schwarzkopf, M. (2017): *Geschichte der Pädagogik*. Paderborn: Ferndinand Schöningh.

König, J.-G. (1986): *Institutionen für fiktive Adressaten. Zur Funktion der Kinder- und Jugendbibliotheken im Kommunikationsprozess*. Bad Honnef: Bock + Herchen.

Kuhnert, H. (1991): Bewahrung und Erneuerung. Zur Entwicklung der Bibliotheksarbeit mit Kindern in der DDR. *Buch und Bibliothek* 43/8, 640–650.

Lux, C.; Sühl-Strohmenger, W. (2004): *Teaching Library in Deutschland. Vermittlung von Informations- und Medienkompetenz als Kernaufgabe für Öffentliche und Wissenschaftliche Bibliotheken*. Wiesbaden: Dinges & Frick.

Lüdtke, H. (1985): Reine Hände, reine Bücher und ein reiner Sinn. Kinderlesehallen in Deutschland. *Buch und Bibliothek* 37/6, 476–491. https://www.b-u-b.de/fileadmin/archiv/imports/pdf_files/1985/bub_1985_06_476_491.pdf.

Mauch, B. (1985): Die Öffentliche Bibliothek im Strom bildungs- und kulturpolitischer Konzeptionen. Ein Rückblick auf wechselnde Orientierungen in der Bundesrepublik. *Buch und Bibliothek* 37/11–12, 860–871.

Nohl, A. M. (2019): *AdressatInnen und Handlungsfelder der Pädagogik*. Opladen; Toronto: Barbara Budrich. https://doi.org/10.36198/9783838552736.

Reckling-Freitag, K. (2017): *Bibliothekspädagogische Arbeit. Grundlagen für MitarbeiterInnen in (Schul-)Bibliotheken*. Schwalbach/Ts.: Debus Pädagogik.

Rodewald, V. M. (2024): Medienbildung und Medienpädagogik. In: U. Engelkenmeier; K. Keller-Loibl; B. Schmid-Ruhe; R. Stang (Hrsg.): *Handbuch Bibliothekspädagogik*. Berlin; Boston: De Gruyter Saur, 151–159. https://doi.org/10.1515/9783111032030-014.

Rousseau, N.; Endres, S. (2024): Spielkultur als kulturpädagogischer Möglichkeitsraum. In: U. Engelkenmeier; K. Keller-Loibl; B. Schmid-Ruhe; R. Stang (Hrsg.): *Handbuch Bibliothekspädagogik*. Berlin; Boston: De Gruyter Saur, 377-382. https://doi.org/10.1515/9783111032030-035.

Schmid-Ruhe, B. (2022): Methodische Profilierung der pädagogischen Arbeit in und von Bibliotheken. *BuB. Forum Bibliothek und Information* 74/4, 148–149. https://www.b-u-b.de/fileadmin/archiv/imports/pdf_files/2022/bub_2022_04_0148_0149.pdf.

Schultka, H. (2005): Bibliothekspädagogik. *Bibliotheksdienst* 39/11, 1462–1488. https://doi.org/10.1515/bd.2005.39.11.1462.

Schultka, H. (2013): *Bibliothekspädagogik. Realität oder Utopie? Thesen zum Vortrag auf dem „1. Forum Bibliothekspädagogik – Pluspunkt Bildungspartnerschaft" am 7. Juni 2013 in Mannheim*. https://www.db-thueringen.de/servlets/MCRFileNodeServlet/dbt_derivate_00027734/schultka_Mannheim_Thesen.pdf.

Schultka, H. (2018): *Bibliothekspädagogik. Lehren und lernen in wissenschaftlichen Bibliotheken*. München: kopäd.

Schulz, U. (1993): Informationsdidaktik als bibliothekarische Dienstleistung. *Laurentius* 10, 139–152.

Stang, R.; Umlauf, K. (Hrsg.) (2018): *Lernwelt Öffentliche Bibliothek. Dimensionen der Verortung und Konzepte*. Berlin; Boston: De Gruyter Saur. https://doi.org/10.1515/9783110590982.

Thauer, W.; Vodosek, P. (1990): *Geschichte der Öffentlichen Bücherei in Deutschland*. 2. Aufl. Wiesbaden: Harrassowitz.

Anke Petschenka und Anke Wittich

Bibliotheks- und Medienpädagogik im Diskurs

Einleitung

Die Förderung von Informationskompetenz bildet traditionell einen wesentlichen Bestandteil des Veranstaltungsangebots in Bibliotheken jeglicher Ausrichtung. Seit vielen Jahren haben sich neben den Themen wie Bestandsvermittlung und Vermittlung von Recherchekenntnissen weitere Kompetenzbereiche herausgebildet, die je nach Bibliothekstyp unterschiedlich ausgeprägt sind und nach Bedarf maßgeschneidert vermittelt werden, so zum Beispiel Datenkompetenz für Studierende und Promovierende an Hochschulen oder Medienkompetenz für die Nutzenden in Öffentlichen Bibliotheken. Als theoretischer Bezugsrahmen wird vielfach auf die Bibliothekspädagogik und Medienpädagogik verwiesen, für die praktische Umsetzung werden Konzepte wie Bibliotheks-, Informations- und auch Mediendidaktik als Handlungsfelder herangezogen. In Bezug auf die Umsetzung der pädagogischen Ansätze besteht in der Berufspraxis in weiten Teilen Konsens. Die Pädagogiken unterscheiden sich durchaus in ihrer Theoriebildung, also der fachlichen Herkunft, der Ausrichtung und Schwerpunktsetzung.

Der vorliegende Beitrag thematisiert die Bibliotheks- und Medienpädagogik und die ihnen zuzuordnenden Bereichs- beziehungsweise Fachdidaktiken Bibliotheks-, Informations- und Mediendidaktik. Es werden Unterschiede und Gemeinsamkeiten der hier angeführten Begriffe herausgestellt. Daraus werden Überlegungen zur Umsetzung methodischer Konzepte in der Praxis abgeleitet und Fragen zur Personalgewinnung diskutiert. Kolleginnen und Kollegen in bibliothekarischen Schulungstätigkeiten sollen unterstützt werden, ihre bislang erfolgreich durchgeführten Konzepte auch theoretisch begründet zu reflektieren und zu evaluieren.[1]

Pädagogiken und Didaktiken im Diskurs

Ganz allgemein lässt sich unterscheiden: Pädagogik ist eine Grundlagendisziplin und kann als Wissenschaft von der Erziehung und Bildung bezeichnet werden. Die Didaktik gehört als Teildisziplin der Pädagogik (Kron et al. 2014, 20) zu den erziehungswissenschaftlichen Disziplinen und bezieht sich auf die Lehre der Gestaltung von Lernangeboten (Kerres 2021, 59), so wird sie auch in Fachdidaktiken und Bereichsdidaktiken

1 Die hier vorgestellten Überlegungen sind aus diversen Diskussionen innerhalb der Fachgruppe *Informationskompetenz* der Konferenz der informations- und bibliothekswissenschaftlichen Ausbildungs- und Studiengänge (KIBA) hervorgegangen. Ein besonderer Dank gebührt Inka Tappenbeck für ihre fachliche Unterstützung.

https://doi.org/10.1515/9783111032030-003

ausgeführt (Kron et al. 2014, 28–29). Im bibliothekarischen Kontext werden Bibliotheks- und Medienpädagogik sowie Bibliotheks-, Informations- und Mediendidaktik als Grundlagen der Konzeption von (Online-)Veranstaltungen und weiteren (digitalen) Angeboten diskutiert.

Die Begriffe lassen sich in drei Bereiche ordnen (siehe Abbildung 1).

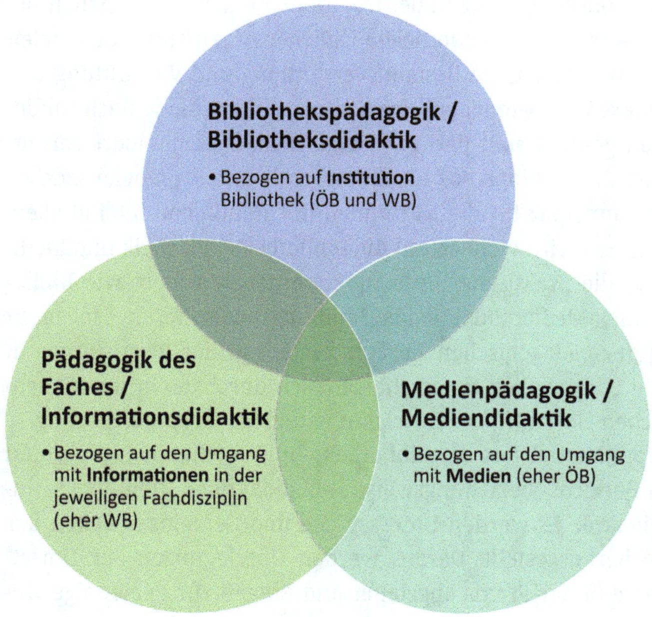

Abb. 1: Pädagogiken und ihre jeweils zugehörige Didaktik im Diskurs (Quelle: Eigene Darstellung).

Bibliothekspädagogik[2] kann im Bibliothekswesen als einer der am zeitlich betrachtet längsten eingeführten Begriffe angesehen werden. Schultka führt das Konzept ein, beschreibt pädagogische Aktivitäten in Bibliotheken und ordnet exemplarisch Katalogeinführungen, Didaktisierung von Internetseiten, Entwicklung von Point-of-use-Hilfen, Informationskompetenztrainings, Bilderbuchkino, Bibliotheksrallyes und Mitarbeit in Propädeutiken diesem pädagogischen Konzept zu (Schultka 2005, 1476). Schultka (2005; 2018), Keller-Loibl (2013; 2020) und Stang (2020) ziehen die Bibliothekspädagogik grundsätzlich für Wissenschaftliche und Öffentliche Bibliotheken in Betracht. Schultka (2018) spezifiziert *Bibliothekspädagogik* als ein pädagogisches Konzept und als eine pädagogische Teildisziplin. Demnach handelt es sich um eine institutionsgebundene

---

2 Vertiefend zur Entwicklung und zum Begriff *Bibliothekspädagogik* siehe Keller-Loibl (2024) in diesem Band.

Pädagogik, die sich mit dem pädagogischen Handeln in und von Bibliotheken beschäftigt.

Der Bibliothekspädagogik kann die *Bibliotheksdidaktik* zugeordnet werden. Die Bibliotheksdidaktik hat sich mit Rekurs auf die *Allgemeine Didaktik* entwickelt und beschäftigt sich mit dem didaktischen Handeln bezogen auf die Institution *Bibliothek*, also nicht auf die Objekte, über die etwas gelernt wird, wie zum Beispiel Kataloge oder Datenbanken.

Die *Informationsdidaktik* beschäftigt sich mit der Didaktik des Umgangs mit Informationen. Es geht ihr darum, informationsbezogene Lernprozesse zu verstehen und zu unterstützen:

> Informationsdidaktik bezeichnet somit eine Didaktik zur Förderung von Informationskompetenz, bei der sowohl individuelle und situativ-handlungsbezogene als auch wissenskulturelle Anforderungen der Zielgruppen besondere Berücksichtigung finden. Das anwendungsbezogene Ziel der Informationsdidaktik besteht darin, Erkenntnisse über das wissenskulturell-spezifische Informationsverhalten für die Auswahl von angemessenen Lerninhalten, ihre taxonomischen Vermittlungstiefen sowie geeignete Vermittlungsformate und -methoden für die Förderung von Informationskompetenz nutzbar zu machen. (Kuhlen et al. 2023, 877)

Medienpädagogik setzt sich mit dem pädagogischen Umgang mit analogen und digitalen Medien auseinander, bezieht sich also auf ein Medium. Die Ursprünge der Medienpädagogik liegen in den 1970er Jahren (Moser 2019, 193), es geht um die Befähigung eines selbstbestimmten Umgangs mit Medien. Sie verfolgt einen emanzipatorischen Ansatz bezogen auf den richtigen Umgang mit Medien und beruft sich hierbei auf die Medienforschung. Die Medienforschung geht unter anderem der Frage nach, wie sich der Konsum von Medien auf Kinder und Jugendliche auswirkt und zielt auf die Erziehung zum sicheren Umgang mit Medien.[3]

Prägend für das Verständnis von Medienpädagogik im deutschsprachigen Raum sind bis heute die Arbeiten von Baacke (1997). Seinem Verständnis nach umfasst die Medienpädagogik alle sozialpädagogischen, sozialpolitischen und sozialkulturellen Überlegungen und Maßnahmen sowie Angebote für zahlreiche Zielgruppen (Baacke 1997, 5). In dieser Tradition stehen stärker medienerzieherische Ansätze und Aktivitäten im Zentrum des Selbstverständnisses praktisch tätiger Medienpädagoginnen und Medienpädagogen. Die Definition von Baacke verweist auf die gesamte Lebensspanne und alle Institutionen. Faktisch hat sie sich vor allem mit der Mediennutzung bei Kindern und Jugendlichen beschäftigt – mit dem Ziel, einen kritischen Medienumgang zu vermitteln und Medienkompetenz aufzubauen.

Die *Mediendidaktik* wird in den (deutschsprachigen) erziehungswissenschaftlichen Diskurs und in die internationale Diskussion zu Instructional Design eingeordnet. Im Zentrum steht nach Kerres (2018, 51–52) dabei die Bildung in einer digital ge-

---

3 Professuren zur Medienpädagogik sind außerhalb der Fachcommunity der Bibliotheks- und Informationswissenschaften verankert und inhaltlich sehr unterschiedlich ausgerichtet.

prägten Kultur. Die gestaltungsorientierte Mediendidaktik beschäftigt sich nach Kerres (2018, 83–84) mit den Potenzialen von digitalen Medien, die für das Lernen und Lehren von Bedeutung sind, und liefert ein Rahmenmodell zur Planung von didaktischen Konzepten. Es geht ihm darum, die Chancen zu nutzen, die digitale Medien für ein anderes Lernen ermöglichen. Auch Hüther (2005) und Herzig (2017) betrachten in ihren Arbeiten das gesamte mediale Angebot. Zusammenfassend lässt sich sagen, dass es den Autoren um den gezielten Einsatz von ausgewählten Technologien zur Didaktisierung von Unterricht geht. Im Kontext Bibliothek sollte sich die Tätigkeit der Mediendidaktik auf den (Bildungs-)Auftrag der jeweiligen Institution fokussieren.

Gemeinsamkeiten und Unterschiede der Konzepte

Die zuvor eingeführten Konzepte weisen unterschiedliche theoretische Bezugsrahmen auf. Bibliothekspädagogik bezieht sich auf die Institution *Bibliothek* als solche und beschreibt, wer lehrt, wie und wo Lernen stattfindet. Bibliotheksdidaktik ist hierfür der Handlungsrahmen in der praktischen Umsetzung. Medienpädagogik und Informationsdidaktik adressieren die *Lernobjekte Medien* beziehungsweise *Information.* Medienpädagogik beschäftigt sich mit dem Umgang mit Medien insgesamt, die Mediendidaktik mit dem Umgang mit Medien in Lernprozessen, also mit dem Lernen mit und über Medien. Informationsdidaktik als Didaktik des Umgangs mit Informationen (in allen Medientypen und institutionellen Kontexten) ist pädagogisch an der Schnittstelle zwischen der jeweiligen Fachdisziplin und der Informationswissenschaft zu verorten.

Wissenschaftliche und Öffentliche Bibliotheken setzen ihre methodischen Konzepte bezogen auf ihren jeweiligen Bildungsauftrag entsprechend um. In der Fachcommunity werden Medien- und Bibliothekspädagogik eher mit Öffentlichen Bibliotheken assoziiert, Informations- und Bibliotheksdidaktik eher mit Wissenschaftlichen Bibliotheken (Hanke/Sühl-Strohmenger 2016, 4; Netzwerk Bibliothek Medienbildung o. J.).

Die Informations- und Bibliotheksdidaktik in Wissenschaftlichen Bibliotheken fokussiert die Förderung von Informationskompetenz im Kontext der Wissenschaftskulturen. Der Aufbau von Kompetenzen zum Umgang mit Daten und die Bearbeitung und Verbreitung ist über unterschiedliche Medien, IT-Infrastrukturen und digitale Tools realisierbar. Demgegenüber adressieren Medien- und Bibliotheksdidaktik in Öffentlichen Bibliotheken Sprach- und Lesekompetenz, Informationskompetenz bezogen auf Alltagsfragen, den alltäglichen Umgang mit Fake News, aber auch Kompetenzfelder wie Demokratiekompetenz und Literaturvermittlung. Als weiterer Aspekt kann der kompetente Umgang mit Medien allgemein herausgestellt werden.

Kriterien der Veranstaltungsplanung in den einzelnen Handlungsfeldern

In der Praxis stellen Bibliotheks-, Informations- und Mediendidaktik für die Konzeption von bibliothekarischen Veranstaltungen eine Grundlage dar. Im Folgenden soll anhand ausgewählter Kriterien auf Gemeinsamkeiten und Unterschiede von möglichen Handlungsfeldern hingewiesen werden.

Zielgruppen

Die Zielgruppen sind sowohl Nutzende Öffentlicher und Wissenschaftlicher Bibliotheken als auch das für die Konzeption und Durchführung von Veranstaltungen verantwortliche Personal. In Öffentlichen Bibliotheken werden Kinder, Jugendliche und Erwachsene als Bürgerinnen und Bürger adressiert, in Wissenschaftlichen Bibliotheken hingegen sind Studierende, Lehrende, Forschende an Hochschulen und Forschungseinrichtungen als auch Schülerinnen und Schüler im Kontext des Facharbeitstrainings als Zielgruppe zu identifizieren.

Konzeptioneller Handlungsrahmen

Die Vermittlungsarbeit in Bibliotheken zeigt deutliche Unterschiede in den jeweiligen pädagogischen Handlungsrahmen auf. Bibliotheksdidaktisches Handeln in Öffentlichen Bibliotheken bedient sich vielfach des *Referenzrahmens Informationskompetenz* des Deutschen Bibliotheksverbands (dbv) (Klingenberg 2016) und der Rahmenlehrpläne der jeweiligen Bundesländer (Kultusministerkonferenz 2022). Wissenschaftliche Bibliotheken hingegen rekurrieren vermehrt auf den *Framework Informationskompetenz* (Gemeinsame Kommission Informationskompetenz von dbv und VDB 2021). Die Ableitung der Zielformulierung für informationsdidaktische Veranstaltungen ist aus der jeweiligen Fachwissenschaft abzuleiten und orientiert sich in der Regel an der Wissenschaftspraxis der jeweiligen Fachdisziplin. Um den Umgang mit Medien zu erlernen, dient der Medienkompetenzrahmen, den die Bundesländer zum größten Teil bereits für ihr eigenes Bundesland formuliert haben.

Ziele der Vermittlungstätigkeit

Auch die Beschreibung von Zielen in der Veranstaltungskonzeption zeigt deutliche Unterschiede in den jeweiligen Handlungsfeldern.

Ziele von Vermittlungstätigkeiten in Öffentlichen Bibliotheken werden im Konzept *Bibliotheksdidaktik* auf die mündigen Bürgerinnen und Bürger bezogen, um diesen die Teilhabe an der Gesellschaft zu ermöglichen (Menzel 2019). Konkrete Themenfelder hieraus sind unter anderem Sprach- und Lesekompetenz, Informationskompetenz, Erkennen von Fake News, zum Beispiel mit *Die FakeHunter* (Büchereizentrale Schleswig-Holstein o. J.), Demokratiekompetenz, Literaturvermittlung oder Umgang mit Medien und Beteiligung an Citizen Science Projekten und Future Skills (Stifterverband für die deutsche Wissenschaft o. J.; Ehlers 2020) sowie 21st Century Skills (Schnabel 2017). Ziel von bibliotheksdidaktischem Handeln in Wissenschaftlichen Bibliotheken ist die Förderung von informationskompetenten Studierenden, Lehrenden oder Forschenden bezogen auf die Future Skills.

Das informationsdidaktische Handeln, speziell in Wissenschaftlichen Bibliotheken, bezieht sich auf die Empfehlungen der Deutschen Forschungsgemeinschaft (DFG) *Leitlinien zur Sicherung guter wissenschaftlicher Praxis* (DFG 2022) und fokussiert den kompetenten Umgang mit Daten und Informationen (NFDI o. J.). Die Hochschulbildung adressiert ebenfalls die Future Skills, die im Bereich Digitalkompetenz auch Medien- und Informationskompetenz adressieren (Ehlers 2020, 85). Informationsdidaktische Konzepte werden auch aus der Strategie der Trägerorganisation abgeleitet und entstehen in Kooperation mit der Hochschuldidaktik.

Mediendidaktische Angebote zielen auf die Förderung von Medienkompetenz. In Öffentlichen Bibliotheken steht der kompetente Umgang mit Medien, auch im Kontext der Future Skills, im Fokus, Wissenschaftliche Bibliotheken ergänzen in der Zielsetzung den kompetenten Umgang mit Daten, ebenfalls im Kontext Future Skills.

Veranstaltungsformate

Zahlreiche Veranstaltungsformen finden sich in allen Handlungsfeldern wieder und nehmen die jeweilige Zielgruppe in den Fokus.

Wissenschaftliche Bibliotheken nutzen zur Förderung von Informationskompetenz in den Handlungsfeldern Bibliotheks- und Informationsdidaktik Tutorials, Seminare mit Übungen und Formen der mediengestützten Vermittlung. Im Kompetenzfeld Datenmanagement werden Library Carpentries, Projekte zum Coding und Hackathons angeboten. Diese Angebote finden in den Räumen der Bibliothek, integriert zum Beispiel im Makerspace oder eingebunden in den Lernraum Bibliothek statt.

Bibliotheksdidaktisches Handeln in Öffentlichen Bibliotheken kann ebenso dem Makerspace zugeordnet werden. Vermittlungsformate werden daher häufig mit Rallyes über Actionbound unterstützt. Traditionell werden Bilderbuchkinos, Facharbeitstrainings, aber ebenso Coding-Projekte und Hackathons angeboten. Mediendidaktisch können Dienstleistungen wie zum Beispiel die Digitalisierung von Schallplatten und Fotoarchiven, aber auch Filmdrehs zum Angebot zählen. Öffentliche Bibliotheken verstehen sich darüber hinaus auch als Dritte Orte. In dieses Konzept passen Projekte der Citizen Science.

Chancen und Herausforderungen für die Aus- und Weiterbildung

Die digitale Transformation der Informationsgesellschaft fordert Bibliotheken heraus, innovative und dynamische Anpassungen an bereits erprobten Konzepten und Kooperationen vorzunehmen und den digitalen Wandel in allen Bibliothekstypen mitzugestalten. Daraus erwachsen Chancen und Herausforderungen an die Aus-, Fort- und Weiterbildung, an die Partizipation an Bildung und Kultur (Citizen Science) als auch an den Informations- und Wissenstransfer (dbv 2018, 2021). Die Forderungen der Bibliotheksverbände an die Politik zeigen, dass es Dialoge und verbindliche Zusagen zu Personalressourcen und Sachmitteln bedarf, um die dringend erforderliche Qualifizierung von Personal und den Nutzenden von Bibliotheken, die Teil der Informationsgesellschaft sind, voranzubringen (Engelkenmeier/Sträter 2022, 230–234; Engelkenmeier et al. 2022, 450–456; Petter 2021; Schmid-Ruhe 2022, 508; Seidl/Vonhof 2023, 49).

Ganz aktuell müssen sich Bibliotheken mit Fragen zum Fachkräftemangel auseinandersetzen und eine neue Sichtweise auf die Gewinnung von Personal auch über die Einstellung von Quereinsteigerinnen und -einsteigern einnehmen. Gerade für den Ausbau innovativer Schulungskonzepte für Inhouse-Weiterbildungen (Schulung der eigenen Mitarbeiterinnen und Mitarbeiter) und für die jeweilige Zielgruppe (Nutzende der Bibliothek) ist das methodische Wissen im Bereich des Ausbaus von Medien- und Informationskompetenz von zentraler Bedeutung. Tappenbeck und Michel (2018) haben hierzu ein Framework zu Kompetenzen für Mitarbeitende in Vermittlungstätigkeiten erarbeitet, das als Grundlage in der bibliothekarischen Ausbildung und Hochschullehre fungieren kann.

Potentielle Mitarbeiterinnen und Mitarbeiter für die Übernahme von didaktischen Veranstaltungstätigkeiten werden in unterschiedlichem Umfang in Bachelor- und Masterstudiengängen befähigt (Tappenbeck/Michel 2018; Menzel 2019; Keller-Loibl 2020; Tappenbeck et al. 2022). Für die Gruppe der Fachangestellten für Medien- und Informationsdienste (FaMI) wird die Aufnahme von Inhalten zum Thema Informationskompetenz in die Weiterentwicklung der Ausbildung diskutiert (Holste-Flinspach 2021, 188).[4]

Generell sollte ein Quereinstieg in bibliothekarische Aufgabenbereiche auch für das Berufsfeld der Medienpädagogik bei Stellenausschreibungen berücksichtigt werden, um den Bedarfen der fortschreitenden Digitalisierung und der damit einherge-

4 Zu Fort- und Weiterbildung siehe auch Georgy/Buhmann (2024) in diesem Band.

henden Konzeption und Durchführung von innovativen und maßgeschneiderten Schulungskonzepten zu begegnen.[5]

Fazit

Vor dem Hintergrund der Auseinandersetzung mit einer differenzierten Darstellung der hier diskutierten Pädagogiken und Didaktiken lässt sich zusammenfassen, dass die praktischen Handlungsfelder, auf die sich diese Konzepte beziehen, in vielen Teilen identisch sind, sie unterscheiden sich dagegen in ihrer jeweiligen fachlichen Herkunft, Ausrichtung und Schwerpunktsetzung. Die Planung von Lernangeboten in den diversen Bibliothekstypen kann sich der hier vorgestellten Didaktiken bedienen, diese lassen sich auch übergreifend kombinieren.

In Bibliotheken sind verstärkt multidisziplinäre Teams gefragt, so können Bibliothekarinnen und Bibliothekare medienpädagogisch arbeiten, Medienpädagoginnen und Medienpädagogen sich wiederum gewinnbringend in den jeweiligen bibliothekarischen Handlungsfeldern einbringen. Es ist eine Frage der institutionellen Offenheit und der Flexibilität und Kreativität des Personals, diese Kooperation zwischen bibliothekarisch arbeitenden Medienpädagoginnen und Medienpädagogen und bibliotheks- und medienpädagogisch sowie bibliotheks-, medien- und informationsdidaktisch arbeitenden Bibliothekarinnen und Bibliothekaren zum Erfolg zu führen.

Bibliotheken sind daher konkret aufgefordert, neben der Entwicklung zeitgemäßer innovativer Dienstleistungsangebote auch das Personal entsprechend zu qualifizieren. Personalentwicklung fußt auf zwei Säulen: auf der Fortbildung beziehungsweise Nachqualifizierung des vorhandenen Personals sowie auf der gezielten Frage der Personalgewinnung durch Benennung benötigter Tätigkeitsprofile.

Die Bibliothekspädagogik hat in zahlreichen Öffentlichen Bibliotheken und in einigen Wissenschaftlichen Bibliotheken längst Einzug gehalten und darf weiter ausgebaut werden. Keller-Loibl (2018)[6] wirbt für eine zukunftsorientierte Bibliothekspädagogik, die auf den Erwerb von Schlüsselkompetenzen und basalen Kompetenzen abzielt. Diese grundlegende Förderung ist für die Zukunft von Bibliotheken und die Personalentwicklung im 21. Jahrhundert unentbehrlich.

5 Zum Beispiel: https://www.th-koeln.de/weiterbildung/bibliothek-fuer-quereinsteigerinnen—grundwissen-bibliothek_98432.php.

6 Siehe auch Keller-Loibl (2024) in diesem Band.

Literatur

Baacke, D. (1997): *Medienpädagogik*. Tübingen: Niemeyer.

Büchereizentrale Schleswig-Holstein (o. J.): *Die FakeHunter*. https://www.diefakehunter.de.

dbv – Deutscher Bibliotheksverband e. V. (2018): *Wissenschaftliche Bibliotheken 2025*. Beschlossen von der Sektion 4 „Wissenschaftliche Universalbibliotheken" im Deutschen Bibliotheksverband e. V. (dbv) im Januar 2018. Berlin: dbv. https://www.bibliotheksverband.de/sites/default/files/2020-11/2018_02_21_dbv_Positionspapier_Wissenschaftliche%20Bibliotheken%202025%20der%20dbv-Sektion%204.pdf.

dbv – Deutscher Bibliotheksverband e. V. (2021): *Öffentliche Bibliotheken 2025. Leitlinien für die Entwicklung Öffentlicher Bibliotheken*. Berlin: Deutscher Bibliotheksverband. https://www.bibliotheksverband.de/sites/default/files/2021-06/Positionspapier%20%C3%96ffentliche%20Bibliotheken%202025.pdf.

DFG – Deutsche Forschungsgemeinschaft (2022): *Leitlinien zur Sicherung guter wissenschaftlicher Praxis. Kodex*. Bonn: DFG. https://www.dfg.de/download/pdf/foerderung/rechtliche_rahmenbedingungen/gute_wissenschaftliche_praxis/kodex_gwp.pdf.

Ehlers, U. D. (2020): *Future Skills. Lernen der Zukunft – Hochschule der Zukunft*. Wiesbaden: Springer. https://library.oapen.org/bitstream/20.500.12657/37362/1/2020_Book_FutureSkills.pdf.

Engelkenmeier, U.; Sträter, E. (2022): Bibliothek und Berufsbild. Rollen, Funktionen und Anforderungen. *BuB. Forum Bibliothek und Information* 74/5, 230–234. http://b-u-b.de/fileadmin/archiv/imports/pdf_files/2022/bub_2022_05_0230_0234.pdf.

Engelkenmeier, U.; Forster, M.-L.; Fröhlich, S. (2022): „Irgendwas mit Zukunft". Impulse für eine nachhaltige Aus- und Weiterbildung im Berufsfeld Bibliothek. *BIBLIOTHEK – Forschung und Praxis* 46/3, 450–456. https://doi.org/10.1515/bfp-2022-0033.

Gemeinsame Kommission Informationskompetenz von dbv und VDB (Hrsg.) (2021): Framework Informationskompetenz in der Hochschulbildung. *o-bib. Das Offene Bibliotheksjournal* 8/2, 1–29. https://doi.org/10.5282/o-bib/5674.

Georgy, U.; Buhlmann, F. (2024): Bibliothekspädagogik und die Vielfalt an Weiterbildungsmöglichkeiten. In: U. Engelkenmeier; K. Keller-Loibl; B. Schmid-Ruhe; R. Stang (Hrsg.): *Handbuch Bibliothekspädagogik*. Berlin; Boston: De Gruyter Saur, 457–468. https://doi.org/10.1515/9783111032030-043.

Hanke, U.; Sühl-Strohmenger, W. (2016): *Bibliotheksdidaktik. Grundlagen zur Förderung von Informationskompetenz*. Berlin: De Gruyter Saur.

Herzig, B. (2017): Mediendidaktik. In: B. Schorb; A. Hartung-Griemberg; C. Dallmann, (Hrsg.): *Grundbegriffe Medienpädagogik*. 6. Aufl. München: kopaed, 229–234.

Holste-Flinspach, K. (2021): FaMI Reloaded. Voruntersuchung der Berufsausbildung der Fachangestellten für Medien- und Informationsdienste hat begonnen. *Bibliotheksdienst* 55/3–4, 186–198.

Hüther, J. (2005): Mediendidaktik. In: J. Hüther; B. Schorb (Hrsg.): *Grundbegriffe Medienpädagogik*. 4. Aufl. München: kopaed, 234–240.

Keller-Loibl, K. (2013): *Thesenpapier zur Bibliothekspädagogik*. https://www.bib-info.de/fortbildung/forum-bibliothekspaedagogik/forum-bibliothekspaedagogik-fortbildung-bib/thesen-bibliothekspaedagogik-forum-bib.

Keller-Loibl, K. (2018): Zur Etablierung einer Bibliothekspädagogik. Professionalisierung der Bildungsarbeit Öffentlicher Bibliotheken. In: R. Stang; K. Umlauf (Hrsg.): *Lernwelt Öffentliche Bibliothek. Dimensionen der Verortung und Konzepte*. Berlin; Boston: De Gruyter Saur, 47–56. https://doi.org/10.1515/9783110590982-005.

Keller-Loibl, K. (2020): Bibliothekspädagogik in der Hochschullehre. Eine Bestandsaufnahme und ein Plädoyer für die Etablierung einer Bibliothekspädagogik als Wissenschaftsdisziplin. *BuB. Forum Bibliothek und Information* 72/6, 319–321. https://www.b-u-b.de/fileadmin/archiv/imports/pdf_files/2020/bub_2020_06_319_321.pdf.

Keller-Loibl, K. (2024): Bibliothekspädagogik. Entwicklung, Begriff, Potenziale und Herausforderungen. In: U. Engelkenmeier; K. Keller-Loibl; B. Schmid-Ruhe; R. Stang (Hrsg.): *Handbuch Bibliothekspädagogik*. Berlin; Boston: De Gruyter Saur, 15–27. https://doi.org/10.1515/9783111032030-002.

Kerres, M. (2018): *Mediendidaktik. Konzeption und Entwicklung digitaler Lernangebote*. 5. Aufl. Berlin u. a.: De Gruyter Oldenbourg.

Kerres, M. (2021): *Didaktik. Lernangebote gestalten*. Münster u. a.: Waxmann.

Klingenberg, A. (2016): *Referenzrahmen Informationskompetenz*. Erarbeitet im Auftrag der dbv-Kommission Bibliothek & Schule und der Gemeinsamen Kommission Informationskompetenz von VDB und dbv. o. O.: dbv. https://www.bibliotheksverband.de/sites/default/files/2020-12/Referenzrahmen_Informationskompetenz.pdf.

Kron, F. W.; Jürgens, E.; Standop, J. (2014): *Grundwissen Didaktik*. 6. Aufl. München: Reinhardt.

Kuhlen, R.; Lewandowski, D.; Semar, W.; Wormser-Hacker, C. (Hrsg.) (2023): *Grundlagen der Informationswissenschaft*. 7. Aufl. Berlin u. a.: De Gruyter. https://doi.org/10.1515/9783110769043.

Kultusministerkonferenz (2022): *Bildungspläne/Lehrpläne der Länder im Internet*. https://www.kmk.org/dokumentation-statistik/rechtsvorschriften-lehrplaene/uebersicht-lehrplaene.html.

Menzel, S. (2019): *Die Förderung von Informationskompetenz durch Öffentliche Bibliotheken in Deutschland. Aktuelle Anforderungen an Teaching Librarians*. Berlin: Institut für Bibliotheks- und Informationswissenschaft der Humboldt-Universität zu Berlin.

Moser, H. (2019): *Einführung in die Medienpädagogik. Aufwachsen im digitalen Zeitalter*. 6. Auflage. Wiesbaden: Springer VS. https://link.springer.com/content/pdf/10.1007/978-3-658-23208-5.pdf.

Netzwerk Bibliothek Medienbildung (o. J.): *Netzwerk Bibliothek Medienbildung*. https://netzwerk-bibliothek.de/de_DE/home.

NFDI – Nationale Forschungsdateninfrastruktur (o. J.): *Data Literacy*. https://www.nfdi.de/datenkompetenz/.

Petter, L. (2021): *Fachkräfte im Bereich der Medienpädagogik in Öffentlichen Bibliotheken. Anforderungen und Aufgaben*. Bachelorarbeit im Studiengang Bibliotheks- und Informationsmanagement. Stuttgart: Hochschule der Medien. https://hdms.bsz-bw.de/frontdoor/deliver/index/docId/6671/file/Bachelorarbeit_Petter_Medienpaedagogik.pdf.

Schmid-Ruhe, B. (2022): Der Fachkräftemangel als Ausdruck der Krise des Bibliothekswesens. *BIBLIOTHEK – Forschung und Praxis* 46/3, 502–510. https://doi.org/10.1515/bfp-2022-0047.

Schnabel, D. (2017): *Kompetenzen für die Arbeitswelt von heute und morgen. 21st Century skills and boyond*. https://hochschulforumdigitalisierung.de/de/blog/kompetenzen-21st-century-skills.

Schultka, Holger (2005): Bibliothekspädagogik. *Bibliotheksdienst* 39/11, 1462–1488. https://doi.org/10.1515/bd.2005.39.11.1462.

Schultka, H. (2018): *Bibliothekspädagogik. Lehren und Lernen in wissenschaftlichen Bibliotheken*. München: kopaed.

Seidl, T.; Vonhof, C. (2023): Chancen für die Neupositionierung und Neustart. Projekt Trendreport: Zentrale Herausforderungen für Bibliotheken in Deutschland 2023. *BuB. Forum Bibliothek und Information* 75/01, 48–50. https://zs.thulb.uni-jena.de/servlets/MCRFileNodeServlet/jportal_derivate_00334751/BUB_2023_01_048_050.pdf.

Stang, R. (2020). Viel Bibliothek, wenig Pädagogik. *BuB. Forum Bibliothek und Information* 72/6, 316–318. https://www.b-u-b.de/fileadmin/archiv/imports/pdf_files/2020/bub_2020_06_316_318.pdf.

Stifterverband für die Deutsche Wissenschaft (o. J.): *Future Skills*. https://www.stifterverband.org/future-skills.

Tappenbeck, I.; Michel, A.; Wittich, A.; Werr, N.; Gäde, M.; Spree, U.; Gläser, C.; Griesbaum, J.; Mandl, T.; Keller-Loibl, K.; Stang, R. (2022): Framework Informationskompetenz. Ein gemeinsamer Standard für die Qualifikation in den bibliotheks- und informationswissenschaftlichen Studiengängen in Deutschland. *o-bib. Das offene Bibliotheksjournal* 9/1, 1–18. https://doi.org/10.5282/o-bib/5794.

Tappenbeck, I.; Michel, A. (2018): Framework Informationskompetenz. Ein Qualifikationsrahmen für Hochschulen und Ausbildungseinrichtungen. *o-bib. Das offene Bibliotheksjournal* 5/4, 18–30. https://doi.org/10.5282/o-bib/2018H4S18-30.

Bernd Schmid-Ruhe

Positionierung Bibliothekspädagogik: Fokus Öffentliche Bibliotheken

Einleitung

Öffentliche Bibliotheken in Deutschland sind vor allem durch eine große Heterogenität geprägt. Es gehört zum Wesenskern Öffentlicher Bibliotheken, dass allzu generalisierende Aussagen über sie immer Gefahr laufen, Einzel- und Spezialfälle zu ignorieren und das große Spektrum an Organisationsformen, inhaltlichen Orientierungen, Bestandsgrößen, Mitarbeitendenzahlen et cetera unberücksichtigt zu lassen. Viel zu unterschiedlich sind die Ausgangsvoraussetzungen all dieser Einrichtungen, die selbst in den gleichen Sektionen des Deutschen Bibliothekverbands (dbv), und selbst in strukturähnlichen Kommunen, ganz unterschiedliche Voraussetzungen haben. Daher ist es auch unmöglich, allzu generalisierend von *den* Öffentlichen Bibliotheken zu sprechen. Deswegen wird an dieser Stelle vor allem eine überblickshafte, eher bibliothekspolitisch orientierte Einordnung vorgenommen, die unterschiedlichen Grundvoraussetzungen gerecht werden soll.

Eine große Zahl an Öffentlichen Bibliotheken hat in den letzten Jahren unterschiedliche Entwicklungen vorangetrieben. Dabei sind zu nennen: Die sukzessive (unvollständige und mit vielen Problemen behaftete) Digitalisierung der Bestände, vor allem durch die Onleihe, die Digitalisierung der Arbeitsabläufe, zum Beispiel durch den Einsatz fortschrittlicher Bibliotheksmanagementsysteme, die bauliche Aufwertung des Raums, um die Aufenthaltsqualität zu steigern, und nicht zuletzt die Ausweitung des inhaltlichen Programms. Dies umfasst vor allem die Kontaktarbeit mit Nutzerinnen und Nutzern und steht häufig im Zusammenhang mit veränderten Raumkonzepten und umfasst längst nicht mehr nur die klassische bestandsorientierte Veranstaltungsarbeit. Dabei ist ein qualitativer Unterschied in der Zukunftsperspektive auszumachen: Während sich Ende der 1990er Jahre die Zukunft und das strategische Potenzial noch maßgeblich am Bestand orientierte (Mittler 1996), erweitert sich dies nun weit über den physischen Bestand hinaus: „Die traditionelle Rolle der Bibliotheken wandelt sich nach allgemeiner Auffassung vom Content-Provider zum Service-Provider“ (Mittler 2017, 219).

Was Öffentliche Bibliotheken in den letzten Jahren ausmacht, ist eben nicht mehr nur ein umfassendes Medien- und Veranstaltungsangebot, sondern ein grundlegender Wandel, ein „struktureller Umbruch“ (Stang 2019, 139) im Sinne einer universelleren Aufgabenwahrnehmung mit starker Betonung digitaler Techniken (Stang 2019). Während Bibliotheken in der Vergangenheit ihren Auftrag eher in einem streng definierten Rahmen gesehen haben, nehmen wir heute eine zunehmende Entgrenzung wahr,

https://doi.org/10.1515/9783111032030-004

die je nach örtlicher Ausprägung ein anderes Ausmaß, aber auch inhaltlich andere Schwerpunkte betreffen kann.

Unbewusste und intuitive Entgrenzung

Ausdruck dieser Entgrenzung war auch die Zunahme des pädagogischen Handelns, das damit einhergeht. Die Öffentlichen Bibliotheken haben im Rahmen einer strategischen Neuausrichtung quasi unbewusst und zugleich intuitiv eine *pädagogische Wende* vollzogen. Diese war eben „unbewusst", weil die Bibliotheken in vielen Fällen zwar ihr neues Angebot auf pädagogische Konzepte abstützten, aber selten selbst so wahrgenommen haben, und „intuitiv", weil dieses Vorgehen selten empirisch gestützt oder strategisch geplant war, sondern in vielen Fällen eher improvisiert und motiviert von der persönlichen Haltung einiger Mitarbeiterinnen und Mitarbeiter. Diese Abhängigkeit der Bearbeitung von bestimmten Themen von Einstellungen und Haltungen der Mitarbeitenden und die bisherige, mangelnde strategische Verankerung wird besonders im Bereich der Medienkompetenzvermittlung deutlich (Marci-Boehncke 2019).

Während in den letzten Jahren die Öffentlichen Bibliotheken also stark im Bereich der bestandsfremden Vermittlung zugelegt haben – zumindest was die Quantität angeht – bleiben sie auf der Ebene der Qualifikation und der Wertschätzung immer noch zurück. Auch die bereits 2015 vorgetragene Kritik, dass sowohl Mentalität als auch Strukturen einer Veränderung bedürfen (Dudeck 2015), kann heute so immer noch wiederholt werden.

Festzuhalten bleibt, dass die zunehmende *Pädagogisierung* der Arbeit in den Öffentlichen Bibliotheken auch einer gewissen Opportunität geschuldet und akzidentiell ist. Eine der großen Herausforderungen stellt daher die Diskussion dar, inwieweit ein Anspruch hinsichtlich der eigenen Verortung als pädagogisch agierende Einrichtung formuliert werden kann. Viele Öffentliche Bibliotheken sind hier noch eher zurückhaltend. Es wäre damit nicht nur eine stärkere pädagogische beziehungsweise „erziehungswissenschaftliche [...] Fundierung der Bibliothekspädagogik" (Stang 2020, 318) notwendig, sondern damit wäre auch die Konsequenz verbunden, auf der organisatorischen Ebene entsprechende Prioritäten zu setzen. Dieses ist in vielen Einrichtungen nicht erfolgt, und häufig werden pädagogische Angebote nur dann verwirklicht, wenn diese nicht zu Lasten anderer, klassischer, Bibliotheksangebote gehen (Schmid-Ruhe 2018).

Dabei war pädagogisches Handeln den Öffentlichen Bibliotheken auch in der Vergangenheit nicht fremd. Es war allerdings eher eine Pädagogik *für* Bibliotheken (und deren Benutzung) und weniger eine Pädagogik *durch* Bibliotheken (im Sinne einer themenoffenen Vermittlung). Gerade Formate wie die Katalogschulung und die Bibliotheksführung, die nicht über die Bibliothek hinaus verwiesen, sondern lediglich im Kontext der Bibliothek wirkten, sind im Gegensatz zu den heute üblichen Veranstaltungen häufig ohne Methodenreflexion beziehungsweise ohne vertiefte methodische Aufbereitung ausgekommen. Die heutige[1] Themenfülle in den Angeboten Öffentlicher Bibliotheken und die große Heterogenität der Nutzerinnen und Nutzer machen aber deutlich, dass der Wandel also nicht nur in der Zahl der Angebote liegt, sondern auch in der Themenvielfalt, aber eben auch darin, dass es nicht mehr nur um die klassische Bestandsvermittlung geht, sondern Angebote gemacht werden, die auch ohne Bestand auskommen. In dem Maß, in dem sich in den letzten Jahren die Öffentliche Bibliothek von der reinen Bestandsvermittlung gelöst hat, wurde auch die Begrifflichkeit der *Pädagogik* zunehmend virulent. Denn dieser Wandel zeigt auch an, inwieweit eine methodische Vermittlung von Inhalten, die nicht unmittelbar der Bibliotheksnutzung entspringt, nicht selbstverständlich war und ist.

Durch Schultkas inzwischen häufig zitierte Definition von Bibliothekspädagogik, nämlich als „Theorie und Praxis des pädagogischen Handelns in Bibliotheken" (Schultka 2005, 1467), ist es mittlerweile allerdings nicht mehr ungewöhnlich, sowohl die Zielgruppe auszuweiten und die Inhalte zu entgrenzen als auch die Methoden und Settings zu erweitern. Als eine *Institutionenpädagogik* kann man die Bibliothekspädagogik auch in der Öffentlichen Bibliothek als jene Pädagogik verstehen, die von ihr ausgeht und nicht nur auf sie wirkt. Dies hat wiederum zur Folge, dass eine vertiefte Auseinandersetzung mit dem spezifisch Bibliothekarischen beziehungsweise dem spezifisch Öffentlich-Bibliothekarischen notwendig wäre, um festzustellen, inwieweit sie sich von anderen *Pädagogiken* unterscheidet und welche Leistung eine „eigene" Pädagogik erbringen würde (Stang 2020). Daher wurde auch die vertiefte Beschäftigung mit pädagogischen Konzepten und Theorien als Notwendigkeit und Desiderat zum Beispiel in der Veranstaltungsreihe *Forum Bibliothekspädagogik* mehrfach thematisiert und eingefordert (Keller-Loibl 2018, 54).

Gerade in Öffentlichen Bibliotheken wird deutlich, dass die Entgrenzung der Aufgabenfelder unmittelbar zu neuen Anforderungen führt: Nicht nur an den Schnittstellen der kommunalen Bildungsarbeit, zum Beispiel mit Kindertageseinrichtungen und Schulen, werden pädagogische Kompetenzen immer wichtiger, sondern auch im eigenen Handeln, das möglicherweise zunächst nicht als pädagogisch wahrgenommen wird, es aber durchaus ist. In diesem Zusammenhang nimmt auch die Bedeutung des handlungs- und kompetenzorientierten Lernens zu, das sowohl andere Lehr-/Lernmodelle präferiert als auch ein anderes Menschenbild zugrunde legt (Weinert 2001). Während die auf den Bestand orientierte Vermittlung vor allem qualifikationsorientiert war, ist die erweiterte beziehungsweise entgrenzende Vermittlung stark kompetenzorientiert. In diesem Sinne hat also auch in der Öffentlichen Bibliothek ein *Shift from Teaching to Learning* (Welbers et al. 2005) stattgefunden, der ansonsten vor allem für die Hochschullehre konstatiert wird. Die eher qualifikationsorientierte Konzentration auf Fähigkeiten, die vor allem im bibliotheksinternen Diskurs eine Veränderung erfahren haben, wird dadurch kontrastiert, dass für andere Einrichtungen – zum Bei-

1 Die historische Dimension behandelt Keller-Loibl (2024) in diesem Band.

spiel für Schule und Kindertageseinrichtung – die Bibliothek immer schon eine Partnerin war, die ein projekt- beziehungsweise kompetenzorientiertes Lernen ermöglichte. Diese Form der kompetenzgetriebenen und biographiebegleitenden Unterstützung „gründet auf einem emanzipatorischen Bildungsverständnis und verfolgt das Ziel, allen Menschen eine aktive Teilhabe an der Gesellschaft zu ermöglichen" (Keller-Loibl 2018, 49). Trotz der durchaus stattgefundenen Entwicklung ist die bibliothekspädagogische Arbeit vor allem auf die Weiterentwicklung bestimmter Inhalte konzentriert, weniger auf die konkrete Beschäftigung mit Lerntheorien, kognitiven Modellen und pädagogischen Grundlagen. Eine Reflexion dieser Rahmenbedingungen findet kaum statt und Fort- und Weiterbildungen konzentrieren sich nach wie vor auf handlungsorientierte Anleitungen (Schuldt 2020).

Angebotsentwicklung

Trotz aller Theoriedefizite haben sich viele neue konkrete Angebote – auch angesichts des Digitalisierungsschubs in den vergangenen Jahren – als neue Veranstaltungs- und Vermittlungsformate entwickelt. Die Palette an diesen Angeboten hat sich in den letzten Jahren in diesem Sinne ausdifferenziert, auch wenn eine gewisse Tendenz dazu herrscht, Angebotsformen aus anderen Häusern als *Best Practice* zu übernehmen – ohne eigentlich notwendige Anpassungen vorzunehmen. Für die bibliotheksspezifische Pädagogik spielen heute vor allem Angebote im Bereich der Sprach- und Leseförderung eine große Rolle und diese können durchaus zu den „Kernaufgaben Öffentlicher Bibliotheken" (Keller-Loibl/Brandt 2015, 1) gezählt werden – vor allem, wenn man die Zielgruppe der Kinder und Jugendlichen vor Augen hat. Die Pädagogisierung hat hier zu einer Ausdifferenzierung der unterschiedlichen Methoden geführt und einen wesentlichen Einfluss auf die Lesedidaktik gehabt. Hierbei begleitet und unterstützt die bibliothekarische Leseförderung nicht nur die schulische Leseförderung, sondern erweitert diese um spezifische, interessensgeleitete Konzepte (Bertelsmann Stiftung 2005). In diesem Zusammenhang spielt die Vermittlung des Bestands immer noch eine große Rolle, auch wenn die Bibliotheken sich zunehmend davon lösen, um als Bildungspartnerinnen für Schulen aufzutreten (Rose 2014, 465–470.). Zu den Angeboten gehören sicherlich noch eher herkömmliche Veranstaltungen, wie zum Beispiel die für die Öffentlichkeit eher unsichtbar bleibenden (Vorlese-)Veranstaltungen für Kinder und Jugendliche, aber auch Leseanreizsysteme, wie beispielsweise das *Antolin*-Programm. Gerade die niedrigschwellige Arbeit im Bereich der Leseförderung zahlt unmittelbar auf eines der Kernziele der Bibliotheken ein, nämlich die Unterstützung der Literalisierung, auch durch die biographiebegleitende Bibliothekssozialisation (Marci-Boehnke 2018, 71). Hinzu treten allerdings zahlreiche andere Formate, die vor allem Leseanreize bieten sollen und sowohl spielerische Elemente verwenden als auch auf eine stärkere Aktivierung der Rezipientinnen und Rezipienten setzen, um Lesefreude und Lesemotivation zu entwickeln und zu steigern (Keller-Loibl/Brandt 2015, 10–11).

Eine besondere Rolle spielt dabei in den letzten Jahren zunehmend die *Medienpädagogik*. Hier wurde nicht nur der quantitative Aspekt der Arbeit intensiviert, es wurden auch in der qualitativen Bearbeitung neue Aspekte erschlossen. Gerade der Kinder- und Jugendmedienschutz ist hier zentral und wird gegenüber den Zielgruppen wie Eltern, Schulen und Kindertageseinrichtungen immer wieder betont. Gleichzeitig dient dieses Angebot aber auch der medienpraktischen Vermittlungsarbeit, vor allem für Kinder und Jugendliche. Gerade in größeren Bibliothekssystemen kommt es hier zu einer Überschneidung mit den neuen Raumkonzepten, zum Beispiel in der Etablierung von *Makerspaces* und anderen werkstattähnlichen Angeboten. Dieser ausstattungsintensive Bereich wird in den letzten Jahren auch von Initiativen, zum Beispiel dem *Netzwerk Bibliothek Medienbildung* gefördert, was zu einer verstärkten Breitenwirkung führt (dbv 2022). Hinsichtlich der Expertise beziehungsweise fachlichen Qualifikation hat sich in den letzten Jahren eine Debatte entwickelt, die der Frage nachgeht, ob und wie eine bibliothekarische Ausbildung ausreichend und/oder eine spezifisch medienpädagogische Ausbildung für diese Aufgaben notwendig ist (Müller 2020). Dabei zeigt allerdings eine stichprobenhafte Erhebung bereits, dass aufgrund des eklatanten Fachkräftemangels hier die Anforderungen der Einrichtungen und weniger die Ausbildung der Mitarbeitenden eine Rolle spielt (Petter/Schmid-Ruhe 2023).

In beiden Fällen spielen Bildungspartnerschaften für die Pädagogisierung des bibliothekarischen Angebots eine große Rolle. Diese Bildungspartnerschaften – vor allem, wenn sie durch Rahmenvereinbarungen abgesichert werden (Reckling-Freitag 2018) – führen zu einer verstärkten Wahrnehmung des pädagogischen Auftrags, auch um „auf Augenhöhe" mit den jeweiligen Bildungspartnerinnen und -partnern kommunizieren zu können. Ein klassischer Anwendungsfall solcher Bildungspartnerschaften ergibt sich beispielsweise in der Zusammenarbeit von Schule und Bibliothek mit dem *Spiralcurriculum*. Der Qualitätsgewinn besteht vor allem darin, das bibliothekarische Programm einer Öffentlichen Bibliothek von der Gefahr der Beliebigkeit zu befreien und in die Sprache der Schule zu übersetzen beziehungsweise als Konzept für Schule plan- und einbindbar zu machen (Marci-Boehncke 2018). Allerdings besteht hier die Gefahr, dass die Bibliotheken nur noch als Dienstleisterinnen und Anbieterinnen wahrgenommen werden, die bestimmte Verpflichtungen eingehen, aber wenig Flexibilität bei der Anpassung der Angebote haben. Um das spezielle Profil der Öffentlichen Bibliothek wahrnehmbar zu erhalten, ist es daher wichtig, dass die Bibliotheken nicht den Fehler begehen, zu einer Fortsetzung der Schule (zu anderen Zeiten, mit anderen Personen) zu werden.

Neben diesen, der Zielgruppe *Kinder und Jugendliche* zuzuschreibenden Angebote, haben die Bibliotheken allerdings auch ihr Angebotsportfolio in Richtung der Erwachsenen erweitert. Angebote, die sich spezifisch an Ältere und Personen im Ruhestand richten, hatten vor allem zu Beginn der Digitalisierungswelle viel Zulauf erfahren und werden nun sukzessive zu Angeboten von generellem Interesse umgebaut. Daher werden häufig spezifische Zielgruppen im Erwachsenenbereich wie *Eltern, Erzieherinnen und Erzieher, Lehrkräfte, Migrantinnen und Migranten* et cetera angesprochen. Auch hier steht oft das Motiv der Unterstützung des Lebenslangen Lernens im Vordergrund, und der Trend zur Entgrenzung der Bibliothek wird hier vor allem in digitalen Angeboten erfahrbar (Homann 2018)[2]. In diesem Sinne sind gerade die Öffentlichen Bibliotheken Trägerinnen der Kulturellen Bildung, da sie mit ihrer pädagogischen Intervention nicht nur klassische Veranstalterinnen sind, sondern Teilhabe ermöglichen, zur Teilhabe anleiten und Begegnungsmöglichkeiten schaffen. Auch wenn der Begriff der kulturellen Bildung schwer zu fassen scheint (Sprengel 2021), wäre er aus bibliothekspolitischer Sicht aber durchaus brauchbar, um bibliothekarische Bildung (oder Pädagogik) auch gesetzgeberisch zu verankern (Steinhauer 2011).

Die Bibliothek als Ort

Eine der augenfälligsten Veränderungen der Öffentlichen Bibliotheken der letzten Jahre war die Verwandlung von einem „eindimensionalen“ Funktionsbau hin zu einem „mehrdimensionalen“ Raum, der nicht zuletzt der Inspiration dienen, aber auch inhaltliche Angebote ermöglichen soll, die in der herkömmlichen Bibliothek nicht umzusetzen wären (Werner 2022). Hier hat sich in den letzten Jahren der Marketingbegriff *Dritter Ort* durchgesetzt, dessen Ideengeber der Soziologe Oldenburg (Oldenburg 1989) war. Der Begriff reklamiert Wissenschaftlichkeit und zeichnet ein Bild von einem Kompromiss zwischen öffentlichen und privaten Räumen. Allerdings provoziert seine teils unreflektierte Verwendung auch Missverständnisse und Ungenauigkeiten, da häufig vergessen wird, dass in Oldenburgs Konzept die Kommunikation und die Gemeinschaftsbildung („bottom up“) im Vordergrund standen und die Gestaltung von Raum und Programm durch die Besuchenden.

Die Neukonzeption von Öffentlichen Bibliotheken geht in der Regel immer mit einer Angebotserweiterung einher und macht ein pädagogisches Handeln notwendig. Ein Effekt war und ist dabei, dass sich viele Neukonzeptionen, Umbauten, Renovierungen und Neubauten nun zunächst nicht mehr an den primären beziehungsweise ausschließlichen Bedürfnissen der Bibliothek ausrichteten, sondern häufig in umfangreichen Beteiligungsprozessen erarbeitet wurden. Dieser grundlegende Qualitätsunterschied ist damit letztlich der sich im physischen Raum manifestierende Paradigmenwechsel im Bibliothekswesen. Diese neue Wertschätzung der Nutzerinteressen geht nämlich mit der zunehmenden Pädagogisierung des Tätigkeitsfelds einher: Um die neuen Räumlichkeiten wie zum Beispiel Makerspaces, Medienwerkstätten, Gärten, Cafés und Lounges zu bespielen, werden andere berufliche Qualifikationen notwendig, als dies in der Vergangenheit der Fall war.

2 Siehe auch Keller-Loibl/Stang (2024) in diesem Band.

Da gerade Öffentliche Bibliotheken mit Konzepten im Rahmen eines *Dritten Ortes* Relevanz für stadtsoziologische Prozesse reklamieren, müssen sie daher nicht nur den Raum zur Verfügung stellen, sondern programmatisch und inhaltlich dieses Angebot entsprechend methodisch begleiten. So wird die räumliche Neuaufstellung nicht zuletzt zum Katalysator für die Pädagogisierung der jeweiligen Einrichtungen und sorgt auf der bibliothekspolitischen Ebene für eine einschneidende Veränderung des Berufsbilds – zumindest, wenn man die dafür notwendigen Kompetenzen in die Häuser holen will (und kann). Erst dann können Bibliotheken zu *Ermöglichungsräumen* werden, die sowohl über die notwendigen Lernraumkonzepte als auch die personellen Ressourcen verfügen und so die notwendige Erarbeitung von *Lehr-/Lernsettings* ermöglichen und zum Beispiel mit dem *Vier-Räume-Modell* von Jochumsen auf den notwendigen theoretischen Hintergrund zugreifen (Stang/Kirschbaum 2022).

Fazit

Es ist womöglich bezeichnend, dass der Begriff *Bibliothekspädagogik* im 2019 erschienenen Band „Öffentliche Bibliothek 2030" (Hauke 2019) lediglich ein einziges Mal auftaucht und das auch nur im Zitat einer Quelle. Vermutlich ist es so, dass die Bibliothekswissenschaft die Pädagogik nicht bewusst ignoriert, aber diese „Begriffsarmut" macht deutlich, wie sehr die Bibliothekswelt mit der Pädagogik fremdelt. Sie taucht in Zukunftsentwürfen nur selten oder gar nicht auf, wird vermutlich gedanklich ausgelagert oder vorsorglich anders bezeichnet. Dabei ist die Bibliothekspädagogik die Scharnierstelle für die Bibliothek der Zukunft, gerade, wenn sie zwischen Schule[3] und „Nicht-Schule" vermitteln soll, da sie in beiden Welten beheimatet ist.

Gerade durch den Fachkräftemangel und den Einsatz fachfremden Personals stellt sich heute und in Zukunft aber vermehrt die Frage nach den Qualifikationen von in Bibliotheken beschäftigten Personen. Eine ungeklärte Frage hierbei ist, wer in Öffentlichen Bibliotheken die *pädagogische Arbeit* in Zukunft machen wird. Werden dies einzelne Spezialistinnen und Spezialisten sein? Oder wird man dies von allen bibliothekarischen Kräften erwarten können? Wird die pädagogische Arbeit „am Kind" optional und freiwillig sein (wie es häufig praktiziert wurde) oder selbstverständlich zu den Aufgaben aller Mitarbeitenden gehören? Und vor allem: Wie wird das Bibliothekswesen auf den wachsenden Bedarf reagieren und die Aus-, Fort- und Weiterbildung im Bereich der Bibliothekspädagogik organisieren? Sicher ist, dass auch nicht explizit als pädagogisch gelabeltes Handeln durchaus *pädagogisch* sein kann. Anders ausgedrückt: Auch unbewusstes (möglicherweise unangemessenes) pädagogisches Handeln ist immer noch der Pädagogik zuzurechnen.

3 Dieser Beitrag hat das weite Feld der Schulbibliotheken ausgeklammert, eine eingehende Befassung damit hätte den Rahmen gesprengt.

Sicher dürfte auch sein, dass sich die Öffentlichen Bibliotheken in Zukunft verstärkt mit pädagogischen Fragen auseinandersetzen müssen. Dies wird nicht nur im Rahmen bildungspartnerschaftlicher Zusammenarbeit notwendig werden, sondern auch, wenn es um die Rechtfertigung der Einrichtung an sich geht. In dem Maße, in dem Bibliotheken reklamieren, öffentlicher Raum zu sein, Veranstaltungsort, Lernbegleiterinnen und Ermöglicherinnen, werden sie auch Auskunft darüber geben müssen, was sie dazu befähigt und mit welchen Mitteln sie die Qualität des Angebots sichern. In den letzten Jahren haben sich die Bibliotheken – häufig auch aus strategischen Erwägungen heraus – auf das pädagogische Spielfeld vorgewagt. Das war wichtig und gut, aber nun ist es notwendig, dieses Engagement auch entsprechend durch qualifiziertes Personal und ein institutionelles Commitment zu sichern.

Literatur

Bertelsmann Stiftung, Ministerium für Städtebau und Wohnen, Kultur und Sport des Landes NRW (Hrsg.) (2005): *Kooperation macht stärker: Medienpartner Bibliothek & Schule*. Gütersloh: Bertelsmann Stiftung.

dbv – Deutscher Bibliotheksverban (2022): Das Projekt ‚Netzwerk Bibliothek Medienbildung' stärkt Bibliotheken als Orte der Medienbildung in ländlichen Räumen. *Bibliotheksdienst* 56/10–11, 610–611. https://doi.org/10.1515/bd-2022-0096.

Dudeck, J. (2015): Bibliothekspädagogik – ein etwas anderer Zugang. *BuB. Forum Bibliothek und Information* 6, 394–396. https://www.b-u-b.de/fileadmin/archiv/imports/pdf_files/2015/bub_2015_06_394_396.pdf.

Hauke, P. (2019): *Öffentliche Bibliothek 2019. Herausforderungen – Konzepte – Visionen*. Bad Honnef: Bock + Herchen.

Homann, B. (2018): Lernen 60plus. Neue Optionen für Öffentliche Bibliotheken. In: R. Stang; K. Umlauf (Hrsg.): *Lernwelt Öffentliche Bibliothek. Dimensionen der Verortung und Konzepte*. Berlin; Boston: De Gruyter Saur, 189–200. https://doi.org/10.1515/9783110590982-017.

Keller-Loibl, K. (2018): Zur Etablierung einer Bibliothekspädagogik: Professionalisierung der Bildungsarbeit Öffentlicher Bibliotheken. In: R. Stang; K. Umlauf (Hrsg.): *Lernwelt Öffentliche Bibliothek. Dimensionen der Verortung und Konzepte*. Berlin; Boston: De Gruyter Saur, 47–56. https://doi.org/10.1515/9783110590982-005.

Keller-Loibl, K. (2024): Bibliothekspädagogik. Entwicklung, Begriff, Potenziale und Herausforderungen. In: U. Engelkenmeier; K. Keller-Loibl; B. Schmid-Ruhe; R. Stang (Hrsg.): *Handbuch Bibliothekspädagogik*. Berlin; Boston: De Gruyter Saur, 15–27. https://doi.org/10.1515/9783111032030-002.

Keller-Loibl, K.; Brandt, S. (2015): *Leseförderung in Öffentlichen Bibliotheken*, Berlin; München; Boston: De Gruyter Saur. https://doi.org/10.1515/9783110337013.

Keller-Loibl, K.; Stang R. (2024): Bibliothekspädagogik und Digitalisierung. In: U. Engelkenmeier; K. Keller-Loibl; B. Schmid-Ruhe; R. Stang (Hrsg.): *Handbuch Bibliothekspädagogik*. Berlin; Boston: De Gruyter Saur, 215–224. https://doi.org/10.1515/9783111032030-020.

Mittler, E. (1996): Die Bibliothek der Zukunft. Überlegungen aus Anlaß der Planungen zu einem Informations- und Kommunikationszentrum in Adlershof (Berlin). *BIBLIOTHEK – Forschung und Praxis* 20/2, 259–261. https://doi.org/10.1515/0005.259.

Mittler, E. (2017): Wohin geht die Reise? Bibliothekspolitik am Anfang des 21. Jahrhunderts. *BIBLIOTHEK – Forschung und Praxis* 41/2, 213–223. https://doi.org/10.1515/bfp-2017-0034.

Marci-Boehncke, G. (2018): Das Spiralcurriculum als Eckpfeiler. Optionen für eine bibliotheksdidaktische Grundlegung. In: R. Stang; K. Umlauf (Hrsg.): *Lernwelt Öffentliche Bibliothek: Dimensionen der Verortung und Konzepte*. Berlin; Boston: De Gruyter Saur, 70–80. https://doi.org/10.1515/9783110590982-007.

Marci-Boehncke, G. (2019): Media Literacy und Librarians Beliefs. Wie Einstellungen auf das Professionsverständnis wirken. In: P. Hauke (Hrsg.): *Öffentliche Bibliothek. Herausforderungen – Konzepte – Visionen*. Bad Honnef: Bock + Herchen, 311–322. http://edoc.hu-berlin.de/18452/20799.

Müller, R. (2020): Wer macht jetzt eigentlich was? *BuB. Forum Bibliothek und Information* 6. 322–325. https://www.b-u-b.de/fileadmin/archiv/imports/pdf_files/2020/bub_2020_06_322_325.pdf.

Oldenburg, R. (1989): *The Great Good Place*. New York: Paragon House.

Petter, L.; Schmid-Ruhe, B. (2023): Fachkräfte im Bereich der Medienpädagogik an Öffentlichen Bibliotheken in Deutschland: Anforderungen und Aufgaben. *o-bib. Das Offene Bibliotheksjournal* 10/2, 1–12. https://doi.org/10.5282/o-bib/5918.

Reckling-Freitag, K. (2018): Wege einer Bildungspartnerschaft. In: R. Stang; K. Umlauf (Hrsg.): *Lernwelt Öffentliche Bibliothek. Dimensionen der Verortung und Konzepte*. Berlin; Boston: De Gruyter Saur, 165–177. https://doi.org/10.1515/9783110590982-015.

Rose, S. (2014): *Bibliothek – Medien – Lesen. Von der Buchausleihe zur Leseförderung: Lesedidaktische Kompetenzen von Bibliotheken im Selbst- und Fremdbild. Eine empirische Studie zu Angebot und Nachfrage außerschulischer Leseförderung in Öffentlichen Bibliotheken unter lesedidaktischer Perspektive*. Dortmund Dissertation. http://dx.doi.org/10.17877/DE290R-11530.

Schmid-Ruhe, B. (2018): Bibliothekspädagogische Praxis. Herausforderungen für die Konzeptentwicklung. In: R. Stang; K. Umlauf (Hrsg.): *Lernwelt Öffentliche Bibliothek: Dimensionen der Verortung und Konzepte*. Berlin; Boston: De Gruyter Saur, 93–104. https://doi.org/10.1515/9783110590982-009.

Schuldt, K. (2020): *Was heisst es, dass es keine Bibliothekspädagogik gibt?* https://bildungundgutesleben.wordpress.com/2020/07/07/was-heisst-es-dass-es-keine-bibliothekspadagogik-gibt/.

Schultka, H. (2005): Informationsvermittlung. Bibliothekspädagogik. *Bibliotheksdienst* 39/11, 1462–1488.

Sprengel, S. (2021): *Öffentliche Bibliotheken als Akteure Kultureller Bildung?* Berlin: Institut für Bibliotheks- und Informationswissenschaft der Humboldt-Universität zu Berlin. https://edoc.hu-berlin.de/bitstream/handle/18452/22954/BHR464-Sprengel.pdf?sequence=1.

Stang, R. (2019): Lernwelten für Bibliotheken. Dimensionen der Zukunftsgestaltung. *BIBLIOTHEK – Forschung und Praxis* 43/1, 139–149. https://doi.org/10.1515/bfp-2019-2050.

Stang, R. (2020): Viel Bibliothek, wenig Pädagogik. Zur Kontextualisierung einer Bibliothekspädagogik. *BuB. Forum Bibliothek und Information* 6, 316–318. https://www.b-u-b.de/fileadmin/archiv/imports/pdf_files/2020/bub_2020_06_316_318.pdf.

Stang, R: Kirschbaum, M. (2022): Architektur und Lernwelten. Herausforderungen für die Zukunft. In: M. Kirschbaum; R. Stang (Hrsg.): *Architektur und Lernwelten: Perspektiven für die Gestaltung*. Berlin; Boston: De Gruyter Saur, 242–276. https://doi.org/10.1515/9783110732795-017.

Steinhauer, E. (2011): Themen. Recht. Bibliotheken als Gegenstand eines Gesetzes zur Förderung der kulturellen Bildung? Überlegungen zu einer aktuellen nordrhein-westfälischen Debatte. *Bibliotheksdienst* 45/1, 64–80. https://doi.org/10.1515/bd.2011.45.1.64.

Weinert, F. E. (2001): *Leistungsmessung in Schulen*. Weinheim; Basel: Beltz Pädagogik.

Welbers, U.; Gaus, O.; Wagner, B. (2005): *The Shift from Teaching to Learning. Konstruktionsbedingungen eines Ideals. Festschrift zum 60. Geburtstag von Johannes Wildt*. Bielefeld: W. Bertelsmann.

Werner, K. U. (2022): Vom Lesesaal zum Coworking Space: Lernarchitekturen in Bibliotheken. In: M. Kirschbaum; R. Stang (Hrsg.): *Architektur und Lernwelten: Perspektiven für die Gestaltung*. Berlin; Boston: De Gruyter Saur, 160–176. https://doi.org/10.1515/9783110732795-012.

Oliver Schoenbeck

Positionierung Bibliothekspädagogik: Fokus Wissenschaftliche Bibliotheken

Einleitung

Angebote zur Förderung von Informationskompetenz sind gängige Praxis an Hochschulbibliotheken. In unterschiedlichem Ausmaß sind sie direkt eingebettet in den Kontext akademischen Lehrens und Lernens. Häufig sind es dabei die Bibliotheken selbst, die initiativ tätig werden und ihre Vermittlungs- und Unterstützungsangebote den verschiedenen, meist universitären Zielgruppen nahebringen. Aus dieser Praxis hat sich ein sehr eigenständiger und konstruktiver Diskurs rund um Vermittlungsangebote von Bibliotheken entwickelt, der sich spätestens seit Homanns Übersetzung der „Standards der Informationskompetenz" im Jahr 2002 (Homann 2002) um den Begriff *Informationskompetenz* dreht. Fort- und Weiterbildungsangebote zum Thema gibt es mittlerweile reichlich und allein die Tatsache, dass dem Thema nicht mehr nur einzelne Zeitschriftenartikel, sondern ganze Handbücher gewidmet werden (Hanke/Sühl-Strohmenger 2016; Schultka 2018; Sühl-Strohmenger 2016), ist Beleg für seine Kanonisierung. Dieser Status quo der Vermittlungspraxis durch Wissenschaftliche Bibliotheken ist der Ausgangspunkt für die Fragen, die Wissenschaftliche Bibliotheken an eine Bibliothekspädagogik als Institutionenpädagogik stellen können.

Die Ausgangslage: Bibliotheken und Pädagogik

Für eine Auseinandersetzung mit den Möglichkeiten einer Bibliothekspädagogik sollen zunächst die Begriffe *Bibliothek* und *Pädagogik* aus der jeweils gegensätzlichen Perspektive betrachtet werden.

Bibliotheken

In den letzten Jahrzehnten hat sich die Rolle von Wissenschaftlichen Bibliotheken infolge der „digitalen Transformation" entscheidend verändert. Bibliotheken als Akteure in der wissenschaftlichen Kommunikation sind heute weniger reine Lieferanten wissenschaftlicher Information als vielmehr Mitgestalter von Informations- und Datenflüssen. Open Access, Forschungsdatenmanagement oder der Betrieb von Forschungsinformationssystemen sind Bereiche, die auf bibliothekarische Kernkompetenzen wie Erschließung, Metadatenmanagement, Retrieval und ähnliches zurückgreifen, aber

https://doi.org/10.1515/9783111032030-005

gleichzeitig das „klassische" Bild von Bibliotheken infrage stellen, in dem Bibliotheken die verschiedensten Medienformate vor allem bereitstellen und konservieren. Bibliotheken als *Orte* an den Hochschulen wiederum definieren sich häufig weniger über die zur Verfügung gestellte wissenschaftliche Information, sondern als Lernorte, die die Infrastruktur für Lehre und Lernen an den Hochschulen bereitstellen – ein Feld, das ebenfalls stark vom digitalen Wandel betroffen ist. Viele dieser Veränderungen sind keine Impulse, die evolutionär aus dem Selbstverständnis der Bibliotheken erwachsen, sondern vielmehr Reaktionen auf sich verändernde Rahmenbedingungen: Wissenschaftskommunikation und Wissenschaftlichkeit unter digitalen Bedingungen sind in einem tiefgreifenden Wandel begriffen.[1] Gerade in Bezug auf den Umgang mit Forschungsdaten zeigt sich, dass quasi die Natur wissenschaftlichen Erkenntnisgewinns von den Möglichkeiten digitaler Speicherung und Verbreitung verändert wird. Für Wissenschaftliche Bibliotheken ergibt sich also ein permanenter Entwicklungsbedarf mit einer großen Unsicherheit über die eigene Rolle im Gefüge der Wissenschaftskommunikation. Klassische Aufgabenverteilungen zwischen Rechenzentren, Medienzentren und Bibliotheken gelten nur noch bedingt. Dass die Funktion *Universitätsbibliothek* heute teils von Einrichtungen wahrgenommen wird, die Informations-, Kommunikations- und Medienzentrum (IKMZ) (Cottbus) oder Medien- und Informationszentrum (MIZ) (Lüneburg) heißen und systemisch an der Stelle „ehemaliger" Bibliotheken stehen, unterstreicht diese Wahrnehmung.

Die sich verändernden Aufgabenportfolios ziehen ein erweitertes Dienstleistungsangebot Wissenschaftlicher Bibliotheken nach sich, das von Nutzenden auch erweiterte Kompetenzen verlangt. Entscheidungsspielräume über Formatierung, Erschließung und Verbreitung eigener wissenschaftlicher Information werden größer; in der Folge wächst der Beratungs- und Vermittlungsbedarf für alle Zielgruppen. Die digitale Transformation bedingt einen immer weiter wachsenden Bedarf für die Entwicklung aller Arten von Schlüsselkompetenzen durch Studierende und in der Wissenschaft Tätige.

Ist die Einheit von Forschung und Lehre als Humboldtsches Bildungsideal vielleicht die eine bleibende Konstante in der digitalen Transformation, so legt auch sie nahe, dass Bibliotheken noch einmal gezielt nach ihrer aktuellen Stellung im System der Hochschulbildung fragen. In dem Sinne, wie die universitäre Lehre als Treiberin des Wandels für Bibliotheken immer wichtiger geworden ist – was sich an ihrer Rolle als Lernorte zeigt – ist bisher nur bedingt systemisch nach einer veränderten Einbettung zentraler Aufgaben gefragt worden. Einschlägige hochschulpolitische Empfehlungen weisen eher den klassischen Einrichtungen neue Aufgaben zu, als dass die Struktur des Einrichtungsgefüges in Frage gestellt würde (Hochschulrektorenkonferenz 2012).

---

1 Siehe auch Keller-Loibl/Stang (2024) in diesem Band.

Pädagogik

Pädagogik gilt gemeinhin als Praxiswissenschaft (Böhm/Seichter 2022, 358–360). Als solche sind ihr als „Lehre von der Bildung" *Reflexion* und *Handeln* als Grundhaltungen eingeschrieben. Gegenstand der Reflexion können dabei das Lernen und in der Folge das Lehren ebenso sein wie Lernende und Lehrende als Akteurinnen und Akteure oder die Bedingungen und Strukturen, unter denen sie handeln. Als Wissenschaft ist sie heute ausdifferenziert in zum Beispiel Erziehungswissenschaft, Bildungswissenschaft, Sonderpädagogik. Hierin zeigt sich ein sich immer weiter konkretisierendes Verständnis der Bedingungen, unter denen Wissen und Fertigkeiten erworben werden: formell wie informell, institutionalisiert oder ohne formalen Rahmen, frühkindlich bis lebenslang, qualifizierend und vieles mehr. Für eine Bibliothekspädagogik stellt sich die Frage, welche der vielfältigen pädagogischen Perspektiven mit welcher Zielsetzung für Wissenschaftliche Bibliotheken geltend gemacht werden können.

In seiner *Einführung in die Pädagogik* stellt Fromm fest:

> Der Begriff „Pädagogik" wird üblicherweise umfassend für jede Art der Beschäftigung mit Erziehungs- und Bildungsfragen verwendet, für die Diskussion und Rechtfertigung von Zielen ebenso wie für Fragen der Gestaltung der konkreten Praxis oder der Erforschung dieser Praxis. (Fromm 2015, 10)

Wenn man dieses Zitat als „Werkzeugkoffer" verwendet, dann offenbaren sich in diesen Ansprüchen und Haltungen für Wissenschaftliche Bibliotheken Chancen auf verschiedenen Ebenen. Denn der oben beschriebene aktuelle Wandel des Rollen- und Selbstverständnisses von Bibliotheken geschieht im größeren Zusammenhang des Bildungswesens.[2] Dabei ist dieser Werkzeugkoffer nur einer von vielen, die durch die Ausdifferenzierung des pädagogischen Diskurses heute bereitstehen. Der systemische Blick auf die Stellung der Bibliotheken angesichts einer sich wandelnden Bildungslandschaft kann im Sinne Fromms also Antworten auf Fragen nach Auftrag, Stellung und Gestalt von Bibliotheken liefern – denn die „Gestaltung der konkreten Praxis" (Fromm 2015, 10) ist nur eine der Zielsetzungen des pädagogischen Diskurses.

Die pädagogische Blickrichtung

Was kann es nun heißen, *Reflexion* und *Handeln* als pädagogische Grundhaltungen für Wissenschaftliche Bibliotheken zu nutzen? Es zeigt sich, dass Bibliothekspädagogik nicht nur genutzt werden sollte, um pädagogische Handlungsanleitungen für Bibliotheken zu erarbeiten. Sie kann vielmehr auch nach der Rolle der Bibliotheken im Sys-

2 Siehe auch Keller-Loibl (2024) in diesem Band.

tem der höheren Bildung fragen, mit dem Ziel, systemische Fragen auch an das Bibliothekswesen zu stellen.

Die eigene Praxis reflektieren

In der Vermittlungspraxis Wissenschaftlicher Bibliotheken ist der Begriff der *Informationskompetenz* zentral; dabei wird von „Informationskompetenzvermittlung", ebenso wie von „-förderung" oder „-entwicklung" gesprochen. Inhaltlich ist mit Informationskompetenz im weitesten Sinne der selbstbestimmte Umgang mit Informationen im akademischen Kontext gemeint, was vor allem die Bereiche der Suche, der Verarbeitung und der Verbreitung von Informationen in der Form niedergelegter wissenschaftlicher Erkenntnis betrifft. Das *Framework Informationskompetenz in der Hochschulbildung* (Gemeinsame Kommission Informationskompetenz 2021) bietet die vielleicht aktuellste Definition aus der laufenden Diskussion:

> Informationskompetenz ist ein Satz von Fähigkeiten, der die reflektierte Erkundung von Informationen, das Verständnis davon, wie Informationen entstehen und bewertet werden sowie die Verwendung von Informationen zur Schaffung neuen Wissens und der ethisch korrekten Mitwirkung in Gemeinschaften des Lernens umfasst. (Gemeinsame Kommission Informationskompetenz 2021, 4)

Informationskompetenz ist in diesem Sinne eine der Grundlagen für die Teilhabe am wissenschaftlichen Diskurs. Der Kompetenzbegriff selbst ist dabei bisher nur am Rande in der bibliothekarischen Diskussion thematisiert worden. Dabei ist er entscheidend für die Art und Weise, mit der Kompetenzentwicklung als Aufgabe begegnet wird. Kompetenz als die selbstbestimmte Anwendung von Wissen und Fertigkeiten kann erst im Handeln entwickelt werden. Vermittlungsangebote können demnach Wissen und Fertigkeiten vermitteln, die die Grundlage sind für die Entwicklung individueller Kompetenz; hierfür müssen Nutzende dann weiterführend unterstützt werden durch gezielte und gut erreichbare Beratung und die bewusste Gestaltung von Dienstleistungsangeboten. In diesem Sinne ist es ein Unterschied, *Informationskompetenz* als Lernziel zu postulieren oder als Leitidee für die Gestaltung bibliothekarischer Dienstleistungen (Schoenbeck 2015).

Auch wenn in der oben genannten Definition eine Umschreibung wie „ethisch korrekte Mitwirkung in Gemeinschaften des Lernens" hier sehr vage scheint, offenbart sie den Umfang des heute nötigen Kompetenzbegriffs: Hier zeigen sich die komplexer gewordenen Rahmenbedingungen für die Verbreitung und Verarbeitung wissenschaftlicher Erkenntnis. Die vielfältigen digitalen Wege, die das Internet bietet, ermöglichen zum Beispiel gezielte Verbreitung und Zugriff in klar definierten Gruppen (man denke an die Urheberrechtsbeschränkung für die Verbreitung digitaler Kopien im Kontext der Lehre) mit differenzierten Formaten zu bestimmten Zwecken. Gegenüber der gedruckten Verbreitung liegt hierin auch eine Demokratisierung, weil die

Verbreitung von Informationen einen geringeren wirtschaftlichen Einsatz verlangt. „Mitwirkung in Gemeinschaften des Lernens“ beschreibt also einen Wissenschaftsdiskurs, der gänzlich anderen Bedingungen unterliegt als noch vor 30 Jahren.

Dieser Wandel hat zur Folge, dass der Handlungsspielraum für Wissenschaftlerinnen und Wissenschaftler größer wird als unter analogen Bedingungen. Heute muss gegebenenfalls abgewogen werden, in welchem Umfang und mit welcher Konsequenz wissenschaftliche Erkenntnis veröffentlicht wird: unter verschiedenen Open Access-Standards, über einen Verlag oder ein institutionelles Repositorium et cetera. Diese unterschiedlichen Verbreitungswege wiederum wirken sich auf den kritisch-bewertenden Umgang mit Information aus: Dieser wird herausfordernder, weil die akademische Qualitätssicherung als Aufgabe und Alleinstellungsmerkmal wissenschaftlicher Verlage nun in verschiedenen Systemen mit durchaus unterschiedlichen Konsequenzen erfolgen kann. Informationskompetenz ist daher heute eingebettet in ein ganzes Geflecht – letztlich – akademisch relevanter Kompetenzen: Urheberrechtskompetenz/ *copyright literacy*, *data literacy* und vieles mehr.

So wird deutlich, dass der Kompetenzumfang als solcher gewachsen ist, der heute benötigt wird, um selbstbestimmt am akademischen Diskurs teilhaben zu können. Damit stellt sich eine das System betreffende Frage: Wie kann die Entwicklung dieser Kompetenzen zu einem verbindlichen Aspekt akademischer Ausbildung werden (Hochschulrektorenkonferenz 2012)? Bibliotheken sind hier als Akteurinnen im Feld der Wissenschaftskommunikation direkt mit den Problemen digitaler Informationsverbreitung konfrontiert und es gehört zu ihren Aufgaben, technische Lösungen zu entwickeln, nutzergerecht zu gestalten und bereitzustellen. Das hat in Bezug auf die Angebote zur Kompetenzentwicklung oft zur Folge, dass diese den Anforderungen in der akademischen Lehre quasi vorauslaufen, denn die innovativen Dienstleistungsangebote als Vermittlungsinhalte müssen sich erst in der wissenschaftlichen Praxis etablieren. Es offenbart sich dann oftmals ein strukturelles Defizit im Miteinander von akademischer Lehre und jenen Anbieterinnen und Anbietern – häufig die zentralen Einrichtungen an den Hochschulen –, die den gewachsenen Bedarf an *Schlüsselkompetenzen* erkennen und entsprechende Angebote gestalten.

Diese Schlüsselkompetenzen erfahren aktuell vielfältige Definitionen und Verwendungen. Hier soll Seidl gefolgt werden, der ihre Entwicklung hin zu *21st Century Skills* beschreibt: Es handele sich um *fachübergreifende* Kompetenzen, bei denen neben vielen für die Erwerbstätigkeit zentralen sozialen und kommunikativen Kompetenzen auch Informationskompetenz genannt wird (Seidl 2021). Seidl wirft als besonderes Problem den „Status quo der Schlüsselkompetenzausbildung an deutschen Universitäten“ auf (Seidl 2021, 121). Systemisch scheint noch wenig Klarheit darüber zu herrschen, welchen Platz Schlüsselkompetenzen in den akademischen Curricula einnehmen sollen und können. Einerseits gehören sie seit der Bologna-Reform zum „Pflichtkanon eines Hochschulstudiums“ (Seidl 2021, 117), andererseits führen vielleicht auch offene begriffliche und konzeptionelle Fragen zu uneinheitlichen Umsetzungen in der Praxis.

Eine reflektierende Bibliothekspädagogik kann hier Antworten liefern für eine zukünftige Gestaltung institutioneller Abhängigkeiten. Dazu ist eine Analyse der Strukturen der Lehr-/Lerninhalte in der universitären Bildung nötig, die möglichst viele Akteurinnen und Akteure berücksichtigt als Antwort auf die wachsende Komplexität der Strukturen der Informationsversorgung. Entsprechende Bedarfe sind in den letzten Jahren in Empfehlungen der einschlägigen hochschulpolitischen Institutionen bereits formuliert worden (Euler 2015; Hochschulrektorenkonferenz 2012).

Das eigene Handeln professionalisieren

Aus einer Reflexion der Strukturen ergibt sich die Frage, wie Bibliotheken pädagogisch sinnvoll handeln; dabei sind Bibliotheken aller Typen schon lange pädagogisch tätig – von der Leseförderung über die Begleitung Studierender bis zur Erwachsenenbildung. Neben den eigentlichen Schulungs- und Vermittlungsangeboten hat auch die Beratung zur Nutzung von Literatur, Medien und Informationen pädagogischen Charakter insoweit sie darauf abzielt, Nutzende nachhaltig zu befähigen, Bibliotheksressourcen aller Art zu nutzen. Es steht dabei außer Frage, dass die einzelnen Bibliotheken bereits seit langem erfolgreich darin sind, standortspezifische Modi für die Förderung und Entwicklung von Informationskompetenz zu finden. Im direkten Austausch mit Instituten und Lehrenden vor Ort ist Informationskompetenz in unterschiedlichster Verbindlichkeit fast überall und in den meisten akademischen Disziplinen ein Ziel der akademischen Ausbildung.

Die *Hochschuldidaktik* ist dabei jene pädagogische Teildisziplin, die sich direkt mit den Bedingungen von Lehren und Lernen im Hochschulkontext beschäftigt, um effizientes pädagogisches Handeln im Hochschulkontext zu ermöglichen; wobei ihr Status als Disziplin oder Forschungsfeld und in der Folge die genauere Definition ihrer Gegenstände und Zielsetzungen ähnlichen diskursiven Unklarheiten unterliegt wie „die Pädagogik“, „die Erziehungswissenschaften“ et cetera (Reinmann 2021). Im *Neuen Handbuch Hochschullehre* gibt Wildt einen systematischen Überblick des Gegenstands und analysiert Rahmenbedingungen und Handlungsebenen der Hochschuldidaktik (Wildt 2006). Er entwickelt für die Rahmenbedingungen vier Hauptgruppen: die Sozialisations-, Qualifikations- und Lernvoraussetzungen, Quellen des fachlichen und fachübergreifenden wissenschaftlichen Wissens, [institutionelle] Voraussetzungen und die gesellschaftlichen und beruflichen Anforderungen an die Hochschul(aus)bildung (Wildt 2006, 6). Er verweist darauf, dass „[die] ganze Geschichte der Hochschuldidaktik [...] voll von Reflexionen über den Umgang und die Veränderung des Bedingungsrahmens“ sei (Wildt 2006, 6). Hier finden sich auch Bibliotheken mit ihren aktuellen Herausforderungen und dem Wandel der Rahmenbedingungen der letzten Jahrzehnte wieder: der Bologna-Prozess betraf über die Vorgaben der Bildungspolitik direkt die bibliothekarische Arbeit; die digitale Transformation verändert gesellschaftliche, berufliche Anforderungen und letztlich auch die Lernvoraussetzungen der jeweils jungen Generation an den Hochschulen.

Weiterhin beschreibt Wildt sieben Handlungsebenen für die Hochschuldidaktik, die von einzelnen (Inter)Aktionen bis zur systemischen Vernetzung reichen (Wildt 2006, 7). Er stellt fest:

> Je nach Schärfe der analytischen Auflösung werden aus dem Handlungszusammenhang des Lehrens und Lernens Gegenstandsaspekte hervorgehoben, auf die sich der theoretische, empirische oder gestalterische Zugriff der Hochschuldidaktik bezieht. (Wildt 2006, 7)

Bibliotheken zielen – wie gesehen – vor allem auf die Entwicklung von Schlüsselkompetenzen in Abhängigkeit von fachakademischem Wissen und Fertigkeiten. Eine systemische Verortung auf Handlungsebenen, wie Wildt sie beschreibt, kann dabei helfen, bibliothekspädagogisches Handeln nachhaltig in Beziehung zu setzen zur hochschuldidaktischen Praxis der Fächer und so auch eine systemische Legitimation dieses Handelns entwerfen.

Von der Hochschuldidaktik kommend, geht Reinmann mit einem Konzept zur *Wissenschaftsdidaktik* noch einen weiteren Schritt. Dieser führt weg von einer allgemeinen Hochschuldidaktik wie sie klassischerweise – und auch von Wildt – aus den universitären Rahmenstrukturen heraus entwickelt wird, zu einem Blick auf das Lehren und Lernen, der stärker von der wissenschaftlichen Praxis einzelner Fächer geprägt ist (Reinmann/Rhein 2022). Zeigt sich hier eine weitere Ausdifferenzierung hochschuldidaktischer Praxis, wie sie von Wildt als zwangsläufig gesehen wird, so hat dieser Schritt für Bibliotheken eine besondere Bedeutung, weil deren Fokus auf der Förderung von Schlüsselkompetenzen umso erfolgreicher sein wird, je direkter er in die fachwissenschaftliche Tätigkeit eingebunden ist.

Schlüsselkompetenzen an sich stellen dabei eine besondere Herausforderung für die Hochschuldidaktik dar (Seidl 2021, 121). Sie sind nicht der primäre Gegenstand akademischer Lehre und werden doch – wie oben gesehen – durch die Digitalisierung zunehmend wichtiger. Für Bibliotheken stellt sich dabei nicht nur die Frage adäquater Vermittlungsangebote. Viele Aspekte akademischer Schlüsselkompetenzen betreffen direkt die Ressourcen und Dienstleistungen, die von Bibliotheken angeboten werden. Die Wissens- und Fertigkeitsgrundlagen für die effiziente Nutzung dieser Services können vermittelt werden, die Kompetenz muss in der Anwendung entwickelt werden. Schlüsselkompetenzen zu entwickeln heißt also auch, auf der institutionellen Ebene die Rahmenbedingungen zu schaffen, unter denen kompetentes Handeln eingeübt werden kann. Gerade für Bibliotheken muss daher auch Beraten zu den klassischen pädagogischen Tätigkeiten gerechnet werden (Bräu 2021, 145–169; Drognitz et al. 2021, 103–116).[3]

3 Siehe auch Engelkenmeier (2024) in diesem Band.

Dieser Blick auf hochschuldidaktische Ansätze legt nahe, dass der überwiegend gewählte Ansatz der Bibliotheken zu kurz greift auf der einfachen Handlungsebene der Gestaltung von Vermittlungsangeboten zu argumentieren – wie Wildt sie als Handlungsebenen II ((Lern)Situationen) und III ((Lehr)Veranstaltungen) benennt (Wildt 2006, 7). Die bibliothekarische beziehungsweise bibliothekspädagogische Diskussion sollte hier den Anspruch entwickeln, auch die Rahmenbedingungen des eigenen Handelns mitzugestalten.

Fazit

Unter dem Leitbegriff *Informationskompetenz* versetzen Bibliothekarinnen und Bibliothekare Nutzende in die Lage, Bibliotheksressourcen effizient und kompetent zu nutzen. Aus einer pragmatischen Haltung heraus haben sie dafür bereits zahlreiche konstruktive Anregungen, Anleitungen und Umsetzungsbeispiele geschaffen. In der Regel hatte diese pragmatische Herangehensweise Bibliotheken als Institutionen zum Ausgangspunkt: Wie vermitteln wir das Wissen und die Fertigkeiten für die zielgerechte Nutzung der eigenen Bestände und Werkzeuge möglichst effizient? Dabei wurde durchaus auf immer weiter streuende Aufgabenbereiche eingegangen, was sich aktuell vor allem in der Auseinandersetzung mit Themen wie *copyright literacy, data literacy* et cetera zeigt. Dieses komplexer werdende Umfeld schlägt sich auch beispielhaft am *Framework Informationskompetenz in der Hochschulbildung* nieder (Gemeinsame Kommission Informationskompetenz 2021).

Bisher werden aber auf systemischer Ebene kaum Herausforderungen für das Bibliothekswesen aus dieser Situation abgeleitet. Daher ist es nötig, die Rahmenbedingungen bibliothekspädagogischen Handelns stärker zu reflektieren mit einem wissenschaftlich-pädagogischen Habitus, wie es oben skizziert wurde. Entscheidend ist dafür die Änderung der Blickrichtung: Bibliothekspädagogische Erkenntnisse sollten eingesetzt werden, um die Bibliotheken selbst in Zeiten der digitalen Transformation zukunftsfähig zu halten. Gemeinhin wird der Anspruch für alle Bibliothekstypen formuliert, dass sie verlässliche und unerlässliche Bildungspartner seien.[4] Sie tauchen in den hier benannten *pädagogischen* Quellen allerdings nur selten als solche auf. Zukünftig wird es entscheidend sein, nicht nur pädagogisches Denken in die Bibliotheken zu tragen, sondern Bibliotheken auch zum Gegenstand des pädagogischen Diskurses – vor allem in der Bildungswissenschaft – zu machen. Das muss auch bedeuten, Bibliotheken in den Strukturen des Bildungssystems sichtbarer zu machen. Praktisch

---

4 Man vergleiche die „Themen", die der Deutsche Bibliotheksverband – dbv auf seiner Webseite benennt, u. a. „Bibliothek und Schule", „Informationskompetenz und Medienbildung", „Kulturelle Bildung", „Leseförderung"; alle nennen Bibliotheken als Bildungspartnerinnen: https://www.bibliotheksverband.de/themen.

kann das zum Beispiel bedeuten, sie auch auf der Ebene der hochschuldidaktischen und lehrrelevanten Administration in die Gestaltung und Durchführung von Lehrangeboten, Curricula et cetera einzubinden – was wiederum Konsequenzen für Ausbildung, Ausstattung und Organisation auf Seiten der Bibliotheken haben muss. Auch wenn hier vor allem auf Hochschulbibliotheken eingegangen wurde, können die gestellten Fragen mit spezifischen Antworten auch an Wissenschaftliche Bibliotheken anderer Typen, wie Regional- und Forschungsbibliotheken gestellt werden.

Literatur

Böhm, W.; Seichter, S. (2022): *Wörterbuch der Pädagogik*. 18. Aufl. Stuttgart: Brill, Schöningh.

Bräu, K. (2021): Beraten. In: J. Budde; T. Eckermann (Hrsg.): *Studienbuch pädagogische Praktiken*. Bad Heilbrunn: Klinkhardt, 145–169.

Drognitz, M.; Mendzheritskaya, J.; Hansen, M. (2021): Beraten und Betreuen in der Hochschullehre. In: R. Kordts-Freudinger; N. Schaper; A. Scholkmann; B. Szczyrba (Hrsg.): *Handbuch Hochschuldidaktik*. Bielefeld: wbv, 103–116.

Engelkenmeier, U. (2024): Information, Auskunft und Beratung. In: U. Engelkenmeier; K. Keller-Loibl; B. Schmid-Ruhe; R. Stang (Hrsg.): *Handbuch Bibliothekspädagogik*. Berlin; Boston: De Gruyter Saur, 325–335. https://doi.org/10.1515/9783111032030-030.

Euler, E. (2015): *Hochschulbibliothek der digitalen Zukunft*. Berlin: Hochschulforum Digitalisierung. https://hochschulforumdigitalisierung.de/sites/default/files/dateien/HFD%20AP%20Nr%204_Hochschulbibliothek%20der%20digitalen%20Zukunft.pdf.

Fromm, M. (2015): *Einführung in die Pädagogik. Grundfragen, Zugänge, Leistungsmöglichkeiten*. Münster: Waxmann.

Gemeinsame Kommission Informationskompetenz von dbv und VDB (Hrsg.) (2021): Framework Informationskompetenz in der Hochschulbildung. *o-bib. Das Offene Bibliotheksjournal* 8/2, 1–29. https://doi.org/10.5282/o-bib/5674.

Hanke, U.; Sühl-Strohmenger, W. (2016): *Bibliotheksdidaktik. Grundlagen zur Förderung von Informationskompetenz*. Berlin; Boston: De Gruyter Saur.

Hochschulrektorenkonferenz (2012): *Hochschule im digitalen Zeitalter: Informationskompetenz neu begreifen. Prozesse anders steuern. Entschließung der 13. Mitgliederversammlung der HRK am 20. November 2012 in Göttingen*. Bonn: Hochschulrektorenkonferenz. https://www.hrk.de/fileadmin/_migrated/content_uploads/Entschliessung_Informationskompetenz_20112012_01.pdf.

Homann, B. (2002): Standards der Informationskompetenz. Eine Übersetzung der amerikanischen Standards der ACRL als argumentative Hilfe zur Realisierung der „Teaching Library". *Bibliotheksdienst* 5, 625–638.

Keller-Loibl, K. (2024): Rollen- und Selbstverständnis. In: U. Engelkenmeier; K. Keller-Loibl; B. Schmid-Ruhe; R. Stang (Hrsg.): *Handbuch Bibliothekspädagogik*. Berlin; Boston: De Gruyter Saur, 407–417. https://doi.org/10.1515/9783111032030-038.

Keller-Loibl, K.; Stang R. (2024): Bibliothekspädagogik und Digitalisierung. In: U. Engelkenmeier; K. Keller-Loibl; B. Schmid-Ruhe; R. Stang (Hrsg.): *Handbuch Bibliothekspädagogik*. Berlin; Boston: De Gruyter Saur, 215–224. https://doi.org/10.1515/9783111032030-020.

Kordts-Freudinger, R.; Schaper, N.; Scholkmann, A.; Szczyrba, B. (Hrsg.) (2021): *Handbuch Hochschuldidaktik*. Bielefeld: wbv.

Reinmann, G. (2021): Die wissenschaftliche Verortung der Hochschuldidaktik. Hochschuldidaktik als Disziplin? In: R. Kordts-Freudinger; N. Schaper; A. Scholkmann; B. Szczyrba (Hrsg.): *Handbuch Hochschuldidaktik*. Bielefeld: wbv, 43–56.

Reinmann, G.; Rhein, R. (2022): *Wissenschaftsdidaktik I: Einführung*. Bielefeld: transcript.

Schoenbeck, O. (2015): Informationskompetenz als Gestaltungsaufgabe. *Zeitschrift für Bibliothekswesen und Bibliographie (ZfBB)* 2, 85–93.

Schultka, H. (2018): *Bibliothekspädagogik. Lehren und Lernen in wissenschaftlichen Bibliotheken*. München: kopaed.

Seidl, T. (2021): Förderung von Schlüsselkompetenzen. In: R. Kordts-Freudinger; N. Schaper; A. Scholkmann; B. Szczyrba (Hrsg.): *Handbuch Hochschuldidaktik*. Bielefeld: wbv, 117–128.

Sühl-Strohmenger, W. (Hrsg.) (2016): *Handbuch Informationskompetenz*. 2. Aufl. Berlin; Boston: de Gruyter Saur.

Wildt, J. (2006): Ein hochschuldidaktischer *Blick auf Lehren und Lernen. Eine kurze Einführung in die Hochschuldidaktik*. In: B. Berendt; A. Fleischmann, G. Salmhofer; N. Schaper; B. Szcyrba; M. Wiemer; J. Wildt (Hrsg.): *Neues Handbuch Hochschullehre*. Ergänzung 01. Stuttgart; Berlin: RAABE.

Kathrin Reckling-Freitag

Kooperation und Vernetzung: Fokus Öffentliche Bibliotheken

Einleitung

Die gesellschaftlichen Herausforderungen werden immer vielfältiger und die Welt, in der wir leben, immer komplexer. Gerade die ungleiche Verteilung von Bildung ist mit eine der großen Herausforderungen, vor denen die Gesellschaft steht. Diese Aufgaben können nur gemeinsam angegangen werden. Nur in starken Vernetzungen können die Ziele – im Großen wie im Kleinen – erreicht werden.

Dabei kann jede und jeder in ihrem und seinem Umfeld erste Schritte gehen. Die Bibliotheken können in ihren Kommunen tragfähige Partnerinnen für Bildung und Kultur werden und die kommunale Gesellschaft entscheidend mitgestalten. Diese ersten Schritte fangen in der eigenen Bibliothek an, wenn es um eine Bestandsaufnahme der eigenen Ressourcen, Kompetenzen und Angebote geht. Sie gehen dann über den eigenen Tellerrand hinaus in die Stadt oder Gemeinde, in der sich die Bibliothek befindet. Der Blick auf andere Akteurinnen und Akteure in Bereich Kultur und Bildung weitet und ergänzt den Blick auf die Herausforderungen. Sinnvollerweise verbindet sich die Bibliothek dazu mit anderen Bildungspartnerinnen und -partnern zu einem starken Netzwerk, das die Lösung der anstehenden Probleme gemeinschaftlich angeht. Erste Ansätze für diesen Weg in eine kommunale Bildungslandschaft zeigt dieser Beitrag auf.

Positionierung und Vernetzung der Bibliothek in der kommunalen Bildungslandschaft

Strukturen einer kommunalen Bildungslandschaft

„Um ein Kind zu erziehen bedarf es eines ganzen Dorfes." Dieses afrikanische Sprichwort hat sich in einigen Bereichen als wahr erwiesen. Bezogen auf die schulische und außerschulische Bildung macht es vor allem deutlich, dass schulische Bildung allein Kinder, Jugendliche und junge Erwachsene nicht ausreichend auf das Leben vorbereitet. Um eine tragfähige Einbindung in die Gesellschaft zu erreichen, müssen alle Partnerinnen und Partner, Institutionen und viele Einzelpersonen zusammenwirken. Wenn sich nun verschiedene Bildungsakteurinnen und -akteure wie schulische und außerschulische Institutionen, Vereine und Verbände zusammenschließen, entsteht im Idealfall eine zielgerichtete Bildungslandschaft. Aber auch ohne einen bewussten

https://doi.org/10.1515/9783111032030-006

Zusammenschluss bilden diese Akteurinnen und Akteure eine bunte Grundlage, auf der in einer Kommune Kinder und Jugendliche – aber auch Erwachsene – Angebote des Lebenslangen Lernens finden und nutzen.

Wie genau eine solche zielgerichtete Bildungslandschaft aussehen kann, führen Leimkühler und Schöne genauer aus. Sie sehen die Schlüsselrolle für die Bildungslandschaft bei der Kommune:

> Die in den verschiedenen Bereichen bislang parallel bzw. unabhängig voneinander handelnden Institutionen und Akteure erarbeiten gemeinsame Ziele und Umsetzungsstrategien und richten ihre Angebote daran aus. In diesem Prozess bringen sich alle beteiligten Akteure mit ihren spezifischen Fähigkeiten, Kompetenzen und Methoden sowie ihrem jeweiligen Zugang zu Kindern und Jugendlichen ein und treten idealiter in einen fortlaufenden Diskurs miteinander.
> Während die Verantwortlichen in den verschiedenen Bereichen des Lernens bisher nur ihren eigenen Bereich im Blick hatten, kooperieren sie im Rahmen lokaler Bildungslandschaften. Sie vernetzen ihre Einrichtungen und koordinieren verbindlich ihre Angebote, um optimales Lernen zu ermöglichen. Gemeinsames Ziel aller Akteure ist dabei die Schaffung eines konzeptionell und organisatorisch abgestimmten Bildungsangebotes mit unterschiedlichsten Gelegenheiten und Orten zum Lernen. (Leimkühler/Schöne 2012, 247)

In den meisten Städten und Kommunen werden die Bibliotheken eher auf zufällige Kooperationen und Vernetzungen stoßen oder diese auf verschiedene Themen bezogen vorfinden. Wichtig ist vor allem, sich deutlich zu machen, wer die Partnerinnen und Partner sind, mit denen die Bibliothek Kontakt aufnehmen und gemeinsame Ideen und Konzepte zu Bildungsangeboten und deren Vernetzung entwickeln kann.

Positionierung der Bibliothek in der Bildungslandschaft

Die Bibliothek fügt sich in eine vielseitige und abwechslungsreiche Bildungslandschaft in der Kommune ein. Die einzelnen Akteurinnen und Akteure finden sich in verschiedenen Bereichen von der informellen, über die nicht-formelle bis hin zur formellen Bildung.[1] Dabei sind die Grenzen mitunter fließend oder manche Akteurinnen und Akteure (wie z. B. Kitas) finden sich unter verschiedenen Schwerpunkten in verschiedenen Bereichen wieder. Die bereits bestehenden Querverbindungen untereinander verweisen auf das bestehende Netzwerk und können eine gute Hilfe für einen Einstieg oder eine Verstärkung des eigenen Netzwerkes sein.

---

1 Formelle Bildung = Schul-, Ausbildungs- und Hochschulsystem mit verpflichtendem Charakter und abschließenden Zertifikaten und Abschlüssen; nicht-formelle Bildung = organisierte, aber freiwillige Formen von Bildung, ggf. auch mit Abschlusszertifikaten (z. B. VHS); informelle Bildung = ungeplante und nicht beabsichtigte Bildung (z. B. durch Familie, Peergroups usw.).

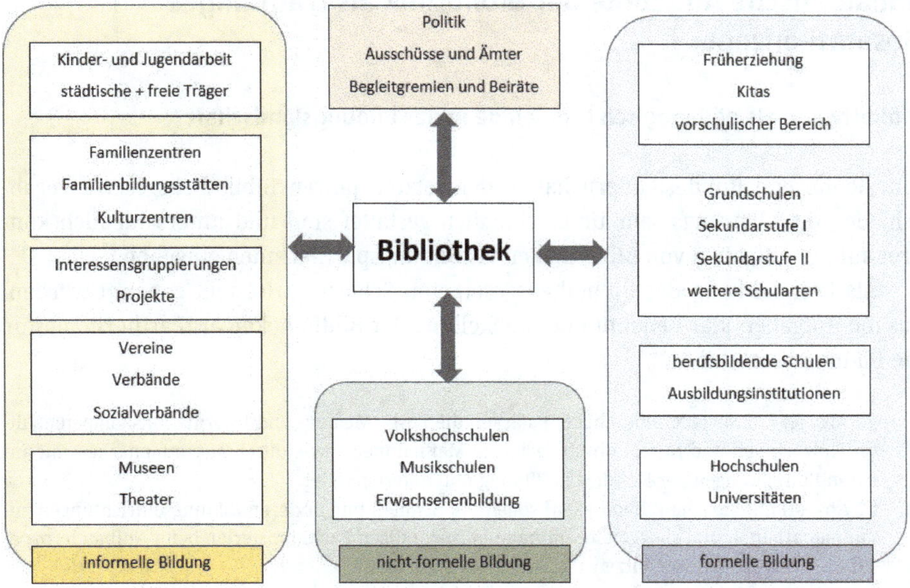

Abb. 1: Positionierung der Bibliothek in der kommunalen Bildungslandschaft (Quelle: Eigene Darstellung).

Die Bibliothek mit ihren vielfältigen Angeboten kann nicht per se einem der Bereiche (informell, nicht-formell, formell) zugeordnet werden. Bei einer Positionierung ist immer maßgeblich, mit welchen Partnerinnen und Partnern in welcher Konstellation und vor allem auf welcher curricularen Grundlage die Bibliothek kooperiert. So kann zum Beispiel eine Leseförderungsaktion – von der man erst einmal annehmen würde, dass es sich um ein informelles Angebot handelt – auch den formellen Bereich unterstützen, sofern sie direkt auf die Bildungspläne und Lehr-/Lerninhalte bezogen ist. Auf der anderen Seite sind nicht alle Angebote an Schulen – nur weil diese als Partnerinnen der formellen Bildung zuzurechnen sind – auch formelle Angebote. So kann zum Beispiel ein Gaming-Turnier im Rahmen eines Schulfestes der reinen Unterhaltung dienen, auch wenn Aspekte der Medienbildung den pädagogischen Hintergrund bilden.

Pädagogische Angebote der Bibliothek als tragfähiges Gesamtkonzept

Bibliotheken als pädagogisch Handelnde in der Bildungslandschaft

Eine Reihe von Bundesländern hat in den letzten Jahren Bibliotheksgesetze verabschiedet, die allerdings sehr unterschiedlich gestaltet sind und unterschiedlich konkret auf die Aufgaben von Bibliotheken als Bildungspartnerinnen eingehen.[2]

Als Beispiel kann das Bibliotheksgesetz von Schleswig-Holstein genannt werden, das die Aufgaben klar benennt und die Stellung der Bibliotheken als Partnerinnen für die Bildung beschreibt:

> § 2 Abs. (2) [...] Sie [Die Bibliotheken] stärken die Lese-, Medien- und Informationskompetenz ihrer Nutzerinnen und Nutzer durch geeignete Maßnahmen sowie durch Zusammenarbeit mit anderen Einrichtungen der Kultur und Bildung und untereinander.
> § 2 Abs. (4) [...] Sie [Die Bibliotheken] sollen mit Schulen und anderen Bildungseinrichtungen zusammenarbeiten und sie gemeinsam mit den zuständigen Fachministerien beim Aufbau lernspezifischer Angebote unterstützen. (Schleswig-Holstein 2016)

In den meisten Bundesländern sind inzwischen *Rahmenvereinbarungen* zwischen den Bibliotheksverbänden und den für Bildung und Kultur zuständigen Ministerien zur Zusammenarbeit von Bibliotheken mit den Schulen abgeschlossen worden. In der neu gefassten Rahmenvereinbarung in Schleswig-Holstein heißt es beispielsweise dazu:

> Als Trägerinnen der außerschulischen Medienkompetenzförderung und als Bildungspartnerinnen der Schulen kommt den Bibliotheken von jeher eine Schlüsselrolle aufgrund der hohen fachlichen Qualifikation der Mitarbeiter*innen zu. Bibliotheken vernetzen sich mit Medienzentren auch in Schulen und entwickeln Konzepte in Zusammenarbeit mit weiteren Bildungspartner*innen. [...] Gerade angesichts der Strukturen in Schleswig-Holstein mit überwiegend kleinen und mittleren Städten und Gemeinden sowie Schulen und öffentlichen Bibliotheken müssen die bereits am Ort vorhandenen Ressourcen gebündelt und Synergieeffekte herbeigeführt werden. Hauptamtliche Öffentliche Bibliotheken bieten den Zugang zu Medien, Informationen und zum Internet für alle Bürger*innen an. Die Kooperation mit den Schulen dient u. a. dazu, Schüler*innen systematisch an diese Angebote heranzuführen und im Sinne eines effektiven Ressourceneinsatzes einer Zersplitterung der vor Ort getätigten Angebote vorzubeugen. [...] Die Vertragspartner [der Rahmenvereinbarung] empfehlen den Schulträgern und den Schulen sowie den Bibliotheksträgern und Öffentlichen Bibliotheken und Fahrbüchereien in Schleswig-Holstein, eng im Sinne dieser Rahmenvereinbarung zusammen zu arbeiten. Dabei können schriftliche Kooperationsvereinbarungen zwischen Schule und Bibliothek getroffen werden, um die Zusammenarbeit vor Ort auf eine gemeinsame, förderliche Grundlage zu stellen. (Schleswig-Holstein 2021)

2 Eine Übersicht zu den Bibliotheksgesetzen findet sich im Bibliotheksportal: https://bibliotheksportal.de/ressourcen/recht/bibliotheksgesetze/.

Rahmenvereinbarungen[3] konkretisieren die in den Bibliotheksgesetzen eher allgemein gehaltenen Aufgaben und Zuständigkeiten. Sie sind eine wichtige und sehr hilfreiche Basis für den Aufbau von Kooperationen und Vernetzungen in den kommunalen Bildungslandschaften.

Zentrale Basis für pädagogische Angebote, die sich dem formellen Bereich der Kooperation mit Schulen nähern, sind in erster Linie die *Bildungspläne*. Von den Bildungsstandards der Kultusministerkonferenz über die Lehrpläne der einzelnen Bundesländer bis hin zu den Schulprogrammen der einzelnen Schulen stellen sie eine Vielzahl von Themen und Inhalten in einen direkten Zusammenhang mit der formellen Bildung. Bibliotheken als Bildungspartnerinnen sind hier besonders gefragt, ihre Kompetenzen und ihre Ressourcen in das schulische Leben einzubringen.

Verknüpft mit dem *bibliothekspädagogischen Spiralcurriculum* der Bibliotheken – also den bibliothekseigenen Lehrinhalten – entstehen hieraus tragfähige pädagogische Gesamtkonzepte. Diese verankern die Bibliothek als Bildungspartnerin vor Ort und können in der Politik gewinnbringend für die Bibliotheken eingesetzt werden. Wenn die Politik ein solches Konzept bekräftigt und verabschiedet, stehen die Aussichten für eine konkrete Unterstützung der Bibliothek bei der Bewältigung dieser Aufgaben sehr gut.

Themen und Inhalte Öffentlicher Bibliotheken als pädagogisch Handelnde

Die Bandbreite der Themen und Inhalte, die Bibliotheken in die Bildungslandschaft einbringen können, ist sehr vielfältig. Die Themen und Inhalte beziehen sich nicht nur auf Schulen oder Bereiche der Kinder- und Jugendbildung. Auch für Erwachsene in allen Lebensphasen stehen Angebote bereit. Damit unterstützen die Bibliotheken ganz konkret das Lebenslange Lernen, das in unserer immer komplexer werdenden Lebenswelt eine wichtige Grundlage bildet. Auch verschiedene Altersgruppen sind in den verschiedenen Angeboten abgebildet, sodass von der frühkindlichen Erziehung über Berufstätige bis hin zu Seniorinnen und Senioren sowie Hochaltrigen alle Altersgruppen erreicht werden können.

Lernen findet dabei nicht nur bezogen auf Bildungspläne oder Curricula statt, die von den Bibliotheken unterstützt werden können:

- Lernen in der Früherziehung und der Kita (Bezug zu Bildungsplänen für Kitas),
- Lernen in den Schulen (Bezug zu Bildungsplänen, Fachanforderungen und Lehrplänen für Schulen),

3 Eine Übersicht der Rahmenvereinbarungen bietet der Deutsche Bildungsserver: https://www.bildungsserver.de/kooperationsvereinbarungen-der-laender-ueber-die-zusammenarbeit-von-bibliothek-und-schule-6407-de.html.

- Lernen in der Berufsfindungs- und Ausbildungsphase (Bezug zu den Ausbildungsplänen),
- Lernen im und für den Beruf,
- Lernen im Studium,
- Lernen im privaten Bereich (Hobby, Ehrenämter usw.).

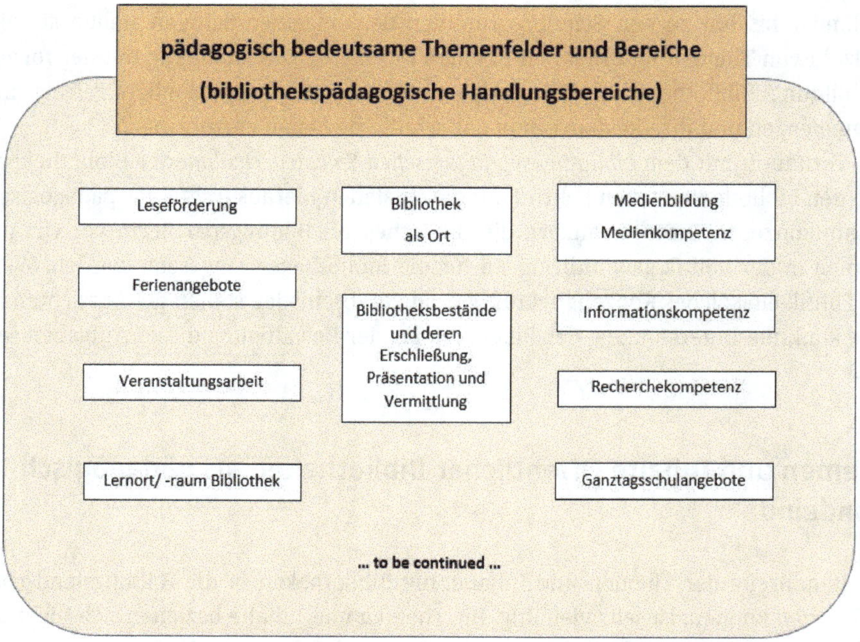

Abb. 2: Bibliothekspädagogische Handlungsbereiche (Quelle: Eigene Darstellung)

So unterschiedlich wie die Themen sind, können auch die Bereiche und Aufgabengebiete der Bibliothek sein, die für ein bibliothekspädagogisches Wirken der Bibliotheken wichtig sind. Nicht nur Angebote konkreten pädagogischen Handelns (wie z. B. bei Recherchetrainings) fallen in diese Auflistung (siehe Abbildung 2). Auch Raumgestaltung und ausleihbezogene Angebote haben eine Bedeutung für die bibliothekspädagogische Arbeit der Bibliothek und sollten daher immer auch mit in den Fokus genommen werden.

Kooperation und Vernetzung mit anderen Akteurinnen und Akteuren der kommunalen Bildungslandschaft

Kooperation und Vernetzung

> Kooperation ist eine Form der Zusammenarbeit zwischen Personen, Gruppen oder Institutionen, die sich durch bewusstes und planvolles Herangehen sowie gegenseitige Abstimmungsprozesse auszeichnet. (Spieß 2021)

Diese Definition kann für Bibliotheken sinngemäß konkretisiert werden: Kooperation im Sinne einer kommunalen Bildungslandschaft ist die Zusammenarbeit vieler verschiedener Bildungsakteurinnen und -akteure, die sich gemeinsam für die (lebenslange) Bildung der Bürgerinnen und Bürger einsetzen. Sie finden gemeinsame Ziele, erarbeiten ein gemeinsames Vorgehen und setzen diese Pläne in die Realität um. Dabei agieren sie gemeinsam, stimmen sich ab und wertschätzen und nutzen dabei die Fähigkeiten, Kompetenzen und Spezialisierungen der einzelnen Partnerinnen und Partner, ohne dass diese ihre Eigenständigkeit verlieren. Im günstigen Fall basieren diese Kooperationen auf curricularen Grundlagen und sind in den Bildungszielen der jeweiligen Kommunen verankert. Nuissl führt die zentralen Aspekte von Kooperation aus:

> Kooperation ist im deutschen Bildungswesen ein positiv besetzter, aber wenig praktizierter und differenzierter Schlüsselbegriff. Viele Weiterbildungsgesetze enthalten daher auch Kooperationsauflagen. Kooperation setzt immer die Zusammenarbeit mindestens zweier selbstständiger, im Prinzip auch unabhängiger Partner voraus. [...] Verfahren, Reichweite und Modelle von Kooperationen sind dabei unterschiedlich. Je nach Zielen, Formen oder Aufgaben lassen sich Kooperationen unterschiedlich typisieren. [...]
> Kooperation und Konkurrenz sind zwei Seiten einer Medaille. Von Kooperation wird umso intensiver und verbindlicher gesprochen, je stärker die Konkurrenz in bestimmten Feldern ist. Von daher ist Kooperation eines der (immer wichtiger werdenden) Instrumente, sich in einem immer dichteren Wettbewerb behaupten zu können. Dabei spielen alle Typen – von der komplementären bis zur integrativen Kooperation – eine Rolle. [...] Die Kooperation von Einrichtungen in einem bestimmten Feld schließt die Konkurrenz der gleichen Einrichtungen in anderen Feldern nicht aus. Wichtiges Element von Kooperationen ist daher auch immer die unverwechselbare Identität jedes einzelnen Kooperationspartners. (Nuissl 2010)

Gestaltung von Kooperation und Vernetzung

In der Regel kennen sich die verschiedenen Bildungsakteurinnen und -akteure in einer Kommune bereits – sei es aus einzelnen Projekten oder auch aus einer bereits bestehenden konkreten Zusammenarbeit. Die Vernetzung erfolgt nicht nur über zufällige und selbstbestimmte Gelegenheiten, sondern ist oft auch durch das gemeinsame Wirken in Gremien, Ausschüssen und Arbeitsgruppen geprägt. Eine Kooperation kann daher auf unterschiedliche Arten gestaltet sein:

- Es kann eine lose Zusammenarbeit sein, auf konkrete Projekte, Themen oder Gelegenheiten bezogen.
- Die Kooperation kann über Strukturen entstanden und gefestigt sein (z. B. im Bildungsausschuss der Kommune).
- Die Kooperation kann in einer schriftlichen Vereinbarung festgehalten und so der Öffentlichkeit präsentiert worden sein.
- Es kann auch konkrete Verträge zwischen den Kooperationspartnerinnen und -partnern geben, die zum Beispiel bei der Nutzung gemeinsamen Personals und anderer Ressourcen die Zuständigkeiten und Verantwortlichkeiten regeln (z. B. im Bereich der offenen Ganztagsschulen oder in der Betreuung von Schulbibliotheken).
- Die Kooperation kann auch auf der Wahrnehmung gemeinsamer Verantwortlichkeiten basieren.

Der Weg zu einer gelungenen Kooperation kann dabei in verschiedenen Stufen erarbeitet werden. Dabei ist es sinnvoll, diese einzelnen Schritte immer auch schon mit den zukünftigen Partnerinnen und Partnern gemeinsam zu denken und umzusetzen:

Vorüberlegungen/ IST-Analyse

Eine Bestandsaufnahme der pädagogischen Angebote in der Bibliothek ist die Grundlage, auf der Gespräche aufgenommen werden können. Es ist sehr sinnvoll, die eigenen Angebote und die Ressourcen der Bibliothek in einen Gesamtzusammenhang zu bringen, der dann nach außen dargestellt und präsentiert werden kann. Die Erstellung eines bibliothekspädagogischen Gesamtkonzeptes kann hierfür eine wichtige Hilfe sein.

Ziele definieren/ SOLL-Zustand

Die Bibliothek kann aus der Bestandsaufnahme bei sich selbst und bei den Erkundungen über die bestehende kommunale Bildungslandschaft hinaus bereits eigene Ziele entwickeln. Für eine gelungene Kooperation ist es aber auch unerlässlich, dass die zukünftigen Partnerinnen und Partner gemeinsam Ziele entwickeln, die auch von allen mitgetragen werden.

Umsetzung

Dieser gemeinsam erarbeitete SOLL-Zustand kann dann in eine Vereinbarung fließen. Die Gestaltung der lebendigen Kooperation muss aber immer die Grundlage einer weiteren Zusammenarbeit sein.[4]

4 Detailliertere Informationen zum Weg zu einer gelungenen Kooperation mit Schulen finden sich in den angegebenen Quellen im Literaturverzeichnis.

Relevanz von Kooperation und Vernetzung – vor allem mit Schulen

Aus Sicht der Schulen stellt sich nach Oelkers (2012) eine Notwendigkeit zur Kooperation gerade in den heutigen Zeiten dar, weil das Leben insgesamt komplexer und vielfältiger geworden ist. Die Schule bietet einen breiten Kanon von Wissen und viele Themenfelder, die den Schülerinnen und Schülern nahegebracht werden. Aber letztlich kann nie das ganze Spektrum von Kultur und Bildung abgebildet werden. Durch die immer größer werdende Bandbreite muss Schule sich zunehmend auf das Notwendige beschränken, Kunst und Kultur werden oftmals anderen Kernfächern und -themen nachgeordnet und drohen, die Präsenz als Unterrichtsfach zu verlieren.

Oelkers (2012) sieht daher große Chancen im Zusammenwirken verschiedener kultureller und schulischer Akteurinnen und Akteure, die das Ziel der umfassenden kulturellen Bildung gemeinsam verwirklichen wollen. Wesentliche Erfahrungen in den Bereichen der kulturellen Bildung werden heute meist außerhalb der Schule gemacht und finden dabei ihren Weg von der formellen in die nicht-formelle oder sogar in die informelle (und damit zufällige und selbstgesteuerte) Bildung. „Was Schulen mangels zeitlicher Ressourcen und aufgrund fehlender Spezialisierung nicht können, übernehmen private [außerschulische] Anbieter." (Oelkers 2012) Das bietet Raum für neue Akteurinnen und Akteure in der Bildung (Volkshochschulen, Musikschulen, Bibliotheken usw.).

Kelb (2012) bewertet diese Entwicklung positiv und hilfreich: Die Vielfalt von Bildungsgelegenheiten schafft bessere Bedingungen für das Aufwachsen von Kindern und Jugendlichen. Je weniger breit das Spektrum der Schulen ist, desto wichtiger werden außerschulische Akteurinnen und Akteure wie zum Beispiel Bibliotheken, die zentrale Themen und Inhalte (wie Leseförderung, Informations-, Recherche- und Medienkompetenz) abdecken können.

Gerade, weil Schulen nicht alles anbieten können, sind sie auf Kooperationen und Vernetzungen angewiesen, die sich auf die Curricula und Bildungspläne beziehen lassen können.

> Kommunale Bildungslandschaften, in denen alle Bildungsakteure einer Stadt oder Gemeinde gemeinsam zu den Bildungszielen der Kommune zusammenarbeiten, werden immer zahlreicher. Auch wenn diese nicht im Rahmen von Projekten oder Förderprogrammen, sondern frei und aus eigener Regie gestartet werden, setzt sich die Idee, sich gemeinsam für die Zukunft der Kinder und Jugendlichen einzusetzen, immer weiter durch. Öffentliche Bibliotheken sollten sich diese Chancen und Möglichkeiten nicht entgehen lassen. Eine Beteiligung als aktive Partnerin an diesen Netzwerken und Kooperationen – auch über die hier definierten Bildungslandschaften hinaus – sollte für Bibliotheken in Zukunft unabdingbar sein. Die Definition einer Bibliothek als Bildungsinstitution kann schon jetzt für die Bibliotheken eine wichtige Rolle in der eigenen Existenzsicherung spielen. Schon die vergangenen Jahre haben gezeigt, dass Bibliotheken, die sich als aktive Bildungspartnerinnen positionieren und ihre Angebote einbringen, deutlich weniger von Sparmaßnahmen oder auch Schließungsdiskussionen betroffen sind. (Reckling-Freitag 2014)

Gelingensbedingungen für eine gute Kooperation und Vernetzung

Gute Kooperation kann nur gelingen, wenn die individuellen Bedürfnisse, Gegebenheiten und Voraussetzungen der einzelnen Partnerinnen und Partner wahrgenommen werden und in die gemeinsame Erarbeitung der Kooperation einfließen können. Es gibt nicht „das eine Patentrezept", sondern immer eine speziell zugeschnittene Lösung. Dazu gehört es auch, die Konzepte gemeinsam zu erarbeiten und umzusetzen.

Grundlagen guter Netzwerke und guter Kooperationen

Schon im Vorfeld hilft ein Blick auf wichtige Grundlagen, Schwierigkeiten in zukünftigen Kooperationen zu vermeiden:
- Es soll eine gemeinsame und auch gemeinsam erarbeitete Zielsetzung geben.
- Netzwerke und Kooperationen sollen sparten- und trägerübergreifend sein.
- Netzwerk- und Kooperationspartnerinnen und -partner sollen kontinuierlich zusammenarbeiten.
- Die Kommunikation ist strukturiert, kontinuierlich und läuft auf vielfältigen Kanälen.
- Herausforderungen werden gemeinsam diskutiert und gemeistert.
- Einzelne Angebote sollen zu einem großen Ganzen verzahnt werden.
- Netzwerke und Kooperationen sind verbindlich durch Vereinbarungen oder eine feste Verortung in kommunalen Strukturen wie zum Beispiel Bildungsausschüssen.
- Netzwerke und Kooperationen sind in der gesamten Bildungslandschaft der Kommune verankert und bringen vielfältige kompetente Partnerinnen und Partner zusammen.
- Netzwerke und Kooperationen stellen sich auf eine curriculare Grundlage (Bildungspläne, Lehrpläne, bibliothekspädagogisches Spiralcurriculum).
- Netzwerke und Kooperationen bieten trotzdem Entscheidungs- und Handlungsfreiheit der einzelnen Partnerinnen und Partner mit jeweils eigenen Stärken und Kompetenzen.

Gefahren für Netzwerke und Kooperationen liegen in den begrenzten Ressourcen und der mangelnden bildungspolitischen Willensbildung. Nach Kelb (2012) sind gerade die zeitlichen Begrenzungen und die finanziell schlechte Ausstattung von Projekten die größten Stolpersteine auf dem Weg zu einer gelungenen Zusammenarbeit. Es muss aber das Ziel aller Bildungspartnerinnen und -partner sein, von einzelnen Projekten hin zu festen Strukturen zu gelangen, die sinnvollerweise in kommunalen Bildungslandschaften verankert sind.

Fazit

Die ersten Schritte machen den Weg. Sicherlich erscheint es als eine große Aufgabe, die Bibliothek so in das Netz der kommunalen Bildungslandschaft zu integrieren, dass eine verlässliche und für die Bibliothek auch hilfreiche Struktur entsteht. Aber der Weg besteht aus einzelnen Schritten, die nach und nach getan werden können. Schon einzelne Schritte (wie eine Bestandsaufnahme der bibliothekspädagogischen Angebote, die Erstellung eines bibliothekspädagogischen Gesamtkonzeptes oder die Suche nach passenden Partnerinnen und Partnern) werden einen Einfluss auf das Image der Bibliothek in der Kommune haben. Sie werden deutlich machen, dass Bibliotheken sehr viel mehr sind als nur der Ort, an dem Medien gesammelt, präsentiert und verfügbar gemacht werden. Bibliotheken sind Bildungseinrichtungen im besten Sinne und können dies auch mit Überzeugung nach außen transportieren.

Literatur

Kelb, V. (2012): Kulturelle Bildung und Schule. In: H. Bockhorst V. Reinwand, W. Zacharias (Hrsg.): *Handbuch kulturelle Bildung*. München: kopaed, 718–721.

Land Schleswig-Holstein (2016): *Gesetz für die Bibliotheken in Schleswig-Holstein (Bibliotheksgesetz – BiblG) vom 30. August 2016*. https://www.gesetze-rechtsprechung.sh.juris.de/bssh/document/jlr-BiblGSHpG1.

Land Schleswig-Holstein (2021): *Neufassung der Rahmenvereinbarung zur Bildungspartnerschaft von Bibliotheken und Schulen in Schleswig-Holstein zwischen Ministerium für Bildung, Wissenschaft und Kultur und Büchereiverein Schleswig-Holstein e.V.* https://www.bz-sh.de/fileadmin/downloads/projekte/bildungspartnerschaft-bibliothek-schule/bz-sh-rahmenvereinbarung-bildungspartnerschaft-bibliotheken-schulen-sh-2021.pdf.

Leimkühler, R.; Schöne, S. (2012): Die Schlüsselrolle der Kommunen bei der Entwicklung lokaler Bildungslandschaften. Zentrale Herausforderungen und notwendige Rahmenbedingungen. In: P. Bleckmann; V. Schmidt (Hrsg.): *Bildungslandschaften: Mehr Chancen für alle*. Wiesbaden: VS Verlag für Sozialwissenschaften, 245–259. https://doi.org/10.1007/978-3-531-94130-1_19.

Nuissl, E. (2010): Strategische Kooperationen. *DIE Zeitschrift für Erwachsenenbildung* 1, 20–21. https://www.die-bonn.de/zeitschrift/12010/nuissl0901.pdf.

Oelkers, J. (2012): Schule, Kultur und Pädagogik. In: H. Bockhorst; V. Reinwand; W. Zacharias (Hrsg.): *Handbuch kulturelle Bildung*. München: kopaed, 151–154.

Reckling-Freitag, K. (2007): *Und wie fange ich es an? Kooperationsvereinbarungen zur Zusammenarbeit von Bibliotheken und Schulen. Theoretische und praktische Anregungen*. https://www.bz-sh.de/fileadmin/downloads/projekte/arbeitshilfen/bz-sh-Kooperationsempfehlung-Bibliothek-Schule.pdf.

Reckling-Freitag, K. (2013): *Chancen und Möglichkeiten öffentlicher Bibliotheken als aktive Partnerinnen in „Kommunalen Bildungslandschaften." Dargestellt an theoretischen Überlegungen aus der Literatur und Beispielen aus der Praxis*. Abschlussarbeit im Kontaktstudiengang Kultur-, Bildungs- und Medienmanagement Universität Hamburg, Fakultät Wirtschaft- und Sozialwissenschaften, Fachbereich Sozialökonomie. www.zwischenseiten.de.

Reckling-Freitag, K. (2017): *Bibliothekspädagogische Arbeit. Grundlagen für MitarbeiterInnen in (Schul-)Bibliotheken*. Schwalbach/ Ts.: debus Pädagogik.

Reckling-Freitag, K. (2018): Wege einer Bildungspartnerschaft. Schulen und Öffentliche Bibliotheken. In: R. Stang; K. Umlauf (Hrsg.): *Lernwelt Öffentliche Bibliothek*. Berlin; Boston: De Gruyter Saur, 165–177. https://doi.org/10.1515/9783110590982-015.

Spieß, E. (2021): Kooperation. In: M. A. Wirtz (Hrsg.): *Dorsch – Lexikon der Psychologie*. Göttingen: Hogrefe. https://portal.hogrefe.com/dorsch/kooperation/.

Katrin Stolz und Sabine Reisas

Kooperationen und Vernetzung: Fokus Wissenschaftliche Bilbliotheken

Einleitung

Hochschuldidaktik und Wissenschaftliche Bibliotheken sind zwei Akteurinnen an Hochschulen, deren Zusammenarbeit vor zehn Jahren noch selten war (Meyer-Doerpinghaus/Tröger 2013). Ihre Kooperation begann mit Schulungen zur Informationskompetenz durch Bibliotheken und der didaktischen Qualifizierung von Bibliotheksmitarbeitenden (Fischer/Diez 2006). Eine zweite Schnittstelle ist die Lernraumgestaltung[1], die aktuell insbesondere im Hinblick auf die Ermöglichung hybrider Lehre diskutiert wird. Die Bibliotheken sind dank ihrer räumlichen Kapazitäten und umfangreicher Erfahrung in der Serviceentwicklung klar positioniert (Hoebel/Mönnich 2015, 20), doch ist die Einbindung der Hochschuldidaktik in Fragen der Lernraumgestaltung nicht immer selbstverständlich. Themen wie studentische Medienkompetenz, Big Data oder die Unterstützung von didaktischen Ansätzen bieten viele Kooperationsmöglichkeiten. Dies erfordert jedoch eine entsprechende Expertise, Koordination und innerinstitutionelle Kooperation zwischen den Einrichtungen und Beteiligten, was aufgrund der Neuartigkeit des Handlungsfeldes eine Herausforderung darstellen kann.

Dieser Beitrag führt in die Hochschuldidaktik als professionelles Handlungsfeld ein und untersucht strukturelle Einflussgrößen auf die Kooperation zwischen Hochschuldidaktik, Bibliotheken und anderen Akteursgruppen im Kontext der Lernraumentwicklung. Zudem werden Handlungsstrategien zur Bewältigung institutioneller Kooperationsherausforderungen vorgestellt.

Handlungsfeld Hochschuldidaktik

Die Hochschuldidaktik als wissenschaftliches und professionelles Handlungsfeld zeichnet sich durch vier Phänomene aus:

- ein enges versus breites Verständnis von Hochschuldidaktik unter den Akteurinnen und Akteuren,
- die Vielfältigkeit der Institutionalisierung der Hochschuldidaktik in den Hochschulen,

1 Siehe auch Gläser (2024) in diesem Band.

https://doi.org/10.1515/9783111032030-007

- die Patchwork-Qualifizierung der in der Hochschuldidaktik Tätigen,
- die Fragmentierung der hochschuldidaktischen Landschaft.

Hochschuldidaktik wird oft als Dienstleistung gesehen, die durch Workshops und Beratungen Lehrkompetenzen fördert und zur Lösung von Problemen in der Lehre herangezogen wird. Diese Rolle spiegelt sich „hochschulpolitisch durch Innovationsfonds, Projektförderung und Vernetzung von Hochschullehrenden [wider] mit dem Ziel, Praxisbeispiele für gute Lehre hervorzubringen, sichtbar zu machen und auszutauschen" (Reinmann 2021, 45). In Deutschland ist die Hochschuldidaktik als eine personalentwickelnde Serviceeinrichtung institutionalisiert, die die Lehre durch Weiterbildung und Beratung verbessern und lehr-/lerntheoretische Erkenntnisse für Lehrende aufbereiten soll (Reinmann 2021, 46). Huber definierte bereits 1983 das Handlungsfeld der Hochschuldidaktik deutlich breiter. Seinem Verständnis zufolge umfasst Hochschuldidaktik Personal-, Programm- und Organisationsentwicklung, verbunden mit Forschung (Reinmann 2021, 116; Wildt 2002, 2013).

Die Hochschuldidaktik wird üblicherweise als Teildisziplin der Erziehungs- beziehungsweise Bildungswissenschaften betrachtet. Ihr Forschungsinteresse liegt in der Lösung von Lehr- und Lernproblemen an Hochschulen mit dem Ziel, Studium und Lehre zu verbessern (Huber 1983, 116). Aktuell steht die Forderung nach einer evidenzbasierten Forschung im Vordergrund (Bosse 2021, 379). Obwohl die Forschungstätigkeit der Hochschuldidaktik mittlerweile mehr Anerkennung findet, überwiegt immer noch ihr dienstleistungsorientierter Charakter. Die institutionelle Verankerung der Hochschuldidaktik in Deutschland variiert stark: Sie reicht von befristeten Forschungs- und Praxisprojekten über beratende Stabsstellen beim Präsidium und akademisch orientierte Bereiche an wissenschaftlichen Zentren bis hin zu Verwaltungsstellen mit Schwerpunkt auf Programmmanagement. Ergänzend existieren Netzwerke wie das Berliner Zentrum für Hochschullehre, die für Hochschulen eines bestimmten Typs oder Bundeslandes zuständig sind.

Hochschuldidaktik verfügt nicht über eine geschützte Berufsbezeichnung und zieht Fachleute aus verschiedenen Disziplinen an (Scholkmann/Stolz 2018). Die Professionalisierung vollzieht sich als eine „Patchwork-Qualifizierung", inhaltszufällig und vom individuellen Engagement abhängig (Fleischmann et al. 2016). Wichtige Quellen hochschuldidaktischer Fähigkeiten sind learning-on-the-job und kollegialer Austausch (Scholkmann/Stolz 2018). Land spricht daher von der Hochschuldidaktik als einer „fragmented community of practice" (Land 2004, 12). Folge dieser Patchwork-Qualifizierung ist, dass bei Kooperationspartnerinnen und -partnern Unsicherheit über die Kompetenzen der Hochschuldidaktikerinnen und -didaktiker besteht (Stolz 2020). Die Anforderungen an die Hochschuldidaktik ändern sich ständig aufgrund gesellschaftlicher, pädagogischer und technologischer Entwicklungen. Neuere Themen wie nachhaltige Entwicklung, Soziale Innovation und Digitalisierung erfordern die Anpassung didaktischer Konzepte. Auch Fragen wie die Lernraumgestaltung erfahren aufgrund der Digitalisierung von Forschung und Lehre verstärkt wieder Aufmerksamkeit. Diese

Entwicklungen haben zu einem Zuwachs an Abteilungen, Einrichtungen und Projekten geführt, die die Lehr- und Lernentwicklung an Hochschulen unterstützen, zum Beispiel Institute für nachhaltige Entwicklung, Teaching for Social Innovation oder Entrepreneurship Education. Neben der *Deutschen Gesellschaft für Hochschuldidaktik* (DGHD)[2] gibt es heutzutage weitere Institutionen wie die *Stiftung für Innovationen in der Hochschullehre*[3] und das *Hochschulforum Digitalisierung* (HFD)[4], die als Plattformen für den Austausch dienen.

Die Hochschuldidaktik als Berufs- und Wissenschaftsfeld bietet vielfältige Kooperationsmöglichkeiten an, welche über die individuelle Unterstützung von Lehrenden im Sinne einer Personalentwicklung hinausgehen. Diese Möglichkeiten hängen von der disziplinären Herkunft, dem professionellen Selbstverständnis der in der Hochschuldidaktik tätigen Personen und der spezifischen Institutionalisierungsform an der jeweiligen Hochschule ab. Die zunehmende Fragmentierung der institutionellen Landschaft und die Ausweitung der Akteursgruppen, die an Lehr- und Lernentwicklungsprozessen beteiligt sind, lenken den Fokus auf die Beziehungen und Verantwortlichkeiten zwischen diesen Akteurinnen und Akteuren. Dies umfasst Strategien und Modelle der hochschulinternen Zusammenarbeit und Faktoren, die deren Kooperation beeinflussen.

Hochschullehre als Gemeinschaftsaufgabe

Bei der Umsetzung des *Shift from Teaching to Learning* (Barr/Tagg 1995) und des Paradigmenwechsels von einer lehrenden- und wissenszentrierten zu einer studierenden- und kompetenzorientierten Hochschullehre im digitalen Zeitalter sind viele und zum Teil sehr unterschiedliche Hochschulbereiche gefragt. Im Folgenden wird ein Überblick über strukturelle Bedingungen einer kooperativen Lehrentwicklung gegeben und auf die Lernraumgestaltung als Beispiel für eine interdisziplinäre und intrainstitutionelle Aufgabe eingegangen.

Strukturelle Bedingungen einer kooperativen Lehrentwicklung

Die kooperative Lehrentwicklung wird aufgrund der hohen „Diversität im Hinblick auf Funktionen, Fachkulturzugehörigkeiten und damit zusammenhängenden Handlungslogiken" (Metzger/Barnat 2021, 485; Pohlenz 2014) als eine voraussetzungsvolle Aufgabe angesehen. Neben unterschiedlichen fachkulturellen Hintergründen (Scharlau/

2 https://www.dghd.de/.
3 https://stiftung-hochschullehre.de/.
4 https://hochschulforumdigitalisierung.de/.

Keding 2016; Wunderlich/Kenneweg 2017) oder Persönlichkeitsmerkmalen (Spieß 2021) tragen insbesondere strukturelle Rahmenbedingungen zum Gelingen von innerhochschulischen Kooperationen bei. In der Literatur finden sich drei zentrale strukturelle Bedingungen, die eine kooperative Lehrentwicklung beeinflussen: die getrennte Institutionalisierung der Akteurinnen und Akteure, die sich mit Lehrentwicklungsprozessen befassen, die (fehlende) Institutionalisierung der Vernetzungsaktivitäten und die unterschiedlichen Handlungslogiken der Kooperationspartnerinnen und -partner.

Vernetzung von Organisationseinheiten statt getrennter Institutionalisierung

Die getrennte Institutionalisierung von Organisationseinheiten, die sich mit Lehre befassen, kann dazu führen, dass die Zusammenarbeit zwischen den verschiedenen Abteilungen oder Teams erschwert wird. So sieht Pohlenz die getrennte Institutionalisierung von Hochschuldidaktik und Qualitätsmanagement als Ursache für ein „vielfach als in geringem Maße aufeinander bezogen erscheinendes Agieren in Qualitätsentwicklungsprozessen“ (Pohlenz 2014, 21) und für die Gefahr einer Deprofessionalisierung der Lehrentwicklung aufgrund der gesonderten Institutionalisierung lehrbezogener Aufgabenfelder. Auch Seidl et al. (2022) weisen auf mangelnde Koordination und Konkurrenz als mögliche Folgen einer getrennten Institutionalisierung lehrbezogener Einheiten hin. Stang geht davon aus, dass die Verbindlichkeit der Kooperation innerhalb einer Organisationseinheit höher ist als bei einer Kooperation zwischen verschiedenen Organisationseinheiten durch Vernetzung (Stang 2016, 197). Petschenka et al. (2020) geben entsprechend die Empfehlung, die Trennung von Organisationseinheiten zu reduzieren, um eine nachhaltige Entwicklung der Hochschule als Lernwelt zu ermöglichen.

Institutionalisierung von Vernetzungsaktivitäten

Die Institutionalisierung von Vernetzungsaktivitäten zwischen verschiedenen Hochschuleinheiten, wie Verwaltung, IT- und Medienzentren, Bibliotheken und hochschuldidaktischen Einrichtungen, wird als Möglichkeit zur Förderung von Kooperationen innerhalb der Hochschule betrachtet. Dies wird erreicht, indem formale Strukturen eingeführt werden, die Zusammenarbeit und Wissensaustausch steuern. Petschenka et al. schlagen vor, Vernetzungsaktivitäten in Zielvereinbarungen zu verankern und „Kooperationsmodelle zu entwickeln, die alle Interessensgruppen berücksichtigen“ (Petschenka et al. 2020, 233).

Laut Becker und Stang suchen Hochschulen noch nach individuellen Kooperationsstrategien und deren optimaler Umsetzung (Becker/Stang 2020, 95). Die Erforschung wirksamer Kooperationsstrategien bleibt ein Forschungsdesiderat.

Unterschiedlichkeit der Handlungslogiken

Kooperationspartnerinnen und -partner stehen vor der Herausforderung, unterschiedliche Handlungslogiken und Perspektiven aufgrund ihrer funktionalen Aufgaben zu vereinen (Metzger/Barnat 2021; Becker/Stang 2020). Es gilt, die didaktisch-interaktionsbezogenen, wissenschaftsorientierten mit rechtlichen, administrativen, technischen und architekturbezogenen Anforderungen abzugleichen und entsprechende Kooperationsstrategien zu entwickeln. Dabei ist die Analyse der sozialen, kulturellen und technologischen Rahmenbedingungen der jeweiligen Arbeits- und Kooperationspraktiken entscheidend (Orlikowski 2007; Gherardi 2009). Dies ist sowohl auf der Koordinations-, Planungs- und Durchführungsebene als auch auf der didaktischen Entwicklungsebene relevant. Nur so können passgenaue Lösungen zur Bewältigung von Gestaltungsaufgaben partizipativ erarbeitet werden. Die Bildung von wechselseitigen Erwartungsstrukturen, die auf die verschiedenen Handlungslogiken ausgerichtet sind, ist besonders wichtig (Metzger/Barnat 2021). Dies erfordert eine längere Zeitspanne, um die Kooperationsform zu testen und Vertrauen zu entwickeln (Spieß 2021).

Lernraumgestaltung als Beispiel für eine innerinstitutionelle Kooperation

Die Gestaltung von Lernräumen benötigt eine interdisziplinäre Zusammenarbeit, um maßgeschneiderte Lösungen für komplexe Lehr-/Lernsettings zu erarbeiten. Es gibt mehrere Schlüsselfaktoren, die im Entwicklungsprozess berücksichtigt werden sollten:

- *Soziomaterielle Verwobenheit als Schlüssel zur Gestaltung nachhaltiger Lernumgebungen:* Orlikowski (2007) hebt die Bedeutung der Verknüpfung von technischen und materiellen Angeboten, sozialen und kulturellen Elementen sowie didaktischen und fachspezifischen Rahmenbedingungen in Lernumgebungen hervor. Diese Elemente bilden ein komplexes Netzwerk, in dem jede Komponente in Interaktion mit den anderen steht und dadurch die Qualität des Lernens und die Entwicklung von Wissens- und Arbeitspraktiken beeinflusst. Die Verwobenheit ist dynamisch und unterliegt einem kontinuierlichen Aushandlungsprozess zwischen den Beteiligten und den Rahmenbedingungen. Lernende und Lehrende gestalten die Lernsituation in jeder Interaktion neu und handeln dabei neue Praktiken aus. In komplexen Problemstellungen, wie sie im Forschenden Lernen oder in inter- und transdisziplinären Lehrkonzepten vorkommen, kann diese Aushandlung zu einer produktiven und bereichernden Erfahrung führen (Reisas/Sandmann 2020; Bergmann/Schramm 2008). Forschungs- und Gestaltungsprozesse sollten daher das Verständnis fördern, wie Wissen produziert, geteilt und in Handlungsoptionen im Raum umgesetzt wird und wie Praktiken durch soziale und kulturelle Kontexte beeinflusst werden (Allert et al. 2014).

- *Innerinstitutionelle und interdisziplinäre Kooperation bei der Entwicklung von Lernräumen:* Bei der Entwicklung von Lernräumen ist eine innerinstitutionelle und interdisziplinäre Kooperation erforderlich. Hierbei sollten verschiedene Akteurinnen und Akteure wie Studierende, Lehrende, Hochschuldidaktik, Bibliotheken, Hochschulorganisation, Gebäudemanagement, Rechen- und Medienzentren, gesellschaftliche Gruppen sowie Institute für inklusive Bildung und Architektur zusammenarbeiten. Bibliotheken können dabei eine wesentliche Rolle spielen, indem sie nicht nur Zugang zu vielfältigen Informationsquellen bieten, sondern auch Expertise in den Bereichen Media Literacy und Data Literacy mitbringen. Diese Fähigkeiten sind von großer Bedeutung für die Entwicklung von Arbeits- und Wissenspraktiken, die auf dem Einsatz digitaler Technologien und Datenanalyse basieren. Die Hochschuldidaktik kann hierbei ihre Expertise in der Konzeption und Umsetzung von kompetenzorientierten Lehr- und Lernkonzepten sowie in der Evaluation von Lern- und Partizipationsprozessen einbringen.
- *Studierendenzentrierung:* Studierenden sollte eine kontinuierliche Rolle im Planungs- und Partizipationsprozess eingeräumt werden, um ein tieferes Verständnis der Auswirkungen der Lernraumentwicklung auf die soziomateriellen Praktiken und Erfahrungen der Studierenden gewinnen zu können. Darüber hinaus fördert dies ihre Eigenverantwortung und ihr Engagement für den Lernprozess, was zu einer verbesserten Lernqualität beitragen kann.
- *Transparenz, Zeit und Evaluation als Schlüsselkomponenten:* Im Rahmen solcher Kooperationen ist eine transparente Verteilung von Verantwortlichkeiten und eine offene Kommunikation essentiell, ebenso wie die Möglichkeit zur Erprobung und Evaluation von Lösungen. Dies erfordert eine angemessene Planungs- und Durchführungszeit, da zur Erkenntnisgewinnung mögliche Szenarien prototypisch durchgeführt werden sollten, um die didaktischen Ziele und Handlungsoptionen der Studierenden reflektieren und adäquate Anforderungen ableiten zu können (Allert et al. 2014). Darüber hinaus müssen Materialien (u. a. Technologien, Medien, Möbel) gestaltet sowie die Anordnung im Raum im Hinblick auf Flexibilität überprüft und Sozialformen in ihrer Wirkung und Unterstützungsfunktion analysiert werden. Schließlich sollten die Ergebnisse auf Basis des Zusammenspiels didaktischer, technischer, sozialer und organisationaler Argumente evaluiert werden. Die Ergebnisse dieser Aushandlungsprozesse tragen zu einer ganzheitlichen und nachhaltigen Lernraumgestaltung bei, indem alle Beteiligten ein Verständnis für die Anforderungen und Möglichkeiten des Lernraums entwickeln können.

Für eine nachhaltige Entwicklung von Lernräumen sind mehrere dieser Faktoren relevant, einschließlich der Koordination von Aufgaben im Hinblick auf die gesonderte Institutionalisierung und unterschiedlichen Handlungslogiken der Akteursgruppen:

- *Entwicklung von formalen Strukturen und operativen Maßnahmen zur Förderung der Vernetzung und Überbrückung der gesonderten Institutionalisierung:*
  - Als Ausgangsbasis für die Zusammenarbeit sollte die Hochschule die Ziele der Lehrentwicklung klar definieren, beispielsweise in einem Leitbild für Lehren und Lernen. *(Zielsetzung)*
  - Die Umsetzung von Partizipationsprozessen erfordert neben Zeit und Kompetenzen auch Ressourcen (z. B. finanzielle Mittel, Arbeitszeit, Personal, Infrastruktur). Hierbei ist eine sorgfältige Planung und Koordination notwendig, um diese Ressourcen effektiv einzusetzen. *(Ressourcenplanung)*
  - Für eine erfolgreiche Kooperation sollten Vertreterinnen und Vertreter der eingeladenen Einrichtungen sowie eine koordinierend-moderierende Stelle bestimmt werden. Dies erleichtert Koordinations- und Übersetzungsleistungen und sorgt für eine gleichberechtigte Einbindung der Akteursgruppen. (*Bestimmung der Beteiligten und der Koordinationsstelle/Person*)
  - Regelmäßige interdisziplinäre Arbeitsgruppen fördern die Vernetzung und helfen, institutionelle Trennungen zu überwinden. *(Herstellung kontinuierlicher Kommunikation)*
  - Die aktive und kontinuierliche Beteiligung der Studierenden in allen Phasen der Planungs- und Entscheidungsprozesse durch die Einbindung in Planungskomitees, die Schaffung von Feedback-Systemen, die Bereitstellung von Ausbildungs- und Schulungsprogrammen sowie in Forschungsprojekte. *(Implementierung studentischer Einbindung)*
  - Arbeitsergebnisse sollten kontinuierlich dokumentiert und transparent kommuniziert werden. (*Dokumentation und Transparenz der Ergebnisse)*
- *Aufgaben im Bereich der Analyse, Reflexion und Aushandlung der Handlungslogiken und Arbeitspraktiken*
  - Die Analyse von Arbeitspraktiken benötigt eine interdisziplinäre Herangehensweise, um Herausforderungen aus verschiedenen Blickwinkeln zu erkennen und methodisch anzugehen. Mitarbeitende der Bibliotheken und der Hochschuldidaktik spielen dabei eine besondere Rolle, da sie fachspezifische Forschungsprozesse und Anforderungen mit den am Lehr-/Lernprozess Beteiligten erfassen und diskutieren können. Außerdem können sie Lösungsszenarien mit anderen Akteursgruppen prototypisch umsetzen. (*Interdisziplinäre Ausrichtung der Entwicklungsgruppe*)
  - Durch die Kombination von gestaltungsorientierten Forschungsmethoden, partizipativen Prozessen und didaktischen Analyse- und Feedbackmethoden werden ein tieferes Verständnis der soziomateriellen Anforderungen erlangt, effektive Datenerhebung und -analyse ermöglicht und die Beteiligten aktiv in den Erkenntnisgewinnungsprozess eingebunden. (*Methodische Gestaltung des Entwicklungsprozesses*)
  - Eine partizipative Entwicklung von Lernräumen benötigt stetige Reflexion, Dokumentation und Anpassung an die veränderlichen soziomateriellen An-

  forderungen, sowohl von den operativ Tätigen als auch von der Koordinierungsstelle. *(Kontinuierliche Anpassung der Entwicklungsprozesse)*
  - Die Kooperation sollte als langfristiger Prozess mit nachhaltiger Struktur und Haltung gestaltet werden, um ein Verständnis der Handlungslogiken zu fördern und kontinuierliche Weiterentwicklung zu gewährleisten. Maßnahmen wie Netzwerkbildung, regelmäßige Reflexion und gezielte Weiterbildungen können unterstützen. *(Kooperation als langfristig angelegte Aufgabe)*
  - Transparenz und Offenheit sind entscheidend für die erfolgreiche Analyse, Reflexion und Aushandlung von Handlungslogiken und Arbeitspraktiken sowie für ein iteratives Vorgehen gestaltungsorientierter Forschung. *(Haltung der Offenheit)*
- *Forschung zur Weiterentwicklung partizipativer Kooperation in der Hochschule*
  - Partizipation benötigt durchgehende Forschung und Evaluation, um Kooperationsstrategien und Gestaltungsprozesse bei Bedarf anzupassen, wobei organisatorische, soziomaterielle und didaktische Aspekte berücksichtigt werden sollten. *(Begleitforschung)*
  - Für die Analyse von Kooperations- und Gestaltungsprozessen sind qualitative, quantitative sowie Mixed-Method-Ansätze im Rahmen gestaltungsorientierter und partizipativer Forschungsansätze wie Design-Based Research geeignet. *(Gestaltungsorientierte und partizipative Forschung)*

Fazit

Innerinstitutionelle Kooperationen wie die partizipative Lernraumgestaltung in Hochschulen sind ein langfristiger Prozess und sollten in der Organisationsentwicklung fortlaufend unterstützt werden. Nachhaltige Strukturen, adäquate Arbeits- und Lernkulturen, Abstimmung notwendiger Kompetenzen und gezielte Fortbildung des Personals sind essenziell für den Erfolg solcher Kooperationen.

Inter- und transdisziplinäre Begleitforschung kann partizipative und innerinstitutionelle Kooperationen innerhalb der Hochschulorganisation stetig weiterentwickeln und den Erfolg gemeinsamer Projekte, wie die Lernraumgestaltung, absichern.

Die Lernraumgestaltung ist daher eine Chance für Bibliotheken und Hochschuldidaktik, neue Tätigkeitsgebiete zu erschließen und die eigene Expertise über die heterogene Gruppe von Nutzerinnen und Nutzern in Lehrentwicklungsprozesse einfließen zu lassen.

Literatur

Allert, H.; Reisas, S.; Richter, C. (Hrsg.) (2014): *Design as Inquiry. A Manual*. https://www.medienpaedagogik.uni-kiel.de/de/hinweise_links/minimale-leittexte/manual_knowledgethroughdesign.

Barr, R. B.; Tagg, J. (1995): From teaching to learning. A new paradigm for undergraduate education. *Change: The Magazine of Higher Learning* 27/6, 12–26.

Becker, A.; Stang, R. (2020): Lernwelt Hochschule im Aufbruch. Zentrale Ergebnisse einer Befragung. In: A. Becker; R. Stang (Hrsg.): *Lernwelt Hochschule. Dimensionen eines Bildungsbereichs im Umbruch*. Berlin; Boston: De Gruyter Saur, 71–122. https://doi.org/10.1515/9783110591026-006.

Bergmann, M.; Schramm E. (Hrsg.) (2008): *Transdisziplinäre Forschung. Integrative Forschungsprozesse verstehen und bewerten*. Frankfurt a. M.: Campus.

Bosse, E. (2021): Praxisbezug als Leitidee hochschuldidaktischer Forschung. In: R. Kordts-Freudinger; N. Schaper; A. Scholkmann; B. Szczyrba (Hrsg.): *Handbuch Hochschuldidaktik*. Bielefeld: wbv Media, 379–497.

Fischer, M.; Diez, A. (2006): *Hochschuldidaktische Qualifizierung von Diplombibliothekaren/-innen und Fachreferenten/-innen für die Durchführung didaktisch fundierter Bibliotheksveranstaltungen für Studierende*. 95. Deutscher Bibliothekartag in Dresden 2006. https://www.opus-bayern.de/bib-info/volltexte/2006/220/.

Fleischmann, A.; Heiner, M.; Wiemer, M. (2016): Patchworkprofessionalisierung. Der Einstieg in die Hochschuldiaktik. In: M. Heiner; B. Baumert; S. Dany; T. Haertel; M. Quellmelz; C. Terkowsky (Hrsg.): *Was ist „Gute Lehre"? Perspektiven der Hochschuldidaktik*. Bielefeld: wbv, 97–109.

Gherardi, S. (2009): Introduction: The Critical Power of the ‚Practice Lens'. *Management Learning* 40/2, 115–128.

Gläser, C. (2024): Raumperspektiven: Wissenschaftliche Bibliotheken. In: U. Engelkenmeier; K. Keller-Loibl; B. Schmid-Ruhe; R. Stang (Hrsg.): *Handbuch Bibliothekspädagogik*. Berlin; Boston: De Gruyter Saur, 347–354. https://doi.org/10.1515/9783111032030-032.

Hoebel, F.; Mönnich, M. W. (2015): Lernraum-Management. Eine Aufgabe für Bibliotheken. *b. i. t. online* 18/1, 15–21.

Huber, L. (1983): Hochschuldidaktik als Theorie der Bildung und Ausbildung. In: L. Huber (Hrsg.), *Ausbildung und Sozialisation in der Hochschule: Vol. 10. Enzyklopädie Erziehungswissenschaft*. Stuttgart: Klett-Cotta, 114–138.

Land, R. (2004): *Educational Development. Discourse, Identity and Practice*. Maidenhead: Open University Press.

Metzger, C.; Barnat, M. (2021): Hochschuldidaktische Arbeit im System Hochschule. Verhältnisse hochschulinterner Kooperationen. In: R. Kordts-Freudinger; N. Schaper; A. Scholkmann; B. Szczyrba (Hrsg.): *Handbuch Hochschuldidaktik*. Bielefeld: wbv Media, 483–497.

Meyer-Doerpinghaus, U.; Tröger, B. (2013): *Informationskompetenz neu begreifen. – Prozesse anders steuern*. Konferenzveröffentlichung. https://opus4.kobv.de/opus4-bib-info/frontdoor/index/index/year/2013/docId/1371.

Orlikowski, W. J. (2007): Sociomaterial Practices: Exploring Technology at Work. *Organization Studies* 28/9, 1435–1448.

Petschenka, A.; Stang, R.; Becker, A.; Franke, F. Gläser, C. Weckmann, H.-D.; Zulauf, B. (2020): Die Zukunft der Lernwelt Hochschule gestalten. Ein Baukasten für Veränderungsprozesse. In: R. Stang; A. Becker (Hrsg.): *Zukunft Lernwelt Hochschule. Perspektiven und Optionen für eine Neuausrichtung*. Berlin; Boston: De Gruyter Saur, 213–256. https://doi.org/10.1515/9783110653663-020.

Pohlenz, P. (2014): Hochschuldidaktik und Qualitätsmanagement zwischen Kooperation und Konkurrenz. In: W. Benz; J. Kohler; K. Landfried (Hrsg.): *Handbuch Qualität in Studium und Lehre. Evaluation nutzen – Akkreditierung sichern – Profil schärfen!* Berlin: Raabe, 25–44.

Reinmann, G. (2021): Die wissenschaftliche Verortung der Hochschuldidaktik. Hochschuldidaktik als Disziplin? In: R. Kordts-Freudinger; N. Schaper; A. Scholkmann; B. Szczyrba (Hrsg.): *Handbuch Hochschuldidaktik*. Bielefeld: wbv Media, 43–56.

Reisas, S.; Sandmann, J. (2020): Multiperspektivische Betreuungsformate für Forschendes Lernen mit Praxispartnern. In: S. Heuchemer; B. Szczyrba; T. van Treeck (Hrsg.): *Hochschuldidaktik als Akteurin der Hochschulentwicklung*. Bielefeld: wbv, 249–256. DOI 10.3278/6004663w.

Scharlau, I.; Keding, G. (2016): Die Vergnügungen der anderen: Fachsensible Hochschuldidaktik als neuer Weg zwischen allgemeiner und fachspezifischer Hochschuldidaktik. In: T. Brahm; T. Jenert; D. Euler (Hrsg.): *Pädagogische Hochschulentwicklung. Von der Programmatik zur Implementierung*. Wiesbaden: Springer VS, 39–55.

Scholkmann, A.; Stolz, K. (2018): Kompetenzempfinden, fachliche Herkunft und besuchte Weiterbildungen von in der Hochschuldidaktik tätigen Personen. Analysen auf Basis der Umfrage im Auftrag des dghd-Vorstands. In: A. Scholkmann; S. Brendel; T. Brinker; R. Kordts-Freudinger (Hrsg.): *Zwischen Qualifizierung und Weiterbildung. Reflexionen zur gekonnten Beruflichkeit in der Hochschuldidaktik*. Bielefeld: wbv, 157–195.

Seidl, T.; Salden, P.; Metzger, C. (2022): Hochschuldidaktik in Deutschland 2022. Entwicklungen und Zukunftsperspektiven. In: R. Stang; A. Becker (Hrsg.): *Lernwelt Hochschule 2030. Konzepte und Strategien für eine zukünftige Entwicklung*. Berlin; Boston: De Gruyter Saur, 181–190. https://doi.org/10.1515/9783110729221-014.

Spieß, E. (2021): Kooperation. In: M. A. Wirtz (Hrsg.): *Dorsch. Lexikon der Psychologie*. Bern: Hogrefe.

Stang, R. (2016): *Lernwelten im Wandel. Entwicklungen und Anforderungen bei der Gestaltung zukünftiger Lernumgebungen*. Berlin; Boston: De Gruyter Saur. https://doi.org/10.1515/9783110379471.

Stang, R. (2022): Gestaltung von Lehr-/Lernräumen als Strategiefeld Herausforderungen für eine physische Lernwelt der Zukunft. In: R. Stang; A. Becker (Hrsg.): *Lernwelt Hochschule 2030. Konzepte und Strategien für eine zukünftige Entwicklung*. Berlin; Boston: De Gruyter Saur, 191–204. https://doi.org/10.1515/9783110729221-015.

Stolz, K. (2020): *Hochschuldidaktische Professionalität. Eine Grounded Theory zur Kooperationsherstellung in der Hochschuldidaktik*. Dissertation. Otto-von-Guericke Universität, Magdeburg. https://doi.org/10.25673/35210.

Wildt, J. (2002): Ein hochschuldidaktischer Blick auf Lehren und Lernen. Eine kurze Einführung in die Hochschuldidaktik. In: *Neues Handbuch Hochschullehre. Lehren und Lernen effizient gestalten, A, 1*. Stuttgart: Raabe.

Wildt, J. (2013): Entwicklung und Potentiale der Hochschuldidaktik. In: M. Heiner; J. Wildt (Hrsg.): *Professionalisierung der Lehre. Perspektiven formeller und informeller Entwicklung von Lehrkompetenz im Kontext der Hochschulbildung*. Bielefeld: Bertelsmann, 27–57.

Wunderlich, A.; Kenneweg, C. (2017): Fach + Kultur = Fachkultur? Zum Umgang mit Fachkulturen in hochschuldidaktischer Weiterbildung und Beratung. In: D. Bücker; V. Dander; S. Hofhues; U. Lucke; F. Rau; H. Roland; T. van Treek (Hrsg.): *Trendy, hip und cool. Auf dem Weg zu einer innovativen Hochschule?* Bielefeld: wbv, 169–178.

Theoretische Grundlagen

Frank Thissen

Kompetenzorientiertes Lernen im 21. Jahrhundert

Einleitung

Die Globalisierung in Verbindung mit dem zunehmenden Einfluss des Internets auf sämtliche Lebensbereiche, der Verbreitung sozialer Medien, der exponentiell angestiegenen Leistungsfähigkeit von computerbasierten Technologien haben die Welt in einer Weise verändert, wie wir es bisher noch nicht erlebt haben.

Der Beitrag zeigt die Tragweite dieser Veränderungen auf und beleuchtet die notwendigen Strategien, um ihr im Alltag und Berufsleben zu begegnen.

Herausforderungen im 21. Jahrhundert

Radikale Veränderungen

> Wir erleben zu Beginn des 21. Jahrhunderts etwas in der Geschichte der Menschheit vollkommen Neues, das unsere Welt und alle Bereiche unseres Lebens verändert. (Brynjolfsson/McAfee 2014, 12)

Dieses Fazit ziehen Brynjolfsson und McAfee bei der Analyse der gesellschaftlichen und technologischen Veränderungen. Auch Beck spricht von einer aktuell radikalen Veränderung unserer Welt, einer Metamorphose, mit verstörenden Folgen, denn: „die ewigen Gewissheiten moderner Gesellschaften brechen weg, und etwas ganz und gar Neues tritt auf den Plan" (Beck 2017, 15–16).

Technologische Veränderungen

Motoren dieser Veränderung sind computerbasierte Technologien, das Internet und die Sozialen Medien. So haben Computer als digitale Schlüsseltechnologie in den letzten Jahren dramatische Leistungssteigerungen erfahren, die auf dem *Moore'schen Gesetz* beruhen. Dieses besagt, dass sich die Leistungsfähigkeit eines Computers durchschnittlich alle 18 Monate verdoppelt, wobei es sich um ein exponentielles Wachstum handelt, das dazu führt, dass die Kurve der Leistungsfähigkeit nach einiger Zeit plötzlich nach oben schießt und ungeahnte Dinge ermöglicht.

Diese gigantische Rechenleistung führt beispielsweise im Bereich der *Robotik* dazu, dass humanoide Roboter zunehmend leistungsfähiger werden, wie beispielswei-

https://doi.org/10.1515/9783111032030-008

se der *Atlas* und weitere Roboter der Firma *Boston Dynamics* (Guizzo/Ackerman 2016).[1]

Der Roboter *Sophia*[2] zeigt ein zweites Element der Digitalisierung auf, das zunehmend an Einfluss auf sehr viele Bereiche der Berufs- und Alltagswelt gewinnt: die *Künstliche Intelligenz* (KI) (Volland 2018; Tegmark 2017; Ramge 2019). Das von der Firma *DeepMind* entwickelte Computerprogramm *AlphaGo* gewann 2016 im Go-Spiel gegen einen der weltbesten Profispieler, nachdem die Software sich das Spiel selbst beigebracht hatte.[3] Auch *ChatGPT* zeigt, was aktuell möglich ist.[4]

Auch die Bereiche der virtuellen (VR) und erweiterten (AR) Realität bieten völlig neue Möglichkeiten. So werden in der Aus- und Weiterbildung (z. B. Luftfahrt, Autoindustrie, Medizin) diese Anwendungen eingesetzt, zum Beispiel beim Einüben des Umgangs mit gefährlichen Situationen oder auch komplexen chirurgische Operationen, der Wartung von Maschinen oder der Simulation von Handlungsabläufen, die mit hohen Materialkosten verbunden sind. Auch im therapeutischen Bereich kommen VR-Anwendungen zunehmend zum Einsatz, wie beispielsweise bei der Bekämpfung von Phobien (Dörner et al. 2019; Laurel 2016; Lanier 2018).

Es liegt auf der Hand, dass Roboter und KI in wenigen Jahren in weite Bereiche des alltäglichen Lebens Einzug halten und damit auch viele Arbeitsplätze neu definiert werden (Acemoglu/Restrepo 2020; Ullrich 2017; OECD 2017).

Soziale Veränderungen

Ein weiterer Motor für die massiven Veränderungen ist durch zwei Bereiche geprägt:
1. der Zugriff auf Informationen im World Wide Web und
2. die Vernetzung von Menschen über die Sozialen Medien.

Mit den Möglichkeiten, Texte, Bilder, Töne und Bewegtbilder zu digitalisieren, kam es ab dem Ende des 20. Jahrhunderts zu einem massiven Anstieg an digitalen Daten. Durch die Einführung des *World Wide Web* entstand eine Technologie, die eine Art Container für diese digitalisierten Informationen bietet. Seine Datenfülle stellt ein Informationsangebot dar, wie wir es noch nie in der Geschichte der Menschheit besessen haben. Allerdings bedarf es zur Nutzung an Informationskompetenz (Hapke 2012; Sühl-Strohmenger 2012), denn im Internet stehen alle Informationen grundsätzlich gleichberechtigt nebeneinander. Dadurch ist eine Demokratisierung der Informationen entstanden.

---

1 https://youtu.be/rVlhMGQgDkY.

2 https://www.hansonrobotics.com/sophia.

3 https://web.archive.org/web/20160225112928/http://www.deepmind.com/alpha-go.html.

4 https://www.handelsblatt.com/technik/it-internet/openai-was-hinter-dem-chatbot-chatgpt-steckt/28941524.html.

Weinberger beschreibt die *neuartige Qualität des Wissens,* es ist

> keine Regalreihe von Büchern und Zeitschriften mehr, sondern eine vernetzte Infrastruktur. Wir nutzen diese Fülle so gut, wie wir können, also immer in Zusammenhängen, immer aus einer bestimmten Perspektive, immer zusammen mit anderen, immer mit der nötigen Sorgfalt und immer fehlbar. Das Wissen ist zu einem Netzwerk geworden (Weinberger 2013, 221).

Neben der Vernetzung von Informationen im Internet findet sich im Web eine weitere Vernetzung, die der Beziehungen, der Kommunikation, des Austausches und Teilens von Erfahrungen, Ansichten und Wissen in den *Sozialen Medien.*

Auch hier erleben wir einen ähnlichen Anstieg an Datenmengen sowie Nutzerinnen und Nutzern. So nutzten im Oktober 2022 nach Angaben von Datareportal[5] weltweit 4,74 Mrd. Menschen Soziale Medien, also fast 60 Prozent der Weltbevölkerung. Vor allem Kinder und Jugendliche nutzen die Sozialen Medien intensiv und selbstverständlich, wie KIM- und JIM-Studien regelmäßig belegen.[6]

Für Stalder ist durch die *Sozialen Medien* eine neue Kultur entstanden, die er als „Kultur der Digitalität" (Stalder 2016) bezeichnet. In dieser Kultur verschmelzen die physisch-analoge und die virtuell-digitale Welt miteinander. Drei Merkmale zeichnet die Kultur der Digitalität aus:

- *Referentialität* — Das Merkmal der Referentialität bedeutet, dass in der Kultur der Digitalität digital vorhandene Materialien genutzt, geteilt, verändert, referenziert und kommentiert werden (Stalder 2016, 96–97).
- *Gemeinschaftlichkeit* — „Die neuen gemeinschaftlichen Formationen sind *informelle Organisationsformen,* die auf Freiwilligkeit basieren." (Stalder 2016, 138, H. i. O.) Die Gemeinschaftlichkeit der Digitalität findet in Netzwerken als Handlungsraum statt (Stalder 2016, 79), denn „sich als Einzelner in einer komplexen Umwelt zu orientieren ist unmöglich. Bedeutung wie auch Handlungsfähigkeit können nur im Austausch mit anderen entstehen, sich festigen und wandeln" (Stalder 2016, 128). Im Internet entstehen somit neue Formen des Austausches und der gemeinsamen Konstruktion von Weltwahrnehmung und Bedeutungen, ein „kollektiv getragener Referenzrahmen" (Stalder 2016, 13).
- *Algorithmizität* — Schließlich beschreibt das dritte Merkmal der Kultur der Digitalität die Folgen der Tatsache, dass Informationen im Internet von Programmen (z. B. Suchmaschinen) stets in einen Kontext eingeordnet werden und Nutzerinnen

5 https://datareportal.com/reports/digital-2022-october-global-statshot.

6 https://www.mpfs.de/studien/.

und Nutzern entsprechend dieses Kontextes weitere Informationen vorgeschlagen werden. Diese Computerprogramme gruppieren die vorhandenen Daten und Informationen nutzerspezifisch zu individuell angepassten Gruppen, Ordnungen und Kontexten. „Mithilfe von Algorithmen werden vordefinierte Probleme gelöst.“ (Stalder 2016, 167)

Globale Herausforderungen

Neben den hier beschriebenen kulturellen Veränderungen durch computerbasierte Technologien, das Internet und Soziale Medien stellen sich der Menschheit im 21. Jahrhundert weitere Herausforderungen, welche die OECD-Studie *The Future of Education and Skills. Education 2030* (Howells 2018) benennt:

1. Herausforderungen im Bereich der Umwelt und menschlichen Lebensgrundlagen,
2. ökonomische Herausforderungen,
3. soziale Herausforderungen.

Volf fasst die Herausforderungen wie folgt zusammen:

> Die Menschheit steht heute vor zahlreichen Herausforderungen:
> - den Risiken einer technologischen Entwicklung, die so rasend ist wie noch nie zuvor,
> - dem scheinbar unumkehrbaren ökologischen Niedergang,
> - den ungeheuren Diskrepanzen in Reichtum, Wissen und Macht zwischen Einzelnen und ganzen Völkern,
> - der Unfähigkeit, angesichts unserer zahlreichen Differenzen in Frieden miteinander zu leben, und noch vielem mehr. (Volf 2019, 7)

Komplexität

Schließlich sei noch auf ein zentrales Merkmal der digitalisierten Welt hingewiesen, das Malik beschreibt: „Die größte Herausforderung der Neuen Welt ist ihre immense Komplexität“ (Malik 2015, 12).

Komplexität ist für Malik die Folge der oben beschriebenen „geschichtlich größten Transformation“, die alles verändert und „der Hauptgrund für die wachsende Zahl von lokalen und globalen Krisen“ (Malik 2015, 12) ist.

Diese neue Form der Komplexität ist aber für Individuen und Institutionen mit ihren veralteten Organisationsstrukturen und Haltungen eine massive Überforderung. Und aus

> ihrer Unfähigkeit heraus reagieren immer mehr Organisationen mit der falschen Strategie: Sie wollen Komplexität reduzieren, um weiterhin an ihrem veralteten Funktionieren festhalten zu können. Sie sehen Komplexität ausschließlich negativ. Damit verhindern sie Lösungen und tragen zur Verschärfung von Krisen bei (Malik 2015, 12).

Eine wesentliche Strategie für die Bewältigung der Herausforderungen des 21. Jahrhunderts ist für Malik

> das Nutzen von Komplexität. Nur daraus entstehen Lösungen. Denn Komplexität ist der Rohstoff für Intelligenz, Innovation und Evolution, für Selbstregulierung und Selbstorganisation, und für alle höheren Leistungen. Komplexität ist der Baustoff für die neue Welt und ihre neuen Organisationen (Malik 2015, 12–13).

Denn

> das Wissen über Komplexität und wie man sie meistert, ist die wichtigste Ressource für funktionierende Organisationen. Es ist ein systemkybernetisches Wissen, das wichtiger ist als Zeit und Energie. Information über Kybernetik wird wichtiger als Geld, Selbstorganisation wird wichtiger als Macht. [...] Dies betrifft auch die Gesellschaft als Ganzes [...] (Malik 2015, 13).

Und was auf die Institutionen zutrifft, trifft auch auf jeden Einzelnen zu:

> Quer durch die Generationen werden die Menschen herausgefordert sein, umzudenken und umzulernen. Darin liegt eine einzigartige Chance, sich vom Denkmüll der letzten Jahrzehnte zu befreien und neue Erkenntnisse und neues Verstehen zu erlangen. (Malik 2015, 27)

Für Malik müssen neue „fundamental andere Lösungen auf Basis eines anderen Denkens, neue Methoden und Instrumente“ eingesetzt werden, um komplexe Herausforderungen zu meistern, denn

> bei hoher Komplexität kommen wir an die Grenzen dessen, was uns durch das reduktionistische Weltbild der klassischen Wissenschaften als Wahrheit vermittelt wurde [...] Immer öfter kommen wir an die Grenzen der scheinbar unverzichtbaren Quantifizierbarkeit und müssen dennoch handeln. Wir haben keine ausreichenden Informationen und müssen dennoch entscheiden. Wir haben keine harten Fakten, müssen unser Handeln an schwachen, [sic] und mehrdeutigen Signalen ausrichten (Malik 2015, 75).

Der Umgang mit Komplexität ist die wesentlichste und wichtigste Kompetenz für jeden Einzelnen und Institutionen im 21. Jahrhundert.

Kompetenzen für die Komplexität

21st Century Skills

Neben der Kompetenz, mit der zunehmenden *Komplexität* der vernetzten Welt und ihrer Kultur der Digitalität umzugehen, bedarf es weiterer Kompetenzen, um die Herausforderungen zu bewältigen.

Fadel et al. benennen diese als *21st Century Skills* (Trilling/Fadel 2009), definieren sie (Fadel et al. 2017)[7] und benennen die drei Bereiche Charakter, Kompetenzen und Wissen sowie zusätzlich die Metakompetenzen als Bildungsziele für das 21. Jahrhundert.

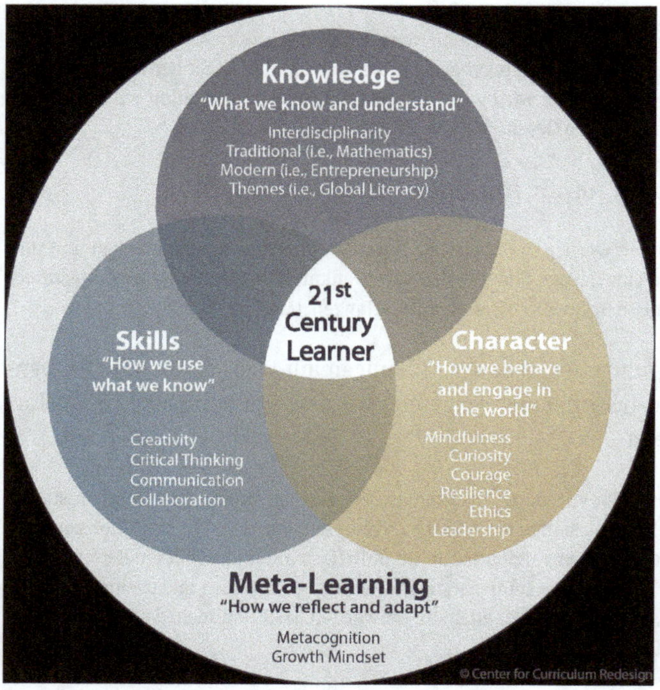

Abb. 1: Vier Dimensionen der Bildung (Fadel et al. 2017, 77)

Die wichtigsten Kompetenzen sind dabei für die Autoren die „4C" (Fadel et al. 2017, 127):

- Creativity (Kreativität & Innovation),
- Critical Thinking (Kritisches Denken & Problemlösen),

7 https://curriculumredesign.org/framework/.

- Communication (Kommunikation),
- Collaboration (Zusammenarbeit).

Hinzu kommen noch folgende weitere Kompetenzen (Fadel et al. 2017, 127–128.)
- Lernkompetenz,
- Informationskompetenz,
- Medienkompetenz,
- Kompetenzen im Umgang mit Technologien,
- Flexibilität und Anpassungsfähigkeit,
- Initiative und Selbststeuerung,
- soziale und interkulturelle Kompetenzen.

Zudem fordern die Autoren im Angesicht der massiven Herausforderungen des 21. Jahrhunderts das Stärken und Entwickeln folgender Charaktereigenschaften (Fadel et al. 2017, 150):
- Achtsamkeit (mindfulness),
- Neugier (curiosity),
- Mut (courage),
- Ausdauer (resilience),
- Ethik (ethics),
- Führung (leadership).

Vor diesem Hintergrund stellt sich nun die große Frage, wie genau diese Kompetenzen erworben werden können beziehungsweise was ihren Erwerb fördert.

Kompetenzerwerb

Die Fragestellung des Kompetenzerwerbs ist umfangreich erforscht worden (Sauter et al. 2018; Erpenbeck/Sauter 2017; Erpenbeck/Sauter 2015; Radisch et al. 2014; Erpenbeck/Sauter 2013; Heyse 2010; Kalz et al. 2007; Hof 2002).

Erpenbeck und Sauter definieren „Kompetenzen [als ...] Fähigkeiten in offenen, unüberschaubaren, komplexen, dynamischen und zuweilen chaotischen Situationen kreativ und selbst organisiert zu handeln" (Erpenbeck/Sauter 2013). Lernende erwerben Kompetenzen, indem sie in „neuartigen, offenen und realen Problemsituationen" (Erpenbeck/Sauter 2013) kreativ und explorativ handeln. Dabei geht es um die größtmögliche Offenheit dieses Handelns, also zu handeln, „ohne bekannte Lösungswege *qualifiziert* abzuarbeiten, ohne das Resultat schon von vornherein zu kennen" (Erpenbeck/Sauter 2013, H. i. O.). Um „Kompetenzentwicklung [...] anzuregen und zu fördern, benötigt man Lernumgebungen, die motiviertes, anwendungsnahes Lernen beim Bearbeiten von realen Herausforderungen unterstützen" (Erpenbeck/Sauter 2015, 106).

Erpenbeck und Sauter verweisen auf die Bedeutung dieser Rahmenbedingungen für die Kompetenzentwicklung, ihre Empfehlungen für Schulen lassen sich auf Bibliotheken übertragen:

> Kompetenzentwicklung erfordert einen radikalen Wandel in den Schulen zu einer Architektur der Erlebnisorientierung, auch im Bereich des Wissensaufbaus und der Qualifizierung. Dies hat auch weitgehende Konsequenzen für die Schulräume. Räume der Begegnung und Interaktion sind so zu gestalten, dass diese sich didaktisch rechtfertigen. [...] Es werden offene Kommunikationsbereiche benötigt, die flexibel gestaltet werden können und die überall und jederzeit die Möglichkeit für alle Schüler bieten, auch die soziale Lernplattform zu nutzen. Das traditionelle Klassenzimmer öffnet sich. Die *quadratische Kiste*, in der der Lehrer den Raum dominiert, genügt nicht den Ansprüchen selbstorganisierten, erlebnisorientierten Lernens. Neben Cafeteria und Aula werden Klassenzimmer, Gruppenräume, Arbeitsbereiche für Schüler und Lerntandems sowie Freiluftbereiche benötigt. Es werden offene, aber überschaubare Einheiten aus beispielsweise 60 bis 120 Schülern gebildet, die in Gruppen wechselnder Größe oder auch still für sich arbeiten können. (Erpenbeck/Sauter 2015, 60, H. i. O.)

Als pädagogisches Konzept zur Kompetenzentwicklung in kompetenzorientierten Lernarrangements fordern Erpenbeck und Sauter mit Verweis auf Arnold eine Ermöglichungsdidaktik,

> die zum Ziel hat, den Lernenden alles an die Hand zu geben, damit sie ihre Lernprozesse problemorientiert und selbstorganisiert gestalten können. [...] Es muss eine integrative Bildung innerhalb eines *Ermöglichungsrahmens* angestrebt werden, deren Ziel nicht die *Vermittlung* von Wissen oder die *Erzeugung* von Kompetenzen, sondern die Ermöglichung von Kompetenzentwicklung ist. [...] Die Ermöglichungsdidaktik ist die Antwort auf die wirtschafts- und bildungspolitisch propagierte Forderung nach *lebenslangem Lernen* (Erpenbeck/Sauter 2015, 107–108, H. i. O.).

Bibliotheken als Orte zum Erwerb von Kompetenzen

Bibliothek als Orte der Informationen, des Wissens und Lernens können im digitalen Zeitalter zunehmend auch Orte werden, an denen die 21st Century Skills und der Umgang mit Komplexität eingeübt werden können. Dabei wäre es ein Fehler, zu diesen Themen traditionelle Seminare anzubieten. Vielmehr geht es darum, einen Ort zu schaffen, an dem Menschen miteinander etwas erkunden, an komplexen Herausforderungen arbeiten, sich gegenseitig beraten und inspirieren und soziale Gemeinschaften bilden können – und zwar sowohl vor Ort als auch online oder in hybriden Settings.

Neben dem Vier-Räume-Modell von Jochumsen, Skor-Hasen und Rasmussen (Jochumsen et al. 2012; Jochumsen et al. 2014)[8] bietet das Raumkonzept von Thornburg (Thornburg 2014) eine gute Hilfestellung zur Konzeption geeigneter Räume. Er beschreibt vier verschiedene Lernorte (Campfires, Watering Holes, Caves und Life), die

8 Siehe auch Stang (2024) in diesem Band.

entsprechenden Lernaktivitäten und Haltungen der Lernenden zugeordnet werden können.[9] Aufbauend auf diesem Konzept sollen im Folgenden verschiedene Arten von Lernorten vorgestellt werden, die den jeweiligen Raum (oder auch Teil eines Raumes) aus seiner Funktionalität heraus definieren.

Das Labor

Im Labor gibt es vielfältige Möglichkeiten, Dinge zu erkunden, Phänomene kennenzulernen und zu experimentieren. Fehler sind erlaubt, denn aus ihnen wird gelernt.

Die Werkstatt

In der Werkstatt werden kollaborativ Produkte erstellt, wie beispielsweise Lernmedien (Erklärvideos, E-Books, Wikis u. a.), Produkte zur Nutzung durch andere oder den eigenen Gebrauch. Dort können Kompetenzen erworben werden, indem man gemeinsam etwas produziert. In seinem *Manifesto* (Hatch 2013) betont Hatch „das konkrete Tun, das Teilen, den offenen Austausch und das Lernen, den spielerischen Zugang, Unterstützung und den Willen, etwas und sich selbst zu ändern“ (Schön/Ebner 2020, 35). Im Makerspace als einem Raum des selbstgesteuerten und -organisierten gemeinsamen Lernens, findet das „Learning by doing [statt], also das Lernen während der Arbeit und des Gestaltens“ (Schön/Ebner 2020, 35).

Die Höhle

Die Höhle ist ein individueller Lern- und Rückzugsort, an dem individuelles konzentriertes Arbeiten stattfindet. Hier wird recherchiert, gelesen, reflektiert, nachgedacht. Er sollte störungsfrei sein, Ruhe bieten und möglichst individuell anpassbar sein.

Der Marktplatz

Der Marktplatz ist ein Ort des informellen Austauschs, der sozialen Interaktionen und der informellen, spontanen Begegnungen. Dort wird diskutiert, im Dialog gelernt, beraten und es werden Ideen ausgetauscht. Jeder trägt dort etwas bei. In der Bibliothek könnte dies eine Cafeteria sein, die den Wohlfühlcharakter in den Mittelpunkt stellt

9 Ein ähnliches Konzept gibt es von der Designerin Rosan Bosch: https://rosanbosch.com/en/approach/learning-spaces-need-enable-and-motivate-every-learner.

und dabei den Rahmen beziehungsweise Bedingungen schafft, sich auszutauschen. Hier wäre auch eine Erweiterung in den virtuellen Raum (Soziale Medien) möglich.

Speaker's Corner

Die Speaker's Corner ist ein Ort der Instruktion, des Erklärens, der Inspirationen und des Geschichtenerzählens. In der Regel steht dabei eine Person im Mittelpunkt, die etwas präsentiert.

Die Bühne

Auf der Bühne werden gemeinsame oder auch individuelle Ergebnisse und Erarbeitetes präsentiert und das Erreichte gefeiert. Dies kann in der Bibliothek ein (virtueller) Ort sein, an dem Ergebnisse, aber auch Statements, Fragestellungen oder Ideen plakativ sichtbar werden.

Die Hängematte

In der Hängematte wird gechillt, entspannt, werden Möglichkeiten geboten, Pausen zu machen und neue Kraft zu schöpfen. Eine Cafeteria bietet sich hier ebenso an wie Sofas, Sitzsäcke oder andere Möbel. Es könnte aber auch ein Snoezelraum[10] sein.

Fazit

Bibliotheken als Orte des Lernens verfügen über eine lange Tradition des Umgangs mit Wissen und als Lernorte. Eine Neudefinition hin zur Förderung der für das digitale Zeitalter erforderlichen Kompetenzen ist nicht nur möglich, sondern dringend erforderlich.

Literatur

Acemoglu, D.; Restrepo, P. (2020): Robots and jobs: Evidence from US Labor Markets. *Journal of Political Economy* 128/6, 2188–2244.

Beck, U. (2017): *Die Metamorphose der Welt.* Berlin: Suhrkamp.

10 https://de.wikipedia.org/wiki/Snoezelen.

Brynjolfsson, E.; McAfee, A. (2014): *The Second Machine Age. Wie die nächste digitale Revolution unser aller Leben verändern wird*. Kulmbach: Plassen.

Dörner, R.; Broll, R.; Jung, B.; Grimm, P.; Göbel, M. (2019): Einführung in Virtual und Augmented Reality. In: R. Dörner; R. Broll; B. Jung; P. Grimm (Hrsg.): *Virtual und Augmented Reality (VR/AR)*. 2. Aufl. Berlin: Springer Vieweg, 1–42.

Erpenbeck, J.; Sauter, W. (2013): *So werden wir lernen. Kompetenzentwicklung in einer Welt fühlender Computer, kluger Wolken und sinnsuchender Netze*. Berlin; Heidelberg: Springer.

Erpenbeck, J.; Sauter, W. (2015): *Stoppt die Kompetenzkatastrophe*. Berlin; Heidelberg: Springer.

Erpenbeck, J.; Sauter, W. (Hrsg.): (2017): *Handbuch Kompetenzentwicklung im Netz. Bausteine einer neuen Lernwelt*. Stuttgart: Schäffer-Poeschel.

Fadel, C.; Bialik, M.; Trilling, B. (2017): *Die vier Dimensionen der Bildung. Was Schülerinnen und Schüler im 21. Jahrhundert lernen müssen*. Hamburg: ZLL21.

Guizzo, E.; Ackerman, E. (2016): Boston Dynamics. Marc Raibert on Next-Gen ATLAS. A Huge Amount of Work. *IEEE Spectrum*.

Hapke, T. (2012): *Informationskompetenz in einer neuen Informationskultur*. http://tubdok.tub.tuhh.de/bitstream/11420/1109/1/Hapke_Preprint_Informationskultur.pdf.

Hatch, M. (2013): *The Maker Movement Manifesto. Rules for Innovation in the New World of Crafters, Hackers, and Tinkerers*. New York, NY: McGraw Hill.

Heyse, V. (2010): Verfahren zur Kompetenzermittlung und Kompetenzentwicklung: KODE im Praxistest. In: V. Heyse; J. Erpenbeck; S. Ortmann (Hrsg.): *Grundstrukturen menschlicher Kompetenzen. Praxiserprobte Konzepte und Instrumente*. Münster: Waxmann, 55–174.

Hof, C. (2002): Von der Wissensvermittlung zur Kompetenzorientierung in der Erwachsenenbildung. *Literatur- und Forschungsreport Weiterbildung* 49, 80–89.

Howells, K. (2018). *The Future of Education and Skills. Education 2030*. http://www.oecd.org/education/2030/E2030%20Position%20Paper%20(05.04.2018).pdf.

Jochumsen, H.; Hvenegaard Rasmussen, C.; Skot-Hansen, D. (2012): The Four Spaces. A New Model for the Public Library. *New library world* 113/11/12, 586–597. https://doi.org/10.1108/03074801211282948.

Jochumsen, H.; Skot-Hansen, D.; Hvenegaard-Rasmussen, C. (2014): Erlebnis, Empowerment, Beteiligung und Innovation: Die neue Öffentliche Bibliothek. In: O. Eigenbrodt; R. Stang (Hrsg.): *Formierungen von Wissensräumen: Optionen des Zugangs zu Information und Bildung*. Berlin; Boston: De Gruyter Saur, 67–80.

Kalz, M.; Specht, M.; Klamma, R.; Chatti, M. A.; Koper, R. (2007): Kompetenzentwicklung in Lernnetzwerken für das lebenslange Lernen. In: U. Dittler; M. Kindt; C. Schwarz (Hrsg.): *Online-Communities als soziale Systeme*. Münster: Waxmann, 181–197.

Lanier, J. (2018): *Anbruch einer neuen Zeit. Wie Virtual Reality unser Leben und unsere Gesellschaft verändert*. Hamburg: Hoffmann und Campe.

Laurel, B. (2016): AR and VR. Cultivating the Garden. *Presence: Teleoperators and Virtual Environments* 25/3, 253–266.

Malik, F. (2015): *Navigieren in Zeiten des Umbruchs. Die Welt neu denken und gestalten*. Frankfurt a. M.: Campus.

OECD (2017): *Future of Work and Skills. 2nd Meeting of the G20 Employment Working Group. 15–17 February 2017*. Hamburg, Germany. Organisation for Economic Co-operation and Development (OECD). https://www.oecd.org/els/emp/wcms_556984.pdf.

Radisch, F.; Stecher, L.; Fischer, N.; Klieme, E. (2014): Was wissen wir über die Kompetenzentwicklung in Ganztagsschulen. In: C. Rohlfs; M. Harring; C. Palentien (Hrsg.): *Kompetenz-Bildung*. Wiesbaden: Springer Fachmedien Wiesbaden, 313–326.

Ramge, T. (2019): *Mensch und Maschine. Wie künstliche Intelligenz und Roboter unser Leben verändern*. Ditzingen: Reclam.

Sauter, R.; Sauter, W.; Wolfig, R. (2018): *Agile Werte- und Kompetenzentwicklung*. Berlin; Heidelberg: Springer.
Schön, S.; Ebner, M. (2020): Ziele von Makerspaces. Didaktische Perspektiven. In V. Heinzel; T. Seidl; R. Stang (Hrsg.): *Lernwelt Makerspace. Perspektiven im öffentlichen und wissenschaftlichen Kontext*. Berlin; Boston: De Gruyter Saur, 33–47.
Stalder, F. (2016). *Kultur der Digitalität*. Berlin: Suhrkamp.
Stang, R. (2024): Raumperspektiven. Öffentliche Bibliotheken. In: U. Engelkenmeier; K. Keller-Loibl; B. Schmid-Ruhe; R. Stang (Hrsg.): *Handbuch Bibliothekspädagogik*. Berlin; Boston: De Gruyter Saur, 337–345. https://doi.org/10.1515/9783111032030-031.
Sühl-Strohmenger, W. (Hrsg.) (2012): *Handbuch Informationskompetenz*. Berlin; Boston: De Gruyter Saur.
Tegmark, M. (2017): *Leben 3.0. Mensch sein im Zeitalter Künstlicher Intelligenz*. Berlin: Ullstein.
Thornburg, D. (2014): *From the Campfire to the Holodeck. Creating Engaging and Powerful 21st Cetury Learning Environments*. San Francisco, CA.: Jossey-Bass.
Trilling, B.; Fadel, C. (2009). *21st Century Skills. Learning for Life in our Times*. San Francisco, CA.: Jossey-Bass.
Ullrich, D. (2017): Robot Personality Insights. Designing Suitable Robot Personalities for Different Domains. *i-com* 16/1, 57–67.
Volland, H. (2018): *Die kreative Macht der Maschinen*. Weinheim: Beltz.
Volf, M. (2019): *Für das Leben der Welt: Ein Manifest zur Erneuerung der Theologie*. Münster: Aschendorff.
Weinberg, U. (2015): *Network Thinking. Was kommt nach dem Brockhaus-Denken?* Hamburg: Murmann.
Weinberger, D. (2013). *Too Big to Know. Das Wissen neu denken, denn Fakten sind keine Fakten mehr, die Experten sitzen überall und die schlaueste Person im Raum ist der Raum*. Bern: Huber.

Richard Stang

Pädagogische Grundlagen

Einleitung

Pädagogik bezeichnet im gleichen Maße wie die Erziehungswissenschaft beziehungsweise Erziehungswissenschaften und die Bildungswissenschaften eine wissenschaftliche Disziplin, deren Fokus die Theorie und Praxis von Bildung und Erziehung ist. Diese Begriffe werden meistens synonym verwendet. Pädagogik wurde als Begriff bereits in der Antike und im Mittelalter verwendet, der Begriff der Erziehungswissenschaft tauchte im 18. Jahrhundert auf und wurde in den 1960er Jahren vermehrt verwendet, um die wissenschaftliche Perspektive der Disziplin deutlicher zu machen. Der Begriff der Bildungswissenschaften wurde Ende der 1960er Jahre in die Diskussion eingeführt (Gudjons/Traub 2020, 21).

Pädagogik und Erziehungswissenschaft hatten lange vor allem Kinder und Jugendliche im Blick. Der Begriff der Bildungswissenschaften erweiterte die Perspektive. Das Lebenslange Lernen und damit die Bildung von Kindern bis hin zu Seniorinnen und Senioren rückte stärker in den Fokus und die Vernetzung mit anderen Disziplinen (Pädagogische Psychologie, Pädagogische Soziologie etc.) wurde intensiviert. Dies gilt es zu berücksichtigen, wenn im Folgenden der Begriff der Pädagogik verwendet wird.

Nicht nur diese Begriffsdiversität, sondern auch die inhaltliche Ausdifferenzierung von Pädagogik weist auf ein äußerst komplexes Wissenschaftsfeld hin (Gudjons/Traub 2020, 19–20). Insofern ist es schwierig, von einer einheitlichen Struktur und Systematik der Pädagogik zu sprechen. Vielmehr zeigt sich die Komplexität beim Versuch, die Pädagogik zu systematisieren. Lenzen strukturierte die Pädagogik nach Subdisziplinen, Fachrichtungen und Praxisfeldern (Lenzen 2005, 1114–1115):

Auf der Ebene der Subdisziplinen verortet er unter anderem:
- Allgemeine/Systematische Pädagogik,
- Historische Pädagogik,
- Vergleichende Pädagogik,
- Sozialpädagogik,
- Berufs- und Wirtschaftspädagogik,
- Schulpädagogik,
- Vorschulpädagogik,
- Sonderpädagogik,
- Erwachsenenpädagogik.

Auf der Ebene der Fachrichtungen führt er unter anderem auf:
- Kulturpädagogik,
- Freizeitpädagogik,

https://doi.org/10.1515/9783111032030-009

- Medienpädagogik,
- Museumspädagogik,
- Ausländerpädagogik/Interkulturelle Pädagogik,
- Verkehrspädagogik,
- Umweltpädagogik,
- Friedenpädagogik,
- Sexualpädagogik.

Auf der Ebene der Praxisfelder fächert er unter anderem auf:
- Schule,
- Friedenserziehung,
- Gesundheitserziehung,
- Verkehrserziehung,
- Umwelterziehung,
- Management Education,
- Sexualerziehung.

Mit dieser hier noch unvollständigen Auflistung wird die Komplexität der Disziplin deutlich. Insgesamt lässt sich feststellen, dass es keine verbindliche Systematik der Pädagogik gibt. Auffallend ist, dass in den Systematisierungen der Erziehungswissenschaft die Bibliothekspädagogik nicht zu finden ist. So ist bei der Deutschen Gesellschaft für Erziehungswissenschaft (DGfE) zwar die Medienpädagogik eine von 14 Sektionen, doch die Bibliothekspädagogik sucht man vergebens.[1] Sie spielt im erziehungswissenschaftlichen Diskurs bisher noch keine Rolle (Stang 2020, 316).

Grundbegriffe

Sozialisation

Vogel nimmt zwei Perspektiven bezogen auf Sozialisation in den Blick: Auf der einen Seite steht das Individuum, für das die Sozialisation der Prozess vom verhältnismäßig inkompetenten Neugeborenen zum handlungsfähigen Mitglied der Gesellschaft ist, auf der anderen Seite steht die Gesellschaft, für die eine gelungene Sozialisation die Grundlage für Stabilität der Gesellschaft ist (Vogel 2019, 113). Sozialisationstheoretische Zugänge versuchen diese Prozesse zu beschreiben und liefern damit eine Grundlage für pädagogisches Handeln, aber keine pädagogischen Konzepte. Menschliches Handeln ist unter anderem das Produkt der Sozialisationserfahrungen im Rahmen der gesellschaftlichen Verhältnisse (Vogel 2019, 114). Pädagogisches Handeln kann diese So-

1 https://www.dgfe.de/sektionen-kommissionen-ag.

zialisationserfahrungen zumindest in Bildungskontexten mitbestimmen, dies auch, da Sozialisation immer in Interaktion mit anderen Menschen stattfindet.

Erziehung

Erziehung ist ein konstitutives Element menschlicher Existenz, das sich über alle Lebensbereiche und Lebensalter erstreckt, und „im Vergleich zu Bildung der ältere und weiter gefasste Begriff" (Seel/Hanke 2015, 12). In der Fachliteratur wird immer wieder darauf hingewiesen, dass es keine einheitliche Definition von Erziehung gibt und die Abgrenzung zu den Begriffen *Bildung* und *Lernen* oft unklar ist (Vogel 2019, 61).

Kant hat die wichtigsten Elemente von Erziehung aus der Perspektive seiner Zeit dargestellt: Disziplinierung, Kultivierung, Zivilisierung und Moralisierung (Vogel 2019, 63–64). Letztendlich geht es bei Erziehung darum, Haltungen bei den zu Erziehenden im Hinblick auf die gesellschaftlichen Anforderungen zu verändern. Dabei gibt es eine eindeutige Hierarchie zwischen den Erziehenden und den zu Erziehenden. Die grundlegende Problematik besteht darin, dass zwar Erziehungsziele formuliert und Erziehungsmethoden angewandt werden können, deren Ergebnis sich aber im Individuum realisiert, auf das die Erziehenden letztendlich keinen Zugriff haben. Gleichwohl ist Erziehung zentral für die Tradierung von Kultur und zur Stabilisierung von Gesellschaft.

Bildung

Auch für den Begriff der Bildung gibt es keine eindeutige Definition. Zirfas weist auf die verschiedenen Zugänge zum Begriff hin:

> So versteht etwa die Geisteswissenschaftliche Pädagogik unter Bildung die wechselseitige Erschließung von Ich und Welt, die Kritische Erziehungswissenschaft identifiziert Bildung mit Emanzipation, die Empirische Erziehungswissenschaft übersetzt Bildung in messbare Kompetenzmodelle und eine Phänomenologische Pädagogik setzt auf Bildung als Entfaltung von Wahrnehmungsmöglichkeiten. (Zirfas 2018, 41)

Zirfas macht deutlich, „dass der Bildungsbegriff ein Wechselverhältnis zwischen einem Einzelnem und einem Allgemeinen enthält" (Zirfas 2018, 41). Der Begriff *Bildung* beschreibt so die Auseinandersetzung des Einzelnen mit der Welt. Dabei spielen Kultur und Weltverständnis eine zentrale Rolle. Zirfas bringt dies auf den Punkt:

> Bildung meint einen differenzierten, intensiven und reflektierten Umgang mit sich und der Welt, der zur Ausformung eines selbstbestimmten kultivierten Lebensstils führt. Sie ereignet sich als Antwort des Subjekts auf Fremdheits- und Krisenerfahrungen. (Zirfas 2018, 42)

Damit wird Bildung sowohl für das Individuum als auch für die Gesellschaft zu einem zentralen Element der Gestaltung von Welt.

Kompetenz

Im Bildungsbereich hat der Begriff Kompetenz in den letzten Jahren eine zentrale Bedeutung erhalten. Seel und Hanke weisen darauf hin, dass der Kompetenzbegriff in den Erziehungswissenschaften nicht neu ist, sondern bereits in den 1970er Jahren unter anderem von Roth verwendet wurde, „indem er Mündigkeit als Kompetenz für verantwortliche Handlungsfähigkeit als das zentrale Ziel von Erziehung definierte. Dabei unterschied er zwischen *Selbstkompetenz, Sachkompetenz* und *Sozialkompetenz*" (Seel/Hanke 2015, 20, H. i. O.). Die individuelle Ausprägung von Kompetenz wird von verschiedenen Dimensionen geprägt: Fähigkeit, Wissen, Verstehen, Können, Handeln, Erfahrung, Motivation. Erpenbeck und Sauter unterscheiden personale Kompetenzen, aktivitäts- und handlungsorientierte Kompetenzen, fachlich methodische Kompetenzen und sozial-kommunikative Kompetenzen. Dabei steht im Fokus, dass das kompetente Individuum selbstorganisiert denken und handeln kann (Erpenbeck/Sauter 2013, 33).

Lernen

Was unter Lernen zu verstehen ist, hängt von den damit verbundenen Perspektiven ab. Physiologische, psychologische, pädagogische, soziale, kulturelle oder ökonomische Zugänge nehmen unterschiedliche Perspektiven in den Blick. Deshalb ist es so schwierig, eine allgemeingültige Definition zu liefern. Schmidt versucht es auf den Punkt zu bringen:

> Da wir nicht wissen, was Lernen als Prozess ist, reden wir über Lernen als einen Prozess, der sich zwischen zwei Zuständen eines Systems abspielt, eben dem Zustand vor ‚dem Lernen' und dem Zustand nach ‚dem Lernen'. Diese spezifische Zustandsveränderung nennen wir Lernen. (Schmidt 2003, 11–12, H. i. O.).

Ledl unterscheidet drei Arten des Lernens: „zufälliges (natürliches), methodisches (wissenschaftliches) und von Lehrern vermitteltes (didaktisches) Lernen" (Ledl 2012, 301). Von zentraler Bedeutung ist, dass es sich beim Lernen um einen aktiven, konstruktiven, sozialen und emotionalen Prozess des Individuums handelt, der von Lehrenden angeregt, aber letztendlich nicht gesteuert werden kann. Lernen ist eine Leistung des Individuums.

Lerntheorien liefern Erklärungen, wie Lernen funktioniert. Dabei gibt es sehr unterschiedliche Zugänge. Historisch betrachtet haben sich im Laufe des letzten Jahrhunderts verschiedene Perspektiven herauskristallisiert. Im Wesentlichen lassen sich vier zentrale lerntheoretische Zugänge unterscheiden: Behaviorismus, Kognitivismus, Konstruktivismus und Konnektivismus. Allerdings liefern die pragmatische Lerntheorie, die relationale Theorie des Lernens und die subjektwissenschaftliche Lerntheorie weitere Erklärungen zum Verständnis von Lernen (Stang 2016, 24–37).

Didaktik

Didaktik kann als die Wissenschaft und Lehre vom Lernen und Lehren verstanden werden. Im Zentrum der Didaktik stehen Fragen der Planung, Gestaltung, Auswertung und Optimierung von Lehr-/Lernprozessen. In didaktischen Modellen werden die Elemente gebündelt, die für Lehr-/Lernprozesse von besonderer Relevanz sind. Diese Elemente sind unter anderem die Lehrenden, die Lernenden, Inhalte, Lernziele, Methoden, Medien, Lernraumgestaltung und weitere Rahmenbedingungen.

Eingebettet in den Begriff der Didaktik sind die Begriffe *Lehren*, *Vermittlung* und *didaktisches Handeln*. Dabei ist der Begriff Lehren stark mit dem Begriff des Unterrichtens konnotiert und damit auf die Lehrenden fokussiert. Vermittlung weitet den Horizont, indem die Lernenden mit einbezogen sind, denen etwas vermittelt wird. Didaktisches Handeln öffnet begrifflich die Perspektive nochmals, da es hier noch stärker um die Ermöglichung des Lernens geht.

Die Auseinandersetzung mit den Grundbegriffen der Pädagogik macht deutlich, wie Komplex die Zugänge sind. Dies spiegelt die geschichtliche Entwicklung der Pädagogik wider.

Geschichte

Die Geschichte der Pädagogik erstreckt sich über fast 3.000 Jahre (Zirfas 2018, 66), wenn man die Antike als Ausgangspunkt nimmt. Seel und Hanke weisen aber darauf hin, dass es auch in der Urgesellschaft Erziehung gegeben haben musste und spätestens mit der Entwicklung der Schrift beziehungsweise von Schriftzeichen sich auch in strukturierten Vermittlungsprozessen niedergeschlagen hat (Seel/Hanke 2015, 161–165). Seel und Hanke machen auch deutlich, dass die Perspektiven bezogen auf die Geschichte der Pädagogik meistens nur auf die griechischen und römischen Einflüsse in der Antike bezogen werden und die Entwicklungen in China, Indien und dem Vorderen Orient außer Acht gelassen werden (Seel/Hanke 2015, 165). Dieses Defizit wird auch in diesem Beitrag in Kauf genommen, um den Rahmen eines Handbuchbeitrags nicht zu sprengen.

In der Antike (8. Jh. v. Chr. bis 6. Jh. n. Chr.) spielt die Selbstvervollkommnung eine zentrale Rolle. Seele und Geist in einem gesunden Körper zu optimieren steht dabei im Fokus, allerdings nur für eine sehr kleine Gruppe von aristokratischen Männern (Zirfas 2018, 67). Es handelte sich hier um eine äußerst elitäre Sichtweise. Neben Dichtung, Naturwissenschaften, Mathematik und Rhetorik wurde auch körperliche Ertüchtigung als wichtiges Element von Bildung angesehen. Sokrates, Platon und Aristoteles lieferten in der Antike die erkenntnis- und erziehungstheoretischen Grundlagen für die Pädagogik, die allerdings auch elitär geprägt waren. Für Bäuerinnen und Bauern sowie Handwerkerinnen und Handwerker hielt zum Beispiel Platon nicht einmal eine Grundbildung für nötig (Seel/Hanke 2015, 174). Unabhängig davon entwickelte sich bereits in der Antike der Lehrkanon der abendländischen Bildung, der die Septem Artes Liberales (Grammatik, Rhetorik, Dialektik, Arithmetik, Geometrie, Astronomie und Musiktheorie) umfasste (Zirfas 2018, 68).

Das Mittelalter (5. bis 16. Jh.) ist geprägt vom Christentum. Für Augustinus ist die christliche Lehre der zentrale Bezugspunkt für das Lernen (Zirfas 2018, 72). Während auf der iberischen Halbinsel durch die Mauren die Förderung von Bildung und Wissenschaft vorangetrieben wurde, gab es in Mitteleuropa einen Rückschritt, da durch die Völkerwanderung Kulturgut verwüstet wurde (Seel/Hanke 2015, 197). Erst langsam entstand wieder eine Bildungsinfrastruktur, vor allem durch Kloster-, Bischofs- und Domschulen wurde wieder ein System etabliert, das Bildung förderte. Doch auch diese Entwicklung war elitär geprägt, da hier vor allem der kirchliche Nachwuchs ausgebildet wurde. Erst im Laufe des Mittelalters wurden diese Bildungseinrichtungen auch für Laien geöffnet. Die karolingische Bildungsreform (8. Jh.) reagierte auf den Bedarf an Menschen, die lesen und schreiben konnten, um sowohl die kirchlichen Abläufe als auch die der Verwaltung zu verbessern (Seel/Hanke 2015, 199). Ab dem 11. Jahrhundert entstehen die ersten Universitäten. Ab dem 13. Jahrhundert kam es dann zu einer immensen Ausweitung von Universitätsgründungen in Westeuropa. Auch die Bildungsstruktur des Hochmittelalters ist von einer elitären Perspektive geprägt. Das „niedere Volk“ war von einer strukturieren Bildung ausgeschlossen.

Dies änderte sich langsam im ausgehenden Mittelalter und der frühen Neuzeit (14. bis 16. Jh.). Mit der Renaissance und der Reformation gingen auch grundlegende Perspektivenwechsel einher. Besonders der böhmische Bischof Comenius wies darauf hin, dass der Mensch die Welt in Ordnung bringen müsste und dazu allen alles gründlich zu lehren sei (Gudjons/Traub 2020, 84). In seiner *Didactica Magna* entwarf Comenius ein grundlegendes Konzept der Vermittlung und einen ersten Entwurf für ein gestuftes Schulwesen für alle Kinder. Gudjons und Traub wiesen darauf hin, dass dies die „Geburtsstunde des Frontalunterrichts und des Systems altersgleicher Klassen“ darstellt (Gudjons/Traub 2020, 85).

Diese Erkenntnisse wurden in der Aufklärung (17. bis 18. Jh.) weiterentwickelt. John Locke und Immanuel Kant forderten das Vertrauen in die Kraft der menschlichen Vernunft. Es wurde immer deutlicher, dass Erziehung und Bildung elementarer Bestandteil für die Entwicklung der Gesellschaft und auch der Ökonomie darstellen. Jean-Jacques Rousseau verwies darauf, dass der Mensch von Natur aus gut sei, ihn die Institutionen schlechtmachten (Gudjons/Traub 2020, 89). Rousseau sah schon zu seiner Zeit Pädagoginnen und Pädagogen mehr als Lernbegleitende, denn als Lehrende. Die zunehmende Industrialisierung führte dazu, dass Arbeitskräfte für die tayloristische Produktionsweise benötigt wurden. Es entstanden Industrieschulen, die Bildung für alle Bevölkerungsschichten im Blick hatten. Johann Heinrich Pestalozzi forderte allerdings, die allgemeine Menschenbildung in den Fokus zu rücken, die auf Erfahrungslernen fußte.

Die Deutsche beziehungsweise Weimarer Klassik (Anfang/Mitte 19. Jh.), die auch als „neuhumanistische Epoche" bezeichnet wird (Zirfas 2018, 89), wurde zum Katalysator pädagogischer Perspektiven. Diesterweg, Fröbel, Goethe, Herbart, Herder, Schiller und Schleiermacher sind hier mit ihren Ausführungen zur Pädagogik zu nennen. Doch einer der wichtigsten Vertreter ist sicher Wilhelm von Humboldt. Als Mitarbeiter im preußischen Innenministerium entwarf er ein Erneuerungskonzept für die Schulbildung, das wieder die allgemeine Menschenbildung in den Fokus rückte. Grundsätze waren dabei, ein einheitliches Schulsystem, das Zurückdrängen des staatlichen Einflusses auf Erziehung und Bildung sowie der Kampf gegen Untertanenmentalität (Gudjons/Traub 2020, 95). Gleichzeitig entwickelte sich auch durch die allgemeine Schulpflicht das Schulsystem weiter. Kindergärten wurden eingerichtet. Die Etablierung allgemeiner Volksbildung und von Volksbibliotheken war in dieser Zeit Ausdruck für die Bedeutung von Bildung für alle Bevölkerungsschichten. Gleichzeitig entstand auch ein pädagogisches Berufsfeld (Zirfas 2018, 91).

Nach der Etablierung eines umfangreichen Bildungssystems wurde durch die Reformpädagogik (Anfang des 20. Jh.) die zunehmende Formalisierung von Bildung infrage gestellt. Es entstanden diverse Strömungen, die versuchten, den etablierten Strukturen alternative Konzepte entgegenzustellen, in deren Fokus das Kind in seiner Entwicklung rückte. Die Selbsttätigkeit der Schülerinnen und Schüler sollte eine Alternative zu den Drill- und Paukschulen darstellen. John Dewey (Laboratory School), Celestiné Freinet, Maria Montessori und Alexander S. Neills (Summerhill Schools) waren wichtige Vertreterinnen und Vertreter dieser Entwicklung; die Konzepte der Waldorf Schulen und der Jena-Plan-Schule stammen auch aus dieser Zeit (Zirfas 2018, 93–94).

Reformbestrebungen wurden durch den Nationalsozialismus jäh beendet und das gesamte Bildungssystem den politischen Zielen und der Ideologie unterworfen. Kritische Pädagoginnen und Pädagogen wurden aus den Institutionen entfernt, viele jüdische Pädagoginnen und Pädagogen deportiert und ermordet. Dies führte dazu, dass nach Ende des Nationalsozialismus im Bildungsbereich – wie in anderen Bereichen auch – die Reformdynamik nicht besonders ausgeprägt war.

Dies änderte sich in den 1960er/1970er Jahren. Georg Picht zeigte in seiner Analyse „Die deutsche Bildungskatastrophe" (Picht 1965) auf, in welchem schlechten Zustand sich das westdeutsche Bildungssystem befand. Damit einhergehend zeigte sich, dass die westdeutsche Wirtschaft dringend Fachpersonal benötigte. Die Studierendenbewegung machte darüber hinaus deutlich, dass das universitäre Bildungssystem in seinen verkrusteten Strukturen dringend einer Reform bedurfte. Unter dem Motto „Bildung für alle" leitete die sozialliberale Koalition unter Willy Brandt 1969 umfassende Reformen ein, die unter anderem dazu führten, dass die Studierendenzahlen aus allen Gesellschaftsschichten zunahmen. Der Strukturplan für das Bildungswesen, der 1970 vom Deutschen Bildungsrat veröffentlicht wurde, stellte die Weichen für eine Reform des Bildungswesens (Deutscher Bildungsrat 1970). Auch die Akademisierung der pädagogischen Ausbildung wurde vorangetrieben. Es wurden neben der Lehramtsausbildung auch Diplomstudiengänge in der Pädagogik eingerichtet (Zirfas 2018, 95). In der DDR gab es zeitgleich ebenfalls Reformbestrebungen, die allerdings die ideologische Ausrichtung des Bildungssystems zum Ziel hatte.

Die 1980er Jahre sind vor allem von zunehmenden finanziellen Problemen gekennzeichnet, was in den 1990er Jahren zu einer zunehmenden Ökonomisierung der Bildung führt (Gudjons/Traub 2020, 108). Der „PISA-Schock" im Jahr 2000 führt zu einer neuen Diskussion über den Bildungsstandort Deutschland. Zeitgleich werden Konzepte zum Lebenslangen Lernen vorangetrieben, um die die gesamte Bevölkerung mit Bildungsangeboten zu erreichen. In den 2010er Jahren führt die Diskussion über Kompetenzen und die 21st Century Skills zu einer intensiven Auseinandersetzung mit Lehr-/Lernkonzepten, die auch die aktuelle pädagogische Diskussion bestimmt. Dabei geraten alle Handlungsfelder der Pädagogik in den Blick.

Handlungsfelder der Pädagogik

Die Handlungsfelder der Pädagogik erstrecken sich von der Geburt bis ins hohe Alter. Mit der „Entdeckung" der Kindheit als eigene Lebensphase (Aries 1975) und der Aufklärung Anfang des 19. Jh. begann auch die professionelle Beschäftigung mit der Betreuung und Begleitung von Kindern. Es entstanden die ersten Kindergärten und die Pädagogik der frühen Kindheit rückte in den Fokus. Doch erst zu Beginn des 20. Jahrhunderts wurden im Zuge der Arbeiter- und Frauenbewegung Volkskindergärten eingerichtet, die unter staatlicher Aufsicht standen (Seel/Hanke 2015, 857). Ziele der frühkindlichen Bildung sind unter anderem die Entwicklung von Eigenverantwortung und Gemeinschaftsfähigkeit, die Unterstützung der Erziehung in der Familie, die Vermittlung grundlegender Kompetenzen und die Stärkung persönlicher Ressourcen. Da besonders in den ersten Jahren die Grundlagen für die Lebenschancen gelegt werden, rückte der Elementarbereich in den letzten Jahren immer mehr in den Fokus der Pädagogik. Dies führte allerdings auch dazu, dass die Kindheit immer mehr „pädagogisiert" wurde und die spielerische Heranführung an Kompetenzen teilweise zurückgefahren wurde.

Auch in der Schule hat sich in den letzten Jahren der Druck erhöht und es wird nach pädagogischen Konzepten gesucht, die helfen, die Kinder und Jugendlichen auf die Zukunft vorzubereiten, die immer komplexer zu werden scheint. Comenius forderte bereits im 17. Jahrhundert ein natürliches Lernen und schuf damals die Basis für die Entwicklung von Schulen. Als eigenständige Disziplin etablierte sich die Schulpädagogik erst in den 1960er Jahren (Seel/Hanke 2015, 870). In der Schulpädagogik werden die Grundlagen des Handelns in der Schule erforscht und Konzepte entwickelt, wie Lehrende Lernen und Lehren gestalten können.

Die Hochschule bildet ein weiteres Handlungsfeld. Auch wenn es keine spezifische Hochschulpädagogik gibt, liefert doch die Hochschuldidaktik Ansätze für die Vermittlungstätigkeit in Hochschulen. Eine intensive pädagogische Auseinandersetzung mit der Gestaltung von Lehren und Lernen an Hochschulen begann erst in den 1960er/1970er Jahren (Seel/Hanke 2015, 870). Mit der Bologna-Reform zu Beginn der 2000er Jahre, die tendenziell zu einer Verschulung der Hochschulen geführt hat, wurden auch neue Anforderungen an die Hochschulbildung formuliert. Im selben Maße wie in den letzten Jahren die Kompetenzorientierung bei der Vermittlung an Hochschulen in den Fokus rückte, wurde auch der *Shift from Teaching to Learning* diskutiert und damit die Frage nach zukunftsorientierten Lehr-/Lernkonzepten aufgeworfen (Stang/Becker 2020).

Erwachsenenbildung/Weiterbildung ist ebenfalls ein Handlungsfeld der Pädagogik (Schreiber-Barsch/Stang 2021). Erwachsenenbildung ist seit den 1960er Jahren eine Teildisziplin der Erziehungswissenschaft, obwohl es sie als Andragogik, der Wissenschaft von der Erwachsenenbildung, schon länger gibt. Spätestens mit der Industrialisierung und verstärkten Volksbildungsaktivitäten (Volkshochschulen, Volksbüchereien) rückten die Erwachsenen stärker in den Fokus von Pädagogik. Heute liefert die Erwachsenenbildung/Weiterbildung ein breites Spektrum von Angeboten, die von der politischen Bildung über kulturelle Bildung und Gesundheitsbildung bis hin zur Sprachenbildung reichen. In den letzten Jahren haben vor allem die Themen Grundbildung oder Deutsch als Fremdsprache einen besonderen Stellenwert erhalten, da deutlich wurde, welche Bedeutung diese Angebote für die Gesellschaft haben.

Weitere Handlungsfelder werden durch Begriffe wie Theaterpädagogik, Museumspädagogik und nicht zuletzt Bibliothekspädagogik beschrieben. Hier geht es um institutionenspezifische Zugänge zur Vermittlungsarbeit, die sich auf pädagogische Grundlagen beziehen. Allerdings fehlen in diesen Bereichen weitgehend theoretische Fundierungen, die deutlich machen, was das Spezifische dieser Pädagogik ist. Hier bedarf es in Zukunft weiterer Konturierungen.

Literatur

Aries, P. (1975): *Die Geschichte der Kindheit*. München; Wien: Hanser.

Deutscher Bildungsrat (1970): *Empfehlungen der Bildungskommission. Strukturplan für das Bildungswesen.* Stuttgart: Klett.

Erpenbeck, J.; Sauter, W. (2013): *So werden wir lernen! Kompetenzentwicklung in einer Welt fühlender Computer, kluger Wolken und sinnsuchender Netze*. Berlin; Heidelberg: Springer Gabler. https://doi.org/10.1007/978-3-642-37181-3.

Gudjons, H.; Traub, S. (2020): *Pädagogisches Grundwissen*. 14. Aufl. Bad Heilbrunn: Julius Klinkhardt.

Ledl, A. (2012): Lernen. In: K.-P. Horn; H. Kemnitz; W. Marotzki; U. Sandfuchs (Hrsg.): *Klinkhardt Lexikon Erziehungswissenschaft. Band 2*. Bad Heilbrunn: Julius Klinkhardt, 301.

Lenzen, D. (Hrsg.) (2005): *Pädagogische Grundbegriffe. Bd. 2*. 7. Aufl. Reinbek: Rowohlt.

Picht, G. (1965): *Die deutsche Bildungskatastrophe*. München: dtv.

Schmidt, S. J. (2003): Was wir vom Lernen zu wissen glauben. In: Qualifikations-Entwicklungs-Management (Hrsg.): *Was kann ich wissen? Theorie und Geschichte von Lernkultur und Kompetenzentwicklung*. QUEM-Report, Heft 82. Berlin: QUEM, 11–25.

Schreiber-Barsch, S.; Stang, R. (2021): *Lernwelt Erwachsenenbildung/Weiterbildung. Entwicklungen, Konzepte und Perspektiven*. Berlin; Boston: De Gruyter Saur.

Seel, N. M.; Hanke, U. (2015): *Erziehungswissenschaft*. Berlin; Heidelberg: Springer VS.

Stang, R. (2016): *Lernwelten im Wandel. Entwicklungen und Anforderungen bei der Gestaltung zukünftiger Lernumgebungen*. Berlin; Boston: De Gruyter Saur. https://doi.org/10.1515/9783110379471.

Stang, R. (2020): Viel Bibliothek, wenig Pädagogik. Zur Kontextualisierung einer Bibliothekspädagogik. *BuB. Forum Bibliothek und Information* 72/6, 316–318. https://www.b-u-b.de/fileadmin/archiv/imports/pdf_files/2020/bub_2020_06_316_318.pdf.

Stang, R.; Becker, A. (Hrsg.) (2020): *Zukunft Lernwelt Hochschule. Perspektiven und Optionen für eine Neuausrichtung*. Berlin; Boston: De Gruyter Saur. https://doi.org/10.1515/9783110653663.

Vogel, P. (2019) *Grundbegriffe der Erziehungs- und Bildungswissenschaft*. Opladen; Toronto: Barbara Budrich.

Zirfas, J. (2018): *Einführung in die Erziehungswissenschaft*. Paderborn: Ferdinand Schöningh.

Olaf Eigenbrodt

Lerntheorien

Einleitung

Trotz der nach wie vor uneinheitlichen Begriffsverwendung (Keller-Loibl 2018, 48)[1] verbindet die unterschiedlichen Facetten einer Bibliothekspädagogik, dass Ziel und Grundlage dieser Bindestrich-Pädagogik eher die Bildung von Individuen im engeren als deren Erziehung im weiteren Sinne sind. Wobei Bildung hier wiederum unter einer bestimmten Perspektive zu verstehen wäre, da es in der Regel um die Entwicklung von spezifischen Kompetenzen geht. Im Englischen – und seit Mitte der 2000er Jahre zunehmend auch in der deutschsprachigen Literatur und bibliothekarischen Praxis – wird in verschiedenen Zusammensetzungen von *literacy* gesprochen, die ausgehend von der Lesekompetenz weitere informations- und wissensbezogene Kompetenzen adressiert (Information, Data, Media Literacy) (Hütte 2006, 139–140). Aber was bedeutet *Kompetenzentwicklung* eigentlich? Wie erwerben Individuen Kompetenzen? Und welche Mechanismen werden in der Kompetenzentwicklung aktiviert? In der deutschsprachigen Debatte um die *Bibliothekspädagogik* sind diese Fragen bisher oft nur ansatzweise oder en passant gestellt worden. Zwar wird *Lernen* in der Regel als Grundbedingung von Bibliothekspädagogik vorausgesetzt, allerdings fehlt eine Definition von Lernen in der einschlägigen Literatur genauso wie eine Antwort auf die Frage nach den Voraussetzungen für erfolgreiches Lernen. Auch was genau gelernt wird (Wissen, Kompetenzen, soziale Normen) ist nicht immer ganz deutlich. Anders, als etwa in der Literatur über *Lernwelten* und *Lernräume*, die dies inzwischen thematisiert,[2] ist hier eine Lücke in der Theoriebildung zu erkennen. Angesichts der Tatsache, dass die Bezeichnung *Bibliothekspädagogik* eine Teildisziplin der Pädagogik nahelegt, ist dies umso erstaunlicher. Ziel dieses Beitrages ist es daher, die bisher in der Bibliothekspädagogik und verwandten Konzepten wie etwa der Informationskompetenz und der Bibliotheksdidaktik schon vorhandenen Annäherungen an Lerntheorien zu betrachten und im Anschluss eine mögliche lerntheoretische Grundlage für die weitere Diskussion vorzuschlagen. Dabei wird von drei grundlegenden Annahmen ausgegangen:

- *Bibliothekspädagogik* wird im oben genannten Sinne als zusammenfassender Begriff für unterschiedliche Formen der *Kompetenzentwicklung* betrachtet.
- Sowohl für das grundlegende Verständnis der *Kompetenzentwicklung* als auch für die strategische Formulierung von damit verbundenen *Lernarrangements* und die individuelle Didaktik sind lerntheoretische Grundlagen unerlässlich.

---

1 Siehe auch Keller-Loibl (2024) in diesem Band.

2 Siehe hierzu etwa die Buchreihe *Lernwelten* beim Verlag De Gruyter: https://www.degruyter.com/serial/lw-b/html.

https://doi.org/10.1515/9783111032030-010

- *Lernen* als Begriff kann im Zusammenhang mit *Kompetenzentwicklung* nur dann zu einem viablen Konzept beitragen, wenn ein lernendenzentrierter Ansatz gewählt wird, der die individuelle *Konstituierung* von Wissen und Kompetenzen in den Blick nimmt.

Dementsprechend wird es im Folgenden nicht um einen *inputorientierten* Ansatz der Vermittlung von Wissen durch Lehrpersonen an zu unterrichtende Individuen gehen, sondern um eine *outcomeorientierte* Perspektive, die den individuellen Aneignungsprozess von Kompetenzen in den Blick nimmt. Die im Ergebnis formulierte Voraussetzung für die individuelle Kompetenzentwicklung folgt – gestützt auf neurowissenschaftliche Erkenntnisse – einem konstruktivistischen Ansatz. Dazu werden zunächst bereits vorhandene lerntheoretische Überlegungen vorgestellt und eingeordnet. Daran anschließend wird die Frage beantwortet, wie Kompetenzentwicklung als Aneignungsprozess auf der individuellen Ebene abläuft. Abschließend folgen noch einige Hinweise auf die praktischen Implikationen für eine Bibliothekspädagogik, die mit dieser lerntheoretischen Herangehensweise verbunden sind.

Lerntheoretische Grundlagen

Die seit den frühen 2000er Jahren im deutschsprachigen Raum geführte Debatte über eine Bibliothekspädagogik war von Beginn an von einem sehr starken Praxisbezug geprägt. Dies hat der Verbreitung verschiedener Facetten der Bibliothekspädagogik sowohl in Öffentlichen als auch in Wissenschaftlichen Bibliotheken sehr geholfen und zur deren Etablierung beigetragen. Schon Schultka definiert Bibliothekspädagogik allerdings als „Theorie und Praxis des pädagogischen Handelns in Bibliotheken in Bezug auf die Besucher der Bibliothek" (Schultka 2002, 1489). In seinem für die Begriffsbildung der Bibliothekspädagogik so grundlegenden Beitrag werden zwar unterschiedliche Arten des Lernens adressiert, diese aber in ihren Bedingungen und ihrer Bedingtheit nicht weiter ausführt. Vielmehr verfolgt er einen zielgruppenspezifischen Ansatz und zeigt die große Varianz des Begriffsfeldes Bibliothekspädagogik anschaulich auf (Schultka 2002, 1490). Dies wird durch spätere Beiträge ergänzt, in denen Schultka ausführlicher auf sein Verständnis von Bibliothekspädagogik eingeht. So beschreibt er 2005 Bibliothekspädagogik als ganzheitlichen Gestaltungsanspruch ausgehend vom *Lernort*, den sich das Individuum für seinen Lernprozess aneignet (Schultka 2005a, 1107–1108). Schultka verwendet hier den Begriff *Lernort* etwas missverständlich, da er eigentlich die beispielhafte Gestaltung von *Lernräumen* im Rahmen einer *Lernwelt* beschreibt.[3] Dies erweitert er um den Aspekt der ergänzenden und begleitenden Beteiligung von Bibliotheken „an der Entwicklung von Lese- Medien- und Informationskom-

3 Zur Differenzierung von Lernort, Lernraum und Lernwelt: Eigenbrodt (2021, 103–111).

petenz“ (Schultka 2005a, 1108). Im didaktischen Diskurs würde man hier von der Gestaltung von *Lernarrangements* sprechen. Dieser Ansatz ist aus einer lerntheoretischen Perspektive deshalb anschlussfähig, weil er sich zunächst sehr deutlich von einer instruktiven Pädagogik absetzt und dies auch mit einem Beispiel aus der Praxisliteratur zur Schulentwicklung unterstreicht (Schultka 2005a, 1107–1108). Eine begleitende Beteiligung an der Kompetenzentwicklung durch die Gestaltung von Lernarrangements, die das Individuum und seine Lernbedürfnisse in den Mittelpunkt stellen, erscheint hier zunächst auch ohne explizite lerntheoretische Grundlage als viables Konzept für die Bibliothekspädagogik. Schultka (2005a) konzentriert sich aus nachvollziehbaren Gründen in diesem und dem fortsetzenden Beitrag (2005b) insbesondere auf methodische Werkzeuge für die Umsetzung des formulierten Anspruchs.

Auch nachfolgende Beiträge zur Bibliothekspädagogik nehmen vor allem praktische Anwendungsfelder und Veranstaltungsformate insbesondere in Öffentlichen Bibliotheken in den Blick. Didaktische oder lerntheoretische Grundlagen der gewählten Zugänge und Methoden werden entweder nicht dargestellt oder lediglich über die zitierte Literatur erkennbar. Eine Ausnahme bildet hier etwa der Ansatz von Dudeck (2015). Dieser stellt die beteiligten Menschen in den Mittelpunkt bibliothekspädagogischer Arbeit, schlägt ein Modell der themenzentrierten Interaktion vor und sieht Bibliothekspädagogik als „begrenztes Beziehungsangebot auf Zeit“ (Dudeck 2015, 395). Dannenberg (2016) geht im Zusammenhang mit den besonderen Bedürfnissen der *Generation Y* in Bezug auf Bibliothekspädagogik kurz auf eine, auf konstruktivistischen Lerntheorien basierende, Didaktik ein. Die Diskussion dazu wird dort allerdings nicht vertieft, sondern mit dem nicht weiter belegten Verweis auf „die konstruktivistische Didaktik als Rahmenkonzept“ in Bibliotheken beendet (Dannenberg 2016, 368). Allerdings sind die zwei von Dannenberg genannten Veranstaltungsformate für die Vermittlung von Informationskompetenz in einer Wissenschaftlichen Bibliothek kein Beleg für die tatsächliche Adaption konstruktivistischer Lerntheorien in der bibliothekspädagogischen Didaktik, sondern lediglich ein Hinweis darauf, dass hier nicht ausschließlich instruktive Formen der Vermittlung gewählt werden. Zudem weist die Einordnung konstruktivistischer Pädagogik in den eher historischen Kontext „reformpädagogische[r] Ansätze“ (Dannenberg 2016, 364) darauf hin, dass der Autor sich nicht mit den Grundlagen konstruktivistischer Didaktik auseinandergesetzt hat.

Keller-Loibl (2018, 51–52) dagegen betrachtet in ihren Überlegungen zur Etablierung der Bibliothekspädagogik lerntheoretische und -psychologische Voraussetzungen nicht als selbstverständlich vorhanden. Sie betont insbesondere das „selbstgesteuerte Lernen in allen Lebenssituationen“ (Keller-Loibl 2018, 53) als wichtige Entwicklung auch für die Bibliothekspädagogik. Dabei schließt sie explizit auch an Schultkas ganzheitlichen Ansatz an und formuliert daraus einen weitergehenden Anspruch:

> Bibliothekspädagogische Angebote sollten deshalb ein hohes Maß an Eigenaktivität und das positive Erleben, aus eigener Kraft Anforderungen gewachsen zu sein, ermöglichen. Der Wunsch nach sozialer Einbindung erfordert eine vertrauensvolle Lernatmosphäre und den Einsatz ver-

schiedener Sozialformen des Lernens im Rahmen organisierter Lernprozesse. (Keller-Loibl 2018, 53).

Die Notwendigkeit der Auseinandersetzung mit Kontext und Rahmen von Lernprozessen unterstreicht auch die – etwa von Schmid-Ruhe (2018, 97) oder im studentischen Thesenpapier zum *6. Forum Bibliothekspädagogik* (BIB 2022) – aufgestellte Forderung, sich umfänglich auch mit theoretischen Grundlagen zu befassen. In der Debatte ist allerdings auch zu erkennen, dass verschiedene Auseinandersetzungen mit Wissens- und Kompetenzerwerb und damit verbundene Konzepte entweder als Teil der Bibliothekspädagogik betrachtet oder mit dieser vermischt werden. Dies betrifft neben der Informationskompetenz[4] auch die Medienkompetenz sowie das Konzept der Teaching Library[5] und die jeweils damit verbundenen Didaktiken. Ist also eine lerntheoretische Grundlegung der Bibliothekspädagogik in den Veröffentlichungen der letzten 20 Jahren noch nicht zu fassen, wären vielleicht hier entsprechende Informationen zu finden. Schon Schultka (2002, 1490) sieht die Förderung von Informationskompetenz als Teil der Bibliothekspädagogik.

In der Regel sind die Begrifflichkeiten und Konzepte in Bezug auf Informationskompetenz in Bibliotheken bis heute allerdings auf Vermittlung und Lehre ausgelegt. Hinweise auf lerntheoretische Grundlagen finden sich in der Literatur nur selten, vielmehr wird häufig von einem instruktiven Modell ausgegangen, das zuweilen motivationspsychologisch modifiziert wird. Dies beruht mutmaßlich vor allem darauf, dass die Herangehensweise stark von der nach wie vor inputorientierten Didaktik an deutschen Hochschulen geprägt ist. Für Wissenschaftliche Bibliotheken stand lange Zeit eine Selbstbehauptung als *Ort der Lehre* mit curricularer Einbindung entsprechender Veranstaltungen im Vordergrund. So nennt Rauchmann in ihrer Liste der notwendigen Qualifikationen für die Förderung von Informationskompetenz insbesondere solche, die auf eine klassische Hochschuldidaktik ausgerichtet sind und spricht folgerichtig von „schulenden Bibliothekaren" (Rauchmann 2016, 440–441). Dies hat sich in den letzten Jahren in der Praxis durch neue Methoden und Formate wie Coffee Lectures durchaus geändert, allerdings ist das Modell der *Teaching Library*, für das auch Musterlehrpläne und Curricula entwickelt wurden (Sühl-Strohmenger 2012), hier noch immer sehr wirksam. Es existieren aber auch andere Herangehensweisen.

Die mit dem Feld der Bibliothekspädagogik verbundene *Bibliotheksdidaktik* schlägt zum Beispiel einen lerntheoretischen Rahmen vor, der sich kognitivistisch einordnen lässt. Hanke und Sühl-Strohmenger argumentieren motivationspsychologisch und entwickeln hieraus den Ausgangspunkt ihres didaktischen Ansatzes. Motivation zum Lernen entsteht demnach durch einen von äußeren Reizen ausgelösten „mentalen Ungleichgewichtszustand" (Hanke/Sühl-Strohmenger 2016, 374). Zugrunde liegt dem ein klassisches Verständnis des Kognitivismus nach Piaget (Hanke/Sühl-Stroh-

4 Siehe auch Griesbaum (2024) in diesem Band.

5 Siehe auch Sühl-Stromenger (2024) in diesem Band.

menger 2016, 371). Letztendlich läuft der Lernprozess, wie ihn Hanke und Sühl-Stromenger in ihrem „Bibliotheksdidaktischen Rahmenmodell" beschreiben, auf ein modifiziertes instruktives Modell hinaus. Zwar werden Motivation und Aktivität des lernenden Individuums betont, es ist aber immer eine bibliothekarische Lehrperson nötig, die Aufmerksamkeit weckt, Ziele aufzeigt, Vorwissen aktiviert, Informationen vermittelt und so weiter (Hanke/Sühl-Stromenger 2016, 378).

In einem Grundlagenbeitrag zur Informationsdidaktik erwähnen Michel et al. (2023, 597), dass Wissensgemeinschaften als Communities of Practice in der US-amerikanischen Informationsdidaktik eine größere Rolle spielen als in der deutschsprachigen Literatur. Tatsächlich liegt mit der Theorie des situierten Lernens, wie sie unter anderem Lave und Wenger (2007) formuliert haben, ein vielversprechender Ansatz vor, Lernen als individuellen, in einen spezifischen sozialen und kulturellen Kontext eingebundenen Prozess zu beschreiben, der die instruktive Vermittlung durch Beteiligung der lernenden Individuen in der Kompetenzentwicklung ersetzt. Dieser Ansatz wurde in der deutschsprachigen Bibliothekspädagogik bisher aber nicht weiterverfolgt.

Kompetenzentwicklung und konstruktivistische Lerntheorien

Ausgehend von der Feststellung, dass Bibliothekspädagogik auf den Erwerb von Kompetenzen ausgerichtet ist, stellt sich die Frage, was die damit verbundenen Lernprozesse auszeichnet und inwiefern sie sich von anderen – zum Beispiel dem Rezipieren von Informationswissen oder der Konstitution von Handlungswissen – unterscheiden. Dem liegt die keineswegs selbstverständliche Feststellung zugrunde, dass Wissen und Kompetenz verschiedene Konzepte sind (Arnold/Erpenbeck 2014, 21, aber dagegen Siebert 2005, 82). Auch wenn der Kompetenzbegriff in aktuellen Bildungsdebatten inflationär und oft auch uneinheitlich gebraucht wird (Stang 2016, 22), lassen sich die bibliothekpädagogisch adressierten, teilweise aufeinander aufbauenden Kompetenzen auf ein gemeinsames Fundament zurückführen. Sie alle sind wissensbezogene Kompetenzen. Das heißt im Sinne von Arnold und Erpenbeck (2014, 15), dass sie Voraussetzungen für die Produktion von Wissen darstellen. Dies schließt allerdings auch andere Kompetenzen wie zum Beispiel soziale oder aktivitätsbezogene ein. Kompetenzen befähigen das Individuum zur Selbstorganisation und zur kreativen Verarbeitung von Input in einem Lernprozess (Erpenbeck/Sauter 2013, 4). Ein erfolgreicher Lernprozess im Sinne der Konstitution neuen Wissens setzt demnach Kompetenzen voraus. Folgerichtig dient die Leseförderung in der Kinderbibliothek genauso wenig dem Auswendiglernen von Kinderbüchern, wie die Informationskompetenz – bei aller gebotenen fachlichen Differenzierung – auf konkrete Inhalte eines Studienfachs bezogen ist. In diesem Sinne machen Kompetenzen das Individuum in Bezug auf Wissen und damit für Lernprozesse erst handlungsfähig. Weitergedacht führt dies auch zu einer notwendigen Ausdifferenzierung des Kompetenzbegriffs:

> War Kompetenz zuvor ein bloßes Gutwort oder bestenfalls ein Synonym für Wissen und Qualifikation übersteigendes Handlungsvermögen, wurde seitdem mehr und mehr erkannt, dass es gerade um das Selbstorganisative, das Innovative und Kreative geht, das mit der Kompetenzentwicklung erreicht und mit der Kompetenzanerkennung bescheinigt wird. (Erpenbeck/Sauter 2013, 190)

Kompetenz ist eben kein bloßes Handlungswissen, das zum Beispiel zur richtigen Handhabung Boolescher Operatoren, zur zielführenden Recherche im Bibliothekskatalog oder zur Beherrschung sinnentnehmenden Lesens dient. Es geht vielmehr darum, das Gehirn in die Lage zu versetzen, selbstorganisiert und kreativ Reize zu verarbeiten und daraus neues, für das Individuum viables Wissen zu konstituieren. Hier schließt die Diskussion zur Kompetenzentwicklung an konstruktivistische Lerntheorien an.

Während *behavioristische* Ansätze Lernen als bloße Reaktion auf äußere Reize sehen, beschreiben *kognitivistische* Theorien Lernen als motivationsgeleiteten Verarbeitungsprozess. Beiden ist gemeinsam, dass sie *inputorientiert* sind, also davon ausgehen, dass es beim Lernen darum geht, ein objektivierbares Wissen aufzunehmen. *Kognitivistische Theorien* sehen Lernen zwar weitergehend als individuelle Aneignung von Wissen, diese ist allerdings durch von außen geleitete Schemata oder Modelle bestimmt. Unabhängig vom konkreten kognitivistischen Modell geht es immer darum, Individuen Anreize zum Lernen zu schaffen (Motivation) und ihnen Schemata oder Kategorien zur Einordnung des gelernten Wissens verfügbar zu machen, im Falle von Kompetenzvermittlung also zum Beispiel Handlungswissen.

Das besondere Kennzeichen *konstruktivistischer Lerntheorien* ist dagegen die Betonung von Lernen als kreativem *Aneignungsprozess* eigenständiger Individuen. Informationen wirken als äußere Reize auf das Individuum ein, die Gedächtnisprozesse stimulieren. Das Bewusstsein wird dabei als autonomes System gesehen, das aus diesen Stimuli Bedeutung konstruiert (Siebert 2005, 32). Diese *Selbstorganisation* des Gehirns im Lernprozess darf aber nicht als Abkoppelung von der Umwelt missverstanden werden. Konstruktivistische Lerntheorien leugnen die Bedeutung äußerer Reize nicht, sie betonen vielmehr die Vorstrukturierung und Vorerfahrung aber auch den freien Willen des Individuums in Bezug auf die Interpretation der Reize und damit die Konstitution neuen Wissens. Insbesondere Vorstrukturierung und Vorerfahrung sind die Faktoren, welche dazu beitragen, aus den Stimuli für das Individuum viable, also im jeweiligen Kontext funktionierende Bedeutung zu konstruieren (Arnold 2016, 7). Neues Wissen konstituiert sich dann, wenn eine Übereinstimmung zwischen den anzueignenden Wissenselementen und den inneren Voraussetzungen des Individuums entsteht. Dabei spielen Inspiration und Interaktion eine wichtige Rolle: In Bezug auf den Lernprozess bedeutet dies eine Abwendung von einer auf den *Input* hin zu einer auf den *Outcome* orientierten Herangehensweise (Arnold 2016, 70).

Dies erinnert an praxisorientierte Modelle der vorletzten Jahrhundertwende, wie sie etwa in der Reformpädagogik Niederschlag fanden. Allerdings argumentieren hier konstruktivistische Modelle wesentlich komplexer und werden durch neurowissenschaftliche Erkenntnisse geleitet. Die Betonung der Autonomie des Gehirns bei der Verarbeitung äußerer Reize wird durch die Hirnforschung bestätigt. Diese schließt sowohl die Idee einer schlichten Übertragung von Informationen als auch Ursache-Wirkung-Prozesse im Sinne einer simplen Motivierbarkeit des Gedächtnisses aus (Roth 2009, 49). Allerdings relativieren diese Erkenntnisse auch die in konstruktivistischen Lerntheorien häufig aufklärerisch gefärbte Betonung eines freien Willens, da die mit Lernen verbundenen Aneignungsprozesse im Wesentlichen unbewusst ablaufen. Das Gehirn ist ständig dabei, im Kurzzeitgedächtnis zunächst passiv gespeicherte Informationen mit bereits vorhandenem Gedächtnisinhalten abzugleichen, diese abzurufen und gegebenenfalls miteinander zu verknüpfen. Bei diesen Prozessen ist das Arbeitsgedächtnis der zentrale Faktor (Brand/Markowitsch 2009, 61–62). Äußere und innere Reize wie Affekte und Gefühle – auch in Bezug auf die Lernsituation – spielen eine entscheidende Rolle (Roth, 2009, 51). Ihre Wirkung ist aber, wie der Prozess im Arbeitsgedächtnis selbst, nicht exakt steuer- oder vorhersagbar. Letzteres bedeutet aber auch, dass es nicht möglich ist, nicht zu lernen, da das Individuum die Prozesse des Abgleichens, Validierens und gegebenenfalls assoziierenden Kombinierens genauso wenig bewusst steuern kann, wie auch das Verwerfen – nur die wenigsten Informationen werden dauerhaft erinnert. Diese Neuformierung und Reformierung von Verbindungen als Reaktion auf äußere Reize ist wiederum der Motor für die Gedächtnisentwicklung, wodurch sich die physiologische Fähigkeit zu Lernen reziprok verstärkt (National Research Council 2018, 67–68).

Dass Individuen diese Prozesse in der Regel nicht bewusst kontrollieren können, bedeutet aber nicht, dass sie nicht durch innere Einstellung und äußere Reize beeinflussbar wären. Neben den schon genannten Vorerfahrungen und Affekten spielt auch der soziale, räumliche und mediale Kontext eine entscheidende Rolle. Hier setzt dann die Gestaltung von Lernarrangements an, wie sie auch für die Kompetenzentwicklung notwendig ist. Dieser Beitrag geht nicht näher auf die didaktischen, medialen und räumlichen Prinzipien solcher Lernarrangements ein, es lassen sich aus den umrissenen Erkenntnissen konstruktivistischer und neurowissenschaftlicher Annäherungen an das Lernen aber einige grundlegende Prinzipien ableiten:

- Die in der Bibliothekspädagogik adressierten Kompetenzen gehen über reines Handlungswissen hinaus.
- Kompetenzentwicklung lässt sich nicht inputorientiert steuern, wohl aber outcomeorientiert beeinflussen.
- Die Gestaltung von bibliothekspädagogischen Lernarrangements sollte daher die Förderung selbstorganisierter Aneignungsprozesse in den Vordergrund stellen.
- Soziale Beziehungen, Affekte und die emotionale Einstellung zum Lernprozess sind wichtige Faktoren.

- Hybride Lernarrangements erfordern eine erhöhte didaktische Aufmerksamkeit, weil sich hier digitale und physische Räume und Medien mit entsprechenden Konsequenzen für die individuelle Aufnahme und Verarbeitung von Informationen verschränken.
- Bibliothekspädagogisch handelnden Personen kommt eine besondere Verantwortung in Bezug auf die Gestaltung der Lernarrangements aber auch die Beziehung zu den lernenden Individuen zu.
- Neurowissenschaftliche Erkenntnisse, aber auch Ansätze wie das situierte Lernen, die die Beteiligung der Individuen und die soziale Einbindung der Kompetenzentwicklung in den Vordergrund stellen, sollten für die Gestaltung von Lernarrangements intensiver rezipiert werden.

Auch wenn diese Liste neue Fragen aufwirft und mit Sicherheit auch nicht abschließend ist, soll sie doch als Hinweis für die weitere bibliothekspädagogische Diskussion dienen.

Fazit

Auch wenn Keller-Loibl die Bibliothekspädagogik zu Recht als anwendungsorientierte Pädagogik beschreibt, betont auch sie die Bedeutung einer theoretischen Grundlage für bibliothekspädagogisches Handeln (Keller-Loibl 2018, 48).[6] Wie jedes auf die Entwicklung von Individuen bezogene Handeln erwächst aus dem Anspruch, bibliothekspädagogisch wirksam zu sein, eine besondere Verantwortung der agierenden Personen. Die Sichtung der deutschsprachigen Literatur zum Thema hat gezeigt, dass an diese Herausforderung sehr unterschiedlich herangegangen wir. Am Anfang der Diskussion um eine Bibliothekspädagogik steht die Formulierung eines ganzheitlichen, partizipativen und lernendenzentrierten Ansatzes zur Gestaltung von Lernarrangements. Die Bibliotheksdidaktik konzentriert sich auf die Aufstellung eines motivationspsychologisch basierten kognitiven Prozessschemas für eher instruktiv gedachte curriculare Lehrpläne. Die Informationsdidaktik formuliert eine zielgruppenspezifische Herangehensweise, die auf der Basis unterschiedlicher Wissenskulturen Communities of Practice in den Mittelpunkt der lerntheoretischen Überlegungen stellt. Diese Ansätze verbindet ein reflektiertes und gleichzeitig praxisorientiertes Nachdenken über für lernende Individuen viable und damit bibliothekspädagogisch wirksame Lernarrangements. Sie zeigen aber auch, warum in der Bibliothekspädagogik eine solche didaktische und methodische Vielfalt existiert. Der hier vorgestellte konstruktivistische Ansatz versteht sich in diesem Kontext nicht als ergänzender Beitrag, sondern als konsequentes Weiterdenken der in der Debatte von Anfang an vorhandenen lernenden-

6 Siehe auch Keller-Loibl (2024) in diesem Band.

zentrierten, outcomeorientierten Haltung, die nicht die Vermittlung durch bibliothekspädagogisch Handelnde, sondern den Kompetenzerwerb der lernenden Individuen in den Mittelpunkt stellt.

Gerade in Bezug auf die besonderen Herausforderungen hybrider Lernarrangements mit ihren von Zeitplänen und dem physischen Raum teilweise entkoppelten Aneignungsprozessen wird diese Haltung immer wichtiger.[7] Dies schließt vermittelnde Elemente und auch klassische Präsenzveranstaltungen in der Gestaltung solcher Lernarrangements nicht aus. Es muss allerdings hinterfragt werden, inwiefern traditionelle Herangehensweisen, seien sie aus der Schulpädagogik oder der instruktiven Hochschuldidaktik entlehnt, noch geeignet sind, dem umfassenden und lernendenzentrierten Anspruch der Bibliothekspädagogik zu genügen.

Am Ende einer solchen Betrachtung steht allerdings auch die Erkenntnis, dass die Vorhersagbarkeit selbstorganisierter Lernprozesse nur eingeschränkt möglich ist. Lässt sich in der traditionellen Wissensvermittlung dem *Input* ein überprüfbarer *Output* im Sinne eines vermeintlich objektivierbaren Lernerfolgs gegenüberstellen, so ist der individuelle *Outcome* relativ und nur eingeschränkt objektivierbar. Dies gilt gerade auch in der Kompetenzentwicklung, die im Zusammenhang dieses Beitrages als wesentliches Ziel einer Bibliothekspädagogik vorausgesetzt wurde. Ob ein Individuum sich im Rahmen eines bibliothekspädagogischen Lernarrangements Kompetenzen angeeignet hat, die über ein reines Handlungswissen hinausgehen, ist im Rahmen eines solchen Lernarrangements nicht überprüfbar. Erpenbeck und Sauter übertragen diese eingeschränkte, allenfalls qualitative Vorhersagbarkeit selbstorganisierten Lernens auf die Lernarrangements selbst (Erpenbeck/Sauter 2013, 190). Voraussagen für die Zukunft zu treffen ist demnach deshalb schwierig, weil selbstorganisiertes Lernen wie alle selbstorganisierten Systeme selbstreferentiell und nichtlinear sind.

Literatur

Arnold, M. (2009): Brain-based Learning und Teaching. Prinzipien und Elemente. In: U. Herrmann (Hrsg.): *Neurodidaktik. Grundlagen und Vorschläge für gehirngerechtes Lehren und Lernen*. 2. Aufl. Weinheim; Basel: Beltz, 145–158.

Arnold, R. (2016): *Begriffe sind Fenster: Systemische Pädagogik von A-Z. Antworten, Algorithmen und Akronyme*. 2. Aufl. Baltmannsweiler: Schneider- Hohengehren.

Arnold, R.; Erpenbeck, J. (2014): *Wissen ist keine Kompetenz. Dialoge zur Kompetenzreifung*. 3. Aufl. Baltmannsweiler: Schneider- Hohengehren.

BIB – Berufsverband Bibliothek Information e.V. (2022): *Thesenpapier, erstellt von einer studentischen Arbeitsgruppe für das 6. Forum Bibliothekspädagogik am 17.1.2022*. https://www.bib-info.de/fortbildung/forum-bibliothekspaedagogik/forum-bibliothekspaedagogik-bib-fortbildung/thesenpapier-forum-bibliothekspaedagogik.

7 Siehe auch Keller-Loibl/Stang (2024) in diesem Band.

Brand, M.; Markowitsch, H. J. (2009): Lernen und Gedächtnis aus neurowissenschaftlicher Perspektive. Konsequenzen für die Gestaltung des Schulunterrichts. In: U. Herrmann (Hrsg.): *Neurodidaktik. Grundlagen und Vorschläge für gehirngerechtes Lehren und Lernen*. 2. Aufl. Weinheim; Basel: Beltz, 60–76.

Dannenberg, D. (2016): Eine neue Bibliothekspädagogik für die Generation Y? In: W. Sühl-Strohmenger (Hrsg.): *Handbuch Informationskompetenz*. 2. Aufl. Berlin; Boston: De Gruyter Saur, 359–368.

Dudeck, J. (2015): Bibliothekspädagogik – ein etwas anderer Zugang. Networking statt Qualitätsmanagement, Kooperationen statt Benchmarking; nur wo das Leben einer Gemeinde Einzug hält, kann die Bibliothek aufblühen. *BuB: Forum Bibliothek und Information* 6, 394–396. https://www.b-u-b.de/fileadmin/archiv/imports/pdf_files/2015/bub_2015_06_394_396.pdf.

Eigenbrodt, O. (2021): *Lernwelt Wissenschaftliche Bibliothek: Pädagogische und raumtheoretische Facetten*. Berlin; Boston: De Gruyter Saur.

Erpenbeck, J.; Sauter, W. (2013): *So werden wir lernen!* Berlin; Heidelberg: Springer.

Griesbaum, J. (2024): Informationskompetenz. Voraussetzungen und Umsetzung. In: U. Engelkenmeier; K. Keller-Loibl; B. Schmid-Ruhe; R. Stang (Hrsg.): *Handbuch Bibliothekspädagogik*. Berlin; Boston: De Gruyter Saur, 129–139. https://doi.org/10.1515/9783111032030-012.

Hanke, U.; Sühl-Strohmenger, W (2016): Bibliotheksdidaktik zur erfolgreichen Förderung von Informationskompetenz. In: W. Sühl-Strohmenger (Hrsg.): *Handbuch Informationskompetenz*. 2. Aufl. Berlin; Boston: De Gruyter Saur, 369–381.

Hütte, M. (2006): Zur Vermittlung von Informationskompetenz an Hochschulbibliotheken – Entwicklung, Status quo und Perspektiven. *BIBLIOTHEK – Forschung und Praxis* 30/2, 137–167. https://doi.org/10.1515/BFUP.2006.137.

Keller-Loibl, K. (2018): Zur Etablierung einer Bibliothekspädagogik. Professionalisierung der Bildungsarbeit Öffentlicher Bibliotheken. In: R. Stang.; K. Umlauf (Hrsg.): *Lernwelt Öffentliche Bibliothek*. Berlin; Boston: De Gruyter Saur, 47–56. https://doi.org/10.1515/9783110590982-005.

Keller-Loibl, K. (2024): Bibliothekspädagogik: Entwicklung, Begriff, Potenziale und Herausforderungen. In: U. Engelkenmeier; K. Keller-Loibl; B. Schmid-Ruhe; R. Stang (Hrsg.): *Handbuch Bibliothekspädagogik*. Berlin; Boston: De Gruyter Saur, 15–27. https://doi.org/10.1515/9783111032030-002.

Keller-Loibl, K.; Stang, R. (2024): Bibliothekspädagogik und Digitalisierung. In: U. Engelkenmeier; K. Keller-Loibl; B. Schmid-Ruhe; R. Stang (Hrsg.): *Handbuch Bibliothekspädagogik*. Berlin; Boston: De Gruyter Saur, 215–224. https://doi.org/10.1515/9783111032030-020.

Lave, J.; Wenger, E. (2007): *Situated Learning: A legitimate peripheral participation*. 17. Aufl. Cambridge: Cambridge University Press.

Michel, A.; Wittich, A.; Tappenbeck, I. (2023): D 9. Informationsdidaktik. In R. Kuhlen; D. Lewandowski; W. Semar; C. Womser-Hacker (Hrsg.): *Grundlagen der Informationswissenschaft*. 7. Aufl. Berlin; Boston: De Gruyter Saur, 595–601. https://doi.org/10.1515/9783110769043-051.

National Research Council, (Hrsg.) (2018): *How People Learn II: Learners, Contexts, and Cultures*. Washington, D. C.: National Academies Press.

Rauchmann, S. (2016): Welche Qualifikationen benötigen Bibliothekarinnen und Bibliothekare zur erfolgreichen Förderung von Informationskompetenz? In: W. Sühl-Strohmenger (Hrsg.): *Handbuch Informationskompetenz*. 2. Aufl. Berlin; Boston: De Gruyter Saur, 439–448.

Roth, G. (2009): Warum sind Lehren und Lernen so schwierig? In: U. Herrmann (Hrsg.): *Neurodidaktik: Grundlagen und Vorschläge für gehirngerechtes Lehren und Lernen*. 2. Aufl. Weinheim; Basel: Beltz, 49–59.

Schmid-Ruhe, B: (2018): Bibliothekspädagogische Praxis: Herausforderungen für die Konzeptentwicklung. In: R. Stang; K. Umlauf (Hrsg.): *Lernwelt Öffentliche Bibliothek*. Berlin; Boston: De Gruyter Saur, 93–103. https://doi.org/10.1515/9783110590982-009.

Schultka, H. (2002): Bibliothekspädagogik versus Benutzerschulung. Möglichkeiten der edukativen Arbeit in Bibliotheken. *Bibliotheksdienst* 36/11, 1486–1505.

Schultka, H. (2005a): Bibliothekspädagogik. Schwerpunkt Informationskompetenz: Hilfsmittel zur Kursvorbereitung zum Unterrichten/Lehren; Teil 1. *Bibliotheksdienst* 38/9, 1107–1119.

Schultka, H. (2005b): Bibliothekspädagogik. Schwerpunkt Informationskompetenz: Hilfsmittel zur Kursvorbereitung zum Unterrichten/Lehren; Teil 2. *Bibliotheksdienst* 38/10, 1301–1315.

Siebert, H. (2005): *Pädagogischer Konstruktivismus. Lernzentrierte Pädagogik in Schule und Erwachsenenbildung*. 3. Aufl. Weinheim: Beltz.

Stang, R. (2016): *Lernwelten im Wandel. Entwicklungen und Anforderungen bei der Gestaltung zukünftiger Lernumgebungen*. Berlin; Boston: De Gruyter Saur.

Sühl-Strohmenger, W. (2012): *Teaching Library*. Berlin; Boston: De Gruyter Saur.

Sühl-Strohmenger, W. (2024): Teaching Library. In: U. Engelkenmeier; K. Keller-Loibl; B. Schmid-Ruhe; R. Stang (Hrsg.): *Handbuch Bibliothekspädagogik*. Berlin; Boston: De Gruyter Saur, 141–150. https://doi.org/10.1515/9783111032030-013.

Tobias Seidl

Didaktische Grundlagen

Einleitung

Die Didaktik ist die „Wissenschaft vom Unterricht, als Theorie des Lehrens und Lernens auf allen Stufen und Arten des Bildungswesens“ (Bönsch 2006, 10). Ursprünglich nahm sie primär die Ziele und Inhalte, also das „Warum“, „Wozu“ und „Was“ von Lehr-/Lernprozessen in den Blick. In einem breiteren Verständnis kann die Didaktik als „die Gestaltung von Lernangeboten in den unterschiedlichen Kontexten, in denen Lernen angeregt und Bildung ermöglicht werden soll“ (Kerres 2021, 59), verstanden werden. Damit bezieht sie sich sowohl auf Angebote in stark formalisierten und strukturierten Kontexten, wie etwa Schulen, aber auch auf offenere Kontexte, wie etwa Öffentliche und Wissenschaftliche Bibliotheken. Der Fokus liegt dabei auf allen lernförderlichen Bedingungen und deren Gestaltungsmöglichkeiten wie zum Beispiel die Konzeption von Curricula oder die Planung, Durchführung und die Evaluation von Lernangeboten.

Insbesondere in der zweiten Hälfte des 20. Jahrhunderts wurden unterschiedliche grundlegende didaktische Theorien und Modelle entwickelt, die jeweils eigene Schwerpunkte und Perspektiven entwickelten (Gloerfeld 2020, 83–180). Gemeinsam ist ihnen die Annahme, dass Lernprozesse nur zu einem bestimmten Grad von außen beeinflusst werden können und der Lernerfolg essenziell von der (aktiven) Beteiligung der Lernenden abhängig ist.

Im deutschen Kontext beschäftigt sich neben der *Allgemeinen Didaktik* auch die psychologische Lehr-/Lernforschung, das *Didaktische Design* sowie die *Fachdidaktik* aus unterschiedlichen Perspektiven mit Fragen des Lehrens und Lernens. Dabei folgen sie unterschiedlichen Erkenntnisinteressen und methodischen Zugängen:

- Allgemeine Didaktik: Was ist (Allgemein-)Bildung? Was soll gelehrt werden? Ziel: Sinnvolle Begründung und Auswahl von Lehrinhalten und Lehrzielen;
- (psychologische) Lehr-/Lernforschung: Was sind die Bedingungen für Lernerfolg? Ziel: Ableitungen von Erkenntnissen zur Gestaltung von Lernprozessen aus empirischer Forschung;
- Didaktisches Design: Was sind die Merkmale von Lernangeboten und Vorgehensweisen, die Bildungsprobleme lösen? Ziel: Übergreifende Aussagen über die sinnvolle Gestaltung didaktischer Konzepte in Form von Gestaltungsmustern und -prinzipien; (Kerres 2021, 62)
- Fachdidaktik: Welche fachspezifischen Besonderheiten sind in einzelnen Kontexten von Relevanz? Ziel: Anpassung (allgemein) didaktischer Modelle und Vorgehensweisen an einzelne Fachkontexte.

https://doi.org/10.1515/9783111032030-011

Während die *Allgemeine Didaktik* eine normative Perspektive („was und mit welchem Zeithorizont gelehrt werden sollte" (Kerres 2021, 62)) einnimmt, versucht die Lehr-/Lernforschung mit Hilfe empirischer Forschung Prinzipien des Lernens zu identifizieren. Das *Didaktische Design* versucht aufbauend auf Erkenntnissen der Lernforschung sowie der Auswertung von Erfahrungen aus der Lehrpraxis Empfehlungen für die Gestaltung von Lernangeboten abzuleiten (Kerres 2021, 62). In der Praxis ist es sinnvoll die verschiedenen Perspektiven zu kombinieren und so nutzbar zu machen. Unter Einbeziehung von Ergebnissen der Lehr-/Lernforschung sowie didaktischer Überlegungen hat so etwa Meyer (2016) zehn Merkmale guten (Schul-)Unterrichts beschrieben, die als Hilfestellung bei der Planung und Gestaltung von Lehr-/Lernsettings in unterschiedlichen Bereichen genutzt werden können:

1. Klare Strukturierung des Unterrichts (Prozess-, Ziel- und Inhaltsklarheit; Rollenklarheit, Absprache von Regeln, Ritualen und Freiräumen)
2. Hoher Anteil echter Lernzeit (durch gutes Zeitmanagement, Pünktlichkeit; Auslagerung von Organisationskram; Rhythmisierung des Tagesablaufs)
3. Lernförderliches Klima (durch gegenseitigen Respekt, verlässlich eingehaltene Regeln, Verantwortungsübernahme, Gerechtigkeit und Fürsorge)
4. Inhaltliche Klarheit (durch Verständlichkeit der Aufgabenstellung, Plausibilität des thematischen Gangs, Klarheit und Verbindlichkeit der Ergebnissicherung)
5. Sinnstiftendes Kommunizieren (durch Planungsbeteiligung, Gesprächskultur, [...] Lerntagebücher und Schülerfeedback)
6. Methodenvielfalt (Reichtum an Inszenierungstechniken; Vielfalt der Handlungsmuster; Variabilität der Verlaufsformen und Ausbalancierung der Methodischen Großformen)
7. Individuelles Fördern (durch Freiräume, Geduld und Zeit; durch innere Differenzierung und Integration; durch individuelle Lernstandsanalysen und abgestimmte Förderpläne, besondere Förderung von Schülern aus Risikogruppen)
8. Intelligentes Üben (durch Bewusstmachen von Lernstrategien, passgenaue Übungsaufträge, gezielte Hilfestellungen und „übefreundliche" Rahmenbedingungen)
9. Transparente Leistungserwartung (durch ein an den Richtlinien oder Bildungsstandards orientiertes, dem Leistungsvermögen der Schülerinnen und Schüler entsprechendes Lernangebot und zügige förderorientierte Rückmeldungen zum Lernfortschritt)
10. Vorbereitete Umgebung (durch gute Ordnung, funktionale Einrichtung und brauchbare Werkzeuge). (Meyer 2016, 17–18)

Generalisierbare Empfehlungen haben für die Praxis jedoch nur einen begrenzten Nutzen, da immer auch die individuellen Bedingungen des Lehrenden (z. B. Lehrerfahrung, methodische Kompetenzen), der Lernenden (z. B. Motivation, Vorerfahrungen, Entwicklungsstand) sowie der Situation (z. B. Auftrag der Institution, Raum, verfügbare Zeit) berücksichtigt werden müssen (vgl. dazu auch das ‚Berliner Modell' in Gloerfeld 2020, 102–113). Die zu meisternde Herausforderungen für die Lehrenden bei der Umsetzung ist deshalb, die zentralen Gestaltungsmöglichkeiten zu (er)kennen und aufbauend auf einer umfassenden Analyse für den eignen Kontext passende Lösungen zu entwickeln. Genau bei dieser Herausforderung soll der vorliegende Beitrag unterstützen.

Ausgehend vom Verständnis der Wissenschaftlichen Bibliothek als Lernort für Informationskompetenz haben sich in den letzten Jahren auch fachdidaktische Überlegungen speziell für diesen Bereich entwickelt. Die Bibliotheksdidaktik möchte „Aussagen über die Bildungsinhalte von Bildungsangeboten an Bibliotheken machen, sie möchte Vorschläge für die methodische Strukturierung dieser Bildungsangebote machen und einen Vorschlag unterbreiten, wie Bildungsangebote systematisch geplant werden können." (Hanke/Sühl-Strohmenger 2016, 9). Als besondere Merkmale des Lernorts Bibliothek werden unter anderem unterschiedliche und heterogene Lernendengruppen sowie spezifische Ressourcen- und Personallimitationen aufgeführt. Diese Merkmale treffen jedoch auf die Mehrzahl außerschulischer Lernorte zu, weshalb für den vorliegenden Beitrag bewusst eine breitere Perspektive gewählt wurde.[1]

Ebenen der Didaktik und grundsätzliches Vorgehen

Didaktische Fragen – und damit gleichzeitig auch Gestaltungs- und Entscheidungsmöglichkeiten – stellen beziehungsweise ergeben sich auf ganz unterschiedlichen Ebenen. Diese grundsätzlichen Ebenen wurden bereits in den 1970er Jahren von Flechsig und Haller identifiziert und sind heute noch relevant und lassen sich auf den Bibliothekbereich anwenden:

a) Ebene der Gestaltung der institutionellen, ökonomischen, personellen und konzeptionellen Rahmenbedingungen. Dazu gehören etwa Auftrag/Mission der Bibliothek und die daraus abgeleiteten Ziele sowie die zur Verfügung stehenden Ressourcen.
b) Ebene der Gestaltung übergreifender Lehrplan- und Schulkonzepte. Hier steht die Überführung der übergeordneten Ziele in ein konkretes Curriculum oder Angebotsspektrum der Einrichtung/Organisation im Mittelpunkt.
c) Ebene der Gestaltung von Unterrichts- oder Angebotskonzepten für einzelne Themenbereich und Zielgruppen. Im Bibliotheksbereich könnte dies beispielsweise eine aufeinander aufbauende Workshopreihe im Bereich Coding für Kinder sein.
d) Ebene der Gestaltung von einzelnen Unterrichts- oder Angebotseinheiten. In einer Bibliothek beispielsweise die Planung eines spielerischen Einstiegsworkshops in Coding für Kinder (als Teil der unter c) skizzierten Workshopreihe.
e) Auf der Ebene der Gestaltung konkreter Lehr-/Lernsituationen. Beispielsweise die Gestaltung des ersten Kennenlernens der Programmiersprache Scratch (Flechsig/Haller 1975, 14)

1 Für den spezifischen Bereich der Informationskompetenzförderung: Hanke/Sühl-Strohmenger (2016).

Beim didaktischen Planen und Handeln, insbesondere auf den Ebenen c) bis e), müssen verschiedene interdependente Aspekte Beachtung finden:
- Ziel: In welcher Absicht tue ich etwas?
- Zielgruppe und Teilnehmende: An wen vermittle ich das?
- Inhalte: Was bringe ich in den Horizont der Lernenden?
- Methode: Wie tue ich das?
- Medien/Materialien: Mit welchen Mitteln verwirkliche ich das?
- Organisationaler Rahmen: In welcher Situation vermittle ich das? (Schrader 2019, 88)

Betrachtet man konkret die *Ebene der Gestaltung von einzelnen Unterrichts- oder Angebotseinheiten* (d), hilft das ADDIE Modell (Mayfield 2011), um das eigene Vorgehen (und die Beantwortung der oben gestellten Fragen) in der Vor- und Nachbereitung zu strukturieren. Das Akronym ADDIE hat hier folgende Bedeutung:
- Analyze/Analyse: Analyse der Zielgruppe/Lernenden, verfügbaren Ressourcen, übergreifenden Lernziele und Rahmenbedingungen.
- Design: Festlegung der spezifischen Lernziele, passenden Methoden, Inhalte und Arbeitsformen/Methoden.
- Develop/Entwicklung: Entwicklung passender Aufgaben, Materialien und Lernumgebungen.
- Implement/Durchführung: Durchführung der Unterrichts- oder Angebotseinheit.
- Evaluate/Evaluation: Evaluation der Maßnahmen, etwa im Hinblick auf die Erreichung der Lernziele, Zufriedenheit der Teilnehmenden und Passung von Zielen, Methodik, Rahmen und Teilnehmenden. (Mayfield 2011, 19–22)

Ausgehend vom ADDIE Modell hat beispielweise Veldof (2006) eine umfassende Schritt-für-Schritt-Anleitung entwickelt, um Workshops und Lerneinheiten im Bibliothekskontext zu entwickeln, die gut für eigene Projekte genutzt werden kann. Sie unterteilt die fünf Phasen des ADDIE Modells in insgesamt 20 Schritte. Pro Schritt werden Ziele und Hintergründe erläutert sowie Vorschläge zum Vorgehen gemacht.

Ähnlich pragmatisch und für die praktische Arbeit in der Bibliothek geeignet ist das von Waldschmidt-Dietz entworfene Didaktik-Rad (Waldschmidt-Dietz 2020), das die oben beschriebenen Überlegungen für die praktische Arbeit im Bibliothekskontext in einer Grafik aufbereitet. Anhand des Leitsatzes ‚Wer soll was, wozu, von wem, wie, mit wem, womit, wo, wann, ohne Störung lernen?' werden Fragen formuliert, die durch den didaktischen Planungsprozess leiten. Das Rad kann bei eigenen Projekten sehr gut als Planungs- und Reflexionstool genutzt werden. Eingebettet in einen breiteren bibliothekspädagogischen Kontext (mit Fokus auf Wissenschaftlichen Bibliotheken) beschreibt und illustriert auch Schultka (2018, 172–189) ein ähnliches Vorgehen.

Spezifika der Bibliothek als (außerschulischer) Lernort

Da die einleitend dargestellten Überlegungen zum Teil stark durch eine schulische Perspektive auf Lehren und Lernen geprägt sind (etwa die Merkmale guten Unterrichts von Meyer 2016), stellt sich die Frage, welche Spezifika die Bibliothek als außerschulischer Lernort mit sich bringt. Die Bibliothek hat zwar einen öffentlichen Bildungsauftrag (wie beispielsweise auch Museen oder Archive), dieser ist aber – etwa im Vergleich zu Schulen – weniger klar formuliert. Daher sind Bibliotheken bei der thematischen Ausgestaltung ihrer Bildungsangebote relativ frei. Zudem ist die Gruppe der Lernenden sehr heterogen und kommt mit mehr oder weniger klaren Lernabsichten und -zielen in die Bibliothek. In der Regel ist die Beteiligung an Angeboten der Bibliothek freiwillig (ggf. abgesehen von Kooperationsangeboten mit Schulen o. ä.). Außerdem verfügt das Bibliothekspersonal zumeist über keine umfassende didaktische und pädagogische Ausbildung (Hanke/Sühl-Strohmenger 2016, 17).

Diese Spezifika treffen jedoch nicht nur auf Bibliotheken, sondern auch auf eine Vielzahl anderer außerschulischer Lernorte zu.[2] Ausgehend von den spezifischen Rahmenbedingungen formulierten Freericks et al. (2017, 11) (angelehnt an Gaedtke-Eckardt 2007) folgende Merkmale außerschulischen Lernens:

- authentische (Lern-)Erfahrungen können gemacht werden,
- kennenlernen von (neuen) Orten, die neben der Schule/Hochschule zum Lernen genutzt werden können,
- Ableitung der Inhalte, Lernziele und Settings aus der Lebenswelt der Lernenden,
- Partizipation der Lernenden in der Gestaltung und Durchführung von Angeboten,
- Lernen mit allen Sinnen,
- spielerisches Lernen und Lernen durch Experimentieren,
- Erlebnisorientierung,
- fächerübergreifendes Lernen.

Didaktische Ansätze zur Gestaltung außerschulischen Lernens basieren in der Regel auf konstruktivistischen Überzeugungen.[3] Dazu zählen etwa:

- Entdeckendes Lernen: Dabei konstruieren Lernende neues Wissen durch selbständige Aktivitäten.
- Kooperatives Lernen: Hier arbeiten Lernende in Kleingruppen auf ein gemeinsames Ziel hin und erschließen sich dabei neues Wissen und Fähigkeiten. Neben fachlichem Wissen und Kompetenzen können hierbei durch das Gruppensetting auch soziale Kompetenzen erworben werden.

2 Siehe auch Ott (2024) in diesem Band.
3 Siehe auch Eigenbrodt (2024) in diesem Band.

- Handlungsorientiertes Lernen/ganzheitliches Lernen: Bei diesem Ansatz wird versucht, im Lernprozess möglichst viele Sinneskanäle und Arbeits- und Kommunikationsebenen anzusprechen (etwa Kognition, Psychomotorik und Affekte – oder in der Sprache Johann Heinrich Pestalozzis: Lernen mit Kopf, Herz, und Hand).
- Selbstgesteuertes Lernen: Dabei verfolgen Lernende selbst gesteckte Lernziele, die sich aus ihren eigenen Erfahrungen und Wünschen ergeben. Dabei nutzen sie selbstbestimmt flexible (bereitgestellte) Lernmöglichkeiten. (Freericks et al 2017, 13)

Einer der profiliertesten Ansätze im Bereich der konstruktivistischen Didaktik ist das von Arnold geprägte Konzept der *Ermöglichungsdidaktik*. Hier wird besonders die „Eigendynamik und Selbstorganisation sowie die begrenzte ‚Machbarkeit' [im Sinne einer Erzeugung durch den/die Lehrende/n] von Lernergebnisse[n]" (Arnold 2023, 119) betont. Deshalb steht das Schaffen von Rahmenbedingungen und Situationen im Mittelpunkt, in denen die Lernenden die Möglichkeit haben, bestimmte Kompetenzen zu erwerben. Aus dieser Perspektive ergeben sich spezifische didaktische Prinzipien sowie Anforderungen an den Lehrenden und Lernenden, die etwa Schüßler (2012) exemplarisch (orientiert am Akronym ERMÖGLICHEN) ausbuchstabiert hat. Die in der Ermöglichungsdidaktik eingesetzten Methoden sollten nach Arnold mehreren Kriterien gerecht werden (siehe Tabelle 1):

Tab. 1: S. P. A. S. S. Methodenkriterien (nach Quilling 2015, 5; Arnold 2012, 79).

Kriterium	Beschreibung
Selbstgesteuert	– Lernende haben die Möglichkeit, Wissen und Lernwege selbst zu bestimmen. – Lernende überprüfen ihre Lernergebnisse selbst. – Lernende gestalten Ziele, Prozesse und Lernbedingungen mit. – Lernende werden darin unterstützt, die Verantwortung für ihr Lernen selbst zu übernehmen. – Die/Der Lehrende ist prozessverantwortlich: Sie/Er schafft die Bedingungen für das gelingende Selbstlernen der Lernenden.
Produktiv	– Vorerfahrungen und Vorwissen der Lernenden werden eingebunden. – Lernenden wird Raum geboten für Neugier und Entdeckung(sarbeit). – Lernende nehmen unterschiedliche Perspektiven ein. – Lernende erhalten die Möglichkeit, eigene Sichtweisen zu hinterfragen.
Aktivierend	– Lernende bearbeiten konkrete Arbeitsaufträge. – Lernenden wird ermöglicht, Lösungswege selbst zu planen, durchzuführen und zu überprüfen. – Lernende entwickeln selbst Initiativen. – Lernenden wird ermöglicht, praxis- und erlebensorientiert zu arbeiten.

Kriterium	Beschreibung
Situativ	– Lernende nutzen und reflektieren die Hier- und Jetzt-Situation. – Die Methode nimmt Bezug auf die Situation der Lerngruppe. Sie ist auf die Situation der Lernenden und der Lerngruppe abgestimmt. – Lernende erarbeiten Lösungen anhand von Praxisbeispielen. – Lernende übertragen Musterlösungen in die eigene Praxis. – Lernenden werden Empfehlungen für Praxistransfer geboten.
Sozial	– Lernende erleben Wertschätzung. – Lernende erhalten Zeit und Raum für ihre Fragen und Feedback. – Lernende nehmen Emotionen wahr. – Lernende üben konstruktive Formen der Kommunikation. – Lernende werden bei der kooperativen Erarbeitung von Lösungen gefördert.

Solch eine Ermöglichungsdidaktik wird auch als Mittel der Wahl gesehen, um den Erwerb von 21st Century Skills zu unterstützten.[4]

Für die Umsetzung der beschriebenen (konstruktivistischen) didaktischen Ansätze stehen in der außerschulischen Bildung ganz unterschiedliche Angebotsformen zur Verfügung, die im Rahmen des didaktischen Planungsprozesses ausgewählt werden können. Diese Formen können passend zu den verschiedenen in der Bibliothek präsenten Lernkontexten gewählt werden: sowohl im Sinne einer Teaching Library, die Kurse und Schulungen anbietet, als auch im Sinne eines Orts des informellen, lebenslangen und selbstregulierten Lernens (Hanke/Sühl-Strohmenger 2016, 17).

Verschiedene Lehr-/Lernformen beinhalten in verschiedenem Maß den Anspruch, Lernprozesse vorzustrukturieren und zu steuern. So können sie alle auf einem Kontinuum mit den Polen *strukturiertes Lernen* (Lernangebote sind aufbereitet und der Lernprozess vorgeplant) auf der einen und *offenes Lernen* (Lernangebot nicht direkt aufbereitet, Ablauf und Anwendung offen) auf der anderen Seite verortet werden (Sauerborn/Brühne 2010, 49). In Tabelle 2 werden verschiedene Formen (nicht abschließend) und ihre didaktischen Besonderheiten vorgestellt, die für den Einsatz im Bibliothekskontext vorstellbar sind.

Tab. 2: Didaktische Grund- bzw. Lernformen (nach Freericks et al 2017, 15, 21–22).

Lernform	Didaktische Prinzipien, Besonderheiten
Fernunterricht (Fernkurs, -studium)	Lernen in Einzelarbeit, mit Medien und aufgabenbezogener Rückmeldung
Kurse	Teilweise „Schule außerhalb der Schule“, meist angeleitetes Lernen, z. T. auch forschendes/entdeckendes Lernen
Szenographie / Reenactment	Inhalte werden in Szene gesetzt, erlebnisorientiertes Lernen mit allen Sinnen; Lernarrangement zentral: Ästhetik; scheinbare Authentizität; Lernende begeben sich in Lernsituation, können diese aber meist nur wenig mitgestalten

4 Siehe auch Thissen (2024) in diesem Band.

Lernform	Didaktische Prinzipien, Besonderheiten
Simulation (Spiel)	Spielerisches Betätigen in simulierten Umwelten, um Handlungsfähigkeit in lebensnahen Situationen zu entwickeln, spielendes, antizipatorisches Lernen
Workshop	Kooperatives, themenspezifisches Lernen; aktives, produktives Aneignen; Lernhelfende begleiten, kann Erlebniswertsteigern; Raum kann, muss aber keine besondere Rolle spielen
Kleingruppen-Lerngespräch (Gesprächskreis)	Lernen durch Austausch persönlicher Erfahrungen, Lernen durch strukturierte Gespräche, wechselseitiges Lernen. Ggf. Steuerung und Organisation durch den Lehrenden
Lernnetzwerk	Erfahrungsbezogenes, wechselseitiges Lernen und dynamisches Konstruieren von neuem Wissen durch Input/Gestaltung durch die Teilnehmenden
(hands-on-) Exponate / „Mitmach-Exponate“	(inter)aktives, haptisches, experimentierendes Lernen, Selbsterfahrung; Lernende werden ggf. zum Lernhelfenden
Lernstationen	Lerninhalte sind in Teilen aufbereitet, Informationen regen zum weiteren, selbsttätigen Lernen an; teils interaktiv und/oder multimedial; Lernende selbstgesteuert
Erkundung / Erschließung	Lernende erkunden durch aktive, (meist) selbsttätige Aneignung, oft mit allen Sinnen; stark räumliche Komponente durch Realbegegnung; teils medial gestützt (z. B. durch GPS)
Individueller Lernplatz (Lernecke, Infothek)	Selbsttätiges Lernen, Lernen mit (bereitgestellten/kuratierten) Medien

Diese Lernformen können als wichtige Ressource für didaktische Planungsprozesse genutzt werden: abgestimmt auf die Lernenden beziehungsweise die Zielgruppe, den Gegenstand beziehungsweise die Lernziele, den zur Verfügung stehenden Raum und die institutionelle Rahmung kann die für das Vorhaben geeignetste Form ausgewählt werden.

Fazit

Didaktische Fragen und das Treffen didaktischer Entscheidungen sind wichtig für die Gestaltung von Lehr-/Lernszenarien und die Begleitung von Lernprozessen. Die eine Musterlösung existiert hier (leider) nicht. Die im Beitrag vorgestellten Modelle helfen jedoch, sich die richtigen Fragen zur richtigen Zeit zu stellen und bewusste Entscheidungen zu treffen. Gleichzeitig sollen sie aber auch dazu einladen, neue Wege zu gehen, um Menschen Lernen zu ermöglichen. Gerade die Bibliothek mit ihrem breiten Auftrag sowie dem heterogenen Publikum bietet hier viele Möglichkeiten, (reflektiert) zu experimentieren.

Literatur

Arnold, R. (2012): *Wie man lehrt, ohne zu belehren. 29 Regeln für eine kluge Lehre. Das LENA-Modell.* Heidelberg: Carl-Auer.

Arnold, R. (2023). Ermöglichungsdidaktik. In: R. Arnold; E. Nuissl; J. Schrader (Hrsg.): *Wörterbuch Erwachsenen- und Weiterbildung.* Stuttgart: UTB, 119–120.

Bönsch, M. (2006). *Allgemeine Didaktik. Ein Handbuch zur Wissenschaft vom Unterricht.* Stuttgart: Kohlhammer.

Eigenbrodt, O. (2024): Lerntheorien. In: U. Engelkenmeier; K. Keller-Loibl; B. Schmid-Ruhe; R. Stang (Hrsg.): Handbuch Bibliothekspädagogik. Berlin; Boston: De Gruyter Saur, 107–117. https://doi.org/10.1515/9783111032030-010.

Flechsig, K.-H.; Haller, H.-D. (1975): *Einführung in didaktisches Handeln. Ein Lernbuch für Einzel- und Gruppenarbeit.* Stuttgart: Klett.

Freericks, R.; Brinkmann, D.; Wulf, D. (2017): *Didaktische Modelle für außerschulische Lernorte.* Bremen: Institut für Freizeitwissenschaft und Kulturarbeit e. V.

Gaedtke-Eckardt, D.-B. (2007): *Außerschulische Lernorte. Studenten schreiben für Studenten und Referendare. Mit einer Einführung in das Thema Außerschulisches Lernen.* Hildesheim: Franzbecker.

Gloerfeld, C. (2020): *Auswirkungen von Digitalisierung auf Lehr- und Lernprozesse. Didaktische Veränderungen am Beispiel der FernUniversität in Hagen.* Wiesbaden: Springer VS.

Hanke, U.; Sühl-Strohmenger, W. (2016): *Bibliotheksdidaktik. Grundlagen zur Förderung von Informationskompetenz.* Berlin; Boston: De Gruyter.

Kerres, M. (2021): *Didaktik. Lernangebote gestalten.* Stuttgart: UTB.

Mayfield, M. (2011): Creating training and development programs. Using the ADDIE method. *Development and Learning in Organizations* 25/3, 19–22. https://doi.org/10.1108/14777281111125363.

Meyer, H. (2016): *Was ist guter Unterricht?* 15. Aufl. Berlin: Cornelsen.

Ott, C. (2024): Außerschulische Lernorte. In: U. Engelkenmeier; K. Keller-Loibl; B. Schmid-Ruhe; R. Stang (Hrsg.): *Handbuch Bibliothekspädagogik.* Berlin; Boston: De Gruyter Saur, 271–280. https://doi.org/10.1515/9783111032030-025..

Quilling, K. (2015): *Ermöglichungsdidaktik.* www.die-bonn.de/wb/2015-ermoeglichungsdidaktik-01.pdf.

Sauerborn, P.; Brühne, T. (2010): *Didaktik des außerschulischen Lernens.* 3. Aufl. Baltmannsweiler: Schneider Hohengehren.

Schrader, J. (2019): *Lehren und Lernen in der Erwachsenen- und Weiterbildung.* 2. Aufl. Stuttgart: UTB.

Schüßler, I (2012): Ermöglichungsdidaktik. Grundlagen und zentrale didaktische Prinzipien. In: I. Schüßler; E. Nuissl; W. Gieseke (Hrsg.): *Reflexionen zur Selbstbildung: Festschrift für Rolf Arnold.* Bielefeld: W. Bertelsmann, 131–151. https://doi.org/10.3278/14/1113w.

Schultka, H. (2018): *Bibliothekspädagogik. Lehren und Lernen in wissenschaftlichen Bibliotheken.* München: kopaed.

Thissen, F. (2024): Kompetenzorientiertes Lernen im 21. Jahrhundert. In: U. Engelkenmeier; K. Keller-Loibl; B. Schmid-Ruhe; R. Stang (Hrsg.): *Handbuch Bibliothekspädagogik.* Berlin; Boston: De Gruyter Saur, 85–96. https://doi.org/10.1515/9783111032030-008.

Veldof, J. (2006): *Creating the One-Shot Library Workshop. A Step-by-Step Guide.* Chicago: ALA.

Waldschmidt-Dietz, F. (2020): *Das Didaktik-Rad.* https://www.waldschmidt-dietz.de/das-didaktik-rad/.

Literatur

Joachim Griesbaum

Informationskompetenz: Voraussetzungen und Umsetzung

Nutzerbezogene Perspektiven auf Informationskompetenz[1]

Hinsichtlich einer historischen Perspektive auf das Themenfeld lässt sich auf Leaning (2017) verweisen. Demnach wird der Ursprung des Begriffs *Informationskompetenz* auf von Zurkowski (1974) erstellten Bericht an die US-amerikanische *National Commission on Libraries and Information Science* zurückgeführt. Dieser konstatierte, dass die meisten Menschen lesen und schreiben können, aber nur ein geringer Teil über die Kompetenz verfüge, die Vielzahl existierender Informationswerkzeuge und -quellen zur Lösung von Problemen zu nutzen. Sample (2020) zeichnet die historische Entwicklung von Definitionen zur Informationskompetenz im Zeitraum von 2000–2015 nach. In Anlehnung an Addison und Meyers (2013) stellt er drei nutzerbezogene Perspektiven auf das Konzept Informationskompetenz vor. Demnach kann Informationskompetenz wie folgt verstanden werden:

1. *Als eine Menge handlungsbezogener Kompetenzen, die erworben und gemessen werden können:* Diese Perspektive kann mit den *Information Literacy Competency Standards for Higher Education* (ALA 2000) verbunden werden. Die Standards fokussieren auf den suchbezogenen Kernbereich von Informationskompetenz (Bedarfsermittlung, Informationssuche, Informationsbewertung, Informationsnutzung) und sind auch hinsichtlich ihrer Vorbildfunktion für zum Beispiel die Standards der Informationskompetenz in Deutschland (dbv 2009) interessant.
2. *Als eine Art zu denken:* Diese Perspektive betont die reflektierte Nutzung und Verarbeitung von Information im Sinne von suchbezogenen beziehungsweise lernbezogenen kognitiven Modellen. In diesem Zusammenhang werden prozessbezogene Suchmodelle (Kuhltau et al. 2008) und Lernmodelle (Hung et al. 2008) angeführt.
3. *Als soziale Praxis des Informationsverhaltens:* Informationskompetenz wird weniger als eine festgelegte Menge an Fertigkeiten betrachtet, vielmehr prägt sie sich in Abhängigkeit des sozialen und individuellen Kontextes aus. Aus dieser Perspektive wird Informationskompetenz deutlich komplexer verstanden. Hier lässt sich etwa das *Framework for Information Literacy for Higher Education* der Association of College & Research Libraries (ACRL 2015) zuordnen. Das Framework definiert Informationskompetenz als die Gesamtheit der folgenden Fähigkeiten: refle-

---

1 Umfassendere und auf andere Weise strukturierte Darstellungen des Themenfelds finden sich in Griesbaum 2022, 2023.

https://doi.org/10.1515/9783111032030-012

xives Entdecken von Informationen, Verständnis dafür, wie Informationen produziert und bewertet werden, Nutzung von Informationen zur Schaffung neuen Wissens und zur ethischen Beteiligung an Lerngemeinschaften. Informationskompetenz wird hier als andauernder Lernprozess aufgefasst. Weiterhin werden der Entstehungskontext und die Interessen bei der Wissensgenerierung sowie epistemologische Aspekte berücksichtigt.

Informationskompetenz und Gesellschaft

Insbesondere die UNESCO bezieht Informationskompetenz auch auf die gesellschaftliche Makroebene. 2013 publizierte die UNESCO das *Global media and information literacy (MIL) assessment framework* (UNESCO 2013). Das Framework umfasst die Ebene der individuellen Media und Information Literacies, welche die drei Komponenten Zugriff (Access), Evaluation und Erstellung von Inhalten (Creation) beinhaltet. Informations- und Medienkompetenz sind hier eine Reihe von Kompetenzen, die Bürgerinnen und Bürger dazu befähigen, Informationen und Medieninhalte in allen Formaten und unter Verwendung verschiedener Instrumente in einer kritischen, ethischen und effektiven Weise abzurufen, zu verstehen, zu bewerten und zu nutzen, zu erstellen und zu teilen, um an privaten, beruflichen und gesellschaftlichen Aktivitäten teilnehmen und sich engagieren zu können. Hier werden die anzustrebenden Fähigkeiten von Individuen unmittelbar mit einem normativen Ziel auf gesellschaftlicher Ebene verbunden. Diese wird in fünf Kategorien näher spezifiziert.
1. Medien und Information in der Bildung,
2. Politik zur Medien- und Informationskompetenz,
3. Medien- und Informationsversorgung,
4. Zugang und Nutzung von Medien und Informationen,
5. Zivilgesellschaft.

Damit wird ein Planungsinstrument vorgeschlagen, welches auf der Ebene der länderbezogenen „Infrastruktur“, die Gelingensbedingungen für die Erstellung, Verbreitung und Rezeption von Wissen misst.

Forschung zu Informationskompetenz

Informationskompetenz ist ein etabliertes Forschungsfeld. Neben Zeitschriften wie dem Journal of Information Literacy (JIL), den Communications in Information Literacy (CIL), dem International Journal of Media and Information Literacy, Education for Information sowie der jährlichen Literaturübersicht Library instruction and information literacy sei auch auf europäische Tagungen und entsprechende Publikationen wie

The European Conference of Information Literacy (ECIL) oder The Information Literacy Conference (LILAC) oder Creating Knowledge verwiesen. Zur Informationskompetenzforschung im deutschsprachigen Raum erarbeitete Sühl-Strohmenger (2019) eine Übersicht.

Zunächst befasst sich die Forschung zum Themenfeld oftmals mit der unmittelbaren Messung und Beförderung von Informationskompetenz. Studien zur Erfassung der Informationskompetenz zeichnen ein eher skeptisches Bild. Eine Studie zur Informationsbewertung von Highschool-Schülerinnen und -Schülern (McGrew 2021) illustriert, dass die Glaubwürdigkeit von Information oftmals anhand von einfachen Merkmalen der Informationsobjekte, etwa dem Layout, dem Vorhandensein von Daten oder der Domain, bestimmt wird. Bei der Messung von Informationskompetenz werden oftmals befragungsbasierte Methoden genutzt, welche auf der Selbstauskunft der Nutzerinnen und Nutzer und/oder Wissens- und Leistungstests beruhen (Dreisiebner et al. 2017).

Traditionell spielen Bibliotheken eine wichtige Rolle bei der Vermittlung von Informationskompetenz. Sieht man das bereits oben angeführte *Framework for Information Literacy for Higher Education* der Association of College & Research Libraries (ACRL 2015) als den gegenwärtigen Stand der Kunst der Modellbildung, stellt sich die Frage nach dessen Verbreitung und Wirksamkeit. Chen et al. (2021) konstatieren, dass sich auch nach dem Erscheinen des Frameworks die Forschung zum Design von Lerninhalten im Bereich der hochschulbezogenen Informationskompetenz in der Mehrzahl an den Information Literacy Competency Standards for Higher Education aus dem Jahr 2000 orientiert. Hinsichtlich der Wirksamkeit deutet eine explorative Studie von Latham et al. (2019) an, dass das Framework als implizites Strukturierungselement genutzt wird. Der Unterricht sei interaktiver und praktischer angelegt, als bei der Nutzung anderer Rahmenwerke. Zugleich stelle die Umsetzung in zeitlicher Hinsicht für einmalige Schulungen eine Herausforderung dar. Schließlich sei es schwierig, auf Grundlage des Frameworks den Lernerfolg zu messen.

In einer weiter gesetzten Perspektive verortet sich Forschung zu Informationskompetenz als Teilbereich der Informationsverhaltensforschung. Diese nutzt vielfältige Erhebungsmethoden und ist interdisziplinär. Gemäß Hicks et al. (2022) finden Ideen und Themenfelder im Bereich der Informationskompetenz oftmals Eingang in Fachdiskurse zum Hochschulwesen, der Wirtschaft, dem Gesundheitswesen, der Krankenpflege und der Psychologie. Allerdings werden in diesen Diskursen Definitionen, Modelle und Theorien aus dem Bereich der Bibliotheks- und Informationswissenschaft kaum sichtbar.

Im Zuge der US-Präsidentschaftswahlen 2016 und danach wurde das Themenfeld Informationskompetenz stärker in den Vordergrund gerückt. Desinformationen, Fehlinformationen, Hassreden und Onlinebelästigungen werden als Bedrohung für nachhaltige Entwicklung, Demokratie und Frieden gesehen (UNESCO 2019). Bezugnehmend auf das Themenfeld Fehlinformation und Desinformation kritisieren Paris et al. (2022) Perspektiven, die sich auf Einzelaspekte wie Informationspraktiken von Nutzerinnen und Nutzern, technische Innovationen der Informationsbereitstellung (etwa Filter, die Desinformation erkennen) oder Regelungswerke (als Beispiel sei das Netzwerkdurchsetzungsgesetz genannt) fokussieren. Oft werde versucht, kritisches Denken zu stärken, wobei aber die Gefahr bestehe, einen tieferen Zweifel und Nihilismus zu fördern. Sie plädieren dafür in Lernangeboten die Komplexität der beteiligten sozio-technischen Sphären des Nutzerverhaltens, der technologischen Ausprägung des Informationsraums, sowie der regulatorischen Wirkkräfte sichtbar zu machen.

Hieran anknüpfend lässt sich die Argumentation von Haider und Sundin (2022) anführen, die auf Seite der Nutzerinnen und Nutzer zwischen zwei Dimensionen unterscheiden: Vertrauen in Institutionen und die eigene Beteiligung an der Informationsbewertung. Auf dieser Grundlage werden vier Nutzendentypen unterschieden. Nutzerinnen und Nutzer, die sich nur in geringem Maße selbst an der Informationsbewertung beteiligen, werden als *naive evaluators* und *non evaluators* bezeichnet. Naive evaluators tendieren dazu, Informationen als glaubwürdig zu bewerten, ohne sich selbst als verantwortlich für die Bewertung zu begreifen. Non evaluators sind kritisch ohne zu evaluieren. Beide Typen stellen idealtypische Zielgruppen für Angebote zur Informationskompetenzvermittlung dar. Sind sowohl Vertrauen und die Beteiligung hoch, handelt es sich bei den Nutzerinnen und Nutzern um einen *confident evaluator*. Diese stellen quasi das Ideal eines informationskompetenten Nutzenden dar. Sie vertrauen auf institutionell etablierte Informationsquellen und halten sich gleichzeitig für fähig, zu entscheiden, was vertrauenswürdig ist und was nicht. *Skeptical evaluators* sind sich ihrer eigenen Verantwortung für die Bewertung von Informationen bewusst, sind aber gegenüber institutionalisierten, etablierten Informationsquellen misstrauisch. Laut den Autoren kann dieser Nutzendentypus als symptomatisch für Verschwörungsgläubigkeit gesehen werden. Das Modell legt sehr anschaulich dar, dass Informationskompetenzvermittlung sich an den jeweiligen Nutzerinnen und Nutzern orientieren muss und dass eine Beförderung des kritischen Denkens dann für ein politisches Regime gefährlich werden kann, wenn es in einem hohen Maße zu einem Misstrauen gegenüber institutionell etablierten Informationsquellen führt. In Zusammenwirken mit der stetig steigenden Komplexität der Informationsumwelt und den niedrigen Opportunitätskosten für die Publikation und Verbreitung beliebiger Information, kann sich das wünschenswerte Bild einer hohen eigenen Verantwortung für die Bewertung von Informationen in Kombination mit der Ablehnung institutionell etablierter Informationsquellen als gefährlich für die Demokratie erweisen.[2]

Je mehr man sich mit den Nutzerinnen und Nutzern und deren Verhalten befasst, umso komplexer scheint das Themenfeld. Befunde zu teilweise problematischen Nutzendenverhalten, das aus situativ unangemessener Aufwandsvermeidung oder sogenannten kognitiven Verzerrungen resultieren kann, sind nicht neu. Die Glaubwürdigkeit von Informationen zu bewerten, scheint dabei für viele Nutzendengruppen eine Herausforderung darzustellen. Diese wird oft mittels eher simpler Bewertungsheuris-

2 Siehe auch Jobmann (2024) in diesem Band.

tiken (etwa Vertrautheit oder Popularität) bestimmt (Metzger/Flanagin 2013; McGeough/Rudick 2018). Auch die Unterscheidung von kommerziellen und redaktionellen Inhalten fällt oft nicht leicht (Lewandowski et al. 2019). Typische Muster der Suchmaschinennutzung zeigen Präferenzen für Top-Positionen und spezifische Ergebnistypen (White 2016, 64–82). Anfragen sind meist kurz und oft sind Nutzerinnen und Nutzer schon mit einem Ergebnis oder den Informationen, welche direkt auf Suchergebnisseiten gegeben werden, zufrieden (Fishkin 2017). Neben diesen Strategien der Aufwandsminimierung treten auf Nutzendenseite auch kognitive Verzerrungen auf, etwa eine Präferenz für Ergebnisse, welche die eigene Sicht unterstützen (Knobloch-Westerwick et al. 2015).

Kognitive, meta-kognitive und motivationale Voraussetzungen

Zusammenfassend deuten die geschilderten Forschungsbefunde darauf hin, dass es für informationskompetentes Verhalten wichtig ist, die Bereitschaft zu Informationsbewertung und das Vertrauen in die „richtigen" Informationsbereitstellerinnen und -bereitsteller aufzubringen. Das Verständnis der eigenen Informationsumwelt ist dabei ein zentraler Aspekt. Weitergehend zeigt die Forschung auf, dass Nutzerinnen und Nutzer anfällig für die Anwendung ungünstiger Heuristiken der Informationsbewertung und kognitive Verzerrungen sind und oftmals versuchen, den Aufwand zu minimieren. Wenn sich Nutzerinnen und Nutzer darüber gewahr sind, dass sie dazu neigen (vor)schnelle Schlüsse zu ziehen und den Aufwand zu minimieren, können sie diesen Aspekt in ihrem Informationsverhalten reflektieren. In kognitiver Hinsicht zeigen sich also vielfältige Voraussetzungen für informationskompetentes Verhalten. Neben suchbezogenen Kompetenzen sind Kenntnisse zur Informationsumwelt und zu typischen Mustern des Informationsverhaltens bedeutsam.

Mit der kognitiven Perspektive verbunden und darauf aufsetzend, lässt sich das kritische Denken im Sinne erkenntnistheoretischer Erkenntnisstufen anführen. Nach Kuhn und Weinstock (2002) können drei Entwicklungsstufen unterschieden werden: absolute, multiplistische und evaluative Überzeugungen. Ist das absolute Level durch die Auffassung gekennzeichnet, dass Wissen wahr oder falsch ist, berücksichtigen multiplistische Perspektiven dynamische Aspekte von Wissen und dessen Unbeständigkeit. Evaluativen Überzeugungen liegt der Gedanke zugrunde, dass Wissen anhand kontextueller Geltungsansprüche eingeschätzt werden kann. Diese letzte Stufe wird hier als Voraussetzung für informationskompetentes Verhalten deklariert. Wissen ist weder absolut richtig oder falsch. Vielmehr ist zu versuchen, den jeweiligen Gültigkeitsanspruch von Wissen anhand dessen Absicherung, etwa durch empirische Belege, einzuschätzen.

Schließlich geht es um die Frage der tatsächlichen Anwendung. Hierfür wird als dritter Faktor die Motivation zu informationskompetentem Verhalten angeführt. Aus der Literatur lassen sich hier beispielhaft Ross et al. (2016) anführen. Sie argumentieren, dass „Wissensneugier“ einen zentralen Antriebsfaktor informationskompetenten Verhaltens darstellt. Abbildung 1 zeigt die erarbeiteten Voraussetzungen in der Übersicht.

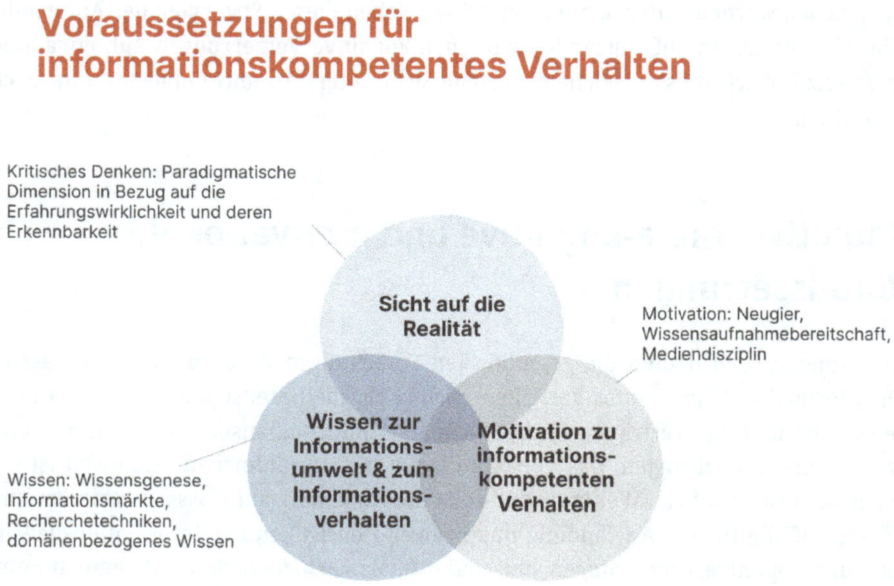

Abb. 1: Voraussetzungen informationskompetenten Handelns (Quelle: Eigene Darstellung).

Informationskompetentes Verhalten in der Praxis

Notwendigkeit informationskompetenten Verhaltens und seine Ausprägung

Insgesamt zeichnen die argumentierten Voraussetzungen ein komplexes Bild zum Thema Informationskompetenz. Es scheint, dass ein informationskompetentes Verhalten einen hohen Aufwand erfordert. Damit stellt sich die Frage, inwiefern ein solches realistischerweise auf Seite der Nutzerinnen und Nutzer erwartet werden kann. An dieser Stelle ist es lohnenswert zu fragen, wann ein derart informationskompetentes Verhalten tatsächlich erforderlich beziehungsweise lohnenswert erscheint. Um hier einen ersten Zugang zu schaffen, zeigt Abbildung 2 beispielhaft unterschiedliche (meist alltagsbezogene) Informationsbedürfnisse.

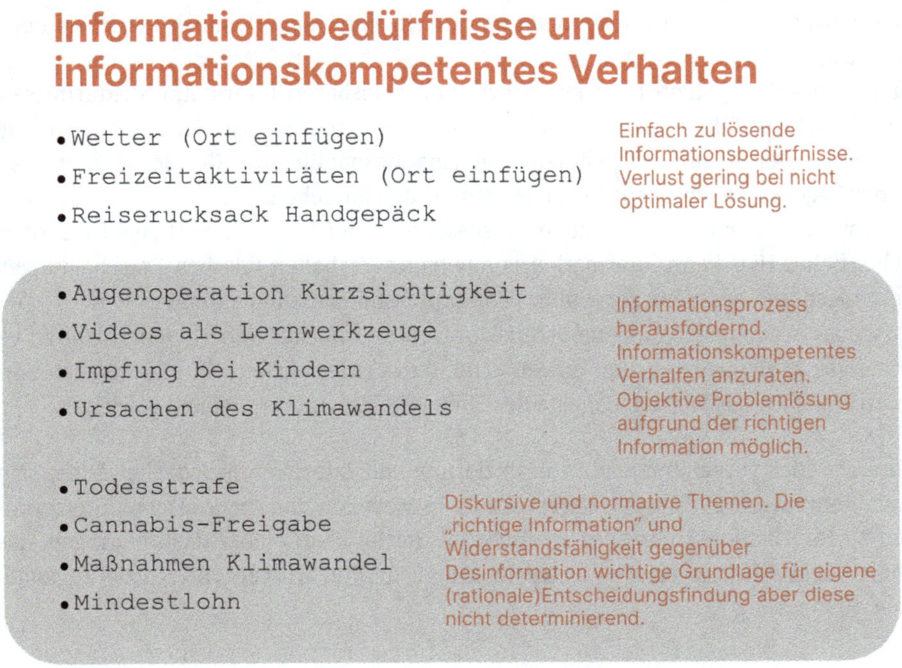

Abb. 2: Unterschiedliche Typen alltagsbezogener Informationsbedürfnisse (Quelle: Eigene Darstellung).

Der erste Block („Wetter", „Freizeitaktivitäten", „Reiserucksack Handgepäck") zeigt Informationsbedürfnisse, die vergleichsweise einfach zu lösen sind und bei denen die Verlustgefahr auch bei einer nicht-optimalen Lösung eher gering scheint. In solchen Kontexten erscheint es wenig erforderlich, sich aufwendig in die Thematik einzuarbeiten beziehungsweise elaborierte Informationsbewertungsprozesse anzustoßen.

Der zweite Block („Augenoperation Kurzsichtigkeit", „Videos als Lernwerkzeuge", „Impfung bei Kindern", „Ursachen des Klimawandels") zeigt Informationsbedürfnisse, bei denen ein unzureichender Wissensstand unter Umständen zu fatalen Folgen führen kann. Hier ist informationskompetentes Verhalten anzuraten. Theoretisch ist hier eine objektiv optimale Lösung möglich, wenn diese auf dem besten aktuellen Wissenstand aufsetzt.

Der dritte Block („Todesstrafe", „Cannabis-Freigabe", „Maßnahmen Klimawandel", „Mindestlohn") zeigt ebenfalls komplexe Fragestellungen, allerdings sind diese nicht wie diejenigen im zweiten Block objektiv lösbar. Es sind in hohem Maße normative Aspekte involviert. Auch hier ist informationskompetentes Verhalten lohnenswert, da ein solches mit einer Widerstandsfähigkeit in Bezug auf Fehlinformation und gezielter Desinformation verbunden werden kann.

Die hier vorgenommene Einteilung von Informationsbedürfnissen nach Lösbarkeit, Verlustgefahr und Normativität ist nur ein Vorschlag. Dennoch macht sie deutlich, dass:

- informationskompetentes Verhalten bei einfach lösbaren Informationsbedürfnissen, deren Verlustgefahr gering ist, nicht zwingend erforderlich ist. Folgt man hier aufwandsarm den Angeboten populärer Informationshändler wie Google, so kann man in der Regel von einer zufriedenstellenden Lösung ausgehen.
- informationskompetentes Verhalten insbesondere bei komplexen Themen erforderlich scheint. Hier kann informationskompetentes Verhalten falschen Entscheidungen vorbeugen und Resistenz gegenüber Fehl- und Desinformation aufbauen.
- Informationskompetenz alleine bei diskursiven und normativen Themen nicht zu einer objektiv richtigen Lösung führen kann, da es eine solche nicht gibt. Je nach normativer Sichtweise werden Aspekte des Themenfeldes unterschiedlich gewichtet.

Eine wie hier vorgenommene Differenzierung von Informationsbedarfen findet sich nach Kenntnis des Verfassers derzeit kaum in Modellen und theoretischen Erörterungen zu Informationskompetenz wieder. Eine solche könnte aber dazu beitragen, das Themenfeld differenzierter zu betrachten und für Nutzerinnen und Nutzer zugänglicher zu machen.

Beförderung informationskompetenten Verhaltens

Hinsichtlich der Beförderung informationskompetenten Verhaltens lässt sich zwischen professionellen fachlichen Kontexten und alltagsbezogenen Kontexten unterscheiden.

Betrachtet man dabei das Spannungsverhältnis von eigener Expertise und Vertrauen zu anderen Informationsanbieterinnen und -anbietern, lässt sich argumentieren, dass in professionellen fachlichen Kontexten, in Ergänzung zum jeweiligen domänenbezogenen Wissen, eine hohe Expertise hinsichtlich der angeführten kognitiven Aspekte anzustreben ist. Dabei sind die jeweils fachspezifischen Wissenskulturen zu beachten (Michel/Tappenbeck 2021). Eine hinreichende Motivation zu informationskompetentem Verhalten sollte in derartigen Kontexten erwartet werden können.

In alltagsbezogenen Kontexten rücken, wie oben aufgezeigt, Fragen der Informationsbewertung in den Vordergrund. Gerade bei Themen der öffentlichen Sphäre, die auch auf gesellschaftlicher Ebene für die Demokratie bedeutsam sind, kann kaum eigene inhaltliche Expertise erwartet werden. Für solche Kontexte werden in der Literatur leichtgewichtige Ansätze der Informationsbewertung wie das *Lateral Reading* empfohlen. *Lateral Reading* ist ein Vorgehen, wie es auch professionelle Faktenprüferinnen und Faktenprüfer nutzen (Wineburg/McGrew 2017). Dieses besteht darin, Informationen durch die Aussagen Dritter im Web zu prüfen. In der Regel werden hierzu hochwertige Quellen, etwa etablierte Medien oder auch die Wikipedia, genutzt.

Fazit

Dieser Beitrag versucht, eine konzeptuelle Einordnung von Informationskompetenz zu geben. Hierzu wurden zunächst nutzendenbezogene Perspektiven auf Informationskompetenz angeführt, die präskriptive Zielvorstellungen individueller Informationskompetenz darlegen. Ergänzend wurde die Bedeutung von Informationskompetenz für die demokratische Gesellschaft deutlich gemacht.

Darauf aufsetzend wurden anhand einer kursorischen Übersicht zur Forschung kognitive, meta-kognitive und motivationale Voraussetzungen für informationskompetentes Verhalten abgeleitet. Diese Voraussetzungen scheinen in einem Spannungsverhältnis mit typischen Mustern des Nutzendenverhaltens, etwa der Tendenz zur Aufwandsminimierung oder dem Auftreten kognitiver Verzerrungen, zu stehen.

Schließlich wurde versucht, dieses Spannungsverhältnis aufzulösen, indem argumentiert wurde, dass ein im engeren Sinne informationskompetentes Verhalten für viele Informationsbedürfnisse nicht nötig scheint und weiterhin (primär für das alltagsbezogene Informationsverhalten) leichtgewichtige Verfahren zur Informationsbewertung genutzt werden können.

Dabei gilt, dass je weniger eigene Expertise vorhanden ist, das Konzept *Informationskompetenz* umso stärker auf Vertrauen basiert. Nutzerinnen und Nutzer müssen zumindest so viel Verständnis über die eigene Informationsumwelt aufbringen, um bestimmen zu können, wie sich ein vertrauenswürdiger Konsens formiert und wessen Empfehlungen sie folgen können. Das ist wohl die Grundvoraussetzung für informationskompetentes Verhalten in einem weiteren Sinne.

Literatur

ACRL – The Association of College and Research Libraries (2015): *Framework for Information Literacy for Higher Education*. http://www.ala.org/acrl/standards/ilframework.

Addison, C.; Meyers, E. (2013): Perspectives on information literacy. A framework for conceptual understanding. *Information Research* 18/3. http://www.informationr.net/ir/18-3/colis/paperC27.html.

ALA (2000): *Information Literacy Competency Standards for Higher Education; American Library Association*. https://alair.ala.org/bitstream/handle/11213/7668/ACRL%20Information%20Literacy%20Competency%20Standards%20for%20Higher%20Education.pdf?sequence=1&isAllowed=y.

Chen, C. C.; Wang, N. C.; Tu, Y. F.; Lin, H. J. (2021): Research trends from a decade (2011–2020) for information literacy in higher education. Content and bibliometric mapping analysis. *Proceedings of the Association for Information Science and Technology*, 58/1, 48–59.

dbv – Deutscher Bibliotheksverband (2009): *Standards der Informationskompetenz für Studierende*. http://zpidlx54.zpid.de/wp-content/uploads/2015/02/DBV_Standards_Infokompetenz_03.07.2009_endg.pdf.

Dreisiebner, S.; Beutelspacher, L.; Henkel, M. (2017): Informationskompetenz. Forschung in Graz und Düsseldorf. *Information – Wissenschaft & Praxis* 68/5–6, 329–336.

Fishkin, R. (2017): *The state of searcher behavior revealed through 23 remarkable statistics*. https://moz.com/blog/state-of-searcher-behavior-revealed.

Griesbaum, J. (2022): Informationskompetenz. In: R. Knackstedt; J. Sander; J. Kolomitchouk (Hrsg.) *Kompetenzmodelle für den Digitalen Wandel. Orientierungshilfen und Anwendungsbeispiele*. Berlin; Heidelberg: Springer. https://doi.org/10.1007/978-3-662-63673-2.

Griesbaum, J. (2023): Informationskompetenz. In: R. Kuhlen; D. Lewandowski; W. Semar; C. Womser-Hacker (Hrsg.): *Grundlagen der Informationswissenschaft*. Berlin; Boston: De Gruyter.

Jobmann, P. (2024): Demokratiepädagogik. In: U. Engelkenmeier; K. Keller-Loibl; B. Schmid-Ruhe; R. Stang (Hrsg.): *Handbuch Bibliothekspädagogik*. Berlin; Boston: De Gruyter Saur, 365–375. https://doi.org/10.1515/9783111032030-034.

Haider, J.; Sundin, O. (2022): Information literacy challenges in digital culture: conflicting engagements of trust and doubt. *Information, communication & society* 25/8, 1176–1191.

Hicks, A.; McKinney, P.; Inskip, C.; Walton, G.; Lloyd, A. (2022): Leveraging information literacy: Mapping the conceptual influence and appropriation of information literacy in other disciplinary landscapes. *Journal of Librarianship and Information Science*, 1–19. https://doi.org/10.1177/09610006221090677.

Hung, W.; Jonassen, D. H.; Liu, R. (2008): Problem-based learning. In: J. M. Spector; J. G. van Merrienboer; M. D., Merrill; M. Driscoll (Hrsg): *Handbook of research on educational communications and technology*. London: Routledge, 485–506.

Knobloch-Westerwick, S.; Johnson, B. K.; Westerwick, A. (2015): Confirmation bias in online searches. Impacts of selective exposure before an election on political attitude strength and shifts. *Journal of Computer-Mediated Communication* 20/2, 171–187.

Kuhlthau, C. C.; Heinström, J.; Todd, R. J. (2008): The ‚information search process' revisited. Is the model still useful. *Information research* 13/4, paper 355. http://InformationR.net/ir/13-4/paper355.html.

Kuhn, D.; Weinstock, M. (2002): What is epistemological thinking and does it matter? In: BK Hofer; PR Pintrich (Hrsg.): *Personal epistemology. The psychology of beliefs about knowledge and knowing*. New York: Lawrence Erlbaum, 121–144.

Latham, D.; Gross, M.; Julien, H. (2019): Implementing the ACRL Framework. Reflections from the field. *College & research libraries* 80/3, 386.

Leaning, M. (2017): *Media and information literacy. An integrated approach for the 21st century*. Cambridge, Kidlington: Elsevier, Chandos.

Lewandowski, D.; Sünkler, S.; Hanisch, F. (2019): Anzeigenkennzeichnung auf Suchergebnisseiten. *Information – Wissenschaft & Praxis* 70/1, 3–14.

McGeough, R.; Rudick, C. K. (2018): „It was at the library; therefore it must be credible". Mapping patterns of undergraduate heuristic decision-making. *Communication Education*, 67/2, 165–184. https://doi.org/10.1080/03634523.2017.1409899.

McGrew, S. (2021): Skipping the Source and Checking the Contents. An in-Depth Look at Students' Approaches to Web Evaluation. *Computers in the Schools* 38/2, 75–97.

Metzger, M. J.; Flanagin, A. J. (2013): Credibility and trust of information in online environments. The use of cognitive heuristics. *Journal of Pragmatics* 59, 210–220.

Michel, A.; Tappenbeck, I. (2021): Information literacy, epistemic cultures and the question „Who needs what?". In: A. Botte; P. Libbrecht; M. Rittberger (Hrsg.) *Learning Information Literacy across the Globe*. Frankfurt a. M.: DIPF, 35–44. https://doi.org/10.25656/01:17883.

Paris, B.; Marcello, G.; Reynolds, R. (2022): Cultivating Ecological Literacy. A Critical Framework for Understanding and Addressing Mis- and Disinformation. *Proceedings of the Association for Information Science and Technology* 59/1, 479–485.

Ross, M.; Perkins, H.; Bodey, K. (2016): Academic motivation and information literacy self-efficacy: The importance of a simple desire to know. *Library & information science research* 38/1, 2–9.

Sample, A. (2020): Historical development of definitions of information literacy: A literature review of selected resources. *The journal of academic librarianship* 46/2, 102–116.

Sühl-Strohmenger, W. (2019): Förderung von Informationskompetenz durch Hochschulbibliotheken. Forschungsstand und Forschungsbedarf. In: H. Mainhardt; I. Tappenbeck (Hrsg.): *Die Bibliothek im Spannungsfeld. Geschichte – Dienstleistungen – Werte*. Bad Honnef: Bock + Herchen, 163–192.

UNESCO (2013): *Global media and information literacy (MIL) assessment framework. Country readiness and competencies*. Paris: UNESCO. https://unesdoc.unesco.org/ark:/48223/pf0000224655/PDF/224655eng.pdf.multi.

UNESCO (2019): *Records of the General Conference, 40th Session Paris, 12–27 November 2019, Vol. 1 Resolutions*. Paris: UNESCO. https://www.unesco.de/sites/default/files/2020-02/UNESCO-Resolution%20Global%20Media%20and%20Information%20Literacy%20Week.pdf.

White, R. W. (2016): *Interactions with search systems*. Cambridge: Cambridge University Press.

Wineburg, S.; McGrew, S. (2017): Lateral reading. Reading less and learning more when evaluating digital information. *Stanford History Education Group-Working Paper No. 2017-A1*. DOI:10.2139/ssrn.3048994. https://papers.ssrn.com/sol3/papers.cfm?abstract_id=3048994.

Zurkowski, P. G. (1974): National Commission on Libraries and Information Science, Washington, DC. National Program for Library and Information Services (1974): *The Information Service Environment Relations- hips and Priorities*. Related Paper No. 5. http://files.eric.ed.gov/fulltext/ED100391.pdf.

Wilfried Sühl-Strohmenger

Teaching Library

Teaching Library als Ort bibliothekspädagogischen Handelns

Die *Teaching Library*, aber auch die Bibliothek insgesamt als Lehr-/Lernwelt (Holländer et al. 2021; Eigenbrodt 2021) können geeignete Orte sein, in denen Bibliothekspädagogik erfolgreich stattfindet. Seit Mitte der 1990er Jahre ist die Teaching Library vor allem im wissenschaftlichen, weniger im öffentlichen Bibliothekswesen präsent, einhergehend mit der Übernahme des Information Literacy-Konzepts aus dem angloamerikanischen Raum, insbesondere den USA (Lux/Sühl-Strohmenger 2004). In Deutschland existierten zwar seit längerem Bibliothekseinführungen, jedoch waren diese nicht in einen pädagogisch ausgerichteten Kontext, wie ihn die Teaching Library darstellt, eingebunden, sondern eher punktuelle, anlassbezogene Veranstaltungen, zum Beispiel für Studienanfängerinnen und -anfänger. Erst mit dem Bedeutungszuwachs der Informations- und Medienkompetenz als Bündel übergreifender, grundlegender Fähigkeiten und Fertigkeiten (Sühl-Strohmenger 2012, 2016), vor allem auch angesichts der digitalen Transformation und des Bologna-Prozesses, begriffen die Wissenschaftlichen und auch Öffentliche Bibliotheken sich zunehmend als Orte des Lehrens und Lernens (Lux/Sühl-Strohmenger 2004; Sühl-Strohmenger 2012a, 2018; Franke 2014; Sühl-Strohmenger/Barbian 2017).

Standen seinerzeit die Studienanfängerinnen und -anfänger im Vordergrund, wendet sich die Teaching Library neben Schülerinnen und Schülern sowie Studierenden verstärkt auch Promovierenden und Forschenden zu, im Kontext der forschungsnahen Dienstleistungen. Dabei geht es um das Forschungsdatenmanagement genauso wie um das Open Access-Publizieren, um Urheberrechtsfragen oder um Bibliometrie, um die Regeln guter wissenschaftlicher Praxis, auch um das Wissensmanagement im weitesten Sinn. Die Teaching Library ist also verstärkt eingebunden in die Prozesse der digitalen Transformation, wie sie in den Wissenschaftlichen Bibliotheken immer mehr an Einfluss gewinnt, vor allem durch die massive Zunahme an Onlineangeboten (Datenbanken, E-Journals, E-Books, Datensammlungen usw.). Es wäre aber zu kurz gegriffen, wollte man die Kompetenzförderung im Rahmen einer Teaching Library ausschließlich unter den digitalen Herausforderungen verstehen und ausbauen. Zudem ist von einer hybriden Struktur der Ressourcen und Dienstleistungen einer Wissenschaftlichen Bibliothek (Sühl-Strohmenger 2008) auszugehen, wenn auch mit unterschiedlicher Intensität innerhalb der Fachdisziplinen.

In den Öffentlichen Bibliotheken vermochte sich die Bezeichnung *Teaching Library* nicht zu etablieren (abgesehen von einigen Landesbibliotheken, beispielsweise der Badischen Landesbibliothek Karlsruhe). Man spricht eher vom *Lernort Bibliothek* und

https://doi.org/10.1515/9783111032030-013

verwendet weitere vielfältige Bezeichnungen entsprechend den heterogenen Zielgruppen (Sühl-Strohmenger/Barbian 2017, 68–70). Im Zentrum der nachfolgenden Ausführungen stehen die Wissenschaftlichen Bibliotheken.

Die COVID-19-Pandemie hat auch dem Lernort Bibliothek zugesetzt. Präsenzveranstaltungen fielen aus, das E-Learning erlebte einen ungeahnten Aufschwung, stellte viele Teaching Librarians aber auch vor Probleme. Möglicherweise ist die Teaching Library infolgedessen in eine Krise geraten (Franke/Müller 2021). Die entscheidende Frage ist aber, inwieweit Bibliotheken und Teaching Librarians auf neue Herausforderungen agil reagieren und ihr Beratungs-, Instruktions- und Lernangebot an sich verändernde Bedürfnisse der Zielgruppen anpassen können.

Ausgewählte Beispiele aus dem deutschsprachigen Raum

Bereits vor geraumer Zeit ergab sich im Licht der differenzierten Analyse des Informations- und Lernverhaltens Studierender (Sühl-Strohmenger 2012b, Kap. 3) ein recht breites und vielfältiges Spektrum an Einführungs-, Schulungs- und Kursangeboten von Öffentlichen und Wissenschaftlichen Bibliotheken in Deutschland und in Österreich. Ziel ist die Förderung von Bibliotheksnutzungs-, Informations- und Medienkompetenz, teilweise schon mit curricularer Einbindung in das Studium (Lux/Sühl-Strohmenger 2004; Sühl-Strohmenger 2012), sodann mit lernförderlichen Raumgestaltungen, wie sie heute immer stärker in die Bau- und Umbauplanungen von Bibliotheken einfließen (Stang/Becker 2022). Herkömmliche Nutzungsbereiche der Bibliothek wandeln sich zu Lernzentren beziehungsweise zu Coworking Spaces (Werner 2022; Holländer et al. 2021), die Teaching Library greift also weit über ein bloßes Veranstaltungsangebot der Bibliothek hinaus, wie auch einige der nachfolgenden aktuellen Beispiele aus österreichischen und deutschen Hochschulbibliotheken veranschaulichen.

Bereits vor zehn bis 15 Jahren entwickelten sich in Österreich verschiedene Wissenschaftliche Bibliotheken zu Teaching Libraries, wie einige differenzierte Analysen dargelegt haben (Zemanek et al. 2013; Zemanek 2016). Insbesondere in Graz, in Salzburg oder im Raum Wien widmete man sich frühzeitig der Förderung von wichtigen für die Bibliotheksnutzung und die Informationspraxis erforderlichen Kompetenzen, aber auch weitere Bibliotheken sind auf dem Weg zu Teaching Libraries, so zum Beispiel die Universitätsbibliothek Klagenfurt[1]: Die „Teaching Library" vereinigt in sich das Schulungsangebot der UB Klagenfurt sowie das Onlinematerialangebot im Bereich Informationskompetenz. Der Bereich befindet sich teilweise noch im Aufbau, jedoch sind einige speziellere Services bereits nutzbar, zum Beispiel ein YouTube-Kanal, der

1 Universitätsbibliothek Klagenfurt: Teaching Library. https://www.aau.at/universitaetsbibliothek-klagenfurt/teaching-library/.

Video-Tutorials und Filme, die die Nutzung der Bibliothek und das wissenschaftliche Arbeiten unterstützen, anbietet. Das Reading List Management System BeriLo dient Lehrenden und Studierenden als zentrale Plattform für Lehrveranstaltungsliteratur.

Das Angebot der Teaching Library in der Universitätsbibliothek der Medizinischen Universität Wien[2] umfasst Führungen, Datenbank-Workshops, mit Schwerpunkt auf den Datenbanken Scopus und PubMed, und ein „DiplDiss Coaching", also einen Service für angehende Diplomandinnen und Diplomanden sowie Promovierende, der sich auf die Auswahl der Datenbanken, das Anlegen einer Suchstrategie und den gesamten Prozess des wissenschaftlichen Recherchierens erstreckt. Im Zuge der COVID-19-Pandemie erfolgte eine Umstellung des Kurs- und Schulungsangebots auf digitale Formate: Die digitalen Angebote der Teaching Library der UB der Medizinischen Universität Wien wurden demnach zwar von den Studierenden gut angenommen, jedoch ließen sich aktivierende Übungen nur schwer umsetzen, sodass Frontalunterricht vorherrschend war, im Rahmen von Distant Learning mithilfe von Webex und Moodle (Zach/Dollfuß 2020).

Das neu geschaffene Center für Informations- und Medienkompetenz (CIM)[3] der ÖNB Wien will seinen Nutzenden dabei helfen, Inhalte zu finden und Wissen anzuwenden, die vielfältigen Informationsangebote differenzieren zu können und Know-how für das Erkennen von seriösen Informationsquellen vermitteln: Als „Teaching Library" vermittelt die ÖNB ihren Leserinnen und Lesern die in der digitalen Informationsgesellschaft wichtigen Kompetenzen im Rahmen von umfangreichen Trainingsangeboten des CIM. Diese umfassen Angebote für Erwachsene aller Altersgruppen von Einsteigertrainings bis hin zu Tipps und Tricks für Recherche-Profis mit Themenrecherchen, Wissensbissen und vielem mehr. Die Trainings für Schulen dienen der Vorbereitung auf das Vorwissenschaftliche Arbeiten (VWA), erweitert um Programme zu Themenkomplexen im Zusammenhang mit der „Digital Literacy" und dem Thema „Fake News".

In Deutschland hat sich die Bezeichnung *Teaching Library* an Wissenschaftlichen Bibliotheken nicht durchsetzen können, der Begriff wird meistens nur implizit verwendet; es gibt jedoch auch einige Beispiele für ausdrücklich unter dem Schirm der Teaching Library firmierende Schulungs- und Kursangebote, so in der Technical University of Applied Sciences Würzburg-Schweinfurt[4]. Die Trainingskurse der Bibliothek beinhalten Textverarbeitung mit Word (Basics), Tipps und Tricks für PowerPoint und Recherchetechniken.

---

2 Universitätsbibliothek Medizinische Universität Wien: Teaching Library. https://ub.meduniwien.ac.at/services/teaching-library/.

3 Österreichische Nationalbibliothek: Center für Informations- und Medienkompetenz. https://www.onb.ac.at/bibliothek/center-fuer-informations-und-medienkompetenz.

4 Bibliothek der Technischen Hochschule Würzburg-Schweinfurt. https://bibliothek.thws.de/en/consultancy/teaching-library/.

Die Badische Landesbibliothek Karlsruhe[5] will mit ihrer „Teaching Library" (so wird der Bereich für Beratung und Schulung explizit genannt) dazu beitragen, dass die Nutzenden ihre Kompetenzen bei der Informationsbeschaffung ausbauen können – durch Beratungen und Schulungen zur effizienten Literaturrecherche, zur Literaturverwaltung sowie zum wissenschaftlichen Schreiben für die Zielgruppen Schule, Studium, berufliche Bildung und Freizeit.

In der Hochschulbibliothek Worms[6] unterstützt die Teaching Library seit 2012 Studierende bei Fragen zum Recherchieren, zur Nutzung von Datenbanken und zum wissenschaftlichen Arbeiten. Im Mittelpunkt steht dabei, die Informationskompetenz der Studierenden der Hochschule Worms auszubauen, sei es durch Einzelberatung und Lehrbeiträge oder sei es durch Workshops, Schulungen und Führungen. Bemerkenswert ist das Angebot: „Forschungsstand professionell recherchieren" für Studierende aller Fachbereiche.

Das Team Auskunft und Teaching Library der Universitätsbibliothek der FU Berlin[7] fungiert als zentrale Stelle für Fragen insbesondere zu Themen der Literatursuche und -verarbeitung im wissenschaftlichen Arbeitsprozess. Angeboten wird ein umfangreiches Schulungsangebot mit zentralen Themen wie zum Beispiel Literatursuche und -beschaffung, Literaturverwaltungsprogramme, Zitieren. Diese Bausteine können individuell besucht oder in Lehrveranstaltungen, zum Beispiel zu Techniken des wissenschaftlichen Arbeitens, integriert werden. Die Lernräume der Zentralbibliothek bieten vielfältige Arbeitsmöglichkeiten – sowohl stille Einzelarbeitsplätze als auch offene Coworking-Bereiche sowie Gruppenarbeitsräume. Zur Unterstützung ihrer Lerntechniken stehen Design Thinking-Sets oder Smartboards zur Verfügung. Für die aktive Teilnahme an online stattfindenden Lehrveranstaltungen leisten mobile Schallschutzelemente sowie Workbays einen wichtigen Beitrag. Die Teaching Library der UB der FU Berlin sieht sich insofern nicht nur als Anbieterin von Kursen, sondern bildet eine umfassende Lerninfrastruktur, man könnte auch sagen: eine Lernwelt.

Die Hochschulbibliothek[8] der Hochschule der Medien Stuttgart schließlich bemüht sich in vorbildlicher Weise darum, nicht nur ein Ort rezeptiver Informationsaufnahme zu sein, sondern darüber hinaus sowohl ein vielfältiges Einführungs- und Kursangebot zur Bibliotheksnutzungs-, Informations- und Medienkompetenz oder zur Literaturverwaltung zu realisieren als auch durch eine attraktive architektonisch-räumliche Gestaltung das aktive Mitmachen, das kreative Lernen und Arbeiten im

---

5 Badische Landesbibliothek: Beratung und Schulung. https://www.blb-karlsruhe.de/service/beratung-und-schulung.

6 Hochschulbibliothek Worms: Teaching Library. https://www.hs-worms.de/bibliotheks-ordner/hochschulbibliothek/teaching-library/.

7 Universitätsbibliothek der FU Berlin: Teaching Library. https://www.fu-berlin.de/sites/ub/forschen-lehren/lehren/auskunft-teaching-library/index.html.

8 Hochschule der Medien (HdM) Stuttgart/Bibliothek: Teaching Library. https://www.hdm-stuttgart.de/bibliothek/bibliothek/teaching_library.

Kontext eines Lernzentrums zu fördern. Deutlich wird diese Intention auch durch die Bezeichnungen „Lernbar“, „LernAtelier“ oder „Lernwelt“ (Stang 2019).

Die genannten Beispiele veranschaulichen die Bandbreite dessen, was heute unter „Teaching Library“ zu fassen ist und welche Vielfalt an Lehr-/Lernansätzen in diesem Zusammenhang realisiert werden kann. Stark entwickelt sind die Lern- und Arbeitsorte unter anderen an der UB Bielefeld[9]: Hier besticht, dass die wesentlichen Komponenten einer modernen Teaching Library ein integriertes Ensemble aus lernförderlichen Raumarrangements, Angeboten zur Literaturverwaltung und zu Semesterapparaten, sodann aus Schulungen und Tutorials bilden.

Auch sollte die SLUB Dresden erwähnt werden. Hervorzuheben ist der SLUB Makerspace „als offener Kreativraum für Menschen, die ihre Ideen und Do-it-yourself-Projekte realisieren möchten“[10]. Auffallend an der KIT-Bibliothek Karlsruhe sind kooperativ durchgeführte Seminare im Rahmen der TU9-Allianz der führenden Technischen Universitäten in Deutschland, das als beispielhaft für arbeitsteilige Konzepte des Lernorts Bibliothek gelten kann.[11] Bemerkenswert in der UB Kiel ist das Digitale Lernlabor (DLL) als räumliche Infrastruktur für die Vernetzung der digitalen Forschung und Lehre, mit den Schwerpunkten Digital Humanities, Forschungsdatenmanagement, Publizieren und Open Access.[12] Die UB Mannheim offeriert für den Bereich Informationskompetenz Kurse und Tutorials zur Datenbankrecherche, zur Literaturverwaltung, zur Data Literacy sowie eine kompakte Kursreihe „ZWÖLFDREISSIG“ mit nützlichen Tipps zu allen Fragen rund um das wissenschaftliche Arbeiten und Lernen.[13] Die UB Marburg hat sowohl ein Digital Learning Lab in Zusammenarbeit mit dem Servicezentrum digital gestützte Forschung zu den Themen Digital Humanities, Datenmanagement und Open Science als auch eine Schreibwerkstatt mit Beratung Workshops zum wissenschaftlichen Schreiben im Rahmen des Lehr-/Lernorts eingerichtet.[14] Der Lernort der UB der TU München ist eng verzahnt mit einem höchst differenzierten Kurs- und E-Learning-Programm.[15]

---

9 Universitätsbibliothek Bielefeld: Lernen und Arbeiten. https://www.uni-bielefeld.de/ub/learn/.

10 SLUB Dresden: SLUB Makerspace. https://www.slub-dresden.de/mitmachen/slub-makerspace.

11 KIT-Bibliothek Karlsruhe: Veranstaltungskalender. https://www.bibliothek.kit.edu/veranstaltungskalender.php?freetext=GWP-all.

12 UB Kiel: Digitales Lernlabor (DLL). https://www.ub.uni-kiel.de/de/lernen-arbeiten/digitales-lernlabor.

13 UB Mannheim: Kurse und Tutorials. https://www.bib.uni-mannheim.de/services/kurse-und-tutorials/.

14 UB Marburg: Kurse, Führung, e-Learning. https://www.uni-marburg.de/de/ub/lernen/kurse-beratung.

15 UB TU München: Studieren & Forschen. https://www.ub.tum.de/studieren-forschen#Lernort%20Bibliothek.

Teaching Librarians, Bibliothekspädagogik und Bibliotheksdidaktik

Der Begriff *Teaching Librarian* ist bislang im Sprachgebrauch einer Wissenschaftlichen Bibliothek nicht überall geläufig. Dennoch könnten Bibliothekarinnen und Bibliothekare, die Kurse und Schulungen in der Bibliothek anbieten und durchführen, als „Teaching Librarians" bezeichnet werden (Sühl-Strohmenger 2015; Tappenbeck/Franke 2017). Teilweise spricht man auch von „Schulungsbibliothekarinnen und -bibliothekaren" oder von „Bibliothekspädagoginnen und -pädagogen". Im Zuge der konstruktivistischen Wende in der Pädagogik setzte eine deutliche Hinwendung zu Lernenden und zu einem Lernverständnis ein, das auf die Selbstaktivierung der Lernenden abzielt. Dennoch ist die weiterhin wichtige Rolle der Lehrenden für den Unterrichtserfolg von Lernenden durch umfangreiche international ausgerichtete Metaanalysen, insbesondere von dem australischen Bildungsforscher Hattie, herausgestellt worden (Hattie 2014).

Lernen und Lehren gehören untrennbar zusammen und zwar im Kontext der Handlungsorientierung und der Zentrierung beim Lernenden, also des *learning-centered teaching*. Wenn wir also im Kontext Wissenschaftlicher Bibliotheken von *Teaching Librarians* sprechen, so meinen wir keineswegs nur den Aspekt des Lehrens beziehungsweise Unterrichtens, sondern beziehen die Seite des Lernens, der Lernenden stets mit ein. Teaching Librarians verstehen sich keineswegs nur als Instruierende, sondern durchaus auch als Lernbegleiterinnen und -begleiter oder Coaches, die bibliotheksdidaktische Kompetenzen bei der Beratung und im möglichst lernendenzentrierten Unterricht zur Geltung bringen. Sie benötigen dafür auch weitere personale, technologische, organisatorische und kommunikative Kompetenzen, neben der unumgänglichen Fachkompetenz (Rauchmann 2016; Scholle 2016), wie sie Fachreferentinnen und Fachreferenten mitbringen. Eine Teaching Library ist dann für das Studium und die Forschung besonders wirksam, wenn ihre Kurse und Dienstleistungen zudem in die Studieninhalte beziehungsweise die Modulhandbücher der Studienfächer Eingang finden und nicht nur extracurricular, also fakultativ auf der Bibliothekshomepage angeboten werden.

Qualitätssicherung und Evaluation

Das Lehren und Lernen im Kontext einer Teaching Library bedarf notwendigerweise der möglichst kontinuierlichen Messung des während des Lernprozesses erreichten Wissenstandes. Diese Qualitätskontrolle ist auch für Kurse zur Kompetenzvermittlung unverzichtbar (Schubnell 2010; Sühl-Strohmenger/Barbian 2017, 172–178). Mögliche Felder der Evaluation sind die Zufriedenheit der Teilnehmenden, der Lernerfolg, Kosten und Nutzen der Lehrveranstaltung, der Transfergrad der erlernten Kenntnisse,

Fertigkeiten und Fähigkeiten. Unterschieden wird grundsätzlich zwischen summativer (bezogen auf das Endprodukt) und formativer (im Verlauf des Prozesses stattfindender) Evaluation. Im angloamerikanischen Raum existieren bereits ausgefeilte Evaluations- und Assessment-Instrumente für die Teaching Library (Radcliff 2007). Die Evaluation bezieht sich dabei auf die Messung der Effizienz und Zielerreichung eines Konzepts zur Vermittlung von Informationskompetenz, während das Assessment sich unmittelbar auf die Effekte des Lehrens mit Blick auf die Lernenden konzentriert. Für die Lernerfolgskontrolle bei der Vermittlung von Informationskompetenz zählt Straub (2012) weitere Evaluationsmethoden auf.

Pädagogisch-didaktische Qualifizierung

Bibliothekspersonal, das als Teaching Librarians in Bibliothekseinführungen und Kursen zur Kompetenzförderung beim Umgang mit Information und Medien eingesetzt werden soll, muss ein Minimum an pädagogisch-didaktischer Qualifikation besitzen, um die Lehraufgabe erfolgreich bewältigen zu können. Im Kontext Wissenschaftlicher Bibliotheken wäre es denkbar, sich an Lehr-/Lernstrategien der Hochschuldidaktik (Macke et al. 2016) anzulehnen, diese jedoch dezidiert auf Bildungsangebote der Hochschulbibliotheken abzustimmen (Hanke et al. 2012; Hanke/Sühl-Strohmenger 2016). Hinzu kommen rhetorisch-kommunikative Kompetenzen, die im Rahmen entsprechender hochschuldidaktischer Zertifikatskurse, die auch für lehrende Bibliothekarinnen und Bibliothekare relevant sind, einen festen Stellenwert beanspruchen können. Die Fach- und grundlegenden Digitalkompetenzen werden jedoch vorausgesetzt, insbesondere dann, wenn eine Teaching Library auch in Richtung Forschung, vor allem auf den Gebieten Bibliometrie, Data Literacy und Open Access wirksam werden soll.

Zukünftige Herausforderungen

Eine Teaching Library sollte über den engeren Rahmen der Vermittlung von Bibliotheks-und Informationsressourcen hinaus wirksam, möglichst in den gesamten Student-Life-Cycle sowie in den Wissenskreislauf der Hochschule integriert sein. Ein Beispiel dafür repräsentiert die Mediathek der Hochschule für Gestaltung und Kunst (HGFK) der Fachhochschule Nordwestschweiz Basel. Die Teaching Library entwickelt sich dort in Richtung auf ein Konzept der *Library Curation* (Lurk 2018), das heißt über die ausdifferenzierte Vermittlung von Informationskompetenz in künstlerischen und gestalterischen Kontexten hinaus kristallisieren sich Kuratierungshandlungen heraus, vor allem auch im Hinblick auf das Zirkulieren der immer wichtiger werdenden Datenströme (der Forschungs- und der Lehrdaten) im Wissenskreislauf. Man orientiert sich am ACRL *Framework for Information Literacy*, dessen Frames oder Schwellen dezidiert auf engere Bezüge zu den Forschungsprozessen in den Disziplinen abzielen, Studierende dazu motivieren möchten, Grenzen zu überschreiten, Fachautoritäten zu hinterfragen, den Suchprozess als strategische Erkundung oder Wissenschaft als Konversation zu erkennen. Grundsätzlich zielen die Bemühungen der HGK-Mediathek darauf ab, Partizipation und Kommunikation zwischen Nutzerinnen und Nutzern, Bibliothekarinnen und Bibliothekaren sowie Forscherinnen und Forschern anzuregen.

Eine zukunftsfähige Teaching Library müsste sich eventuell über den engeren Rahmen der Erfordernisse des Studiums und der Forschung einigen besonders drängenden globalen Problemfeldern zuwenden, beispielsweise dem der Migration, deren Auswirkungen durchaus auch in der Hochschule spürbar sind. Orientieren könnte man sich an internationalen Angeboten von Bibliotheken speziell für Zielgruppen mit Migrationshintergrund: Es geht darum, angehende Bibliothekarinnen und Bibliothekare zu befähigen und zu motivieren, sich verstärkt und gezielt um benachteiligte Bevölkerungsgruppen mit Migrationshintergrund (in diesem Fall: Einwanderung) zu kümmern, also neue Wege der Vermittlung von Bibliotheksdienstleistungen für Einwanderergemeinschaften einzuschlagen (Ndumu/Villagran 2020). Bezogen auf Deutschland wäre hier das Thema der Bildungsungleichheit, von der vor allem junge Menschen mit Einwanderungsgeschichte betroffen sind (El-Malafaani 2021), angesprochen. Öffentliche Bibliotheken stellen sich dieser Herausforderung[16], während dies bei den Wissenschaftlichen Bibliotheken weniger der Fall zu sein scheint. Zwei weitere aktuelle Herausforderungen mit hoher Zukunftsbedeutung betreffen den Klimawandel und die *2030 Agenda for Sustainable Development* der Vereinten Nationen mit 17 Sustainability Development Goals (SDG). In den skandinavischen Ländern, Nordamerika und auch in Afrika wird dieser Thematik im Zusammenhang mit der Förderung von Information Literacy und der Teaching Library ein deutlich höherer Stellenwert zuerkannt, als das momentan im deutschen Bibliothekswesen zu erkennen wäre (EBLIDA 2022, Kap. 7: Germany). Zu überlegen wäre, wie die Nachhaltigkeitsziele auch in dem Programm einer Teaching Library zur Förderung entsprechend nachhaltigkeitsorientierter Informationskompetenz zur Geltung gebracht werden könnten.

Fazit

Einer fundamentalen Neudefinition dessen, was eine Teaching Library ausmacht, bedarf es eigentlich nicht, denn „Teaching" umfasst stets beides: Lehren und Lernen. Die Vorstellung des Lernraums als des dritten „Pädagogen" und der weitgehend selbstre-

16 Siehe: Deutscher Bibliotheksverband e. V.: Bibliotheksportal: Bibliotheksangebote für Flüchtlinge und Asylbewerber. Geändert: 04.07.2018: https://bibliotheksportal.de/ressourcen/management/zielgruppen/interkulturelle-bibliothek/praxisbeispiele/bibliotheksangebote-fuer-fluechtlinge-und-asylbewerber/?cn-reloaded=1.

gulatorisch und informell Lernenden (Eigenbrodt 2021, 29, 55–57, 84–88) trifft nur bedingt zu, da die Wirkung der räumlichen Lernumgebung, so wichtig sie auch sein mag, überschätzt werden könnte, besonders auch mit Blick auf Lernschwächere. Das Instruieren und Unterrichten bleiben – flankiert durch Lernbegleitung – in der Bibliothek unumgänglich. An dem Begriff Teaching Library wäre grundsätzlich festzuhalten, denn er bringt pointiert das Anliegen des Lehr-/Lernorts *Bibliothek* auf den Punkt.

Literatur

EBLIDA (2022): *Second European Report on Sustainable Development Goals and Libraries. Full Version. Report prepared by the EBLIDA secretariat in collaboration with the National Library of Latvia. January*. http://www.eblida.org/publications/agenda-2030-for-sustainable-development.html.

Eigenbrodt, O. (2021): *Lernwelt Wissenschaftliche Bibliothek. Pädagogische und raumtheoretische Facetten*. Berlin; Boston: De Gruyter Saur.

El-Malafaani, A. (2021): *Mythos Bildung. Die ungerechte Gesellschaft, ihr Bildungssystem und seine Zukunft*. Köln: Kiepenheuer & Witsch.

Franke, F. (2014): Aufgaben und Organisation der Teaching Library. In: R. Griebel; H. Schäffler; K. Söllner (Hrsg.): *Praxishandbuch Bibliotheksmanagement*. Berlin; Boston: De Gruyter Saur, 495–512.

Franke, F. (2020): *Teaching Library in Deutschland: Champions League oder Abstiegskampf? Was uns die neue Informationskompetenz-Statistik sagt*. [Vortrag] 109. Bibliothekartag Hannover. https://opus4.kobv.de/opus4-bib-info/frontdoor/index/index/docId/17329.

Franke, F.; Müller, C. (2021): *Teaching Library in der Corona-Krise – oder Teaching Library in der Krise? IK-Statistik, Herausforderungen und Empfehlungen*. [Vortrag] 109. Bibliothekartag Bremen. https://opus4.kobv.de/opus4-bib-info/frontdoor/index/index/year/2021/docId/17695.

Hanke, U.; Sühl-Strohmenger, W. (2016): *Bibliotheksdidaktik. Grundlagen zur Förderung von Informationskompetenz*. Berlin; Boston: De Gruyter Saur. https://doi.org/10.1515/9783110352559.

Hanke, U.; Sühl-Strohmenger, W.; Straub, M. (2012): *Informationskompetenz professionell fördern. Ein Leitfaden zur Didaktik von Bibliothekskursen*. Berlin; Boston: De Gruyter Saur.

Hattie, J. (2014): *Lernen sichtbar machen für Lehrpersonen*. Baltmannsweiler: SchneiderHohengehren.

Holländer, S.; Sühl-Strohmenger; W.; Syré, L. (Hrsg.) (2021): *Hochschulbibliotheken auf dem Weg zu Lernzentren. Beispiele aus Deutschland, Österreich und der Schweiz*. Unter Mitarb. v. M. Straub. Wiesbaden: b-i-t.

Lurk, T. (2018): *Von der Teaching Library zum Library Curation. Die Mediathek der HGK FHNW als Medium und Informations-Hub*. [Vortrag]. Schweizer Bibliothekskongress [online]. Montreux. Datum: 30 August.

Lux, C.; Sühl-Strohmenger, W. (2004): *Teaching Library in Deutschland. Vermittlung von Informations- und Medienkompetenz als Kernaufgabe für Öffentliche und Wissenschaftliche Bibliotheken*. Wiesbaden: Verlag Dinges & Frick.

Macke, P.; Hanke, U.; Viehmann-Schweizer, P.; Raether, W. (2016): *Kompetenzorientierte Hochschuldidaktik: Lehren – vortragen – prüfen – beraten*. 3. Aufl. Weinheim; Basel: Beltz.

Ndumu, A.; Villagran, M. (2020): New Ways of Teaching Library Service to Immigrant Communities. *Association for Library and Information Science Education: ALISE 2020 Conference Proceedings*. https://scholarworks.sjsu.edu/faculty_rsca/538/.

Radcliff, C. J. (2007): *A practical guide to information literacy assessment for academic librarians*. Westport, C.T: Libraries Unlimited.

Rauchmann, S. (2016): Welche Qualifikationen benötigen Bibliothekarinnen und Bibliothekare zur erfolgreichen Förderung von Informationskompetenz? In: W. Sühl-Strohmenger (Hrsg.): *Handbuch Informationskompetenz*. 2. Aufl. Berlin; Boston: De Gruyter Saur, 439–448.

Scholle, U. (2016): Kompetenzen für Teaching Librarians. In: W. Sühl-Strohmenger (Hrsg.): *Handbuch Informationskompetenz*. 2. Aufl. Berlin; Boston: De Gruyter Saur, 449–457.

Schubnell, B. (2010): Qualität in der Vermittlung von Informationskompetenz. In: U. Hohoff; C. Schmiedeknecht, C. (Hrsg.): *98. Deutscher Bibliothekartag in Erfurt 2009. Ein neuer Blick auf Bibliotheken*. Hildesheim; Zürich; New York: Olms-Weidmann, 199–208.

Stang, R. (2019). Lernwelten für Bibliotheken. Dimensionen der Zukunftsgestaltung. *BIBLIOTHEK – Forschung und Praxis* 43/1, 139–149. https://doi.org/10.1515/bfp-2019-2050.

Stang, R.; Becker, A. (Hrsg.) (2022): *Lernwelt Hochschule 2030. Konzepte und Strategien für eine zukünftige Entwicklung*. Berlin; Boston: De Gruyter Saur.

Straub, M. (2012): Lernerfolgskontrolle, Evaluierung und Messung der Informationskompetenz. In: W. Sühl-Strohmenger (Hrsg.): *Handbuch Informationskompetenz*. Berlin; Boston: De Gruyter Saur, 407–420.

Sühl-Strohmenger, W. (2008): *Digitale Welt und Wissenschaftliche Bibliothek. Informationspraxis im Wandel. Determinanten, Ressourcen, Dienste. Kompetenzen. Eine Einführung*. Wiesbaden: Harrassowitz.

Sühl-Strohmenger, W. (Hrsg.) (2012a): *Handbuch Informationskompetenz*. Unter Mitarb. von M. Straub. Berlin; Boston: De Gruyter Saur.

Sühl-Strohmenger, W. (2012b): *Teaching Library. Förderung von Informationskompetenz durch Hochschulbibliotheken*. Berlin; Boston: De Gruyter Saur.

Sühl-Strohmenger, W. (2015): Teaching Librarian 2020. Trends, Herausforderungen, Perspektiven. *ZfBB* 2, 94–104.

Sühl-Strohmenger, W. (Hrsg.) (2016): *Handbuch Informationskompetenz*. Unter Mitwirkung von M. Straub. 2. Aufl. Berlin; Boston: De Gruyter Saur.

Sühl-Strohmenger, W. (2018): Dimensionen der Learning und Teaching Library. In: R. Stang; K. Umlauf (Hrsg.): *Lernwelt Öffentliche Bibliothek. Dimensionen der Verortung und Konzepte*. Berlin; Boston: De Gruyter Saur, 57–69.

Sühl-Strohmenger, W. (2022): Digitale Kompetenz, Informationskompetenz, Medienkompetenz, Datenkompetenz, Schreibkompetenz ...? Was sollen wissenschaftliche Bibliotheken fördern und für wen? *Bibliotheksdienst* 12, 729–751.

Sühl-Strohmenger, W.; Barbian, J.-P. (2017): *Informationskompetenz. Leitbegriff bibliothekarischen Handelns*. Wiesbaden: Dinges & Frick.

Tappenbeck, I.; Franke, F. (2017): Qualifikationsprofil „Teaching Librarian“. Anforderungen und Schwerpunkte einer praxisbezogenen Qualifikation für die Vermittlung von Informationskompetenz. *o-bib. Das Offene Bibliotheksjournal* 4, 52–62. https://doi.org/10.5282/o-bib/2017H4S52-62.

Werner, K. U. (2022): Vom Lesesaal zum Coworking Space. In: M. Kirschbaum; R. Stang (Hrsg.): *Architektur und Lernwelten. Perspektiven für die Gestaltung*. Berlin; Boston: De Gruyter Saur, 160–178. https://doi.org/10.1515/9783110732795-012.

Zach, L.; Dollfuß, H. (2020): Bericht über die Umstellung des Angebotes der Teaching Library an der Universitätsbibliothek der Medizinischen Universität Wien auf digitale Formate infolge der Covid-19-Pandemie 2020. *VÖB-Mitteilungen* 3/4, 530–537. DOI: https://doi.org/10.31263/voebm.v73i3-4.5342.

Zemanek, M. (2016): Die Förderung von Informationskompetenz an Bibliotheken in Österreich. In: W. Sühl-Strohmenger (Hrsg.): *Handbuch Informationskompetenz*. 2. Aufl. Unter Mitwirkung von M. Straub. Berlin; Boston: De Gruyter Saur, 470–484.

Zemanek, M.; Rohrmoser, M.; Lach, K. (2013): Universitätsbibliotheken in Österreich als „Teaching Libraries“. In: B. Bauer; C. Gumpenberger; R. Schiller (Hrsg.): *Universitätsbibliotheken im Fokus. Aufgaben und Perspektiven der Universitätsbibliotheken an öffentlichen Universitäten in Österreich*. Graz; Feldkirch: Wolfgang Neugebauer, 154–165.

Vera Marie Rodewald

Medienbildung und Medienpädagogik

Einleitung

In einer Gesellschaft, die durch den digitalen Wandel mit einem fortwährenden Technologiefortschritt und seinen Auswirkungen konfrontiert ist, hat die Medienpädagogik als Fachdisziplin eine besondere Bedeutung für alle Bildungsprozesse.

Ohne einen kompetenten, mündigen und reflektierten Umgang mit digitalen Medien ist die Mitgestaltung von gesellschaftlichen Prozessen und Partizipation an politischen Diskursen undenkbar. Entsprechend nehmen Bibliotheken in der Förderung von Medienkompetenz eine zentrale Rolle ein. Sie schaffen Zugänge zu Wissen und Kultur und machen Medien und ihre gesellschaftliche Relevanz für alle Menschen – unabhängig von Alter oder sozialem Hintergrund – zugänglich. Sie sind wichtige Akteurinnen im Sozialraum sowie Orte der Begegnung, des Austauschs und des Lernens. Als Teil bibliothekspädagogischer Praxis hat die Medienpädagogik demnach längst Einzug in die bibliothekarische Vermittlungsarbeit gehalten. Dieser Artikel zeichnet die Entstehung der Fachdisziplin in Facetten nach und ordnet den Begriff der Medienkompetenz vor diesem Hintergrund ein. Zudem wirft er einen Blick auf gesetzliche Rahmenbedingungen für die Medienkompetenzförderung in Bibliotheken und zeigt auf, inwiefern diese als Aufgabe von Bibliotheken zu verstehen ist. Abschließend liefert der Beitrag einen Überblick über medienpädagogische Aktivitäten und Formate, die bereits im Rahmen bibliothekarischer Vermittlungsarbeit stattfinden und konkretisiert diese anhand eines Beispiels.

Zum Begriff der Medienpädagogik

Unter Medienpädagogik werden im Allgemeinen alle sozialpädagogischen, politischen und kulturellen Maßnahmen und Angebote für Kinder, Jugendliche und Erwachsene gefasst, die darauf abzielen, Medien kompetent und reflektiert nutzen zu können. Sie bezieht sich dabei auf verschiedene Bereiche der Medien, wie zum Beispiel Audiovisuelle Medien, Digitale Medien oder Soziale Medien. Ziel der Medienpädagogik ist es, die Medienkompetenz von Menschen jeden Alters zu fördern, damit diese die Medieninhalte kritisch bewerten, selbstständig mit Medien umgehen und kreativ mit ihnen arbeiten können.

Eine bedeutende Rolle bei der Etablierung der Medienpädagogik als eigene Fachdisziplin nimmt Baacke ein, der auch den Begriff der Medienkompetenz maßgeblich geprägt hat. Er beschreibt:

https://doi.org/10.1515/9783111032030-014

> Medienkompetenz soll, aufs Ganze gesehen, den Nutzer befähigen, die neuen Möglichkeiten der Informationsverarbeitung souverän handhaben zu können. Auch der humane Fortschritt verläuft heute [...] über elektronische Technologien. Um an ihm teilhaben zu können, benötigen wir alle demnächst nicht nur Anschlüsse, um ans Netz gehen zu können. Wir müssen uns in der computerisierten Medienwelt auch zurechtfinden. Medienkompetenz will genau dies ermöglichen, und insofern umschreibt der Begriff ein durchaus übersichtlich zu machendes Arbeitsfeld, an dessen Bearbeitung Medienpädagogik entscheidend Anteil haben wird. (Baacke 1997, 98)

Obwohl ihre Entstehung als Fachdisziplin bereits mehrere Jahrzehnte zurückliegt, befindet sich die Medienpädagogik heute noch immer in einer Selbstfindungsphase (Süss et al. 2018, 1). Hatte sie zunächst zum Ziel, Kinder und Jugendliche vor negativen Auswirkungen der Massenmedien zu bewahren, rückte mit Baacke folglich auch die aktive Auseinandersetzung und Mitgestaltung von Medienkommunikation ins Zentrum pädagogischer Aktivitäten (Moser et al. 2008, 7–8). Durch die fortlaufende Mediatisierung aller Lebensbereiche lassen sich die Grenzen medienpädagogischer Praxis heute kaum noch trennscharf ziehen. Die digitale Transformation hat Auswirkungen auf die Medien, ihre Funktionsweisen und die Vielfalt an Möglichkeiten, sich als Einzelne oder im Kollektiv an politischen und gesellschaftlichen Diskursen zu beteiligen oder kommunikativ auszudrücken. Sie betrifft nahezu alle Bereiche des Alltags: die Freizeit und den Beruf, das Private und das Öffentliche sowie jegliche Formen sozialer Interaktion. Heranwachsende sind also längst nicht mehr die einzige Zielgruppe von Medienpädagogik. Der Medienkompetenzerwerb ist eine lebenslange Aufgabe und damit Gegenstand von Bildung und Erziehung in allen Stationen entlang der Bildungskette.

Trotz dieser langen Tradition und umfassenden Bedeutung für die Teilhabe an der Gesellschaft ringt die Medienpädagogik noch immer um eine entsprechende Positionierung innerhalb relevanter Fachdisziplinen und Ausbildungsfelder. Dies drückt sich auch durch die Vielzahl an Terminologien aus, die je nach Kontext und Anwendungsfall variieren. Während *Medienpädagogik* auf eine enge Zugehörigkeit zur Pädagogik respektive Erziehungswissenschaften verweist und alle Theorien bündelt, die sich auf die Rolle von Medien in Erziehung, Bildung und Sozialisation beziehen, soll mit dem Begriff *Medienbildung* der Bezugsrahmen auf Erwachsene geweitet werden, da Bildung nicht auf Kindheit und Jugend zu reduzieren sei (Süss et al. 2018, 2). Da sich damit auch die Verzahnung mit dem Bildungsauftrag von Schulen ausdrücken lässt, birgt der Begriff *Medienbildung* das Risiko, außerschulische Anwendungsgebiete wie Bibliotheken, Jugendeinrichtungen oder Stadtteilzentren aus der Betrachtung auszuklammern. Dementsprechend werden medienkompetenzfördernde Aktivitäten in der bibliothekarischen Vermittlungsarbeit überwiegend unter dem Begriff *Medienpädagogik* gefasst. Diese Zuordnung ist nicht völlig frei von kritischen Stimmen, die eine Kluft zwischen dem didaktisch-pädagogischen Anspruch medienpädagogischer Arbeit und der vermittelnden Praxis in Bibliotheken sehen. Tatsächlich ist festzustellen, dass ein Großteil der bibliothekarischen Mitarbeitenden keinen pädagogischen oder erziehungswissenschaftlichen Hintergrund hat, vor allem deshalb, weil diese Inhalte nicht in allen Studien- und Ausbildungsgängen einen Schwerpunkt darstellen (Stroth/Wildeisen 2023, 6). Dennoch sind besonders Öffentliche Bibliotheken ein medienpädagogisches Handlungsfeld. Gerade in Hinblick auf die Förderung von Medienkompetenz sind sie wichtige Akteurinnen und Orte der Medienpädagogik geworden.

Medienkompetenz als Zielkategorie von Medienpädagogik

Als sich in den 1970er Jahren die handlungsorientierte Medienpädagogik in Abgrenzung zur bewahrpädagogischen Tradition als neue Strömung etablierte, rückte auch die Förderung von Medienkompetenz als Zielkategorie medienpädagogischen Handelns ins Zentrum. Während zuvor noch im Vordergrund gestanden hatte, Kinder und Jugendliche vor potenziellen Schäden in Folge ihrer Mediennutzung zu bewahren, lag der Fokus nun auf dem selbstbestimmten und kompetenten Umgang mit Medien sowie der Vermittlung hierfür erforderlicher Kenntnisse (Süss et al. 2018, 110). Wenngleich sich der Begriff zu dieser Zeit noch nicht herausgebildet hatte, wurde und wird er auch heute als ein Teilbereich der kommunikativen Kompetenz betrachtet, die es dem Individuum ermöglicht, sich mündig und eigenverantwortlich in mediatisierten Umgebungen zu bewegen und sich die Welt mithilfe digitaler Medien aktiv anzueignen (Baacke 1996, 8).

Der kompetente Umgang mit digitalen Medien drückt sich dabei in mehreren Dimensionen aus, die in verschiedenen Kompetenzmodellen festgehalten wurden. Diese unterscheiden sich einerseits in Hinblick auf die zugrunde liegende Definition des Medienbegriffs, anderseits auch in Bezug zu ihrem normativen Anspruch. Grundlage aller Modelle ist das Konzept der vier Dimensionen *Medienkunde, Medienkritik, Mediennutzung* und *Mediengestaltung* nach Baacke (1997), das auch nach mehr als 20 Jahren nicht an Gültigkeit verloren hat und daher in Folge weiter ausgeführt werden soll. Seiner Definition nach umfasst die Medienkompetenz das Wissen über Mediensysteme und Kenntnisse über die Funktionsweisen, Wirkungen und ökonomischen Hintergründe (Medienkunde) sowie die Fähigkeit, sich reflexiv und kritisch mit Medien befassen und deren Inhalte analytisch bewerten zu können (Medienkritik). Darüber hinaus schließt sie auch die Nutzung von Medien für eigene Anliegen und Medienbotschaften ein, ebenso wie den interaktiven Mediengebrauch, der aus den Rezipierenden Produzierende macht (Mediennutzung). Als letzte Dimension bezeichnet Medienkompetenz auch innovative und kreative Aktivitäten in und mit digitalen Medien sowie das aktive Gestalten von eigenen Medienprodukten, die Bestehendes weiterentwickeln und verändern (Mediengestaltung) (Moser 2019, 196).

Medienkompetenz ist folglich Voraussetzung und Bedingung für die Teilhabe an politischen, gesellschaftlichen und kulturellen Debatten und Diskursen. Ohne entsprechende Kompetenzen ist die Partizipation an einer vom digitalen Wandel geprägten

Gesellschaft nicht möglich. Dabei zielen medienpädagogische Aktivitäten nicht nur auf Heranwachsende ab. Sich selbst mit Medien ausdrücken zu können, eigene Medieninhalte zu gestalten und mit anderen auf digitalen Plattformen kommunizieren zu können, ist Bedürfnis und Recht aller Generationen und Altersgruppen. Der Medienkompetenzerwerb ist folglich eine lebenslange Aufgabe, bei der viele Menschen, insbesondere solche, die von Benachteiligung oder Marginalisierung betroffen sind, Unterstützung benötigen.

Die Medienkompetenzförderung ist demnach in nahezu allen formalen und nonformalen Bereichen entlang der Bildungskette zu finden. Die *Medienerziehung* beginnt im Elternhaus und setzt sich im Kindergarten fort, wo erste Berührungspunkte mit digitalen Medien geschaffen werden oder über Medienerlebnisse und -vorbilder gesprochen wird. In der Grundschule lernen Kinder idealerweise Grundlagen der Internetrecherche oder altersgerechte Webseiten kennen und bauen ihre Bedienfähigkeiten aus. In der weiterführenden Schule erweitern sie ihre Kompetenzen bestenfalls um gestalterische und reflektierende Fähigkeiten, erstellen eigene Filme oder Podcasts, analysieren und beurteilen Medieninhalte, unter anderem in Sozialen Netzwerken, Bewegtbildern oder in digitalen Spielwelten. Die *außerschulische Medienbildung* operiert dabei außerhalb formalisierter Strukturen und bietet entsprechend Raum für Projekte und Formate, in denen Kinder und Jugendliche ihr Expertinnen- und Expertenwissen einbringen und spezifischen Interessen tiefergehend nachgehen können. Offene Angebote haben das Potenzial, durch langfristige Beziehungsarbeit nachhaltige medienpädagogische Impulse zu geben. In Ferienworkshops bleibt ausreichend Zeit für umfangreiche Produktionen und Formate wie Nachwuchsfilm- oder Gaming-Festivals, die Heranwachsenden eine Plattform liefern, über die sie sich mit ihren eigenen Medienprodukten zeigen und gesehen werden oder mit anderen in den Austausch treten können. Die non-formale medienpädagogische Praxis findet in Vereinen, Jugend- und Stadtteilkulturzentren und auch in Einrichtungen der kulturellen Bildung und Vermittlung statt. Dazu zählen Museen und Theater, aber auch Bibliotheken.

Medienkompetenzförderung als Aufgabe von Bibliotheken

Bibliotheken sind Orte des Wissens, der Information, der Begegnung. Sie ermöglichen Zugänge zu Kultur, zu vielfältigen Medien- und Wissensträgern und fördern auch als Sozialraum den Austausch und die Teilhabe von Menschen an der digitalen Welt. Damit sind sie für das medienpädagogische Praxisfeld wichtige Akteurinnen sowie starke Partnerinnen von Kindertagesstätten, Schulen sowie Volkshochschulen und Vereinen, die für medienkompetenzfördernde Angebote Kooperationen suchen. In den Leitlinien für die Entwicklung Öffentlicher Bibliotheken wird ihre Rolle bei der Förderung von Informations- und Medienkompetenz demnach besonders hervorgehoben (dbv 2021, 7). Die Bedeutung der bibliothekarischen Bildungs- und Vermittlungsarbeit nimmt stetig zu: Neben die Förderung von Sprach- und Lesekompetenz sind längst auch medienpädagogische Aktivitäten getreten. Dass diese zu den Kernaufgaben von Bibliotheken zählen, hat bereits 2011 der Dachverband Bibliothek & Information Deutschland (BID) in einem Positionspapier festgehalten (BID 2011) und Empfehlungen zur Unterstützung entsprechender Strukturen an Bund, Länder und Kommunen formuliert. Der souveräne Umgang mit Informationen, eine reflektierte Quellenkritik, Kompetenzen in der Bedienung und kreativen Nutzung von digitalen Technologien, aber auch ganz basale Grundlagen, die bei der Orientierung im Internet und auf Sozialen Netzwerken helfen, stehen im Fokus der bibliothekspädagogischen Arbeit.

So ist die Vermittlung von Medien- und Informationskompetenz auch in allen vorliegenden Bibliotheksgesetzen verankert, wobei nicht einmal die Hälfte aller Bundesländer ein eigenes Gesetz verabschiedet hat. Dabei hatte der Deutsche Bundestag in der Diskussion um den Stand und die Perspektive der Gesetzgebung schon 2008 darauf verwiesen, dass mit einem Bibliotheksgesetz mehr Verbindlichkeit in der finanziellen Absicherung, gerade auch von Bibliotheken im ländlichen Raum, geliefert würde (Deutscher Bundestag 2008, 23). Im Diskussionspapier wird auch die Rolle der Bibliotheken bei der Daseinsvorsorge der Bevölkerung betont, zu der sowohl Lese- als auch Medienkompetenz sowie Hilfestellungen zur Orientierung innerhalb der Medienvielfalt gezählt werden (Deutscher Bundestag 2008, 6). Medienbildung ist folglich ein wesentliches Ziel des bibliothekarischen Bildungsauftrags (dbv 2016, 1) und liefert sowohl in Hinblick auf curriculare Rahmenpläne als auch auf die außerschulische und offene Kinder- und Jugendarbeit sowie die Erwachsenenbildung geeignete Voraussetzungen für Bildungspartnerschaften. Die Verbindung zum Unterricht unterstreichen ganz besonders auch Schulbibliotheken, die durch ihre räumliche Nähe zu den Schülerinnen und Schülern dazu beitragen, Wissen und Verständnis über Medien und Informationen zu vermitteln. Zudem verfügen Bibliotheken über ideale Infrastrukturen für das Lebenslange Lernen, in dessen Zentrum auch der Erwerb von Informations- und Medienkompetenz als Schlüsselqualifikationen für das 21. Jahrhundert steht (Schüller-Zwierlein/Stang 2011, 523). Damit positionieren sie sich also vor allem durch die Vermittlung dieser Kompetenzen als Bildungsinstitutionen (Stroth/Wildeisen 2023, 3).

Dies unterstreicht auch die Herausbildung der Bibliothekspädagogik, die als Subdisziplin ähnlich zu anderen Institutionspädagogiken wie der Museums- oder Theaterpädagogik das pädagogische Handeln innerhalb der eigenen Einrichtung beschreibt. Obwohl der Begriff bereits 2005 von Schultka als Konzept in den Diskurs eingeführt wurde, um die vielfältigen Aktivitäten im Bereich der Wissensvermittlung und Kompetenzförderung in Bibliotheken zu bündeln, werden medienpädagogische Tätigkeitsfelder heute in der Regel der Vermittlungsarbeit zugeschrieben. Wenngleich die Medienkompetenzförderung trotz ihrer punktuellen Verankerung nicht durch eine übergeordnete Gesetzgebung für Bibliotheken verpflichtend ist, so gehört sie mittlerweile –

unabhängig ihrer begrifflichen Zuordnung – zu den zentralen Aufgaben der bibliothekarischen Arbeit.

Bibliotheken als Handlungsfeld medienpädagogischer Arbeit

Das Spektrum medienpädagogischer Aktivitäten in Öffentlichen Bibliotheken ist sehr vielfältig und orientiert sich an den verschiedenen Zielgruppen. Im Bereich der frühkindlichen Bildung steht die Sprach- und Leseförderung im Zentrum, bisweilen lassen sich aber auch hier schon medienpädagogische Ansätze finden. Ab dem Grundschul- und vor allem Jugendalter diversifizieren sich dann die Angebote, insbesondere nach solchen, die im Kontext von Rahmenplänen oder in Zusammenarbeit mit Schulen stehen, und jenen, die im außerschulischen Bereich einzelne Jugendliche oder Familien adressieren. So finden einerseits thematische Bibliotheksführungen, Formate zur Lese-, Informations- und Medienkompetenzförderung und auch zu den verschiedenen Schwerpunkten wie Coding, Robotics oder MINT (Mathematik, Informatik, Naturwissenschaften und Technik) statt. Auf der anderen Seite, und hier vor allem im Nachmittagsbereich, an den Wochenenden oder in den Ferien, werden auch Aktivitäten zum Thema Making, Gaming oder zu einzelnen digitalen Geräten und Medien angeboten. Auch Formate für Erwachsene, wie Workshops, Fortbildungen oder Veranstaltungen, die eine oder mehrere Dimensionen der Medienkompetenzförderung verfolgen und zur praktischen Auseinandersetzung, Reflexion von Medieninhalten oder der eigenen Mediennutzung anregen, sind Teil der bibliothekspädagogischen Praxis. Darüber hinaus finden vielerorts besondere Angebote für Menschen im dritten Lebensabschnitt statt, die selbst nicht mit digitalen Medien sozialisiert wurden und Hilfe bei der Nutzung von Geräten oder Orientierung im Internet suchen.

Dabei eignen sich verschiedene Formate und Projektformen für die medienpädagogische Arbeit, zu denen folgende zählen:

- *Workshops und Schulungen* zu verschiedenen Themen, wie zum Beispiel der Nutzung von E-Readern, Tablets oder anderen digitalen Medien. Ziel ist es, dass die Teilnehmenden grundlegende Kenntnisse im Umgang mit digitalen Medien erwerben und dabei ihre Medienkompetenz verbessern.
- *Filmvorführungen*, die im Zusammenhang mit bestimmten Themen wie Literaturverfilmungen oder historischen Ereignissen stehen können. Diese können auch als Anlass für themenbezogene Diskussionen und Austausch dienen.
- *Ausstellungen und Festivals*, die zeitweise die ganze Bibliothek zum Lern- oder Erlebnisort machen, an dem zu einem Thema praktisch mit digitalen Medien experimentiert oder Ergebnisse und Medienprodukte erlebt werden können.

- *Makerspaces,* in denen die Nutzerinnen und Nutzer die Möglichkeit haben, eigene Medienprodukte wie Videos, Podcasts oder Animationen zu erstellen. Im Fokus steht das Produzieren, Bearbeiten und Präsentieren von eigenen Medieninhalten.
- *Trainings und Kurse* zur Förderung von Informations- und Medienkompetenz. Dabei können Themen wie die kritische Bewertung von Informationen, die Identifikation von Fake News oder die Datensicherheit im Internet im Fokus stehen.
- *Gaming-Projekte und digitale Lernspiele,* die auf spielerische Art und Weise den reflektierten und kreativen Umgang mit digitalen Medien vermitteln. Digitale Spiele können dabei analysiert, bewertet oder sogar selbst entwickelt werden.
- *Onlinekurse und E-Learning-Plattformen,* die Nutzerinnen und Nutzer dabei unterstützen, ihre Kompetenzen im souveränen Umgang mit digitalen Medien eigenständig auszubauen. Hierbei können sie flexibel und individuell lernen und sich bedarfsorientiert auf bestimmte Themen konzentrieren.

Bibliotheken bieten in vielerlei Hinsicht gute Bedingungen für die medienpädagogische Praxis. Das breite Spektrum an Medien und Informationsquellen (von Printmedien wie Bücher, Zeitschriften und Zeitungen bis hin zu digitalen Medien wie E-Books, E-Paper und Onlinedatenbanken) liefert zahlreiche Anknüpfungspunkte für Recherchetätigkeiten, die theoretische Wissensaneignung oder die medienpraktische Arbeit. Darüber hinaus schaffen sie Dritte Orte als Raum für Begegnung und Austausch, bieten Zugang zu Bildung und Kultur und ermöglichen Menschen mit unterschiedlichen sozialen Hintergründen und unabhängig ihrer Teilhabevoraussetzungen, die Vielfalt der Medien zu erleben und notwendige Kompetenzen für einen selbstbestimmten Umgang zu erwerben.

Um Bibliotheken als Orte der Medienbildung zu stärken, gründete der Deutsche Bibliotheksverband 2019 das *Netzwerk Bibliothek Medienbildung* und stellt über die Projektwebseite (dbv 2023) umfangreiche Materialien und Informationen zur Planung und Umsetzung medienpädagogischer Angebote bereit. Ziel des Projekts ist es, Bibliotheksmitarbeitende zu unterstützen, eigene Vorhaben zu realisieren und so ihr Knowhow in Bezug auf die Förderung von Medienkompetenz auszubauen und an Multiplikatorinnen und Multiplikatoren an Kindertagesstätten, Schulen und Volkshochschulen weiterzugeben. Bis 2025 liegt der Schwerpunkt auf kleineren Bibliotheken im ländlichen Raum, die durch das Projekt die Möglichkeit erhalten, Medienkompetenzprojekte mit Erzieherinnen und Erziehern sowie Lehrkräften umzusetzen und Kooperationen in diesem Bereich zu professionalisieren.

Die Vernetzung von Bibliotheksmitarbeitenden, die in ihrer Einrichtung medienpädagogisch aktiv sind, ist auch Schwerpunkt der 2021 ins Leben gerufenen Fachgruppe *Medienpädagogik in Bibliotheken* bei der *Gesellschaft für Medienpädagogik und Kommunikationskultur (GMK),* dem Dachverband medienpädagogischer Akteurinnen und Akteure (GMK 2023). Bei den regelmäßigen Treffen oder in Workshops im Rahmen themenbezogener Tagungen wie dem GMK-Forum steht der Austausch, aber auch die Professionalisierung medienpädagogischer Praxis in Bibliotheken, vor allem in Hinblick auf pädagogische Grundlagen, im Fokus. Aber auch praktische Fragestellungen, beispielsweise zur Erstellung von Stellenausschreibungen mit medienpädagogischem Fokus oder zur Finanzierung von Medienkompetenzprojekten, werden thematisiert.

Bibliotheken, die selbst keine oder kaum ausreichende Mittel für die Vermittlungsarbeit oder medienpädagogische Aktivitäten haben, können einen Antrag bei einem entsprechenden Projektfonds stellen. Neben zahlreichen Förderprogrammen, die auf die Förderung von Medienkompetenz für Kinder und Jugendliche abzielen, gibt es auch bibliotheksspezifische Finanzierungsformen. Das Programm *Gemeinsam Digital. Kreativ mit Medien* des Deutschen Bibliotheksverband und *Stärker mit Games* sind hier als Beispiele zu nennen. Sie richten sich an Kinder und Jugendliche bis achtzehn Jahren – besonders solche, die teilhabebenachteiligt sind – und fördern die Bildung von lokalen Bündnissen mit Kooperationspartnerinnen und -partnern im Sozialraum.

Fazit

Die Medienkompetenzförderung nimmt eine bedeutende Rolle in der bibliothekspädagogischen Arbeit ein. Das Angebotsspektrum ist vielfältig und adressiert die unterschiedlichen Zielgruppen durch verschiedene Formate. Bibliotheken sind dabei qua Bildungsauftrag selbst Ausrichterinnen medienpädagogischer Aktivitäten – sie konzipieren und setzen diese im Rahmen ihrer Vermittlungsarbeit um, zum Beispiel in Form von Bibliotheksführungen, Ferienworkshops oder Beratungen, und ermöglichen so die Teilhabe an Kultur und Gesellschaft. Sie sind aber auch wichtige Partnerinnen für Akteurinnen und Akteure der Medienpädagogik, die als Externe Projekte innerhalb der Einrichtungen anbieten und durchführen. Daraus ergibt sich ein gewisses Spannungsfeld, denn nicht nur an die gelungene medienpädagogische Praxis, sondern auch an medienpädagogisch Handelnde sind bildungspolitisch, aber vor allem auch berufspraktisch, teils sehr hohe Erwartungen geknüpft (Hugger 2021, 90). Die Ausdifferenzierungstendenz medienpädagogischer Praxisfelder hat auch eine Diversifizierung der Berufsfelder zur Folge. Wenn Medienkompetenz zur Schlüsselqualifikation erklärt wird, hat dies weitreichende Folgen für alle Bildungsinstanzen. Wo Medienkompetenzförderung in den Bildungsauftrag aufgenommen wird, braucht es folglich auch medienpädagogisch kompetente Vermittlerinnen und Vermittler. Dafür sind medienpädagogische Inhalte in entsprechenden Studiengängen und bibliothekarischer Ausbildung unerlässlich, aber auch Fortbildungs- und Vernetzungsstrukturen sowie Freiraum in der Angebotsplanung und -umsetzung für Bibliotheksmitarbeitende, die sich auf diesem Feld qualifizieren möchten. Viele Bibliotheken setzen in ihren Stellenausschreibungen bereits auf didaktisch-pädagogische Kompetenzen – der Bedarf an Medienpädagogik scheint also groß zu sein.

Literatur

Baacke, D. (1996): Medienkompetenz. Begrifflichkeit und sozialer Wandel. In: A. von Rein (Hrsg.): *Medienkompetenz als Schlüsselbegriff*. Bad Heilbrunn: Klinkhardt, 112–124.

Baacke, D. (1997): *Medienpädagogik. Reihe Grundlagen der Medienkommunikation*. Tübingen: Niemeyer.

dbv – Deutscher Bibliotheksverband (2016): *Bibliotheken vermitteln Schlüsselqualifikationen für die digitale Gesellschaft. Stellungnahme des Deutschen Bibliotheksverbandes (dbv) zum KMK-Strategiepapier „Bildung in der digitalen Welt“*. Berlin. https://www.bibliotheksverband.de/sites/default/files/2020-11/2016_07_15_dbv_Stellungnahme_KMK_Strategie_digitale_Bildung.pdf.

dbv – Deutscher Bibliotheksverband (2021): *Öffentliche Bibliothek 2025. Leitlinien für die Entwicklung der Öffentlichen Bibliotheken*. Berlin. https://www.bibliotheksverband.de/sites/default/files/2021-06/Positionspapier%20%C3%96ffentliche%20Bibliotheken%202025.pdf.

dbv – Deutscher Bibliotheksverband (2023): *Netzwerk Bibliothek Medienbildung*. https://netzwerk-bibliothek.de/.

Deutscher Bundestag (2008): *Bibliotheksgesetzgebung in Deutschland. Stand und Perspektiven*. Berlin. https://www.bundestag.de/resource/blob/413680/012daf219211325cf0bd1a00bc710b2f/WD-10-078-08-pdf-data.pdf.

GMK – Gesellschaft für Medienpädagogik und Kommunikationskultur (2023): *Medienpädagogik in Bibliotheken*. Bielefeld. https://www.gmk-net.de/ueber-die-gmk/lf-fachgruppe/medienpaedagogik-in-bibliotheken/.

Hugger, K.-U. (2021): Professionalität und Professionalisierung im Handlungsfeld Medienpädagogik. In: J. Dinkellaker; K.-U. Hugger; T.-S. Idel; A. Schütz; S. Thünemann: *Professionalität und Professionalisierung in pädagogischen Handlungsfeldern. Schule, Medienpädagogik, Erwachsenenbildung*. Stuttgart: utb, 83–140.

Moser, H.; Sesink, W.; Meister, D. M.; Hipfl, B.; Hug, T. (2008): *Jahrbuch Medienpädagogik 7. Medien. Pädagogik. Politik*. Wiesbaden: VS Verlag für Sozialwissenschaften.

Moser, H. (2019): *Einführung in die Medienpädagogik. Aufwachsen im digitalen Zeitalter*. Wiesbaden: Springer VS.

Schüller-Zwierlein, A.; Stang, R. (2011): Bibliotheken als Supportstrukturen für Lebenslanges Lernen. In: R. Tippelt; A. von Hippel (Hrsg.): *Handbuch Erwachsenenbildung/Weiterbildung*. 5. Aufl. Wiesbaden: Springer VS, 515–526.

Schultka, H. (2005): Informationsvermittlung. Bibliothekspädagogik. *Bibliotheksdienst* 39/11, 1462–1488. https://doi.org/10.1515/bd.2005.39.11.1462.

Stroth, M.; Wildeisen, S. (2023): Auf dem Weg einer neuen Bibliothekspädagogik. *API Magazin* 4/1. https://doi.org/10.15460/apimagazin.2023.4.1.134.

Süss, D.; Lampert, C.; Wijnen, C. W. (2018): *Medienpädagogik. Ein Studienbuch zur Einführung*. Wiesbaden: Springer VS.

Literatur

Yvonne Kammerer

Textverstehen

Einleitung

Ob beim Lesen eines Science-Fiction-Romans oder von Sach- und Fachliteratur, Nachrichtenartikeln, Webseiten, E-Mails oder Beiträgen in Sozialen Netzwerken – Texte sind im privaten, (hoch)schulischen und beruflichen Alltag allgegenwärtig. Laut einer aktuellen repräsentativen Umfrage der ARD/ZDF-Projektgruppe „Medien und ihr Publikum“ (Hess/Müller 2022) mit rund 2.000 Befragten ab 14 Jahren verbringen die Menschen in Deutschland durchschnittlich 70 Minuten pro Tag mit dem Lesen von (gedruckten oder digitalen) Texten. Nach Richter und Schnotz (2018) ist ein Text „ein Kommunikationsinstrument, mit dem ein Autor [bzw. eine Autorin] einem Leser [bzw. einer Leserin] eine Mitteilung über einen Sachverhalt macht“ (Richter/Schnotz 2018, 826). In der Literatur werden üblicherweise zwei große Textgenres unterschieden: Sachtexte (expositorische Texte), in denen es um die Vermittlung bestimmter Informationen und die Erklärung bestimmter Sachverhalte geht, und literarische oder erzählende (narrative) Texte, die eine Abfolge von Handlungen oder Ereignissen darstellen (Graesser et al. 1997; Kintsch 1994). Des Weiteren kann zwischen dem Lesen von analogen, das heißt auf Papier gedruckten Texten, und dem Lesen von digitalen, das heißt am Bildschirm präsentierten Texten, unterschieden werden (Mangen/Van der Wheel 2016). Letzteres spielt in unserem Alltag eine immer zentralere Rolle. So gaben in derselben ARD/ZDF-Studie (Hess/Müller 2022) im Jahr 2022 knapp 75 Prozent der Befragten an, mindestens einmal pro Woche Artikel auf Webseiten, in Apps oder in Sozialen Medien zu lesen. 56 Prozent der Befragten berichteten, mindestens einmal pro Woche gedruckte Zeitungen oder Zeitschriften zu lesen; bezüglich gedruckter Bücher waren es 41 Prozent. 15 Prozent gaben an, mindestens einmal pro Woche E-Books zu lesen, was einem Anstieg von fünf Prozent gegenüber dem Vorjahr entspricht (Hess/Müller 2022). Neben dem Lesen einzelner Texte spielt insbesondere beim Lesen digitaler Texte auch das Lesen mehrerer Texte zu einem Thema eine Rolle – beispielsweise bei der Recherche im Internet (Richter/Schnotz 2018).

Im vorliegenden Beitrag wird aus kognitionspsychologischer Perspektive betrachtet, welche kognitiven Prozesse am Textverstehen beteiligt sind, und welchen Einfluss das Lesemedium (Papier oder Bildschirm) auf das resultierende Textverständnis hat. Darüber hinaus wird auf die zusätzlichen Anforderungen eingegangen, die sich beim Lesen mehrerer Texte zu einem Thema ergeben.

https://doi.org/10.1515/9783111032030-015

Kognitive Prozesse des Textverstehens

Psychologische Modelle des Textverstehens gehen davon aus, dass das Textverständnis aus der Interaktion zwischen Textmerkmalen und der kognitiven Struktur der lesenden Person, das heißt ihrem Vorwissen, ihren Zielsetzungen und Erwartungen, resultiert (Christmann 2006). Dies impliziert, dass Leserinnen und Leser eines Textes keine Bedeutungen aus dem Text „entnehmen", sondern diese Bedeutungen unter Rückgriff auf ihr Vorwissen anhand des Textes selbst konstruieren. Entsprechend kann das resultierende Konstruktionsergebnis, das heißt das Textverständnis, je nach Eigenschaften der Leserinnen und Leser variieren (Schnotz 2006).

Eines der einflussreichsten kognitionspsychologischen Modelle des Textverstehens ist das Construction-Integration-Modell von Kintsch (1988, 1998, 2018; für einen Überblick über weitere Modelle siehe McNamara/Magliano 2009; Richter/Schnotz 2018). Nach dem Construction-Integration-Modell läuft der Textverstehensprozess in Zyklen von Konstruktions- und Integrationsphasen ab. In der Konstruktionsphase wird beim Lesen eines Satzes oder Satzteils auf Basis des Textinhalts und durch die Aktivierung von Vorwissen zunächst ein unstrukturiertes und möglicherweise widersprüchliches Netzwerk von Propositionen (d. h. Bedeutungseinheiten) gebildet. In der Integrationsphase werden dann durch einen Prozess der Aktivierungsausbreitung (engl. *spreading activation*) diejenigen Propositionen verstärkt, die die meisten Verbindungen zu anderen Propositionen aus dem Text und zum Vorwissen der lesenden Person aufweisen, das heißt die kontextuell kohärent sind. Sie werden durch Schlussfolgerungen ergänzt und in eine kohärente Gesamtstruktur integriert. Propositionen, die nicht gut in den Kontext passen, werden dagegen unterdrückt. Auf diese Weise entsteht eine mentale Repräsentation des Textes beziehungsweise des zugrunde liegenden Sachverhalts, die mit jedem neuen Satz aktualisiert wird (Kintsch 2018).

Im Construction-Integration-Modell werden folgende drei Repräsentationsebenen unterschieden: die Textoberfläche (auch Oberflächenstruktur oder Oberflächengedächtnis genannt), die Textbasis und das Situationsmodell (McNamara/Magliano 2009; Richter/Schnotz 2018). Richter und Schnotz (2018) beschreiben die drei Repräsentationsebenen folgendermaßen: Die Textoberfläche ist die Repräsentation des exakten Wortlauts des Textes und seiner syntaktischen Struktur. Da hier noch kein Verstehen stattfindet, wird diese Repräsentationsebene in der Literatur zum Teil nicht erwähnt. Die Textbasis repräsentiert die im Text explizit enthaltenen semantischen Aussagen in Form von Propositionen (d. h. die im Text ausgedrückten Bedeutungseinheiten) und deren Beziehungen untereinander. Das Situationsmodell ist eine ganzheitliche mentale Repräsentation der im Text beschriebenen Sachverhalte, Ereignisse und Handlungen (d. h. der Situation), die durch eigenes Vorwissen und eigene Schlussfolgerungen (Inferenzprozesse) angereichert ist. Somit geht das Situationsmodell über die im Text explizit genannten Inhalte hinaus. Während die Repräsentationsebene der Textbasis ein rudimentäres Textverständnis ermöglicht, ist für ein vertieftes Verständnis und für ein längerfristiges Behalten der Inhalte der Aufbau eines Situationsmodells erforderlich (Richter/Schnotz 2018). Zur empirischen Erfassung der Textbasis werden üblicherweise Textverstehensaufgaben eingesetzt, die darauf abzielen, im Text explizit genannte Ideen, Fakten und Details in eigenen Worten wiederzugeben oder wiederzuerkennen. Zur Erfassung des Situationsmodells werden hingegen Textverstehensaufgaben eingesetzt, die sich auf die Bedeutung des Sachverhalts beziehen und auf ein schlussfolgerndes Verständnis abzielen. Solche Aufgaben erfordern typischerweise das Herstellen von Zusammenhängen zwischen Informationen innerhalb des Textes und zwischen dem Text und dem eigenen Hintergrundwissen oder das Übertragen von Textinhalten auf eine neue Situation (McNamara et al. 1996).

Das Construction-Integration-Modell verdeutlicht, dass das vorhandene Vorwissen der Leserinnen und Leser in Bezug auf die im Text behandelten Inhalte (bzw. in Bezug auf die allgemeine Wissensdomäne, die der Text adressiert) eine wesentliche Rolle für das Textverständnis spielt. Dies wurde in den letzten vier Jahrzehnten auch durch zahlreiche Studien bestätigt (für einen Überblick siehe Cervetti/Wright 2020). Dabei ist die Beziehung zwischen Vorwissen und Textverstehen wechselseitig: Die veränderte Wissensstruktur, die sich aus der Integration von Informationen aus dem Text und dem eigenen Vorwissen ergibt, dient wiederum als Vorwissen für nachfolgende Verstehensprozesse – sei es innerhalb desselben Textes oder beim Lesen anderer Texte (Cervetti/Wright 2020). Daneben trägt auch die allgemeine Lesekompetenz der Leserinnen und Leser wesentlich zum Textverständnis bei (O'Reilly/McNamara 2007; Schmitz 2016). Darüber hinaus können sich Leserinnen und Leser (abhängig von ihren kognitiven Voraussetzungen, aber auch je nach Situation und Aufgabe) in ihren Kohärenzstandards unterscheiden, das heißt in ihren eigenen Ansprüchen an die Qualität der mentalen Repräsentation, die sie erreichen wollen (van den Broek et al. 2011). Im Falle eines niedrigen Kohärenzstandards begnügt sich die lesende Person möglicherweise mit einem oberflächlichen oder sogar unvollständigen Verständnis des Textes. Im Falle eines hohen Kohärenzstandards ist die lesende Person eher bestrebt, eigene Schlussfolgerungen zu ziehen, um den Text auf einer tieferen Ebene zu verstehen und eventuelle Verständnisprobleme zu lösen (van den Broek et al. 2011).

Neben Merkmalen auf Seiten der lesenden Person können auch Textmerkmale wie zum Beispiel die Textkohäsion – das heißt, wie explizit und strukturiert Inhalte in einem Text adressiert werden und wie explizit aufeinanderfolgende Sätze oder auch weiter auseinanderliegende Textpassagen aufeinander Bezug nehmen – das Textverständnis beeinflussen (O'Reilly/McNamara 2007). Insbesondere für den Aufbau eines Situationsmodells scheint in den meisten Fällen eine hohe Textkohäsion von Vorteil zu sein (O'Reilly/McNamara 2007; Schmitz 2016). Als weiterer Einflussfaktor auf das Textverständnis wurde unter bestimmten Randbedingungen das Lesemedium identifiziert, wie im Folgenden näher erläutert wird.

Der Einfluss des Lesemediums auf das Textverständnis und diesbezügliche Randbedingungen

In den letzten Jahren wurden mehrere Metaanalysen zum Einfluss des Lesemediums (Papier vs. Bildschirm) auf das Textverständnis durchgeführt (Clinton 2019; Delgado et al. 2018; Kong et al. 2018; Schwabe et al. 2022). Während die Metaanalysen von Clinton (2019; 33 Studien), Delgado et al. (2018; 54 Studien) und Kong et al. (2018; 17 Studien) sowohl Studien zum Lesen narrativer als auch expositorischer Texte berücksichtigten, analysierten Schwabe et al. (2022; 32 Studien) ausschließlich Studien zum Lesen narrativer Texte. Alle vier Metaanalysen berücksichtigen Studien mit Stichproben unterschiedlicher Altersgruppen (Grundschule, weiterführende Schulen, Studierende und andere Erwachsene). Insgesamt liefern die genannten Metaanalysen miteinander übereinstimmende Ergebnisse.

Im Folgenden werden insbesondere die Ergebnisse der Metaanalyse von Delgado et al. (2018) dargestellt, die mit insgesamt 54 berücksichtigten Studien (aus den Jahren 2000 bis 2017) die bisher umfangreichste ist. Anders als Schwabe et al. (2022) berücksichtigten Delgado et al. (2018) nur Studien, in denen die Texte in gedruckter und digitaler Form vergleichbar dargestellt wurden. Studien, in denen in der digitalen Textversion Hyperlinks oder andere digitale Zusatzinformationen (z. B. multimediale Elemente, digitale Wörterbücher) präsentiert wurden, wurden aus Gründen mangelnder Vergleichbarkeit nicht berücksichtigt. Als Gesamtergebnis zeigte sich, dass das papierbasierte Lesen zu einem statistisch signifikant besseren Textverständnis führte als das bildschirmbasierte Lesen (d. h. das Lesen am PC- oder Laptop-Bildschirm oder auf einem mobilen Endgerät). Dieser Effekt wurde von Delgado et al. (2018, 34) als *„screen inferiority effect“* (Bildschirmunterlegenheitseffekt) bezeichnet. Zum gleichen Ergebnis kamen auch die beiden Metaanalysen von Clinton (2019) und Kong et al. (2018).

Delgado et al. (2018) analysierten jedoch auch potenziell moderierende Faktoren, das heißt Randbedingungen, die das Auftreten des Bildschirmunterlegenheitseffekts begünstigen beziehungsweise abschwächen oder kompensieren. Während der Bildschirmunterlegenheitseffekt unabhängig vom Alter der Lesenden, von der Textlänge (mehr oder weniger als 1.000 Wörter), von der Art des erfassten Textverständnisses (Textbasis oder Situationsmodell) und von der Art der Testsituation (mit oder ohne Möglichkeit, bei der Beantwortung der Textverstehensaufgaben auf den gelesenen Text zurückzugreifen) bestand, wurden das Textgenre (expositorischer oder narrativer Text) und die verfügbare Lesezeit (mit oder ohne Zeitdruck) als zwei signifikante moderierende Faktoren identifiziert. Bezüglich des Textgenres zeigte sich der Bildschirmunterlegenheitseffekt nur für das Lesen expositorischer Texte (oder einer Mischung aus expositorischen und narrativen Texten), wohingegen das Lesen narrativer Texte am Bildschirm im Vergleich zum papierbasierten Lesen nicht zu einem schlechteren Textverständnis führte. Clinton (2019) und Schwabe et al. (2022) kamen in ihren

Metaanalysen zum gleichen Ergebnis. Ein ähnliches Ergebnismuster zeigte sich für den Faktor Zeitdruck. Der Bildschirmunterlegenheitseffekt zeigte sich nur für Lesesituationen, in denen die Lesezeit zeitlich begrenzt war, sodass die Lesenden unter Zeitdruck standen. Ohne Zeitdruck hingegen führte das Lesen am Bildschirm nicht zu einem signifikant schlechteren Textverständnis als das Lesen auf Papier.

Mögliche Erklärungen

Als eine mögliche Erklärung für den Bildschirmunterlegenheitseffekt beim Lesen expositorischer Texte beziehungsweise beim Lesen unter Zeitdruck führen Delgado et al. (2018) die *Shallowing*-Hypothese an (Annisette/Lafreniere 2017). Der *Shallowing*-Hypothese zufolge haben Lesende aufgrund der vielen schnellen und oberflächlichen Interaktionen, die sie üblicherweise am Bildschirm, genauer gesagt im Internet und in Sozialen Medien, ausführen, Schwierigkeiten damit, komplexe Texte konzentriert und verständnisorientiert zu lesen (Delgado et al. 2018). In einer Umfrage von Baron et al. (2017) mit insgesamt 429 Studierenden aus den USA, Deutschland, Japan und der Slowakei waren über 90 Prozent der Studierenden der Meinung, dass sie sich beim Lesen auf Papier besser konzentrieren können als beim Lesen am Bildschirm. Zwei Drittel der Studierenden gaben zudem an, dass sie beim digitalen Lesen zumindest manchmal (konkret: manchmal oder häufig) *Multitasking* betreiben, das heißt nebenbei weitere Tätigkeiten ausführen oder zwischen verschiedenen Tätigkeiten hin- und herwechseln. Bezüglich des Lesens auf Papier berichteten nur rund 40 Prozent, dass dies zumindest manchmal der Fall sei. Bei Studierenden aus den USA und aus Deutschland war dieser Unterschied zwischen bildschirm- und papierbasiertem Lesen sogar noch ausgeprägter. Während diese Ergebnisse auf Selbstauskünften beruhen, zeigte eine Studie von Delgado et al. (2021), dass Lesende beim papierbasierten Lesen eines langen expositorischen Textes unter Zeitdruck im Vergleich zu einer Lesesituation ohne Zeitdruck auf die erhöhten kognitiven Anforderungen mit weniger Gedankenabschweifungen während des Lesens reagierten. Beim bildschirmbasierten Lesen gelang dies den Lesenden hingegen nicht, was sich auch in einem schlechteren Textverständnis niederschlug.

Ein möglicher Grund für das Ausbleiben des Bildschirmunterlegenheitseffekts bei narrativen Texten ist, dass narrative Texte im Vergleich zu expositorischen Texten leichter zu verstehen sind und weniger inhaltsspezifisches Vorwissen erfordern (Delgado et al. 2018; Schwabe et al. 2022), wie auch eine aktuelle Metaanalyse von Mar et al. (2021) zeigt. Zudem kommt es bei narrativen Texten eher dazu, dass Lesende in die Geschichte eintauchen und entsprechend vertieft lesen (Hartung et al. 2017). Aus diesen Gründen sollte unkonzentriertes oder flüchtiges Lesen bei narrativen Texten zu weniger Verständnisproblemen führen beziehungsweise unkonzentriertes oder flüchtiges Lesen gar nicht erst auftreten (Schwabe et al. 2022).

Die Metaanalyse von Schwabe et al. (2022), in der ausschließlich Studien mit narrativen Texten berücksichtigt wurden, ergab darüber hinaus, dass das bildschirmbasierte Lesen unter bestimmten Umständen sogar zu einem besseren Textverständnis führt als das Lesen auf Papier, nämlich dann, wenn beim Lesen am Bildschirm digitale beziehungsweise interaktive Zusatzfunktionen wie zum Beispiel ein digitales Glossar oder multimediale Elemente (z. B. Audio- oder Videomaterial) genutzt werden können, die auf Papier so nicht realisierbar sind.

Neben dem Potenzial, das zusätzliche interaktive Funktionen bieten, bergen sie jedoch auch die Gefahr der Ablenkung oder kognitiven Überforderung (DeStefano/LeFevre 2007). In den Text eingebettete Hyperlinks, wie sie beispielsweise in Wikipedia-Artikeln zu finden sind, ermöglichen den Lesenden den Zugriff auf zusätzliche Informationen, die über den Haupttext hinausgehen. Gleichzeitig unterbricht die Navigation zu einem verlinkten Artikel jedoch das Lesen des eigentlichen Textes und kann somit den Aufbau eines Situationsmodells erschweren (DeStefano/LeFevre 2007). Außerdem müssen Leserinnen und Leser ständig Entscheidungen treffen, ob sie einem Link folgen oder im aktuellen Text weiterlesen wollen, was den Lesefluss ebenfalls unterbricht und zusätzliche kognitive Ressourcen erfordert (DeStefano/LeFevre 2007).

Textverstehen beim Lesen mehrerer Texte

Während sich die bisher vorgestellten Modelle und Befunde zum Textverstehen auf das Lesen einzelner Texte beziehen, geht es insbesondere beim Lesen digitaler Texte – zum Beispiel bei der Internetrecherche zu einem kontroversen Thema – häufig darum, mehrere Texte zu einem Thema zu lesen und zu verstehen. Denn ein einzelner Text (bzw. eine einzelne Webseite) deckt ein komplexes Thema selten vollständig ab (Britt/Rouet 2012).

Das Lesen und Verstehen mehrerer Texte stellt jedoch zusätzliche Anforderungen an die Lesenden (Britt/Rouet 2012). Die Inhalte der verschiedenen Texte müssen miteinander verglichen und zueinander in Beziehung gesetzt werden. Zudem müssen mögliche Widersprüche oder konfligierende Positionen zwischen den Texten erkannt werden. Darüber hinaus ist es wichtig, die Quelleninformationen der Texte zu berücksichtigen, insbesondere, wenn Widersprüche zwischen den Texten bestehen. Die Theorie der Repräsentation multipler Dokumente (auch *Documents Model Framework* genannt) von Britt et al. (Britt et al. 1999; Britt/Rouet 2012), die auf dem Construction-Integration-Modell aufbaut, postuliert daher, dass beim Lesen mehrerer Texte zu einem Thema neben der Repräsentation jedes einzelnen Textes idealerweise zwei weitere Repräsentationsebenen aufgebaut werden: das Situationenmodell (auch integriertes mentales Modell genannt) und das Intertextmodell. Zusammen bilden diese beiden Komponenten die mentale Repräsentation des Dokumentenmodells. Das Situationenmodell enthält nach Britt und Rouet (2012) die Situationsmodelle der einzelnen Texte in integrierter Form. Dabei kann es sich sowohl um Inhalte handeln, die nur in einem einzelnen Text vorkommen, als auch um Inhalte, die in mehreren Texten adressiert werden. Das Intertextmodell enthält Quelleninformationen wie zum Beispiel Informationen über die Instanz, die den Text verfasst oder bereitgestellt hat, über die Textsorte oder über das Veröffentlichungsdatum. Neben objektiven Metadaten (z. B. der Name der Herausgeberin bzw. des Herausgebers oder der Autorin bzw. des Autors oder das Veröffentlichungsdatum) kann es sich hierbei auch um bewertende Informationen, wie die wahrgenommene Expertise oder Vertrauenswürdigkeit der Quelle oder die Aktualität des Textes, handeln (Britt/Rouet 2012). Diese Quelleninformationen werden im Intertextmodell zudem mit den Inhalten verknüpft („Welche Quelle sagt was?“), was wiederum eine Gewichtung der Inhalte hinsichtlich ihrer wahrgenommenen Glaubwürdigkeit ermöglicht (Britt/Rouet 2012). Darüber hinaus wird die Beziehung zwischen den Quellen repräsentiert, das heißt, welche Quellen in Bezug auf bestimmte Inhalte miteinander übereinstimmen, sich ergänzen oder im Widerspruch zueinander stehen (Britt/Rouet 2012).

Sowohl die Integration von Inhalten aus mehreren Texten als auch die Berücksichtigung von Quelleninformationen stellen für Leserinnen und Leser jedoch häufig eine Herausforderung dar. Daher werden beim Lesen mehrerer Texte oftmals auch weniger ideale mentale Repräsentationen aufgebaut, wie zum Beispiel eine separate Repräsentation der einzelnen Texte oder eine integrierte Repräsentation der Inhalte mehrerer Texte, jedoch ohne Berücksichtigung von Quelleninformationen (Britt et al. 1999; List et al. 2019). Wie beim Lesen einzelner Texte spielt auch bei der Integration von Inhalten aus verschiedenen Texten sowie bei der Berücksichtigung von Quelleninformationen das inhaltliche Vorwissen der Leserinnen und Leser eine entscheidende Rolle (wobei der Zusammenhang für das Integrieren stärker ist als für die Berücksichtigung von Quelleninformationen), wie eine aktuelle Metaanalyse mit insgesamt 24 Studien zeigt (Choukalas 2020).

Des Weiteren wurden in den letzten Jahren Maßnahmen zur Förderung eines kompetenten, verständnisorientierten Umgangs mit mehreren Texten entwickelt und hinsichtlich ihrer Wirksamkeit empirisch untersucht (für einen Überblick siehe Philipp 2018). Wirksame Maßnahmen sind beispielsweise Aufforderungen oder Anleitungen, die die Leserinnen und Leser dazu anregen oder dabei unterstützen, bestimmte Integrations- oder Quellenbewertungsaktivitäten durchzuführen, zum Beispiel durch das Beantworten entsprechender Fragen oder das Erstellen oder Ausfüllen einer graphischen Darstellung der Inhalte (z. B. in Form einer Tabelle oder *Concept Map*). Ob diese Maßnahmen allerdings auch nachhaltig und langfristig wirksam sind (wenn keine Fragen mehr beantwortet oder keine graphischen Darstellungen mehr erstellt werden müssen), gilt es zukünftig weiter zu untersuchen.

Fazit

Textverstehen ist ein aktiver Prozess der Bedeutungskonstruktion durch die Lesenden. Daher ist es wichtig, dass Leserinnen und Leser ihr Vorwissen (d. h. ihre Wissensbestände, Erfahrungen oder Vorstellungen zum jeweiligen Thema) aktivieren und während des Lesens Verbindungen zum eigenen Hintergrundwissen herstellen und Schlussfolgerungen aus dem Gelesenen ziehen (zur zentralen Rolle des Vorwissens für Verstehens- und Lernprozesse siehe Krause/Stark 2006). Insbesondere beim Lesen am Bildschirm ist es zudem wichtig, sowohl Zeitdruck als auch Ablenkungen möglichst zu vermeiden und konzentriert und verständnisorientiert zu lesen. Beim Lesen im Internet und in sozialen Medien stellen sich angesichts der zunehmenden Informationsflut und der Gefahr, Fehlinformationen zu erhalten, weitere Anforderungen, wie das Beachten und Bewerten von Quelleninformationen, das Erkennen widersprüchlicher Informationen sowie die Integration von Inhalten aus mehreren Texten. Um den alten und neuen Herausforderungen beim Lesen von Texten gerecht zu werden, ist die gezielte Vermittlung beziehungsweise Förderung entsprechender kognitiver und metakognitiver Strategien von zentraler Bedeutung.

Literatur

Annisette, L. E.; Lafreniere, K. D. (2017): Social media, texting, and personality. A test of the shallowing hypothesis. *Personality and Individual Differences* 115, 154–158.

Baron, N. S.; Calixte, R. M.; Havewala, M. (2017): The persistence of print among university students. An exploratory study. *Telematics and Informatics* 34/5, 590–604.

Britt, M. A.; Perfetti, C. A.; Sandak, R.; Rouet, J.-F. (1999): Content integration and source separation in learning from multiple texts. In: S. R. Goldman; A. C. Graesser; P. van den Broek (Hrsg.): *Narrative comprehension, causality, and coherence. Essays in honor of Tom Trabasso*. Mahwah, NJ: Lawrence Erlbaum Associates, 209–233.

Britt, M. A.; Rouet, J.-F. (2012): Learning with multiple documents. Component skills and their acquisition. In: J. R. Kirby; M. J. Lawson (Hrsg.): *Enhancing the quality of learning. Dispositions, instruction, and learning processes*. New York, NY: Cambridge University Press, 276–314.

Cervetti, G. N.; Wright, T. S. (2020): The role of knowledge in understanding and learning from text. In: E. Birr Moje; P. P. Afflerbach; P. Enciso; N. K. Lesaux (Hrsg.): *Handbook of reading research. Volume V*. New York, NY: Routledge, 237–260.

Choukalas, S. J. (2020): The role of prior knowledge in multiple text comprehension. A meta-analysis. *Electronic Theses and Dissertations*. 2119. https://digitalcommons.memphis.edu/etd/2119

Christmann, U. (2006): Textverstehen. In: J. Funke; P. A. Frensch (Hrsg.): *Handwörterbuch Allgemeine Psychologie. Kognition*. Göttingen: Hogrefe, 612–620

Clinton, V. (2019): Reading from paper compared to screens. A systematic review and meta-analysis. *Journal of Research in Reading* 42, 288–325.

Delgado, P.; Vargas, C.; Ackerman, R.; Salmerón, L. (2018): Don't throw away your printed books. A meta-analysis on the effects of reading media on reading comprehension. *Educational Research Review* 25, 23–38.

DeStefano, D.; LeFevre, J. (2007): Cognitive load in hypertext reading. A review. *Computers in Human Behavior* 23, 1616–1641.

Graesser, A. C.; Millis, K. K.; Zwaan, R. A. (1997): Discourse comprehension. *Annual Review of Psychology* 48, 163–189.

Hess, C.; Müller, T. (2022): Aktuelle Ergebnisse der repräsentativen Langzeitstudie ARD/ZDF-Massenkommunikation Trends 2022. Mediennutzung im Intermediavergleich. *Media Perspektiven* 9, 414–424.

Kintsch, W. (1988): The role of knowledge in discourse comprehension: A constructive-integration model. *Psychological Review* 95, 163–182.

Kintsch, W. (1994): Kognitionspsychologische Modelle des Textverstehens. Literarische Texte. In: K. Reusser; M. Reusser-Weyeneth (Hrsg.): *Verstehen. Psychologischer Prozess und didaktische Aufgabe*. Bern: Huber, 39–53.

Kintsch, W. (1998): *Comprehension. A paradigm for cognition*. Cambridge, MA: Cambridge.

Kintsch, W. (2018): Revisiting the construction-integration model of text comprehension and its implications for instruction. In: D. E. Alvermann; N. J. Unrau; M. Sailors; R. B. Ruddell (Hrsg.): *Theoretical models and processes of literacy*. 7. Aufl. New York, NY: Routledge, 178–203.

Krause, U.-M.; Stark, R. (2006): Vorwissen aktivieren. In: H. Mandl; H. F. Friedrich (Hrsg.): *Handbuch Lernstrategien*. Göttingen: Hogrefe, 38–49.

Kong, Y.; Seo, Y. S.; Zhai, L. (2018): Comparison of reading performance on screen and on paper. A meta-analysis. *Computers & Education* 123, 138–149.

List, A.; Campos Oaxaca, G. S.; Lee, E.; Du, H.; Lee, H. Y. (2021): Examining perceptions, selections, and products in undergraduates' learning from multiple resources. *British Journal of Educational Psychology* 91/4, 1555–1584.

Mangen, A.; Van der Weel, A. (2016): The evolution of reading in the age of digitisation. An integrative framework for reading research. *Literacy* 50/3, 116–124.

Mar, R. A.; Li, J.; Nguyen, A. T.; Ta, C. P. (2021): Memory and comprehension of narrative versus expository texts: A meta-analysis. *Psychonomic Bulletin & Review* 28, 732–749.

McNamara, D. S.; Kintsch, E.; Songer, N. B.; Kintsch, W. (1996): Are good texts always better? Interactions of text coherence, background knowledge, and levels of understanding in learning from text. *Cognition and Instruction* 14/1, 1–43.

McNamara, D. S.; Magliano, J. (2009): Toward a comprehensive model of comprehension. *The Psychology of Learning and Motivation. Advancces in Research and Theory* 55, 297–384.

O'Reilly, T.; McNamara, D. S. (2007): Reversing the reverse cohesion effect. Good texts can be better for strategic, high-knowledge readers. *Discourse Processes* 43/2, 121–152.

Philipp, M. (2018): *Lesekompetenz bei multiplen Texten. Grundlagen, Prozesse, Didaktik*. Tübingen: Francke.

Richter, T.; Schnotz, W. (2018): Textverstehen. In: S. Buch; D. Rost; J. Sparfeldt (Hrsg.): *Handwörterbuch Pädagogische Psychologie*. 4. Aufl. Weinheim: Beltz, 826–837.

Schmitz, A. (2016): *Verständlichkeit von Sachtexten. Wirkung der globalen Textkohäsion auf das Textverständnis von Schülern*. Wiesbaden: Springer VS.

Schnotz, W. (2006): Was geschieht im Kopf des Lesers? Mentale Konstruktionsprozesse beim Textverstehen aus der Sicht der Psychologie und der kognitiven Linguistik. In: H. Blühdorn; E. Breindl; U. H. Waßner (Hrsg.): *Text – Verstehen. Grammatik und darüber hinaus*. Berlin: De Gruyter, 222–238.

Schwabe, A.; Lind, F.; Kosch, L.; Boomgaarden, H. G. (2022): No negative effects of reading on screen on comprehension of narrative texts compared to print. A meta-analysis. *Media Psychology* 25/6, 779–796.

Van den Broek, P.; Bohn-Gettler, C. M.; Kendeou, P.; Carlson, S.; White, M. J. (2011): When a reader meets a text. The role of standards of coherence in reading comprehension. In: M. T. McCrudden; J. P. Magliano; G. Schraw (Hrsg.): *Text relevance and learning from text*. Greenwich, CT: Information Age, 123–139.

Björn Fisseler

Universelles Design für eine inklusive Bibliothekspädagogik

Einleitung

Nicht zuletzt in der COVID-19-Pandemie hat sich gezeigt, an wie vielen Bereichen der (digitalen) Bildung marginalisierte Menschen nicht teilhaben können. Das gilt auch für die Angebote der Bibliothekspädagogik wie beispielsweise zur Informationskompetenz, zur Data Literacy oder zur Schreibberatung. Für Menschen mit gesundheitlichen Beeinträchtigungen stellen Bibliotheken häufig spezialisierte Angebote bereit, die sich beispielsweise direkt an blinde Nutzende wenden und bei der Literaturrecherche und -beschaffung unterstützen. Solche individuellen Angebote helfen den adressierten Zielgruppen, sind aber nur begrenzt verfügbar und lassen sich schlecht skalieren.

Mit den Konzepten des Universellen Designs (UD) und einer digital barrierefreien Gestaltung können bibliothekspädagogische Angebote für alle Menschen zugänglich und nutzbar gestaltet werden. Der Beitrag stellt die Grundlagen der digitalen Barrierefreiheit und verschiedene Varianten des UD in der Bildung vor. Die Gemeinsamkeiten und Differenzen werden herausgearbeitet und Beispiele aus der Bibliothekspädagogik zeigen die Umsetzungsmöglichkeiten auf.

Digitale Barrierefreiheit

Für Öffentliche Bibliotheken als sogenannte öffentliche Stellen gilt der Anwendungsbereich der EU-Richtlinie 2016/2102 (Europäische Union 2016). Damit müssen digitale Angebote der Bibliotheken, wie Webseiten, dort hinterlegte Dokumente, Software und digitale Verwaltungsabläufe barrierefrei sein. Auch digital beziehungsweise online vorgehaltene bibliothekspädagogische Angebote müssen barrierefrei sein. Zwar gewährt die EU-Richtlinie 2016/2102 (Europäische Union 2016) Übergangsfristen, diese sind aber bereits mit der letzten Übergangsfrist für mobile Anwendungen vom 23.06.2021 verstrichen. Damit sind Bibliotheken gehalten, die von ihnen bereitgestellten digitalen Angebote für alle Menschen in der allgemein üblichen Weise, ohne besondere Erschwernis und grundsätzlich ohne fremde Hilfe auffindbar, zugänglich und nutzbar zu gestalten, wie es der § 4 des Behindertengleichstellungsgesetzes (BGG) fordert.

Die technischen Kriterien und gestalterischen Anforderungen der digitalen Barrierefreiheit werden in Deutschland in der Barrierefreien Informationstechnik-Ver-

https://doi.org/10.1515/9783111032030-016

ordnung (BITV) festgelegt, die es auf Bundes- und Landesebene gibt. Meist verweisen diese auf die harmonisierte EU-Norm 301 549 (EU/ETSI 2022), die zu weiten Teilen auf die Web Content Accessibility Guidelines (W3C 2023) (WCAG) der Web Accessibility Initiative (WAI) verweist. Stand Frühjahr 2024 ist dies die im Oktober 2023 veröffentlichte WCAG 2.2, wobei auch schon ein Entwurf für die WCAG 3.0 bereitsteht. Die Anforderungen an digitale Barrierefreiheit werden fortlaufend weiterentwickelt und berücksichtigen so neue gesellschaftliche und technische Entwicklungen. Vier POUR-Prinzipien bilden die Grundlage der digitalen Barrierefreiheit:

- *Perceivable – wahrnehmbar*: Inhalte und alle Elemente der Bedienoberfläche müssen so darstellbar sein, dass alle Nutzenden sie wahrnehmen können. Das bedeutet, dass auch Menschen mit einer Sinnesbeeinträchtigung alle Informationen gleichermaßen wahrnehmen können.
- *Operable – bedienbar*: Alle Elemente der Bedienoberfläche und die Navigation innerhalb des digitalen Angebots müssen für alle Nutzenden bedienbar sein. Es sollte nicht eine bestimmte Form der Bedienung, zum Beispiel per Maus, vorausgesetzt werden.
- *Understandable – verständlich*: Inhalte und die Nutzung der Bedienoberfläche müssen verständlich sein. Alle Nutzenden müssen dazu in der Lage sein, sowohl die Inhalte als auch den Aufbau und die Nutzung der Bedienoberfläche zu verstehen.
- *Robust*: Die Inhalte müssen technisch robust genug sein, damit sie mit einer Vielzahl an Endgeräten und Software, darunter auch assistiven Technologien wie beispielsweise Bildschirmleseprogrammen, Vergrößerungssoftware oder alternativen Eingabegeräten, funktionieren. Die Inhalte müssen auch mit älterer oder neuester Technologie zugänglich bleiben.

Werden diese vier zentralen Prinzipien nicht beachtet, können Menschen mit gesundheitlichen Beeinträchtigungen die digitalen (Web-)Inhalte nicht nutzen. Das betrifft auch digitale bibliothekspädagogische Angebote; werden diese nicht digital barrierefrei gestaltet, bleiben Nutzende mit gesundheitlichen Beeinträchtigungen auf individuelle Lösungen und die Unterstützung von Bibliotheksmitarbeitenden angewiesen. Von einer barrierefreien Gestaltung profitieren aber nicht nur Menschen mit gesundheitlichen Beeinträchtigungen, sondern auch vorübergehend oder situativ beeinträchtigte Nutzende. Beispielsweise helfen Videos mit Untertiteln nicht nur hörbeeinträchtigten Menschen, sondern auch Menschen in geräuschsensiblen Umgebungen wie einer Bibliothek, in welcher der Ton nicht eingeschaltet werden kann.

Universelles Design

Im Unterschied zur WCAG, deren Erfolgskriterien und Prüfpunkte explizit die Bedarfe von Menschen mit gesundheitlichen Beeinträchtigungen adressieren, geht es beim *Universal Design* (UD, auf Deutsch: Universelles Design) und seinen Prinzipien nicht ausschließlich um Behinderung. UD war als eine Art Gegenentwurf zu gesetzlichen Vorgaben und regulatorischen Standards gedacht, um Architekturschaffenden und Produktgestaltenden mehr Freiheiten und eine größere gestalterische Flexibilität zu geben (Fisseler 2020). Dazu hat 1997 eine Gruppe von Fachleuten unter der Leitung von Ron Mace die sieben Prinzipien des UD formuliert (Story et al. 1998, 32). Mit diesen sieben Prinzipien sollen Produkte, Gebäude und bauliche Infrastruktur entstehen, die von allen Menschen so weit wie möglich genutzt werden können, ohne dass eine Anpassung oder ein besonderes Design erforderlich sind. Abgesenkte Bordsteinkanten an Straßenüberwegen, die sogenannten *curb cuts*, sind ein bekanntes Beispiel. Historisch sind diese zwar zeitlich weit vor dem Konzept des UD entstanden, veranschaulichen aber gut, dass alle Menschen von einem Universellen Design profitieren. Denn ein abgesenkter Bordstein hilft nicht nur Menschen im Rollstuhl oder mobilitätsbeeinträchtigten Personen, sondern beispielsweise profitieren auch Eltern, die einen Kinderwagen schieben.

Die Idee von UD in der Bildung wurde zuerst von Bowe (Bowe 2000) skizziert. Er übernimmt die sieben Prinzipien des UD und wendet sie auf den Bildungsbereich an. Seitdem wurden eine ganze Reihe an weiteren UD-basierten Konzepten für den Bildungsbereich entwickelt. Diese unterscheiden sich darin, dass sie entweder

- die sieben Prinzipien des UD übernehmen und auf den Bildungsbereich anwenden,
- die sieben Prinzipien um zusätzliche Prinzipien erweitern oder
- vollständig neue Prinzipien entwickeln (Burgstahler 2015).

Besonders populär ist das Universal Design for Learning (UDL; Rose/Meyer 2002), auch deshalb, weil es in den USA in Gesetze und Verordnungen zum Bildungsbereich aufgenommen wurde. In der internationalen Literatur zur Bibliothekspädagogik wird außerdem das Universal Design for Instruction (UDI; McGuire et al. 2003) häufig genannt. Zusätzlich wird im folgenden Abschnitt neben diesen beiden Konzepten noch das relativ neue Universal Design in Higher Education (UDHE; Burgstahler 2020) vorgestellt, das UD und digitale Barrierefreiheit miteinander verbindet.

Universal Design for Instruction

Universal Design for Instruction (UDI) wurde am Center on Postsecondary Education and Disability der University of Connecticut entwickelt (McGuire et al. 2003). Bei einer ausführlichen Literaturrecherche für einen Projektantrag Ende der 1990er Jahre haben die Autorinnen und Autoren festgestellt, dass es zu dem Zeitpunkt noch wenig Literatur zum Einsatz von UD im Bildungsbereich gab. Daraufhin entwickelten sie das Konzept des UDI, das die sieben Prinzipien des UD aufgreift und um zwei Prinzipien ergänzt.

1. *Equitable use – breite Nutzbarkeit*: Bildungsangebote sollen für alle Menschen nutzbar und zugänglich sein; wenn möglich identisch, mindestens aber gleichwertig.
2. *Flexibility in use – Flexibilität der Benutzung*: Bildungsangebote sollen ein breites Spektrum individueller Fähigkeiten berücksichtigen und dabei methodische Wahlmöglichkeiten bieten.
3. *Simple and intuitive – einfach und intuitiv*: Aufgaben und Instruktionen sind klar und vorhersagbar gestaltet, unabhängig von der individuellen Vorerfahrung, Sprachkenntnissen oder aktueller Konzentrationsfähigkeit der Lernenden.
4. *Perceptible information – sensorisch wahrnehmbare Information*: Inhalte und Aktivitäten werden so dargeboten, dass sie unabhängig von den Umgebungsbedingungen oder den sensorischen Fähigkeiten effektiv vermittelt werden.
5. *Tolerance for error – Fehlertoleranz*: Die Aufgabenstellungen berücksichtigen das individuelle Lerntempo und die unterschiedlichen Vorkenntnisse.
6. *Low physical effort – geringer körperlicher Aufwand*: Körperliche Anstrengungen werden auf ein Minimum reduziert, sofern sie nicht zu den Lernzielen gehören.
7. *Size and space for approach and use – Größe und Platz für Zugang und Benutzung*: Bildungsangebote können unabhängig von den körperlichen Möglichkeiten wahrgenommen werden und es steht angemessener Platz zur Verfügung.
8. *A community of learners – Lerngemeinschaft*: Das Bildungsangebot fördert die Interaktion und Kommunikation zwischen allen Beteiligten.
9. *Instructional climate – Lernklima*: Das Bildungsangebot ist einladend und integrativ gestaltet, es stellt hohe Erwartungen an alle Lernenden (McGuire et al. 2003, 11).

Das UDI-Konzept basiert auf der Prämisse, dass Lehren und Lernen für alle Lernenden so effektiv wie möglich gestaltet werden soll, ohne akademische Standards und Erwartungen zu reduzieren oder Lernende auszuschließen. Ein integrativer Ansatz, der alle Lernenden teilhaben lässt, ist individualisierten Einzelfalllösungen vorzuziehen, denn es geht um die Berücksichtigung von Vielfalt und Diversität als Normalität (McGuire et al. 2003). Um das zu erreichen, sollen die UDI-Prinzipien bei der Planung von Lehrveranstaltungen und der Gestaltung einzelner Lehr-/Lernaspekte genutzt werden.

Universal Design for Learning

Meyer und Rose entwickelten das Konzept des Universal Design for Learning (UDL; Meyer et al. 2014; Rose/Meyer 2002) in den 1990er Jahren am Center for Applied Special Technology (CAST). Der erste zentrale Aspekt des UDL ist die Idee, dass Lernende sich in ihren Präferenzen, ihren Fertigkeiten und Fähigkeiten individuell unterscheiden. Oft sind aber Lern- und Bildungsangebote am vermeintlichen Durchschnitt ausgerichtet; Rose und Meyer bezeichnen diese fiktive Person als „average learner", den es in dieser Form nicht gibt. Mittels UDL kann die Variabilität der Lernenden bei der Gestaltung von Bildungsangeboten berücksichtigt werden. Der zweite zentrale Aspekt war die Beobachtung, dass Technologie und insbesondere digitale Technologie das Lehren und Lernen verändern und bereichern. Rose und Meyer wollten daher digitale Technologien als Werkzeug und Hilfsmittel nutzen, um der Variabilität der Lernenden gerecht zu werden. Die Umsetzung dieser beiden zentralen Aspekte des UDL erfolgt entlang von drei Prinzipien, die in neun Richtlinien ausdifferenziert werden. Weitere Prüfpunkte, die detaillierte Vorschläge zur Umsetzung der jeweiligen Richtlinie machen, ergänzen jede der neun Richtlinien.

- *Provide multiple means of engagement*: Hier geht es um das „Warum" des Lernens, die motivationale Ebene. Lernenden werden unterschiedliche Möglichkeiten geboten, um Interesse, Zielorientierung, Motivation und Selbstregulation zu entwickeln. Sie sollen dazu in der Lage sein, ihr eigenes Lernverhalten im Hinblick auf die gesetzten Ziele zu steuern. Dazu bekommen die Lernenden beispielsweise Wahlmöglichkeiten angeboten, ihnen werden die Lernziele transparent gemacht oder sie haben die Möglichkeit, ihren Lernfortschritt selbst zu überprüfen.
- *Provide multiple means of representation*: Dieses Prinzip adressiert das „Was" des Lernens, die inhaltliche Ebene. Dazu bekommen Lernende die Lerninhalte in verschiedenen Formaten dargeboten, die auch barrierefrei sind, mit inhaltlicher Unterstützung, um das Erfassen und die Sinnentnahme zu fördern, sowie verschiedene Angebote zur Förderung des Verständnisses.
- *Provide multiple means of action and expression*: Beim dritten Prinzip geht es um das „Wie" des Lernens. Die Lernenden sollten verschiedene Handlungsoptionen und vor allem Lernmaterialien bekommen, mit denen alle Lernenden umgehen und arbeiten können, auch wenn die Lernenden Assistive Technologien nutzen. Digitale Werkzeuge unterstützen die Lernenden individuell bei der Ideenentwicklung und beim Lernen. Die exekutiven Funktionen der Lernenden werden auf verschiedene Arten angesprochen, damit die Lernenden individuell die kognitiven Verarbeitungsprozesse beim Lernen steuern können. (Meyer et al. 2014, 4)

Im Unterschied zu den Prüfpunkten der WCAG müssen die UDL-Prüfpunkte nicht alle zwingend erfüllt sein. UDL ist kein Standard oder eine Norm, sondern eine Art Blaupause oder Reflexionshilfe für Lehrende und alle anderen Personen, die Lernangebote gestalten. Die UDL-Richtlinien helfen bei der Planung und Gestaltung von Lernangeboten und weisen auf zu berücksichtigende Aspekte hin. Die Prüfpunkte zu den einzelnen Richtlinien bieten Anregungen zur konkreten Umsetzung, bei der digitale Technologien eine zentrale Rolle spielen.

Oft stellen Lehrende, die zum ersten Mal von UDL hören, fest, dass sie einige Aspekte der Richtlinien schon umsetzen. Andere wiederum fühlen sich von den vielen Richtlinien und Prüfpunkten überwältigt und wissen nicht, wie sie das alles berücksichtigen und aufgreifen sollen. Es geht aber nicht darum, hinter jeden UDL-Prüfpunkt „einen Haken zu setzen". UDL ist ein Hilfsmittel und Werkzeug, um mittel- und langfristig die eigenen Lehr- und Lernangebote zu überprüfen und zu überarbeiten, damit diese für alle Lernenden zugänglich, bedeutsam und herausfordernd sind. Die Prüfpunkte der Richtlinien können und sollen passend zum eigenen Lehrangebot ausgewählt werden, damit Barrieren abgebaut sowie Inklusion und Teilhabe gefördert werden.

UD und Barrierefreiheit verbinden: Universal Design in Higher Education

Es gibt viele verschiedene Konzepte, welche die Grundidee des Universal Design in den Bildungsbereich übertragen. Das Konzept des Universal Design in Higher Education (UDHE) von Burgstahler (2020) ist eine der jüngsten Ergänzungen. UDHE kombiniert die sieben Prinzipien des UD mit den drei Prinzipien des UDL sowie den WCAG zu einem Konzept, welches den gesamten Hochschulbereich abdecken soll. Burgstahlers Ziel ist die inklusive Hochschule, bei der neben den Lehr-/Lernangeboten auch Dienstleitungen und Services, die gesamte Informationstechnologie sowie Gebäude und bauliche Infrastruktur für alle Mitglieder gleichermaßen zugänglich und nutzbar ist. Dabei soll UDHE als Prozess verstanden werden, der unter Umständen mehrfach durchlaufen wird. Zunächst wird das Problem identifiziert und nach erfolgreichen Praxisbeispielen recherchiert, die nicht zwangsläufig bereits inklusiv sein müssen. Anschließend werden unter Berücksichtigung der Diversität der potenziellen Nutzenden geeignete UDHE-Prinzipien ausgewählt, die bei der Umsetzung angewendet werden sollen. Nach der Umsetzung wird das Ergebnis evaluiert und bei Bedarf nachgesteuert.

Inklusive Bibliothekspädagogik

Dass eine Umsetzung digitaler Barrierefreiheit und eine inklusive didaktische Gestaltung bibliothekspädagogischer Angebote realistisch ist, zeigen Beispiele insbesondere aus den USA. Zahlreiche Artikel aus der einschlägigen Literatur stellen Beispiele vor, zeigen aber auch die Herausforderungen einer inklusiven Bibliothekspädagogik auf.

So beschreiben viele Autorinnen und Autoren, wie bibliothekspädagogische Angebote mit Hilfe von UDL und UDI zugänglich gestaltet werden können (Pionke/Rutledge 2021; Moorefield-Lang et al. 2016; Kavanagh Webb/Hoover 2015). Den größten Vorteil sehen sie dabei darin, dass UD-basierte Angebote von Anfang an zugänglich sind und nicht nachträglich und mit großem Aufwand umgearbeitet werden müssen. Bislang müssen beispielsweise Bibliotheksnutzende mit gesundheitlichen Beeinträchtigungen um Unterstützung bitten oder nach speziell für sie gestalteten Angeboten fragen. Werden aber die Angebote gemäß den Prinzipen des UDL, des UDI und der Anforderungen WCAG barrierefrei gestaltet, reduziert das den Bedarf an solchen Sonder- oder Einzellösungen oder macht sie sogar vollständig überflüssig (Pionke/Rutledge 2021, 162). Das gelingt aber nur, wenn bei der Gestaltung bibliothekspädagogischer Angebote proaktiv die Bedarfe von Nutzenden mit unterschiedlichsten funktionalen Fähigkeiten und Fertigkeiten berücksichtigt werden. Die Autorinnen schließen den Beitrag mit einer kurzen Checkliste, mit der Bibliotheksmitarbeitende ihre eigenen Angebote überprüfen und überarbeiten können (Pionke/Rutledge 2021, 163–164).

Während der COVID-19-Pandemie mussten viele bibliothekspädagogische Angebote auf ein Onlineformat umgestellt werden. Eine barrierefreie und inklusive Gestaltung ermöglicht es allen Lernenden, auch unter solchen Bedingungen an Angeboten zur Literaturrecherche, Informationskompetenz oder Schreibberatung teilzuhaben (Hays/Handler 2020). Gleichzeitig wird dabei auch deutlich, dass Bibliotheksmitarbeitende mehr über digitale Barrierefreiheit, UDI und UDL wissen müssen. Lewitzky und Weaver (2021) beschreiben ein Projekt, bei dem ein barrierefreies Onlinetraining zu eben diesen Themen für Mitarbeitende von Bibliotheken gestaltet wurde. So lernten die Mitarbeitenden, wie sie webbasierte Tutorials und digitale Selbstlernangebote zugänglich und inklusiv gestalten können.

Wie bibliothekspädagogische Angebote inklusiv gestaltet werden können, beschreibt auch Whitver (2020) anhand zahlreicher Beispiele und betont, dass es darum gehe, den Bedarf an individuellen Nachteilsausgleichen und nachträglichen Anpassungen zu reduzieren. Sie zeigt auf, wie die Prinzipien des UDL dabei helfen, Wahlmöglichkeiten bei Aktivitäten und Aufgaben zu schaffen und sich Studierende dadurch zwischen verschiedenen Alternativen entscheiden können. Zugleich hebt Whitver (2020) hervor, dass aus ihrer Sicht bei UDL nicht zwingend digitale Technologien eingesetzt werden sollten, denn für einige Studierende könnten Computer und Software zusätzliche Hürden bedeuten. Der Fokus solle vielmehr darauf liegen, die Studierenden aktiv bei der Gestaltung bibliothekspädagogischer Angebote einzubinden, damit individuelle Vorlieben und Wünsche berücksichtigt werden können. Zugleich sei es aber herausfordernd, wirklich universelle Angebote zu gestalten; es bleibe immer ein Restbedarf an individuellen Lösungen.

Aber wie können digitale Barrierefreiheit und Konzepte des UDL, UDI und UDHE in Angebote einer Bibliothek integriert werden? Eine Möglichkeit besteht darin, vorhandene Angebote zu überarbeiten. Diese Variante ist sicherlich die aufwendigste, denn bereits existierende Inhalte müssen gesichtet, auf mögliche Barrieren überprüft und anschließend überarbeitet werden. Das erfordert einen großen Aufwand sowie viele Ressourcen, über welche die wenigsten Bibliotheken verfügen dürften. Besser wäre es, die Angebote der eigenen Bibliothek regelmäßig zu überprüfen und dann barrierefrei und inklusiv zu gestalten, wenn sie überarbeitet oder neu erstellt werden. Mitarbeitende der George Mason University Libraries haben dazu im Rahmen einer nutzendenzentrierten Überarbeitung ihrer bibliothekspädagogischen Angebote auch die Nutzenden der Bibliothek eingebunden (Linsinbigler et al. 2021). Ausgangspunkt war die Beobachtung, dass auf den Seiten der Mason Libraries mit den Jahren zahlreiche Tutorials angesammelt wurden, die teilweise selbst erstellt, teilweise von anderen Bibliotheken übernommen worden waren, deren Zusammenstellung und Gestaltung aber vollständig ohne Beteiligung der Nutzenden, das heißt von den Studierenden und Lehrenden der Hochschule, erfolgt war. In einem mehrstufigen Prozess haben Linsinbigler et al. (2021) die Tutorials gesichtet und mittels Nutzendenbeteiligung überarbeitet. Dabei wurden die Tutorials auch barrierefrei und gemäß den Prinzipien des UDL gestaltet.

Fazit

Der vorliegende Beitrag zeigt die Chancen und Möglichkeiten einer Bibliothekspädagogik auf, die digital barrierefrei und didaktisch inklusiv gestaltet ist. Die Anforderungen, die damit auf Mitarbeitende zukommen, scheinen zunächst gewaltig. Sollen alle vorhandenen Angebote auf einmal inklusiv gestaltet werden, wäre damit wohl jede Bibliothek überfordert. Umso wichtiger ist es, einen Anfang zu machen und sich mit Verbündeten zusammenzutun (King et al. 2020). Gerade an Hochschulen gibt es zahlreiche Personen und Einrichtungen, die beispielsweise bei Fragen zu Studierenden mit gesundheitlichen Beeinträchtigungen oder auch bei (hochschul-)didaktischen Überlegungen helfen und unterstützen können. Und vielleicht finden sich in der örtlichen Informatik-Fakultät oder dem Rechenzentrum Ansprechpersonen, die sich mit digitaler Barrierefreiheit auskennen. Gerade bei der Umsetzung digitaler Barrierefreiheit ist es wichtig, sich Unterstützung zu suchen und mit Gleichgesinnten auszutauschen.

Die konkrete Umsetzung kann beispielsweise damit beginnen, zunächst einmal die eigenen Angebote zu sichten. Grundlage vieler Selbstlernangebote und interaktiver Tutorials ist Text, der um Inhalte wie Audio, Video oder Bilder ergänzt wird. Hier kann als Erstes auf eine digital barrierefreie Gestaltung geachtet werden. Bei komplexeren und interaktiven Angeboten ist der Aufwand größer, da Videos untertitelt oder Audioinhalte transkribiert werden müssen. Mittlerweile gibt es recht gute KI-basierte Werkzeuge, die bei der Umwandlung von gesprochener Sprache in Text unterstützen. Dennoch sollte dabei ein Mensch letztendlich Korrektur lesen und die Untertitel und Transkripte freigeben. Es kann die Arbeit ungemein erleichtern, hier Fachpersonen vor Ort einzubinden. Die UD-basierten Konzepte helfen, den Blick für Barrieren zu schärfen. Als Reflexionshilfe können aus den Prinzipien und Richtlinien Vorschläge für eine inklusive Gestaltung von Lernaktivitäten abgeleitet werden. Bei einer iterativen Überarbeitung der Angebote können nach und nach zusätzliche Prinzipien und Richtlinien berücksichtigt werden. Werden dann noch Studierende oder andere Bibliotheksnutzende an der Überarbeitung bibliothekspädagogischer Angebote beteiligt, indem ihre Vorschläge und Rückmeldungen einfließen, unterstützt dies eine inklusive Bibliothekspädagogik zusätzlich.

Literatur

Bowe, F. (2000): *Universal Design in Education. Teaching Nontraditional Students*. Westport, CT: Bergin & Garvey.

Burgstahler, S. (2015): *Universal Design in Higher Education: From Principles to Practice*. 2nd ed. Cambridge: Harvard Education Press.

Burgstahler, S. (2020): *Creating Inclusive Learning Opportunities in Higher Education. A Universal Design Toolkit*. Cambridge: Harvard Education Press.

EU/ETSI (2022): *EN 301 549. Accessibility Requierements for ICT Products and Services. ETSI*.https://www.etsi.org/deliver/etsi_en/301500_301599/301549/03.02.01_60/en_301549v030201p.pdf.

Europäische Union (2016): *Richtlinie (EU) 2016/2102 über den barrierefreien Zugang zu den Websites und mobilen Anwendungen öffentlicher Stellen*. https://eur-lex.europa.eu/DE/legal-content/summary/accessibility-of-public-sector-websites-and-mobile-apps.html.

Fisseler, B. (2020): Inklusive Digitalisierung, Universal Design for Learning und Assistive Technologie. *Sonderpädagogische Förderung heute* 65/1, 9–20.

Hays, L.; Handler, K. (2020): Good Design Is Universal. Using Universal Design Principles to Promote Self-Regulated Learning in Learning Management Systems When Teaching Information Literacy. *Journal of Library & Information Services in Distance Learning* 14/2, 127–140.

Kavanagh Webb, K.; Hoover, J. (2015): Universal Design for Learning (UDL) in the Academic Library. A Methodology for Mapping Multiple Means of Representation in Library Tutorials. *College & Research Libraries* 76/4, 537–553.

King, L.; Burgstahler, S.; Fisseler, B.; Kaspi-Tsahor, D. (2020): New Perspectives on Stakeholders: Who Needs to Step Up to the Plate and How? In: J. Seale (Hrsg.): *Improving Accessible Digital Practices in Higher Education Challenges and New Practices for Inclusion*. Cham: Palgrave Macmillan, 73–97.

Lewitzky, R.; Weaver, K. (2021): Developing Universal Design for Learning Asynchronous Training in an Academic Library. *Partnership: The Canadian Journal of Library and Information Practice and Research* 16/2, 1–18.

Linsinbigler, V.; Lowder, C.; Mattson, J.; Murphy-Lang, A.; LoPresto, S. (2021): User-Centered Design of a Library Tutorials Page. A Solution to Digital Hoarding. *Journal of Library & Information Services in Distance Learning* 15:2, 142–156.

McGuire, J. M.; Scott, S. S.; Shaw, S. F. (2003): Universal Design for Instruction. The Paradigm, Its Principles, and Products for Enhancing Instructional Access. *Journal on Postsecondary Education and Disability* 17/1, 11–21.

Meyer, A.; Rose, D. H.; Gordon, D. (2014): *Universal Design for Learning. Theory and Practice*. Wakefield: CAST Professional Publishing.

Moorefield-Lang, H.; Copeland, C. A.; Haynes, A. (2016): Accessing Abilities. Creating Innovative Accessible Online Learning Environments and Putting Quality into Practice. *Education for Information* 32/1, 27–33.

Pionke, J. J.; Rutledge, L. (2021): Information Literacy and Instruction. Using Universal Design for Instruction to Make Library Instruction Accessible. *Reference & User Services Quarterly* 59/3/4, 161–164.

Rose, D. H.; Meyer, A. (2002): *Teaching Every Student in the Digital Age. Universal Design for Learning*. Alexandria: Association for Supervision and Curriculum Development.

Story, M. F.; Mueller, J. L.; Mace, R. L. (1998): *The Universal Design File. Designing for People of All Ages and Abilities*. Raleigh: NC State University.

W3C (2023): *Web Content Accessibility Guidelines (WCAG) 2.2. W3C*. https://www.w3.org/TR/WCAG22/.

Whitver, S. M. (2020): Accessible Library Instruction in Practice. *portal: Libraries and the Academy* 20/2, 381–398.

Isa Jahnke, Matthew Schmidt, Andrew Tawfik und Yvonne Earnshaw

Methoden für Learning Experience Design

Einleitung

Lehrende und Lernende sind zunehmend auf digitale Tools oder Systeme angewiesen, um Lernen zu ermöglichen. Allerdings nutzen Lehrende und Lernende die Technologie oft auf andere Weise, als es die Entwicklerinnen und Entwickler ursprünglich beabsichtigt hatten (Straub 2017). So kann es beispielsweise für Lehrende schwierig sein, herauszufinden, wie sie das Lernen der Studierenden in ihrem Lernmanagementsystem (LMS) bewerten können oder ob sie besser ein anderes Tool verwenden sollten. Oder sie verbringen Zeit damit, Umgehungslösungen für die Verwaltung von Lehrveranstaltungen zu finden, weil das LMS einen bestimmten pädagogischen Ansatz oder eine bestimmte Lernstrategie nicht direkt unterstützt. Aus Sicht der Lernenden können Schwierigkeiten bei der Navigation oder beim Auffinden von Details zu Assignments oder Aufgaben zu Frustration oder sogar zu verpassten Aufgaben führen. Wenn ein technisches System oder dessen Benutzeroberfläche nicht einfach zu bedienen ist, neigen Nutzende dazu, alternative Wege zu entwickeln, um eine Aufgabe zu erledigen und ein Lernziel zu erreichen. Im Bereich der Human-Computer Interaction (HCI, Mensch-Computer-Interaktion) ist seit langem bekannt, dass solche Anpassungen und Improvisationen das Ergebnis von Designfehlern sind (Orlikowski 1996; Grudin 1988). Dies passiert, wenn das Softwareentwicklungs- oder Lerndesignteam die Nutzenden (in diesem Fall die Lernenden) im Designprozess nicht ausreichend berücksichtigt hat. Dies gilt auch für den Bereich von Lerndesign und Lerntechnologien (bzw. Learning/Instructional Design and Technologies, LIDT) und kann Barrieren für effektive Angebote schaffen (Jou et al. 2016; Rodríguez et al. 2017).

Die Grundsätze der Human-Computer Interaction und des benutzerzentrierten Designs (bzw. User-Centered Design, UCD) haben Auswirkungen auf die Gestaltung von Lernerfahrungen in digitalen Umgebungen. Während sich das Feld der LIDT historisch auf Theorien konzentriert hat, die das Lerndesign leiten (z. B. Scaffolding, soziokulturelle Theorie), wurde weniger Wert auf das Design von Lerntechnologien aus der Sicht von HCI und UCD gelegt (Okumuş et al. 2016). Zunehmend werden User Experience-Methoden und Usability-Forschung als besonders nützlich für die Unterstützung positiver oder einprägsamer Lernerfahrungen anerkannt (Schmidt et al. 2023a).

Learning Experience Design

Learning Experience Design (LXD) ist eine relativ neue Entwicklung (einen Überblick geben Schmidt et al. 2020). LXD wird definiert als „a human-centric, theoretically-

https://doi.org/10.1515/9783111032030-017

grounded, and socio-culturally sensitive approach to learning design, intended to propel learners towards identified learning goals, and informed by user experience methods" (Schmidt/Huang 2022, 151). LXD befasst sich mit den Interaktionen der Lernenden mit der Lernumgebung, im Lernraum sowie mit sozialen Interaktionen die digital vermittelt sind (Tawfik et al. 2022). Wichtig ist, dass der Begriff LXD nicht suggeriert, dass das Lernen oder die Erfahrungen selbst gestaltet oder konstruiert werden können, sondern dass die Lernmöglichkeiten so gestaltet werden, dass positive Lernerfahrungen (memorable experiences) gemacht werden können. Die Praxis und die Theorien zu LXD deuten darauf hin, dass es sich um ein multidimensionales Konstrukt handelt, das Aspekte der individuellen Lernerfahrungen in drei verschiedenen Dimensionen berücksichtigt (siehe Abbildung 1):

- die *technologische* Dimension, die die Interaktion zwischen Lernenden und dem technischen System oder einer bestimmten Lerntechnologie umfasst;
- die *pädagogisch-didaktische* Dimension, die die Interaktion der Lernenden mit den entworfenen Materialien, Anweisungen, Aktivitäten, Bewertungen usw. umfasst;
- die *soziokulturelle* Dimension, die digital vermittelte soziale Beziehungen, digitale Kommunikation und soziale Onlinepräsenz oder digital vermittelte Präsenz umfasst (Jahnke et al. 2020; Marell-Olsson/Jahnke 2019).

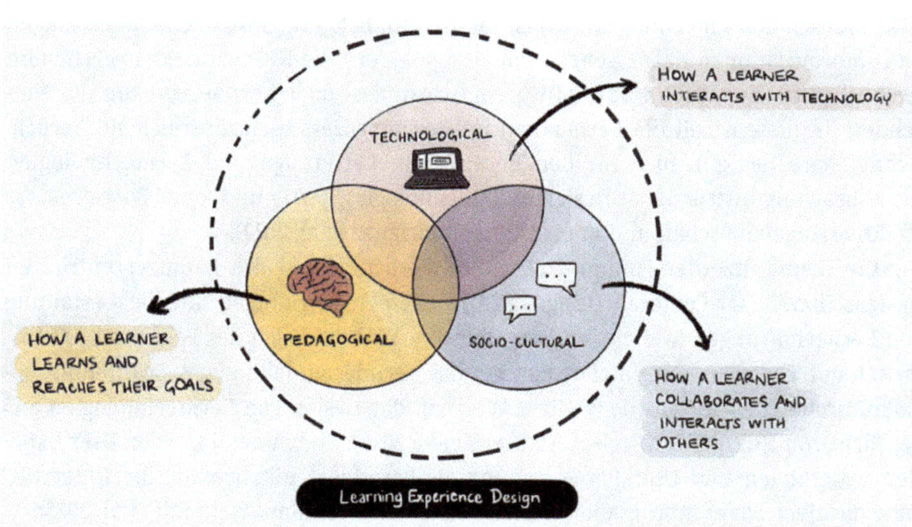

Abb. 1: Technologische, pädagogische und soziale (soziokulturelle) Dimensionen bei der Gestaltung von Learning Experiences (Quelle: Earnshaw et al. 2021).

Im weiteren Verlauf des Beitrags wird in der Regel der englische Begriff *Learning Experience* anstatt des deutschen Begriffs Lernerfahrung genutzt, da der deutsche Begriff aus Sicht der Autorinnen und Autoren zu kurzgefasst ist. Experience kann in diesem Kontext nicht mit Erfahrung gleichgesetzt werden. Es ist eher Erfahrung und Erlebnis zusammen.

Tabelle 1 zeigt, was LXD leistet, was traditionelle Forschung im Bereich Lehren und Lernen nicht mitberücksichtigt oder vernachlässigt. Daran wird deutlich, was der Benefit von LXD sein kann.

Tab. 1: Traditionelle versus LXD Resultate (nach Lu/Schmidt 2022).

Traditional Outcomes **der Forschung zu Lehren und Lernen**	***LXD Outcomes*** **der Forschung zu Lehren und Lernen**
– Recall of factual knowledge – Understanding conceptual knowledge – Pre-test/Post-test scores – Discourse patterns (e. g., discussion boards) – Problem-solving – Perceived self-efficacy – Grades	– Interaction patterns – Socio-technical behavioral patterns – Error rates – Accessibility – Ease-of-Use – Utility of features for learning – Sociocultural relevance – Quality of supports – Pedagogical potential – Effectiveness and Efficiency

Es gibt eine Fülle von Literatur, die sich mit Learning (Experience) Design beschäftigt. Eine Vielzahl von Prinzipien und Theorien können im Lerndesignprozess zur Anwendung kommen. Dazu gehört beispielsweise auch das iterative Vorgehen. Ein Designansatz, der die Prinzipien von UX (User Experience), UCD und HCI mit den Theorien und Prozessen von LXD verbindet, kann dazu beitragen, dass digitale Lernumgebungen so gestaltet werden, dass sie die Lernenden bei der Erreichung ihrer Lernziele auf effektive, effiziente und zufriedenstellende Weise unterstützen (Jahnke 2023).

Theoretische Bezüge

In diesem Abschnitt werden einige Theorien aufgeführt, die für das Design und die Entwicklung von Learning Experiences genutzt werden können.

Der Schlüssel zur Vermeidung und Behebung von Designfehlern ist es, zu verstehen, wie Lehrende und Lernende mit Lerntechnologien, mit den durch das technische System vermittelten Inhalten oder Konzepten, und mit anderen Peers online interagieren (können). Hier versucht HCI, die Interaktion zwischen der Technologie und den Menschen, die sie nutzen, aus mehreren Perspektiven zu verstehen (Rogers 2012): User Experience (UX) und Usability. Sie beschreiben den Kontext der Technologienutzung im Hinblick auf „a person's perceptions and responses that result from the use or anticipated use of a product, system, or service" (ISO 2010). Es berücksichtigt alle

Aspekte der Interaktion von Nutzenden mit der Technologie, einschließlich der Frage, wie gebrauchstauglich und nutzerfreundlich die Technologie oder das System sind (Nielsen 2012). Gut durchdachte Benutzeroberflächen sind für die Nutzenden leicht zu erlernen und unterstützen die Nutzenden effizient beim Erreichen ihrer Ziele. Aus der Perspektive von LXD werden diese Designfaktoren strategisch eingesetzt, um die kognitiven Ressourcen primär auf die Lernaufgabe zu konzentrieren. Allerdings sind UX und Usability für LXD zu stark auf die Technologie-Dimension beschränkt. Er sollte zudem auch die pädagogische und die soziale Usability mitberücksichtigt werden (siehe Details zu soziotechnisch-pädagogische Usability in Jahnke et al. 2021).

Weitere Theorien, die in diesem Kontext zur Anwendung kommen, sind bspw. die Theorie der kognitiven Belastung (*Cognitive Load Theory, CLT*) (Mayer/Moreno 2003; Paas/Ayres 2014; Sweller et al. 1998), die verteilte Kognition (*distributed cognition*) (Hollan et al. 2000; Nardi 1996) und die Aktivitätstheorie (*activity theory*) (Kaptelinin 1996). Details zu den Theorien und wie diese in diesem Kontext angewendet werden sind in Schmidt et al. (2023b) nachzulesen.

Iterativer Prozess von Design und Evaluation zwecks kontinuierlicher Verbesserung

Es bleibt die Frage, wie man nutzerfreundliche, effiziente, ansprechende und effektive digitale Learning Experiences gestalten kann. Iterative Designansätze können bei der Bewältigung hilfreich sein. Durch die Anwendung spezifischer Designmethoden innerhalb iterativer Designprozesse können LX-Designer ihre Lerndesigns so weiterentwickeln, dass sie sich nicht nur auf die beabsichtigten Lernergebnisse, sondern auch auf die Lernerfahrung und die Benutzerfreundlichkeit ihrer Designs konzentrieren können. So sind folgende Design-Techniken für LXD relevant:

1. Identifizierung der Bedürfnisse der Lernenden (z. B. Needs Assessment),
2. Anforderungserhebung (z. B. Personas, Scenarios),
3. Prototyping (z. B. Rapid Prototyping, Paper Prototyping),
4. Wireframing.

Diese Techniken werden in Schmidt et al. (2023a) detailliert erläutert. In einem iterativen Prozess wechseln sich die Phasen des Designs mit Phasen der Evaluation ab. So gibt es beispielsweise einen ersten Papier-Prototyp der daraufhin mit UX-Methoden wie zum Beispiel Heuristik Reviews getestet wird mit dem Ziel, die Qualität des Lerndesign-Entwurfes zu erfassen und diesen gegebenenfalls verbessern zu können. Ein ausführliches Beispiel zum Design eines digital gestützten Kurses ist in Jahnke (2023) erschienen.

Evaluations-Methoden

Bei LXD besteht eine Herausforderung darin, zu wissen, wann und unter welchen Bedingungen Evaluationsmethoden angewendet werden sollen. Hier werden verschiedene Evaluationsmethoden beschrieben, die üblicherweise in LXD eingesetzt werden, und es wird erläutert, wie diese Evaluationsmethoden in einem Lerndesignkontext eingesetzt werden können. Sie können in verschiedenen Phasen des Lerndesign- und Entwicklungsprozesses angewendet werden – beispielsweise Front-End-Analyse, Low-Fidelity- bis High-Fidelity-Prototyping. Zwar kann jeder der Ansätze in einer bestimmten Entwurfsphase angewendet werden, doch sind einige Evaluierungsmethoden eher für die allgemeine Lernerfahrung geeignet, während andere sich eher auf die Usability konzentrieren.

Tabelle 2 gibt einen Überblick über die Methoden und die Frage, in welcher Phase sie am besten eingesetzt werden können, sowie über die zugehörigen Datenquellen. Die in Tabelle 2 aufgelisteten Methoden werden danach kurz beschrieben. Für eine ausführliche Beschreibung mit vielen Beispielen verweisen wir auf Schmidt et al. (2023a).

Tab. 2: Evaluation Methoden, Designphasen, und Datenquellen (nach Schmidt et al. 2020).

Method	**Design phase**				**Data source**
		Prototyping			
	Front- end analysis	**Paper (low fidelity)**	**Wireframe (medium fidelity)**	**Functionality (high fidelity)**	
1 Ethnography	•				Single user or users
2 Focus Groups	•	•			Group of users
3 Card Sorting	•	•			Single user, multiple users or group of users
4 Walkthroughs		•	•	•	Expert
5 Heuristic Evaluation		•	•	•	Experts
6 A/B-Testing		•	•	•	Multiple users
7 Think-Aloud				•	Multiple users
8 EEG & Eyetracking				•	Multiple users
9 Analytics				•	Multiple users
10 Pre-/Posttests				•	Multiple users

Ethnografie

Eine Methode, die in der frühen Phase der Front-End-Analyse, insbesondere bei der Anforderungserhebung eingesetzt wird, ist die Ethnografie. Die Ethnografie ist eine qualitative Forschungsmethode, bei der potentielle Nutzende in ihrer natürlichen Umgebung untersucht werden (nicht in einem Labor oder einer kontrollierten Umgebung). Während der Datenerhebung wird die Gruppe beobachtet und das Forschungsteam sammelt Artefakte, macht Notizen und führt Interviews durch. In dieser Phase konzentriert sich das Forschungsteam auf unauffällige Beobachtungen, um das Phänomen in situ vollständig zu verstehen. Das Forschungsteam achtet auf den Unterschied zwischen dem, was die Nutzenden tun, und dem, was sie sagen, und darauf, dass das Forschungsteam seine eigene Voreingenommenheit nicht einbringt. Obwohl diese Methode ihre Wurzeln in der Kulturanthropologie hat, kann die auf das User-Centered-Design ausgerichtete Ethnografie das Denken über Design aus der Perspektive der Aktivitätstheorie und der *Distributed Cognition*-Theorie unterstützen (Nardi 1996). Auf diese Weise kann das Forschungsteam Informationen über die Benutzerinnen und Benutzer, ihr Arbeitsumfeld, ihre Kultur und die Art und Weise, wie sie mit der Technologie im Kontext interagieren, sammeln (Nardi 1997). Diese Informationen sind besonders wertvoll für die Erstellung von Personas und Szenarien. Ethnografie ist auch nützlich, wenn das Forschungsteam aufgrund von Größen- oder Sicherheitseinschränkungen keine Benutzertests auf Systemen oder größeren Geräten durchführen kann.

Fokusgruppen

Fokusgruppen werden häufig in der Phase der Front-End-Analyse eingesetzt. Anstelle der Untersuchung einer größeren Gruppe, wie bei der Ethnografie, wird eine kleine Gruppe von Teilnehmenden (5–10) auf der Grundlage gemeinsamer Merkmale rekrutiert. Fokusgruppensitzungen werden von einem geschulten Moderationsteam geleitet, das einen halbstrukturierten Satz von Fragen oder einen Plan hat. Das Moderationsteam könnte zum Beispiel fragen, welche Herausforderungen Benutzerinnen und Benutzer in ihrem Arbeitskontext zu bewältigen haben (z. B. die Diskrepanz zwischen Ist und Soll), Vorschläge zur Lösung dieser Probleme machen und Feedback zu den vorhandenen Technologien geben. Die Teilnehmenden werden dann gebeten, ihre Gedanken zu Produkten oder Konzepten zu diskutieren. Das Moderationsteam kann auch einen Papier-Prototyp vorstellen und um Feedback bitten. Die Rolle des Forschungsteams in einer Fokusgruppe besteht darin, dafür zu sorgen, dass nicht einzelne Personen das Gespräch dominieren, damit die Meinungen, Vorlieben und Reaktionen aller gehört werden. Auf diese Weise lässt sich feststellen, was die Benutzerinnen und Benutzer wollen, und das Gespräch bleibt in der Spur. Es empfiehlt sich, mehrere Fokusgruppensitzungen abzuhalten, um sicherzustellen, dass verschiedene Perspektiven gehört werden, falls ein Gespräch abschweift. Die Analyse der Daten aus einer

Fokusgruppe kann so einfach sein wie die Erstellung einer kurzen Zusammenfassung mit ein paar illustrativen Zitaten für jede Sitzung.

Card Sorting

Für ein effektives LX-Design ist es wichtig, die Entwürfe auf die mentalen Modelle der Nutzerinnen und Nutzer abzustimmen. Eine nützliche Methode dafür ist die Kartensortierung (Card Sorting). Die Kartensortierung wird bei der Front-End-Analyse und beim Papier-Prototyping eingesetzt. Die Kartensortierung wird in der Psychologie häufig verwendet, um zu ermitteln, wie Menschen Informationen organisieren und kategorisieren (Hudson 2012).

Die Kartensortierung kann physisch mit Hilfsmitteln wie Karteikarten und Haftnotizen oder elektronisch durchgeführt werden. Sie kann mit einzelnen Teilnehmenden oder mit einer Gruppe von Teilnehmenden durchgeführt werden. Bei einzelnen Teilnehmenden werden die Inhalte (einzelne Karteikarten) in Kategorien eingeteilt, sodass das Forschungsteam die Informationsarchitektur oder Navigationsstruktur einer Technologie oder eines Systems bewerten kann. Die Art und Weise, wie die Teilnehmenden die Karten anordnen, gibt Aufschluss über ihre mentalen Modelle und darüber, wie sie Inhalte gruppieren, und informiert über das Design des Protoypen.

Die Kartensortierung ist besonders nützlich für LX-Designerinnen und -designer, die Kurse in Lernmanagementsystemen erstellen. Das LXD-Team schreibt die verschiedenen Einheiten, Inhaltskategorien und Inhaltsabschnitte zum Beispiel auf Karten auf, legt sie Lehrenden oder Lernenden vor und bittet sie, die Karten so anzuordnen, wie sie es für die logischste Reihenfolge oder Organisation der Lehrveranstaltung halten. Dieser Ansatz kann besonders aufschlussreich sein, wenn man vergleicht, wie ein Kurs nach Meinung der Lehrenden organisiert sein sollte und wie Lernende einen Kurs organisiert sehen möchten, was manchmal recht unterschiedlich sein kann. Die Ergebnisse können dann für die Organisation des Kurses und mögliche Navigationsstrukturen genutzt werden.

Walkthroughs

Kogntive oder soziotechnische Walkthroughs können in allen Prototyp-Phasen eingesetzt werden. Es ist eine praktische Evaluationsmethode, bei der das Forschungsteam (keine Benutzerinnen und Benutzer!) die Technologie oder das LMS bewertet, indem eine Reihe realistischer Aufgaben durchlaufen werden (Lewis/Wharton 1997). Walkthroughs gibt es in verschiedenen Varianten und Ausführungen, sie sind kein Test, der auf Daten von Nutzenden basiert, sondern sie beruhen auf den Einschätzungen des Evaluationsteams (oft Personen aus dem Forschungsteam).

Heuristic Evaluation

Die heuristische Evaluation ist eine Evaluationsmethode, bei der nicht direkt mit Benutzerinnen und Benutzern gearbeitet wird. Bei einer heuristischen Evaluation wird empfohlen, dass mindestens zwei Evaluatorinnen und Evaluatoren unabhängig voneinander arbeiten, um die Technologie oder das System anhand einer vorher festgelegten Reihe von Usability-Prinzipien (Heuristiken) zu überprüfen, bevor sie ihre Ergebnisse mitteilen. Im Idealfall geht jede Bewerterin und jeder Bewerter die Technologie oder den Prototypen mindestens zweimal durch: einmal, um sich einen Überblick über die Schnittstellen zu verschaffen, und das zweite Mal, um sich auf bestimmte Schnittstellenelemente zu konzentrieren (Nielsen 1994). Anschließend treffen sich die Evaluatorinnen und Evaluatoren und gleichen ihre Ergebnisse ab. Diese Methode kann in jeder Phase des Prototyping-Zyklus eingesetzt werden.

Es gibt viele Heuristiken, die verwendet werden. Im Bereich der LIDT haben Forschendenteams die zehn Heuristiken von Nielsen aufgegriffen, die aus 249 identifizierten Usability-Problemen abgeleitet wurden (Nielsen 1994) und diese erweitert, um sie besser auf die Evaluation von E-Learning-Systemen anwenden zu können (Mehlenbacher et al. 2005; Reeves et al. 2002; Jahnke et al. 2021).

A/B-Testing

Beim A/B-Testing oder Split-Testing werden zwei Versionen einer Benutzeroberfläche eines Systems verglichen, weshalb diese Methode in allen drei Prototyping-Phasen eingesetzt werden kann. Die verschiedenen Versionen der Benutzeroberfläche können einzelne Bildschirmelemente (z. B. die Farbe oder Größe einer Schaltfläche), die verwendete Schriftart, die Platzierung eines Textfeldes oder das allgemeine Layout variieren. Bei A/B-Tests ist es wichtig, dass die beiden Versionen zur gleichen Zeit von denselben Nutzenden getestet werden. So kann beispielsweise Version A als Kontrolle dienen und Version B sollte nur eine Variable aufweisen, die sich unterscheidet (z. B. die Navigationsstruktur). Es sollte eine randomisierte Zuteilung vorgenommen werden, bei der einige Teilnehmende zuerst Version A und dann Version B erhalten (bzw. umgekehrt).

Think-Aloud

Eine Think-Aloud-Studie wird nur in der Phase des funktionalen Prototyps eingesetzt. Nielsen schreibt: „thinking aloud may be the single most valuable usability engineering method“ (Nielsen 1993, 195). Bei einer Think-Aloud-Studie werden die Teilnehmenden separat getestet. Sie erzählen, was sie tun, fühlen und denken, während sie einen Prototyp (oder ein voll funktionsfähiges System) betrachten oder eine Aufgabe ausführen. Diese Methode kann für die Teilnehmenden unnatürlich erscheinen, daher ist es wichtig, dass das Forschungsteam die Teilnehmenden dazu ermutigt, während der gesamten Studiensitzung weiter zu verbalisieren. Eine Think-Aloud-Studie kann eine Menge wertvoller Daten liefern (Krug 2009). Manchmal erwähnen die Teilnehmenden Dinge, die sie an einer Benutzeroberfläche mögen oder nicht mögen. Dies ist wichtig zu erfassen, da es mit anderen Methoden möglicherweise nicht entdeckt würde. Allerdings muss das Forschungsteam auch vorsichtig sein, wenn es darum geht, ein User Interface aufgrund eines einzigen Kommentars zu ändern.

Eye-Tracking und EEG

Das Eye-Tracking ist eine Evaluierungsmethode, die den Nutzenden während der funktionalen Prototypenphase einbezieht. Eye-Tracking ist eine psychophysiologische Methode, mit der das physische Blickverhalten eines Teilnehmenden als Reaktion auf Stimuli gemessen wird. Anstatt sich auf die Selbstauskunft der Nutzenden zu verlassen, werden bei dieser Art von Verfahren direkte, objektive Messungen in Form des Blickverhaltens vorgenommen. Eye-Tracking misst Sakkaden, also Augenbewegungen von einem Punkt zum anderen, und Fixationen, also Bereiche, in denen die Augen der Teilnehmenden stehen bleiben, um etwas anzuschauen. Diese Sakkaden und Fixierungen können zur Erstellung von Heatmaps und Blickdiagrammen oder für anspruchsvollere statistische Analysen verwendet werden.

Eine weitere psychophysiologische Methode zur direkten Beobachtung des Teilnehmendenverhaltens ist die Elektroenzephalografie (EEG). Das EEG misst mittels Elektroden die Reaktionen der Teilnehmenden auf Stimuli in Form von elektrischer Aktivität im Gehirn und zeichnet Veränderungen der elektrischen Signale des Gehirns in Echtzeit auf. Während der Betrachtung eines Prototyps können EEG-Daten zeigen, wann die Teilnehmenden frustriert oder verwirrt von der Benutzeroberfläche sind (Romano Bergstrom et al. 2014). Eye-Tracking und EEG-basierteTests werden in der Regel von großen Forschungsprogrammen (d. h. für große Unternehmen) genutzt, die sich weniger auf die praktische Anwendung konzentrieren. Kleine Lerndesign-Teams haben nur selten Zugang zu EEG- und Eye-Tracking-Ressourcen. Nichtsdestotrotz können diese Methoden dazu dienen, zu verstehen, wann Lernende etwas als wichtig, ablenkend oder störend empfinden, und so die Lerndesignerinnen und Lerndesigner über Faktoren informieren, die sich auf die kognitive Belastung, die Erregung, den Stress und andere für das Lernen und die Kognition relevante Faktoren auswirken können.

Ein Nachteil dieser Art von Daten besteht darin, dass möglicherweise nicht klar ist, warum ein Lernender auf etwas reagiert hat oder ob eine Reaktion zum Beispiel auf Interesse oder Verwirrung des Lernenden hindeutet. In diesen Situationen kann ein rückblickendes lautes Nachdenken von Vorteil sein.

Analytics

Eine Evaluierungsmethode, die aufgrund der Fortschritte im Bereich des maschinellen Lernens und Data Science im Bereich des LXD zunehmend an Bedeutung gewinnt, ist Analytics (z. B. die Learning Analytics). Analysedaten werden in der Regel automatisch im Hintergrund gesammelt, während die Benutzerinnen und Benutzer mit einem System interagieren, – manchmal, ohne dass diese überhaupt wissen, dass die Daten gesammelt werden, was aus ethischer Sicht nicht getan werden sollte. Ein Beispiel für Analytics ist eine Clickstream-Analyse, bei der die Klicks der Teilnehmenden aufgezeichnet werden, während sie im Lernmanagementsystem sind oder eine Softwareanwendung verwenden. Diese Informationen können hilfreich sein, da sie dem Forschungsteam den Weg zeigen, den die Teilnehmenden bei der Navigation durch ein System genommen haben. In der Regel müssen diese Daten mit anderen Datenquellen trianguliert werden, um ein umfassenderes Bild zu erhalten.

Evaluierung der Effektivität digitaler Lernerfahrungen

Um die pädagogischen Auswirkungen digitaler Lernerfahrungen zu bewerten, kann eine Reihe von Evaluierungstechniken eingesetzt werden, darunter Pre-/Posttests und Concept Mapping. Pre-/Posttests helfen bei der Beantwortung der Frage, ob das Lerndesign effektiv ist. Sie werden mit einem identischen Satz von Aufgaben (Items) vor und nach dem Lerndesign durchgeführt. Im Pretest wird das Wissen der Lernenden als Ausgangswert erfasst, und im Posttest zeigt die Differenz zwischen den Ergebnissen den Grad des Lernzuwachses an. Diese Technik ist schnell und einfach anzuwenden; sie ist jedoch insofern begrenzt, als dass sie in der Regel nur Lernergebnisse niedrigerer Ordnung wie Auswendiglernen/Erinnerung messen kann. Für komplexere Lernergebnisse höherer Ordnung, wie zum Beispiel Synthese oder Problemlösung, sind andere Methoden besser geeignet, wie kollaboratives Design, Simulationsaufgaben oder anspruchsvollere Pre-/Posttests, die über den einfachen Abruf von Informationen hinausgehen. Das Concept Mapping ermöglicht es den Lernenden beispielsweise, ihr Verständnis von Konzepten mithilfe von Linien- und Knotenvisualisierungen darzustellen (Borrego et al. 2009). Eine Concept Mapping-Aufgabe könnte die Lernenden auffordern, alle Dinge, die sie über einen bestimmten Inhaltsbereich wissen, in einer Karte darzustellen (z. B. verschiedene Arten von Gedichten, wie das Tierreich klassifiziert ist usw.). Dies geschieht sowohl vor als auch nach der Lernerfahrung, woraufhin die Forschenden die Unterschiede vergleichen können.

Kombination der Methoden in der Praxis

Konkrete Beispiele, wie die Methode des Pre-/Posttests oder andere vorher genannte Methoden (z. B. Think-Alouds) in der Umsetzung aussehen und kombiniert werden können, ist beispielhaft beschrieben bei Lee et al. (2021) zum Thema „Mobile Microlearning im Journalismus", sowie bei Li et al. (2021) aus dem Bereich der Lebensmitteleinfuhr. Die beiden Beispiele zeigen eine Kombination von Evaluationsmethoden in drei Phasen: die erste Phase testete den Papier-Prototyp, Phase zwei konnte bereits auf den ersten digitalen Prototyp zurückgreifen, und Phase drei arbeitete schließlich mit dem fertigen Lerndesign. Tabelle 3 zeigt die Methoden der Datenerfassung und -analyse.

Tab. 3: Iterative Datenerhebungsmethoden (Details in: Li et al. 2021).

Phase	Metriken	Methoden (Datenerfassung/-analyse)
1: Usability (Gebrauchs-tauglichkeit)	– Diversität – Organisation – Benutzerfreundlichkeit – Konsistenz – Relevanz	Heuristik-Expert-Evaluation (angelehnt an Nielsen 1994)
2: User Experience (UX)	– Effizienz – Effektivität – Fehlerrate – Nutzerzufriedenheit – Ansprechendes Design	Moderierter Usability-Test mit Think-Aloud-Protokoll (van den Haak et al. 2003) mit – Anzahl der Fehler pro Aufgabe (Sauro, 2012) – Zufriedenheit auf Aufgabenebene über SEQ (Sauro, 2012, 2018) – Zufriedenheit auf Sitzungsebene über SUS (Sauro, 2011) – Nachbefragungen (z. B. Vorlieben/Abneigungen)
3: Learner Experience (LX)	– Effektivität – Effzienz – Lernendenzufriedenheit	Pre- und Posttests einschließlich – Neun-Elemente-Fragebogen (wahr/falsch, geraten/gewusst) (vor und nach Abschluss des Kurses) – Qualifikationsbewertung (La Barge 2007) – Missouri Department of Education: *Setting Growth Targets for Student Learning Objective* (2015)

Fazit

In diesem Kapitel wurden Evaluationsmethoden für Learning Experience Design vorgestellt, die eingesetzt werden können, um benutzerfreundliche, gebrauchstaugliche und ansprechende oder attraktive Lerndesigns zu entwickeln. Ein Designansatz, der die Evaluierungsmethoden von UX und Usability Methoden mit LX verbindet, kann dazu beitragen, dass digitale Lernumgebungen oder Technologien so gestaltet werden, dass sie die Lernenden beim Erreichen ihrer Lernziele auf effektive, effiziente und zufriedenstellende Weise unterstützen. Dabei sollten die folgenden drei Dimension berücksichtigt werden:
– die technische Dimension,
– die pädagogisch-didaktische Dimension,
– die soziokulturelle Dimension.

Es geht also beim LXD nicht nur darum, die Human-Computer Interaction (technische Dimension) zu designen und zu evaluieren, sondern auch die didaktische und soziokulturelle Gebrauchstauglichkeit aktiv mitzugestalten. Die Methoden in diesem Kapitel können dafür genutzt werden.

Literatur

Earnshaw, Y.; Jahnke, I.; Schmidt, M.; Tawfik, A. (2021): Understanding the complexity of learning experience design. *UX of EdTech*. https://medium.com/ux-of-edtech/understanding-the-complexity-of-learning-experience-design-a5010086c6ee.

Grudin, J. (1988): Why CSCW applications fail. Problems in the design and evaluation of organizational Interfaces. In: I. Greif (Ed.): *Proceedings of the 1988 ACM conference on Computer-supported cooperative work 1988*. ACM Press, 85–93.

Hollan, J.; Hutchins, E.; Kirsh, D. (2000): Distributed cognition. Toward a new foundation for human-computer interaction research. *ACM Transactions on Computer-Human Interaction* 7/2, 174–196. https://doi.org/10.1145/353485.353487.

Hudson, W. (2012): Card sorting. In: M. Soegaard; R. F. Dam (Eds.): *The encyclopedia of human-computer interaction*. 2nd ed. Interaction Design Foundation. https://www.interaction-design.org/literature/book/the-encyclopedia-of-human-computer-interaction-2nd-ed/card-sorting.

ISO – International Organization for Standardization (2010): *Ergonomics of human-system interaction–Part 210: Human-centred design for interactive systems* (ISO Standard No. 9241). https://www.iso.org/standard/52075.html.

Jahnke, I. (2023): Quality of digital learning experience. *The International Journal of Information and Learning Technology* 40/1, 17–30.

Jahnke, I.; Riedel, N.; Singh, K.; Moore, J. (2021): Advancing sociotechnical-pedagogical heuristics for the usability evaluation of online courses for adult learners, *Online Learning* 25/4, 416–439. https://olj.onlinelearningconsortium.org/index.php/olj/article/view/2439.

Jahnke, I.; Schmidt, M.; Pham, M.; Singh, K. (2020): Sociotechnical-pedagogical usability for designing and evaluating learner experience in technology-enhanced environments. In: M. Schmidt; A. A. Tawfik; I. Jahnke; Y. Earnshaw (Eds.): *Learner and user experience research: An introduction for the field of learning design and technology*. EdTech Books. https://edtechbooks.org/ux/sociotechnical_pedagogical_usability.

Jou, M.; Tennyson, R. D.; Wang, J.; Huang, S.-Y. (2016): A study on the usability of E-books and APP in engineering courses A case study on mechanical drawing. *Computers & Education* 92/Supplement C, 181–193. https://doi.org/10.1016/j.compedu.2015.10.004.

Kaptelinin, V. (1996): Activity theory: Implications for human-computer interaction. In: B. Nardi (Ed.): *Context and Consciousness. Activity Theory and Human-Computer Interaction* 1, 103–116. https://doi.org/10.7551/mitpress/2137.003.0009.

Krug, S. (2009): *Rocket surgery made easy. The do-it-yourself guide to finding and fixing usability problems*. New Riders.

Lee, Y.-M.; Jahnke, I.; Austin, L. (2021): Mobile microlearning design and effects on learning efficacy and learner experience. *Educational Technology Research and Development* 69, 885–915. https://doi.org/10.1007/s11423-020-09931-w.

Lewis, C.; Wharton, C. (1997): Cognitive walkthroughs. In: M. Helander; T. K. Landauer; P. Prabhu (Eds.): *Handbook of human-computer interaction*. 2nd ed. Elsevier, 717–732.

Li, S.; Singh, K.; Riedel, N.; Yu, F.; (2021): Digital learning experience design and research of a self-paced online course for risk-based inspection of food imports. *Food Control* 135. https://doi.org/10.1016/j.foodcont.2021.108698.

Marell-Olsson, E.; Jahnke, I. (2019): Wearable technology in a dentistry study program. Potential.and challenges of smart glasses for learning at the workplace. In: I. Buchem; R. Klamma; F. Wild (Eds.): *Perspectives on wearable enhanced learning (WELL). Current trends, research, and practice*. Springer, 433–451.

Mayer, R. E.; Moreno, R. (2003): Nine ways to reduce cognitive load in multimedia learning. *Educational Psychologist* 38/1, 43–52.

Mehlenbacher, B.; Bennett, L.; Bird, T.; Ivey, I.; Lucas, J.; Morton, J.; Whitman, L. (2005): Usable e-learning. A conceptual model for evaluation and design. *Proceedings of HCI International 2005: 11th International Conference on Human-Computer Interaction, Volume 4 – Theories, Models, and Processes in HCI*. Las Vegas, NV.

Nardi, B. A. (1996): Studying context. A comparison of activity theory, situated action models, and distributed cognition. In: B. A. Nardi (Ed.): *Context and consciousness: Activity theory and human-computer interaction*. The MIT Press, 69–102.

Nardi, B. A. (1997): The use of ethnographic methods in design and evaluation. In: M. Helander; T. K. Landauer; P. Prabhu (Eds): *Handbook of human-computer interaction*. 2nd ed. Elsevier, 361–366).

Nielsen, J. (1993): *Usability engineering*. Morgan Kaufmann.

Nielsen, J. (1994): Heuristic evaluation. In: J. Nielsen; R. L. Mack (Eds.): *Usability inspection*. New York: John Wiley & Sons.

Nielsen, J. (2012): *Usability 101. Introduction to usability*. https://www.nngroup.com/articles/usability-101-introduction-to-usability/.

Nielsen, J.; Molich, R. (1990): *Heuristics evaluation of user interfaces. Proceedings of ACM CHI'90 Conference*. Seattle, WA.

Okumuş, S.; Lewis, L.; Wiebe, E.; Hollebrands, K. (2016): Utility and usability as factors influencing teacher decisions about software integration. *Educational Technology Research and Development* 64/6, 1227–1249. https://doi.org/10.1007/s11423-016-9455-4.

Orlikowski, W. J. (1996): Improvising organizational transformation over time. A situated change perspective. *Information Systems Research* 7/1, 63–92. https://doi.org/10.1287/isre.7.1.63.

Paas, F.; Ayres, P. (2014): Cognitive load theory. A broader view on the role of memory in learning and education. *Educational Psychology Review 26*/2, 191–195. https://doi.org/10.1007/s10648-014-9263-5.

Reeves, T. C.; Benson, L.; Elliott, D.; Grant, M.; Holschuh, D.; Kim, B.; Loh, S. (2002): Usability and instructional design heuristics for e-learning evaluation. *Proceedings of the World Conference on Educational Multimedia, Hypermedia & Telecommunications*. Denver, CO.

Rodríguez, G.; Pérez, J.; Cueva, S.; Torres, R. (2017): A framework for improving web accessibility and usability of Open Course Ware sites. *Computers & Education* 109(Supplement C), 197–215.

Rogers, Y. (2012): HCI theory: Classical, modern, and contemporary. *Synthesis Lectures on Human-Centered Informatics* 5/2, 1–129. https://doi.org/10.2200/s00418ed1v01y201205hci014.

Romano Bergstrom, J. C.; Duda, S.; Hawkins, D.; McGill, M. (2014): Physiological response measurements. In: J. Romano Bergstrom; A. Schall (Eds.): *Eye tracking in user experience design*. Morgan Kaufmann, 81–110.

Schmidt, M.; Earnshaw, Y.; Tawfik, A.; Jahnke, I. (2023a): Evaluation Methods for Learning Experience Design. In: R. West; H. Leary (Hrsg.): *Foundations of Learning and Instructional Design Technology. Historical Roots & Current Trends*. 2. Aufl. EdTech Books, 195–215. https://edtechbooks.org/pdfs.v2/473/13543.pdf.

Schmidt, M.; Earnshaw, Y.; Tawfik, A.; Jahnke, I. (2023b): Learning Experience Design. In: R. West; H. Leary (Hrsg.): *Foundations of Learning and Instructional Design Technology. Historical Roots & Current Trends*. 2. Aufl. EdTech Books, 177–193. https://edtechbooks.org/pdfs.v2/473/11680.pdf.

Schmidt, M.; Huang, R. (2022): Defining learning experience design. Voices from the field of learning design and technology. *TechTrends* 66/2, 141–158. https://doi.org/10.1007/s11528-021-00656-y.

Schmidt, M.; Tawfik, A. A.; Jahnke, I.; Earnshaw, Y. (2020). *Learner and user experience research: An introduction for the field of learning design & technology*. EdTech Books. https://edtechbooks.org/ux.

Straub, E. T. (2017): Understanding technology adoption. Theory and future directions for informal learning. *Review of Educational Research* 79/2, 625–649. https://doi.org/10.3102/0034654308325896.

Sweller, J.; van Merriënboer; J. J. G.; Paas, F. G. W. C. (1998): Cognitive architecture and instructional design. *Educational Psychology Review* 10, 251–296. https://doi.org/10.1023/A:1022193728205.

Tawfik, A. A.; Gatewood, J.; Gish-Lieberman, J. J.; Hampton, A. J. (2022): Toward a definition of learning experience design. *Technology, Knowledge and Learning* 27/1, 309–334. https://doi.org/10.1007/s10758-020-09482-2.

Christina Kläre

Data Literacy

Einleitung

Daten sind wichtiger Rohstoff für die Entscheidungsfindung, für die Forschung sowie für die Entwicklung und Bereitstellung von Produkten und Dienstleistungen; gleichzeitig sind sie Nebenprodukte, die für neue, bei ihrer Entstehung noch unbekannte Fragestellungen herangezogen werden können. *Data Literacy*, das heißt, „die Fähigkeit, Daten auf kritische Art und Weise zu sammeln, zu managen, zu bewerten und anzuwenden" (Ridsdale et al. 2015, 2; Übersetzung gemäß Schüller 2019, 10), hat sich deshalb als eine Schlüsselkompetenz des 21. Jahrhunderts etabliert. Sie betrifft Bürgerinnen und Bürger im Alltag, zum Beispiel hinsichtlich der kritischen Wahrnehmung und Interpretation von Statistiken in den Medien, Datennutzende, unter anderem im Rahmen der Datenvisualisierung, sowie Expertinnen und Experten, die beispielsweise mithilfe von Daten Machine Learning-Verfahren entwickeln und anwenden.

Auch Bibliotheksbeschäftigte sind Datenexpertinnen und -experten – im Feld der Metadaten – ohne deren Zutun wiederum ein (Wieder-)Auffinden von Daten, Informationen und Medien nicht möglich ist. Gleichzeitig sind sie in der Förderung von Informationskompetenz als Partnerinnen und Partner im Auf- und Ausbau von Methodenkompetenzen engagiert und etabliert. Abhängig vom Bibliothekstyp und den zugrunde liegenden Stakeholdern, nicht zuletzt der Nutzendengruppen, werden geeignete pädagogische Formate entwickelt und selbständig oder in Kooperation angeboten.

Data Literacy ist keine völlig neue Kompetenz. Es handelt sich vielmehr um ein Konstrukt aus verschiedenen Kompetenzen, wie *Information Literacy, Statistical Literacy, Computational Literacy* und auch *Critical Thinking* (Dichev/Dicheva 2017; Schield 2004), deren Schnittmenge an Bedeutung gewinnt. Die Überlappung zwischen Information Literacy und Data Literacy betrifft zum Beispiel die Teilkompetenz, Daten zu recherchieren, die durch Bibliotheksbeschäftigte bedient werden kann (Kläre 2019). Dennoch handelt es sich um ein für viele Bibliotheksbeschäftigte fremdes Feld, das mit Berührungsängsten oder gar durch *Statistics Anxiety* (Adriaensen et al. 2014) von negativen Vorurteilen geprägt ist und deshalb noch nicht flächendeckend im Dienstleistungsportfolio verankert ist. Wissenschaftliche Bibliotheken sowie Öffentliche Bibliotheken sollten dennoch als eine von mehreren Akteurinnen und Akteuren künftig verstärkt auch Teilkompetenzen der Data Literacy durch bibliothekspädagogische Formate fördern. Die Basis für entsprechende zielgruppenorientierte Angebote bilden Kompetenzrahmen. Im Bereich der Data Literacy-Förderung sind insbesondere die Kompetenzrahmen nach Schüller et al. (2019)[1] und Ridsdale et al. (2015) zu nennen.

1 Schüller et al. (2019) liefern außerdem einen Überblick über weitere Kompetenzrahmen sowie eine Beurteilung der Eignung dieser Kompetenzrahmen.

https://doi.org/10.1515/9783111032030-018

Zudem entwickelt eine Arbeitsgruppe des Institute of Electrical and Electronics Engineers derzeit einen *Standard for Data and Artificial Intelligence Literacy, Skills, and Readiness* (IEEE P7015 Working Group 2023).[2]

Im Folgenden wird auf Grundlage des Kompetenzrahmens nach Ridsdale et al. (2015) jeweils eine auf Bibliothekskompetenzen reduzierte beziehungsweise fokussierte Kompetenzrahmenfassung hergeleitet, die Bibliotheken nachnutzen und auf Grundlage der spezifischen Stakeholder anpassen sowie in Umsetzung bringen können. Hierzu werden vier (Teil-)Prozesse bei den Nutzenden vorgestellt: (1) der Prozess, der das (Fremd-)Datenlesen und -verstehen sowie den Schutz der eigenen Daten betrifft, (2.1) der Prozess, der die Sammlung von Fremddaten für eine spätere Nutzung adressiert, (2.2) der Prozess der Erhebung von Daten für eine spätere Nutzung sowie (3) der Prozess der Ergebnisevaluation und -präsentation. Diese (Teil-)Prozesse können aufeinander aufbauen sowie ineinander integriert sein, beispielsweise findet (1) innerhalb von (2.1) und (3) als Folge von (2.1) statt. Zu jedem der Teilprozesse werden Teilkompetenzen und mithilfe von Schüller et al. (2019) Beispiele für Lernziele identifiziert, die durch Bibliotheken adressiert werden können.

Daten lesen, verstehen und die eigenen Daten schützen

„[...] Daten und deren Derivate wie Statistiken oder Grafiken [durchdringen] infolge der Entwicklung eines (mehr oder weniger professionell umgesetzten) Datenjournalismus sämtliche traditionellen und neuen Medien“ (Schüller et al. 2019, 14). Wir werden dadurch tagtäglich mit Daten konfrontiert. Im Kompetenzrahmen von Ridsdale et al. (2015) wird deshalb die Kategorie „konzeptionelle Kompetenzen“ gebildet (siehe Tabelle 1). Aber auch „grundlegende Kompetenzen“ sind nötig, um in einer datengetriebenen Welt an der Gesellschaft teilzuhaben.

Jede Bürgerin und jeder Bürger und damit auch Schülerinnen und Schüler, Studierende, Forschende und Lehrende benötigen mindestens die Teilkompetenzen, die ein Grundverständnis für die Relevanz von Daten, Datentypen und die Nutzung von Daten betreffen. Zudem fällt gemäß Ridsdale et al. (2015) der kritische Umgang mit Daten in dieses Kompetenzlevel. Damit in Verbindung steht ein Grundverständnis datenethischer und -rechtlicher Rahmenbedingungen, um letztendlich die eigenen und gegebenenfalls Daten weiterer Personen zu schützen und bewusst anzugeben. Mögliche Lernzielformulierungen auf Grundlage der Kompetenzdimensionen nach Schüller et al. (2019) – Wissen, Fähigkeiten und Haltung – können lauten:

– Die Lernenden kennen ausgewählte Datentypen.

2 Der Standard war zum Zeitpunkt der Entstehung dieses Artikels noch nicht veröffentlicht und konnte demnach nicht herangezogen werden.

- Die Lernenden können einen spezifischen Datentyp identifizieren.
- Die Lernenden haben eine kritische Grundhaltung bezüglich der Eignung eines spezifischen Datentyps in verschiedenen Kontexten.

Entsprechende, primär konzeptionelle, Teilkompetenzen könnten zwar durch (Volkshoch- und Hoch-)Schulen vermittelt werden, sind jedoch längst nicht flächendeckend in Lehrplänen verankert und weisen zudem Schnittstellen zu bereits vorhandenen Bibliotheksdienstleistungen, wie Schulungen zur Identifikation von *Fake News* und Zugang zu statistischen Informationen, auf. Die Förderung dieser Kompetenzen sollte orientiert an alltagsnahen Beispielen erfolgen und – wie die meisten Bibliotheksangebote – auf die jeweilige Zielgruppe zugeschnitten sein, um eine erfolgreiche Teilnahme zu ermöglichen. Da entsprechende Inhalte nicht von hoher Komplexität sind und es sich um homogene Zielgruppen vieler Einrichtungen handelt, sind die Entwicklung und Nachnutzung von *Open Educational Resources* sowie das kooperative Angebot zum Beispiel durch Hochschul- und Stadtbibliotheken besonders geeignet und reduzieren den Aufwand für die einzelnen Bibliotheken. Zudem kann beispielsweise ein Bezug zum juristischen Bestand der Bibliothek hergestellt und dadurch die selbständige Recherche datenethischer und -rechtlicher Dokumente gefördert werden. Neben Schulungen von und durch Bibliothekspersonal sind auch die Bibliotheksräumlichkeiten für die Adressierung der Kompetenzen des Lesens und Verstehens von Daten vorteilhaft, da mit Informationsveranstaltungen durch Externe das Bewusstsein für die Relevanz von Data Literacy und damit Interesse zum Auf- und Ausbau dieser Kompetenzen geschaffen wird.

Der Fokus der jeweiligen Formate kann anhand von Datentypen (Textdaten, Bilddaten, statistische Informationen etc.) und Teilkompetenzen (Datenethik und -recht, Unterscheidung von Datentypen etc.) festgelegt werden.

Tab. 1: Auszug aus Kompetenzen nach Ridsdale et al. (2015, 38); Übersetzung gemäß Friedrich-Schiller-Universität Jena (o. J.). Ergänzt um die Spalte „Mögliche Handlungsfelder von Bibliotheken".

Teilkompetenzbezeichnung	**Beschreibung**	**Mögliche Handlungsfelder von Bibliotheken**
Grundlagen zu Daten (konzeptionell)	- Grundlagenwissen zu und Verständnis für Daten - Bewusstsein für Relevanz und Einsatzmöglichkeiten von Daten - Wissen zu verschiedenen Datentypen und -formaten	Vermittlung anhand von (Bibliotheks-) Medien (Datenjournalismus) in Kooperation mit Expertinnen und Experten, z. B. aus (Volkshoch-, Hoch-)Schulen
Kritisches Denken (konzeptionell)	- Bewusstsein für komplexe Fragestellungen und Herausforderungen in Bezug auf Daten - kritisches Denken in Bezug auf Daten	Vermittlung anhand von (Bibliotheks-) Medien (Datenjournalismus) in Verbindung mit Medienkompetenz, speziell Identifikation von Fake News

Teilkompetenzbezeichnung	Beschreibung	Mögliche Handlungsfelder von Bibliotheken
Datenkultur (konzeptionell)	– Erkennen der Wichtigkeit von Daten – Unterstützen einer Umgebung, die den kritischen Umgang mit Daten im Rahmen von Lehre, Forschung und Entscheidungsfindung fördert	Bereitstellung von Lehr-/Lernflächen, die einen Austausch zwischen Nutzenden begünstigen; Bereitstellung von Flächen für externe Veranstaltungen wie z. B. Vortragsreihen
Datenethik (konzeptionell)	– Bewusstsein für rechtliche und ethische Aspekte im Zusammenhang mit Daten – mit Daten in ethischer Art und Weise arbeiten	Vermittlung anhand von juristischen (Bibliotheks-)Medien in Kooperation mit Expertinnen und Experten, z. B. aus (Volkshoch-, Hoch-)Schulen; Bereitstellung von Flächen für externe Veranstaltungen wie z. B. Vortragsreihen
Lesen und verstehen von Diagrammen[3] (grundlegend)	– Kenntnis von Diagrammtypen – Identifizieren von Kernaussagen – Identifizieren von Unstimmigkeiten – grafische Darstellungen in Bezug auf Richtigkeit und eventuelle Fehldarstellungen kritisch beurteilen – Beurteilen der Effektivität von grafischen Darstellungen	Lizenzierung von Daten- bzw. Statistikquellen; Vermittlung anhand von (Bibliotheks-)Medien (Datenjournalismus) in Verbindung mit Medienkompetenz, speziell Identifikation von manipulierenden Diagrammen bzw. Diagrammelementen

Sammlung und Nutzung von Fremddaten

Die für die Sammlung und Nutzung von Fremddaten benötigten Kernkompetenzen adressieren anders als die oben genannten, primär konzeptionellen Kompetenzen auch Fähigkeiten im aktiven Umgang mit Daten. Dementsprechend sind diese im gesamten Prozess – von der Datensammlung über das Datenmanagement und die Datenevaluation und schließlich der Anwendungvon Daten – nötig (siehe Tabelle 2).

3 Umformulierung im Sinne einer Abschwächung der grundlegenden Kompetenzen „Auswertung und Interpretation von Daten“ und „Datenvisualisierung“ nach Ridsdale et al. (2015, 38); s. a. Tabelle 2.

Tab. 2: Auszug aus Kompetenzen nach Ridsdale et al. (2015, 38); Übersetzung gemäß Friedrich-Schiller-Universität Jena (o. J.). Ergänzt um die Spalte „Mögliche Handlungsfelder von Bibliotheken".

Teilkompetenzbezeichnung	Beschreibung	Mögliche Handlungsfelder von Bibliotheken
Daten finden und sammeln (grundlegend)[4]	- Identifizieren von Daten, die für die Beantwortung der Fragestellung erforderlich sind - Fähigkeit, bestehende Datensätze zu finden und zu sammeln	Förderung von Recherchekompetenz; Lizenzierung von Datenquellen
Datenqualität bewerten und sichern (grundlegend)	- Kritische Einschätzung der Vertrauenswürdigkeit von Datenquellen - Qualität von Datensätzen bezüglich verschiedener Faktoren (z. B. Korrektheit, Relevanz, Repräsentativität, Vollständigkeit) evaluieren	Vermittlung der informationswissenschaftlichen Kriterien zur Qualitätsbewertung; Bereitstellung von Lehr-/Lernflächen zur Vermittlung weiterer Kriterien zur Qualitätsbewertung durch Expertinnen und Experten
Organisieren von Daten (grundlegend)	- Anforderungen an die Organisation von Daten einschätzen - Wissen zu grundlegenden Methoden und Werkzeugen	Einführung in die Bedeutung, Generierung und Nutzung von Metadaten, u. a. von Suchmaschinen und Datenbanken; Förderung grundlegender Kompetenzen zur Datenorganisation durch Data Librarians; Vermittlung von lizenzierten oder freien Tools zum Daten-/Dateimanagement in Zusammenarbeit mit Tool-Expertinnen und -Experten
Bereinigen von Daten (grundlegend)	- Auswählen von Methoden zur Bereinigung von Datensätzen - Identifizieren von Ausreißern und Anomalien - Bearbeiten von Daten (z. B. filtern, sortieren, zusammenführen)	Bereitstellung von Lehr-/Lernflächen zur Vermittlung weiterer Kriterien zur Qualitätsbewertung durch Expertinnen und Experten; Förderung grundlegender Kompetenzen zur Datenbereinigung durch Data Librarians
Methoden und Werkzeuge zur Datenanalyse (konzeptionell)	- Wissen bezüglich Analysetechniken und -werkzeugen - Auswählen angemessener Werkzeuge und Techniken zur Datenanalyse - Anwenden von Werkzeugen und Techniken zur Datenanalyse	Vermittlung anhand von lizenzierten oder Open Source-Tools in Verbindung mit Medienkompetenz in Kooperation mit Tool-Expertinnen und -Experten, z. B. aus (Volkshoch-, Hoch-)Schulen, mit einem Fokus auf die Beurteilung der durch Dritte genutzten Methoden und Werkzeuge

4 Umformulierung i. S. einer Fremddatennachnutzung.

Teilkompetenzbezeichnung	Beschreibung	Mögliche Handlungsfelder von Bibliotheken
Grundlagen der Datenanalyse (grundlegend)	– Planen der Datenanalyse – Anwenden von Analysemethoden und -werkzeugen – Durchführen von explorativen Analysen – Beurteilen von Ergebnissen aus Datenanalysen – Vergleichen von Analyseergebnissen mit anderen Ergebnissen	Bereitstellung von Lehr-/Lernflächen zur Vermittlung der Kompetenzen durch Externe
Zitieren von (Forschungs-) Daten (grundlegend)[5]	– Wissen zu allgemein akzeptierten Methoden zur Datenzitation – korrektes Zitieren von Sekundärdaten	Vorstellung von Zitationsstilen und Vermitteln der Relevanz von korrekter Datenzitation

Daten sammeln

Daten können entweder erhoben oder nachgenutzt werden. Letztendlich ist in jedem Fall analog zum Recherchekreislauf (Homann 2000) das Erkennen und Formulieren des Datenbedarfs nötig, auf dessen Grundlage dann letztendlich die benötigten Daten beschafft werden. Bibliotheken sind aufgrund ihrer Erfahrung in der Förderung von Recherchekompetenz dafür prädestiniert, das Finden von Fremddaten durch Angebote zu unterstützen. Die Bedeutung von Metadaten im Zusammenhang mit der Funktionsweise von Suchmaschinen und Datenbanken ist hierbei ebenso relevant wie der Überblick über sowie die Beurteilung der entsprechenden Rechercheinstrumente.

Daten bewerten

Unabhängig davon, ob Daten erhoben oder recherchiert worden sind, sind diese hinsichtlich ihrer Nutzbarkeit zur Beantwortung der zugrunde liegenden (Forschungs-) Frage zu bewerten. Sowohl informationswissenschaftliche als auch (statistisch-)methodische Kompetenzen sind hierbei von Relevanz, so sollte zum Beispiel ein Umfragedatensatz unter anderem hinsichtlich der Autorität sowie hinsichtlich der Repräsentativität beurteilt werden, bevor letztendlich mit den vorliegenden Daten weitergearbeitet wird. Bibliotheksangebote, die Kompetenzen zur Datenbewertung adressieren, sollten deshalb um entsprechende Expertise angereichert werden. Das kann durch

5 Da die Nutzung von Fremddaten i. d. R. nicht mit einer Publikation dieser Daten verbunden ist, wird dieser Schritt nicht diesem Abschnitt zugeordnet; Ridsdale et al. (2015, 38) ordnen das „Teilen von (Forschungs-)Daten" den grundlegenden Kompetenzen zu.

Fort- und Weiterbildung des Bibliothekspersonals[6] oder durch Zusammenarbeit mit Lehrenden aus (Volkshoch-, Hoch-)Schulen oder weitere Einrichtungen mit Ortsbezug erfolgen und damit den Lern- und Veranstaltungsort Bibliothek aufwerten.

Alternativ können Bibliotheken den informationswissenschaftlichen Teil der Bewertung isoliert fördern und auch hier aufgrund der gemeinsamen Zielgruppen kooperativ Materialien und Formate entwickeln und anbieten.

Daten organisieren

Die Basis einer guten Datenorganisation ist die Strukturierung und Benennung, für die wiederum grundlegende Kenntnisse rund um Metadaten vorliegen sollten. Aus diesem Grund sind Bibliotheksbeschäftigte dafür prädestiniert, entsprechende Formate zu entwickeln und anzubieten. Diese können alltagsbezogene Probleme, wie das Management von Digitalfotos, aber auch fortgeschrittene Probleme wie das Datenmanagement im Forschungsprozess und die dafür zur Verfügung stehende Software betreffen.

Daten bereinigen

Die Bereinigung von Daten ist nötig, da in der Realität kein perfekter Datensatz existiert: Entweder müssen neue Daten generiert werden, indem zum Beispiel Datensätze zusammengeführt werden und/oder Kennzahlen gebildet werden, oder bestehende Daten weisen Lücken oder Unstimmigkeiten auf. Diese Probleme des vorliegenden Datensatzes gilt es zunächst zu identifizieren. Im Anschluss muss mithilfe auf die Fragestellung bezogener fachlicher und statistisch-methodischer Kenntnisse entschieden werden, wie die Bereinigung sinnvoll, das heißt, wie diese sowohl ohne Verlust relevanter Daten als auch ohne Verzerrung des Datensatzes vorzunehmen ist.

Methoden und Werkzeuge zur Datenanalyse

Die Datenanalyse, das heißt, insbesondere die Anwendung von Methoden und Werkzeugen, erfordert spezifisches Kontextwissen, das nicht fachübergreifend durch Bibliotheken bereitgestellt werden kann. Dementsprechend gilt es hier primär, Lehr-/Lernflächen zur Förderung der Kompetenzen durch Externe bereitzustellen und so ein ganzheitliches Angebot in den Räumlichkeiten der Bibliothek zu schaffen.

---

6 Zum Beispiel kann die Weiterbildung durch den Zertifikatskurs Data Librarian des ZBIW – Zentrum für Bibliotheks- und Informationswissenschaftliche Weiterbildung der TH Köln erfolgen: https://www.th-koeln.de/weiterbildung/zertifikatskurs-data-librarian_63393.php.

Daten zitieren

Bibliotheksbeschäftigte sind aufgrund der Metadatenexpertise auch Expertinnen und Experten für die Zitation von Fremdmedien. Selbst wenn es bisher kaum Zitationsstandards für Daten gibt, können anhand des Wissens über die Zitation von Internetdokumenten und fachspezifischer Leitfäden wie „Auffinden, Zitieren, Dokumentieren: Forschungsdaten in den Sozial- und Wirtschaftswissenschaften" von ZBW et al. (2015) Varianten vorgestellt sowie die Relevanz einer guten Zitation vermittelt werden.

Mögliche Lernzielformulierungen für den Teilprozess „Sammlung und Nutzung von Fremddaten" auf Grundlage der Kompetenzdimensionen beispielhaft für die Identifikation und Bewertung von Datenquellen lauten nach Schüller et al. (2019, 94):
- Die Lernenden kennen Instrumente, um Daten zu recherchieren.
- Die Lernenden können die für die Fragestellung geeigneten Daten suchen.
- Die Lernenden sind gegenüber neuartigen Datenquellen (z. B. Sensordaten, App-Daten etc.) offen.

Erhebung von Daten

Für die Erhebung von Daten sind nach Ridsdale et al. die folgenden Teilkompetenzen nötig: „Daten (finden und) sammeln", „Konvertierung von Daten", „Erstellung und Anwendung von Metadaten", „Pflege, Sicherheit und (Nach-)Nutzung von Daten", „Datenerhaltung/Langzeitspeicherung" und „Teilen von (Forschungs-)Daten" (Ridsdale et al. 2015, 38; Übersetzung gemäß Friedrich-Schiller-Universität Jena o. J.). Primär Hochschulbibliotheken nutzen ihr Wissen in den Feldern Metadaten, Datenorganisation und Publikation bereits, um Angebote zur Förderung dieser Forschungsdatenkompetenzen zu entwickeln und anzubieten. Details hierzu stellen Putnings et al. (2021) vor, sodass an dieser Stelle auf eine wiederholte Ausführung verzichtet wird.

Ergebnisevaluation und -präsentation

Im Anschluss an die Sammlung und/oder Erhebung und damit verbundene Analyse von Daten erfolgen die Schritte der Ergebnisevaluation und -präsentation. Da diese auch in Form einer Visualisierung erfolgen können, wurde die Teilkompetenz, Daten visualisieren zu können, ebenfalls diesem Prozessschritt zugeordnet (siehe Tabelle 3).

Daten visualisieren

Für die Erstellung von Datenvisualisierungen sind einerseits Kompetenzen, die für das Lesen und Verstehen von Grafiken benötigt werden, relevant. Andererseits müssen Methoden und Werkzeuge bekannt sein, um die Visualisierung durchzuführen. Weiterbildungsformate wie der Zertifikatskurs Data Librarian fördern bereits solche Kompetenzen, um entsprechende, grundlegende Formate selbständig zu entwickeln und anzubieten. Dennoch kann eine Kooperation, vor allem mit Tool-Expertinnen und -Experten beispielsweise aus (Volkshoch-, Hoch-)Schulen, von Vorteil sein.

Präsentation von Daten

Die Präsentation von Daten kann auch ohne Visualisierung erfolgen. Von Bedeutung ist hierbei insbesondere die zielgruppenorientierte Präsentation, sodass hierzu sowohl Datenkompetenzen als auch allgemeine Präsentationskompetenzen genutzt werden. Bibliotheken können hierzu entsprechende lizenzierte oder Open Source-Tools vorstellen und ihre oder Fremdangebote zum Beispiel von (Volkshoch-, Hoch-)Schulen entsprechend ausbauen.

Datengetriebene Entscheidungen treffen

Eine Einführung in die datengetriebene Entscheidungsfindung kann anhand der durch die Bibliothek lizenzierten Medien stattfinden, beispielsweise durch einen problembasierten Ansatz: Indem auf Grundlage selbst erhobener Daten die Wirtschaftlichkeitsentscheidung hinsichtlich der Optionen (1) *Einkaufen und Kochen* oder (2) *die Betriebsmensa nutzen* getroffen wird, werden viele Nutzende erreicht. Komplexere Methoden können durch externe Veranstalterinnen und Veranstalter vermittelt werden.

Daten auswerten und interpretieren/Probleme mithilfe von Daten identifizieren

Das Auswerten und Interpretieren der analysierten Daten geht über das Lesen und Verstehen von fremderstellten Diagrammen hinaus. Um Kernaussagen und Unstimmigkeiten zu identifizieren, ist spezifisches Methodenwissen vonnöten, das durch externe Angebote in die Bibliothek gebracht werden kann.

Datengetriebene Entscheidungsfindung

Am Ende der Arbeit mit Daten steht die Entscheidungsfindung. Der Zielgruppe ist hierbei insbesondere zu vermitteln, dass es sich nicht um eine Bauchentscheidung handelt, sondern letztendlich die (Fremd-)Daten beziehungsweise -analysen die entsprechende Entscheidung begründen. Auch hierzu können Bibliotheken Schulungsformate entwickeln und anbieten, die anhand von lizenzierten Datenquellen diesen Entscheidungsvorgang abbilden.

Tab. 3: Auszug aus Kompetenzen nach Ridsdale et al. (2015, 38); Übersetzung gemäß Friedrich-Schiller-Universität Jena (o. J.). Ergänzt um die Spalte „Mögliche Handlungsfelder von Bibliotheken".

Teilkompetenzbezeichnung	Beschreibung	Mögliche Handlungsfelder von Bibliotheken
Daten visualisieren[7] (grundlegend)	Erstellen von aussagekräftigen Tabellen und grafischen Darstellungen	Vermittlung anhand von lizenzierten oder Open Source-Tools in Verbindung mit Medienkompetenz in Kooperation mit Tool-Expertinnen und Experten, z. B. aus (Volkshoch, Hoch-)Schulen, mit einem Fokus auf die Beurteilung der durch Dritte genutzten Methoden und Werkzeuge
Daten präsentieren (grundlegend)	– Einschätzen der gewünschten Ergebnisse der Datenpräsentation – Anpassen der Darstellung an die Bedürfnisse und den Hintergrund des Publikums – Einbeziehen von angemessenen grafischen Darstellungen – klar und zusammenhängend Argumente und/oder Ergebnisse präsentieren	Vermittlung anhand von lizenzierten oder Open Source-Tools in Verbindung mit Medien- und Präsentationskompetenz in Kooperation mit Tool-Expertinnen und Experten, z. B. aus (Volkshoch-, Hoch-)Schulen
Daten auswerten und interpretieren (grundlegend)	– Lesen und verstehen von Tabellen und Diagrammen – Identifizieren von Kernaussagen und Zusammenführen mit anderen wichtigen Informationen – Identifizieren von Unstimmigkeiten in Daten	Lizenzierung von Daten- bzw. Statistikquellen; Bereitstellung von Lehr-/Lernflächen zur Vermittlung der auf den unter „Daten lesen und verstehen sowie die eigenen Daten schützen" genannten aufbauenden Kompetenzen durch Externe

7 Reduzierung i. S. einer auf „Lesen und Verstehen von Diagrammen" aufbauenden Kompetenz; siehe Tabelle 1.

Teilkompetenzbezeichnung	Beschreibung	Mögliche Handlungsfelder von Bibliotheken
Identifizieren von Problemen mithilfe von Daten (grundlegend)	– Daten zur Identifizierung von Problemen in praktischen Situationen (z. B. Effizienz am Arbeitsplatz) nutzen – Daten zur Identifizierung von Problemen auf höherer Ebene (z. B. Politik, Umwelt, Wirtschaft, Marketing) nutzen	Bereitstellung von Lehr-/Lernflächen zur Vermittlung der Kompetenzen durch Externe
Datengetrieben Entscheidungen finden (grundlegend)	– Priorisieren von datenbasierten Informationen – Verarbeiten von Daten in anwendbare Informationen – Abschätzen des Werts und der Auswirkungen der Lösungen/Entscheidungen – Umsetzen der Lösungen/Entscheidungen	Einführung in die datengetriebene Entscheidungsfindung anhand von lizenzierten Datenquellen

Für den Schritt der „Bewertung von Entscheidungen auf Grundlage von Daten" (Ridsdale et al. 2015, 28; Übersetzung gemäß Friedrich-Schiller-Universität Jena o. J.) werden fortgeschrittene Kompetenzen benötigt, da hierzu nicht nur Folgedaten gesammelt und für die Analyse herangezogen werden, sondern auch Anpassungen auf Grundlage der neuen Daten und Analysen vorgenommen werden. Diese Teilkompetenz ist sehr spezifisch von den zugrunde liegenden Daten und Fragestellungen abhängig und sollte deshalb durch entsprechende Expertinnen und Experten anstelle von Bibliotheksbeschäftigten gefördert werden; aus diesem Grund ist die Teilkompetenz nicht in Tabelle 3 abgebildet.

Fazit

Datenkompetenzen sind keine neuen Kompetenzen, sondern eine Kombination von mehreren, in Verbindung stehenden Kompetenzen in einer durch die Digitalisierung verstärkt datengetriebenen Welt, die an Bedeutung gewonnen haben. Im Sinn einer Schlüsselkompetenz des 21. Jahrhunderts sollten jede Bürgerin und jeder Bürger über konzeptionelle und einige grundlegende Datenkompetenzen verfügen. Bibliotheken sind bereits wichtige Akteurinnen in der Förderung von grundlegenden Kompetenzen mit Bezug zu Medien, nicht zuletzt, weil sie den Zugang zu Medien ermöglichen. Daten sind als Grundlage jeder Information auch Teil bibliothekarischer Leistungsportfolios, sodass es schlüssig ist, dass Bibliotheken die für den Umgang mit Daten nötigen Grundkompetenzen fördern. Kompetenzrahmen können genutzt werden, um durch Bibliotheksangebote adressierte Teilkompetenzen zu identifizieren und auf- sowie auszubauen. Welche der oben genannten Teilkompetenzen adressiert, welche Kooperationen hierzu auf- und ausgebaut sowie welche Formate umgesetzt werden, sind bibliotheksspezifische Entscheidungen, die stets auf Grundlage der Stakeholder und ihrer Bedarfe beziehungsweise Anforderungen getroffen werden sollten, sodass Kompetenzrahmen nur als Leitfaden hinzugezogen werden können.

Literatur

Adriaensen, J.; Coremans, E.; Kerremans, B. (2014): Overcoming statistics anxiety. Towards the incorporation of quantitative methods in non-methodological courses. *European Political Science* 13/3, 251–265. https://doi.org/10.1057/eps.2014.8.

Dichev, C.; Dicheva, D. (2017): Towards Data Science Literacy. *Procedia Computer Science* 108, 2151–2160. https://doi.org/10.1016/j.procs.2017.05.240.

Friedrich-Schiller-Universität Jena (o. J.): *Was ist Data Literacy*? https://www.dataliteracy.uni-jena.de/was-ist-data-literacy.

Homann, B. (2000): Das Dynamische Modell der Informationskompetenz (DYMIK) als Grundlage für bibliothekarische Schulungen. In: G. Knorz; R. Kuhlen (Hrsg.): *Informationskompetenz: Basiskompetenz in der Informationsgesellschaft*. Konstanz: UVK, 195–205.

IEEE P7015 Working Group (2023): *Standard for Data and Artificial Intelligence (AI) Literacy, Skills, and Readiness*. https://sagroups.ieee.org/7015/.

Kläre, C. (2019): Data Literacy. Können Bibliothekarinnen und Bibliothekare das? *ABI Technik* 39/3, 250. https://doi.org/10.1515/abitech-2019-3010.

Putnings, M.; Neuroth, H.; Neumann, J. (2021): *Praxishandbuch Forschungsdatenmanagement*. Berlin: De Gruyter Saur. https://doi.org/10.1515/9783110657807.

Ridsdale, C.; Rothwell, J.; Smit, M.; Ali-Hassan, H.; Bliemel, M.; Irvine, D.; Kelley, D.; Matwin, S.; Wuetherick, B. (2015): *Strategies and Best Practices for Data Literacy Education. Knowledge Synthesis Report*. https://doi.org/10.13140/RG.2.1.1922.5044.

Schield, M. (2004): Information Literacy, Statistical Literacy and Data Literacy. *IASSIST Quaterly* 28/2–3, 6–11.

Schüller, K.; Busch, P.; Hindinger, C. (2019): *Future Skills. Ein Framework für Data Literacy – Kompetenzrahmen und Forschungsbericht*. https://doi.org/10.5281/zenodo.3349865.

ZBW; GESIS; RatSWD (2015): *Auffinden, Zitieren, Dokumentieren: Forschungsdaten in den Sozial- und Wirtschaftswissenschaften*. https://doi.org/10.4232/10.fisuzida2015.2.

Sarah Wildeisen

Visual Literacy

Einleitung

Visual Literacy, die Förderung von Bildkompetenz, lässt sich in Hochschulbibliotheken und Public Libraries im anglo-amerikanischen Raum als Vermittlungsangebot nachweisen (Schröder 2015), wird in deutschen Bibliotheken jedoch kaum bis gar nicht zur Kenntnis genommen. Bilder – so scheint es – werden als so selbstverständlich selbsterklärend angenommen, dass die nähere Beschäftigung damit, was Bilder sind und wie sie wahrgenommen werden, wie, wo und warum sie produziert und eingesetzt werden, und welche Verantwortung daraus für diejenigen entsteht, die mit ihnen umgehen, als nachrangiges Fachwissen behandelt wird. Kaum eine Veranstaltung, die Wissen vermittelt, kommt heute jedoch ohne Präsentationen mit Bildmaterial, Diagrammen oder Infografiken aus, um Sachverhalte komplexitätsreduziert darzustellen. In Hochschulen und Universitäten sollten Bibliothekarinnen und Bibliothekare Studierende oder Forschende beim Suchen und Finden von Bildmaterialien unterstützen und vermitteln können, wie mit dem Thema Bildrechte umzugehen ist und wie ein gutes Abbildungsverzeichnis aussehen sollte.

Wer wissenschaftliches Schreiben unterstützt, kennt den Einsatz von Infografiken, Diagrammen, Tabellen oder Abbildungen in Artikeln und Forschungsarbeiten. Auch im Bereich des Forschungsdatenmanagements werden Daten zum Zweck der besseren Verständlichkeit visualisiert (Brown et al. 2016). In Öffentlichen Bibliotheken sind Bilder Teil von Bibliothekseinführungen, besonders bei Führungen für nichtdeutschsprachige Nutzerinnen und Nutzer, um beispielsweise die Bibliotheksregeln auf sichtbare Weise verständlich zu machen. In Kinder- und Jugendbibliotheken spielen Bilder in Rallyes, Quiz und Coding-Veranstaltungen eine zentrale Rolle, um Inhalte ansprechender, einfacher und schneller zu transportieren. Bilderbuchkinos oder Kamishibai-Theatervorführungen sind per se Angebote, in denen Bilder im Mittelpunkt stehen, die narrativ und ästhetisch sind und über reine Vorleseangebote hinausgehen (Johnston 2020). Das Bild im Bildungskontext dient der Kommunikation, der Veranschaulichung, der Datenvisualisierung und der Dokumentation. Kurz: Das Bild wird als Mittel zur schnelleren und einfacheren Vermittlung genutzt.

Begriff *Visual Literacy*

Schon 1969 wies der US-Amerikaner und Mitbegründer der *International Visual Literacy Association* (IVLA) John Debes mit Blick auf den wachsenden Fernsehkonsum bei Kindern die Wichtigkeit einer *Visual Literacy* hin, die zur Grundbildung des moder-

https://doi.org/10.1515/9783111032030-019

nen Menschen gehören müsse. Er versteht unter *Visual Literacy* die Fähigkeit, sämtliche visuelle Erscheinungsformen, ob natürlich oder vom Menschen gemacht, einordnen, interpretieren und selbst nutzen zu können. Obwohl der Begriff mittlerweile allein auf die von Menschen gemachte Bildlichkeit fokussiert, identifizieren Wissenschaftlerinnen und Wissenschaftler unterschiedlicher Disziplinen verschiedene Kompetenzen, die unter dem Schlüsselbegriff *Visual Literacy* vereint werden: von der Fähigkeit, Bilder verstehen, interpretieren und kontextuell einordnen, sowie sie selbst produzieren zu können, über das Suchen und Finden von Bildern für den eigenen Gebrauch, zum ethischen Umgang mit Bildern, der richtigen Zitation bis hin zu einem quellenkritischen Urteilsvermögen bei der Verwendung von Bildern (Visual literacy competency Standards der IVL).

Während sich im anglophonen Raum der Begriff *Visual Literacy* durchgesetzt hat, finden sich im deutschsprachigen Raum unterschiedliche Übersetzungen oder Begriffe entsprechend der jeweiligen Wissenschaftsdisziplin, durch die das Thema perspektiviert wird (Schröder 2015). Während Termini wie *Bildliteralität* und *Bildalphabetisierung* in schulischen Bildungsdiskursen die Forderung unterstreichen, dass das Lesen von Bildern ebenso wie das Lesen von Text zu lehren sei, kritisieren Bild- und Kunstwissenschaften, dass dadurch suggeriert würde, dass Bilder lesbar, also textförmig wären, was der Spezifik von Bildern widerspräche. Versteht man unter dem Konzept von *literacy* oder *Literalität* die Speicherung und Weitergabe kultureller Inhalte in textlich fixierter Form, wozu die Kulturtechniken des Lesens und Schreibens Voraussetzung sind, so zeigt die im Zuge des iconic turn etablierte Bildwissenschaft, dass visuelle Phänomene sowohl Inhalte anders darstellen als Sprache und Texte als auch anders wahrgenommen werden (Uhlig 2014). „Ein Ineinander-Aufgehen bzw. Identisch-Sein von Bild und Text gibt es nicht, weil Bild und Text ein und dieselbe Mitteilung verschieden repräsentieren“ (Uhlig 2014, 13). Ein differenzierter Blick auf die Eigenheiten des Visuellen kann bibliothekspädagogisches Handeln bereichern und Ideen zur Konzeption von Veranstaltungen mit dem Fokus auf *Visual Literacy* initiieren.

Bilder sehen und verstehen

Ein Gemälde, eine Fotografie, eine Zeichnung, eine Infografik, eine Bilddatei, ein Filmbild, eine Illustration, ein Werbebild, ein Piktogramm, eine Landkarte, ein Diagramm, eine Vorstellung, ein Traumbild, ein Erinnerungsbild – während im Englischen zwischen *picture* – also äußeren Bildern, die wir sehen – und *image* – inneren Bildern, die in unseren Köpfen entstehen – unterschieden wird, verwendet das Deutsche für visuelle Phänomene nur das eine Wort *Bild*. Bemerkenswerter Weise entspricht dies auf neurophysiologischer Ebene dem Erkenntnisstand der Gehirnforschung, da sowohl innere als auch äußere Bilder in unseren Gehirnen auf die gleiche Art konstruiert werden. „Fast alle Hirnrindenareale, die bei der Wahrnehmung sichtbarer Objekte aktiv werden, [sind] auch aktiviert, wenn man sich die Objekte nur vorstellt", so der Hirnforscher Wolf Singer (Singer 2004, 67). Die menschliche Wahrnehmung ist kein passives Registrieren einer objektiv existierenden Welt außerhalb des Menschen. Vielmehr handelt es sich um einen aktiven Konstruktionsprozess. Für das Sehen bedeutet das, dass eingehende Reize auf der Netzhaut keine reinen Abbildungen der Welt, sondern vieldeutig sind und erst durch Gehirnaktivitäten konstruiert werden.

> Das Gehirn entwirft Modelle der Welt, vergleicht dann die einlaufenden Signale mit diesen Modellen und sucht nach den wahrscheinlichsten Lösungen. [...] Wir merken nicht, dass wir konstruieren, sondern wir glauben, dass wir abbilden. (Singer 2004, 75)

Trotz der dadurch zu vermutenden subjektiven, visuellen Wirklichkeitskonstruktion verfügt das menschliche Gehirn über eine Basis, die für ein gemeinschaftliches Bildverstehen sorgt. So werden biologisch bedingte, bestimmte visuelle Sinnesreize bei sehenden Menschen auf ähnliche Weise interpretiert. Gerade Linien in einem Bild zum Beispiel deutet das Gehirn als Linien in einem dreidimensionalen Raum und sich verändernde Farbabstufungen und Helligkeitswerte als sich ändernde Beleuchtungszustände. Innerhalb der Gesellschaft, in der ein Mensch aufwächst, verinnerlicht er zudem kulturelle Regeln der Bildkonstruktion sowie Bildkonventionen, sodass bestimmte Zeichen, Symbole und Piktogramme innerhalb einer Kultur eindeutig verstanden werden können. Außerdem überträgt sich während des Sozialisierungsprozesses innerhalb einer Kultur das sogenannte kollektive Gedächtnis, das ein Bildrepertoire einer gemeinsamen Erinnerungskultur einer Gesellschaft oder einer einzelnen Gruppe darstellt (Boehme-Neßler 2010). Dadurch, dass Sehen ein aktiver Konstruktionsprozess ist, der durch die Sozialisation und Erziehung beeinflusst wird, kann man sagen, dass Bilder die Gesellschaft und den Einzelnen hervorbringen. Lacan stellt einen Zusammenhang zwischen der Selbstbetrachtung im Spiegel und der Genese des Selbstbewusstseins und der Persönlichkeitsentwicklung her (Lacan 1948/1986). Zusammengefasst lässt sich sagen, dass das Sehen ein konstruktiver neuronaler Prozess ist: Bilder und Bildlichkeit formen das Selbstbild und das Bild von der Welt.

Sehen lernen

Der Sehsinn ist der wichtigste Sinn des Menschen, so nehmen wir unsere Umwelt zu etwa 70 Prozent über die Augen wahr. Durchschnittlich behalten wir nur 20 Prozent von dem, was wir hören, dagegen aber 30 Prozent von dem, was wir sehend aufnehmen. Ungefähr 60 Prozent der Großhirnrinde sind an der Verarbeitung eingehender visuellen Informationen beteiligt. Da Menschen in der Sekunde zirka 10 Millionen Informationen aufnehmen, selektiert das Gehirn zwischen wichtigen und unwichtigen Informationen. (Gegenfurtner et al. 2002, 89) Stammesgeschichtlich haben sich zwei Sehstrategien entwickelt, wobei der evolutionär ältere Sehmechanismus das wiedererkennende Sehen darstellt, das darauf ausgerichtet ist, schnell zu erfassen und zu identifizieren, wobei vor allem Formen, Farben und Hell-Dunkel-Unterschiede ausgewertet werden, um Bekanntes von Unbekanntem unterscheiden zu können, damit entsprechend (schnell) reagiert werden kann. Dieses Sehen wendet der Mensch auch auf Bilder an: Schnelles Überblicken der gezeigten Szenerie, Auffinden von prototypischen Merkmalen, um Referenzen zwischen dem Wahrgenommenen und dem eigenen Bildgedächtnis zu finden. Die Augen suchen im Bild nach Ähnlichkeitsbeziehungen zur äußeren Wirklichkeit, Motive und Inhalte des Bildes werden nach Repräsentationen von Wirklichem durchsucht.

Die Redewendung *auf den ersten Blick* gründet auf dieser Seherfahrung, die in den Kognitionswissenschaften als *präattentives Sehen* bezeichnet wird. Erschließt sich das Sichtbare nicht auf dem ersten Blick, aktiviert das Gehirn das *attentive Sehen*, das einen höheren Grad an Aufmerksamkeit und Konzentration erfordert. Dieser Modus des Sehens erlaubt es, komplexe Bilder zu erschließen und der Vieldeutigkeit von Bildern zu begegnen (Uhlig 2014). Bilder sehen und verstehen lernen beginnt in der frühsten Kindheit mit der Erkenntnis, dass das Motiv eines Bildes nicht das gleiche ist, wie beispielweise ein Apfel, in den man hineinbeißen kann. In dem Moment, in dem das Kind nicht mehr nach dem dargestellten Apfel greift, sondern ihn betrachtet, hat es gelernt, dass der Apfel in dem Bild nur ein Abbild eines echten Apfels ist. Dabei lernt das Kind zudem, dass das Motiv des Bildes und der Hintergrund zwei verschiedene, unterschiedlich zu gewichtende Bildinhalte, sind. Die Konturlinien, Punkte, Flecken und Farben werden als Merkmale des gezeigten Gegenstandes erkannt und ein zweidimensional abgebildeter Gegenstand als dreidimensionaler Gegenstand in der Wirklichkeit identifiziert (Kümmerling-Meibauer 2012). Je mehr Berührung das Kind mit unterschiedlichen Darstellungsformen, künstlerischen Techniken und Bildkompositionen hat, desto größer der Umfang an visuellen Codes,

> die im Laufe der Zeit erweitert und variiert werden, so dass das Kind, das regelmäßig Bilderbücher, aber auch Comics, Kinderfilme oder Bilder in Museen angesehen hat, beim Eintritt ins Schulalter bereits über zahlreiche visuelle Codes verfügt (Kümmerling-Meibauer 2012, 20).

Allerdings ist unser Sehen immer von unserem Erfahrungswissen geprägt, denn je nachdem, welche Informationen und Erfahrungen man im Laufe seines Lebens mit Äpfeln bemacht hat, schwingt dieses Wissen beim Sehen eines Apfels auf einem Bild mit, man sieht ihn durch die Brille des eigenen Weltwissens als *etwas*.

> Dass wir etwas *als etwas* sehen, also in seiner Bedeutung für uns und andere, ist gerade für die Entwicklung der Bildkompetenz entscheidend. Denn mit diesem *als etwas* emanzipiert sich das Sehen vom reinen Wiedererkennen und fügt ihm etwas hinzu: Bedeutung. In diesem „Als-etwas-Bereich“ bewegen sich Künstlerinnen und Künstler, wenn sie Bilder gestalten. Dann ist eine Kuh nicht nur eine Kuh, sondern repräsentiert bereits die Betrachtungsweise einer Kuh. (Uhlig 2010, H. i. O.)

Auch Bildbegegnungsstrategien, also wie unser Blick die Farben, Formen und den Aufbau erschließt, werden gelernt und werden durch kulturelle Konventionen geprägt. Um der Komplexität von Bildern zu begegnen, reagieren die Betrachtenden auf Attraktoren, die die Aufmerksamkeit auf sich lenken, und wandern durch das Bild in einer Art Scanning-Verfahren. Zunächst sucht das Auge nach bekannten Motiven, die meist im Zentrum der Bildfläche vermutet werden. Im westlichen Kulturkreis ist der Weg durch das Bild durch die Leserichtung von links nach rechts angelernt (Uhlig 2010). Nachdem Motive und örtliche Umgebungen wiedererkannt wurden, werden Bezüge der einzelnen Elemente im Bild gesucht und nach Botschaften gesucht.

> Sehen ist immer auf das Herstellen von Beziehungen und Sinnzusammenhängen, auf das Generieren von Bedeutung gerichtet. (Dehn 2014, 126)

Sehen fördern in der Kinderbibliothek

Das stehende Bild im Gegensatz zum Bewegtbild fördert das differenzierende und verweilende Sehen, bei dem es mehr zu entdecken gibt als Motive und Inhalte, nämlich das Bildliche selbst. Bilderbücher bieten den besten Zugang zur visuellen Kultur. Denn wer Bilderbücher, Bilderbuchkinos oder Kamishibai-Bildkarten einsetzt und im gemeinsamen Gespräch mit den Kindern die Bilder erschließt, fördert nicht nur die Sprachentwicklung der Kinder (Dehn 2014), sondern auch das genaue Hinsehen. Besonders dann, wenn Bilder sich nicht sofort erschließen, sondern zum Nachdenken anregen, bergen sie das Potenzial, das *attentive Sehen* zu aktivieren und so komplexere Bildinhalte zu enträtseln. Textfreie Bilderbücher eigenen sich, um Kindern die Möglichkeit zu geben, Vermutungen über das Gesehene zu äußern und ihnen Zeit und Raum zu geben, um einzelne Bilderbuchbilder zu erforschen (Eder et al. 2017). Dazu braucht es jedoch eine entsprechende Haltung der betreuenden Begleitperson, des Bibliothekspersonals. Solange Erwachsene die Bildungsaufgaben von Bildern allein darin erkennen, Kindern Themen und Geschichten zu transportieren, weil diese noch nicht lesen können, reduzieren sie Bilder darauf, Mittel zu einem bestimmten Zweck zu sein. Doch sie sind mehr, nämlich Bilder. Rene Magritte verdeutlich das in seinem berühmten Bild „Ceci n'est pas une pipe" von 1929. Der Künstler malte eine Pfeife auf eine Leinwand und schrieb darunter „Dies ist keine Pfeife!" und zeigt damit zum einen, dass Bild und Wort sich nicht-entsprechende Codes sind, zum anderen verweist das Bild auf die Tatsache, dass das, was auf dem Bild zu erkennen ist – die Pfeife – eben keine Pfeife ist, sondern ein Bild von einer Pfeife. Für gewöhnlich wird jedoch das, was das Bild zeigt, und das Objekt Bild selbst als ein und dasselbe wahrgenommen: „Das Bild und sein Inhalt verschmelzen bis zur Ununterscheidbarkeit" (Boehm 1994, 330). Lernszenarien, in denen über die Beschaffenheit von Bildern, über ihre Stofflichkeit und Materialität gesprochen wird, schaffen ein Bewusstsein dafür, dass ein Bild ein Medium mit eigenen Qualitäten ist, hinter dem ein Produktionsprozess steht. Eine Person hat das Bild gestaltet, um mit Hilfe bestimmter Mittel etwas auszudrücken, zum Beispiel eine *symbolische Repräsentation* von etwas, dass sich mit Sprache nicht ausdrücken lässt (Bering 2020).

Bezogen auf die literar-ästhetische Situation der dialogischen Bilderbuchbegegnung bietet es sich an, Fragen so zu stellen, dass die von dem Bildwissenschaftler Gottfried Boehm (1994) identifizierte Verschmelzung von Bildinhalt und Bild aufgehoben wird. „Was *siehst* du auf dem *Bild*?" statt zu fragen „Was passiert hier?" oder „Was siehst du?" Wo ein Bewusstsein dafür entsteht, dass Bilder in einem Buch von einer Person hergestellt wurden, entsteht ein Wissen darüber, dass Bilder eine Eigenständigkeit haben. Jedes Bild wurde von einer Illustratorin oder einem Illustrator gestaltet: Wie wurden die Bilder gemalt oder gezeichnet? Welche Farben wurden verwendet?

Eine umfangreiche und brauchbare Darstellung zur praktischen Umsetzung von *Visual Literacy* für Kinder- und Jugendbibliotheken hat Schröder (2015) vorgelegt. Neben Schröders Konzeptionen können in Bibliotheken auch Begegnungen zwischen Illustratorinnen und Illustratoren und Kindern oder Jugendlichen *Visual Literacy* fördern. Wenn Illustratorinnen und Illustratoren während Workshops Originalbilder zeigen oder auf Fragen der Kinder, wie was warum so dargestellt wurde, Auskunft geben, öffnet das einen Raum, der deutlich macht, dass die Bilder durchdachte Kompositionen sind, die mit einer bestimmten künstlerischen Technik analog oder digital gestaltet wurden. Indem Kinder im Anschluss selbst Bilder mit der gleichen künstlerischen Technik gestalten, bekommen sie Informationen darüber, wie sich Farben, Stifte, Papiere und Materialien zueinander verhalten. Nicht das vermeintlich richtige abbildende Malen sollte dabei im Vordergrund stehen, sondern eine Auseinandersetzung mit Material und Stofflichkeit der jeweiligen Charakteristik und Qualität der Bilder (Wildeisen 2013). Anregungen für Methoden, die in Veranstaltungskonzepten von Bibliotheken hilfreich sind, stellt Schoppe (2011) vor.

Auch wenn Zeichenprogramme heute die spezifische Ästhetik einer künstlerischen Technik generieren können, ist es hilfreich, die analoge Herkunft einer speziellen Technik sinnlich erfahren zu haben, um prinzipiell die *Gemachtheit* von Bildern zu verstehen. Das genaue Hinsehen bei der Bilderbuchbetrachtung lässt sich dadurch initiieren, dass Detailkärtchen von scheinbar nebensächlichen Elementen von einzelnen Bilderbuchseiten erstellt und an die Kinder ausgegeben werden: Wer findet die Details? Um den Aufbau und die Komposition eines Bildes nachzuvollziehen, lohnt es sich, Farbkopien einzelner Seiten eines Bilderbuchs auszudrucken und die Kinder Vordergrund, Mittelgrund und Hintergrund oder einzelne Bildelemente ausschneiden zu lassen.

Fazit

Bildmaterial, das in Bibliotheken zur Informationsvermittlung verwendet wird, ist meistens digital oder wird auf digitale Weise präsentiert. Funktionale Bildsorten wie Landkarten, Infografiken, und Datenvisualisierung dienen dazu, Informationen sachlich und so objektiv wie möglich zu vermitteln. Genaues Hinschauen ist hier besonders gefragt: Da sie auf Zahlen basieren, wird ihnen eine große Wirkungsmacht zugeschrieben und ihre Darstellungsform suggeriert Wissenschaftlichkeit. Dennoch stellen Zahlen keine Fakten dar, sie sind „nur eine Annäherung an die Realität" (Timcke 2021, 112). Eine hilfreiche Handreichung für den Umgang mit visuellen Materialien vor allem für Wissenschaftliche Bibliotheken haben amerikanische Bibliothekarinnen und Bibliothekaren mit *Visual Literacy for Libraries. A Practical, Standards-Based Guide* (Brown et al. 2016) zusammengetragen. Auch in medienpädagogischen Veranstaltungsangeboten spielen digitale Bilder und Bewegtbilder eine zentrale Rolle, um handlungs- und produktionsorientiert Medienkompetenz zu fördern. Obwohl fast jeder Mensch der westlichen Welt digitale Endgeräte täglich nutzt, um bildstark schnell, effizient und einfach zu kommunizieren, steht auch innerhalb der Medienpädagogik eine nähere Beschäftigung mit dem digitalen Bild im Sinne einer *Visual Literacy* noch aus (Missomelius 2017).

Die Verwendung von Farb- Kontrast-, Schärfe- und Zuschnittoptimierung der Handykameras oder Filter gehören zur täglichen Konvention digitaler Bildgestaltungspraxis. Mit Hilfe von Apps können wir digitale Fotos bearbeiten, verändern und generieren. Wo fängt Manipulation an? Wenn, wie oben gezeigt, das Sehen unser Welt- und Selbstbild beeinflusst, welche Realität prägt den Menschen mehr, die digitale oder die wirkliche? Selbst Pressefotografien können keinen Anspruch auf Authentizität mehr erheben (Gerth 2018).

Zudem fordern die jüngsten Entwicklungen im Bereich der Künstlichen Intelligenz eine höhere Dringlichkeit nach *Visual Literacy*, denn durch die Möglichkeiten, realistisch wirkende Medieninhalte durch Techniken künstlicher Intelligenz autonom zu erstellen, dem sogenannten Deepfake, scheint jeglicher Authentizitätsanspruch fotografischer oder audio-visueller Bildlichkeit aufgehoben. „Digitale Bilder entsprechen nicht mehr der Logik der Repräsentation, sondern der Simulation" (Missomelius 2017, 1).

Die Bedeutung des Textes als dominierendes Informations- und Kommunikationsmittel hat sich durch „die Revolutionierung der Bildmedien durch das Digitale seit dem Siegeszug des Internets (seit 1995), der Sozialen Medien (seit 2004) und mobiler Endgeräte (seit 2007), sowie innovativer Bildtechnologien (VR/AR, AI etc.)" (Klinke 2018, 1) relativiert. *Visual Literacy* sollte ein zentrales Thema in Bildungseinrichtungen und Bibliotheken sein.

Literatur

Boehm, G. (1994) Die Bilderfrage. In: G. Boehm (Hrsg.): *Was ist ein Bild?* München: Fink, 325–343.

Boehme-Neßler, V. (2010): *BilderRecht. Die Macht der Bilder und die Ohnmacht des Rechts. Wie die Dominanz der Bilder im Alltag das Recht verändert.* Berlin; Heidelberg: Springer.

Bering, K. (2020): Bildkompetenz [online]. *socialnet Lexikon*. Bonn: socialnet, https://www.socialnet.de/lexikon/29055.

Brown, N. E.; Bussert, K.; Hattwig, D.; Medaille, A. (2016): *Visual Literacy for Libraries. A Practical, Standards-Based Guide*. Chicago: ALA Editions.

Dehn, M. (2014): Visual Literacy, Imagination und Sprachbildung. In: J. Knopf; U. Abraham (Hrsg.): *BilderBücher, Band 1 Theorie*. Baltmannsweiler: Schneider Hohengehren, 125–134.

Eder, K.; Seewald, K.; Wildeisen, S. (2017): Neunauge. *Von der Lust am Bild zur Bildung der Sprache*. Ludwigsfelde: LISUM.

Gegenfurther, K. R.; Walter, S.; Braun, D. I. (2002): Visuelle Informationsverarbeitung im Gehirn. In: Huber, H. D.; Lockermann, B.; Scheibel, M. (Hrsg.): *Bild/Medien/Wissen. Visuelle Kompetenz im Medienzeitalter*. München: kopaed, 69–88.

Gerth, S. (2018): Auf der Suche nach Visueller Wahrheit. Authentizitätszuschreibung und das Potenzial der Wirklichkeitsabbildung durch Pressefotografien im Zeitalter digitaler Medien. *IMAGE* 27/1, 5–23.

Johnston, D. (2020): Seeing Sense: Visual Literacy as a Tool for Libraries. Learning and Reader Development. *Education in the North* 27/2. 272–273.

Klinke, H. (2018): Brauchen wir eine Bildwissenschaft 2.0 für das digitale Bild? [online]. dahblog.arthistoricum.net https://blog.arthistoricum.net/beitrag/2018/04/16/brauchen-wir-eine-bildwissenschaft-20-fuer-das-digitale-bild.

Kümmerling-Meibauer, B. (2012): Bilder intermedial. Visuelle Codes erfassen. In: Anja Pompe (Hrsg.): *Literarisches Lernen im Anfangsunterricht*. Baltmannsweiler: Schneider Hohengehren, 58–72.

Lacan, J. (1986): Das Spiegelstadium als Bildner der Ichfunktion, wie sie uns in der psychoanalytischen Erfahrung erscheint (1948). In: J. Lacan: *Schriften I.*, Weinheim, Berlin: Quadriga, 61–70.

Missomelius, P. (2017): Medienpädagogische Aufgabenfelder hinsichtlich der Visualität im digitalen Zeitalter. *Medienpädagogik. Zeitschrift für Theorie und Praxis der Medienbildung* 27, 226–238.

Missomelius, P. (2020): Die Spezifik digitaler Bildkulturen. Plädoyer für eine Perspektivenerweiterung auf mediale Strukturen und medienkulturelle Hintergründe. *Erziehung und Unterricht* 3–4, 224–232.

Jacobs, H. (2008): Information Literacy and Reflective Pedagogical Praxis. *Journal of Academic Librarainship* 34/3, 256–262.

Schoppe, A. (2011): *Bildzugänge. Methodische Impulse für den Unterricht*. Seelze: Klett Kallmeyer.

Schröder, B. (2015): *Bild(er)leser wissen mehr! Das Bilderbuch als Vermittler von „Visual Literacy". Eine Aufgabe für die Kinder- und Jugendbibliotheksarbeit?* Wiesbaden: Dinges & Frick.

Singer, W. (2004): Das Bild in uns. Vom Bild zur Wahrnehmung. In: C. Maar; H. Burda (Hrsg.): *Iconic Turn. Die neue Macht der Bilder*. Köln: Dumont-Literatur-und-Kunst, 56–76.

Timcke, M.-L.; Schneider, B. (2021): Welt aus Daten. Datenjournalismus während der Corona-Pandemie. *Zeitschrift für Medienwissenschaft* 13/2, 102–114. https://doi.org/10.25969/mediarep/16793.

Uhlig, B. (2010): Bildlichkeit. *Zur Bedeutung von Bildrezeption, Imagination und Visualisierung in Lernprozessen*. Vortrag auf der Aufschlusstagung „imago2010". https://docplayer.org/27029459-Bildlichkeit-zur-bedeutung-von-bildrezeption-imagination-und-visualisierung-in-lernprozessen.html.

Uhlig, B. (2014): „Ich sehe etwas, was du nicht siehst." Bildersehen und Bildimagination bei der Betrachtung von Bilderbüchern. In: G. Scherer; S. Volz; M. Wiprächtiger-Geppert (Hrsg.): *Bilderbuch und literar-ästhetische Bildung. Aktuelle Forschungsperspektiven*. Trier: Wissenschaftlicher Verlag Trier, 9–22.

Wildeisen, S. (2013): Kunst am Bilderbuch. Aspekte einer bildfokussierten Bilderbuchanalyse. *kjl&m. Forschung, Schule, Bibliothek* 1, 3–10.

Kerstin Keller-Loibl und Richard Stang

Bibliothekspädagogik und Digitalisierung

Einleitung

Die technologischen Umbrüche der letzten Jahrzehnte vom Internet bis zur Künstlichen Intelligenz (KI) haben zu tiefgreifenden gesellschaftlichen Veränderungen geführt und werden auch in den nächsten Jahren zu weiteren führen. Die zunehmende Bedeutung der *Digitalisierung* hat zur Folge, dass Themen wie *Konnektivität* und neue Kompetenzen – zum Beispiel *Digital Literacy* – größere Relevanz erhalten. Digitale Schlüsselkompetenzen sind für den Alltag, die Kommunikation und das Lernen, Arbeiten und Forschen unverzichtbar geworden (Bundesregierung 2021, 10). Um möglichst vielen Menschen die Möglichkeit zu eröffnen, an den Veränderungsprozessen aktiv teilnehmen zu können, und damit einer gesellschaftlichen Teilung (Digital Divide) entgegenzuwirken, bedarf es verstärkter Aktivitäten auf allen Ebenen der Bildung. Die Kultusministerkonferenz hat ebenfalls darauf hingewiesen:

> Das deutsche Bildungssystem steht vor großen Herausforderungen wie dem Umgang mit Heterogenität, dem Abbau von Bildungsungleichheit oder der Öffnung und Flexibilisierung von Bildungswegen, zu deren Lösung es auch technologiebasierter Innovationen bedarf. (KMK 2021, 4)

Bereits 2016 hat die Kultusministerkonferenz die Bedeutung digitaler Kompetenzen adressiert:

> Kompetenzen für ein Leben in der digitalen Welt werden zur zentralen Voraussetzung für soziale Teilhabe, denn sie sind zwingend erforderlich für einen erfolgreichen Bildungs- und Berufsweg. Das Lernen im Kontext der zunehmenden Digitalisierung und das kritische Reflektieren werden künftig integrale Bestandteile dieses Bildungsauftrages sein. (KMK 2016, 4)

Die Digitalisierung eröffnet neue Wege des Lernens und bietet auch für Bibliotheken die Chance, sich als Bildungseinrichtung neu zu positionieren. Didaktisch aufbereitete Lernvideos und Tutorials gehören in einigen Bibliotheken bereits zum Portfolio, andere setzen digitale Lernplattformen und interaktive Tools und Apps ein, um ihren Nutzerinnen und Nutzern ein aktives und selbstgesteuertes Lernen zu ermöglichen.

In diesem Zusammenhang kommt der Bibliothekspädagogik, die einen wichtigen Beitrag zur Medienbildung leisten kann, eine besondere Rolle zu. Sie kann Angebote, die über die Veränderungstrends informieren und einen kritischen Austausch fördern, generieren sowie mithilfe von digitalen Werkzeugen einen besseren Zugang zu den Angeboten der Bibliothek ermöglichen. Auch können Nutzerinnen und Nutzer angeregt werden, selbst digitale Medien wie Videos oder Podcasts kreativ zu gestalten. Sowohl für Kinder und Jugendliche als auch für Erwachsene entwickelten Bibliothe-

https://doi.org/10.1515/9783111032030-020

ken in den letzten Jahren neue Angebotsformate, die den reflektierten und kreativen Umgang mit digitalen Medien fördern sollen.

Der folgende Beitrag beschreibt, wie Bibliotheken auf die Veränderungen durch die Digitalisierung reagieren und wie ihre Angebote für unterschiedliche Zielgruppen weiterentwickelt werden. Gefragt wird, ob die pädagogischen Ansätze und die Didaktik den neuen Möglichkeiten und Formen des digitalen Lernens angepasst wurden und inwiefern die Bibliothekspädagogik einen Beitrag leisten kann, der mit der Digitalisierung einhergehenden gesellschaftliche Spaltung entgegenzuwirken.

Bibliotheken und Digitalisierung

In der vom *Rat für Kulturelle Bildung* beauftragten Studie *Bibliotheken/Digitalisierung/Kulturelle Bildung. Horizont 2018* (Rat für Kulturelle Bildung 2018) wurden Bibliotheksleitungen hauptamtlich geführter Öffentlicher Bibliotheken in Deutschland nach ihrem Verständnis von Digitalisierung befragt. Am häufigsten wurde die *Veränderung der Kommunikation* genannt, während nur jede vierte Bibliothek das *Selbstverständnis von Kulturinstitutionen und Bildungseinrichtungen* berührt sah (Rat für Kulturelle Bildung 2018, 18). Auf die Frage nach den vorhandenen kulturellen Angeboten und wie sich diese unter dem Einfluss der Digitalisierung verändern, gaben die Bibliotheksleitungen ein breites Spektrum an, darunter sprach- und lesefördernde Veranstaltungen, Bibliotheksführungen mit Tablets oder eine Trickfilmwerkstatt. Die Angebote richteten sich häufig an Kinder und Jugendliche, aber auch an ältere und mobil eingeschränkte Nutzerinnen und Nutzer. Mehrheitlich wurde festgestellt, dass sich die Angebote durch die Digitalisierung in den letzten fünf Jahren verändert haben (Rat für Kulturelle Bildung 2018, 27–28). Die Studie kommt zu dem Ergebnis, dass in fast allen Öffentlichen Bibliotheken in Deutschland „angeleitete Angebote zur Leseförderung und Literaturvermittlung vorhanden [sind]. [...] Bei 94 Prozent der Großstädte und 80 Prozent der mittelgroßen Städte kommt hierbei digitale Technik zum Einsatz“ (Rat für Kulturelle Bildung 2018, 9).

Offen bleibt, welche Qualität diese weiterentwickelten digitalen oder hybriden Bibliotheksangebote haben und inwiefern sie pädagogisch fundiert sind. Ein digital geprägtes Bildungsangebot erfordert eine angepasste didaktische Rahmung. Die Befragung widmet sich allerdings diesem Thema nicht, verweist aber darauf, dass nahezu allen Bibliothekleiterinnen und -leitern bewusst ist, dass sich mit der Digitalisierung die Qualifikationsanforderungen an das Bibliothekspersonal verändern werden (Rat für Kulturelle Bildung 2018, 30–31).

Die Studie belegt auch, dass der Beitrag der Bibliotheken zur Digitalisierung stark von der digitalen Grundausstattung und den Personalressourcen abhängig ist. So konnten 25 Prozent der Gemeindebibliotheken im Jahr 2018 kein öffentliches WLAN anbieten (Rat für Kulturelle Bildung 2018, 9). Hier zeigt sich deutlich, welche Grenzen gesetzt sind und dass es dringend erforderlich ist, die notwendigen technischen Voraussetzungen in Bibliotheken zu schaffen, wenn diese auf dem Feld der digitalen Bildung aktiv werden sollen.

Auch die Ergebnisse des Förderprogramms *WissensWandel* des Deutschen Bibliotheksverbandes e. V. (dbv), das von der Bundesbeauftragten für Kultur und Medien (BKM) und dem Bundesministerium für Bildung und Forschung (BMBF) unterstützt wurde, zeigt den Nachholbedarf bei digitalen Angeboten. Das 2020 bis 2023 laufende Programm förderte bundesweit 751 Digitalisierungsprojekte von Bibliotheken und Archiven. Neben der Digitalisierung von Beständen wurden auch Datenbanken und E-Learning-Plattformen ausgebaut sowie Projekte zur Medienbildung entwickelt (dbv 2023a).

Insgesamt lässt sich feststellen, dass sowohl die Öffentlichen Bibliotheken als auch die Wissenschaftlichen Bibliotheken in den letzten Jahren vielfältige Aktivitäten in Angriff genommen haben, um digitale Angebote und die Auseinandersetzung mit ihnen in den Fokus zu rücken (Stang 2018). Neben der Verfügbarmachung von Datenbanken sowie der Onlinenutzung und Onleihe von Print-, Audiomedien und Videos sind es auch Computer- und Konsolenspiele sowie mobile Anwendungen im Kontext von Social Media, die das Portfolio ergänzt haben. Dazu kommen Angebote im Kontext von E-Learning wie digitale Lern- und Sprachkurse sowie Videotutorials. Dabei werden auch unterschiedliche Zielgruppen adressiert.

Fokus Kinder und Jugendliche

Im Zuge der digitalen Transformation veränderten sich die Angebote von Öffentlichen Bibliotheken für Kindertagesstätten und Schulen. Neben dem Einsatz von Tablets in der Veranstaltungsarbeit und der Verwendung von Apps und digitalen Tools wie zum Beispiel *Actionbound* wurden neue Spiel- und Lernformate entwickelt, die dem veränderten Mediennutzungsverhalten der Kinder und Jugendlichen entsprechen (mpfs 2022a; mpfs 2022b). Ein Beispiel ist das Programm zur digitalen Medienbildung der Stadtbücherei Frankfurt am Main mit dem Titel *#iPäd.* Von Bibliothekspädagoginnen wurde ein Pool von 32 Konzepten zur digitalen Medienbildung auf pädagogisch-didaktischer Grundlage entwickelt und das Personal entsprechend geschult, sodass im gesamten Frankfurter Bibliotheksnetz diese Veranstaltungen angeboten werden können (Schmidt 2021, 246–251).

Auch in anderen Bibliotheken entstanden neue crossmediale Formate, die das pädagogische Ziel verfolgen, Kenntnisse und Fähigkeiten im Umgang mit analogen und digitalen Medien zu fördern und eine Orientierung in der digitalen Medienwelt zu bieten. Befördert wurde diese Entwicklung durch Förderprojekte des dbv in Zusammenarbeit mit Partnern wie der Stiftung Digitale Chancen.

Im Projekt *Lesen macht stark – Lesen und digitale Medien* (2013–2017) lag der Fokus darauf, die Sprach- und Leseförderung mit digitalen Medien zu bereichern und basale Kompetenzen in der Nutzung digitaler Medien und in der Mediengestaltung zu fördern. Kinder und Jugendliche im Alter von drei bis 18 Jahren entwickelten in altersspezifischen Projekten zum Beispiel Fotostorys, erstellten mit Tablets und Apps Comics, Buchtrailer oder Stop-Motion-Filme oder bewerteten Konsolenspiele (dbv 2017).

Im Nachfolgeprojekt *Total Digital! Lesen und erzählen mit digitalen Medien* (2018–2022) sollten „Medien der alltäglichen Nutzung zum Einsatz kommen, damit die Zielgruppe auch nach Projektabschluss die Möglichkeit hat, diese weiter kreativ zu nutzen“ (dbv o. J.). Zur Zielgruppe zählten auch Kinder und Jugendliche, die „weniger privilegiert und deren Zugänge zu Bildung erschwert sind“ (dbv o. J.). Bibliotheken nutzten dieses Förderprogramm und erprobten neue digitale Konzepte. Die Projektinhalte waren vielfältig: Vom Bienen-Roboter („BeeBot“) und Coding über Trickfilm, Buchtrailer und Podcast bis Bilderbuchkino und Projekten mit Instagram.[1]

Auch in der dritten Förderphase *Gemeinsam Digital! Kreativ mit Medien* (2023–2027) stehen Kinder und Jugendliche von drei bis 18 Jahren im Fokus, „die in benachteiligenden Lebenssituationen gemäß der Risikolagen des Nationalen Bildungsberichts aufwachsen (Erwerbslosigkeit, geringes Einkommen und/oder geringe Qualifikation der Eltern)“ (dbv 2023b). Allerdings bleibt offen, wie diese Zielgruppe erreicht werden soll und welche methodischen Ansätze Teilhabe ermöglichen. Medienarbeit mit sozial benachteiligten Kindern und Jugendlichen benötigt umfangreiche pädagogischen Begleitung, vor allem im Hinblick auf mediale Partizipationsräume und die Förderung von kritisch-reflexiven Kompetenzen, um das eigene Nutzungsmuster zu hinterfragen (Keller-Loibl 2021, 60). Die dbv-Förderprojekte verfolgen in erster Linie den produktionsorientierten Ansatz, der zwar aus wissenschaftlicher Perspektive für diese Zielgruppe relevant ist, aber nur in Verbindung mit einer gezielten kritischen Auseinandersetzung mit Medien und Medieninhalten die Defizite von bildungsbenachteiligten Kindern und Jugendlichen im Medienumgang ausgleichen kann (Kutscher et al. 2009, 49–50). Dabei ist die Differenzierung als didaktisch-methodisches Prinzip, das sich an der Heterogenität der Lerngruppe sowie an der Individualität eines jeden Lernenden orientiert, von entscheidender Bedeutung (KMK 2021, 5).

Unbestritten ist, dass solche Förderprojekte Impulse und Anregungen für den Einsatz neuer Technologien in der Kinder- und Jugendbibliotheksarbeit liefern und mit einer Projektfinanzierung einen besonderen Anreiz zur Beteiligung bieten. Auch wenn (noch) nicht in allen Öffentlichen Bibliotheken digitale Leseförderung und Medienbildung zum Standard gehören, wurde ein Paradigmenwechsel eingeleitet (Keller-Loibl 2021, 60). Klärungsbedarf besteht darin, wie sich Öffentliche Bibliotheken in der Landschaft der digitalen Bildung insgesamt verorten wollen und welche konkreten Kompetenzen gefördert werden sollen. Das Strategiepapier *Bildung in der digitalen*

1 Auf der Projektseite von „Total digital!“ sind Praxisbeispiele zu finden: https://www.lesen-und-digitale-medien.de.

Welt der Kultusministerkonferenz (KMK) definiert für Schülerinnen und Schüler sechs Kompetenzbereiche, die beschreiben, über welche digitalen Kompetenzen diese verfügen sollten:

1. Suchen, Verarbeiten und Aufbewahren (u. a. in digitalen Umgebungen suchen, relevante Quellen finden, Informationen und Daten analysieren),
2. Kommunizieren und Kooperieren (u. a. digitale Kommunikationssysteme, digitale Werkzeuge, ethische Prinzipien),
3. Produzieren und Präsentieren (u. a. digitale Produkte, Urheber- und Nutzungsrechte, Persönlichkeitsrechte),
4. Schützen und sicher Agieren (u. a. persönliche Daten und Privatsphäre, Daten sichern),
5. Problemlösen und Handeln (u. a. technische Probleme lösen, digitale Werkzeuge und Medien nutzen),
6. Analysieren und Reflektieren (u. a. Analyse digitaler Medienangebote, Reflektion der Potenziale der Digitalisierung) (KMK 2016, 16–18).

Diese Kompetenzbereiche zeigen, dass Digitalkompetenz weit über die Nutzung der digitalen Medien und Technologien hinausgeht. Schnittmengen zur Informations- und Medienkompetenz finden sich in jedem der sechs Kompetenzfelder.

Digitale Bildung sollte nach Meyer jedoch breiter gefasst werden als im KMK-Strategiepapier, das vorrangig auf technisches Know-how, auf Datenschutzbewusstsein und Problemlösefähigkeit setzt und nicht auf Persönlichkeitsbildung und Mündigkeit abzielt. Ein erster Schritt bestehe darin, Kinder und Jugendliche zu reflektierter Distanz gegenüber der eigenen Mediennutzung anzuregen, was angesichts der Faszinationskraft digitaler Medien nicht einfach sei (Meyer 2020). In den Ergänzungen zum KMK-Strategiepapier wird empfohlen, Bildungsprozesse in den Blick zu nehmen, die sich aus den medialen Lebenswelten der Lernenden ergeben (KMK 2021, 6). Hier könnte die Bibliothekspädagogik ihre Stärken ausspielen: Bibliotheken bieten ideale Voraussetzungen, Kinder- und Jugendliche mit niederschwelligen und partizipativen pädagogischen Angeboten in ihrer freien Zeit zu erreichen. Die bisher entwickelten Konzepte im Rahmen der Förderprogramme nutzen bereits die digitalen Alltagsmedien von Kindern und Jugendlichen und könnten mit spielerischen Methoden für die Chancen und Risiken digitaler Medien sensibilisieren, zum Beispiel in Bezug auf Bildrechte bei Instagram oder Fake News.

Nach ihren Assoziationen zu „Smartphones, Internet und Digitalisierung" befragt, nannten 14- bis 17-Jährige in der Studie *Wie ticken Jugendliche?* spontan WhatsApp, Instagram, Snapchat, YouTube und Co. Auch Begriffe wie Kommunikation, Kontakte, Freunde und Leute kennenlernen gehörten zu den positiven Assoziationen. Über ein Drittel der befragten Jugendlichen nannten jedoch auch negative Aspekte wie zum Beispiel die Handy- und Onlinesucht, den Verlust des menschlichen Kontakts sowie die Verbreitung von Fake News (Calmbach et al. 2020, 320). Hier zeigt sich ein breites Repertoire an Themen für die Bibliothekspädagogik. Ein Beispiel für ein erfolgreiches

Bibliotheksprojekt zum Thema „Fake News" ist das Planspiel *Die FakeHunter*, das von der Büchereizentrale Schleswig-Holstein und der Aktion Kinder- und Jugendschutz entwickelt wurde (Reckling-Freitag 2021).

Fokus Erwachsene/Lebenslanges Lernen

Besonders für die Zielgruppe der Erwachsenen ist der digitale Wandel eine immense Herausforderung, da sie sich immer wieder auf neue technologische Veränderungen einstellen müssen und anders als Kinder und Jugendliche in diese Veränderungen nicht hineinwachsen. Die wirtschaftlichen Herausforderungen erfordern von den Menschen permanente Weiterbildung und eben auch Informations- und Medienkompetenz. Dabei gilt es in Zukunft auch die Seniorinnen und Senioren verstärkt in den Blick zu nehmen (Homann 2018). Auch erfordern die verstärkte Migration und der damit einhergehende Bedarf an Unterstützungsstrukturen für das Lernen neue Konzepte für die Arbeit mit Erwachsenen. Inklusion ist ein weiteres Thema, das in diesem Zusammenhang zu nennen ist. Dies zeigt, wie vielfältig die Herausforderungen bezogen auf die Zielgruppe der Erwachsenen sind.

Vor diesem Hintergrund erstaunt es, dass diese Zielgruppe bislang nur sehr zögerlich mit Angeboten und Förderlinien bedacht wird. Natürlich bieten Öffentliche Bibliotheken vielfältige Zugriffe auf digitale Medien und ermöglichen dadurch die Teilhabe. Auch gab es Projekte, E-Learning-Angebote in Zusammenhang mit Erwachsenen-/Weiterbildungseinrichtungen zu etablieren. So konnte zum Beispiel im Rahmen eines Kooperationsprojektes der Stadtbibliothek und der Volkshochschule Ludwigsburg Blended-Learning-Angebote entwickelt werden, in deren Rahmen Teilnehmende der Volkshochschule auf einer Lernplattform der Bibliothek zurückgreifen konnten, um Lerneinheiten ergänzend zum Volkshochschulkurs durcharbeiten zu können (Nachtwey 2017, 113–114). Angebote zur Einführung in digitale Medien, zur Informationsbeschaffung, zur Informations- und Medienkompetenzentwicklung sowie Beratungsangebote zur Informationsrecherche haben dazu beigetragen, dass Öffentliche Bibliotheken im Bildungsbereich in Bezug auf das Thema Digitalisierung eine wichtige Funktion einnehmen.

Allerdings fehlt es im bibliothekspädagogischen Kontext an erwachsenenpädagogischen Zugängen, da die Bibliothekspädagogik in Öffentlichen Bibliotheken den Fokus bislang vor allem auf Kinder und Jugendliche gerichtet hat.

Fokus Studierende und Wissenschaftlerinnen und Wissenschaftler

Die Hochschulen sind auf dem Weg der digitalen Transformation in Lehre und Studium. Diese Entwicklung stellt neue Anforderungen an Hochschulbibliotheken. Ein stärker digital geprägtes Lehrangebot erfordert eine entsprechend angepasste Bibliotheksdidaktik. Dies betrifft nicht nur das Angebot an Schulungen und Bildungsangeboten jeglichen Formats, die zunehmend digital in Form von Lernvideos oder Tutorials entwickelt werden, sondern auch die Anpassung des Lernorts Bibliothek an die neue digitale Lehr- und Lernkultur.

In den Empfehlungen zur Digitalisierung in Lehre und Studium des Wissenschaftsrates heißt es dazu:

> In einer zunehmend digital geprägten Lehre werden Hochschulbibliotheken zu interaktiven Lernorten mit vielfältigen Nutzungsszenarien und sollten darauf räumlich und konzeptionell vorbereitet sein. (Wissenschaftsrat 2022, 10)

Der Wissenschaftsrat empfiehlt den Hochschulen, neue didaktische Konzepte für die digitale Lehre zu entwickeln. Diese digitalen Lehrformate sollen genutzt werden, „um Studierenden eine intensive Lernerfahrung mit verschiedenen Arten des Lernens zu ermöglichen und das selbstbestimmte, individuelle und kollaborative Lernen zu fördern“ (Wissenschaftsrat 2022, 8).

Lehrende benötigen Weiterbildungsangebote, damit sie neue didaktische Lehr- und Prüfungskonzepte erproben und deren vielfältige Möglichkeiten ausschöpfen können (Wissenschaftsrat 2022, 8). Von diesen Weiterbildungsangeboten konnten in den letzten Jahren auch Mitarbeitende von Hochschulbibliotheken profitieren.

Doch auch im Hochschulbereich muss sich die Bibliothekspädagogik neu sortieren. Unter der Perspektive des Shift from Teaching to Learning und des damit verbundenen Kulturwandels an Hochschulen (Becker/Stang 2022) werden veränderte didaktische Zugänge notwendig. Wissenschaftliche Bibliotheken sollten hier spezifische Lehr-/Lernkonzepte entwickeln, die es den Nutzerinnen und Nutzern möglich machen, die Potenziale des digitalen Wandels auszuschöpfen, aber auch dessen Probleme zu reflektieren. Themen wie Data Literacy, Datenschutz, wissenschaftliches Arbeiten mit KI, digitales Wissensmanagement und Informationsethik werden immer wichtiger, haben aber bisher kaum Eingang in das Schulungsangebot von Wissenschaftlichen Bibliotheken gefunden. Es bedarf Lernorte, die das digitale Arbeiten, Lernen und Forschen ermöglichen und den Erwerb digitaler Kompetenzen fördern. Die Entwicklung rund um Künstliche Intelligenz wie ChatGPT zeigt, wie wichtig eine kompetente, auch pädagogische Begleitung der Veränderungsprozesse ist.

Herausforderung

Die Digitalisierung und der beschleunigte digitale Wandel erfordern in allen gesellschaftlichen Kontexten ein agiles Reagieren. Dies wird deutlich, wenn man sich zum Beispiel die Entwicklung der Nutzendenzahlen von ChatGPT anschaut. Nachdem es im November 2022 kostenfrei auf den Markt gekommen war, hatte ChatGPT innerhalb von fünf Tagen eine Million Nutzer und stellte damit „einen Rekord für die am schnellsten wachsende Nutzerbasis in der Geschichte einer Webanwendung auf" (Tooltester 2023). Wenn man davon ausgeht, dass sich die Verbreitungsgeschwindigkeit zukünftiger digitaler Technologien kaum abschwächen dürfte, wird deutlich, welche Herausforderungen sich für die Bibliothekspädagogik ergeben. Es bedarf didaktischer Konzepte, die sich schnell an die neuen Herausforderungen anpassen lassen. Dabei wird die Selbststeuerung der Lernprozesse durch die Lernenden immer wichtiger werden. Lehrpersonen werden Lernprozesse stärker moderieren denn vorgeben müssen. Dazu bedarf es aber auch einer lernförderlichen Umgebung. Lernberatung und Individualisierung der Angebote werden wichtige Bereiche sein, wenn Öffentliche und Wissenschaftliche Bibliotheken der Heterogenität ihrer Zielgruppen gerecht werden wollen.

Meyers Perspektive auf die Digitalisierung darf hinterfragt werden: „Wir müssen also lernen, das Oberflächen-Geklimper mit den neuen Medien zu durchschauen und beharrlich zu fragen: Was war der Mehrwert der Arbeit mit digitalen Medien?" (Meyer 2020). Vielmehr wird es in der Bibliothekspädagogik darum gehen, digitale Medien als Handwerkszeug für pädagogische Prozesse zu nutzen und zur Förderung digitaler Schlüsselkompetenzen beizutragen. Damit dies gelingen kann, bedarf es eines differenzierten pädagogischen Konzepts, das die Potenziale und Grenzen der Digitalisierung reflektiert.

Fazit

Öffentliche und Wissenschaftliche Bibliotheken werden auch in Zukunft zentrale Dienstleisterinnen für die Verfügbarmachung von Informationsoptionen für alle Bevölkerungsschichten bleiben. Die verschiedenen Zugänge und Angebote im physischen wie auch im digitalen Bereich werden zunehmend ineinandergreifen müssen. Konzepte wie *Hybridbibliothek* (Kempf 2014) oder *Blended Library* (Reiterer et al. 2016) geben Hinweise darauf, in welche Richtung die Entwicklung gehen könnte. Diese Verknüpfung von analog und digital spielt auch vor dem Hintergrund eine wichtige Rolle, dass der physische Ort Bibliothek nach wie vor eine große Bedeutung hat und gerade dort Bevölkerungsgruppen, die keine große Affinität zur digitalen Entwicklung haben, an digitale Optionen herangeführt werden können. Die COVID-19-Pandemie hat gezeigt, wie wichtig Begegnungen und Austausch in realen Räumen für Lernende sind.

Zum anderen benötigen auch digital Affine Medien- und Digitalkompetenz, um mit den komplexen Strukturen digitaler Medien umgehen zu können. Hier ist die Bibliothekspädagogik in besonderem Maße gefordert.

Auf methodischer Ebene besteht noch Entwicklungspotenzial: Ein digital geprägtes Angebot erfordert eine angepasste Bibliotheksdidaktik. Lernprozesse mit digitalen Medien sind nach Kerres *anders* zu gestalten. So können Lernangebote mit digitalen Medien selbstgesteuertes Lernen fördern und flexibel organisiert werden, um der Vielfalt der Lernenden entgegenzukommen. Handlungs- und problemorientierte didaktische Methoden eignen sich in besonderer Weise (Kerres 2018, 143–144), um ein agiles und projektorientiertes digitales Lernen und Arbeiten zu unterstützen.

Insgesamt bietet die Digitalisierung für die Bibliothekspädagogik die Chance, Bibliotheken zu dynamischen Bildungszentren zu entwickeln, die sowohl analoge als auch digitale Ressourcen anbieten und die mit neuen pädagogischen Ansätzen das Lernen im 21. Jahrhundert unterstützen. Die Herausforderung besteht darin, die Vorteile der Digitalisierung zu nutzen, um die Ziele der Bibliothekspädagogik zu erreichen. Dazu gehört die Förderung von Teilhabe und Medienmündigkeit ebenso wie die Entwicklung digitaler Lernarrangements, die individualisierte Lernprozesse und selbstgesteuertes Lernen unterstützen.

Literatur

Becker, A.; Stang, R. (2022): Kulturwandel und Innovation. Lernwelt Hochschule 2030 aus Perspektive des Projekts. In: R. Stang; A. Becker (Hrsg.): *Lernwelt Hochschule 2020. Konzepte und Strategien für eine zukünftige Entwicklung*. Berlin; Boston: De Gruyter Saur, 249–256.

Bundesregierung (Hrsg.) (2021): *Digitalisierung gestalten. Umsetzungsstrategie der Bundesregierung*. 6. Aufl. Berlin: Presse- und Informationsamt der Bundesregierung.

Calmbach, M.; Flaig, B.; Edwards, J.; Möller-Slawinski, H.; Borchard, I.; Schleer, I.: (2020): *Wie ticken Jugendliche? Sinus-Jugendstudie 2020. Lebenswelten von Jugendlichen im Alter von 14 bis 17 Jahren in Deutschland*. Bonn.

dbv – Deutscher Bibliotheksverband e. V. (Hrsg.) (o. J.): *Total Digital! Lesen und erzählen mit digitalen Medien*. https://www.bibliotheksverband.de/total-digital-lesen-und-erzaehlen-mit-digitalen-medien.

dbv – Deutscher Bibliotheksverband e. V. (Hrsg.) (2017): *Lesen macht stark. Lesen und digitale Medien. Ausgewählte Projektkonzepte der Lese- und Sprachförderung mit digitalen Medien für Veranstaltungen mit Kindern und Jugendlichen von 3 bis 18 Jahren aus der Praxis 2013–2018*. Berlin: dbv. https://www.bibliotheksverband.de/sites/default/files/2020-12/Brosch%C3%BCre%20lesen%20mach%20stark.pdf.

dbv – Deutscher Bibliotheksverband e. V. (Hrsg.) (2023a): *WissensWandel. Digitalprogramm für Bibliotheken und Archive innerhalb von NEUSTART KULTUR. Abschlussdokumentation*. Berlin: dbv. https://www.bibliotheksverband.de/wissenswandel-digitalprogramm-fuer-bibliotheken-und-archive-innerhalb-von-neustart-kultur.

dbv – Deutscher Bibliotheksverband e. V. (Hrsg.) (2023b): *Programminformation. „Gemeinsam Digital! Kreativ mit Medien" Ein Programm des Deutschen Bibliotheksverbands e. V. (dbv) im Rahmen von „Kultur macht stark. Bündnisse für Bildung" (2023–2027)*. https://www.bibliotheksverband.de/sites/default/files/2023-02/Programminformation_GD%20Stand%2021.2.23.pdf.

Homann, B. (2018): Lernen 60plus. Neue Optionen für Öffentliche Bibliotheken. In: R. Stang; K. Umlauf (Hrsg.): *Lernwelt Öffentliche Bibliothek. Dimensionen der Verortung und Konzepte*. Berlin; Boston: De Gruyter Saur, 189–199.

Keller-Loibl, K. (2021): Entwicklung und Perspektiven der Bibliotheksarbeit mit Kindern und Jugendlichen. In: K. Keller-Loibl (Hrsg.): *Handbuch Kinder- und Jugendbibliotheksarbeit*. 3. Aufl. Bad Honnef: Bock + Herchen, 13–73.

Kempf, K. (2014): Bibliotheken ohne Bestand? Bestandsaufbau unter digitalen Vorzeichen. *BIBLIOTHEK – Forschung und Praxis* 38/3, 365–397. https://doi.org/10.1515/bfp-2014-0057.

Kerres, M. (2018): *Mediendidaktik. Konzeption und Entwicklung digitaler Lernangebote*. 5. Aufl. Berlin; Boston: De Gruyter Oldenbourg. https://doi.org/10.1515/9783110456837.

KMK – Kultusministerkonferenz (Hrsg.) (2016): *Bildung in der digitalen Welt. Strategie der Kultusministerkonferenz*. Berlin: KMK. https://www.kmk.org/fileadmin/pdf/PresseUndAktuelles/2018/Digitalstrategie_2017_mit_Weiterbildung.pdf.

KMK – Kultusministerkonferenz (Hrsg.) (2021): *Lehren und Lernen in der digitalen Welt. Die ergänzende Empfehlung zur Strategie der Kultusministerkonferenz*. Berlin: KMK. https://www.kmk.org/fileadmin/veroeffentlichungen_beschluesse/2021/2021_12_09-Lehren-und-Lernen-Digi.pdf.

Kutscher, N.; Klein, A.; Lojewski, J.; Schäfer, M. (2009): *Medienkompetenzförderung für Kinder und Jugendliche in benachteiligten Lebenslagen. Konzept zur inhaltlichen, didaktischen und strukturellen Ausrichtung der medienpädagogischen Praxis in der Kinder- und Jugendarbeit*. Düsseldorf: Landesanstalt für Medien Nordrhein-Westfalen (LfM).

mpfs – Medienpädagogischer Forschungsverbund Südwest (2022a): *JIM-Studie 2022. Jugend, Information, Medien. Basisuntersuchung zum Medienumgang 12- bis 19-Jähriger*. Stuttgart. https://www.mpfs.de/studien/jim-studie/2022.

mpfs – Medienpädagogischer Forschungsverbund Südwest (2022b): *KIM-Studie 2022. Kindheit, Internet, Medien. Basisuntersuchung zum Medienumgang 6- bis 13-Jähriger*. Stuttgart. https://www.mpfs.de/studien/kim-studie/2022.

Meyer, H. (2020): *Arbeit mit digitalen Unterrichtsmedien. Plädoyer für eine didaktisch fundierte Unterrichtsentwicklung in 9 Punkten*. https://unterrichten.digital/2020/05/14/hilbert-meyer-digitalisierung-unterricht/.

Nachtwey, F. (2017): Bibliotheken und mobiles Lernen. Neue Services der Wissensvermittlung. In: F. Thissen (Hrsg.): *Lernen in virtuellen Räumen. Perspektiven des mobilen Lernens*. Berlin; Boston: De Gruyter Saur, 110–124.

Rat für Kulturelle Bildung e. V. (Hrsg.) (2018): *Bibliotheken/Digitalisierung/Kulturelle Bildung. Horizont 2018*. https://www.bosch-stiftung.de/sites/default/files/publications/pdf/2018-09/RFKB_Bibliotheken_Digitalisierung_Kulturelle%20Bildung.pdf.

Reckling-Freitag (2021): Mit den FakeHuntern auf der Jagd nach Falschmeldungen. In: K. Keller-Loibl (Hrsg.): *Handbuch Kinder- und Jugendbibliotheksarbeit*. 3. Aufl. Bad Honnef: Bock + Herchen, 251–257.

Reiterer, H; Rädle, R.; Butscher, S.; Müller, J. (2016): Blended Library. Neue Zugangswege zu den Inhalten wissenschaftlicher und öffentlicher Bibliotheken. *BIBLIOTHEK – Forschung und Praxis* 40/1, 7–20. https://doi.org/10.1515/bfp-2016-0010.

Schmidt, T. (2021): #iPäd. Das Programm zur digitalen Medienbildung mit Tablets und Apps der Stadtbücherei Frankfurt am Main. In: K. Keller-Loibl (Hrsg.): *Handbuch Kinder- und Jugendbibliotheksarbeit*. 3. Aufl. Bad Honnef: Bock + Herchen, 246–251.

Stang, R. (2018): Digitale Lernoptionen als Add On. Perspektiven für neue Angebotskonzepte. In: R. Stang; K. Umlauf (Hrsg.): *Lernwelt Öffentliche Bibliothek. Dimensionen der Verortung und Konzepte*. Berlin; Boston: De Gruyter Saur, 131–139.

Tooltester (2023): *ChatGPT-Statistiken 2023*. https://www.tooltester.com/de/blog/chatgpt-statistiken/.

Wissenschaftsrat (Hrsg.) (2022): *Empfehlungen zur Digitalisierung in Lehre und Studium*. https://www.wissenschaftsrat.de/download/2022/9848-22.html.

Hermann Rösch
Bibliothekspädagogik und Ethik

Einleitung

Vor allem Öffentliche Bibliotheken haben traditionell mit Leseförderung und Benutzerschulung Dienstleistungen erbracht, die heute in modifizierter Form unter dem Konzept der Bibliothekspädagogik eine erhebliche Erweiterung und Ergänzung erfahren haben. Auch in Wissenschaftlichen Bibliotheken hat sich diese Entwicklung vor allem seit der Transformation der klassischen Benutzerschulung zu modernen Formen der Förderung von Informationskompetenz eingestellt. Weitere Angebote sind bereits hinzugetreten oder werden erprobt. Dazu zählen etwa Vermittlung von Privatheitskompetenz, Förderung guter wissenschaftlicher Praxis, Vermittlung von Kenntnissen zur Identifikation von Desinformation, Fake News und Fake Science, demokratiefördernde Maßnahmen, Angebote zur Förderung von Inklusion, Integration und Emanzipation oder aufklärende Veranstaltungen zu den Themen Nachhaltigkeit und Umweltverträglichkeit. Diese zumindest teilweise neuen Aufgaben können nur dann in zufriedenstellender Weise ausgeführt werden, wenn sie über eine solide didaktische und theoretische Grundlage verfügen und das bibliothekarische Personal sich einerseits für diese Erweiterung des klassischen Aufgabenspektrums öffnet sowie andererseits in Studium, Aus-, Fort- und Weiterbildung professionell darauf vorbereitet wird.

Im Folgenden geht es um die ethischen Kontexte bibliothekspädagogischen Handelns. Zu diesem Zweck werden die wichtigsten bibliotheksethischen Grundwerte überprüft, um daraus abzuleiten, welche Impulse und welche Legitimation sich daraus für das bibliothekspädagogische Handeln ergeben. Im Anschluss werden drei bibliotheksethische Kodizes dahingehend untersucht, ob und in welchem Umfang darin Aussagen zu finden sind, die für bibliothekspädagogisches Handeln von Bedeutung sind und ob sich daraus möglicherweise Erkenntnisse ergeben im Hinblick auf sinnvolle Veränderungen und Erweiterungen der Kodizes.

Bibliothekspädagogik und ethische Grundwerte

Untersucht werden in diesem Kapitel die einschlägigen bibliotheksethischen Grundwerte daraufhin, ob und in welchem Maße sich daraus die Erweiterung des bibliothekarischen Handelns um bibliothekspädagogische Dienstleistungen ableiten lässt und welche ethischen Begründungen und Verhaltensmaßregeln sich damit ergeben. Der Katalog bibliotheksethischer Grundwerte, der sich im Laufe der Jahrzehnte herausgebildet hat, lässt sich über die bibliotheks- und informationswissenschaftliche Fachlite-

https://doi.org/10.1515/9783111032030-021

ratur ermitteln (Rösch 2021, 235–244). Bibliotheksethische Grundwerte mit einem Bezug zu bibliothekspädagogischem Handeln sind vor allem Informationsgerechtigkeit, Schutz der Privatsphäre, Förderung guter wissenschaftlicher Praxis, Informationsqualität, soziale Verantwortung, Dienstleistungsorientierung und professionelle Bibliotheksverwaltung (Rösch 2021, 243–244).

Informationsgerechtigkeit (Leseförderung, Vermittlung von Informationskompetenz)

Zu den zentralen bibliothekarischen Instrumenten zur Förderung von Informationsgerechtigkeit gehören vor allem Leseförderung und Förderung von Informationskompetenz. Bibliotheken tragen damit dazu bei, allen Gesellschaftsmitgliedern zumindest die Option zu eröffnen, in annähernd gleicher Weise Informationsressourcen nutzen zu können. Es gehört im 21. Jahrhundert eindeutig zur staatlichen Daseinsvorsorge, Bürgerinnen und Bürgern die realistische Chance zu eröffnen, neben Rechnen, Lesen und Schreiben auch Informationskompetenz als basale Kulturtechnik in ausreichendem Maße zu erwerben. Nur so ist es möglich, Informationsgerechtigkeit anzustreben und einen Beitrag zur Inklusion benachteiligter Schichten zu leisten, die sich ansonsten aufgrund ihres sozialen Status oder fehlender Bildungsvoraussetzungen nicht souverän und selbstbestimmt im Informationskosmos bewegen können. Die entsprechenden bibliothekarischen Bildungs- und Schulungsangebote dienen somit auch der Förderung der Teilhabe an demokratischer Willensbildung und politischer Partizipation.[1]

In der Informationsgesellschaft spielt aufgrund der Dominanz digitaler Medien das Thema digitale Spaltung eine bedeutende Rolle. Damit wird das Phänomen bezeichnet, dass statushöhere Personen in erheblich größerem Maße von den digitalen Informations- und Kommunikationstechnologien profitieren als sozial schlechter positionierte Personen (Zillien 2009, 242). Daraus ergibt sich für Bibliotheken der Auftrag, die Vermittlung digitaler Kompetenz als Teilmenge der Vermittlung von Informationskompetenz in die eigenen Schulungs- und Bildungsangebote zu integrieren. Indem sie darüber aufklären, dass Suchmaschinen als Intermediäre mit eigenen, ökonomisch determinierten Interessen zu verstehen sind (Lewandowski 2015, 288) und deutlich machen, dass Suchmaschinen nur einen eingeschränkten Teil des Webs zugänglich machen und schon gar nicht „das Wissen der Welt“ erschließen, tragen sie zur staatlichen Daseinsvorsorge bei. Dazu gehört auch, etwa über die Funktionsweise von Algorithmen aufzuklären, die Bedeutung von Big Data zu erläutern, Personalisierungsstrategien zu beschreiben und die damit verbundenen Probleme zu behandeln.

Wenn Bibliotheken erfolgreich Angebote zur Vermittlung und Förderung von Informationskompetenz machen, erfüllen sie gleich mehrere bibliotheksethische An-

---

1 Siehe auch Jobmann (2024) in diesem Band.

sprüche. Vor allem Öffentliche Bibliotheken leisten damit einen Beitrag zur gesellschaftlichen Integration und Inklusion benachteiligter Randgruppen; außerdem tragen sie zur Demokratieförderung bei. Letzteres gilt auch für Wissenschaftliche Bibliotheken. Der Schwerpunkt liegt hier jedoch zudem auf Plagiarismusprävention und dem Schutz geistigen Eigentums sowie auf der Stärkung guter wissenschaftlicher Praxis.

Schutz der Privatsphäre (Förderung von Privatheitskompetenz)

In demokratischen Gesellschaften gelten Individuen als prinzipiell gleichberechtigte und autonome (Mit-)Gestaltende des öffentlichen Raumes. Damit Autonomie garantiert werden kann und Willensbildung ohne manipulativen Druck von außen möglich wird, muss es einen nicht-öffentlichen Raum geben, in dem sich die Individuen frei und selbstbestimmt entfalten können. Liberale Gesellschaften garantieren ihren Bürgerinnen und Bürgern daher den Schutz ihrer Privatsphäre und stufen das Recht auf Privatheit als Grundrecht ein. Staatliche Eingriffe in die Privatheit, die zum Beispiel notwendig sind zur Aufrechterhaltung der inneren und äußeren Sicherheit, werden auf ein Minimum begrenzt.

In der Vergangenheit gingen Verletzungen der Privatsphäre vorwiegend von staatlichen Instanzen aus. In der Informationsgesellschaft des 21. Jahrhunderts aber ist Privatheit in gleicher Weise bedroht durch eine Internetökonomie, deren Geschäftsmodelle auf dem Handel mit personenbezogenen Daten basieren (Seubert/Helm 2017, 120). Soziale Netzwerke, Suchmaschinen, Verkaufsplattformen und so weiter bieten ihre Dienste vermeintlich kostenlos an, sichern sich jedoch in den Allgemeinen Geschäftsbedingungen das Recht, die personenbezogene Daten der Nutzerinnen und Nutzer speichern, zu Persönlichkeitsprofilen verdichten und weitergeben zu können. Doch wissen Nutzerinnen und Nutzer oft nicht, wann und welche Daten über sie erhoben werden, wie dies geschieht und auf welche Weise diese Informationen ausgewertet werden. Mit diesem Kenntnisstand ist eine selbstbestimmte Nutzung von Suchmaschinen, Sozialen Netzwerken und anderen Angeboten der Internetökonomie unmöglich. Für Bibliotheken ergibt sich daraus der Auftrag, über den Stellenwert von Privatheit und effektivem Datenschutz aufzuklären und das Geschäftsmodell der digitalen Ökonomie zu erläutern. Darüber hinaus sollten sie über Maßnahmen, Tools und Verhaltensweisen informieren, die geeignet sind, den Schutz der eigenen personenbezogenen Daten zu verbessern. Ferner sollten Alternativen zu den gängigen kommerziellen E-Mail- und Cloud-Service-Providern, Suchmaschinen und Kurznachrichtendiensten und deren Vor- und Nachteile behandelt werden.

Der Vermittlung von Privatheitskompetenz gebührt angesichts der durch die Internetökonomie hervorgerufenen Problemlagen ein zentraler Platz im Rahmen bibliothekspädagogischer Angebote.

Förderung guter wissenschaftlicher Praxis (Plagiarismusprävention)

Bibliotheken habe auch die Pflicht, den Schutz geistigen Eigentums zu gewähren und Informationsmissbrauch zum Beispiel durch Plagiarismus entgegenzuwirken. Plagiarismus hat es auch vor der Erfindung digitaler Medien und der Popularisierung des Internets in beklagenswertem Umfang gegeben (Hauffe 2009, 14–15). Doch liegt die Vermutung nahe, dass die Häufigkeit von Plagiaten mit der Verfügbarkeit von Onlinequellen erheblich angestiegen ist (Nissen 2017, 249). Daher sind in Wissenschaftlichen Bibliotheken in den vergangenen Jahren wissenschaftsethische Themen wie Plagiatsprävention[2] und korrektes wissenschaftliches Zitieren in die Angebote zur Vermittlung und Förderung von Informationskompetenz integriert worden.

Die Deutsche Forschungsgemeinschaft hat eine Denkschrift zur guten wissenschaftlichen Praxis entwickelt. Gleich zu Beginn wird darin gefordert, „strikte Ehrlichkeit im Hinblick auf die eigenen und die Beiträge Dritter zu wahren" (Deutsche Forschungsgemeinschaft 2019, 9). Die Hochschulrektorenkonferenz (HRK) hat 1998 unter Bezug auf die DFG-Denkschrift Regeln „zum Umgang mit wissenschaftlichem Fehlverhalten in den Hochschulen" formuliert. Darin wird die Verletzung geistigen Eigentums als „unbefugte Verwertung unter Anmaßung der Autorschaft (Plagiat)" bezeichnet und der Kategorie „schwerwiegendes Fehlverhalten" zugerechnet (Hochschulrektorenkonferenz 1998).

Mit Veranstaltungen zu „guter wissenschaftlicher Praxis" und Plagiarismusprävention zeigen Bibliotheken über die passive Anerkennung der aus geistigem Eigentum resultierenden Rechte hinaus aktives Engagement zum Schutz dieser Rechte und werden diesem bibliotheks- und informationsethischen Grundwert damit gerecht. Es wäre allerdings sinnvoll, wenn die Wissenschaftlichen Bibliotheken in Abstimmung mit der Deutschen Forschungsgemeinschaft und den entsprechenden Gremien der Hochschulen wie der Hochschulrektorenkonferenz standardisierte und koordinierte Dienstleistungen zur Einführung in die Grundsätze guter wissenschaftlicher Praxis kollaborativ entwickelten und anböten (Walger/Walger 2019, 88).

Informationsqualität (Aufklärung über Desinformation, Fake News und andere Formen des Informationsmissbrauchs)

Grundsätzlich ist die Forderung einsichtig, dass Bibliotheken qualitativ abgesicherte Informationen bereitstellen sollen. Doch stößt diese Aufgabe auf die Schwierigkeit, dass selbst die Wissenschaft nicht immer zu zweifelsfrei „wahren Aussagen" führt

---

2 Plagiarismus allerdings sollte unabhängig vom Wissenschaftsbezug auch in Öffentlichen Bibliotheken bei Angeboten für Schülerinnen und Schüler thematisiert werden.

(Popper 1969 [1934], 223). Der Grundwert der Informationsqualität wirft eine Reihe von Problemen auf, die kaum lösbar erscheinen. Es gibt offenbar kein Instrumentarium, das es in jedem Fall erlaubt, Wahres von Unwahrem prinzipiell und absolut zu unterscheiden. Auch Wissenschaftliche Bibliotheken können keinesfalls ernsthaft den Anspruch erheben, ausschließlich Wissen und Wahrheit zu enthalten.

Erkenntnis- und wissenschaftstheoretische Überlegungen sprechen eindeutig dafür, dass Bibliotheken den Zugriff auch auf Theorien und Aussagen bieten müssen, die als widerlegt gelten. Dies gilt erst recht für Inhalte, die umstritten sind oder die Anlass zu Zweifeln bieten, ohne dass sich diese eindeutig ausräumen ließen. Damit stellt sich die Frage, ob das Kriterium der Informationsqualität nicht im Grunde aufgegeben werden müsste. Auch wenn im modernen Verständnis Wissen und Wahrheit keine Eigenschaften sind, die, einmal zugewiesen, unbegrenzt Bestand haben, erscheint es sinnvoll, dass Bibliotheken Informationsqualität weiterhin zu den Grundwerten ihrer Arbeit zählen. Es geht darum, Irrtümer und seriöse, inzwischen widerlegte Inhalte zu unterscheiden von bewusstem, systematischem Betrug. Ihr Bemühen um Informationsqualität sollten Bibliotheken also auf das Ziel richten, offenkundige Desinformation, betrügerische Fälschungen und gezielt lancierte Fake News zu identifizieren und nicht oder allenfalls zu Demonstrationszwecken in den Bestand beziehungsweise den kontrollierten Informationsraum aufzunehmen.

In den vergangenen Jahren haben gezielte Desinformationskampagnen, die Verbreitung von Fake News und Verschwörungstheorien zuvor ungeahnte Ausmaße angenommen und sich zu einer Gefahr für das demokratische Gemeinwesen entwickelt. Daher gehört es zu den besonderen Aufgaben der Bibliotheken im Rahmen ihrer bibliothekspädagogischen Angebote zu vermitteln, wie Informationsressourcen kritisch bewertet und interessegeleitete Verzerrungen identifiziert werden können. Bibliotheken und Bibliotheksverbände haben zum Thema „Identifizieren von Fake News" inzwischen vielerorts Leitfäden entwickelt und Handouts für Nutzerinnen und Nutzer zusammengestellt. Einen interessanten Ansatz hat die Büchereizentrale Schleswig-Holstein mit dem Planspiel *Die FakeHunter* entwickelt (Reckling-Freitag 2019):

> [Jugendliche] sollen mithilfe der Fake-Prüfwerkzeuge und diverser verlässlicher Quellen aus Internet, Datenbanken und Bibliotheken Fakten überprüfen, verifizieren oder als Fake News entlarven. Die SchülerInnen werden in die Story des Planspiels eingebunden: Sie sind Mitarbeiter einer Detektei, die den Auftrag eines Zeitungsverlages erhält, ein zweifelhaftes NewsPortal zu untersuchen. Es werden Teams gebildet, die mit vorbereiteten „Fake-Prüfwerkzeugen" die einzelnen News des Portals unter die Lupe nehmen und gefundene Fake News belegen. (Büchereizentrale Schleswig-Holstein 2019)

Soziale Verantwortung (Demokratieförderung, Inklusion, Integration, Emanzipation, Förderung von Forschung und Lehre)

Der ethische Grundwert soziale Verantwortung hat viele Facetten, die nur kurz angedeutet werden können. Demokratieförderung wird 1994 im *Public Library Manifesto* von der UNESCO und der International Federation of Library Associations and Institutions (IFLA) als besondere Aufgabe der Öffentlichen Bibliotheken benannt (IFLA 1994). Im Zusammenhang mit bibliothekspädagogischen Angeboten geht es unter anderem um Veranstaltungen zur Aufklärung über und Einübung in demokratische Strukturen sowie über die Bedeutung von Partizipation, Transparenz und öffentlichen Diskursen zur Machtkontrolle. Derartige Workshops können beispielsweise im Rahmen der Programmarbeit am Beispiel solcher Themen erfolgen, die gerade im Mittelpunkt des öffentlichen Interesses stehen.

In den 1970er und 1980er Jahren wurden unter dem Begriff *Soziale Bibliotheksarbeit* Angebote entwickelt, die sich an Menschen richteten, „die besondere soziale oder gesundheitliche Probleme haben und die spezifische, oft unkonventionelle Hilfe brauchen“ (dbv 1989, 27). Ausdrücklich genannt wurden damals als Zielgruppen bibliothekarischer Angebote hausgebundene Menschen, Menschen, die in Krankenhäusern, Altersheimen oder Strafvollzugsanstalten leben, körperbehinderte Menschen, ausländische Arbeitnehmende, Spätaussiedlerinnen und Spätaussiedler und Asylsuchende, Arbeitslose sowie verhaltensauffällige Kinder und Jugendliche (dbv 1989, 27–29). Als Reaktion auf den wachsenden Zustrom an Migrantinnen und Migranten, Geflüchteten und Asylsuchenden haben Bibliotheken eine Vielzahl von Angeboten für diese Zielgruppe entwickelt. Sie reichen von der Bereitstellung von Sprachlernmaterialien in gedruckter und digitaler Form über Dokumente und Veranstaltungen zur Einführung in Kultur und soziale Realität der Bundesrepublik bis hin zur Bereitstellung von Literatur in den Herkunftssprachen. Durch derartige Angebote werden Bibliotheken den bibliotheksethischen Ansprüchen gerecht, die sich im Zusammenhang mit Inklusion, Integration und Emanzipation ergeben. Sie verbessern damit die Partizipationschancen benachteiligter Randgruppen und tragen zum gesellschaftlichen Zusammenhalt bei.

Zum Auftrag vor allem Wissenschaftlicher Bibliotheken gehört die Förderung von Forschung und Lehre. In diesem Zusammenhang zu erwähnen sind die weiter oben bereits behandelten Aspekte Vermittlung von Informationskompetenz und Förderung guter wissenschaftlicher Praxis. Darüber hinaus geht es dabei mittlerweile auch um Elemente der sogenannten aktiven Informationskompetenz (Tappenbeck 2005, 66–68), die aufgrund der Integration von Open Access in die Wissenschaftskommunikation an Bedeutung gewonnen haben. Darunter ist die Fähigkeit zu verstehen, selbst produzierte Informationen in einer digitalen Informationsumgebung angemessen publizieren zu können. Im Einzelnen geht es unter anderem um die Vor- und Nachteile verschiedener Dateiformate, die Fähigkeit, geeignete Metadaten zu generieren oder Kriterien zur Identifikation von Raubverlagen und anderen unseriösen Publikationsplattformen zu entwickeln. Viele Hochschulbibliotheken bieten seit längerem FAQs oder spezielle Sprechzeiten zur Publikationsberatung an. Damit tragen Bibliotheken nicht nur dazu bei, die Sichtbarkeit der Publikationen von Autorinnen und Autoren sowie die Sichtbarkeit des Forschungsoutputs von Institutionen spürbar zu verbessern; sie stärken dadurch zudem die Bemühungen zum Schutz von Wissenschaft und Forschung vor zunehmender Kommodifizierung.

Dienstleistungsorientierung und professionelle Bibliotheksverwaltung

Es gehört sowohl zu den Aufgaben der Institution *Bibliothek* als auch zu den ethischen Pflichten der Bibliotheksbeschäftigten, ihr Handeln am Bedarf der Nutzerinnen und Nutzer auszurichten und eine prinzipielle Dienstleistungsorientierung auszuprägen. Dazu zählt das Streben nach optimaler Organisation und die Bereitschaft zu ständiger Innovation. Um neuen Problemfeldern und Phänomenen gerecht werden zu können, müssen neue Informationsdienstleistungen proaktiv entwickelt und für deren Akzeptanz geworben werden.

Das bedeutet für das bibliothekarische Personal, dass es sich aktuellen Entwicklungen und neuen Tätigkeitsfeldern gegenüber öffnen muss. Es genügt nicht, neue Entwicklungen und Optionen lediglich zur Kenntnis zu nehmen. Erforderlich ist darüber hinaus eine Mentalität, die aufgeschlossen gegenüber Innovationen ist und die Bereitschaft zeigt, Impulse zur Veränderung und Verbesserung zu geben. Dass der jeweils aktuelle Entwicklungsstand in technischer und organisatorischer Hinsicht durch regelmäßige Fort- und Weiterbildung bekannt ist und beherrscht wird, muss als ethische Verpflichtung begriffen werden. Dazu gehört, dass diejenigen, die bibliothekspädagogische Aufgaben übernehmen, sich mit den didaktischen und theoretischen Grundlagen vertraut machen und ihre praktische Arbeit regelmäßig evaluieren.

Bibliotheksethische Kodizes und Bibliothekspädagogik

Da es sich bei Bibliothekspädagogik in erster Linie um einen Auftrag handelt, der von der Bibliothek als Institution zu erfüllen ist, sollten zunächst institutionenethische Kodizes[3] herangezogen werden. Dabei taucht allerdings das Problem auf, dass im bibliothekarischen Sektor mit der Library Bill of Rights aus den USA nur eine explizite bibliothekarische Institutionenethik existiert. Untersucht werden auch zwei bibliotheka-

3 Zum Unterschied von Institutionenethik und Individualethik siehe Rösch (2021, 41–48).

rische Berufsethiken, die als individualethische Kodizes das Verhalten der einzelnen Bibliotheksbeschäftigen zum Gegenstand haben. Aus naheliegenden Gründen werden stellvertretend die bibliothekarischen Berufsethiken der IFLA und der BID (Bibliothek & Information Deutschland) untersucht.

Die Library Bill of Rights der American Library Association

In der Library Bill of Rights (American Library Association 2019) stehen die Themen Meinungs- und Informationsfreiheit, Freiheit von Zensur und Gleichbehandlung im Vordergrund. Einzig im letzten der sieben Abschnitte, der erst Anfang der 2000er Jahre ergänzt worden ist, finden sich Aussagen, die auch im hier gegebenen Zusammenhang interessant sind. Dort heißt es: „Libraries should advocate for, educate about, and protect peoples's privacy". Interessanterweise findet also nicht etwa Vermittlung von Informationskompetenz hier Erwähnung, sondern Maßnahmen zur Förderung der Privatheitskompetenz und zum Datenschutz. Tatsächlich organisiert die American Library Association (ALA) seit 2010 mit der „Choose Privacy Week" jährlich eine Kampagne, mit der Bibliotheken auf die herausragende Bedeutung von Privatheit und Datenschutz besonders aufmerksam machen (American Library Association 2023). Darüber hinaus stellt die ALA auf ihrer Webseite Onlinetutorials und weitere Materialen bereit, die dazu dienen, Bibliotheksbeschäftigten die notwendigen Kenntnisse und Fähigkeiten zum Thema Privatheit und Vermittlung von Privatheitskompetenz zu vermitteln (American Library Association 2021).

IFLA Code of Ethics for Librarians and other Information Workers

Der *IFLA Code of Ethics for Librarians and other Information Workers* wurde 2012 verabschiedet. Schon in der Präambel findet sich eine Formulierung, die als allgemeine Grundlage bibliothekspädagogischer Aktivitäten angesehen werden kann: „Information service in the interest of social, cultural and economic well-being is at the heart of librarianship and therefore librarians have social responsibility" (IFLA 2012). Bibliotheken sind demnach grundsätzlich verpflichtet, soziale Verantwortung zu übernehmen und zum Allgemeinwohl beizutragen. Darauf bezieht sich der zweite Abschnitt „Responsibilities towards individuals and society". Darin wird zunächst festgestellt, dass Bibliotheksbeschäftigte ihre Nutzerinnen und Nutzer bei der Informationssuche und Beschaffung unterstützen. Konkret erwähnt werden Leseförderung und Vermittlung von Informationskompetenz als ethisch gebotene Aufgabe bibliothekarischen Handelns. Verstanden wird darunter „the ability to identify, locate, evaluate, organize and create, use and communicate information" (IFLA 2012). Darüber hinaus sollen Bibliotheksbeschäftige ihren Nutzerinnen und Nutzern Gelegenheit geben zu lernen, was unter „ethischem Gebrauch von Informationen" zu verstehen ist. Dies soll unter anderem der Plagiarismusprävention dienen und andere Formen des Informationsmissbrauchs verhindern (IFLA 2012). Berührt ist damit der ethische Grundwert Informationsqualität, sodass zumindest implizit Schulungsmaßnahmen gemeint sind, die der Identifikation von Desinformation und Fake News gelten. Wie für eine Individualethik zu erwarten, beziehen sich einige Passagen der IFLA-Berufsethik auf die professionelle Grundeinstellung, die von Bibliotheksbeschäftigen zu fordern ist. Allerdings beschränkt sich dies sehr allgemein auf die Pflicht, sich durch Fort- und Weiterbildung auf dem jeweils aktuellen Stand der Entwicklung zu halten, um damit höchsten Standards in den Dienstleistungsangeboten gerecht werden zu können (IFLA 2012). Dies kann im Hinblick auf vergleichsweise neue Entwicklungen wie Bibliothekspädagogik verstanden werden als Appell, neue Aufgaben und Tätigkeitsfelder anzunehmen und sich so weiterzubilden, dass die in der Theorie geforderten Kenntnisse und Fähigkeiten erworben und in der Praxis eingesetzt werden. Näher ausgeführt wird das jedoch nicht.

Ethische Grundsätze von Bibliothek & Information Deutschland

Wie im IFLA-Kodex wird auch in der BID-Berufsethik (Bibliothek & Information Deutschland 2017) bereits in der Präambel pauschal auf die gesellschaftliche Verantwortung der Bibliotheken hingewiesen. Im Kapitel über „Zugang zu und Vermittlung von Informationen“ steht der Hinweis, dass die Nutzenden bei der Recherche durch Förderung ihrer Lese-, Medien- und Informationskompetenz unterstützt werden. Darüber hinaus wird im Abschnitt „Integrität und Fachkompetenz“ die Notwendigkeit betont, Nutzerinnen und Nutzern zu vermitteln, was unter ethisch korrektem Gebrauch von Informationen zu verstehen ist. Darin wird ein wichtiger Beitrag gesehen zur Verhinderung von Manipulation durch Informationsverfälschung. Zwar wird hier Plagiarismusprävention nicht genannt, doch mit dem expliziten Hinweis auf Manipulation und Informationsverfälschung geht die BID-Berufsethik über den IFLA-Kodex hinaus. Im Einklang mit dem Code of Ethics der IFLA wird in der deutschen Berufsethik von Bibliotheksbeschäftigen gefordert, ihre berufliche Qualifikation kontinuierlich weiterzuentwickeln und Fort- und Weiterbildung als selbstverständliche Elemente ihrer Arbeit zu betrachten. Völlig neu und im Zusammenhang mit dem Thema Bibliothekspädagogik von Bedeutung sind in der BID-Berufsethik die Aussagen zu Bibliotheken als Orten des Lebenslangen Lernens: „Wir verstehen Bibliotheken und Informationseinrichtungen als Orte des lebenslangen Lernens und zugleich als lernende Organisationen, die ihre Dienstleistungsstandards fortlaufend verbessern.“ (BIB 2017) Zumindest implizit kann daraus ein Verweis auf die damals noch in der Entwicklung befindlichen Bestrebungen zur Entwicklung eines geschlossenen theoretischen und praktisch umsetzbaren bibliothekspädagogischen Konzeptes abgeleitet werden.

Befund

Resümierend lässt sich feststellen, dass es in den untersuchten bibliothekarischen Ethikkodizes durchaus Aussagen gibt, die einen expliziten Bezug zu bibliothekspädagogisch relevanten Themen haben. In der Library Bill of Rights ist es die Privatheitskompetenz, die in den beiden Berufsethiken nicht angesprochen wird. Dort hingegen findet sich übereinstimmend die axiomatische Feststellung, dass Bibliotheken gesellschaftliche Verantwortung tragen und dem Gemeinwohl zu dienen haben. Daraus lassen sich jeweils neue Tätigkeitsfelder ableiten, mit denen auf veränderte Herausforderungen reagiert wird. Direkt angesprochen werden ferner in den Berufsethiken Leseförderung, Vermittlung von Informationskompetenz und der ethische Gebrauch von Informationen. Jeweils nur in einer Berufsethik ausdrücklich erwähnt werden Plagiarismusprävention (IFLA), die Verhinderung von Manipulation und Informationsverfälschung (BID) sowie die Beschreibung der Bibliotheken als Orte des Lebenslangen Lernens (BID). Aus der in beiden Berufsethiken enthaltenen Forderung an das bibliothekarische Personal, die berufliche Qualifikation durch ständige Fort- und Weiterbildung kontinuierlich zu aktualisieren, lässt sich zumindest implizit ableiten, dass neue Trends und Konzepte wie bibliothekspädagogische Arbeit in das Kompetenzprofil integriert werden müssen. Grundsätzlich aber lässt sich feststellen, dass weder die Institutionenethik der USA noch die beiden Berufsethiken in zufriedenstellendem Maße auf die ethischen Belange bibliothekspädagogischen Handelns eingehen. Hier bedarf es einerseits einer Ergänzung der Berufsethiken von IFLA und BID. Andererseits wird an diesem Beispiel deutlich, wie schmerzlich eine auch in Deutschland fehlende bibliothekarische Institutionenethik zu vermissen ist (Rösch 2017). Eine solche Institutionenethik würde ohne Zweifel Orientierung stiften, Transparenz schaffen und könnte von den Bibliotheken genutzt werden, um Leitbilder, Mission Statements, Policys und so weiter darauf abgestimmt zu formulieren.

Fazit

Die Auseinandersetzung mit den relevanten bibliotheksethischen Grundwerten deutet unmissverständlich darauf hin, dass bibliothekspädagogisches Handeln sich nicht nur ethisch legitimieren lässt, sondern zweifellos geboten ist. Insbesondere dessen didaktische und theoretische Absicherung entspricht der Forderung nach Professionalität und dem Streben, dem praktischen Handeln den jeweils aktuellen Kenntnis- und Entwicklungsstandes zugrunde zu legen.

Allerdings darf eine Gefahr nicht aus dem Blick geraten, die mit dem Bildungsauftrag der Bibliotheken und deren bibliothekspädagogischen Aktivitäten grundsätzlich verbunden ist. Alle pädagogischen Intentionen und Impulse müssen vom Bild mündiger Bürgerinnen und Bürger ausgehen. Die Grenze zu Bevormundung und Indoktrination darf nicht überschritten werden. Dies mag besonders im Hinblick auf Demokratieförderung und Informationsfreiheit gelegentlich schwierig sein. Hier gilt es, mit abweichenden Meinungen und umstrittenen Ansichten besonders sensibel umzugehen. Ein prinzipielles oder vorschnelles Ausgrenzen von Kritik und Widerspruch läuft Gefahr, das eigene Werben für Pluralismus, freien Diskurs und Freiheit von Zensur zu dementieren. In diesen Fällen empfiehlt es sich, sofern eine argumentative Auseinandersetzung möglich ist, problematische Aussagen in höflicher und sachbezogener Form zu dekonstruieren ohne daraus gleich Vorwürfe abzuleiten. Selbst wenn es zum Beispiel im Rahmen eines Workshops nicht gelingt, Anhängerinnen und Anhänger von Verschwörungstheorien zu überzeugen, so ist zu bedenken, dass die übrigen Teilnehmenden sehr wohl auf die Inhalte und auch auf die Form der Auseinandersetzung reagieren.

Literatur

American Library Association (2019): *Library Bill of Rights*. https://www.ala.org/advocacy/intfreedom/librarybill.

American Library Association (2021): *Privacy. Training and Programming*. https://www.ala.org/advocacy/privacy/training.

American Library Association (2023): *Choose Privacy Week*. https://www.ala.org/conferencesevents/choose-privacy-week.

BiB – Bibliothek & Information Deutschland (2017): *Ethische Grundsätze von Bibliothek & Information Deutschland*. https://media02.culturebase.org/data/docs-bideutschland/Ethische%20Grundsaetze.pdf.

Büchereizentrale Schleswig-Holstein (2019): *Die FakeHunter. Ein Planspiel zum Umgang mit FakeNews*. https://www.bz-sh.de/index.php/dienstleistungen/dienstleistungen-fuer-kindergaerten-und-schulen/fakehunter (nicht mehr verfügbar).

dbv – Deutscher Bibliotheksverband (1989): *Die Öffentliche Bibliothek. Standortbestimmung und Zukunftsperspektiven der Bibliotheken in kommunaler Verantwortung. Ein Programm für die neunziger Jahre*. Berlin: DBV.

Deutsche Forschungsgemeinschaft (2019): *Leitlinien zur Sicherung guter wissenschaftlicher Praxis. Kodex*. Bonn: Deutsche Forschungsgemeinschaft.

Hauffe, H. (2009): Irrwege und Abwege wissenschaftlichen Publizierens. In: R. Barth (Hrsg.): *Wissensklau, Unvermögen oder Paradigmenwechsel? Plagiate als Herausforderung für Lehre, Forschung und Bibliothek*. Chur: HTW Chur, Arbeitsbereich Informationswissenschaft, 11–19.

Hochschulrektorenkonferenz (1998): *Zum Umgang mit wissenschaftlichem Fehlverhalten in den Hochschulen. Hochschulrektorenkonferenz. Empfehlung des 185. Plenums vom 6. Juli 1998*. https://www.hrk.de/positionen/beschluss/detail/zum-umgang-mit-wissenschaftlichem-fehlverhalten-in-den-hochschulen.

IFLA – International Federation of Library Associations and Institutions (2012): *IFLA Code of Ethics for Librarians and other Information Workers*. https://www.ifla.org/de/publications/ifla-code-of-ethics-for-librarians-and-other-information-workers-full-version/.

IFLA – International Federation of Library Associations and Institutions (1994): *IFLA/UNESCO Public Library Manifesto*. https://www.ifla.org/DE/publications/node/8768.

Jobmann, P. (2024). Demokratiepädagogik. In: U. Engelkenmeier; K. Keller-Loibl; B. Schmid-Ruhe; R. Stang (Hrsg.): *Handbuch Bibliothekspädagogik*. Berlin; Boston: De Gruyter Saur, 365–375. https://doi.org/10.1515/9783111032030-034.

Lewandowski, D. (2015): *Suchmaschinen verstehen*. Heidelberg: Springer.

Nissen, M. (2017): Plagiaterkennung und Plagiatvermeidung. Ein Aktionsfeld für wissenschaftliche Bibliotheken. In: P. Hauke (Hrsg.): *Bibliothek. Forschung für die Praxis. Festschrift für Konrad Umlauf zum 65. Geburtstag*. Berlin; Boston: De Gruyter Saur, 445–455.

Popper, K. (1969 [1934]): *Logik der Forschung*. 3. Aufl. Tübingen: Mohr (Siebeck).

Reckling-Freitag, K. (2019): Auf der Jagd nach Falschmeldungen. Jugendliche als FakeHunter unterwegs. *BuB. Forum Bibliothek und Information* 71/4, 195–199. https://www.b-u-b.de/fileadmin/archiv/imports/pdf_files/2019/bub_2019_04_195_199.pdf.

Rösch, H. (2021): *Informationsethik und Bibliotheksethik. Grundlagen und Praxis*. Berlin; Boston: De Gruyter Saur.

Rösch, H. (2017): Ethik und Bibliothek. Institutionenethik als Desiderat. In: P. Hauke (Hrsg.): *Bibliothek. Forschung für die Praxis. Festschrift für Konrad Umlauf zum 65. Geburtstag*. Berlin; Boston: De Gruyter Saur, 99–110.

Seubert, S.; Helm, P. (2017): Privatheit und Demokratie. *Forschungsjournal Soziale Bewegungen* 30/2, 120–123.

Tappenbeck, I. (2005): Vermittlung von Informationskompetenz. Perspektiven für die Praxis. In: M. Bargheer; K. Ceynowa (Hrsg.): *Tradition und Zukunft. Die Niedersächsische Staats- und Universitätsbibliothek Göttingen. Eine Leistungsbilanz zum 65. Geburtstag von Elmar Mittler*. Göttingen: Universitätsverlag, 63–73.

Walger, N.; Walger, N. (2019): 20 Jahre Regeln zur Sicherung der guten wissenschaftlichen Praxis. Die Rolle von Hochschulbibliotheken beim Streben nach Wahrheit und Objektivität. In: S. Fühles-Ubach; U. Georgy (Hrsg.): *Bibliotheksentwicklung im Netzwerk von Menschen, Informationstechnologie und Nachhaltigkeit. Festschrift für Achim Oßwald*. Bad Honnef: Book + Herchen, 87–102.

Zillien, N. (2009): *Digitale Ungleichheit. Neue Technologien und alte Ungleichheiten in der Informations- und Wissensgesellschaft*. 2. Aufl. Wiesbaden: Verlag für Sozialwissenschaften.

Praxisperspektiven

Susanne Brandt

Frühkindliche Bildung und Sprachförderung

Einleitung

Sprache baut auf Handeln auf (Zimmer/Hunger 2012, 94). Sprachförderung in der frühkindlichen Bildung lässt sich daher nur im Kontext vielfältiger Handlungs- und Erfahrungsspielräume betrachten und gestalten. Im Verlauf der kindlichen Entwicklung mischen sich erste Wortbildungsversuche etwa um den ersten Geburtstag herum – mal früher und mal später – ins Spielen und Bewegen des Kindes. Dabei geht es zunächst um einfache Silbenketten, die das Kind in seinem Umfeld oft hört: Ma-ma, Pa-pa. Erst nach und nach wird der aufgenommene Wortklang mit Sinn verknüpft. Das Sprechen im Dialog, gemeinsames Betrachten von Bilderbüchern, Reime und Lieder nehmen stimulierend Einfluss auf diesen Prozess. Einfache, kurze Sätze, die das alltägliche Handeln und Bewegen begleiten, sind eine wichtige Voraussetzung, um die Entschlüsselung von Zeichen und Bildern in Büchern anzubahnen, die im Unterschied zu den realen Dingen und Erlebnissen bereits eine Abstraktion darstellen. (Keller-Loibl/Brandt 2015, 25)

Neben solchen Laut- und Wortbildungen sind Bewegung, sinnliche Erfahrungsmöglichkeiten, spielerische Interaktion und echte Aufmerksamkeit von entscheidender Bedeutung. Zuwendung und Empathie für die Versuche des Kindes, eigene Äußerungen zur Verständigung immer weiter zu verfeinern, sind ein wichtiger Teil der Persönlichkeitsentwicklung (Merkel 2005, 164). Unterstützend und inspirierend wirkt hier nicht das Einüben oder Abrufen bestimmter Sprachleistungen, sondern vielmehr dialogische Alltagsbegegnungen, die sowohl aufmerksames Zuhören als auch einen spielerischen lustvollen Umgang mit Klängen, Wörtern und Wendungen beinhalten. Bücher und andere Medien bieten dabei interessante Ergänzungen, da sie das alltägliche Sprechen um einen wachsenden Wortschatz und neue Klangeindrücke erweitern, durch Bilder veranschaulichen und das Miteinander vertiefen können.

Deutlich wird bereits in dieser frühen Phase der Sprachentwicklung, was ebenso für die frühkindliche Bildung in Bibliotheken gilt: Sprachförderung lässt sich nicht allein auf eine erste Anbahnung von Sprachkompetenz, Medienerfahrungen und Lesemotivation reduzieren. Zu bedenken ist, dass es um ein ganzheitliches Geschehen geht, bei dem die kindliche Spiel- und Entdeckerfreude im Mittelpunkt steht (Zimmer/Hunger 2012, 92). Gute Beziehungserfahrungen und vielfältige Bewegungs- und Wahrnehmungsmöglichkeiten mit allen Sinnen sind bei der frühkindlichen Sprachförderung in Bibliotheken von besonderer Bedeutung.

https://doi.org/10.1515/9783111032030-022

Bibliotheken bieten einen reichen Schatz mit vielfältigen Anregungen

Was Bibliotheken zur frühkindlichen Bildung – also in der Zeit von der Geburt bis zum Vorschulalter – beitragen können, ist ein reicher Schatz an sinnlichen und beziehungsstiftenden Anregungen durch inspirierende Räumlichkeiten, Materialien und Methoden. Dabei ist frühkindliche Bildung immer auch Familienbildung und geschieht in Kooperation mit Kitas, in Ergänzung zu der dort praktizierten alltagsintegrierten Sprachförderung. Als erfolgreich in diesem Sinne durchgeführte und an vielen Orten erprobte Beispiele sind Bibliotheksprojekte wie *Geschichten bewegen* (Nifbe 2013), *Mit Worten wachsen* (Biblio2030) oder *Gedichte für Wichte* (Buchstart Hamburg) zu nennen.

Um exemplarisch zu veranschaulichen, was mit ganzheitlichen Zugängen in der frühen sprachlichen Bildung mit Kindern unter drei konkret gemeint ist: Das Wort „Feder" zum Beispiel wird in dieser Phase des Spracherwerbs nicht isoliert als Vokabel begriffen, sondern zunächst durch seinen Sprachklang, verbunden mit vielfältigen sinnlichen Alltagserfahrungen, kennengelernt. Eine Feder lässt sich auf der Haut spüren, betasten und mit ihren besonderen Bewegungseigenschaften beobachten. Sie lädt zu spielerischer Kommunikation ein. Das Wort wird sozusagen eingebettet in einen Erfahrungsschatz, der sich mehr und mehr füllt. Dieser Schatz bildet eine gute Basis für alle weiteren Schritte der Sprachentwicklung bis hin zur späteren Lesemotivation. Denn vielfältig mit Sprache verknüpfte Beziehungs- und Welterfahrungen machen das Wiederentdecken von Zeichen und Wörtern in Büchern oder anderen Medien zu einem umso lebendigeren und interessanteren Erlebnis. Und umgekehrt: Bilder und Zeichen aus Medien können dazu motivieren, umso interessierter den Bezug zu Dingen und Menschen im Alltag zu entdecken. Die Federn eines Vogels im Bilderbuch lassen sich im Wald als Naturmaterial wiederfinden und verbinden sich hier mit neuen Gerüchen, Geräuschen und Bewegungsmöglichkeiten. Immer geht es um ein wechselseitiges Beziehungsgeschehen – zu Dingen, zu Menschen, zu Medien, zur Welt – das durch bibliothekspädagogische Angebote in Bibliotheken aufgegriffen und entfaltet werden kann.

Der Neurologe und Psychotherapeut Eckhard Schiffer, der in seinen Veröffentlichungen zur kindlichen Entwicklung die Zusammenhänge von Sprache, Spiel und Wahrnehmung in einem guten Beziehungsgeschehen eingehend beschreibt, versteht das Spiel als Erfahrung der Welt mit allen Sinnen, einschließlich des Sinnes für die eigene Motorik, also das Muskel- und Körpergefühl. Das, was Kinder im Spiel mit allen Sinnen erfahren, wird nach Schiffer in Denksymbolen aufbewahrt. Denksymbole sind Begriffe und Worte, aus denen heraus sich unsere Fantasie und unser Vorstellungsvermögen speist. Für Schiffer ist es in der frühkindlichen Entwicklung also wichtig, dass Kinder vielfältige körperliche und affektive Erfahrungen mit Dingen und Materialien sammeln können, um so eine Anregung und Erweiterung ihrer Vorstellungskraft und Möglichkeitsräume zu erfahren. Das schenkt Kindern ein größeres Maß an Freiheit und Souveränität im Umgang mit Sprache und Ausdrucksformen (Schiffer 2003, 7).

Bibliotheken öffnen Möglichkeitsräume

Es kommt also darauf an, dass Kinder und Familien in der Bibliothek Anregungen bekommen, ...

- *... um sich die Welt zu erschließen mit Neugier und Fantasie.* Denn beim spielerischen Umgang und beim freien Experimentieren mit einfachen Materialien werden Zusammenhänge erkundet und vielleicht mit ersten Motiven in Pappbilderbüchern in Beziehung gebracht. Ein solches Entdecken stärkt das Selbstvertrauen und die Entdeckerlust.
- *... um mit verschiedenen Ausdrucksformen vertraut zu werden.* Denn Menschen äußern sich und kommunizieren durch Sprache, Musik, Gesten, Mimik und Berührung. Dabei werden verschiedene Gefühle angesprochen, Ablehnung akzeptiert wie auch auf Zustimmung positiv reagiert – wichtige Voraussetzungen also, um Respekt und soziale Kompetenzen für ein gutes Miteinander zu lernen.
- *... um vielfältige Möglichkeiten für selbstbestimmte Teilhabe am kulturellen Schaffen zu erproben.* Denn Eltern ahnen vielleicht gar nicht, dass sie singen, mit Sprache und Tönen frei und kreativ spielen können. Hier gilt es, Eltern zu ermutigen, ihre eigenen, ganz individuellen Talente neu zu entdecken, als kostbar in der Beziehung zum Kind wertzuschätzen und spielerisch zu nutzen. Nicht zuletzt trägt eine solche Ermutigung auch zur Bildungsgerechtigkeit bei.
- *... um erfahrbar zu machen, dass ästhetisches Handeln den Raum für kreatives Nachdenken, Deuten wie auch Zweifeln der Kinder öffnet mit oft erstaunlicher philosophischer Tiefe.* Denn kaum etwas in der Welt ist wirklich eindeutig und unveränderbar. Leben lernen – und später auch Lesen lernen – heißt immer: sich mit Mehrdeutigkeit und Ambivalenzen auseinandersetzen, Fragen stellen und auch mit verschiedenen Antworten zurechtkommen.

Da Bibliotheken mit ihrem vielfältigen Medienangebot Bezüge zu verschiedenen Sachthemen, Kunst- und Kultursparten – Musik, Poesie, szenisches Spielen und Erzählen sowie Bildgestaltung und Illustration – herstellen können, tragen sie in besonderer Weise dazu bei, das Miteinander der verschiedenen Ausdrucksformen und Informationsquellen erlebbar zu machen und Grenzen zwischen den Sparten, die Kinder von sich aus so noch gar nicht sehen und ziehen, offen zu halten.

Wertvolle Anregungen für ein solches Verständnis von frühkindlicher Bildung in der Bibliothekspädagogik lassen sich zum Beispiel beim *Netzwerk Frühkindliche Kulturelle Bildung* mit leicht umsetzbaren Materialien wie *Kultur am Haken* finden (NFKB

2022). Aber auch die Materialien vom *Haus der kleinen Forscher* bieten zu Alltagsthemen wie *Stadt, Land und Wald* Ideen und didaktische Umsetzungsvorschläge, die in der bibliothekspädagogischen Praxis gut nutzbar sind (Haus der kleinen Forscher 2022).

Bildung für nachhaltige Entwicklung als „Wurzelwerk"

Gleichzeitig wird mit diesen grundlegenden Eigenschaften der frühkindlichen Bildung eine besondere Verbundenheit mit Zielen, Methoden und Anliegen von Bildung für nachhaltige Entwicklung (BNE) deutlich, die sich vor allem durch die gemeinsame ganzheitliche Prägung ergibt (Holzbaur 2020, 339).

In Empfehlungen wie der *Berliner Erklärung* (UNESCO 2021), in aktuellen Orientierungsplänen und Bildungsrahmen für Kitas wie auch in verschiedenen BNE-Landesstrategien (dbv 2022) sind auch Bibliotheken als informelle beziehungsweise non-formale Bildungspartnerinnen ausdrücklich aufgefordert, BNE als eine besondere Chance und Herausforderung für sich zu begreifen und vielfältig in der Praxis umzusetzen. Dazu heißt es auf dem BNE-Portal:

> Kinder wollen die Welt erforschen und sie begreifen, ihren Platz in einer Gruppe finden und mitbestimmen. Sie lernen Regeln des Miteinanders und Werte des Umgangs. Die körperlichen, kognitiven, sozialen und emotionalen Entwicklungen eines Kindes sind in der frühen Kindheit besonders rasant. Das Potential von Bildung für nachhaltige Entwicklung ist in diesem Bildungsbereich besonders groß: Das Kind lernt Grundwerte und Fähigkeiten und es erlebt, dass es gestalten kann und sein Handeln Auswirkungen auf andere Menschen und seine Umgebung hat. Dieses Bewusstsein ist die Basis von Bildung für nachhaltige Entwicklung, die darauf abzielt, Menschen zu verantwortlichem Denken und Handeln zu befähigen. Dazu sind Schlüsselfähigkeiten wie Kooperation, Partizipation und Selbstorganisation nötig, die als wesentliche Elemente einer modernen Kinderpädagogik angesehen werden. (BMBF o. J.)

Setzt man die oben genannten Aspekte einer frühkindlichen kulturellen Bildung in Beziehung zu BNE in den ersten Lebensjahren, so können Bibliotheken mit ihren bibliothekspädagogischen Angeboten in diesem Sinne dazu beitragen, dass Kinder ...

- ... vielfältige Welterfahrungen sammeln, über unerwartete Vorgänge in Umwelt und Natur staunen und Zusammenhänge mit allen Sinnen erforschen;
- ... Diversität im Zusammenleben – vor Ort und weltweit – als etwas Kostbares begreifen, Respekt und Einfühlung für das Anderssein durch Perspektivwechsel entwickeln;
- ... Möglichkeiten der Mitgestaltung in der Welt durch eigene Entscheidungen und Verhaltensweisen entdecken;

- ... Mehrdeutigkeit als Teil der Wirklichkeit erfahren, Fragen und Zweifeln Raum und Aufmerksamkeit schenken;
- ... eigene Ausdrucks- und Mitgestaltungsmöglichkeiten erproben, sowohl im praktischen Tun als auch in Fantasie und Gedanken.

Es geht bei BNE in der frühkindlichen Bildung also nicht vorrangig darum, Sachwissen zu Themen wie Naturschutz und Klima, Krieg, Frieden und Gerechtigkeit zu vermitteln, auch wenn davon natürlich spielerisch immer wieder etwas einfließen kann und soll. Ebenso sind die damit verbundenen ethischen Aspekte nicht mit moralischen Appellen zu verdeutlichen oder gar einzufordern. Vielmehr stehen bei BNE vor allem Weltwahrnehmung, Gestaltungskompetenz und die Ermutigung zum Fragen, Entscheiden und Imaginieren von Möglichkeiten im Mittelpunkt (Akademie Kinder philosophieren 2014, 21).

Eben dafür bieten Bibliotheken mit ihren Geschichten, Hör- und Bildmedien sowie sozialen Begegnungs- und Teilhabemöglichkeiten hervorragende Chancen, die bei entsprechend konzipierten Angeboten zum Entdecken, Erproben und Mitdenken genutzt werden können (Brandt 2020, 16). BNE ist in diesem Sinne nicht als ein Sonderthema im Rahmen der Bibliothekspädagogik zu verstehen, sondern eher als eine Art „Wurzelwerk“ für alle Bildungsphasen und Angebote, die daraus erwachsen und in vielfältigen Verbindungen zur Entfaltung gebracht werden können (Brandt 2021, 224). Und noch etwas ganz Elementares gilt es zu bedenken, wenn im Kontext von BNE und frühkindlicher Bibliothekspädagogik immer wieder von „Zukunft“ die Rede ist und Kinder leicht in die Rolle der sogenannten Helden geraten, die nun für die Zukunft dieses oder jenes retten oder verbessern sollen: Kinder haben ein Recht auf den heutigen Tag! (Wyrobnik 2021, 18). So formulierte es der Kinderarzt und Autor Janusz Korczak in seinen Kinderrechten. Und dabei dachte er nicht zuletzt an die Momente der Freude und Verträumtheit, an innere Bilder, Musik und Geschichten, wie sie (auch) in Bibliotheken beziehungsweise in Familien in vertrauter Atmosphäre erlebt und miteinander geteilt werden können und nicht zu schnell dem Anspruch des „Lernens für die Zukunft“ untergeordnet werden sollten (Brandt 2010, 13).

Dieses Erleben in der Gegenwart gilt es in der frühkindlichen Bildung immer wieder besonders in den Blick zu nehmen, auch wenn Kinder im Vorschulalter mit ihren Gedanken durchaus Zukunftsszenarien imaginieren können. Wenn also Projekte, wie zum Beispiel *Kitas gestalten Zukunftsgeschichten* (Epiz 2021), bei denen sich Sprach- und Erzählkultur für Kinder im Kita-Alter mit BNE verbinden, im Titel über diese Gegenwart hinausweisen, richtet sich diese Dimension eher an das Denken der Erwachsenen. Die Kinder bleiben mit dem, was sie durch Geschichten erleben und entwickeln, erstmal ganz im Hier und Jetzt. Sie erproben nach und nach in ihrem Denken, Deuten und Erleben, wie sie mit Fantasie und Vorstellungskraft über den heutigen Tag hinausdenken können, wie Zusammenhänge auf Ursache und Wirkung hin untersucht und in eine zeitliche Abfolge einzuordnen sind.

Vom Erleben zum Lesen – vom Lesen zum Erleben

Wie die Ausführungen zur frühkindlichen Entwicklung bei Kindern unter drei Jahren bereits gezeigt haben, verweist die Formel *Vom Erleben zum Lesen – vom Lesen zum Erleben* auf eine entscheidende und in ihren Facetten überaus komplexe Wechselwirkung, die für bibliothekspädagogische Angebote zur frühen Bildung von der Geburt an richtungsweisend ist. Denn mehr noch als die Auswahl der Medien entscheiden Beziehungsqualität und Dialogbereitschaft sowie die begleitenden spielerischen und sinnlichen Anregungen zur Interaktion darüber, ob Lesen, Erzählen und diverse Medienerfahrungen von Kindern als inspirierend und bedeutsam für das eigene Leben empfunden werden. Das gilt auch für die sich anschließende frühkindliche Phase, das sogenannte Vorlesealter etwa zwischen drei und sechs Jahren – für jene Phase der kindlichen Sprachentwicklung also, in der die Lust an und das Verständnis für Geschichten oder Themen, die über Medien vermittelt werden, an Bedeutung und Komplexität gewinnen.

Wie können solche spielerischen und erlebnisorientierten Anregungen in Verbindung mit Medien und Geschichten konkret aussehen und auch im Sinne von BNE gestaltet werden?

> Kinder erobern ihre Umwelt im Spiel und erwerben dabei konkrete Erfahrungen über natürliche Zusammenhänge [...]. Dabei spielt die Fantasie eine wichtige Rolle, denn mit ihrer Hilfe werden Sinneseindrücke und Erlebnisinhalte so kombiniert und umgestaltet, dass bei den Kindern eigene Vorstellungsbilder entstehen. (Stein 2004, 9–10)

Genau darum geht es auch, wenn Welterfahrung, Empathie, Deutungskompetenz, Perspektivwechsel und Mitgestaltungsmöglichkeiten als die wesentlichen Aspekte von BNE in der frühkindlichen Bildung genannt werden. Als Beispiel aus der Bibliothekspraxis ist hier das *Kinder-Bohnen-Projekt* (Mobile Saatgutbibliothek 2022) anzusehen, bei dem Kita-Kinder verbunden mit der *Mobilen Saatgutbibliothek* zu einer passenden Bilderbuchgeschichte eigene praktische Erfahrungen mit dem Säen und Ernten sammeln. Auch das Konzept der *Wildwuchsgeschichten* (Zukunftsbibliotheken 2021) verbindet Bewegung in der Natur mit dem Hören, Erzählen und Erfinden von Geschichten und kreativen Sprachspielereien und bietet dabei zugleich viele Anknüpfungsmöglichkeiten für sinnliche Erfahrungen und Fragen zur Umwelt.

Vorlesen und Erzählen als Dialog

Dieser ganzheitliche Ansatz ist bei allen Formen des Medieneinsatzes, beim Vorlesen und Erzählen mit Kindern im Kita-Alter mit zu bedenken: Eine dialogisch und kreativ gestaltete Vorlese- und Erzählsituation ermöglicht ein Ausbalancieren zwischen fiktiver und realer Wirklichkeit und weckt über begleitende Gespräche immer wieder

Fantasien und Bilder für die eigenen Gefühle und Handlungsmöglichkeiten. Dabei öffnet sich für Kinder der Vorhang für eine innere Bühne, auf der alle Gefühle in der Fantasie Ausdruck finden können. Projektionen und Identifikationen, wie sie durch das Eintauchen in Geschichten möglich sind, helfen gerade auch mit schwierigen persönlichen Gefühlen wie Trauer, Angst, Wut oder Aggression umzugehen und sie unbeschadet bewältigen zu lernen (Peitz 2020, 101). Die vielen Bilderbüchern, Märchen und Geschichten innewohnende Symbolsprache ist eine Sprache, in der innere Erfahrungen, Gefühle und Gedanken so ausgedrückt werden, als ob es sich um sinnliche Wahrnehmungen, um Ereignisse in der Außenwelt handle. Es ist eine Sprache, die einer anderen Logik folgt als wir es von der Alltagssprache her gewohnt sind und so Zugänge zu tieferen Schichten unserer eigenen Persönlichkeit schafft.

Während eine rein sachliche Alltagssprache eher der Information dient und nicht so leicht die schöpferische Imaginationskraft anzuregen vermag, kann die poetische Symbolsprache in Text und Bild heilsame Räume für die Seele öffnen, in denen Menschen sich wertgeschätzt und verwurzelt fühlen. Im Kindergartenalter durchleben Kinder entwicklungspsychologisch gesehen eine Phase des „magischen Denkens". Sie geben Tieren und Dingen im Spiel eine „menschliche Stimme" und lassen in der Fantasie vielfältige Verwandlungen geschehen (Keller-Loibl/Brandt 2015, 45–46).

Führt man sich vor diesem Hintergrund eine typische Vorlese- und Erzählsituation in einer Bibliothek mit einer Gruppe von vielleicht zehn oder 20 Kindern im Kindergartenalter vor Augen, so gilt es zu überlegen, ob und wie die dabei vermittelten Bilder und Geschichten so ins Spiel gebracht werden, dass Emotionen und Bewegungsfreude, sinnliche Wahrnehmungen und Entdeckungslust mit Einfühlungsvermögen und Gestaltungsfreiheit für die Kinder zum Ausdruck kommen können.

Modellhaft lassen sich Vorbereitungen, Überlegungen, Methoden und Ziele eines solchen Angebots in der Bibliothekspraxis etwa so skizzieren:

Zielgruppe: Kinder im Kindergartenalter

Dauer: ca. 45 Minuten

Zielsetzung: Die Kinder machen sich vertraut mit einem Thema oder Erfahrungsbereich ihres Alltags und erfahren diesen als bedeutsam für ihr Leben (z. B. Ernährung, faszinierende Phänomene in der Natur, Umgang mit Emotionen wie Angst, Enttäuschung und Hoffnung). Durch spielerische Elemente verbinden sie dabei die durch Medien vermittelten Eindrücke und inneren Bilder mit eigenen Sinnes- und Beziehungserfahrungen in der Gruppe, lernen Möglichkeiten der Mitgestaltung kennen und entwickeln eigene Deutungen und Erklärungen.

Vorbereitung, Ablauf und Methoden: Hier gilt es, ein gut ausbalanciertes Wechselspiel zu entwickeln zwischen Phasen, in denen die Kinder gegenseitige Rücksichtnahme in der Gruppe erleben, miteinander spielerisch agieren, aber auch Momente für ein ungestörtes „bei sich Sein" finden können. Beim gemeinsamen Ankommen kann ein Eingangsritual helfen. Dann folgt ein relativ kurzer Impuls durch eine dialogisch erzählte Geschichte. Diese leitet über in eine Phase der Vertiefung und Entfaltung mit Ideen und Gestaltungsmöglichkeiten der Kinder: im Gespräch, beim kreativen Umgang mit Materialien oder durch ästhetische Erfahrungen mit Musik, Kunst oder einem Rollenspiel. Besonders geeignet sind solche Spiel- und Gestaltungsideen, die mit wenig Material auskommen und zur Raumsituation in der Bibliothek passen. Und ganz wichtig: BNE heißt nicht „bitte nur ernst“, sondern meint die Lust und das Zutrauen in ein gutes Leben. Dazu gehören auch Spaß, Fantasie und viel Humor!

Themen- und Medienauswahl: Bilderbücher, Geschichten und Medien, die sich hier besonders gut eignen, lassen eine große Beweglichkeit und Flexibilität bei der Vermittlung zu – zum Beispiel durch einen situationsorientierten, immer wieder auch spontanen Wechsel zwischen Darstellen, Vorlesen und freiem Erzählen im Dialog mit den Kindern. Besonders geeignet sind Themen und Inhalte, die den Kindern diverse Deutungsräume bieten und offen sind für individuelle Zugänge und Entfaltungsmöglichkeiten. So können Kinder ihr Weltwissen mit einbringen und erfahren, wie sie mit eigenen Entscheidungen, Gestaltungs- und Lösungsideen Veränderungen bewirken oder sich zumindest vorstellen können – etwa zu Erlebnissen mit Gemeinschaft, mit Vielfalt, mit Natur, mit Gefühlen, mit Spaß und Übermut beim Entdecken der komischen wie ernsten Momente des Lebens. Geschichten helfen bei der Verarbeitung von Konflikten:

> Geschichten, vorgelesene, erzählte, selbst erfundene und aufgeschriebene, helfen bei der Verarbeitung innerer Konflikte, tragen dazu bei, Verdrängtes und Belastendes zuzulassen, zu bearbeiten und vielleicht sogar zu verarbeiten. Im Erzählen setzen wir uns mit Erlebtem auseinander, können Geschichten, die uns widerfahren sind, sogar umerzählen, können ein Happy End erfinden, um uns zu trösten oder Hoffnung zu machen. (Hering, 2008, 48)

Fazit

Abschließend lässt sich zusammenfassen: Wahrnehmungsförderung in Verbundenheit mit der (Um)welt, Beziehungserfahrungen, Neugier und Gestaltungskompetenz – das sind nicht nur wichtige Grundlagen für die Sprachentwicklung, für die Persönlichkeitsbildung und für die frühkindliche kulturelle Bildung, das sind zugleich auch wesentliche Eigenschaften von BNE als „Wurzelwerk“ für alle Bildungsbereiche. Dabei gilt es in Bibliotheken immer wieder neu zu entscheiden, auszuwählen und zu kombinieren, welche Medien (digital oder gedruckt, zum Hören, Schauen oder Spielen) dabei zum Einsatz kommen, je nachdem, welche kreativen, ästhetischen und spielerischen Erfahrungen sich gut mit dem jeweiligen Thema, der Zielsetzung und dem Interesse der Kinder verbinden lassen. Bibliothekspädagogik eröffnet für die frühkindliche Bildung besonders dann gute Gestaltungsmöglichkeiten, wenn es gelingt, die Chance der freien und vielfältigen Medienauswahl als Inspiration für die kindliche Entdeckungslust zu nutzen. Medien, so wichtig ihre Rolle auch ist, sind in diesem Kontext nur der Anlass für die soziale Interaktion. Wesentlich ist, was Menschen in, um und durch Bibliotheken mit Menschen und Medien erleben und erproben können. Dabei entfalten Bibliotheken nicht vorrangig als „Orte mit fertigen Dingen“ und „sicheren Antworten“ ihre besonderen Bildungschancen, sondern als Möglichkeit für überraschende Entdeckungen und Visionen. Und davon bringen Kinder schon vor dem Schulalter eine ganze Menge mit ins Spiel. Auch gute Zukunftsideen kommen so zur Welt.

Literatur

Akademie Kinder philosophieren. Eberhard von Kuenheim Stiftung (Hrsg.) (2014): *Wie wollen wir leben? Kinder philosophieren über Nachhaltigkeit*. München: oekom.

Biblio2030 (o. J.): *Mit Worten wachsen*. https://www.biblio2030.de/mit-worten-wachsen-buechereizentrale-schleswig-holstein.

Brandt, S. (2010): *Gedankenflüge ohne Illusion. Janusz Korczak als Impulsgeber für die dialogische Begegnung mit Kindern beim Lesen, Erzählen und Schreiben*. Wetzlar: Phantastische Bibliothek.

Brandt, S. (2020): *Die Erde ist ein großes Haus. Praxis-Set mit Mutmachgeschichten*. München: Don Bosco.

Brandt, S. (2021): Nachhaltig erzählen. Mit Geschichten in Zusammenhängen denken und und handeln. In: Keller-Loibl, K. (Hrsg.): *Handbuch Kinder- und Jugendbibliotheksarbeit*. 3. Aufl. Bad Honnef: Bock + Herchen, 224–228.

Buchstart Hamburg (o. J.): *Gedichte für Wichte*. https://buchstart-hamburg.de/gedichte-fuer-wichte-gruppen.

BMBF – Bundesministerium für Bildung und Forschung (o. J.): *BNE-Portal zur Frühkindlichen Bildung*. https://www.bne-portal.de/bne/de/einstieg/bildungsbereiche/fruehkindliche-bildung/fruehkindliche-bildung.html.

dbv – Deutscher Bibliotheksverband (2022): *Die Rolle von Bibliotheken in den BNE-Landesstrategien*. https://www.bibliotheksverband.de/die-rolle-von-bibliotheken-bne-landesstrategien.

Epiz – Entwicklungspädagogisches Informationszentrum Reutlingen (2021): *Kitas gestalten Zukunftsgeschichten*. https://www.epiz.de/de/projekte/kita-weltbewusst-2030/zukunftsgeschichten.

Haus der kleinen Forscher (2022): *Stadt, Land, Wald*. https://www.haus-der-kleinen-forscher.de/landingpages/stadt-land-wald.

Hering, J. (2008): Vorlesen, Bilderbücher und die Entstehung der Erzählfähigkeit. *Kind-Bild-Buch. Zeitschrift des BIBF* 4, 48–57.

Holzbaur, U. (2020).: *Nachhaltige Entwicklung. Der Weg in eine lebenswerte Zukunft*. Wiesbaden: Springer.

Keller-Loibl, K.; Brandt, S. (2015): *Leseförderung in Öffentlichen Bibliotheken*. Berlin; Boston: De Gruyter Saur. https://doi.org/10.1515/9783110337013.

Merkel, J. (2005): *Gebildete Kindheit. Wie die Selbstbildung von Kindern gefördert wird. Handbuch der Bildungsarbeit im Elementarbereich*. Bremen: edition lumière.

Mobile Saatgutbibliothek (2022): *Das Kinder-Bohnen-Projekt der Mobilen Saatgutbibliothek*. https://mobile-saatgutbibliothek-sh.de/das-kinder-bohnen-projekt.

NFKB – Netzwerk Frühkindliche Kulturelle Bildung (2022): *Kultur am Haken*. https://netzwerk-fkb.de/einblicke/kultur-am-haken.

Nifbe – Niedersächsisches Institut für frühkindliche Bildung und Entwicklung (2013): *Geschichten bewegen – neue Wege einer lebendigen Erzählkultur in Bibliotheken*. https://www.nifbe.de/das-institut/projekte/themen?view=item&id=103:project-103&catid=139.

Peitz, C. (2020): *Wenn Engel Plätzchen backen. Wie Erzählungen und Bilder die Welt erklären*. Lüdinghausen: TimpeTe.

Schiffer, E. (2003): Warum die Gute-Nacht-Geschichte Wunder wirken kann. Eckhard Schiffer im Gespräch mit Andreas Neider. *Lebensmagazin ‚a tempo‘* 4.

Stein, G. (2004): *Spielgeschichten. Wir reisen ins Bewegungsland*. Aachen: Meyer & Meyer.

UNESCO (2021): *Berliner Erklärung BNE*. https://www.unesco.de/sites/default/files/2021-05/Berliner%20Erkl%C3%A4rung%20f%C3%BCr%20BNE.pdf.

Wyrobnik, I. (2021): *Korczaks Pädagogik heute. Wertschätzung, Partizipation und Lebensfreude in der Kita*. Göttingen: Vandenhoeck & Ruprecht.

Zimmer, R.; Hunger, I.; (Hrsg.) (2012): *Frühe Kindheit in Bewegung. Entwicklungspotenzial nutzen*. Schorndorf: Hofmann.

Zukunftsbibliotheken (2021): *Erzähllust mit Wildwuchsgeschichten*. https://zukunftsbibliotheken-sh.de/start/blog/zum-tag-der-bibliotheken-erzaehllust-mit-wildwuchsgeschichten.html.

Gudrun Marci-Boehncke und Tatjana Vogel-Lefèbre

Leseförderung

Einleitung

Bibliotheken sind mit Archiven von jeher zentrale Orte des kulturellen Gedächtnisses (Mittler 2012, 33). Sie dienen nicht nur der Sammlung, sondern auch der Verbreitung von Wissensbeständen und Kunst und nutzen dazu die jeweilige Mediatisierung (Krotz 2007) ihrer Epoche. Aus der Perspektive der Nutzenden sind zu ihrem „Gebrauch" – also einem erkenntnisreichen Aneignungsprozess der dort gesammelten Artefakte – Erschließungskompetenzen dieser im weitesten Sinn „Texte" notwendig. Zu den Vermittlungsaufgaben von Bibliotheken gehören heute in Zeiten einer sich technisch rasant und disruptiv verändernden Gesellschaft auch die der neuen Lesefertigkeit, die für die vielfältig digital produzierten und gespeicherten Texte, Filme, Audios, Multimediaprodukte notwendig wird.

Leseförderung in dem hier verstandenen Sinn beginnt deshalb bei der traditionellen schrifttextbasierten Kompetenz zur De- und Rekodierung nationalsprachlich publizierter Texte und erweitert danach den Blick auf die grundsätzliche Zeichenhaftigkeit dieses Leseprozesses, die sich auch auf andere Medialitäten und Notationssysteme bis hin zur informatischen Algorithmik und zum konvergenten Raum übertragen lässt. Das bedeutet, dass Texte auch in ihren digitalen Verweisen und Verknüpfungen erkannt und verstanden werden sollten, inklusive ihrer semiotischen und sozial-institutionellen Implikationen. Zunächst wird im Folgenden auf die Bildungsforschung zur Lesekompetenz rekurriert und es werden einschlägige internationale und nationale Curricula und Diagnose- und Förderkategorien auf der Makro- und Mesoebene vorgestellt. Orientiert an gegenwärtigen Lesekompetenzmodellen, werden Grundbegriffe und zentrale Perspektiven für Leseförderung im Aufgabenfeld von Bibliothekspersonal aufgezeigt. Hier spielt die Vermittlung von allgemeinem „Weltwissen" eine zentrale Rolle, für die die Bibliothek die gesellschaftlich anerkannte und als städtischer Ort entsprechend didaktisch ausgestattete Institution darstellt: wie ein schon vor der digitalen Wende bestehendes *Wikipedia* – aber zum Anfassen. Die schrifttextliche Ebene wird mit Blick auf die gegenwärtige Mediatisierung erweitert zur digitalen Lesekompetenz, die mehr umfasst als die Rezeption schriftsprachlicher Texte auf digitalen Oberflächen. Perspektiven und Konsequenzen für die Lesekompetenzförderung unter Bedingungen selbstlernender *Künstlicher Intelligenzen* (KIs) und damit auch veränderter Urheberschaft runden den Beitrag mit einem Blick in die Zukunft ab.

https://doi.org/10.1515/9783111032030-023

Ausgangslage: Die Bildungsforschung zur Lesekompetenz

Seit dem Jahr 2000 werden international in der Primar- und Sekundarstufe in regelmäßigen Abständen Vergleichsstudien auch zur Lesekompetenz durchgeführt. Bekannt sind auch im öffentlichen Diskurs die Grundschulstudie IGLU sowie die Studienreihe PISA (BMBF 2016). Die Ergebnisse zeigen im Langzeitvergleich nur geringfügige Veränderungen. Die allgemeine bildungspolitische Aufmerksamkeit hat jedoch in vielen Ländern zu einem neuen Bewusstsein für diese Kulturtechnik geführt und auch die Rolle von Bibliotheken als Bildungspartnerinnen gestärkt. Neben den Leseleistungen werden in diesen Untersuchungen auch Leseselbstkonzept, Lesemotivation und das Leseverhalten erhoben. Konstatiert werden kann ein Zusammenhang zwischen den genannten Faktoren. Wer gern und viel liest, sieht sich selbst als leseinteressiert und sucht Zeiten für die eigene Lektüre und liest – auch infolge seiner Übungspraxis – intrinsisch motiviert, bis Verständnis und damit die *Gratifikation* für die Leseanstrengung erreicht ist. Umgekehrt korreliert seltene Lesepraxis auch mit schlechterem Leseverständnis und geringerer Motivation (OECD 2021, 82). Gerade zu Beginn des eigentlichen schriftsprachlichen Lesekompetenzerwerbs mit Eintritt in die Grundschule sind hier Stärkungen aller Einflussfaktoren hilfreich, um das Leseselbstkonzept und damit die weitere Lesekompetenz zu fördern (Hußmann et al. 2017, 145). Die Bibliotheken sind dazu ein geeigneter Ort, an dem sanktionsfrei Übungen angeboten und Interesse gefördert werden können.

Festgestellt wurde bei den beiden genannten Studien international ein Entwicklungsvorsprung der Mädchen. Er gilt für beide Kohorten, verstärkt sich aber mit zunehmendem Alter, sodass die 15-jährigen Mädchen im Durchschnitt circa 30 Prozentpunkte besser lesen als die Jungen ihrer Klassenstufe. Die Studien attestieren den Jungen schlechtere Leistungen, wo komplexere Schlussfolgerungen und Interpretationen sowie Reflexionen zur Sprache und zum Inhalt abgefragt werden. Jungen scheinen eher wissensorientiert mit Texten umzugehen als literarisch-interpretierend.

Für Deutschland besonders eklatant ist das Ergebnis zur sozioökonomischen Abhängigkeit der Leseleistung. Kinder, deren Eltern nur eine geringe Bildungsaspiration zeigen, sind benachteiligt (Hußmann et al. 2017, 214–215; 321–322). Deutsche Kitas und Schulen haben solche Herkunftsunterschiede bisher nicht verhindern beziehungsweise ausgleichen können, gerade deswegen ist Unterstützung durch Bibliotheken für Familien hier besonders wichtig (Sälzer 2021). Zusätzliche Schwierigkeiten ergeben sich für Kinder, denen als Zugewanderte auch noch eine ausreichende deutsche Sprachpraxis fehlt. Sprachpraxis muss dabei nicht nur auf die gesprochene Familiensprache bezogen sein, sie gilt für umfängliche Medienerfahrungen. Sprechen, Hören, Vorlesen – egal, ob im persönlichen Kontakt oder durch geeignete Medienangebote wie Hörbücher/-spiele oder Videofilme/-spiele. Überall, wo richtig, möglichst authentisch und mit breiter Themenpalette Sprache praktiziert wird, erhalten Kinder Hilfe beim

Spracherwerb (Stiftung Lesen 2018). Dabei ist es unproblematisch, dass mehrsprachig aufwachsende Kinder manchmal etwas länger brauchen oder man den Eindruck hat, dass Sprachen sich anfänglich vermischen. Bilingualität ist eine Ressource, die gefördert werden sollte. Die Konfrontation mit Sprache sollte sozial, situativ und medial vielfältige Rezeptionssituationen und einen eigenen aktiven Sprachgebrauch ermöglichen.

Mit der COVID-19-Pandemie hat sich diese Lage für die Kinder aus bildungsfernen Familien noch zugespitzt (Ludewig et al. 2022, 16). In den Bildungsinstitutionen fehlten vor allem die Peers, die für das Lernen vielleicht noch wichtiger sind als die Lehrperson, die vor allem standardisierte Lösungswege präsentiert und Aufgaben zur Verfügung stellt. Gemeinsame Lernsituationen, individualisierte Hilfe auch durch Klassenkameradinnen und Klassenkameraden oder Eltern fehlten. Ein eigenständig nutzbares Digitalgerät und die entsprechende Kompetenz zur lernorientierten Nutzung waren oft nicht vorhanden. Neben der analogen Lesekompetenz war auch die digitale Lesekompetenz unterentwickelt. Leistungsstudien wie die *International Computer and Information Literacy Study* (ICILS) zeigen, dass auch hier Deutschland im Hintertreffen ist (Drossel et al. 2019, 215). Die höchsten Lesekompetenzen bei PISA zeigen Kinder und Jugendliche, die in verschiedenen Medien freiwillig digital und analog lesen. Dabei spielt das Buchlesen immer noch eine zentrale Rolle, weil es über lange kontinuierliche Texte viel Lesepraxis trainiert (OECD 2021, 96). Grundsätzlich scheint es vor allem in Deutschland weniger eine Frage der Medialität der Texte zu sein, die über die jeweiligen Kompetenzen entscheidet, sondern vor allem eine Frage der sozialen Herkunft und der Qualität der Bildungsmaßnahmen. Dazu gehören auch initial die Einstellungen (Beliefs) derer, die analoges und digitales Lesen und Arbeiten fördern, ihre Fortbildungsbereitschaft und ihre Kooperationsfähigkeiten, die sehr niederschwellig durch kollegialen Austausch die eigenen Kompetenzen erhöhen könnten (Gerick 2019, 195). Beim schulischen Einsatz digitaler Medien liegen deutsche Schülerinnen und Schüler um 20 Prozentpunkte, was circa der Hälfte des internationalen Durchschnittswertes entspricht, zurück. Lehrkräfte schätzen in Deutschland die Potenziale digitaler Medien skeptisch ein (Drossel et al. 2019, 229), gerade für schwächere Schülerinnen und Schüler und solche, die sogar einen (Inklusions- oder) Differenzierungsbedarf zeigen. Zugleich sind sie nicht diejenigen, die digitale Medienkompetenzen (auch effiziente Recherchekompetenz und die Überprüfung der Glaubwürdigkeit von Quellen) vermitteln (Drossel et al. 2019, 222). Bibliotheken haben hier mittelbar und unmittelbar als institutionalisierte Bildungspartnerinnen wichtige Unterstützungsfunktion, die gesellschaftlich gebraucht wird.

Die curriculare Handlungsorientierung zur Leseförderung

Ein rein analoges Lese- und Textverständnis reicht vor dem Hintergrund der Digitalisierung als aktuelle Ausprägung der Mediatisierung (Krotz 2007; Marci-Boehncke/Rath

2022) nicht aus. Vielmehr ist von einem erweiterten Textbegriff auszugehen (Kallmeyer et al. 1974, 45), der nicht nur die Rezeption schriftlicher Texte, sondern die Rezeption aller Medien als Leseprozess versteht. Dieses Verständnis von Lesen findet sich auch in den Lehrplänen der verschiedenen Schulformen. Eine Übersicht dazu bietet die Datenbank der Kultusministerkonferenz (KMK 2022). Der Kernlehrplan Deutsch des Landes Nordrhein-Westfalen beispielsweise führt den erweiterten Textbegriff im Kompetenzbereich *Lesen – mit Texten und Medien umgehen* an (MSB NRW 2021, 16). Als Kompetenz wird dabei grundlegend das Ensemble von Kenntnissen, Fähigkeiten und Fertigkeiten sowie Haltungen (Weinert 2001) verstanden. Auf den Umgang mit Texten bezogenes Wissen, Können und Wollen bilden die Grundlagen dessen, was Lesekompetenzstudien messen.

Neben den Lehrplänen als curriculare Vorgabe dienen auch Kompetenzraster wie der *Medienkompetenzrahmen NRW* als Handlungsorientierung für Lehrkräfte. Dieser wird auch von weiteren Bundesländern Deutschlands zur Orientierung genutzt. Er fasst Schlüsselqualifikationen in sechs Bereichen von *Bedienen und Anwenden* bis hin zu *Problemlösen und Modellieren* und dient als Grundlage für die Entwicklung schulischer Medienkonzepte aller Schulformen. Ziel ist es, Medienkompetenzen, informatische Grundbildung und fachliches Lernen medial in allen Jahrgangstufen zu fördern (Medienkompetenzrahmen NRW o. J.). Neben der Perspektive, was Schülerinnen und Schüler können sollen, betrachtet das europäische *Digital Competence Framework for Educators* (DigCompEdu) die Kompetenzen von Lehrkräften. Er bezieht sich auf die Bereiche *Berufliche Kompetenzen*, *Pädagogische* und *Didaktische Kompetenzen* sowie *Kompetenzen von Lernenden* (Europäische Kommission o. J.). Dieses Orientierungswerk dient Bildungsverantwortlichen vor allem zur Selbstreflektion ihrer eigenen Vorbereitung. Reflexionen darauf, was man als lesefördernde Person tut, erhöhen die Effizienz der Maßnahmen. Gezielte und geplante Interventionen sind wirkungsvoller als zufällige Ergebnisse. Deshalb ist bei jeder Lesefördermaßnahme – auch der in Bibliotheken – zunächst wichtig, dass die Verantwortlichen überlegen, bei welchen Aspekten sie ansetzen möchten. Dazu gehören grundsätzlich die Entscheidungen über den Einflussfaktor (z. B. Weltwissen, Lesestrategien, thematische Begeisterung, soziale Erfahrungen) und individuell auch die qualitative Diagnose über den Ausgangspunkt der Fördermaßnahme. Diese kann über Lesetestungen erfolgen (BiSS Tool-Datenbank) oder über Befragungen zu Interessen und Handlungen geschehen. Zur Planung von inklusiven Maßnahmen können das *Universal Design for Learning (UDL)* (Wember 2013)[1] eingebettet in das Modell *ITPACK* (Marci-Boehncke 2018) herangezogen werden.

Die Idee ist, hier eine Art Checkliste für die Planung der eigenen Lesefördermaßnahme zu nutzen: Wurde inklusiv im Sinne des UDL geplant? (D. h., ist die Motivation aller Teilnehmenden berücksichtigt, wie sind die jeweils individuellen Möglichkeiten, Informationen aufzunehmen und gleichermaßen sich auch ausdrücken und teilnehmen zu können?) Müssen Unterstützungsstrategien (Scaffolding, Scott 1998) eingeplant

1 Siehe auch Fisseler (2024) in diesem Band.

werden? Ist die gegenwärtige Mediatisierung mitgedacht? (Werden aktuelle mediale Präsentations- und Handlungsformate in die Auswahl einbezogen? Sind die Inhalte an der Gegenwart der Zielgruppe orientiert? Werden u. U. der Medienverbund und die Medienkonvergenz berücksichtigt?) Danach ist bei der Planung zu überlegen, wie Inhalt/Gegenstand, mediale Artefakte/Medientechnik und das pädagogische Setting zu verzahnen sind, damit zielgruppengerechte Fördersettings entstehen. Der Kern der Überlegungen zu einem Technik- (T), Pädagogik- (P) und Content- (C) -Knowledge (K) geht dabei auf das TPACK-Modell nach Mishra und Koehler (2006) zurück, wurde aber um die Metatheorien der Inklusion und Mediatisierung erweitert.

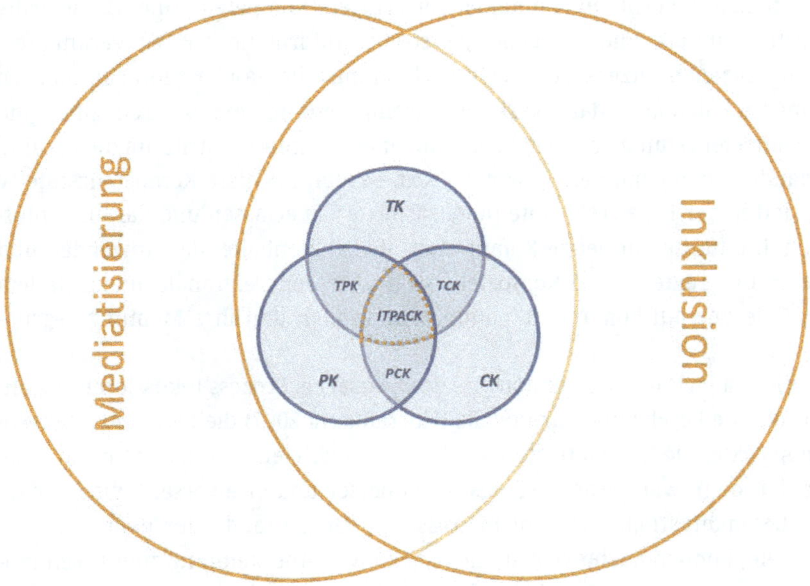

Abb. 1: ITPACK-Modell nach Marci-Boehncke (2018).

Lesen auf verschiedenen Hierachieebenen verstehen und fördern

Die Lehrpläne für das Fach Deutsch verdeutlichen die Kompetenzorientierung, die dem Lernen in der Bildungsinstitution Schule zugrunde liegt. Dazu gehört auch Lesekompetenz oder „Literacy". International wird Literacy als

> [...] die Fähigkeit Texte zu verstehen, zu nutzen, zu evaluieren, über sie zu reflektieren und sich mit ihnen auseinanderzusetzen, um eigene Ziele zu erreichen, das eigene Wissen und Potential weiterzuentwickeln und aktiv am gesellschaftlichen Leben teilzunehmen (OECD 2019, 38)

verstanden. Dieses Verständnis von Lesekompetenz findet sich in den internationalen Studien zur Erfassung der Lesekompetenz wie IGLU oder PISA. Um Lesen zu erlernen und später weiterzuentwickeln, benötigt man zunächst die Fähigkeit Buchstaben und Worte zu decodieren. Erst wenn Worte erkannt und ihre Bedeutung entnommen werden kann, können Informationen aus einem Satz oder einem Text verstanden werden. Die IGLU-Studie, die international im Abstand von fünf Jahren die Lesekompetenz von Grundschülerinnen und Grundschülern des vierten Jahrgangs erfasst, definiert diese Fähigkeit als „rudimentäres Lesevermögen" auf der ersten Kompetenzstufe (Hußmann et al. 2017, 92–94). Ist diese Fähigkeit vorhanden, können Kinder „explizite Informationen identifizieren" und lokale Kohärenzen herstellen, also Sätze mit ihren enthaltenen Informationen in Verbindung miteinander bringen (Kompetenzstufe II). Die dritte Kompetenzstufe umfasst die Fähigkeit „verstreute Informationen" zu verknüpfen. Nicht nur angrenzende Sätze werden so in Verbindung miteinander gebracht, sondern Informationen werden auch dann verknüpft, wenn diese im Text verstreut sind. Sind diese drei Kompetenzstufen erreicht, geht es in einem weiteren Schritt um die inhaltliche Auseinandersetzung mit dem gesamten Text. Kinder, die diese Kompetenzstufe IV erreichen, sind in der Lage „relevante Inhaltsaspekte" zu erfassen und daraus Schlüsse zu ziehen. Die fünfte und letzte Kompetenzstufe (V) beinhaltet das Anwenden und Interpretieren des Textes. Diese Kompetenz geht über den Textinhalt hinaus, indem Kinder das Gelesene auf konkrete Situationen anwenden und ihre Meinung begründen.

Neben diesem technischen Verständnis des Lesens als Prozess fokussieren sozialisationstheoretische Lesekompetenzmodelle (Hurrelmann 2007) die Lesemotivation sowie soziale Aspekte. Die Lesemotivation stellt einen wichtigen Prädikator für die Lesekompetenz dar, denn wer gerne liest, liest auch besser und vice versa. Neben der intrinsischen Lesemotivation, wie dem Interesse am Gegenstand oder dem Spaß am Lesen allgemein, können auch extrinsische Aspekte wie Anerkennung zum Lesen motivieren (Philipp 2010, 54–56). Von besonderer Bedeutung sind darüber hinaus Selbstwirksamkeitserfahrungen beim Lesen (Philipp 2011, 51). Sammeln Kinder positive Erfahrungen beim Lesen durch Erfolge beim Verständnis, Spaß an der Lektüre oder sozialem Austausch in Anschlusskommunikationen, hat das positive Auswirkungen auf ihr Zutrauen, sich auch zukünftig an vermeintlich schwierige Texte heranzuwagen.

Beide Modellarten zeigen, dass Lesen auf verschiedenen Ebenen stattfindet. Rosebrock und Nix (2020) haben diese in einem Mehrebenenmodell integriert und beschreiben Lesen auf der Prozessebene, der sozialen Ebene und der Subjektebene. Die Prozessebene fasst die kognitiven Vorgänge beim Lesen zusammen. Dazu gehören die Identifikation von Worten und Sätzen, das Erkennen von Darstellungsstrategien und Strukturen sowie das Verständnis des Gesamttextes (globale Kohärenz) (Rosebrock/Nix 2020, 15). Auf der sozialen Ebene verorten Rosebrock und Nix die gemeinsame „Konstruktion eines Sinnzusammenhangs von Text und Welt" (Rosebrock/Nix 2020, 23), die durch die Auseinandersetzung mit anderen geschieht. Diese Anschlusskommunikation erhöht das Verständnis und wirkt identitätsstiftend. Die Subjektebene des Lesens fasst die affektiven Komponenten der Lesekompetenz, wie die Selbsteinschätzung als Leserin und Leser und die Motivation (Rosebrock/Nix 2020, 20). Grundsätzlich gilt, dass für den Leseprozess Weltwissen als Kontextwissen benötigt wird, um eben nicht nur auf der Prozessebene lesen zu können, sondern das Gelesene auch zu interpretieren und vor dem Hintergrund der eignen Lebenswelt zu reflektieren und für die Identitätsbildung zu nutzen (Rosebrock/Nix 2020, 21). Beim Erwerb dieses Bildungswissens über Texte stellt die Bibliothek eine wichtige Bildungspartnerin dar, die über die notwendigen Ressourcen verfügt. Die Bibliothek kann in dieser Funktion nicht nur mediale Ressourcen zur Verfügung stellen, sondern durch Gesprächsangebote der Mitarbeiterinnen und Mitarbeiter auch die nötigen Lese- und Reflexionskompetenzen vermitteln. Grundvoraussetzung dafür ist eine kontinuierliche Weiterbildung des bibliothekarischen Personals.

Die zeichentheoretischen Grundlagen erkennen

Leseförderung vor dem Hintergrund eines erweiterten Textbegriffs berücksichtigt Angebote für unterschiedliche Sinne. Somit stellen auch Bilder, Töne und andere Signale Texte dar. Zwei Kommunikationspartnerinnen beziehungsweise -partner bedienen sich verschiedener Zeichen, die per se keine Bedeutung besitzen, sondern erst durch den gemeinsam geteilten Kulturraum als Übersetzungskontext verstehbar werden. Dabei werden die einzelnen Zeichen in bestimmter Form zusammengesetzt (ein Wort erhält durch die bestimmte Reihung seiner Buchstaben dann eine zugeschriebene Bedeutung = Semantik), ihre vollständige Funktion erhalten sie in ihrer bestimmten Position im Satz (Grammatik) und meist ist nur so genau die eine, spezifische Aussage (= Pragmatik) rekonstruierbar. Kulturen haben Zeichenfolgen codiert, sie mit Bedeutung versehen. Die Regeln, nach denen die Zeichen genutzt werden, definieren demnach, was wir als *Sprache* verstehen. Solche Handlungsvorschriften zur Klärung bestimmter Probleme (auch, dass man sich wechselweise versteht) nennt man ganz allgemein auch Algorithmen. Sprache wird als Algorithmus verstanden – ein Algorithmus bildet eine Sprache. Hier findet sich die Brücke zur *digitalen Leseförderung*. Der Begriff ist mehrdeutig und zielt auf unterschiedliche Nutzungstiefen.

In unserer digitalen Mediatisierung verstehen wir als *digitale Texte* dreierlei:

1. Texte, die *über* digitale Medien(-geräte) präsentiert und rezipiert werden (Beispiel: eine CD. Die Nutzung erfolgt durch mechanische Bedienung der Abspielfunktion am Rekorder),
2. Texte, die *in* digitalen Medien in besonderer Weise genutzt und erschlossen werden können (rezeptiv, etwa durch Nutzung von Hypertextstrukturen) (Beispiel: eine mit Links versehene Internetseite. Bei der Nutzung orientiert man sich im digitalisierten Text, aber auf der „Vorderbühne" (Rath 2016)) und

3. Texte, die *selbst in digitaler Sprache* verfasst werden (also im weitesten Sinn informatische Texte) (Beispiel: Coding, Computersprachen. Hier agiert man produktiv in der eigentlichen Programmierung auf der „Hinterbühne" (Rath 2016)).

Bibliotheken, die heute zum Teil schon für Kinder im Kita-Alter *Coding*, also das Programmieren von digitalen Ressourcen durch eine Programmiersprache, anbieten, fördern das Sprachverständnis und die Lesefähigkeiten in einer Sprache, die seit dem 21. Jahrhundert immer wichtiger wird: die Computersprache. Es ist ein wichtiger Schritt, Coding nicht nur als Spielerei zu verstehen, sondern die Codes als Sprache im eigentlichen Sinn zu begreifen, die die früh erworbene national geprägte, laut-buchstabengestützte Muttersprache strukturell mit der Mathematik und ihrer internationalen Notation verbindet. Auf Maschinenebene – also gewissermaßen auf der „Hinterbühne" (Marci-Boehncke/Rath 2020) – der Computer lassen sich dann alle „Computersprachen" auf die einfachen Impulse „Strom an und Strom aus" (in Zeichen repräsentiert über 1 und 0, sogenannte Binärcodes) zurückführen. Computersprachen sind Bindeglieder, die die endlos langen spezifizierenden Handlungsanweisungen in Einsen und Nullen bündeln und vereinfachen – sie sind die „Wörter" und „Grammatiken" zu den „Buchstaben". Für den, der die Übersetzungshilfe nicht kennt, bleiben – egal, um welche Sprache es sich handelt, – Zeichen bedeutungslos. Insofern ist Leseförderung immer eine Verstehensförderung. Aber die richtige flüssige Dekodierung ist Vorbedingung für ein gutes Inhaltsverständnis. Leseförderung ist die permanente kulturspezifische Übung und Erweiterung des individuellen mentalen Lexikons, in dem wir unsere Welt in Zeichen speichern, damit wir sie beschreiben und mit anderen teilen können. Bibliotheken bieten deshalb „Texte" in verschiedenen Medialitäten und Sprachen an.

Lesen fördern im modernen konvergenten Raum

Lesen im digitalen Raum benötigt komplexe Kompetenzen, die von der traditionellen De- und Rekodierkompetenz über eine medientechnische Nutzungskompetenz neuer Geräte und Oberflächen und ihrer Möglichkeiten bis hin zur Entscheidung über Plausibilitäten und Urheberschaft und damit Glaubwürdigkeit oder Täuschungsabsicht gehen. War und ist es schon eine Herausforderung, menschliche Textverfassungsintentionen zu erschließen, scheint es heute nahezu unmöglich zu werden, nicht-menschliche Urheber elaborierterer KIs zu erkennen. Der Ende 2022 auf den Markt gekommene neue Chatbot ChatGPT etwa erstellt nach Aufforderung eigenständig Texte und funktioniert dabei so gut wie – vielleicht sogar oft besser als – menschliche Autorinnen und Autoren. ChatGPT greift bis zur gegenwärtigen Version 4 zurück auf ein gigantisches Textkonvolut (Stand: April 2023). Noch ist es vordefiniert und darin könnte ein Qualitätsgarant (und ein wichtiger Aufgabenbereich von und für Bibliotheken) liegen. Bediente sich ChatGPT frei aus den verfügbaren Informationen im Netz, entstünde schnell eine gigantische Selbstreferenz mit noch größerem Risiko für Fake News (Rath 2024). Versteht man das, was KIs machen, als kreative Leistung oder als Plagiat? Die individuellen Positionierungen zu dieser Frage sind ambivalent, sie hängen wesentlich davon ab, ob man dem Speziesismus verhaftet bleibt und alles vom Menschen als dem paradigmatischen Mittelpunkt aus betrachtet oder eher post- oder transhumanistisch (Loh 2019) und evolutionär denkt. Hier lässt sich heute vielleicht nicht nach Richtig oder Falsch entscheiden – aber angesichts der technischen Möglichkeiten und der Erfahrung, dass Rückschritte in der Technik eher nicht vorkommen, sollten Bibliotheken ihre Möglichkeiten weiter nutzen, die Sprachen der Gegenwart und ihr Verständnis für viele Menschen zu fördern, und deshalb auch umfangreiche digitale Kompetenzen bis hin zur Informatik als Sprache der zusammengestellten Kulturgüter mit in den Blick ihrer Leseförderungs- und Vermittlungsaufgaben nehmen.

Literatur

Bildung durch Sprache und Schrift (BiSS) (o. J.): *Tool Datenbank*. https://www.biss-sprachbildung.de/angebote-fuer-die-praxis/tool-dokumentation/.

BMBF – Bundesministerium für Bildung und Forschung (2016): *PISA & Co. Die wichtigsten Bildungsvergleichsstudien im Überblick*. Berlin: BMBF.

Drossel, K.; Eickelmann, B.; Schaumburg, H.; Labusch, A. (2019): Nutzung digitaler Medien und Prädiktoren aus der Perspektive der Lehrerinnen und Lehrer im internationalen Vergleich. In: Eickelmann, B.; Bos, W.; Gerick, J.; Goldhammer, F.; Schaumburg, H.; Schwippert, K.; Senkbeil, M.; Vahrenhold, J. (Hrsg.): *ICILS 2018 # Deutschland. Computer- und informationsbezogene Kompetenzen von Schülerinnen und Schülern im zweiten internationalen Vergleich und Kompetenzen im Bereich Computational Thinking*. Münster, New York: Waxmann, 205–240. https://www.waxmann.com/?eID=texte&pdf=4000Volltext.pdf&typ=zusatztext.

Europäische Kommission (o. J.): *DigCompEdu. Digitale Kompetenz Lehrender*. https://joint-research-centre.ec.europa.eu/system/files/2018-09/digcompedu_leaflet_de_2018-01.pdf.

Eickelmann, B.; Bos, W.; Gerick, J.; Goldhammer, F.; Schaumburg, H.; Schwippert, K.; Senkbeil, M.; Vahrenhold, J. (Hrsg.) (2019): *ICILS 2018 # Deutschland. Computer- und informationsbezogene Kompetenzen von Schülerinnen und Schülern im zweiten internationalen Vergleich und Kompetenzen im Bereich Computational Thinking*. Münster, New York: Waxmann. https://www.waxmann.com/?eID=texte&pdf=4000Volltext.pdf&typ=zusatztext.

Fisseler, B. (2024): Universelles Design für eine inklusive Bibliothekspädagogik. In: U. Engelkenmeier; K. Keller-Loibl; B. Schmid-Ruhe; R. Stang (Hrsg.): *Handbuch Bibliothekspädagogik*. Berlin; Boston: De Gruyter Saur, 171–180. https://doi.org/10.1515/9783111032030-016

Gerick, J.; Eickelmann, B.; Labusch, A. (2019): Schulische Prozesse als Lern- und Lehrbedingungen in den ICILS-2018 Teilnehmerländern. In: Eickelmann, B.; Bos, W.; Gerick, J.; Goldhammer, F.; Schaumburg, H.; Schwippert, K.; Senkbeil, M.; Vahrenhold, J. (Hrsg.): *ICILS 2018 # Deutschland. Computer- und informationsbezogene Kompetenzen von Schülerinnen und Schülern im zweiten internationalen Vergleich und Kompetenzen im Bereich Computational Thinking*. Münster, New York: Waxmann, 173–204. https://www.waxmann.com/?eID=texte&pdf=4000Volltext.pdf&typ=zusatztext.

Hußmann, A.; Wendt, H.; Bos, W.; Bremerich-Vos, A.; Kasper, D.; Lankes, E.-M.; McElvany, N.; Stubbe, T. C.; Valtin, R. (Hrsg.) (2017): *IGLU 2016. Lesekompetenzen von Grundschulkindern in Deutschland im internationalen Vergleich*. Münster; New York: Waxmann.

Hurrelmann, B. (2007): Leseleistung – Lesekompetenz. *Praxis Deutsch* 176, 6–18.

Kallmeyer, W.; Klein, W.; Meyer-Hermann, R. (1974): *Lektürekolleg zur Textlinguistik. Band 1: Einführung*. Königstein/Ts.: Athenäum.

Ministerium für Schule und Bildung des Landes Nordrhein-Westfalen (2021): *Lehrplan für die Primarstufe in Nordrhein-Westfalen Fach Deutsch*. https://www.schulentwicklung.nrw.de/lehrplaene/lehrplan/283/ps_lp_d_einzeldatei_2021_08_02.pdf.

Krotz, F. (2007): *Mediatisierung. Fallstudien zum Wandel von Kommunikation*. Wiesbaden: Springer.

KMK – Kultusministerkonferenz (2022): *Bildungspläne/Lehrpläne der Länder im Internet*. https://www.kmk.org/dokumentation-statistik/rechtsvorschriften-lehrplaene/uebersicht-lehrplaene.html.

Loh, J. (2019): *Trans- und Posthumanismus zur Einführung*. Hamburg: Junius.

Ludewig, U.; Schlitter, T.; Lorenz, R.; Kleinkorres, R.; Schaufelberger, R.; Frey, A.; McElvany, N. (2022): *Die COVID-19 Pandemie und Lesekompetenz von Viertklässler*innen. Ergebnisse der IFS-Schulpanelstudie 2016–2021*. https://ifs.ep.tu-dortmund.de/storages/ifs-ep/r/Downloads_allgemein/COVID19-Pandemie_und_Lesekompetenz__IFS-Schulpanelstudie__pass.pdf.

Marci-Boehncke, G. (2018): Von der integrierten zur inklusiven Medienbildung. In: T. Hug (Hrsg.): *Medienpädagogik. Herausforderungen für Lernen und Bildung im Medienzeitalter*. Innsbruck: University press, 49–64. https://www.researchgate.net/publication/326551942.

Marci-Boehncke, G.; Rath, M. (2020): Ein Blick auf die „Hinterbühne". Ethische und pädagogische Überlegungen zum Umgang mit Künstlicher Intelligenz. *merz – medien + erziehung* 64/5, 30–35.

Marci-Boehncke, G.; Rath, M. (2022): *Mediatisierung 4.0. Konzeption eines medienethisch-medienbildnerischen „research programme" zur „Mediatisierung"*. https://www.researchgate.net/publication/360448542_Mediatisierung_40_-_Konzeption_eines_medienethisch-medienbildnerischen_research_-programme_zur_Mediatisierung.

Medienkompetenzrahmen NRW (o. J.): *Medienkompetenz entwickeln*. https://medienkompetenzrahmen.nrw/.

Mishra, P.; Koehler, M. J. (2006): Technological Pedagogical Content Knowledge: A Framework for Teacher Knowledge. *Teachers College Record* 108/6, 1017–1054. https://doi.org/10.1111/j.1467-9620.2006.00684.x.

Mittler, E. (2012): Die Bibliothek als Gedächtnisinstitution. In: K. Umlauf; S. Gradmann (Hrsg.): *Handbuch Bibliothek*. Wiesbaden: Springer. https://link.springer.com/chapter/10.1007/978-3-476-05185-1_3.

MSB NRW – Ministerium für Schule und Bildung des Landes Nordrhein-Westfalen (2021): Lehrplan für die Primarstufe in Nordrhein-Westfalen Fach Deutsch. https://www.schulentwicklung.nrw.de/lehrplaene/lehrplan/283/ps_lp_d_einzeldatei_2021_08_02.pdf.

OECD (2019): *PISA 2018 Ergebnisse. Was Schülerinnen und Schüler wissen und können*. Band I. Bielefeld: wbv. https://doi.org/10.1787/1da50379-de.

OECD (2021): *PISA. 21st-Century Readers. Developing Literacy Skills in a Digital World*. Paris: OECD Publishing. https://doi.org/10.1787/a83d84cb-en.

Philipp, M. (2010): *Lesen empeerisch. Eine Längsschnittstudie zur Bedeutung von peer groups für Lesemotivation und -verhalten*. Wiesbaden: Springer.

Philipp, M. (2011): *Lesesozialisation in Kindheit und Jugend. Lesemotivation, Leseverhalten und Lesekompetenz in Familie, Schule und Peer-Beziehungen*. Stuttgart: Kohlhammer.

Preis, M. (2020): Multimodale Lektüren. Konfigurationen der Sinne im Literaturunterricht. *Medien im Deutschunterricht* 2/2, 1–19. https://doi.org/10.18716/OJS/MIDU/2020.2.6.

Rath, M. (2016): Vom Ende der Profession. Medienethische Anmerkungen zur „Produsage". *MedienJournal* 40/2, 20–33. https://doi.org/10.24989/medienjournal.v40i2.49.

Rath, M. O. (im Druck) (2024): To find the „Rotten Apple". Information Ethical Requirements for the Information Literacy of Autonomous Writing Engines. *9th European Conference on Information Literacy*, October 9–12, 2023, Revised Selected Papers. https://link.springer.com/book/9783031529979.

Rosebrock, C.; Nix, D. (2020): *Grundlagen der Lesedidaktik und der systematischen schulischen Leseförderung*. 9. Aufl. Bielefeld: wbv.

Sälzer, C. (2021): *Lesen im 21. Jahrhundert. Lesekompetenzen in einer digitalen Welt. Deutschlandspezifische Ergebnisse des PISA-Berichts „21st-century readers“*. Düsseldorf: Vodafone Stiftung Deutschland. https://www.oecd.org/pisa/PISA2018_Lesen_DEUTSCHLAND.pdf.

Scott, P. (1998): Teacher Talk and Meaning Making in Science Classrooms. A Vygotskian Analysis and Review. *Studies in Science Education* 32/1, 45–80. https://doi.org/10.1080/03057269808560127.

Stiftung Lesen (2018): *Vorlesestudie 2018. Bedeutung von Vorlesen und Erzählen für das Lesenlernen*. https://www.stiftunglesen.de/fileadmin/PDFs/Vorlesestudie/Vorlesestudie_2018_01.pdf.

Weinert, F. E. (2001): Concept of competence. A conceptual clarification. In: D. S. Rychen; L. H. Salganik (Hrsg.): *Defining and selecting key competencies*. Bern: Hogrefe & Huber, 45–65.

Wember, F. B. (2013): Herausforderung Inklusion. Ein präventiv orientiertes Modell schulischen Lernens und vier zentrale Bedingungen inklusiver Unterrichtsentwicklung. *Zeitschrift für Heilpädagogik* 10, 380–387.

Stephanie Jentgens

Literaturpädagogik

Einleitung

Literaturpädagogik ist Teil eines Bildungs- und Erziehungskomplexes, der in der kulturellen Bildung verankert ist. Für Bibliotheken, die die größte außerschulische Bildungseinrichtung sind, ist die literaturpädagogische Arbeit genuiner Bestandteil.

Die Literaturpädagogik umfasst das gesamte pädagogische Handlungsfeld, das sich mit Literatur – vermittelt über diverse Medien – beschäftigt. Sie kann verstanden werden als eine Erziehung zur Literatur und als eine Erziehung durch Literatur (Lichtenstein 2008, 16; Jentgens 2016, 16). Literaturpädagogik im Sinne einer Erziehung zur Literatur hat die vertiefende Beschäftigung mit eben dieser zum Ziel, also literarisches Lernen (Spinner 2006), während die Erziehung durch Literatur allgemeine pädagogische Ziele verfolgt, wie zum Beispiel die Bewältigung von Entwicklungsaufgaben.

Der Begriff Literaturpädagogik ist nach mehreren Seiten hin abzugrenzen: Zum einen unterscheidet er sich von dem Terminus *Literacy*, der eine „Fähigkeit" oder eine „Kulturtechnik" bezeichnet (Feilke 2016, 256). *Literacy* kann als ein Ziel literaturpädagogischen Handelns angesehen werden. Zum anderen steht Literaturpädagogik auch für eine Wissenschaft, die allerdings an Universitäten im Vergleich zur *Literaturdidaktik* unterrepräsentiert ist. Von der *Literaturdidaktik* grenzt sich die Literaturpädagogik „durch eine weniger starke Ausrichtung auf ein Curriculum und damit eine Betonung der Bildung als Selbstbildung [...]" (Abraham/Brendel-Perpina 2022, 77) ab, und sie ist nicht auf einen institutionellen Rahmen beschränkt.

Historie der Literaturpädagogik und ihrer Erforschung nach 1945

Der Terminus *Literaturpädagogik* taucht in der Forschungsliteratur der 1950er Jahre kaum auf. Bamberger (1955) spricht zum Beispiel von „Literaturerziehung". Eine Ausnahme bildet die in der DDR angefertigte Dissertation von Palme (1957), die explizit den Begriff der Literaturpädagogik verwendet. In den 1960er und 1970er Jahren wird er auch in der Bundesrepublik Deutschland relativ selbstverständlich zur Einordnung des eigenen Forschungsfeldes genutzt (Beutler 1967; Israel 1969; Grünert 1975). Abraham und Brendel-Perpina konstatieren, der Begriff Literaturpädagogik sei „[...] in der zweiten Hälfte des vorigen Jahrhunderts durch den der Literaturdidaktik verdrängt worden" (Abraham/Brendel-Perpina 2015, 76). Ab den 1980er Jahren wenden sich die Untersuchungen zur Literaturpädagogik vor allem der historischen Aufarbeitung lite-

https://doi.org/10.1515/9783111032030-024

raturpädagogischer Konzepte zu (Wilkending 1980; Steinlein 1987; 2000; Dettmar 2012). Ein Hauptaugenmerk wird dabei auf die Kunsterziehungsbewegung um die Wende vom 19. zum 20. Jahrhundert gerichtet. Ein Vorreiter auf diesem Forschungsfeld ist Brüggemann, der bereits 1963 einen Aufsatz über die *Grundideen der Literaturpädagogik von 1900 bis heute* vorlegt. Im Zentrum seines Aufsatzes steht Wolgast mit seiner Schrift *Das Elend unserer Jugendliteratur* (1896), in der er programmatische Äußerungen zur Literaturpädagogik macht. Im Untertitel des Beitrags von Wolgast wird das Anliegen bereits deutlich: Es geht ihm um die „künstlerische Erziehung der Jugend". Den Begriff Literaturpädagogik verwendet Wolgast selbst nicht, aber er ordnet seinen Text in einen pädagogischen Kontext ein. Seine Absicht ist es, wie Wolgast in seinem Vorwort anmerkt:

> [...] die Schulmänner auf eine bedauerliche Lücke im System der heutigen Pädagogik aufmerksam zu machen, den Literaturfreunden eine Quelle des literarischen Banausentums aufzudecken, und die kleine Zahl von Eltern, denen die Erziehung eine Sache der Überlegung und bewußter Absicht ist, von der großen Gefahr zu überzeugen, welche die Lektüre der *spezifischen* Jugendschrift für die Bildung ihrer Kinder mit sich bringt (Wolgast 1951 [1896], X, H. i. O.),

Darüber hinaus fordert er, die private Lektüre von Kindern einzuschränken, vielmehr solle in Schule und Fortbildung, vor allem ab dem 12. Lebensjahr, die Jugend mit den „wertvollen Schätzen unseres Schrifttums" (Wolgast 1951 [1896], 10) und „den klassischen Denkmälern unserer Literatur" (Wolgast 1951 [1896], 17) vertraut gemacht werden. Brüggemann (1963) hebt als Wolgasts Verdienst hervor, er habe gegenüber den literaturpädagogischen Ansätzen des 19. Jahrhunderts, die „die moralische und patriotische Nutzanwendung" (Brüggemann 1963, 213) der Beschäftigung mit Dichtung in den Vordergrund stellten, „wichtige Anstöße" (Brüggemann 1963, 215) für die Entwicklung der Literaturpädagogik gegeben. Demgegenüber weist Ewers die gedankliche Tradition des „romantisch gefärbten nationalkulturellen Diskurs[es] des 19. Jahrhunderts" (Ewers 1996, 15) bei Wolgast nach und hebt die Widersprüche in Wolgasts Positionen und Einordnungen hervor.[1] Wolgasts Lektürekanon hatte auf den schulischen Literaturunterricht einen weitreichenden Einfluss. So stellt Brüggemann Anfang der 1960er Jahre fest, dass die von Wolgast genannten Autoren (Storm, Schiller, Keller) immer noch im Deutschunterricht häufig gelesen würden (Brüggemann 1963, 219). Während bei Wolgast eine Erziehung zur Literatur – oder allgemeiner zum Genuss von Kunst – im Vordergrund stand, entwickelte sich eine zweite Tendenz literaturpädagogischer Konzepte aus der entwicklungspsychologischen Forschung. „Die Forderung, dem Kinde Dichtung als Lesestoff zu bieten, löste naturgemäß die Frage aus, ob und in welchem Maße das Kind auf seiner jeweiligen psychischen Entwicklungsstufe dazu in der Lage sei" (Brüggemann 1963, 220). Entsprechend entwickelte Bühler (1918) ein Kon-

1 So zählt Wolgast zum Beispiel die Novelle *Pole Poppenspäler* zu den empfehlenswerten Werken, übersieht dabei allerdings, dass diese als spezifische Jugendliteratur veröffentlicht wurde, was seiner Ablehnung der spezifischen Jugendliteratur offensichtlich widersprechen würde (Ewers 1996, 16).

zept der Lesealterstufen, in dem sie Genres und Alter der Kinder miteinander verband. So spricht sie von der „Struwwelpeterzeit“ als einer „literarische[n] Vorperiode“ sowie von dem „Märchenalter“ und der „Robinsonzeit“ (Bühler/Bilz 1961 [1918], 21–22). Konzepte für Lesealterstufen finden sich in der Literaturpädagogik bis heute wieder, zum Beispiel in Form einer sogenannten Leseleiter, die Buchtypen einem bestimmten Kindesalter zuordnet. Neben der Frage nach der entwicklungspsychologisch begründeten Lektüregenese wurde die Perspektivierung von Lektürepräferenzen der Kinder Gegenstand der Untersuchungen. 1927 veröffentlichte Rumpf eine Studie unter dem Titel *Kind und Buch*, worin er die Ergebnisse einer Befragung von 4.500 Borromäus-Büchereien zu den von Kindern und Jugendlichen (9- bis 16-Jährigen) am meisten gelesenen Büchern auswertete (Brüggemann 1963, 221). Rumpf vertrat die Auffassung, dass die Buchauswahl für Kinder und Jugendliche einerseits von den Interessen des jeweiligen Lesealters bestimmt sein müsse und andererseits von der literarischen und jugendbildnerischen Qualität.

Neben der durch Wolgast vertretenen literaturästhetischen Ausrichtung und den psychologisch begründeten Tendenzen der Literaturpädagogik zu Anfang des 20. Jahrhunderts macht Brüggemann eine dritte Strömung aus, die er als „[d]ie Idee einer volkhaften Begründung und Zielsetzung der literarischen Erziehung“ (Brüggemann 1963, 225) betitelt. Als wichtigsten Vertreter nennt Brüggemann Rüttgers mit seinem Buch *Literarische Erziehung* (1931). Dessen Anliegen sei es, „[...] das ursprüngliche Verhältnis zur Dichtung als lebendiger, von Mund zu Mund gehender Kunst des Volkes wiederherzustellen“ (Brüggemann 1963, 226). Rüttgers Position ist nicht nur antimodernistisch, sondern entspricht der nationalsozialistischen Ideologie, insofern ist Brüggemanns Einschätzung entgegenzutreten: „Es war seine Tragik, daß seine an sich lauteren, wenn auch im völkischen Sinne überspitzten Ideen vom Nationalsozialismus mißbraucht wurden“ (Brüggemann 1963, 227). Da Rüttgers bereits 1932 der NSDAP beitrat, liegt hier wohl eine Fehldeutung Brüggemanns vor. „Die bildungspolitischen Intentionen der frühen Jugendschriftenbewegung werden nun in den Dienst einer nationalpädagogischen Erziehung gestellt“ (Dettmar 2012, 578).

Eine Auswirkung der Jugendschriftenbewegung war das 1926 erlassene *Reichsgesetz zur Bewahrung der Jugend vor Schmutz- und Schundschriften*. Was unter „Schmutz- und Schundschriften“ zu verstehen sei, wird in dem Gesetz nicht definiert, die Auslegung wird den jeweiligen Prüfstellen überlassen.

Aus dem kurzen historischen Überblick über die Genese literaturpädagogischer Konzepte und Forschung ergeben sich ein ambivalentes Bild und zugleich mehrere Ansätze zur Bestimmung des Faches, die bis heute Gegenstand der Diskussion sind:

- Die Literaturpädagogik beschäftigt sich vor allem mit Kinder- und Jugendliteratur und -lektüre. Sie kann aber ebenso auf die Lektüre von Erwachsenen bezogen werden.
- Literatur wird als ein Mittel zur Erziehung funktionalisiert – im Sinne von Ideologien, Moralvorstellungen, Wertevermittlung, Identitätsentwicklung, gesellschaftlicher Teilhabe.

- Literatur wird als ein Bildungsziel betrachtet – im Sinne einer Auseinandersetzung mit einem künstlerischen Medium.
- Die Literatur für Kinder und Jugendliche wird aus einer entwicklungspsychologischen Sichtweise untersucht und darauf aufbauend werden Überlegungen zur Frage nach der Angemessenheit angestellt.
- In der Literaturpädagogik werden Paradigmen entwickelt, an denen die Auswahl von Kindheits- und Jugendlektüre zu orientieren sei.

Das Verhältnis von Literatur und Pädagogik spielt in der Bestimmung des Fachs also eine zentrale Rolle, daher soll diese Beziehung im Weiteren genauer ausgelotet werden.

Literatur und Pädagogik

Literatur wird hier verstanden als ein weites Feld gestalteter Sprache in Epik, Dramatik und Lyrik, vermittelt über mündliche Erzählungen, Bücher (auch Sachbücher und E-Books), Filme, Hörbücher und Hörspiele, Podcasts, Hyperfiktion, narrative Computerspiele oder Crossmedia-Produktionen.

Pädagogik ist die Wissenschaft, die sich mit Theorie und Praxis von Bildung und Erziehung beschäftigt. Die Pädagogik erforscht Bildungs- und Erziehungszusammenhänge, ist aber auch eine Handlungswissenschaft, die Vorschläge macht, wie die Bildungs- und Erziehungspraxis gestaltet und verbessert werden kann.[2]

Insbesondere der Kinder- und Jugendliteratur wird von Beginn an eine bildende und erzieherische Funktion zugesprochen. Traditionelle Erziehungsziele der Kinder- und Jugendliteratur sind der *„Erwerb der Kulturtechniken des Lesens und Schreibens"*, die *„Vermittlung von Wissen und Kenntnissen"*, die *„Vermittlung von Benimm- und Verhaltensschulung"*, die *„religiöse und moralische Belehrung"* sowie *„politische Erziehungsabsichten"* (Ewers 2020, 18–19, H. i. O.). Ab dem ausgehenden 18. Jahrhundert verändern sich die Erziehungsziele in der Kinderliteratur. In der Romantik geht es nicht mehr darum, die Kinder auf das Erwachsensein vorzubereiten, vielmehr soll den Kindern „das Erleben einer ‚echten', ‚naturgemäßen' Kindheit" (Ewers 2020, 21, H. i. O.) ermöglicht werden. Neben dieser Intention finden sich aber auch alle anderen genannten Erziehungsziele bis heute in der Kinder- und Jugendliteratur in den verschiedenen Gattungen und Genres wieder: Erstlesereihen, die den Erwerb der Lesefähigkeiten unterstützen sollen; Sachbücher, die informieren und Wissen vermitteln; Bilderbücher, die in das Leben in der Kita oder in der Schule einführen und die Verhaltensregeln erklären; moralisch belehrende Werke, die zum Beispiel altruistisches Verhalten als erstrebenswert darstellen; oder auch Publikationen, die die Kinder als Klimaretter sti-

2 Siehe auch Stang (2024) in diesem Band.

lisieren und damit eine politische Wirkungsabsicht verfolgen. Das Feld der Erziehungsziele ist allerdings deutlich größer geworden. Viele Werke zielen eher allgemein auf die Unterstützung von Kindern und Jugendlichen in ihrem Entwicklungsprozess, in der Ausbildung geschlechtlicher Identität, im Umgang mit Ausgrenzung oder krisenhaften Ereignissen. Selbst für „nonkonformistische Jugendliteratur" (Ewers 2020, 25) wird eine Erziehungsfunktion diagnostiziert: die Jugendlichen in ihrer Individualität zu stärken. Ewers resümiert:

> Keine Belletristik, die auf sich hält, auch nicht die für Kinder und Jugendliche, trumpft heutzutage mit Belehrungen auf; keine kehrt ihre Erziehungsabsichten hervor. Nichtsdestoweniger bleibt die schöne Literatur eine der großen Lehrmeisterinnen von Jung und Alt. Sie spielt diese Rolle jedoch auf eine zurückhaltende, eine geradezu stillschweigende Weise [...]. (Ewers 2020, 22)

Literatur – auch die Erwachsenenliteratur – und Pädagogik stehen offensichtlich in einem engen Verhältnis, das in der Literaturpädagogik in spezifische Praktiken überführt wird.

Literaturpädagogische Praktiken

Im soziologischen Sinne ist eine Praktik „[...] ein intersubjektiv stabilisiertes Gefüge sozialer, am anderen orientierter Handlungsakte" (Feilke 2016, 258). Sie sind zudem iterativ und in der Regel auf ein Artefakt (z. B. eine Erzählung, ein Buch, einen Film) bezogen. Wenn hier von literaturpädagogischen Praktiken gesprochen wird, so sind literaturbezogene, sich wiederholende intersubjektive Handlungen gemeint, die in einem Bildungs- beziehungsweise Erziehungskontext stehen. Orte literaturpädagogischen Handelns sind die Familie, die Kita, die Schule, manchmal auch die Universität, außerschulische Einrichtungen wie der Hort, Literaturhäuser, Lese- oder Erzählcafés und insbesondere auch Bibliotheken. Das Feld der literaturpädagogischen Akteurinnen und Akteure ist also weit gesteckt von Laien bis hin zu professionell pädagogisch Handelnden.

In der Familie werden durch gemeinsame Fingerspiele, Kniereiter, dialogische Bilderbuchbetrachtungen, das ritualisierte Vorlesen oder das Erzählen von Geschichten erste literaturbezogene Praktiken eingeübt. Dass diese Handlungen durchaus nicht zum Alltag aller Familien, in denen Kinder aufwachsen, gehören, zeigen die Ergebnisse, die durch die Stiftung Lesen, Die ZEIT und die DB Stiftung im Rahmen der Vorlesestudien in den letzten Jahren veröffentlicht wurden (Vorlesestudien 2019–2021). Dort heißt es, dass 32 Prozent der Kinder zu Hause von ihren Eltern keine oder nur selten Impulse durch Vorlesen und Erzählen erhalten (Vorlesestudie 2021). Gerade für diese Kinder ist die Kita ein wichtiger Ort literaturbezogener Erlebnisse. Zu den dort regelmäßig ausgeführten literaturpädagogischen Praktiken gehören das Vorlesen und die dialogische Bilderbuchbetrachtung. Häufig werden auch Bilderbuchkinos oder Kamishibais eingesetzt (Jentgens/Ritter 2023), um sich eine Geschichte in der Gruppe zu erschließen. Andere literaturpädagogische Praktiken im Kindergarten sind vertiefende Beschäftigungen mit literarischen Vorlagen zum Beispiel in der Form eines Rollen-, Schatten- oder Figurenspiels. Literaturbezogene Handlungen, bei denen die Kinder zu Akteurinnen und Akteuren werden, sind des Weiteren das Kinderdiktat, bei dem die Kinder den Fachkräften eigene Geschichten diktieren, oder auch die selbstständige Buchauswahl beim Besuch der Bibliothek. Oft werden in der Kita schon erste Erfahrungen mit Buchstaben oder dem gemeinsamen Lesen von Büchern, in denen einzelne Wörter durch Bilder ersetzt sind, angebahnt. Bei diesen literaturpädagogischen Handlungen geht es nicht darum, die Kinder zu trainieren und ihnen vorzeitig das Lesen oder Schreiben beizubringen. Vielmehr steht eine lustvolle Auseinandersetzung mit Kulturtechniken der Erwachsenenwelt, auf die die Kinder in der Regel neugierig sind, im Vordergrund. Sie können dabei erste Erfahrungen sammeln mit der Leserichtung und mit der Augen-Finger-Koordination beim Verfolgen einer Zeile.

In der Grundschule steht zunächst die Vermittlung der Lese- und Schreibtechnik im Vordergrund. Angesichts der Hürden, die das Erlernen dieser Techniken bedeutet, ist es aus literaturpädagogischer Sicht bedeutsam, die Lese- und Schreibanimation nicht zu vernachlässigen. Nur wenn sich den Kindern die literale Welt als attraktiv darstellt, erfahren sie die Mühen des Lernens nicht als äußeren Zwang. Nur wer Literatur in sozialen Beziehungen als sinnstiftend erlebt, entwickelt ein Selbstkonzept von sich als einem Wesen, das sich in der lesenden, schreibenden, hörenden oder spielenden Auseinandersetzung mit Literatur entwickeln und entfalten kann. Hier liegt eine besondere Aufgabe der schulischen und außerschulischen Literaturpädagogik. Chancen bieten Kooperationen von Schulen und Bibliotheken, insbesondere um unterschiedliche Bildungschancen auszugleichen und Menschen in eine selbstbestimmte Form der Beschäftigung mit Literatur zu führen.

Zu den literaturpädagogischen Praktiken, die sich mit Kindern im Grundschulalter anbieten, gehören zum Beispiel im Bereich der Leseförderung eine „BuchSpuren-Suche“ (Jentgens 2016, 146–148), aus dem Bereich des mündlichen Erzählens das gemeinsame Erfinden einer Geschichte mit den „Story-Tellern“ (Jentgens 2016, 157–158) oder im Bereich des kreativen Schreibens eine Lyrikwerkstatt. Ein literarisches Gespräch zu einer Bilderbuch-App oder die Produktion eines eigenen Hörspiels können ebenfalls mit Grundschulkindern praktiziert werden. Jugendliche können entsprechend eigene Podcasts, Kurzfilme oder Poetry-Clips zu eigenen Gedichten selbst entwickeln. In der Leseförderung für Jugendliche ist ein breites Angebot wichtig. Wenn zum Beispiel ein Book Slam (Jentgens 2016, 188), also Buchpräsentationen in Form eines Wettstreits, durchgeführt wird, sind sowohl unterschiedliche Interessen als auch unterschiedliche Leseanforderungen zu berücksichtigten. Damit sich aus dieser Art der Leseförderung eine literale Praktik entwickeln kann, ist die Beteiligung der Jugendlichen an der Planung und Gestaltung der Buchpräsentationen entscheidend.

Literaturpädagogische Angebote richten sich nicht allein an Kinder und Jugendliche. Die Beschäftigung mit Literatur ist ein in den Alltag eingebettetes Bildungserlebnis, das am Anfang von den Erziehungsinstanzen stärker gesteuert, nach und nach aber immer stärker in einen Selbstlernprozess übergehen sollte. In literarischen Veranstaltungen, Weiterbildungen, Volkshochschulkursen und anderen Angeboten gibt es eine breite Palette literarischer Bildungsmöglichkeiten für alle Altersgruppen. Literaturhäuser bieten Schreibwerkstätten an, Volkshochschulen organisieren Lesekreise und Bibliotheken führen literaturbezogene Fortbildungen für Eltern, Erzieherinnen und Erzieher oder Lehrkräfte durch. Es gibt Geschichtenerzählen für Demenzkranke und Vorlesen in der Sterbebegleitung. Die Möglichkeiten der Literaturpädagogik sind weitgefächert und betreffen alle Altersgruppen.

Fazit

Zu unterscheiden ist zwischen der *Wissenschaft* Literaturpädagogik, die sich mit der Historie, der Gegenstandsbestimmung, der Erforschung literaturpädagogischer Konzepte und Praktiken sowie ihrer Evaluation beschäftigt und daraus folgernd Handlungsempfehlungen formuliert, und dem *Handlungsfeld* Literaturpädagogik, in dem Praktiken der Vermittlung und Beschäftigung mit Literatur aus- beziehungsweise eingeübt werden. Die Akteurinnen und Akteure des Handlungsfeldes reichen von engagierten Laien (z. B. Lesepatinnen und -paten) über literarisch oder pädagogisch ausgebildete Personen bis hin zu speziell in der Literaturpädagogik weiterqualifizierten Menschen. Ebenso breit wie die literaturpädagogisch agierende Personengruppe ist das Feld der Praktiken. Diese können unterschieden werden in:

- literaturbezogene Diskurse (von der dialogischen Bilderbuchbetrachtung bis zur Buchbesprechung im Podcast),
- die interaktive Erschließung von Literatur (vom Fingerspiel über das Vorlesegespräch, die gegenseitige Buchempfehlung bis zur Spielkette, in der die Stationen einer Geschichte erlebt werden),
- eigene literaturbezogene Produktionen (vom Erfinden eines eigenen Reims bis zum Schreiben von Fanfiction) sowie
- die vertiefende handlungsorientierte Auseinandersetzung mit einem literarischen Produkt (zum Beispiel über die Umsetzung in ein Hör- oder Figurenspiel).

Was die Literaturpädagogik von ihren Anfängen bis heute beschäftigt und auch weiter beschäftigen wird, ist immer wieder die Aushandlung zwischen den ästhetischen und den pädagogischen Ansprüchen sowie deren Verknüpfung in einem literaturpädagogischen Paradigma.

Bibliotheken kommt im Handlungsfeld der Literaturpädagogik eine wichtige Rolle zu. Sie sind Partnerinnen für andere Bildungseinrichtungen und können ihren Beitrag dazu leisten, ungleich verteilte Chancen im Bildungssystem auszugleichen. Darüber hinaus sind Bibliotheken Orte, die sich als partizipative Experimentierräume für die

Entwicklung innovativer literaturpädagogischer Konzepte anbieten, und es sind Orte, an denen alle Alters- und Bevölkerungsgruppen zusammenkommen und gemeinsame literale Praktiken entwickeln können.

Literatur

Abraham, U.; Brendel-Perpina, I. (Hrsg.) (2021): *Literarisches Schreiben im Deutschunterricht: Produktionsorientierte Literaturpädagogik in der Aus- und Weiterbildung*. 2. Aufl., Hannover: Friedrich.

Bamberger, R. (1955): *Jugendlektüre. Mit besonderer Berücksichtigung des Leseunterrichts und der Literaturerziehung*. Wien: Verlag für Jugend und Volk.

Beutler, K. (1967): *Erich Kästner. Eine literaturpädagogische Untersuchung. Vol. 1*. Frankfurt a. M.: Beltz.

Brüggemann, T. (1963): Grundideen der Literaturpädagogik von 1900 bis heute. *Das gute Jugendbuch* 13/1/2, 212–237.

Bühler, C.; Bilz, J. (1961 [1918]): *Das Märchen und die Phantasie des Kindes*. 2. Aufl. Berlin; Heidelberg; New York: Springer.

Dettmar, U. (2012): Der Kampf gegen „Schmutz und Schund". In: J. Neuhaus (Hrsg.): *Die Kinder und Jugendliteratur in der Zeit der Weimarer Republik*. Frankfurt a. M. et al.: Lang, 565–586.

Ewers, H.-H. (1996): Eine folgenreiche, aber fragwürdige Verurteilung aller „spezifischen Jugendliteratur". Anmerkungen zu Heinrich Wolgasts Schrift ‚Das Elend unserer Jugendliteratur von 1896'. In: B. Dolle-Weinkauff; H.-H. Ewers (Hrsg.): *Theorien der Jugendlektüre. Beiträge zur Kinder- und Jugendliteraturkritik seit Heinrich Wolgast*. Weinheim; München: Juventa, 9–25.

Ewers, H.-H. (2012): *Literatur für Kinder und Jugendliche. Eine Einführung*. 2. Aufl., Paderborn: Wilhelm Fink; UTB.

Ewers, H.-H. (2020): Kinder- und Jugendliteratur und Erziehung in historischer Perspektive. In: A. Braun (Hrsg.): *Bildung in und mit Texten der Kinder und Jugendliteratur*. Baltmannsweiler: Schneider Hohengehren, 16–27.

Feilke, H. (2016): Literale Praktiken und literale Kompetenz. In: A. Deppermann, H. Feilke, A. Linke (Hrsg.): *Sprachliche und kommunikative Praktiken*. Berlin; Boston: De Gruyter, 253–277.

Grünert, H. (1975): Taschenbuch des Deutschunterrichts. Grundfragen und Praxis der Sprach- und Literaturpädagogik. *Zeitschrift für Germanistische Linguistik* 3, 86.

Israel, W. (1969): Literaturpädagogik heute. In: W. L. Höffe (Hrsg.): *Sprachpädagogik, Literaturpädagogik. Festschrift für Hans Schorer*. Frankfurt a. M.: Diesterweg, 101–112.

Jentgens, S. (2016): *Lehrbuch Literaturpädagogik*. Weinheim; Basel: Beltz Juventa.

Jentgens, S.; Ritter, A. (2023): Literale Kultur in der Kita. In: D. Weltzien, H. Wadepohl, J. Hoffmann, I. Nentwig-Gesemann, S. Nickel (Hrsg.): *Early Literacy*. Freiburg: FEL, 117-146.

Ladenthin, V. (1992): Bildung und Literatur. *Vierteljahresschrift für wissenschaftliche Pädagogik* 68, 11–29.

Lichtenstein, S. (2008): Positionsbestimmung Literatur & Literaturpädagogik, Vortrag BAKÄM Tagung, gehalten am 12.03.2008, FH Düsseldorf, http://www.bakaem.de/Downloads_files/Vortrag_Swantje_Lichtenstein.pdf.

Palme, L. (1957): *Das sozialistische Verantwortungsbewußtsein und die erzieherische Bedeutung literarischer Gestalten bei seiner Herausbildung: Ein Beitrag zur Literaturpädagogik in der Deutschen Demokratischen Republik unter besonderer Berücksichtigung des Literaturunterrichts in der deutschen demokratischen Schule*. Berlin: Humboldt Universität (Dissertation).

Pflugmacher, T. (2015): Verstehen verstehen – verstehen. Literaturpädagogische Professionalität als Herausforderung von Literaturdidaktik und Literaturvermittlung. In: C. Bräuer; D. Wieser (Hrsg.): *Lehrende im Blick. Empirische Lehrerforschung in der Deutschdidaktik*, Wiesbaden: VS Springer, 131–158.

Rüttgers, S. (1931): Literarische Erziehung. Ein Versuch über die Jugendschriftenfrage auf soziologischer Grundlage. Langensalza; Berlin; Leipzig: J. Beltz.

Rumpf, A. (1927): *Kind und Buch. Das Lieblingsbuch der deutschen Jugend zwischen 9 und 16 Jahren*. Berlin: F. Dümmlers.

Stang, R. (2024): Pädagogische Grundlagen. In: U. Engelkenmeier; K. Keller-Loibl; B. Schmid-Ruhe; R. Stang (Hrsg.): *Handbuch Bibliothekspädagogik*. Berlin; Boston: De Gruyter Saur, 97–106. https://doi.org/10.1515/9783111032030-009.

Steinlein, R. (1987): *Die domestizierte Phantasie. Studien zur Kinderliteratur, Kinderlektüre und Literaturpädagogik des 18. und frühen 19. Jahrhundert*. Heidelberg: Carl Winter.

Steinlein, R. (2000): Das Volksmärchen als Medium nationaler Geistesbildung in der literaturpädagogischen Diskussion des 19. Jahrhunderts. In: H.-H. Ewers, U. Nassen, K. Richter, R. Steinlein (Hrsg.): *Jahrbuch der Kinder- und Jugendliteraturforschung 1999/2000*. Stuttgart: J. B. Metzler, 11–25.

Spinner, K. (2006): Literarisches Lernen. *Praxis Deutsch* 200, 6–16.

Stiftung Lesen; Die Zeit; Deutsche Bahn (Hrsg.) (2019): *Vorlesestudie 2019*. https://www.stiftunglesen.de/ueber-uns/forschung/studien/vorlesestudie#jmIndex2.

Stiftung Lesen; Die Zeit; Deutsche Bahn (Hrsg.) (2020): *Vorlesestudie 2020*. https://stiftunglesen.de/forschung/forschungsprojekte/vorlesestudie.

Stiftung Lesen; Die Zeit; Deutsche Bahn (Hrsg.) (2021): *Vorlesestudie 2021*. https://www.stiftunglesen.de/ueber-uns/forschung/studien/vorlesestudie.

Wilkending, G. (1980): *Volksbildung und Pädagogik „vom Kinde aus“. Eine Untersuchung zur Geschichte der Literaturpädagogik in den Anfängen der Kunsterziehungsbewegung*. Frankfurt a. M.: Beltz.

Wolgast, H. (1951 [1896]): *Das Elend unserer Jugendliteratur. Ein Beitrag zur künstlerischen Erziehung der Jugend*. 7. Aufl. Worms: Wunderlich.

Christine Ott

Außerschulische Lernorte

Einleitung

Eigens für das Lernen haben sich kulturgeschichtlich spezifische Institutionen, Organisationsformen und typische sowie ganz konkrete Orte etabliert, unter denen die Schule wohl als besonders einschlägig gelten darf. Wenngleich die Schule als Lernort par excellence wahrgenommen wird, ist Lernen allerdings keineswegs auf solche institutionellen Settings beschränkt. Als mögliche Lernorte finden sich in Handbüchern und Sammlungen beispielsweise: der Marktplatz, der Aussichtsturm, der Wald, die Schreinerei, die Baustelle, das Theater, das Museum, das Lernlabor, aber auch der Friedhof, die Haltestelle und die öffentliche Toilette (Wrobel/Ott 2019; Brade/Krull 2016; Schulte 2013; Gaedtke-Eckardt 2007). Auch Bibliotheken fehlen in kaum einer Auflistung.

Für nicht-schulische Lernorte hat sich der Begriff der außerschulischen Lernorte etabliert. Im Weiteren sollen unter außerschulischen Lernorten vornehmlich Orte verstanden werden, an denen ein schulrelevantes Lernen räumlich außerhalb von Schule stattfindet. In einem weiteren Sinn können darunter zudem Orte gefasst werden, an denen ein Lernen jenseits beziehungsweise unabhängig von einem schulischen Legitimationsrahmen stattfindet.

Lern- und lernorttheoretische Grundlagen

Lernorte und Lernformen

Eine grundlegende Möglichkeit, Orte des Lernens zu systematisieren, setzt am Formalitätsgrad des Lernens an. Im Weiteren wird die Konzeption der Kommission der Europäischen Gemeinschaften (2000, 9–10) zu den drei Lernformen formales (auch: formelles), non-formales (auch: nicht-formales) und informelles Lernen zugrunde gelegt. Bei Orten des formalen Lernens handelt es sich um institutionalisierte Bildungseinrichtungen (allgemeinbildende und berufliche Schulen, Hochschulen), die festgelegten Curricula folgen und zu offiziell anerkannten zertifizierten Abschlüssen und Qualifikationen führen. Non-formales Lernen hingegen wird überall dort räumlich verortet, wo Lernen nicht zu einer vergleichbar allgemein anerkannten Zertifizierung führt, aber dennoch auf klare Ziele hin ausgerichtet und zum Beispiel kursförmig organisiert ist (z. B. als Sprachkurs, Schreibworkshop, Antirassismustraining). Non-formales Lernen gilt als in der Regel freiwilliges Lernen.

https://doi.org/10.1515/9783111032030-025

Im Unterschied dazu wird unter informellem Lernen das situierte zufällige und beiläufige Lernen, in der Regel jenseits didaktisch vorstrukturierter Lehr-Lernsettings, gefasst, das eher ungeplant im Alltag erfolgt (z. B. literarisches Lernen in der Eltern-Kind-Vorlesesituation) und von den Lernenden nicht notwendigerweise als Lernsituation wahrgenommen wird. Informelles Lernen kann überall stattfinden, was jeden Ort zu einem Lernort erhebt. Eine didaktische Strukturierung des Orts gilt auch für informelles Lernen als förderlich (Nuissl 2006, 31).

Bibliothekspädagogische Angebote werden zuvorderst dem non-formalen, bisweilen auch dem informellen Lernen zugeordnet, die anbietenden Einrichtungen und Organisationen entsprechend als Orte des non-formalen und informellen Lernens kategorisiert: Für Öffentliche Bibliotheken bringt Stang in Anschlag, dass sie „neben den Medien und den Informations- und Beratungsangeboten Lernmöglichkeiten sowohl für das individuelle Lernen als auch das Lernen in Gruppen zur Verfügung stellen" (Stang 2018, 13); sie eröffneten dabei auch „informelle Lernoptionen, die von den Lernenden flexibel im Rahmen der Öffnungszeiten genutzt werden können" (Stang 2018, 13), die aber noch erweitert würden durch neuere Einrichtungen wie sogenannte Makerspaces, die Räume innerhalb der Bibliothek für individuelles und gemeinschaftliches Lernen und Arbeiten mit neuesten Techniken und Technologien schaffen, und zwar entkoppelt von Kursstrukturen. Darüber hinaus sind Bibliotheken zudem überall dort an formalen Lernprozessen beteiligt, wo sie Lehrplanaufgaben übernehmen und als externes Klassenzimmer lehrplanrelevante Ziele (und damit: Qualifizierungsziele) zu erreichen unterstützen. Recherchetrainings und Workshops zum wissenschaftlichen Arbeiten für Schülerinnen und Schüler der Oberstufe, die ihre Seminar- oder Facharbeit anfertigen, stehen hierfür beispielhaft.

Primäre und sekundäre Lernorte

Eine klarere Zuordenbarkeit insbesondere von Institutionen zu Lernorttypen verspricht die dezidiert lernorttheoretische Systematik von Münch (1985), die primäre und sekundäre Lernorte unterscheidet. Als primäre Lernorte werden solche kategorisiert, die zuvorderst für das Lernen eingeführt wurden. Der Lernortbegriff kann hier in unterschiedlicher Skalierung angelegt werden: Er gilt für die Institution und die konkrete Örtlichkeit einer Schule und Hochschule, aber auch für alle für das Lernen bestimmten Räumlichkeiten innerhalb dieser Einrichtungen, wie die Klassenzimmer mit ihren unterschiedlichen Lernzonen (z. B. Leseecke, Lerntheke), die mit Ausstellungstafeln bestückten Korridore, die Schulbibliothek oder an den Hochschulen die Universitätsbibliothek, Kursräume, Labore et cetera (Dühlmeier 2010, 17).

Zu sekundären Lernorten hingegen rechnet Münch Orte, die erst durch ein pädagogisch-didaktisches Handeln vor Ort zu Lernorten werden, zum Beispiel Betriebe, Bauwerke, Orte in der Natur oder im Stadtraum. Diese Orte haben primär andere Zwecke, als Lernen zu ermöglichen oder zu fördern.

Orte formalen Lernens und primäre Lernorte weisen große Überschneidungen auf, allerdings sind in Münchs Definition der primären Lernorte auch Fort- und Weiterbildungseinrichtungen inkludiert. Je nach institutionellem Selbstverständnis können noch weitere Bildungseinrichtungen zu den primären Lernorten gezählt werden, so gegebenenfalls auch Bibliotheken.[1]

Lernorte und Erlebnis-/Interaktionsräume

Nicht immer werden Orte des Lernens von Erlebnis- und Interaktionsräumen klar geschieden (Ott/Wrobel 2018, 18) und beispielsweise Konzerte, Poetry Slams oder Geocaching als außerschulische Lernorte kategorisiert. Hierbei handelt es sich allerdings um Formate des Erlebens und der Interaktion an konkreten Orten, die bereits Teil der Konstruktion von Lernsituationen sind. Aus didaktischer Sicht ist eine Trennung in Lernort und Erlebnis- und Interaktionsraum relevant, weil so Ortsspezifika von Formatspezifika deutlicher abgegrenzt und als jeweils eigene Parameter im didaktischen Analyseprozess berücksichtigt werden können.

Wie sich das Verhältnis von Lernort und Erlebnis-/Interaktionsraum unter anderem angesichts von XR-Anwendungen weiterentwickelt und welchen Status auch fiktive, zum Beispiel literarisch konstruierte Orte in einer Lernorttheorie der Gegenwart einnehmen könnten, wird noch herauszuarbeiten sein.

Das Außerschulische eines Lernorts

Als außerschulische Lernorte werden zum einen und vornehmlich Orte bezeichnet, die von Schülerinnen und Schülern aufgesucht werden und deren Aufsuchen im Dienst des schulischen Lernens steht. Schulisches Lernen findet dann lediglich an einem anderen Ort als im Schulgebäude oder im Klassenzimmer statt (z. B. Baar/Schönknecht 2018, 19). Für die schulischen Fachdidaktiken und die Schulpädagogik ist diese Begriffsfassung einschlägig, weil die so bezeichneten Lernorte im Rahmen schulischer Vorgaben, wie Bildungsstandards oder Lehrpläne, nutzbar gemacht werden. Plessow (2015) schlägt eine weitere Feindifferenzierung vor in schulbezogene außerschulische Lernorte, das heißt Orte von Schulunterricht außerhalb von Schule, und in schulkomplementäre außerschulische Lernorte, das heißt Orte, die Lernangebote machen, welche die Schule nicht allein oder nicht auch noch stemmen kann.

Zum anderen können Orte als außerschulische Lernorte erfasst werden, an denen neben der Institution Schule Lernen stattfindet, ohne dass dieses außerschulische Lernen auf das schulische Lernen bezogen wird. Bereits Plessows schulkomplementäre

1 Zur Diskussion um Bibliotheken als Kultur- und/oder Bildungseinrichtungen vgl. Umlauf (2018).

außerschulische Lernorte lassen sich entsprechend intentional entkoppelt von Schule lesen. Für den Bereich der Literaturvermittlung sieht beispielsweise Jentgens (2012) den maßgeblichen Unterschied zwischen schulischer und außerschulischer Vermittlung in der Freiwilligkeit der Partizipation an (beziehungsweise Nutzung von) außerschulischer Vermittlung sowie in den fehlenden Bewertungsnormen außerschulischer Vermittlung.

Die Bezeichnung *außerschulisch* ist folglich durchaus für Vermittlungshandlungen und Lernprozesse etabliert, die nicht alleine oder primär auf die Institution Schule bezogen sind. Dennoch werden für die zweite Begriffsfassung des Lernens an anderen Orten als der Schule zur besseren Abgrenzung vom schulischen Nutzungszusammenhang alternative Bezeichnungen vorgeschlagen, wie ein Lernen an öffentlichen Orten (Jungwirth et al. 2020; Ott/Wrobel 2018, 8), in der Erwachsenenpädagogik häufiger Orte oder Räume Lebenslangen Lernens.

In beiden Varianten wird für die Qualifizierung als außerschulischer Lernort üblicherweise mindestens eine didaktische Gestaltung des oder am Ort(s) erwartet, das heißt, es bedarf eines Vermittlungshandelns in Form von Lernangeboten des Orts selbst oder in Form von Anleitungen durch eine Lehrkraft im Fall von Schulgruppen (z. B. dergestalt, dass Lernende dabei angeleitet werden, Vor- und Nachbereitungsaufgaben sowie Beobachtungsaufgaben vor Ort durchzuführen oder Befragungen von Personen des/am Ort(s) vorzubereiten).

Systematik außerschulischer Lernorte

Aus schulpädagogischer und -didaktischer Sicht wird eine Legitimierung des außerschulischen Lernens über festgeschriebene Bildungsziele eingefordert. Dies stellt keine Einschränkung an Lernort-Optionen dar: „Alle Orte außerhalb der Schule können zu außerschulischen Lernorten werden, indem sie in Beziehung zum schulischen Bildungsauftrag gesetzt werden“ (Baar/Schönknecht 2018, 23).

Für in diesem Sinn außerschulische Lernorte schlagen Baar/Schönknecht (2018, 18–21) folgende Systematik vor, die eine Konkretisierung zu den allgemeineren lernorttheoretischen Überlegungen leistet (ähnlich Hellberg-Rode 2004):

– *Außerschulische Lernorte mit einem vor Ort bereitgestellten pädagogisch-didaktischen Konzept:* Diese Orte haben ein Selbstverständnis als Bildungsorte und unterbreiten ein pädagogisch-didaktisches Programm, zum Beispiel Theater oder Museen mit ihren jeweiligen pädagogischen Angeboten (theaterpädagogische, museumspädagogische), aber auch Schülerinnen- und Schülerlernlabore an Hochschulen oder pädagogische Angebote von Jugendbildungsstätten oder auch botanischen Gärten (Baar/Schönknecht 2018, 20; Hafeneger 2013). Viele dieser pädagogisch-didaktischen Konzepte adressieren explizit Schulklassen. Auch bibliothekspädagogische Angebote und entsprechend der Ort Bibliothek fallen unter diese Kategorie.

Grundlegende Überlegungen zum Bildungsverständnis in Bezug auf Öffentliche Bibliotheken finden sich beispielsweise in Umlauf (2018, 22–25).
- *Außerschulische Lernorte ohne ein vor Ort bereitgestelltes pädagogisch-didaktisches Konzept:* Diese Orte machen keine spezifisch pädagogischen Angebote und haben keinen dezidierten Bildungsauftrag. Hier bedarf es eines Vermittlungshandelns durch ein extern an den Ort gebrachtes pädagogisch-didaktisches Personal (beim außerschulischen Lernen: in der Regel die Klassen- oder Fachlehrkraft), die ein Tätigwerden am außerschulischen Ort mit dem schulischen Bildungsauftrag, mit Fachinhalten und schulischen Kompetenzanforderungen in Verbindung setzt. Für diese außerschulischen Lernorte ohne Bildungsauftrag wird folgende heuristische thematische Subsystematik vorgeschlagen (Baar/Schönknecht 2018, 21; Brade/Krull 2016, 12; Dühlmeier 2010, 19–20; Hellberg-Rode 2004):
  - Orte der Natur, wie zum Beispiel Wald, Park, See,
  - Orte der Kultur, wie zum Beispiel Theater, Museen, Bibliotheken,
  - Orte der Arbeitswelt, wie zum Beispiel Betriebe, Feuerwehr, Banken, Presse,
  - Orte des gesellschaftlichen und politischen Zusammenlebens, wie zum Beispiel Straßen und Plätze, Vereine, Rats- und Gemeindesäle.
- Für einen Ort kommen dabei häufig mehrere thematische Zuordnungen in Frage, je nachdem, welche Ortseigenschaft in den Vordergrund gerückt wird. Bei den Kulturorten zeigt sich zudem, dass es von der jeweils konkreten Angebotslage eines Ortes abhängt, ob zum Beispiel eine Bibliothek den außerschulischen Lernorten mit oder ohne pädagogisch-didaktischem Konzept zugeordnet wird.

Zum didaktischen Potenzial außerschulischer Lernorte als einer anderen Form von Schule

Ein Blick in die Bildungspläne zeigt, dass außerschulische Lernorte sowohl in der Primarstufe als auch in den Sekundarstufen ihren festen Platz haben (Baar/Schönknecht 2018, 95–106). Für außerschulische Lernorte werden unter anderem lernpsychologische (aktives Lernengagement; Situierung des Lernens), sozialisationsbezogene (Kompensation von Erfahrungsdefiziten), schulpädagogische und allgemein- sowie fachdidaktische Argumente ins Feld geführt (Dühlmeier 2010, 23–29; Baar 2020, 6–14).

Die schulpädagogische und allgemeinpädagogische Argumentation geht im Wesentlichen auf die Reformpädagogik um 1900 zurück, als das Lernen an anderen Orten als der Schule pädagogisches Leitkonzept wurde. Die außerschulische Welt wird als nötige Ergänzung bis hin zum Gegenentwurf zum Lernen im Klassenzimmer gesehen. Außerschulisches Lernen meint hier ein räumlich erweitertes Lernen, das sich mit zentralen Motiven der reformpädagogischen Bewegung verbindet: Es soll ein anschaulicheres Lernen unter Einbezug aller Sinne ermöglichen, den kognitiven Zugriff um ein affektiv-unmittelbareres Erleben ergänzen, dem Sprechen über Lerngegenstände die Realbegegnung anbei stellen und zu einem selbsttätigen, handelnden Umgang mit dem zu Lernenden führen können (Dühlmeier 2010, 9–10).

Die Attraktivität außerschulischer Lernorte wird auch heute in den dort vorfindlichen situationsbezogenen Lerngelegenheiten gesehen, sie sollen den Gegenwarts- und Zukunftsbezug von Lernen nach Klafki ersichtlicher machen und thematische Zusammenhänge erhalten, wo die Institution Schule diese auf verschiedene Schulfächer aufspaltet und dadurch „fachlich-segmentierte Teilwirklichkeiten" (Burk 1981, 18) erzeuge (Baar 2020). Fächerübergreifender projektförmiger Unterricht wird beispielsweise als besonders anschlussfähig an ein Lernen erachtet, das Schule und außerschulische Welt vernetzt. Allerdings gilt einschränkend, dass Lehrkräfte auch hier stets den Anschluss an das schulische Lernen herstellen müssen, das mehrheitlich (noch) nach Fächern organisiert ist, und dass jeder Ersatz einer Unterrichtsstunde im Klassenzimmer durch das Lernen am außerschulischen Ort angesichts eines straffen Lehrplans legitimiert sein will (Wrobel/Ott 2019, 8). Die Kompetenzorientierung im Bildungssystem wiederum hat die Spielräume in den letzten 20 Jahren vergrößert.

In anderer Hinsicht erweist sich die starke Outputsteuerung des schulischen Bildungsbereichs als einengend für Potenziale des außerschulischen Lernens: Für Gaedtke-Eckardt (2007, 24) besteht das herausgehobene didaktische Potenzial außerschulischer Lernorte darin, authentische Erfahrungen zu ermöglichen. Seit einigen Jahren ist eine Pädagogisierung und Didaktisierung von Orten ohne Bildungsauftrag, wie zum Beispiel des Orts Klärwerk, beobachtbar, die für Schulklassen Lehr-/Lernmaterialien zur Vorbereitung oder ein didaktisches Arrangement für die Durchführung anbieten (Baar/Schönknecht 2018, 22; Gaedtke-Eckardt 2007, 21). Dabei darf hinterfragt werden, ob solchermaßen vorstrukturierte Ortsbegehungen noch hinreichend originale Begegnungen mit beziehungsweise an außerschulischen Orten schaffen (Kohler 2007), deren Potenzial (z. B. beim Besuch einer Produktionsstätte) unter anderem gerade darin gesehen wird, keine didaktische Reduktion des Lerngegenstands zu bieten und Räume der Irritation und der Reibung zu schaffen. Für viele Lehrkräfte erscheint im outputgesteuerten schulischen Unterricht, in dessen Dienst das Lernen am außerschulischen Ort meist stehen soll, für solchermaßen zieloffenere Lernarrangements nur eingeschränkt Raum, was deren kritisch-konstruktiv-didaktisches Potenzial relativieren kann.

Eine Weiterführung der Diskussion zu didaktischen Potenzialen sowie zu spezifischen Methoden außerschulischen Lernens findet sich in Schulte (2019, 52–57), Baar/Schönknecht (2018, 56–94) und in Sauerborn/Brühne (2014).

Didaktischer Dreischritt außerschulischen Lernens

Soll das Lernen am außerschulischen Ort möglichst eng in den schulischen Unterricht eingebunden werden, wird Lehrkräften ein didaktischer Dreischritt aus Vorbereitung,

Durchführung und Nachbereitung oder Auswertung vorgeschlagen, den Klewitz auf das Prinzip „PAD – pre, after, during“ bringt (Klewitz 2010, 46). Im Vorfeld eines Ortsbesuchs sollen über die Frage der Zielpassungen hinaus Erwartungen an den Lernort formuliert und Handlungsmöglichkeiten am Ort ermittelt werden. Die Lernenden werden dann ebenfalls in Vorbereitung des außerschulischen Gangs in relevante Arbeitsmethoden eingeführt, Kontextwissen über den außerschulischen Ort wird bereitgestellt, zudem werden organisatorische Aspekte der Ortsbesuchsdurchführung geklärt. Die Durchführungsphase umfasst die konkrete Ortsbegehung und die dortigen Aktivitäten, die möglichst handlungsorientiert und entdeckend angelegt sein sowie kooperative Arbeitsformen beinhalten sollen (Dühlmeier 2010, 35). Das außerschulische Lernen changiert dann im besten Fall zwischen

> Bekanntgemachtwerden und aktiver Erkundung, zwischen Geführtwerden und selbstständigem Interviewen, zwischen der Fortsetzung von Unterricht [in einem engeren Sinn; Erg. CO] und dem freien Explorieren, zwischen Gelenktwerden und Selbsttätigkeit (Gaedtke-Eckardt 2007, 24).

Welche „Denk-, Arbeits- und Handlungsweisen“ (Baar/Schönknecht 2018, 66) hier prinzipiell unterschieden werden können, ist in Baar/Schönknecht (2018, 66–80) erläutert. In Auswertung des Ortsbesuchs werden Ergebnisse im Unterricht präsentiert und wird Erlebtes reflektiert, um dieses verbal verfügbar sowie mit anderen teilbar zu machen und das Individualerleben in größere Zusammenhänge einordnen zu können (Jung 2021, 113–114).

Außerschulische Lernorte und Bildungslandschaften

Seit der Jahrtausendwende 2000 kommt Lernorten neben der Schule eine wachsende Bedeutung zu. Dies hängt mit dem stärkeren Ausbau der Ganztagsschule zusammen, der qualifizierte Bildungspartnerinnen und -partner braucht (Deinet/Derecik 2016, 15). Lernen soll im Verbund mit außerschulischen Akteurinnen und Akteuren erfolgreicher gestaltet werden. Den weiteren Kontext dieser Hinwendung zu außerschulischen Lernorten und einer neuen Betonung von Lernmöglichkeiten über die Schule hinaus bildet der sogenannte PISA-Schock von 2001 (Deinet/Derecik 2016, 15–16).[2] Schülerinnen und Schüler sollen durch eine engere Vernetzung nach außen zudem Orte und Möglichkeiten des Lebenslangen Lernens kennenlernen, die über die Schulzeit hinaus aufgesucht werden können (Gaedtke-Eckardt 2007). Hierzu bedarf es verlässlicher Partnerschaften zwischen Schulen und vor allem anderen primären Lernorten.

---

2 Möglicherweise sind die EU-Regulierungs- und Vereinheitlichungstendenzen insbesondere des nonformalen Bildungsbereichs ebenfalls eine Antwort auf unbefriedigende Ergebnisse internationaler Leistungstests.

Da sich das regelmäßige und wiederholte Aufsuchen eines außerschulischen Lernorts prinzipiell als nachhaltig lernförderlich erweist (Baar 2020, 21), sind verstetigte Formen des Austauschs zwischen Schule und außerschulischem Lernort anzustreben. Hier nehmen Bibliotheken für Schulen gegenwärtig eine hervorgehobene Position unter den außerschulischen Lernorten ein. Als Bildungspartnerinnen sind sie für Lehrkräfte und Lernende unmittelbar erkennbar, wo sie ihre Anschlussfähigkeit an schulische Bildungsaufgaben aufzeigen. In Form von Curricula – sogenannten Bibliothekscurricula oder Spiralcurricula – wird die Passung zwischen schulischen Zielen und Bibliotheksangeboten vergleichsweise systematisch sichtbar zu machen versucht. Diese Curricula dienen zugleich als Fahrplan und (Selbst-)Verpflichtung zum gemeinsamen Arbeiten an lehrplanrelevanten Zielen – ob im schulischen Vormittagsunterricht oder im Ganztag (Keller-Loibl 2016; Marci-Boehncke 2018).

Forderungen nach lokalen Bildungslandschaften stellen außerschulisches Lernen einmal mehr in den Kontext Lebenslangen Lernens ein. Schulpädagogische Konzepte und Schulfachdidaktiken treffen auf Erwachsenenpädagogik, Frühpädagogik, Sozialpädagogik auf der einen und institutionen- sowie domänenspezifische Pädagogiken und Didaktiken auf der anderen Seite (z. B. Museumspädagogik, Informationsdidaktik, Literaturpädagogik), was neue hybride Disziplinen entstehen lässt (z. B. „Lebensspannen-Didaktik“, Thielking 2013, 78, oder „Öffentliche Didaktik“ nach Thielking 2009), die didaktisch-methodische oder organisationale Spezifika des nicht ausschließlich auf die Schule bezogenen Lernens in Bildungslandschaften sowie Vermittlungskompetenzen des an den (institutionellen, generationellen) Schnittstellen agierenden Personals in den Fokus rücken.

Literatur

Baar, R. (2020): Lernen an außerschulischen Lernorten. Theoretische Annahmen, praktische Umsetzung, empirische Erkenntnisse. In: M. Jungwirth; N. Harsch; Y. Korflür; M. Stein (Hrsg.): *Forschen.Lernen.Lehren an öffentlichen Orten. The Wider View.* Tagungsband. Münster: WTM, 3–27.

Baar, R.; Schönknecht, G. (2018): *Außerschulische Lernorte: didaktische und methodische Grundlagen.* Weinheim, Basel: Beltz.

Brade, J.; Krull, D. (2016): Einführung. In: J. Brade; D. Krull (Hrsg.): *45 Lern-Orte in Theorie und Praxis. Außerschulisches Lernen in der Grundschule für alle Fächer und Klassenstufen.* Baltmannsweiler: Schneider Hohengehren, 11–14.

Burk, K. (1981): Zur Methodik des Lernens außerhalb des Klassenzimmers. In: K. Burk; C. Claussen (Hrsg.): *Lernorte außerhalb des Klassenzimmers II. Methoden – Praxisberichte – Hintergründe.* Frankfurt a. M.: Arbeitskreis Grundschule, 18–42.

Deinet, U.; Derecik, A. (2016): Die Bedeutung außerschulischer Lernorte für Kinder und Jugendliche. Eine raumtheoretische und aneignungsorientierte Betrachtungsweise. In: J. Erhorn; J. Schwier (Hrsg.): *Pädagogik außerschulischer Lernorte. Eine interdisziplinäre Annäherung.* Bielefeld: transcript, 15–28.

Dühlmeier, B. (2010): Grundlagen außerschulischen Lernens. In: B. Dühlmeier (Hrsg.): *Mehr Außerschulische Lernorte in der Grundschule. Neun Beispiele für den fächerübergreifenden Sachunterricht.* Baltmannsweiler: Schneider Hohengehren, 6–50.

Gaedtke-Eckardt, D.-B. (2007): Außerschulische Lernorte. Was ist ein außerschulischer Lernort? In: D.-B. Gaedtke-Eckardt (Hrsg.): *Außerschulische Lernorte. Studenten schreiben für Studenten und Referendare*. Hildesheim: Franzbecker, 21–25.

Hafeneger, B. (Hrsg.) (2013): *Handbuch außerschulische Jugendbildung. Grundlagen, Handlungsfelder, Akteure*. Schwalbach/Ts.: Wochenschau Verlag.

Hellberg-Rode, G. (2004): Außerschulische Lernorte. In: A. Kaiser; D. Pech (Hrsg.): *Unterrichtsplanung und Methoden*. Baltmannsweiler: Schneider Hohengehren, 145–150.

Jentgens, S. (2012): Außerschulische Literaturvermittlung. In: H. Bockhorst; V.-I. Reinwand; W. Zacharias (Hrsg.): *Handbuch kulturelle Bildung*. München: kopaed, 474–479.

Jung, J. (2021): *Die Grundschule neu bestimmen. Eine praktische Theorie*. Stuttgart: Kohlhammer.

Jungwirth, M.; Harsch, N.; Korflür, Y.; Stein, M. (2020): Vorwort. In: M. Jungwirth; N. Harsch; Y. Korflür; M. Stein (Hrsg.): *Forschen.Lernen.Lehren an öffentlichen Orten – The Wider View*. Tagungsband. Münster: WTM, [Vorwort].

Keller-Loibl, K. (2016): Förderung von Lese- und Informationskompetenz mit dem Spiralcurriculum. In: W. Sühl-Strohmenger (Hrsg.): *Handbuch Informationskompetenz*, 2. Aufl. Berlin; Boston: De Gruyter Saur, 398–405. https://doi.org/10.1515/9783110403367-038.

Klewitz, B. (2010): Sprache zum Anfassen. Lernorte für den Fremdsprachenunterricht. In: W. Gehring; E. Stinshoff (Hrsg.): *Außerschulische Lernorte des Fremdsprachenunterrichts*. Bad Heilbrunn: Klinkhardt, 43–55.

Kohler, B. (2007): Originale Begegnung. In: J. Kahlert; M. Fölling-Albers; M. Götz; A. Hartinger; D. von Reeken; S. Wittkowske (Hrsg.): *Handbuch Didaktik des Sachunterrichts*. Bad Heilbrunn: Klinkhardt, 481–485.

Kommission der Europäischen Gemeinschaften (2000): *Memorandum über Lebenslanges Lernen. SEK* 1832 vom 30.10.2000. Brüssel: Kommission der Europäischen Gemeinschaften. https://www.hrk.de/uploads/tx_szconvention/memode.pdf.

Marci-Boehncke, G. (2019): Das Spiralcurriculum als Eckpfeiler. Optionen für eine bibliotheksdidaktische Grundlegung. In: R. Stang; K. Umlauf (Hrsg.): *Lernwelt Öffentliche Bibliothek. Dimensionen der Verortung und Konzepte*. Berlin; Boston: De Gruyter Saur, 70–80. https://doi.org/10.1515/9783110590982-007.

Münch, J. (1985): Lernorte und Lernort-Kombinationen. Begriffliche und theoretische Vorklärungen. In: J. Münch (Hrsg.): *Lernorte und Lernort-Kombinationen im internationalen Vergleich. Innovationen, Modelle und Realisationen in der Europäischen Gemeinschaft*. Köln: Verlag Bundesanzeiger, 23–35.

Nuissl, E. (2006): Der Omnibus muss Spur halten. Zur Aufgabe von Lernorten im lebenslangen Lernen. *DIE Zeitschrift für Erwachsenenbildung* 4, 29–31.

Ott, C.; Wrobel, D. (2018): Öffentliche Literaturdidaktik. Zum Denkrahmen. In: C. Ott; D. Wrobel (Hrsg.): *Öffentliche Literaturdidaktik. Grundlegungen in Theorie und Praxis*. Berlin: Erich Schmidt, 7–27.

Plessow, O. (2015): „Außerschulisch". Zur Bedeutung eines Begriffs aus geschichtsdidaktischer Perspektive. In: D. Karpa; B. Overwien; O. Plessow (Hrsg.): *Außerschulische Lernorte in der politischen und historischen Bildung*. Immenhausen: Prolog, 17–32.

Sauerborn, P.; Brühne, T. (2014): *Didaktik des außerschulischen Lernens*. Baltmannsweiler: Schneider Hohengehren.

Schulte, A. (2013): *Jeder Ort – überall! Didaktik außerschulischer religiöser Lernorte*. Stuttgart: Calwer.

Schulte, A. (2019): *Außerschulische Lernorte*. Berlin: Cornelsen.

Stang, R. (2018): Gesellschaftliche Veränderungsprozesse und Lebenslanges Lernen. Verortung Öffentlicher Bibliotheken im Bildungsdiskurs. In: R. Stang; K. Umlauf (Hrsg.): *Lernwelt Öffentliche Bibliothek. Dimensionen der Verortung und Konzepte*. Berlin; Boston: De Gruyter Saur, 9–18.

Thielking, S. (2009): Literaturbezogene Kulturvermittlung. Literaturlehrforschung an der Schnittstelle von Schulunterricht, Lebensspannenkonzept und ‚Öffentlicher Didaktik'. In: S. Hochreiter; U. Klingenböck; E. Stuck; S. Thielking; W. Wintersteiner (Hrsg.): *Schnittstellen. Aspekte der Literaturlehr- und -lernforschung*. Innsbruck: StudienVerlag, 21–35.

Thielking, S. (2013): Kulturvermittlung und ‚Öffentliche Didaktik'. Überlegungen und Perspektiven. In: W. Hallet (Hrsg.): *Literatur- und kulturwissenschaftliche Hochschuldidaktik. Konzepte, Methoden, Lehrbeispiele*. Trier: WVT, 75–86.

Umlauf, K. (2018): Lernort als Leitbild. Öffentliche Bibliotheken im Wandel. In: R. Stang; K. Umlauf (Hrsg.): *Lernwelt Öffentliche Bibliothek. Dimensionen der Verortung und Konzepte*. Berlin; Boston: De Gruyter Saur, 19–29.

Wrobel, D.; Ott, C. (Hrsg.) (2019): *Außerschulische Lernorte für den Deutschunterricht. Anschlüsse – Zugänge – Kompetenzerwerb*. Seelze: Klett Kallmeyer.

Maike Wiethoff und Peter Salden

Lernbegleitung und Schreibberatung

Einleitung

Die Arbeit von Bibliotheken und Einrichtungen zur Schreibberatung an Hochschulen hat vielfältige Berührungspunkte, was sich bisher aber keineswegs immer in einer engen Zusammenarbeit ausdrückt (Sühl-Strohmenger/Tschander 2019; Ruhmann/Schröter 2016). Das sich wandelnde Selbstverständnis von Bibliotheken und auch die konzeptionelle Entwicklung der Schreibdidaktik, die zunehmend einen gesamtorganisationalen Blick auf ihre Aufgabe einnimmt, haben die Bereitschaft zur Kooperation allerdings verändert. Stärker als in der Vergangenheit wird heute gesehen, welche großen Schnittmengen es – auch in der Vergangenheit – in der Arbeit von Schreibzentren und Bibliotheken gab und gibt.

Im vorliegenden Beitrag werden auf unterschiedlichen Ebenen diese Schnittmengen zwischen Hochschulbibliotheken und Schreibberatungsstellen aufgezeigt: historisch, vom Gegenstand her, lerntheoretisch, in Bezug auf Raumkonzepte und auf organisationaler Ebene. Anhand aktueller Beispiele wird skizziert, wie an unterschiedlichen Hochschulen Kooperationen zwischen Bibliotheken und Einrichtungen zur Schreibberatung realisiert werden. Abschließend wird das Beispiel eines umfangreichen Kooperationsprojekts an der Ruhr-Universität Bochum betrachtet, wo ein großes vom Schreibzentrum betriebenes Schreibcafé in die Bibliothek integriert wurde.

Insgesamt soll dieser Beitrag dazu anregen, die Arbeit von Bibliotheken und Einrichtungen der Schreibberatung noch stärker zusammenzudenken, als es bislang geschieht.

Historische und konzeptionelle Bezüge

Schreiben in der Bibliothek: eine historische Perspektive

Auch wenn Bibliotheken historisch betrachtet schwerpunktmäßig für das Sammeln, Systematisieren und zur Verfügung stellen von Schriften verantwortlich waren, so waren sie von Beginn an auch mit dem Schreiben assoziiert. Schröter und Steinhauer gehen dieser Beziehung nach und zeigen, dass „in manchen Perioden der Bibliotheksgeschichte […] der Schreibprozess von den Bibliotheken getrennt [war], in manchen aber waren Bibliothek und Schreiben untrennbar miteinander verbunden“ (Schröter/Steinhauer 2019, 15). So beschreiben sie diese Beziehung als eine Abfolge der Stadien „Produktion, Kontemplation und Kreation“ (Schröter/Steinhauer 2019, 15).

https://doi.org/10.1515/9783111032030-026

In der Phase der Produktion in der Antike und im frühen Mittelalter lag die Verbindung von Lesen und Schreiben auf beziehungsweise in der Hand: Während in der Antike oftmals Schreibwerkstätten direkt an die Bibliotheken angegliedert waren, kamen ab der Spätantike die Skriptorien auf, die mit der Bibliothek in einem Gebäude des Klosters untergebracht waren. In den antiken Schreibstuben wurden wichtige Texte abgeschrieben, in den Skriptorien die Kodizes vervielfältigt (Jochum 1993, 51). Selbst verfasst wurden Texte in den Klöstern zwar weniger, aber sie wurden rezipiert, annotiert und kopiert.

Während es in der Antike auch teilweise Bibliotheken gab, die für Bürgerinnen und Bürger zugänglich waren, so waren sie im Mittelalter in der Phase der Kontemplation lediglich Geistlichen, Herrschenden und Gelehrten vorbehalten; wie bereits in Rom war Schrift eng mit Macht, besonders mit der Macht der Kleriker, verbunden (Jochum 1993, 50). In den Klöstern wurden kanonisierte christliche Werke schweigend und konzentriert gelesen und kopiert. Zudem war die Kirche „zur einzigen und allumfassenden Bildungsinstitution geworden“ (Jochum 1993, 64).

In Zusammenhang mit dem im 12. Jahrhundert aufkommenden päpstlichen Verbot für Mönche, eher weltlich orientierte Fächer zu studieren, vollzog sich ein allmählicher Rückzug der Klöster aus der Bildung (Jochum 1993, 70), während in den Städten die Universitäten aufkamen, die sich institutionell an die Domschulen anlehnten. Texte wurden nun zunehmend entweder von Lohnschreibern kopiert oder, wie es in Deutschland üblich war, direkt Studierenden diktiert (Jochum 1993, 71). Mit dieser Verschiebung der Bildung in die Städte ging nicht nur eine Ausbreitung der Schriftkenntnisse einher, sondern auch eine Neubewertung von Schriftlichem (Jochum 1993, 75).

Mit dem Übergang zur Neuzeit hatten – unter anderem durch die Technik des Buchdrucks und durch die geistige Bewegung der Aufklärung – zunehmend mehr Menschen Zugang zu Bildung: „Die Bibliothek wurde zu einem Ort der Kreation“ (Schröter/Steinhauer 2019, 20), indem immer mehr Leserinnen und Leser auch literarisch zu schreiben anfingen. Interessant ist auch eine weitere Entwicklung, die mit den immer größeren Beständen von Bibliotheken einherging und mit der in der Renaissance aufkommenden Idee von Individualität zusammenhängt: „Mit dem Autornamen trugen […] alle Bücher eine Signatur im Sinne einer Unterschrift, die für die Wahrheit des Textes einzustehen hat“ (Jochum 1993, 84). Mit den Ende des 19. Jahrhunderts aufkommenden Bücherhallen mit großen Lesesälen entstanden dann „auch immer komfortablere Räume, in denen Bücher gelesen und eigene Texte geschrieben werden konnten“ (Schröter/Steinhauer 2019, 22).

In der heutigen Zeit, in der durch digitale Datenbanken und Texte die Notwendigkeit des Vorortseins kaum noch besteht, sind Bibliotheken nun als Orte der Zusammenkunft und als Lern- und auch wieder als Schreiborte zunehmend interessanter, worauf im Verlauf dieses Beitrags noch näher eingegangen werden soll.

Wissenschaftliches Arbeiten lernen: eine gegenstandsbezogene Perspektive

Auf inhaltlicher beziehungsweise thematischer Ebene sind die Gemeinsamkeiten von Hochschulbibliotheken und Schreibzentren offensichtlich: Beide beziehen sich auf wissenschaftliche Texte. Sowohl die hochschulbezogene Bibliotheks- als auch die Schreibdidaktik zielen darauf, Wissen und Fähigkeiten im Umgang mit wissenschaftlichen Texten zu vermitteln und den Erwerb dieser Fähigkeiten zu unterstützen. Auch wenn Bibliotheks- und Schreibdidaktik durchaus unterschiedliche Perspektiven haben, so verfolgen sie prinzipiell doch übereinstimmende Ziele: Studierende sollen dabei unterstützt werden, sich die für die Wissenschaft grundlegenden Praktiken im Umgang mit Texten anzueignen.

Anders als in den Fachdisziplinen findet die Vermittlung vielfach ganz oder teilweise fächerübergreifend statt; es geht also um Denkweisen, die allen Disziplinen gemein sind. Dabei setzt die akademische Bibliothekspädagogik beim Text anderer Autorinnen und Autoren an, während die Schreibdidaktik den eigenen Text fokussiert, wohlwissend, dass das eine mit dem anderen eng verbunden ist.

Für ein Begreifen von Wissenschaft beziehungsweise ein tieferes Verständnis von wissenschaftlichem Arbeiten ist eine epistemologische Perspektive wesentlich. Denn nur, wenn Studierende verstehen, wie Wissen in wissenschaftlichen Texten durch bestimmte Praktiken (re)konstruiert wird, können sie reflektiert und kritisch als Rezipierende und Produzierende am wissenschaftlichen Diskurs teilnehmen. So ist Hapke zuzustimmen, der in Bezug auf die Vermittlung von Informationskompetenz – ähnlich wie in der Schreibdidaktik (gefsus 2018) – meint, sie müsse Voraussetzungen schaffen für

> ein Nachdenken zu Themen wie die Funktion und Problematik des Peer Reviews, der Zukunft des Publizierens und Open Access, Plagiate, Forschungsdaten, Zitatanalysen und deren aktuelle Herausforderungen bei alternativen Modellen zum Ranking von Forschung sowie zur Bedeutung von Urheberrechts-Fragen im elektronischen Alltag (Hapke 2016, 18).

Schreibkompetenz und Informationskompetenz: eine lerntheoretische Perspektive

Ein Hinweis auf dieses tiefere Verständnis wissenschaftlichen Arbeitens lässt sich in der Neu-Konzeptualisierung des jeweiligen Lerngegenstands von Hochschulbibliotheken und Schreibzentren ablesen: Informationskompetenz und Schreibkompetenz als *Threshold Concepts* (Meyer/Land 2003) zu begreifen. *Threshold Concepts* (auf Deutsch auch: Schwellenkonzepte) sind „concepts critical for continued learning and participation in an area or within a community of practice“ (Adler-Kassner/Wardle 2015, 2). Das Begreifen von *Threshold Concepts* wird als mühsamer, die Identität der Lernenden grundlegend verändernder (in Bezug auf Perspektive, Sprache, Denkweise etc.) irreversibler Prozess verstanden.

2015 erschien das Buch *Naming What We Know* (Adler-Kassner/Wardle), in dem schreibdidaktische Kernkonzepte in Form von *Threshold Concepts* benannt werden. Im selben Jahr wurde das *Framework for Information Literacy for Higher Education* der Association of College and Research Libraries (ACRL) verabschiedet. Darin wird *Information Literacy* ebenfalls in eine Reihe von *Threshold Concepts* übersetzt. Trotz aller Unterschiede dieser beiden Texte, insbesondere in Bezug auf die Zielsetzung, kann diese Koinzidenz als ein Anzeichen für einen Wandel des Verständnisses von wissenschaftlichem Arbeiten gedeutet werden. Beide Ansätze sind kooperativ und teilweise kollaborativ in einem langjährigen Prozess entstanden und beiden liegt ein Verständnis von Lernen im Studium zugrunde, das sich nicht einfach in Form von *Learning Outcomes* oder Lernzielen beschreiben lässt, sondern „durch einen substanzielleren und komplexeren Satz von Kernideen" (Framework Informationskompetenz 2021). Der Prozess des Verstehens solcher *Threshold Concepts*, sowohl in Bezug auf Informationskompetenz als auch im Hinblick auf das wissenschaftliche Schreiben, wird weniger als „Aneignung von technischen Fähigkeiten und Fertigkeiten" (Sühl-Strohmenger 2017, 13) oder als Training von *Skills* begriffen, sondern als Veränderung der Haltung und Perspektive sowie als Aneignung wissenschaftlicher Praktiken, die unter anderem kritisches Denken beinhalten.

Auch wenn die jeweilige Formulierung der Schwellenkonzepte unterschiedlich ist, so ist die dahinterliegende Idee ähnlich. Und mehr noch: Im Framework ist die Verbindung von Informations- und Schreibkompetenz auch im Konzept der *Metaliteracy* (Mackey/Jacobson 2011) explizit benannt, die als Satz von unterschiedlichen Fähigkeiten verstanden wird, „bei dem die Studierenden zugleich Konsumenten und Schaffende von Informationen sind und erfolgreich in kollaborativen Umgebungen mitwirken" (Framework Informationskompetenz 2021).

Lern- und Schreibräume: eine raumdidaktische Perspektive

Dass für Hochschulbibliotheken die Gestaltung von Räumen eine zentrale Frage ist, ergibt sich aus ihren traditionellen Aufgaben: einerseits Ort für die Sammlung und Dokumentation von Texten und andererseits Ort für Lektüre und Forschung von Studierenden und Wissenschaftlerinnen und Wissenschaftlern zu sein. Dies spiegelte sich schon immer im Raumkonzept, das „ein unmittelbares Nebeneinander von nach der jeweils geltenden Wissenssystematik geordneten Beständen, also Wissensobjekten, und der forschenden oder auch lernenden Tätigkeit gestattete" (Sühl-Strohmenger 2012, 1). Auch wenn Bibliotheken diese Aufgaben weiterhin innehaben, hat – wie bereits oben skizziert – in den letzten Jahrzehnten doch ein immer stärker spürbarer Wandel stattgefunden, ein „Paradigmenwechsel von einer bestandsorientierten zu einer zugangsorientierten (Hybrid-)Bibliothek", wie Sühl-Strohmenger (2012, 2) konstatiert. Dadurch hat sich nicht nur der Raum der Bibliothek um einen virtuellen erweitert, etwa in Form der zur Verfügung gestellten Datenbanken, Kataloge und Aufsätze, sondern ihr kommt zudem eine wichtige neue Aufgabe zu: die „Qualifizierung der Studierenden und der Wissenschaftler" (Sühl-Strohmenger 2012, 3) in Bezug auf Informationskompetenz und Wissensmanagement.

Gerade Wissenschaftliche Bibliotheken verstehen sich nun als Lernzentren einerseits und als *Teaching Libraries* andererseits, was sich in der Gestaltung ihrer physischen (und auch digitalen) Räume zeigt, denen raumdidaktische Überlegungen zugrunde liegen.

Auch wenn die Beschäftigung mit Räumen im Fall der Schreibberatung vielleicht etwas weniger offensichtlich ist, so ist sie in der natürlich weitaus kürzeren Geschichte von Schreibzentren ebenso relevant, insbesondere was die US-amerikanischen *Writing Center* betrifft, die vielfach Vorbilder für entsprechende deutsche Einrichtungen sind (Girgensohn 2017). Die Reflexion über die Gestaltung der Räume von Schreibzentren basiert auf ähnlichen Erkenntnissen wie die von Bibliotheken, nämlich, dass Räume erheblichen Einfluss auf den Lernerfolg haben. Ähnlich wie der Lernort Bibliothek sollten Schreibzentren so gestaltet sein, dass sie sowohl individuelles Lernen als auch Austausch fördern. Gerade im Fall der *Writing Center* hat sich vor diesem Hintergrund eine differenzierte Vorstellung davon entwickelt, wie derartige Räumlichkeiten gestaltet sein sollten. Sie werden etwa beschrieben als „beyond-the classroom space where students can explore confusing or challenging educational issues through *dialogic relationships*. In other words, a writing center is a place for conversation and dialogue" (Penti 2007, H. i. O.).

Man kann also feststellen, dass Bibliotheken und Schreibzentren sehr ähnliche Überlegungen darüber angestellt haben und noch anstellen, wie Räume gestaltet sein müssen, sodass sie ein individuelles Studieren und Forschen einerseits und Kooperation und Kollaboration andererseits begünstigen.

Daher scheint es sehr naheliegend, die Perspektiven beider Einrichtungen zusammenzubringen.

Arbeit im Third Space: Eine organisationale Perspektive

Ein letzter Berührungspunkt zwischen Bibliotheken und Schreibzentren soll hier nicht ausführlich diskutiert, aber doch benannt werden: die spezielle Verortung von Unterstützungseinrichtungen im organisatorischen Gefüge der Hochschule.

Universitätsbibliotheken sind in der Regel als eigenständige Zentralbereiche organisiert, beispielsweise als zentrale Betriebseinheiten. Für die vergleichsweise jungen schreibdidaktischen Einrichtungen gibt es unterschiedliche Modelle. Teils sind entsprechende Stellen beispielsweise an hochschuldidaktische Zentren angeschlossen, an Einrichtungen der Studienberatung oder an Bibliotheken; teils sind sie allerdings auch ebenso wie Bibliotheken unabhängige Zentralbereiche oder an ein Fach angebunden.

Wichtiger als die Frage nach der genauen Organisationsform ist allerdings die Arbeitsweise: Sowohl in Schreibberatungen als auch in Bibliotheken bewegen sich die Mitarbeiterinnen und Mitarbeiter in der Regel in einem Arbeitsfeld zwischen Wissenschaft und Verwaltung, das in der Vergangenheit als *Third space* beschrieben worden ist (Whitchurch 2008; gemeint ist anschließend an den Kulturwissenschaftler Homi Bhabha ein „Zwischenraum“, der Züge von beiden angrenzenden Welten trägt). Dies bringt mit sich, dass sowohl in Bibliotheken als auch in der Schreibberatung meist nicht die eigene Forschungstätigkeit der Beschäftigten im Mittelpunkt steht, sondern eine spezifische forschungsnahe Unterstützungsleistung für andere Angehörige der Hochschule. Sowohl die Arbeit in Bibliotheken als auch in Schreibzentren ist also vom Prinzip her wissenschaftsnah, geht es doch – wie oben ausgeführt – im Kern um wissenschaftliche Texte beziehungsweise um wissenschaftliche Prinzipien. Hieraus folgt, dass die Mitarbeiterinnen und Mitarbeiter in diesen Bereichen ein tiefes Verständnis von Wissenschaft, wissenschaftlichen Texten und wissenschaftlicher Arbeitsweisen benötigen und zudem Einblicke in unterschiedliche Fachdiskurse und damit Fachkonventionen haben sollten.

Die Verortung im *Third space* bringt spezifische Herausforderungen mit sich, wie beispielsweise die eigene Positionierung im häufig zweipolig gedachten Raum der Hochschule oder durch die Vermittlung zwischen Ansprüchen der Wissenschaft und formalen Erfordernissen, wie sie die Verwaltung kennt. Dass Mitarbeiterinnen und Mitarbeiter in Bibliotheken und in der Schreibdidaktik diese Erfahrungswelt teilen, ist eine weitere günstige Voraussetzung dafür, sich über ein gemeinsames Vorgehen zur Unterstützung von Studierenden sowie Wissenschaftlerinnen und Wissenschaftlern zu verständigen.

Modelle der Zusammenarbeit von Schreibberatung und Bibliotheken

Inzwischen gibt es an deutschen Hochschulen eine Reihe von Beispielen, wie Schreibberatung von Bibliotheken selbst angeboten werden kann beziehungsweise wie Bibliotheken und Einrichtungen zur Schreibberatung kooperieren können. Eine Fülle von Einzeldarstellungen mit unterschiedlichen Ansätzen enthält der Sammelband von Sühl-Stromenger und Tschander (2019), wobei sich in den Herangehensweisen bestimmte Schwerpunkte identifizieren lassen. Besonders wichtig erscheinen die folgenden:

- *Abgrenzung von Beratungsfeldern*: In Handlungsfeldern, in denen sich die Aktivitäten von Bibliotheken und Schreibzentren inhaltlich überschneiden (z. B. Verwendung von Literaturverwaltungsprogrammen), vereinbaren die Einrichtungen eine Abgrenzung ihrer Zuständigkeiten und koordinieren ihre Angebote (Beispiel der Universität Lüneburg; Knorr 2019).

- *Gemeinsame Außendarstellung von Angeboten*: Bibliothek, Schreibzentrum und gegebenenfalls weitere Einrichtungen einer Hochschule mit einschlägigen Angeboten bündeln ihre thematisch passenden Schulungs- und Beratungsaktivitäten, um sie dann beispielsweise über einen gemeinsamen Veranstaltungskalender nach außen sichtbar zu machen (Beispiel „Netzwerk Schreiben" der TU Dresden; Melching/Meyer 2019).
- *Aufbau von Beratungs- und Schulungsangeboten in der Bibliothek*: In einer Bibliothek bieten entweder Mitarbeiterinnen und Mitarbeiter vom Schreibzentrum oder von der Bibliothek schreibdidaktische Veranstaltungen an, so zum Beispiel Workshops in den Räumen der Bibliothek oder regelmäßige tägliche oder wöchentliche Schreibberatungen beispielsweise an einer der Informationstheken im Lesesaal (Beispiel der Universität Marburg; Langwald 2019).
- *Durchführung von Schreib-Events*: Ein Schreibzentrum führt zusammen mit der Bibliothek eine „Lange Nacht der Hausarbeiten" durch, wobei die Bibliothek ihre Räume für dieses Event zur Verfügung stellt (Beispiel der Viadrina-Universität; Girgensohn et al. 2019).

Möglich sind aber auch Ansätze noch umfangreicherer Kooperation wie das folgende Beispiel zeigt.

Ein Praxisbeispiel: Die Zusammenarbeit von Schreibzentrum und UB der Ruhr-Universität

Die Ruhr-Universität Bochum (RUB) gehört zu den Hochschulen mit einer besonders langen Tradition in der Schreibberatung: Das im Jahr 1997 gegründete Schreibzentrum ist eines der ältesten in Deutschland überhaupt. Mit den Mitarbeiterinnen und Mitarbeitern der Universitätsbibliothek (UB) entwickelte sich über die Jahre eine Zusammenarbeit, in der beispielsweise Veranstaltungen aufeinander abgestimmt werden, gegebenenfalls auf die jeweils andere Einrichtung verwiesen wird und teilweise Workshops miteinander konzipiert und moderiert werden.

Zum Angebot des Schreibzentrums gehört seit einigen Jahren auch ein sogenanntes Schreibcafé, das heißt ein Ort, an dem Studierende täglich zwischen 10 und 16 Uhr gemeinsam schreiben, sich über das Schreiben austauschen und bei Fragen und Problemen von Schreib-Peertutorinnen und -tutoren unterstützt werden. Die Anbindung des Schreibzentrums an das 2017 neu gegründete Zentrum für Wissenschaftsdidaktik führte dazu, dass das bis dahin direkt an den Arbeitsbereich der Mitarbeiterinnen und Mitarbeiter grenzende Schreibcafé in neue Räume überführt werden musste. In dieser Situation entstand die Idee einer Integration des Schreibcafés in die Räume der UB.

Die Besonderheit des neuen Schreibcafés in der Bochumer Universitätsbibliothek besteht darin, dass durch einen umfangreichen Umbau eine Fläche eigens für diesen Bestimmungszweck hergerichtet wurde. Die Wahl fiel dabei auf einen prominenten Bereich im Erdgeschoss der UB, mit einer großen Glasfront zum Forumsplatz der RUB. Die Fläche wurde durch eine Glaswand vom umgebenden Bereich der UB abgegrenzt, sodass sie einerseits als besonderer Raum, andererseits auch als gut integriert in den Gesamtraum wirkt, und mit unterschiedlichen Sitz- und Arbeitsgelegenheiten ausgestattet, darunter Einzel- und Gruppentische, Sitzsäcke und eine Sofaecke und, wie es sich für ein Café gehört, mit einer Kaffeemaschine und einem Wasserkocher. Der Bereich ist in der UB frei zugänglich, aber an seinem Eingang doch deutlich als Schreibcafé markiert.

Das Schreibcafé wird von Peertutorinnen und -tutoren betreut, das heißt, von Studierenden, die vom Schreibzentrum für ihre Aufgabe ausgebildet wurden sowie weiter fortgebildet und supervidiert werden (gefsus 2016). Jeweils mindestens zwei dieser Tutorinnen und Tutoren sind im Schreibcafé jederzeit für die Schreibgäste ansprechbar. Sie können Gesprächspartnerin und Gesprächspartner bei der Entwicklung eines Themas oder einer Fragestellung sein, erste Leseeindrücke zur Verfügung stellen oder dabei unterstützen, mit dem universitären Schreiben verbundene Fragen und Probleme zu klären. Die Tutorinnen und Tutoren haben dabei immer die Möglichkeit, eine Mitarbeiterin oder einen Mitarbeiter des Schreibzentrums um Unterstützung zu bitten.

Das Schreibcafé bietet somit einerseits einen Ankerpunkt in der UB für Schreibende und die Thematisierung des wissenschaftlichen Schreibens. Andererseits ist es aber auch Angelpunkt für neue Kooperationen von Bibliothek und Schreibzentrum. Denn regelmäßige Gespräche der Kooperationspartnerinnen und -partner sind nicht nur notwendig, um den Betrieb der gemeinsam betriebenen Fläche zu koordinieren, sondern bieten zudem Anlässe, weitere gemeinsame Aktivitäten abzusprechen – also beispielsweise gemeinsame Maßnahmen zur Öffentlichkeitsarbeit, für die Abgrenzung von Angeboten oder die Durchführung von Schreibevents.

Fazit

Diese außergewöhnlich enge Form der Kooperation einer großen Universitätsbibliothek und eines großen Schreibzentrums an der RUB hat sich im ersten Jahr bewährt und damit bestätigt, was im ersten Teil dieses Textes theoretisch begründet wurde: dass zwischen Bibliothek und Schreibberatung vielfältige Anknüpfungs- und Kooperationsmöglichkeiten bestehen. Mit Blick auf die praktischen Erfahrungen an der RUB lässt sich sagen, dass – anders als im Fall der vorherigen, letztlich eher oberflächlichen Absprachen – mit der baulichen Integration des Schreibcafés in die Bibliothek eine grundlegendere Verständigung herbeigeführt wurde. Diese Verständigung verdeutlichte auf beiden Seiten, dass Bibliotheken und Schreibzentren durchaus ähnliche Konzepte verfolgen und dass Vorstellungen von den Tätigkeiten der jeweils anderen in mancherlei Hinsicht überholt sind. Die Schnittmengen in den Tätigkeiten traten immer deutlicher zutage – wenngleich auch genauso die Unterschiedlichkeit bestimmter Haltungen und Arbeitsweisen. Insgesamt lässt sich vor dem Hintergrund der praktischen Erfahrungen an der RUB nach nunmehr über einem Jahr bestätigen, was sich aus den eingangs vorgestellten Überlegungen ergibt: dass eine enge Zusammenarbeit von Bibliotheken und Schreibzentren zum gegenseitigen Nutzen, sowie – was noch wichtiger ist – besonders für Studierende ein Gewinn ist.

Literatur

Adler-Kassner, L.; Wardle, E. (Hrsg.) (2015): *Naming What We Know. Threshold Concepts of Writing Studies*. Logan: Utah State University Press.

ACRL – Association of College and Research Libraries (2015): *Framework for Information Literacy for Higher Education*. Chicago: ALA. https://www.ala.org/acrl/sites/ala.org.acrl/files/content/issues/infolit/framework1.pdf.

Gemeinsame Kommission Informationskompetenz von dbv und VDB (Hrsg.) (2021): Framework Informationskompetenz in der Hochschulbildung. *o-bib. Das Offene Bibliotheksjournal* 8/2, 1–29. https://doi.org/10.5282/o-bib/5674.

gefsus – Gesellschaft für Schreibdidaktik und Schreibforschung (2016): *Rahmenkonzept für Ausbildungen von Peer-Schreibtutor*innen*. https://gefsus.de/images/Downloads/RahmenkonzepPeerSchreibtutor_innenausbildg.pdf.

gefsus – Gesellschaft für Schreibdidaktik und Schreibforschung (2018): *Positionspapier Schreibkompetenz im Studium. Verabschiedet am 29. September 2018 in Nürnberg*. https://gefsus.de/images/Downloads/gefsus_2018_positionspapier.pdf.

Girgensohn, K. (2017): *Von der Innovation zur Institution. Institutionalisierungsarbeit an Hochschulen am Beispiel der Leitung von Schreibzentren*. Bielefeld: wbv.

Girgensohn, K.; Hertz-Eichenrode, H.-J.; Voigt, A. (2019): Die Lange Nacht der aufgeschobenen Hausarbeiten. Wissenschaftliches Schreiben als Gemeinschaftserlebnis zwischen Pyjama-Party und Klosterstille. In: W. Sühl-Strohmenger; L. Tschander (Hrsg.): *Praxishandbuch Schreiben in der Hochschulbibliothek*. Berlin; Boston: De Gruyter Saur, 121–129.

Hapke, T. (2016): Informationskompetenz anders denken. Zum epistemologischen Kern von „information literacy“. In: W. Sühl-Strohmenger (Hrsg.): *Handbuch Informationskompetenz*. 2. Aufl. Berlin; Boston: De Gruyter Saur, 9–21. https://doi.org/10.1515/9783110403367-003.

Jochum, U. (1993): *Kleine Bibliotheksgeschichte*. Stuttgart: Reclam.

Knorr, D. (2019): Schreibdidaktik und Hochschuleinrichtungen gemeinsam auf dem Weg zu einer akademischen Schreibkultur. Kooperationsmöglichkeiten von Hochschuleinrichtungen zur Förderung studentischen Schreibens. In: W. Sühl-Strohmenger; L. Tschander (Hrsg.): *Praxishandbuch Schreiben in der Hochschulbibliothek*. Berlin; Boston: De Gruyter Saur, 47–57.

Langwald, S. (2019): „Studierende dort beraten, wo sie schreiben“. Schreibberatung als neues Aufgabenfeld der Universitätsbibliothek Marburg. In: W. Sühl-Strohmenger; L. Tschander (Hrsg.): *Praxishandbuch Schreiben in der Hochschulbibliothek*. Berlin; Boston: De Gruyter Saur, 70–79.

Mackey, T. P.; Jacobson, T. I. (2011). Reframing Information Literacy as a Metaliteracy. *College & Research Libraries* 72/1, 62–78. https://doi.org/10.5860/crl-76r1.

Melching, N.; Meyer, J. (2019): Netzwerk Schreiben. Kooperation zwischen dem Schreibzentrum der TU Dresden und der SLUB Dresden. In: W. Sühl-Strohmenger; L. Tschander (Hrsg.): *Praxishandbuch Schreiben in der Hochschulbibliothek*. Berlin; Boston: De Gruyter Saur, 210–222.

Meyer, J. H. F.; Land, R. (2003): Threshold Concepts and Troublesome Knowledge. Linkages to Ways of Thinking and Practising. In: C. Rust (Hrsg.): *Improving Student Learning. Ten Years On*. Oxford: Oxford Centre for Staff & Learning Development, 412–424.

Penti, M. E. (2007). *Baylor School Writing Tutor Manual*. https://www.cdschools.org/cms/lib04/PA09000075/Centricity/Domain/207/CDHS%20Writing%20Tutor%20Manual.doc.

Ruhmann, G.; Schröter, M. (2016): Grenzverschiebungen. Wissenschaftliches Schreiben, Schreibwerkstätten und Informationskompetenz. In: W. Sühl-Strohmenger (Hrsg.): *Handbuch Informationskompetenz*. 2. Aufl. Berlin; Boston: De Gruyter Saur, 227–244. https://doi.org/10.1515/9783110403367-024.

Schröter, M.; Steinhauer, E. W. (2019): Bibliothek und Schreiben. Schreiben und Bibliothek. Versuche einer kulturgeschichtlichen Annäherung. In: W. Sühl-Strohmenger; L. Tschander (Hrsg.): *Praxishandbuch Schreiben in der Hochschulbibliothek*. Berlin; Boston: De Gruyter Saur, 14–35.

Sühl-Strohmenger, W. (2012): *Teaching Library. Förderung von Informationskompetenz durch Hochschulbibliotheken*. Berlin; Boston: De Gruyter Saur.

Sühl-Strohmenger, W. (2017): Threshold-Konzepte, das ANCIL-Curriculum und die Metaliteracy – Überlegungen zu Konsequenzen für die Förderung von Informationskompetenz in deutschen Hochschulen. *o-bib. Das offene Bibliotheksjournal* 4/1, 10–25. http://dx.doi.org/10.5282/o-bib/2017H1S10-25.

Sühl-Strohmenger, W.; Tschander, L. (Hrsg.) (2019): *Praxishandbuch Schreiben in der Hochschulbibliothek*. Berlin; Boston: De Gruyter Saur.

Whitchurch, C. (2008): Shifting identities and blurring boundaries. The emergence of third space professionals in UK higher education. *Higher Education Quarterly* 62/4, 377–396.

Claudia Frick und Melanie Seltmann

Wissenschaftskommunikation

Einleitung

Der Begriff *Wissenschaftskommunikation* kann je nach Kontext und Anwendung breiter oder enger gefasst und verstanden werden. Diesem Beitrag wird eine breite Definition zugrunde gelegt, um der Vielfalt von Wissenschaftskommunikation, der Bandbreite der gekoppelten Kompetenzen und der Fülle anknüpfender bibliothekspädagogischer Angebote Raum zu geben.

Wissenschaftskommunikation wird als Kommunikation verstanden, die wissenschaftliche Methoden und Ergebnisse sowie wissenschaftliches Arbeiten zum Gegenstand hat (Schäfer et al. 2019). Sie kann in verschiedene Dimensionen unterteilt werden. Die häufige Unterscheidung in *interne* und *externe* Wissenschaftskommunikation (Dogruel/Beck 2017) bezieht sich auf die Dimension *für wen* (Empfangende). Die *interne* Wissenschaftskommunikation oder *Scholarly Communication* (Pasternack 2022) richtet sich von der Wissenschaft an die wissenschaftliche Community, also Forschende und Studierende der gleichen oder angrenzender Wissenschaftsdisziplinen. Bekannte Beispiele dafür sind Fachbücher oder Artikel in wissenschaftlichen Fachzeitschriften. Die *externe* Wissenschaftskommunikation oder *Science Communication* (Pasternack 2022) adressiert hingegen Menschen außerhalb der gleichen oder angrenzender Wissenschaftsdisziplinen und damit auch Menschen außerhalb der Wissenschaft, also die *Gesellschaft* allgemein (Könneker 2017; Robrecht 2022).

Agierende und Formen von Wissenschaftskommunikation werden hierbei nur grob eingeteilt. Die Realität ist natürlich deutlich komplexer (Robrecht 2022; Dogruel/Beck 2017; Könneker 2020; Pasternack 2022). Ergänzt man die Dimension *für wen* (Empfangende) um die Dimension *von wem* (Sendende) entsteht jedoch eine Matrix mit vier Wissenschaftskommunikationsarten (siehe Abbildung 1).

Unterschieden werden *Science-to-Science* als *interne* Wissenschaftskommunikation und *Science-to-Public, Public-to-Science* sowie *Public-to-Public* als Spielarten *externer* Wissenschaftskommunikation. *Science-to-Public* ist dabei die bekannteste Form. Sie ist meist gemeint, wenn im Deutschen schlicht von Wissenschaftskommunikation die Rede ist. Hierunter fallen auch weite Teile der *Öffentlichkeitsarbeit* von Hochschulen und Forschungseinrichtungen.

https://doi.org/10.1515/9783111032030-027

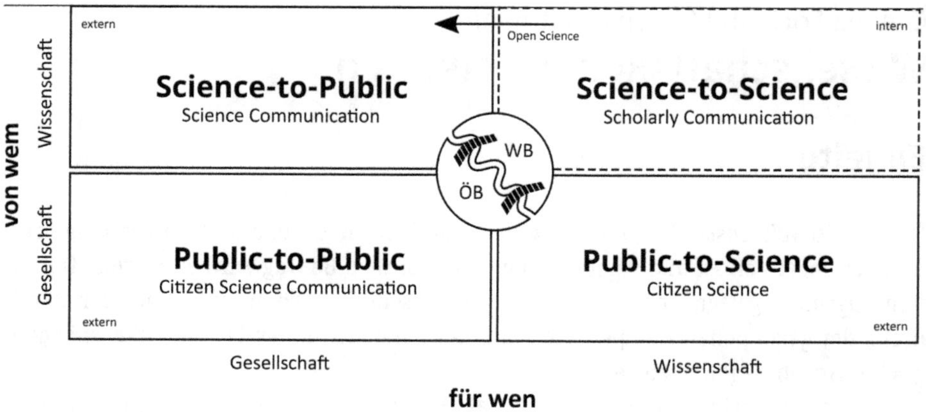

Abb. 1: Matrix zur Wissenschaftskommunikation (Quelle: Eigenen Darstellung basierend auf Frick et al. 2021), aufgespannt durch die Dimensionen *für wen* (horizontal) und *von wem* (vertikal). Die Arbeitsbereiche Öffentlicher (ÖB) und Wissenschaftlicher Bibliotheken (WB) sind grob verortet. *Open Science* verschiebt, angedeutet durch den Pfeil, *interne* Wissenschaftskommunikation (*Science-to-Science*) immer mehr in den Bereich *Science-to-Public*.

Bei *Public-to-Science* kommuniziert die Gesellschaft an die Wissenschaft. Dies kann geschehen, indem durch gesellschaftliches Interesse neue Forschungsfragen entstehen, kann aber auch deutlich weiter gehen und von Partizipation bis *Citizen Science* reichen (Robrecht 2022). Wenn *Public-to-Science* und *Science-to-Public* zusammentreffen, entsteht Transfer in beide Richtungen.

Bei *Public-to-Public* multiplizieren und kommunizieren Personen außerhalb der Wissenschaft eigenständig Forschung anderer oder von ihnen selbst durchgeführte Forschung (Seltmann 2023). Hierunter fällt auch *Wissenschaftsjournalismus*.

Zum grundlegenden Verständnis von Wissenschaftskommunikation gehört, dass nicht nur Ergebnisse, sondern auch Methoden, Prozesse und Daten kommuniziert werden. Unterscheidet man in diesem Zusammenhang noch zwischen *formaler* und *informeller interner* Wissenschaftskommunikation, also Kommunikation durch Publikationen einerseits und Kommunikation im persönlichen Kontakt wie auf Konferenzen andererseits (Weingart 2017), wird deutlich, dass bei der *formalen internen* Wissenschaftskommunikation (Dogruel/Beck 2017) nicht nur die Publikation der Ergebnisse in Fachbüchern oder Artikeln in Fachzeitschriften gemeint ist, sondern auch das Veröffentlichen von Vorstufen und Zwischenergebnissen. Beispiele sind Registered Reports bei der Präregistrierung von Studien (Nosek et al. 2018) mitsamt Forschungsfrage und Methode, Open Reviews in Open-Peer-Review-Verfahren (Ross-Hellauer 2017) sowie die Verfügbarmachung von Forschungsdaten (Besançon et al. 2021). Hier wird deutlich, dass *Open Science* als Bestreben, „alle Bestandteile des wissenschaftlichen Prozesses über das Internet offen zugänglich und nachnutzbar zu machen" (AG Open Science 2014), das Spektrum und den Zeitpunkt der *formalen internen* Wissenschaftskommunikation erweitert. *Informelle interne* Wissenschaftskommunikation (Dogruel/Beck 2017), wie sie in Arbeitsgruppentreffen oder auf Konferenzen stattfindet, war schon immer offener im Umgang mit *Work in Progress*.

Greift man den Gedanken von *Open Science* weiter auf, wird deutlich, dass dadurch *interne* Wissenschaftskommunikation in Form von Veröffentlichungen immer mehr zu *externer* wird. Wenn Preprints, begutachtete Artikel, Forschungsdaten, Forschungssoftware, Open Reviews, Registered Reports und weitere Formate (Besançon et al. 2021) frei zugänglich sind, können sie von der *Gesellschaft* aufgegriffen werden. Daran kann sich *Wissenschaftsjournalismus* ebenso beteiligen wie jede interessierte Person. Es rücken *interne* und *externe* Wissenschaftskommunikation nicht nur näher zusammen, sondern geschehen zur gleichen Zeit mit derselben Veröffentlichung (Frick 2020). Das birgt Herausforderungen, da sich Formate und Sprache *interner* und *externer* Wissenschaftskommunikation voneinander unterscheiden. *Science-to-Public* setzt meist keine vertieften inhaltlichen und sprachlichen Vorkenntnisse voraus, weshalb entsprechende Formate als *populärwissenschaftlich* bezeichnet werden. Das verdeutlicht den Unterschied zu Formaten, die originär als *Science-to-Science* entstehen, durch *Open Science* aber verstärkt auch als *Science-to-Public* wirken.

Dass Öffentliche und Wissenschaftliche Bibliotheken Bindeglied für bibliothekspädagogische Kompetenzbildung der Produzierenden und Konsumierenden sind und gleichzeitig Brücken zu allen Wissenschaftskommunikationsarten schlagen, sei hier angedeutet (siehe Abbildung 1) und im Verlauf des Kapitels herausgearbeitet.

Kompetenzen und Angebote

Im Folgenden liegt der Fokus auf *interner* (iWK) und *externer* Wissenschaftskommunikation (eWK), die nicht im Rahmen von *Öffentlichkeitsarbeit* oder *Wissenschaftsjournalismus* stattfinden, da in diesen Bereichen eigenständige Wege zum Kompetenzaufbau, beispielsweise im Rahmen von Studiengängen, existieren. Ergänzt um den Aspekt, dass Wissenschaftskommunikation *produziert* und *konsumiert* wird, spannt sich ein zweidimensionaler Raum auf, in dem sich unterschiedliche Kompetenzen verteilen: *Informationskompetenz, Wissenschaftskompetenz, Medienkompetenz, Lesekompetenz* und *Kommunikationskompetenz* (siehe Abbildung 2).

Unter *Produzieren* wird hier die aktive Rolle in der Wissenschaftskommunikation (*von wem*) verstanden und nicht das Produzieren wissenschaftlicher Ergebnisse. Die abgebildeten Kompetenzen lassen sich zudem nicht trennscharf voneinander abgrenzen. Nichtsdestotrotz liefert die dargestellte Verteilung für das Verständnis darauf aufbauender und darin einzuordnender bibliothekspädagogischer Angebote einen Mehrwert.

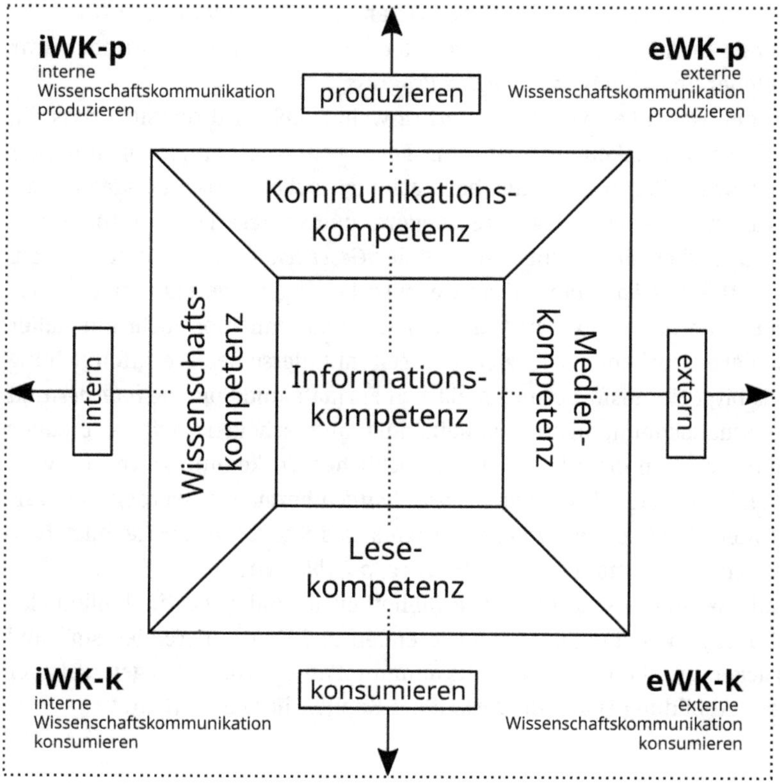

Abb. 2: Kompetenzraum für Wissenschaftskommunikation (Quelle: Eigene Darstellung), aufgespannt durch die zwei Dimensionen Wissenschaftskommunikationsart, die von *interner* bis *externer* reicht (horizontal), und Aktion, die von *konsumieren* bis *produzieren* reicht (vertikal). Die nicht als trennscharf zu verstehende Verteilung unterschiedlicher Kompetenzen überlappt die vier Quadranten des Kompetenzraums (iWK-k, iWK-p, eWK-k, eWK-p).

Der Kompetenzraum

Der aufgespannte Kompetenzraum für Wissenschaftskommunikation (WK) teilt sich in vier Quadranten: *externe* WK *konsumieren* (eWK-k), *interne* WK *konsumieren* (iWK-k), *interne* WK *produzieren* (iWK-p) und *externe* WK *produzieren* (eWK-p). Diese sind mit Absicht keiner bestimmten Personengruppe zugeordnet und eine Person muss nicht in einem Quadranten verbleiben. Forschende konsumieren und produzieren sowohl interne als auch externe Wissenschaftskommunikation, dabei geht dem Produzieren in der Regel ein Konsumieren voraus (Hagenhoff 2022).

Betrachtet man zunächst die Kompetenzen, so findet sich *Informationskompetenz* (ALA 2015; Ingold 2015, 54–66; Klingenberg 2016; Sauerwein 2019; SCONUL 2011; Sühl-Strohmenger 2016; Gemeinsame Kommission Informationskompetenz von dbv und

VDB 2021) im Zentrum, wird in allen vier Quadranten benötigt und verbindet diese. Differenzierter fallen Teilkompetenzen wie *Suchen, Prüfen* und *Wissen* eher *konsumieren* (iWK-k, eWK-k) und Teilkompetenzen wie *Darstellen* und *Weitergeben* eher *produzieren* (iWK-p, eWK-p) zu (Klingenberg 2016). Das Framework für digitale Kompetenz der Europäischen Kommission verortet *Informationskompetenz* eher beim *Konsumieren* (Vuorikari et al. 2022).

Wissenschaftskompetenz wird beim *Konsumieren* und *Produzieren interner* WK benötigt (iWK-k, iWK-p). Sie wird beschrieben als „the ability to engage with science-related issues, and with the ideas of science, as a reflective citizen" (OECD 2019, 100). Dabei werden drei Teilkompetenzen unterschieden: Phänomene wissenschaftlich erklären, wissenschaftliche Untersuchungen bewerten und gestalten sowie Daten und Belege wissenschaftlich interpretieren. Zuletzt genannte Teilkompetenz überschneidet sich mit *Datenkompetenz*, die ihrerseits zusätzliche Aspekte umfasst und mit anderen Kompetenzen wie *Informationskompetenz* überlappt (Schüller et al. 2019; Sühl-Strohmenger 2022). Auch von *Informationskompetenz* ist eine klare Abgrenzung der *Wissenschaftskompetenz* kaum möglich. So findet sich im Framework Informationskompetenz für die Hochschulbildung der Frame *Forschung als Hinterfragen*, der die Anwendung von Forschungsmethoden ebenso umfasst wie die Analyse und Interpretation von Information (ALA 2015; Gemeinsame Kommission Informationskompetenz von dbv und VDB 2021). *Wissenschaftskompetenz* wird stellenweise weiter untergliedert, bis hin zur *Forschungsdatenkompetenz* (Sühl-Strohmenger 2021).

Medienkompetenz findet sich beim *Konsumieren* und *Produzieren externer* WK (eWK-k, eWK-p). Breit gefasst handelt es sich dabei um „die Fähigkeit, in Medienzusammenhängen ‚sachgerecht', ‚selbstbestimmt', ‚kreativ' und ‚sozial verantwortlich' handeln zu können" (Hugger 2021, 5, H. i. O.). Mit Blick auf unterschiedliche Definitionen und Frameworks überlappen sich sowohl *Medienkompetenz* und *Informationskompetenz* als auch *Medienkompetenz* und *Kommunikationskompetenz* stellenweise (Hugger 2021; Yeh/Wan 2019).

Lesekompetenz wird dem *Konsumieren* sowohl *interner* als auch *externer* WK zugeordnet (iWK-k, eWK-k) und beschrieben als „understanding, using, evaluating, reflecting on and engaging with texts in order to achieve one's goals, to develop one's knowledge and potential and to participate in society" (OECD 2019, 28), wobei der Begriff *Text* auch „visual displays such as diagrams, pictures, maps, tables, graphs and comic strips, which include some written language" (OECD 2019, 29) mit einschließt. *Lesekompetenz* ist hier ein Oberbegriff und in der *internen* Wissenschaftskommunikation als *Rezeption* zu verstehen (Hagenhoff 2022).

Kommunikationskompetenz wird beim *Produzieren interner* und *externer* WK benötigt (iWK-p, eWK-p). Die Europäische Kommission spricht von *Communication und Collaboration* (Vuorikari et al. 2022) und spannt den Bogen vom Management der eigenen digitalen Identität über die Kommunikation und Zusammenarbeit mit Hilfe digitaler Technologien bis hin zur *Netiquette*, worunter man Umgangsformen für digitale Kommunikation versteht. *Kommunikationskompetenz* kann als Teil *Sozialer Kompe-*

tenz verstanden werden und „bezeichnet die Fähigkeit von Kommunizierenden, angemessenes Verhalten auszuwählen" (Röhner/Schütz 2016, 15). In der *internen* Wissenschaftskommunikation wird dabei an die Fähigkeiten gedacht, wissenschaftlich zu schreiben und zu veröffentlichen, hier spricht man von *Publikations-* und *Schreibkompetenz* (Sühl-Strohmenger 2022). Immer wichtiger wird zudem *Open Science* und die verbundenen Kommunikationswege und Formate. Übergreifend geht es aber auch darum, die Inhalte der Kommunikation angemessen und zielgruppenspezifisch zu gestalten.

Ein klassisches Feld für Bibliotheken

In jedem der vier Quadranten im Kompetenzraum liegen und überlappen sich drei der oben genannten Kompetenzen. Mit Blick in die bibliothekarische Praxis finden sich vielfältige Umsetzungsbeispiele für Angebote, Standards, Konzepte und Methoden zu jedem Quadranten, die die entsprechenden Kompetenzen direkt oder indirekt adressieren. Hierbei zeigt sich schnell das breite Spektrum der didaktischen Konzepte und Agierenden, die an der Kompetenzbildung rund um Wissenschaftskommunikation beteiligt sind, weshalb hier beispielhaft nur eine Auswahl angeführt werden kann.

Menschen, die *interne* WK *konsumieren* (iWK-k), sind nicht nur Studierende, Lehrende und Forschende, sondern auch Menschen jenseits des Wissenschaftssystems und das nicht erst seit *Open Science*. Dennoch sind meist die zuerst genannten Gruppen im Fokus. Bibliothekspädagogische Angebote erstrecken sich von niedrigschwelligen Einstiegsschulungen in die Recherche bis hin zu mehrteiligen tiefgehenden Kursangeboten zur *Informationskompetenz*. Es kommen Tests wie CRAAP (Currency, Relevance, Authority, Accuracy, Purpose) oder darauf aufbauende Konzepte zum Einsatz, welche nicht nur zur Bewertung *interner*, sondern auch zur Bewertung *externer* Wissenschaftskommunikation herangezogen werden können (Fielding 2019; Tardiff 2022). Entsprechende Angebote gibt es in Wissenschaftlichen und Öffentlichen Bibliotheken. Spezielle Angebote zur Identifikation von *Predatory Publishing* sind Besonderheiten Wissenschaftlicher Bibliotheken (Lackner/Schilhan 2020). Darüber hinaus sind Wissensorganisation, Literaturverwaltung und Annotationsmethoden relevant beim Konsumieren *interner* Wissenschaftskommunikation und im Angebotsspektrum Wissenschaftlicher Bibliotheken zu finden.

Menschen, die *externe* WK *konsumieren* (eWK-k), suchen diese aktiv oder begegnen ihr zufällig, wie etwa in den Sozialen Medien. Öffentliche Bibliotheken haben ein großes Angebotsspektrum in diesem Bereich mit vielfältigen Formaten zur Leseförderung (Keller-Loibl/Brandt, 2015) sowie vermehrt mit Angeboten zur Identifikation von *Fake News* (Reckling-Freitag 2019; Rösch 2022; Rügenhagen et al. 2020). Hier findet sich die Anwendung von und Grenze zu CRAAP und *Medienkompetenz*, denn *Fake News* können sowohl durch aufgebaute *Medienkompetenz* als auch Checklisten aufgedeckt werden. Eine Methode, die noch weiter greift und dabei hilft Wissenschaftsleugnung allgemein und nicht nur in einzelnen Quellen zu erkennen, ist PLURV (Pseudo-Experten, Logische Trugschlüsse, Unerfüllbare Erwartungen, Rosinenpickerei, Verschwörungsmythen), FLICC auf Englisch (Cook 2020; Cook 2021; Diethelm/McKee 2008; Skeptical Science 2021). Sowohl Öffentliche als auch Wissenschaftliche Bibliotheken tragen hier mit Angeboten unterschiedlichster Art zur Kompetenzbildung bei (Baack 2021).

Menschen, die *interne* WK *produzieren* (iWK-p), sind in der Forschung tätig. Wissenschaftliche Bibliotheken bieten ein breites Spektrum an relevanten Angeboten, von Einführungsveranstaltungen ins wissenschaftliche Arbeiten und in die wissenschaftliche Praxis (DFG 2019), über Schreibberatung (Sühl-Strohmenger 2021), zu Methoden wie PEEL (Gibbons 2019), Forschungsdatenmanagement (DFG 2015, 2022) mit Schulungen zu den FAIR-Prinzipien (Wilkinson et al. 2016), bis hin zu Methoden wie „Think. Check. Submit." und „Think. Check. Attend." (Dobson 2016). Zudem werden an immer mehr Hochschulen Labs oder Scholarly Makerspaces eingerichtet, in denen gemeinsam geforscht und veröffentlicht werden kann (Kaden 2019; SLUB 2023).

Menschen, die *externe* WK *produzieren* (eWK-p), konsumieren in der Regel vorab *interne* Wissenschaftskommunikation. Beim Produzieren können Methoden wie der NaWik-Pfeil bei der Konzeption helfen (Brandt-Bohne 2021; Frick et al. 2021). Dieser fasst die wichtigsten Aspekte zusammen, über die bei der Konzeption externer Wissenschaftskommunikationsformate nachzudenken ist: Thema, Zielgruppe, Kommunikationsziel, Medium oder Format und Stil (Brandt-Bohne 2021). Entsprechende Angebote für Forschende finden aktuell hauptsächlich unabhängig von Wissenschaftlichen Bibliotheken statt. Öffentliche Bibliotheken bieten hingegen vielfältige Angebote rund um die Nutzung Sozialer Medien bis hin zu Social Media Studios an (Fachstelle für Jugendmedienkultur NRW & Stadtbibliothek Köln 2021), wenn auch ganz allgemein und nicht mit Bezug zu Wissenschaftskommunikation.

Es wird deutlich, dass Öffentliche und Wissenschaftliche Bibliotheken Hand in Hand bereits das volle Spektrum des Kompetenzraums für Wissenschaftskommunikation mit Angeboten adressieren. Das Feld ist also für Bibliotheken nicht neu, sondern alt. Framing, Kontext und Wichtigkeit haben sich jedoch in den letzteren Jahren verändert (#FactoryWissKomm 2021; Wissenschaftsrat 2021; Yadlapalli 2022) und eine klare Positionierung und Herausstellung der bibliothekspädagogischen Angebote in diesem Bereich ist angebracht. Hier müssen Öffentliche und Wissenschaftliche Bibliotheken näher zusammenrücken und den überlappenden Kompetenzen gerecht werden. Auch bibliothekspädagogische Konzepte müssen überdacht werden, wenn man anerkennt, dass *Open Science* künftig *interne* Wissenschaftskommunikation mit *externer* verschmelzen lässt. Damit kommen sich die Zielgruppen der verschiedenen Wissenschaftskommunikationsarten immer näher, erst recht, wenn man *Citizen Scientists* berücksichtigt. Bei *Citizen Science* können Bibliotheken sogar selbst die Rolle des Bindeglieds zur Forschung übernehmen und tun dies bereits (LIBER Citizen Science Working Group 2021).

Fallbeispiel

Mit Hilfe der fiktiven Persona Hanna[1] wird ein möglicher und nicht repräsentativer Weg durch alle Quadranten des Kompetenzraums für Wissenschaftskommunikation durchlaufen und aufgezeigt, wann sie mit bibliothekspädagogischen Angeboten in Kontakt kommt.

Hanna ist Linguistin und promoviert zur syntaktischen Variation zwischen Standard und Dialekt. Ihre ersten Auswertungen möchte sie in einem wissenschaftlichen Artikel publizieren (iWK-p). Dazu besucht sie vorab ein Weiterbildungsangebot ihrer Universitätsbibliothek zur guten wissenschaftlichen Praxis mit Fokus auf Plagiate und akademischem Schreiben. Da ihre Dissertation im Rahmen eines größeren Projektes entsteht und der Fördermittelgeber vorschreibt, Ergebnisse im Open Access zu veröffentlichen, lässt sie sich auch darin schulen. Ihre Universitätsbibliothek veranstaltet zudem Coffee Lectures zu angrenzenden Themen, bei denen sie informell mit anderen Forschenden ins Gespräch kommt.

Aus ihrem Studium ist Hanna der Umgang mit Literatur vertraut (iWK-k). Sie recherchiert und besorgt sich benötigte Fachliteratur über ihre Bibliothek, wie sie es in einer Veranstaltung gelernt hat. Um diese zu sortieren, sich Notizen dazu zu machen und den Überblick nicht zu verlieren, verwendet sie das Literaturverwaltungsprogramm Zotero, wozu sie als Teil des Moduls zum wissenschaftlichen Arbeiten im Studium einen Workshop ihrer Bibliothek besucht hatte.

Durch die Open Access-Schulung kommt Hanna auf den Gedanken, dass ihre Ergebnisse auch für Menschen außerhalb ihres Fachgebiets interessant sein könnten. Allerdings weiß sie nicht so richtig, wie sie diese so aufbereiten kann, dass sie inhaltlich und visuell ansprechend und zudem korrekt und leicht verständlich sind. Darum beschließt sie herauszufinden, wie andere das machen (eWK-k). In ihrer Schulzeit hat Hanna im Klassenverband einen Kurs zu Fake News in der Öffentlichen Bibliothek neben ihrer Schule besucht. Daher meint sie gut erkennen zu können, welche Formate seriös sind. Außerdem freut sie sich, dass sie dank eines digitalen Selbstlernkurses der Stadtbibliothek ihrer neuen Heimatstadt schnell populärwissenschaftliche Bücher und Zeitschriften findet. Um sicherzugehen, dass alles seriös ist, nutzt Hanna eine auf CRAAP basierende Checkliste, die sie auf den Webseiten ihrer Stadtbibliothek gefunden hat und kommt zu dem Ergebnis, dass sie mit gutem Gewissen auf die gefundenen Quellen zurückgreifen kann.

Um selbst aktiv zu werden, reflektiert Hanna, wie ihr Lieblings-Wissenschafts-Youtuber vorgeht, und versucht diese Prinzipien auf ihre Disziplin zu übertragen (eWK-p). Sie findet Youtube-Videos für sich zu umfangreich und möchte lieber einen TikTok-Account starten, auf dem sie in kurzen Videos ihre Forschung präsentieren und mit anderen interagieren kann. Sie besucht eine Veranstaltung zur Videoproduk-

1 Die Namensnennung erfolgte in Anlehnung an #IchBinHanna (Bahr et al. 2022).

tion für die Sozialen Medien in ihrer Stadtbibliothek. Dabei erfährt sie, dass diese ein Social Media Studio hat, in dem sie ihren Content nicht nur aufnehmen, sondern auch schneiden kann. Sie besucht deshalb Workshops, in denen sie lernt, die Technik im Studio zu bedienen und wie sie ihre Videos hinterher am besten in den Sozialen Medien verbreitet.

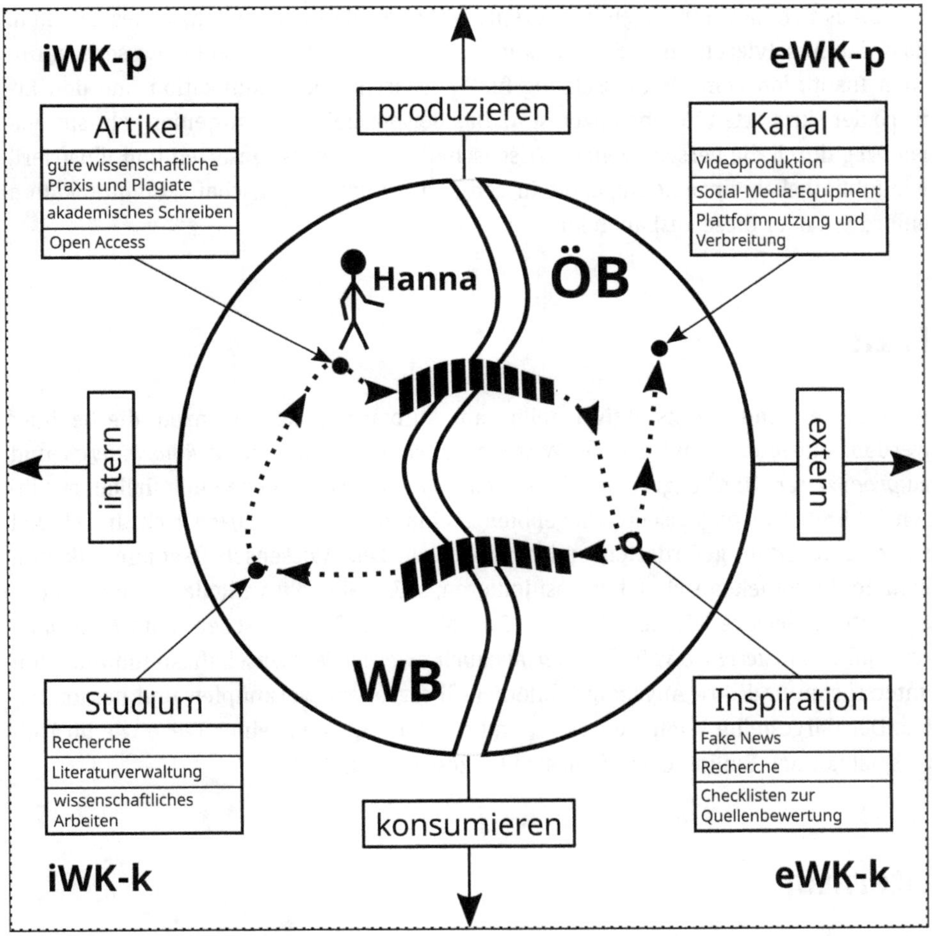

Abb. 2: Hannas Weg durch den Kompetenzraum für Wissenschaftskommunikation (Quelle: Eigene Darstellung). In den Kästchen außerhalb des Kreises finden sich Hannas Herausforderungen (erste Zeile) und ihre wahrgenommenen bibliothekspädagogischen Angebote in Öffentlichen (ÖB) und Wissenschaftlichen Bibliotheken (WB).

Damit hat Hanna nun in allen vier Quadranten des Kompetenzraums verschiedenste bibliothekspädagogische Angebote aus Wissenschaftlichen und Öffentlichen Bibliotheken genutzt (siehe Abbildung 3). Das Fallbeispiel verdeutlicht, dass die Kompetenzen rund um Wissenschaftskommunikation nicht allein von einem Bibliothekstyp abgedeckt sind. Die Verteilung und das Ineinandergreifen verschiedener Bibliothekstypen und Bibliotheksangebote kann dabei als Vorteil gesehen werden: Damit werden nicht nur potentiell mehr Menschen angesprochen, sondern auch die Vermittlung kann durch die unterschiedlichen Personen, Hintergründe und Herangehensweisen bei der Kompetenzvermittlung vielfältiger sein.

Da es sich hier nur um ein nicht repräsentatives Beispiel handelt, sei festgehalten, dass das Absolvieren eines Studiums und die Zugehörigkeit zu einer wissenschaftlichen Institution keine Voraussetzung für Wissenschaftskommunikation und den Erwerb der skizzierten Kompetenzen sind. Das Beispiel zeigt also nur einen sehr speziellen Weg durch die verschiedenen Wissenschaftskommunikationsarten und illustriert, wie Bibliotheken einzelne Angebote in den Kontext der Wissenschaftskommunikation einordnen oder diese ausbauen können.

Fazit

Bibliotheken sind bereits aktiv beteiligt am Aufbau von Kompetenzen, die benötigt werden, um *interne* und *externe* Wissenschaftskommunikation zu *konsumieren* und zu *produzieren*. Hierbei greifen Wissenschaftliche und Öffentliche Bibliotheken mit ihren bibliothekspädagogischen Angeboten ineinander und ergänzen sich. Im aktuell stark geförderten, geforderten und dynamischen Feld Wissenschaftskommunikation können Bibliotheken sich daher positionieren, selbst eine aktive Rolle einnehmen (LIBER Citizen Science Working Group 2021; Robrecht 2022), Menschen beim *Konsumieren* und *Produzieren* sowohl *interner* als auch *externer* Wissenschaftskommunikation unterstützen und ihre Angebote bibliotheksübergreifend verknüpfen und herausstellen. Der dargestellte Kompetenzraum und das Aufzeigen einzelner Wege wie im Fallbeispiel können Bibliotheken in diesem Prozess unterstützen.

Literatur

AG Open Science (2014): *Mission Statement*. https://ag-openscience.de/mission-statement/.

ALA (2015): *Framework for Information Literacy for Higher Education*. https://www.ala.org/acrl/standards/ilframework.

Baack, L. (2021): Die Rolle der Bibliotheken bei der Medienkompetenzentwicklung. *Information – Wissenschaft & Praxis* 72/5–6, 299–307. https://doi.org/10.1515/iwp-2021-2176.

Bahr, A.; Eichhorn, K.; Kubon, S. (2022): *#IchBinHanna: Prekäre Wissenschaft in Deutschland*. Berlin: Suhrkamp.

Besançon, L.; Peiffer-Smadja, N.; Segalas, C.; Jiang, H.; Masuzzo, P.; Smout, C.; Billy, E.; Deforet, M.; Leyrat, C. (2021): Open science saves lives: Lessons from the COVID-19 pandemic. *BMC Medical Research Methodology* 21/1, 117. https://doi.org/10.1186/s12874-021-01304-y.

Brandt-Bohne, U. (2021): *Die zentralen fünf Dimensionen der Wissenschaftskommunikation*. https://www.wissenschaftskommunikation.de/die-zentralen-fuenf-dimensionen-der-wissenschaftskommunikation-48385/.

Cook, J. (2020): *A history of FLICC: The 5 techniques of science denial*. https://skepticalscience.com/history-FLICC-5-techniques-science-denial.html.

Cook, J. (2021): *FLICC denial techniques*. https://crankyuncle.com/flicc-ppt/.

DFG (2015): *Leitlinien zum Umgang mit Forschungsdaten*. https://www.dfg.de/download/pdf/foerderung/grundlagen_dfg_foerderung/forschungsdaten/leitlinien_forschungsdaten.pdf.

DFG (2019): *Leitlinien zur Sicherung guter wissenschaftlicher Praxis*. https://doi.org/10.5281/zenodo.3923602.

DFG (2022): *Fachspezifische Empfehlungen zum Umgang mit Forschungsdaten*. https://www.dfg.de/foerderung/grundlagen_rahmenbedingungen/forschungsdaten/empfehlungen/index.html.

Diethelm, P.; McKee, M. (2008): Denialism: What is it and how should scientists respond? *The European Journal of Public Health* 19/1, 2–4. https://doi.org/10.1093/eurpub/ckn139.

Dobson, H. (2016): Think. Check. Submit. The campaign helping researchers navigate the scholarly communication landscape. *Insights the UKSG Journal* 29/3, 228–232. https://doi.org/10.1629/uksg.323.

Dogruel, L.; Beck, K. (2017): Social Media als Alternative der Wissenschaftskommunikation? Eine medienökonomische Analyse. In: P. Weingart; H. Wormer; A. Wenninger; R. F. Hüttl (Hrsg.): *Perspektiven der Wissenschaftskommunikation im digitalen Zeitalter*. Weilerswist: Velbrück Wissenschaft, 121–187. https://doi.org/10.5771/9783748926672-121.

Fachstelle für Jugendmedienkultur NRW & Stadtbibliothek Köln (2021): *Putting the social into social media: Handbuch zum Social Media Studio der Stadtbibliothek Köln*. https://www.stadt-koeln.de/artikel/71186/index.html.

#FactoryWissKomm (2021): *Handlungsperspektiven für die Wissenschaftskommunikation*. https://www.bmbf.de/bmbf/shareddocs/downloads/files/factory_wisskomm_publikation.pdf.

Fielding, J. A. (2019): Rethinking CRAAP: Getting students thinking like fact-checkers in evaluating web sources. *College & Research Libraries News* 80/11, 620. https://doi.org/10.5860/crln.80.11.620.

Frick, C. (2020): Peer-Review im Rampenlicht – Ein prominentes Fallbeispiel. *Informationspraxis* 6/2, 1–18. https://doi.org/10.11588/IP.2020.2.74406.

Frick, C.; Heller, L.; Ramünke, S.; Strauß, F. (2021): *Bibliotheken als Dienstleisterinnen und Labore der Wissenschaftskommunikation*. https://doi.org/10.5281/zenodo.5752401.

Gemeinsame Kommission Informationskompetenz von dbv und VDB (Hrsg.) (2021): Framework Informationskompetenz in der Hochschulbildung. *o-bib. Das offene Bibliotheksjournal* 8/2, 1–29. https://doi.org/10.5282/O-BIB/5674.

Gibbons, S. (2019): „Death by PEEL?“ The teaching of writing in the secondary English classroom in England. *English in Education* 53/1, 36–45. https://doi.org/10.1080/04250494.2019.1568832.

Hagenhoff, S. (2022): Zur Ermöglichung des akademischen Lesens. Die Funktion der Wahrnehmung im System der Wissenschaftskommunikation. In: S. Alker-Windbichler; A. Kuhn; B. Lodes; G. Stocker (Hrsg.): *Akademisches Lesen*. Göttingen: V&R unipress, 265–288. https://doi.org/10.14220/9783737013970.265.

Hugger, K.-U. (2021): Medienkompetenz. In: U. Sander, F. von Gross; K.-U. Hugger (Hrsg.): *Handbuch Medienpädagogik*. Wiesbaden: Springer Fachmedien, 1–15. https://doi.org/10.1007/978-3-658-25090-4_9-1.

Ingold, M. (2005): *Das bibliothekarische Konzept der Informationskompetenz*. Berlin: Institut für Bibliothekswissenschaft der Humboldt-Universität zu Berlin. https://doi.org/10.18452/18323.

Kaden, B. (2019): *Scholarly Makerspaces – Bibliotheken als Kooperationspartner der Digital Humanities*. https://blogs.hu-berlin.de/furesh/2019/11/21/scholarly-makerspaces-bibliotheken-als-kooperationspartner-der-digital-humanities/.

Keller-Loibl, K.; Brandt, S. (2015): *Leseförderung in Öffentlichen Bibliotheken*. Berlin; Boston: De Gruyter Saur.

Klingenberg, A. (2016): Referenzrahmen Informationskompetenz für alle Bildungsebenen. In: W. Sühl-Strohmenger (Hrsg.): *Handbuch Informationskompetenz*. Berlin; Boston: De Gruyter Saur, 30–41. https://doi.org/10.1515/9783110403367-005.

Könneker, C. (2017): Wissenschaftskommunikation in vernetzten Öffentlichkeiten. In: H. Bonfadelli; B. Fähnrich; C. Lüthje; J. Milde; M. Rhomberg; M. S. Schäfer (Hrsg.): *Forschungsfeld Wissenschaftskommunikation*. Wiesbaden: Springer Fachmedien, 453–476. https://doi.org/10.1007/978-3-658-12898-2_24.

Könneker, C. (2020): Wissenschaftskommunikation und Social Media: Neue Akteure, Polarisierung und Vertrauen. In: J. Schnurr; A. Mäder (Hrsg.): *Wissenschaft und Gesellschaft: Ein vertrauensvoller Dialog*. Berlin; Heidelberg: Springer, 25–47. https://doi.org/10.1007/978-3-662-59466-7_3.

Lackner, K.; Schilhan, L. (2020): Qualitätssicherung und Predatory Publishing in der Publikationsberatung. In: C. Kaier (Hrsg.), *Publikationsberatung an Universitäten*. Bielefeld: transcript-Verlag, 163–180. https://doi.org/10.14361/9783839450727-009.

LIBER Citizen Science Working Group (2021): *Citizen Science Skilling for Library Staff, Researchers, and the Public. LIBER Citizen Science Working Group*. https://doi.org/10.25815/hf0m-2a57.

Nosek, B. A.; Ebersole, C. R.; DeHaven, A. C.; Mellor, D. T. (2018): The preregistration revolution. *Proceedings of the National Academy of Sciences* 115/11, 2600–2606. https://doi.org/10.1073/pnas.1708274114.

OECD (2019): *PISA 2018 Assessment and Analytical Framework*. https://doi.org/10.1787/b25efab8-en.

Pasternack, P. (2022): *Wissenschaftskommunikation, neu sortiert: Eine Systematisierung der externen Kommunikationen der Wissenschaft*. Wiesbaden: Springer Fachmedien. https://doi.org/10.1007/978-3-658-39177-5.

Reckling-Freitag, K. (2019): Auf der Jagd nach Falschmeldungen: Jugendliche als FakeHunter in Bibliotheken unterwegs. *BuB. Forum Bibliothek und Information* 71/4, 195–199. https://nbn-resolving.org/urn:nbn:de:0290-opus4-167993.

Robrecht, M. (2022): *Positionsbestimmung wissenschaftlicher Bibliotheken in der externen Wissenschaftskommunikation am Beispiel des Fraunhofer-Fachinformationsmanagements*. https://doi.org/10.24406/publica-303.

Röhner, J.; Schütz, A. (2016): *Psychologie der Kommunikation*. 2. Aufl. Wiesbaden: Springer. https://doi.org/10.1007/978-3-662-61338-2.

Rösch, H. (2022): Ethik im Aufwind! Auch in Bibliotheken? *BIBLIOTHEK – Forschung und Praxis* 46/1, 162–173. https://doi.org/10.1515/bfp-2021-0051.

Ross-Hellauer, T. (2017): What is open peer review? A systematic review. *F1000Research* 6, 588. https://doi.org/10.12688/f1000research.11369.2.

Rügenhagen, M.; Beck, T. S.; Sartorius, E. J. (2020): Information Integrity in the Era of Fake News: An Experiment Using Library Guidelines to Judge Information Integrity. *BIBLIOTHEK – Forschung und Praxis* 44/1, 34–53. https://doi.org/10.1515/bfp-2020-0005.

Sauerwein, T. (2019): Framework Information Literacy – Aspekte aus Theorie, Forschung und Praxis. *BIBLIOTHEK – Forschung und Praxis* 43/1, 126–138. https://doi.org/10.1515/bfp-2019-2027.

SCONUL. (2011): *Seven Pillars of Information Literacy*. https://www.sconul.ac.uk/page/seven-pillars-of-information-literacy.

Schäfer, M. S.; Kessler, S. H.; Fähnrich, B. (2019): Analyzing science communication through the lens of communication science: Reviewing the empirical evidence. In: A. Leßmöllmann; M. Dascal; T. Gloning (Hrsg.): *Science Communication*. Berlin, Boston: De Gruyter, 77–104. https://doi.org/10.1515/9783110255522-004.

Schüller, K.; Busch, P.; Hindinger, C. (2019): *Future Skills: Ein Framework für Data Literacy*. https://doi.org/10.5281/zenodo.3349865.

Seltmann, M. (2023): #PublicDH oder doch nur #WissKomm? In: P. Trilcke; A. Busch; P. Helling (Hrsg.): *DHd 2023 Open Humanities, Open Culture. 9. Tagung des Verbands „Digital Humanities im deutschsprachigen Raum“*. Trier; Luxemburg: Zenodo. https://doi.org/10.5281/zenodo.7715494.

Skeptical Science (2021): *PLURV Taxonomie und Definitionen*. https://skepticalscience.com/PLURV-Taxonomie-und-Definitionen.shtml.

SLUB Dresden (2023): *Mitmachen*. https://www.slub-dresden.de/mitmachen.

Sühl-Strohmenger, W. (Hrsg.) (2016): *Handbuch Informationskompetenz*. 2. Aufl. Berlin; Boston: de Gruyter Saur.

Sühl-Strohmenger, W. (2021): *Wissenschaftliche Bibliotheken als Orte des Schreibens: Infrastrukturen, Ressourcen, Services*. Berlin; Boston: De Gruyter. https://doi.org/10.1515/9783110712049.

Sühl-Strohmenger, W. (2022): Digitale Kompetenz, Informationskompetenz, Medienkompetenz, Datenkompetenz, Schreibkompetenz …? Was sollen wissenschaftliche Bibliotheken fördern und für wen? *Bibliotheksdienst* 56/12, 729–51. https://doi.org/10.1515/bd-2022-0116.

Tardiff, A. B. (2022): Have a CCOW: A CRAAP alternative for the internet age. *Journal of Information Literacy* 16/1, 119. https://doi.org/10.11645/16.1.3092.

Vuorikari, R.; Kluzer, S.; Punie, Y. (2022): *DigComp 2.2, The Digital Competence framework for citizens: With new examples of knowledge, skills and attitudes*. https://doi.org/10.2760/115376.

Weingart, P. (2017): Wissenschaftskommunikation unter digitalen Bedingungen. Funktionen, Akteure und Probleme des Vertrauens. In: P. Weingart; H. Wormer; A. Wenninger; R. F. Hüttl (Hrsg.): *Perspektiven der Wissenschaftskommunikation im digitalen Zeitalter*. Weilerswist: Velbrück Wissenschaft, 29–59. https://doi.org/10.5771/9783748926672-29.

Wilkinson, M.; Dumontier, M.; Aalbersberg, I. et al. (2016): The FAIR Guiding Principles for scientific data management and stewardship. *Scientific Data* 3/1, 160018. https://doi.org/10.1038/sdata.2016.18.

Wissenschaftsrat. (2021): *Positionspapier Wissenschaftskommunikation*. https://www.wissenschaftsrat.de/download/2021/9367-21.html.

Yadlapalli, L. (2022): *Wissenschaft kommunizieren – Ein praxisorientierter Leitfaden*. https://apa.at/wp-content/uploads/2022/08/APA_Science_Wisskomm_DIGI_ES.pdf.

Yeh, E.; Wan, G. (2019): Media Literacy Education and 21st Century Teacher Education. In: R. Hobbs; P. Mihailidis (Hrsg.): *The International Encyclopedia of Media Literacy*. Hoboken, NJ: Wiley, 1–18. https://doi.org/10.1002/9781118978238.ieml0230.

Claudia Holzmann

Faktenrecherche

Einleitung

Dieser Beitrag beschäftigt sich mit dem Potenzial von Bibliotheken, ihre Nutzenden im Kontext von Desinformation so zu unterstützen, dass das Erkennen gefördert und letztlich die Verbreitung von Fake News dezimiert werden kann. Als Grundlagenliteratur kann zum einen auf die von Kuhlen beschriebenen Informationspathologien (Kuhlen 2023) sowie auf „Fake Facts" (Nocun/Lamberty 2020) zurückgegriffen werden. Für bibliothekarische Hintergrundinformation und Anwendungsmöglichkeiten steht zudem eine Zusammenstellung auf TaskCards zur Verfügung.[1]

„Auf den Schultern von Riesen" – damit wirbt Google Scholar seit vielen Jahren auf seiner Startseite.[2] Der Ableger der größten Suchmaschine, der konkret wissenschaftliche Aufsätze finden soll, bezieht sich auf ein Zitat, das zum ersten Mal 1120 bei Bernhard von Chartres gefunden wurde (Salisbury/Hall 1991, 116). Über Jahrhunderte war Wissen knapp und die Bibliothek der Ort gesicherten Wissens, in der unter anderem die wissenschaftlichen Erkenntnisse der „Riesen" für die Nachwelt gespeichert wurden und so die standsicheren Schultern darstellten. Nicht immer war alles zugänglich, zum Beispiel wegen kirchlicher Verbote, aber die Bibliothek war über viele Jahrhunderte der Garant für den Zugang zu verlässlichem Wissen zwischen zwei Buchdeckeln.

Die Entwicklung des Internets allgemein und speziell der Sozialen Medien waren in diesem Zusammenhang eine disruptive Entwicklung. Während der ersten Jahre des World Wide Web verband man mit dessen neuen Möglichkeiten die Hoffnung, jedem Menschen eine Stimme zu geben. Was auf den ersten Blick nach sehr demokratischem Potenzial klingt, entfaltet seit Jahren eine genau gegenteilige Wirkung und bedroht unsere freien Gesellschaften. Das Potenzial zur Integration und politischer Partizipation wurde überschätzt, die Gefahren eines derart mächtigen, globalen und dadurch schwer zu regulierenden Instruments wurden unterschätzt. Die Gesellschaft ist in der Weitergabe von Information durch die Sozialen Medien mitunter zurückgeworfen auf eine Mund-zu-Mund-Propaganda, wie sie vor der Erfindung des Buchdrucks die Regel war. Produzentinnen und Produzenten von Desinformation machen sich das zunutze. Wir stehen nicht mehr auf den Schultern von Riesen, sondern inmitten eines Meeres an Information – aufgewühlt und mit Seegang, aber ohne Sicht zum Boden.

Zunächst schuf das Internet die Möglichkeit, Inhalte eigenständig und von überall zugänglich zu machen und aufzurufen. Schwierig ist nicht mehr das Finden von Quellen, sondern vielmehr die Auswahl aus unendlicher Fülle und die Einschätzung der

1 https://www.taskcards.de/#/board/1331d51a-4783-4dee-ae2a-138f804073af/view.
2 https://scholar.google.com.

https://doi.org/10.1515/9783111032030-028

Qualität beziehungsweise Echtheit der Quelle – gleichgültig, ob es sich um eine Recherche für eine wissenschaftliche Arbeit oder beispielsweise um die Urheberschaft eines gefundenen Zitats handelt. Falschinformationen sind nicht mehr die Ausnahme, sondern alltäglich, ob sie aus Unkenntnis oder aus einer missbräuchlichen Agenda geteilt wurden. Dabei ist oft nicht die einzelne Falschnachricht selbst das Problem, die viele Menschen oft kompetent durchschauen können, sondern die Vielzahl und Allgegenwart von Fake News, die den Eindruck erwecken, man könne die Wahrheit darin nicht mehr sicher erkennen – ganz gleich, ob eine Falschnachricht aus Versehen oder Unkenntnis verbreitet wird oder der Desinformation eine Agenda zugrunde liegt (Rühl 2017, 3). Fast jede Person, die Nachrichten konsumiert – mittlerweile nutzen 77 Prozent der Bevölkerung in Deutschland das Internet zur Informationsbeschaffung (IfD Allensbach 2022) – ist schon einmal einer Falschnachricht auf den Leim gegangen.

Klassische Desinformation zielt auf Emotionen. Die Empörung über eine unglaubliche Geschichte tritt schnell und automatisch ein und überlagert rationale Erwägungen. Nicht sensibilisierte Personen haben keine eigene Möglichkeit, sich selbst zu überprüfen und einen kritischen Blick auf die Information zu werfen.[3]

Der *Confirmation Bias* (dt. Bestätigungs-Verzerrung) sorgt zusätzlich dafür, dass wir einer Person, der wir Vertrauen schenken, unabhängig vom Inhalt einer Information eher glauben als wenn wir den Überbringer der Botschaft ablehnen oder die Person uns fremd ist. Es gibt weitere Verzerrungen[4] und weitere Mechanismen wie zum Beispiel das *Framing* einer Nachricht, das dazu führt, dass Desinformation leichter in unseren Gehirnen abgespeichert wird. Über eine Bewusstmachung dieser Mechanismen kann eine Sensibilisierung im Umgang mit Nachrichten erreicht werden.

Bei der Immunisierung kann – wie bei einer medizinischen Immunisierung – eine „Impfung" helfen. Die sogenannte Inokulationstheorie (van der Linden/Roozenbeek 2020, 152) belegt, dass Personen, die mit einer Falschnachricht konfrontiert wurden, die man im Anschluss zusammen widerlegt hat, in der Folge sehr viel widerstandsfähiger gegenüber weiterer Desinformation sind.

Verheerend im Zusammenhang mit absichtlichen Fake News ist, dass es sehr viel leichter ist, sie zu produzieren, als sie aufzuklären und dass die technischen Möglichkeiten rasant wachsen. Die Möglichkeiten zur Aufklärung hinken naturgemäß immer etwas hinterher, so sind zum Beispiel Deep Fakes, also Videos, bei denen handelnden Personen die Gesichtszüge anderer Menschen übertragen werden (hier ein sehr be-

---

3 Die Fake News Check App kann an dieser Stelle mit einer Selbsteinschätzung helfen: https://play.google.com/store/apps/details?id=de.nwdl.fakenews&gl=US&pli=1.

4 Dies kann man beispielsweise auf der interaktiven Karte der „kognitiven Verzerrungen bei Entscheidungsfindungen" von Eppler und Muntiler spielerisch sehen: https://bias-map-v1.web.app/.

kanntes Beispiel[5]), in den letzten Jahren immer besser geworden. Aber auch neue Möglichkeiten zur Aufklärung sind entstanden.[6]

Recherchefähigkeiten

Der *Digital Skills Gap* der Initiative D21(2021) fasst die von dieser Gruppierung erhobene Zahlen so zusammen, dass die Internetrecherche zu einer Basiskompetenz geworden ist:

> Die deutliche Mehrheit der Internetnutzer:innen kann im Netz recherchieren (insgesamt 87 Prozent, über die Jahre konstant geblieben). Drei Viertel nutzen mehrere Quellen bei der Internetrecherche, während drei von fünf sich zutrauen, unseriöse Nachrichten zu erkennen. (Initiative D21 2021, 21)

Diese Zahlen beruhen allerdings nur auf Selbsteinschätzungen. Ungeklärt bleibt dabei die Frage, ob Suchanfragen in der Praxis so gestellt werden, dass auch bei komplexen Suchanfragen die am besten passenden Treffer ermittelt und gegeneinander abgegrenzt werden können.

Die Studie *Quelle: Internet* der Stiftung Neue Verantwortung (Meßmer et al. 2021) zeichnet ein anderes Bild und lässt erahnen, dass es bei den Ergebnissen von D21 vor allem um technische Kompetenzen ohne Ansicht des Inhaltes geht, denn sie attestiert der Bevölkerung in Deutschland einen eklatanten Mangel an Medien- und Nachrichtenkompetenz. Der deutsche Durchschnitt liegt bei besorgniserregenden 13,3 Punkten von insgesamt 30 Punkten, die erreichbar wären. Der integrierte Newstest[7] steht allen Interessierten zum Selbsttest zur Verfügung.

Auswirkung auf Bibliotheken

Der oben beschriebene Kulturwandel durchdringt unsere Gesellschaften und hat großes Potenzial, Meinungen zu beeinflussen – so nachgewiesenermaßen mehrfach im großen Stil zumindest angestrebt, zum Beispiel bei der US-Wahl 2016 oder dem Brexit im gleichen Jahr (Schumann/Austilat 2019). Unsere Gegenwart ist geprägt von einer Vielzahl an Krisen, einer großen Unsicherheit und rasanten Veränderungstendenzen. Bibliotheken werden dadurch zur permanenten Überprüfung ihrer Mission und ihres

5 BuzzFeedVideo: You Won't Believe What Obama Says In This Video. Monkeypaw Productions & BuzzFeed (2018): https://www.youtube.com/watch?v=cQ54GDm1eL0.

6 Deepfake-Analyse im Browser durch App DeepFake-o-meter: https://www.chip.de/downloads/webapp-DeepFake-o-meter_183370798.html.

7 https://der-newstest.de/.

Selbstverständnisses gezwungen. Daraus resultieren ständige und aufwendige Modernisierung von Angeboten und Methoden, ständiges Schritthalten mit immer neuen technischen Mitteln. Nicht mehr das sorgsame Kuratieren des eigenen Bestandes und dessen Vermittlung steht im Mittelpunkt, sondern die Bedürfnisse und Kompetenzen der Nutzenden und der Begegnungsraum für die Community vor Ort. Im Fokus bibliothekarischen Handelns steht nicht mehr der Bibliotheksbestand als materielles Zentrum, um den alle Tätigkeiten kreisen. Aus dem linearen Sammeln, Erschließen, Verfügbar machen wird ein Kreislauf aus Inspirieren, Schöpfen, Beteiligen (Bruijnzeels 2015, 229). Zentral ist nun vielmehr die Unterstützung der Nutzenden bei deren Ermächtigung, sich kompetent und sicher geeignete und geprüfte Information beschaffen zu können oder Problemlösungen für Fragestellungen des Alltags zu finden und mit anderen Personen in Kontakt zu kommen. Die Bibliothek ist in westlichen Demokratien vielleicht heute mehr denn je ein Ort der Teilhabe und der Demokratie.

Mögliche Handlungsfelder von Bibliotheken

Die Bevölkerung eines Ortes wird nicht dadurch medienkompetent, wenn die Bibliothek die richtigen Bücher kauft, sie ins Regal stellt und zur Ausleihe anbietet. Die Angebote von Bibliotheken bieten jedoch Chancen für Interessierte, kompetent und zudem aktiv im Umgang mit Medieninhalten zu werden. Bibliotheken machen hier vielfältige Angebote, um einen Beitrag zur Förderung der Informationskompetenz Richtung Umgang mit Desinformation und Fake News zu leisten.

Das Vorgehen gegen Desinformation kann nach van der Linden und Roozenbeek auf vier verschiedene Arten erfolgen: algorithmisch, korrigierend, legislativ und psychologisch (van der Linden/Roozenbeek 2020, 150). Große Portalanbietende wie Google oder Facebook versuchen durch Optimierung ihrer Algorithmen gefälschte Nachrichten zu verhindern, was van der Linden und Roozenbeek jedoch als unvollständig und eher gescheitert ansehen (van der Linden/Roozenbeek 2020, 15). „Korrigierend“ bezieht sich auf eine nachträgliche Korrektur von Falschnachrichten und Fakten. Hier gibt es zahlreiche Prüfwerkzeuge und Initiativen. Jedoch sind die Autoren hier der Ansicht, dass es unmöglich sei, jede Falschnachricht zu entlarven, da der Aufwand der Enttarnung zur Erstellung der Falschnachricht in keinem Verhältnis stünde. Zudem: Hat eine Falschinformation erst den Weg in unsere Erinnerung gefunden, ist diese sehr hartnäckig und kann nicht überschrieben oder sicher korrigiert werden. Diese Tatsache – in Kombination mit dem Fakt, dass sich Fake News bis zu sechsmal schneller verbreiten als Tatsachen und deutlich mehr Menschen erreichen (Wolfangel 2018) – macht deutlich, dass auch dieses Vorgehen Schwächen hat.

Als hilfreichen und radikalen Ansatz sehen die Autoren die Einführung neuer Vorschriften und Gesetzgebung zur Bekämpfung von Desinformation (van der Linden/Roozenbeek 2020, 151), hier sei jedoch die Gefahr der Einschränkung von Meinungsfreiheit kritisch zu sehen. Van der Linden und Roozenbeek kommen daher zum Schluss, dass die Rolle der Psychologie und Verhaltenswissenschaft bei der Bekämpfung von Fake News eine stärkere Rolle erhalten solle, um Menschen auf individueller Ebene zu unterstützen (2020, 151). Bibliotheken haben – wie oben ausgeführt – weder auf die Architektur großer Internetplattformen noch auf die Gesetzgebung Einfluss, können also weder algorithmisch noch legislativ gegen Desinformation aktiv werden. Die Schwächen korrektiver Vorgehensweisen wurden bereits erläutert. Durch die Ausführungen zu den anderen drei Ansätzen gegen Desinformation wird deutlich, dass der Fokus bibliothekarischen Handelns auf Aufklärung und Prävention liegen sollte. Dabei können Bibliotheken auf zahlreiche frei verfügbare Hilfsmittel zugreifen. Es gibt viele gute Faktencheck-Angebote im Internet wie zum Beispiel den österreichischen Verein mimikama[8] oder das Recherchekollektiv Correctiv[9]. Die Mitarbeitenden entlarven – hier ist auch im Deutschen vielfach der Begriff „debunken" gebräuchlich – regelmäßig Beiträge in Sozialen Medien. Auch auf EU-Ebene gibt es mit der Plattform „EU vs. Disinfo"[10] eine leistungsstarke Aufklärungsarbeit.

Ausgehend von diesen Angeboten kann auch die Bibliothek korrektiv tätig werden und ihre Nutzenden bei eigenen Faktenchecks unterstützen; gut geeignet ist ebenso das in vielen Sprachen erhältliche Plakat der IFLA (2019) zu diesem Thema. Zentral sind dabei die Aufträge, mehrere Quellen zu Rate zu ziehen und Verantwortliche für Texte oder Webseiten einer eigenen Prüfung zu unterziehen. Auch eine Prüfung von Fotografien ist mit geeigneten Tools wie Tineye[11] oder mit der sogenannten Rückwärtssuche nach Bildern in Google recht einfach und oft erkenntnisreich. Diese Aufklärung kann auch in kleinen Bibliotheken geleistet werden.

Die Frage, wie tief man als Bibliotheksteam in diese Thematik einsteigt, hängt dabei von den eigenen Möglichkeiten und denen anderer lokaler Akteurinnen und Akteuren ab. Es liegen bereits sehr zielgenaue Werkzeuge für die Arbeit mit bestimmten Zielgruppen vor, wie zum Beispiel das Planspiel *Die FakeHunter*[12], das von Bibliotheksmenschen für Bibliotheken konzipiert wurde. Aber auch zahlreiche andere Serious Games, Quizze und weitere Werkzeuge stehen zur Verfügung. Wünschenswert ist für die Zukunft, dass Bibliotheken dieses Themenfeld umfangreicher bespielen. Denkbar ist hier eine Community, die zum Beispiel mit fotoforensischer Software oder mit Offenen Daten aus dem Internet selbst Fakten checken kann. Das Recherchekollektiv Bellingcat[13] hat hier zum Beispiel die eigene Toolbox zugänglich gemacht.

8 https://www.mimikama.org/.

9 https://correctiv.org/faktencheck/.

10 https://euvsdisinfo.eu/.

11 https://tineye.com/.

12 https://www.diefakehunter.de/.

13 https://counteringdisinformation.org/interventions/bellingcat-online-investigation-toolkit.

Herausforderungen

Im Kontext von Medienkompetenzangeboten kommt ganz besonders eine Tatsache zum Tragen, die Bibliothekarinnen und Bibliothekare generell sehr beschäftigt, hier aber zu einem Problem wird: Personen, die Aufklärung am Nötigsten hätten, kommen nicht aus eigenem Antrieb in die Bibliothek.

Es stellt sich die Frage, ob und wie dieser Personenkreis erreicht werden kann. Ansätze finden sich bei den Erkenntnissen der Studie „Die andere Teilung" (Krause/Gagné 2019). Es bietet sich an, Veranstaltungen außerhalb der Bibliothek zu planen und dort außerhalb des Kreises der üblichen Kooperationspartnerinnen und -partner zu denken. Warum nicht mit einem Baumarkt, mit einem großen Arbeitgeber in der Kommune oder mit einem Friseur-Geschäft versuchen, ein Angebot zu dieser Thematik zu konzipieren?

In Taiwan, das sich derzeit zur chinesischen Propaganda verhält wie es in der Ukraine in der Vergangenheit gegenüber der russischen Einflussnahme der Fall war, gehen sogenannte Fake News Cleaners mit Plakaten auf die Straße, auf denen klassische Falschnachrichten zu lesen sind, um mit Passantinnen und Passanten dazu ins Gespräch zu kommen (Alt et al. 2022).

Derzeit zeichnet sich mit ChatGPT bereits das nächste große Thema im Kontext mit Desinformation ab. Sprachmodelle wie ChatGPT formulieren Texte auf Grundlage statistischer Wahrscheinlichkeiten von Wortfolgen, die auf Trainingsdaten basieren. Will man durch KI generierte Texte nutzen, so ist dringend geboten, die Aussagen zu prüfen. Lesende hingegen erkennen kaum noch, ob Texte über KI-Tools verfasst wurden. ChatGPT und Co. neigen zum „Fabulieren", wenn die Datenbasis bei einem konkreten Sachverhalt nicht hinreichend ist. Zudem kann das Stilmittel der Ironie nicht erkannt werden. Für Bibliotheken als beratenden Einrichtungen ist neben der Frage von authentischen Informationen in Texten zudem relevant, dass Datenschutzaspekte oder rechtliche Fragen hinsichtlich der Urheber- und Nutzungsrechten derzeit nicht hinreichend geklärt sind (Darling/Gräf 2018, 243).

Fazit

Damit die Bibliothek gegen Desinformation aktiv werden kann, braucht es in der Aus- und Fortbildung mehr Augenmerk auf dieses Thema im Speziellen und Demokratie im Allgemeinen, damit Bibliotheksbeschäftigte alles rund um Fake News aus eigenem Antrieb zu ihrem Thema machen können. Wie bei allen Bibliotheksangeboten ist auch eine angemessene personelle, finanzielle und räumliche Ausstattung Grundvoraussetzung, um mit der dynamischen Entwicklung Schritt halten und ihrer Community Angebote machen zu können. Das ist im Kontext von Desinformation eine Herausforderung, denn die rasanten Entwicklungen erfordern eine ständige Auseinandersetzung mit der Thematik, zur Konzeption entsprechender Angebote braucht es didaktische Kenntnisse und genügend Personal. Kooperationen, zum Beispiel mit medienpädagogischen Fachleuten oder Institutionen der politischen Bildung bieten sich vor allem für kleine Bibliotheken beim Umgang mit Desinformation genauso an wie bei allen anderen Themen der Medienbildung.

Literatur

Alt, C.; Puttfarcken, L.; Tai, K. (2022): *Die Zeitenwende. Podcast „Netz aus Lügen“* (8/8). Bonn: Bundeszentrale für politische Bildung. https://www.bpb.de/themen/medien-journalismus/digitale-desinformation/desinformation-der-globale-blick/505506/podcast-netz-aus-luegen-die-zeitenwende-8-8/#04.

Bruijnzeels, R. (2015): Die Bibliothek: aussterben, überleben oder erneuern? *BIBLIOTHEK – Forschung und Praxis* 39/2, 225–234. https://doi.org/10.1515/bfp-2015-0027.

Darling, K; Gräf, E. (2018): Von Robotern und Menschen. Wo liegt die wahre Gefahr? Interview mit Kate Darling. In: P. Otto; E. Gräf (Hrsg.): *3TH1CS. Die Ethik der digitalen Zeit*. Bonn: Bundeszentrale für politische Bildung, 242–245.

IFLA – International Federation of Library Associations and Institutions (2019): *How To Spot Fake News. Fake News erkennen*. https://repository.ifla.org/handle/123456789/197.

IfD Allensbach (2022): *Meistgenutzte Informationsquellen der Bevölkerung in Deutschland im Jahr 2022*. Statista. https://de.statista.com/statistik/daten/studie/171257/umfrage/normalerweise-genutzte-quelle-fuer-informationen/.

Initiative D21 (2021): *Digital Skills Gap. So (unterschiedlich) digital kompetent ist die deutsche Bevölkerung*. Eine Sonderstudie zum D21-Digital-Index 2020/2021 durchgeführt von der ITM Beratungsgesellschaft. Initiative D21. https://initiatived21.de/app/uploads/2021/08/digital-skills-gap_so-unterschiedlich-digital-kompetent-ist-die-deutsche-bevlkerung.pdf.

Krause, L.-K.; Gagné, J. (2019): *Die andere deutsche Teilung. Zustand und Zukunftsfähigkeit unserer Gesellschaft*. Berlin: More in Common. Version 1.0.2 https://www.dieandereteilung.de/.

Kuhlen, R. (2023): Informationspathologien – Desinformation. In: R. Kuhlen; D. Lewansowski; W. Semar; C. Wormser-Hacker (Hrsg.): *Grundlagen der Informationswissenschaft*. Berlin; Boston: De Gruyter Saur, 829–841. https://doi.org/10.1515/978311076904.

Meßmer, A.-K.; Sängerlaub, A.; Schulz, L. (2021): *„Quelle: Internet“? Digitale Nachrichten- und Informationskompetenzen der deutschen Bevölkerung im Test*. Berlin: Stiftung Neue Verantwortung. https://www.stiftung-nv.de/sites/default/files/studie_quelleinternet.pdf.

Nocun, K.; Lamberty, P. (2020): *Fake Facts. Wie Verschwörungstheorien unser Denken bestimmen*. Köln: Quadriga.

Rühl, W.-D. (2017) *Measuring Fake News. Die Methode*. Berlin: Stiftung Neue Verantwortung. https://www.stiftung-nv.de/sites/default/files/fake_news_methodenpapier_deutsch.pdf.

Schumann, H.; Austilat, A. (2019): Journalistin Carole Cadwalladr „Ich konnte es zunächst selbst nicht glauben“. *Tagesspiegel*, 22.03.2019. https://www.tagesspiegel.de/gesellschaft/ich-konnte-es-zunachst-selbst-nicht-glauben-5010916.html.

van der Linden, S.; Roozenbeek, J. (2020): Psychological Inoculation Against Fake News. In: R. Greifeneder; M. Jaffe; E. Newman; N. Schwarz, N. (Hrsg.): *The Psychology of Fake News*. London: Routlegde. https://doi.org/10.4324/978042929537.

von Salisbury, J.; Hall, J. B. (Hrsg.) (1991): *Ioannis Saresberiensis Metalogicon*. Tournhout: Brepols.

Wolfangel, E. (2018): Lüge schlägt Wahrheit. *Spektrum.de* 08.03.2018. https://www.spektrum.de/news/falschmeldungen-werden-auf-twitter-haeufiger-geteilt/1549833.

Maren Krähling-Pilarek und Carolin Hannich

Förderung von Informationskompetenz

Einleitung

Die Förderung von Informationskompetenz gehört längst zum bibliothekarischen Alltag, unabhängig davon, ob die Bibliothek im wissenschaftlichen oder kommunalen Sektor angesiedelt ist. Sie ist – neben der Leseförderung – in Bibliotheken einer der am besten verankerten pädagogischen beziehungsweise didaktischen Bereiche. Dennoch gibt es in der Umsetzung je nach Bibliothekstyp und Zielgruppen unterschiedliche Herangehensweisen und Besonderheiten. In diesem Artikel werden die Aktivitäten einer öffentlichen Großstadtbibliothek wie einer wissenschaftlichen Regionalbibliothek ohne universitäre Anbindung vorgestellt. Eine praxisbezogene Vorstellung von Aktivitäten im Bereich Informationskompetenzförderung aus Sicht einer kleineren öffentlichen Bibliothek, einer Hochschul- oder Universitätsbibliothek, einer Spezialbibliothek oder einer Schulbibliothek wäre vollkommen anders ausgefallen und hätte ebenso ihre Berechtigung in diesem Handbuch gehabt. Im Folgenden stellen die Badische Landesbibliothek in Karlsruhe und die Leipziger Städtischen Bibliotheken ihre Ansätze vor. Gemeinsam ist diesen Bibliotheken, dass sie als Hauptzielgruppe Schülerinnen und Schüler im Fokus haben sowie einer handlungsorientierten und interaktiven Didaktik folgen.

Informationskompetenzförderung an der Badischen Landesbibliothek

Teaching Library und Lernwerkstatt

Die Badische Landesbibliothek (BLB) ist eine wissenschaftliche Universalbibliothek mit Schwerpunkt auf den Geistes- und Sozialwissenschaften. Die aus der um 1500 angelegten Büchersammlung der badischen Markgrafen und Großherzöge hervorgegangene Bibliothek besitzt einen namhaften Bestand an historischen Materialien, ist aber nicht an eine Hochschule angegliedert. Als Regionalbibliothek sammelt, erschließt und stellt die BLB Publikationen aus und über Baden-Württemberg (in Kooperation mit der Württembergischen Landesbibliothek in Stuttgart) bereit. Informationskompetenzförderung ist seit 2010 systematisch im Serviceangebot der Bibliothek verankert. Im Frühjahr 2023 eröffnete das Team der Teaching Library die Lernwerkstatt, ein Lernort mit Veranstaltungsprogramm, und weitete ihren inhaltlichen wie räumlichen Zuschnitt aus. Standen davor zwölf Jahre lang Schulungen und Workshops in Informa-

https://doi.org/10.1515/9783111032030-029

tionskompetenz und wissenschaftlichem Arbeiten für Kursstufenschülerinnen und -schüler sowie Studierende im Fokus, werden diese nun in ein breiteres Angebot eingegliedert. Konzeptionell haben sich die Schulungen im Laufe der Jahre stetig weiterentwickelt: orientierte sich das Team zu Beginn der 2010er Jahre hauptsächlich an den *Standards für Informationskompetenz* (dbv 2009), standen ab 2017 das *Framework for Information Literacy for Higher Education* (ACRL 2015, 2021) als didaktische Vision im Vordergrund.

Schulungen, Workshops und Beratungen in Informationskompetenz und wissenschaftlichem Arbeiten

In Absprache mit der Stadtbibliothek Karlsruhe bietet die BLB Schulungen in Informationskompetenz ab Klassenstufe 10 und für Seminarkurse an. Schülerinnen und Schüler können in Klasse 11 in Baden-Württemberg wissenschaftliche Projektarbeiten im Rahmen eines Seminarkurses verfassen und damit die mündliche Abiturprüfung ersetzen. Damit soll wissenschaftliches Arbeiten bereits im Übergang Schule/Hochschule eingeübt werden. Explizit gilt dieses Schulungsangebot auch für berufliche Schulen sowie für Auszubildende. Die drei Schulungsversionen sind die Basis und der Kern der bibliothekspädagogischen Arbeit der Teaching Library. Etwa 80 Prozent der Teilnehmenden besuchen eine dieser drei Schulungsversionen.

Die Grundversion ist die *Einführung in die BLB – Präsenz*: Die Teilnehmenden erhalten anhand von digitalen Quizzen und Filmen einen allgemeinen Einblick in die BLB sowie in die Themen Suchinstrumente und Suchstrategien. Im Anschluss recherchieren sie in Gruppenarbeit anhand von Übungsaufgaben im Katalog plus, der zentralen Rechercheoberfläche der BLB, und lernen das Haus bei einem Rundgang kennen. Interaktive Übungen, der Einsatz von digitalen Tools sowie Übungen zu den Themen Bewertung von Suchergebnissen, Zitieren und Vorbereitung einer Recherche sind in die Schulung integriert. Die Schulungen sind nicht gruppenspezifisch individualisiert, damit eine möglichst hohe Anzahl an Klassen und Kursen bedient werden kann.

Im Zuge der COVID-19-Pandemie wurde die *Einführung in die BLB – Online* ins Service-Portfolio aufgenommen. Sie gliedert sich in zwei Teile: eine E-Learning-Einheit und eine Videokonferenz. Die E-Learning-Einheit führen die Teilnehmenden in der Schule oder zu Hause eigenständig durch. Sie erhalten einen virtuellen Einblick in die BLB, lernen den Katalog plus kennen und wissen, wie man Printbücher ausleiht und Onlinemedien nutzt. In der anschließenden Videokonferenz mit dem Team der Teaching Library können offene Fragen geklärt werden. Die Videokonferenz gibt der Bibliothek ein Gesicht: die Teilnehmenden wissen, dass auch eine Wissenschaftliche Bibliothek für Schülerinnen und Schüler sowie Auszubildende offensteht – dies ist sehr wichtig, um etwaige Hemmschwellen abzubauen.

Auf Grundlage der Präsenzschulung und der durch die Onlineschulung existierenden E-Learning-Einheit wurde die Schulung *Einführung in die BLB – Flipped Classroom* kreiert, die mittlerweile die beliebteste Schulungsart darstellt. Die Flipped Classroom-Einführung gliedert sich ebenfalls in zwei Teile. Wie die Teilnehmenden der Onlineschulung bearbeiten die Schülerinnen und Schüler die E-Learning-Einheit im Vorfeld. Es folgt ein Besuch in der BLB, bei dem die Teilnehmenden ihr Wissen überprüfen, die Bibliothek in einem Rundgang kennenlernen und eigene Recherchen mit Unterstützung durch das Team der Teaching Library durchführen. Diese Schulung eignet sich besonders für Seminarkurse oder Facharbeitsklassen, die schon ihr eigenes Thema gefunden haben.

Immer wieder stellen einzelne Klassen, Literatur-AGs, Hochbegabten-AGs, Geschichtskurse und ähnliche Gruppen Anfragen für individualisierte Schulungen mit tieferem Einblick in die Bestände der Bibliothek. Häufig bezieht sich dies auf die historischen Sammlungen. In Zusammenarbeit mit der Abteilung Sammlungen stellt das Team der Teaching Library für diese Gruppen ein passendes Programm zusammen. In der Vergangenheit waren dies zum Beispiel Workshops zum Nibelungenlied, zur Schriftgeschichte, zu digitalen historischen Zeitungen etc.

Eine Besonderheit stellen die Schulungen für Ausbildungs- und Weiterbildungsgänge im Bereich Pädagogik sowie Medizin und Pflege dar. Erzieherinnen und Erzieher sowie Pflegepersonal sind in hohem Maße auf aktuelle Fachliteratur angewiesen. Es ist integraler Bestandteil der Ausbildung, eine Facharbeit zu schreiben sowie sich in Fort- und Weiterbildungen fundiert fachlich zu informieren. Da diese Gruppen jedoch meist keinen Zugang zu einer Universitätsbibliothek haben beziehungsweise der Zugang zu digitaler Literatur dort für Externe nur eingeschränkt nutzbar ist, wurden spezielle fachliche Schulungen für diese Bereiche an der BLB aufgebaut. Ziel ist ein flächendeckendes Angebot für den Großraum Karlsruhe mit der Perspektive auf ein digitales Angebot für den gesamten Landesteil Baden.

Die BLB ist nicht an eine Hochschule angegliedert. Dies hat zur Folge, dass es keine curricular verankerten Schulungen für Studierende gibt, wie dies sonst häufig der Fall ist. Nichtsdestotrotz bestehen Angebote im Bereich Informationskompetenzförderung für Studierende, die über die Dozierenden der nahegelegenen Hochschulen im Bereich Geistes- und Sozialwissenschaften kommuniziert werden. Dies umfasst klassische Einführungen in die Recherche für Bachelor- und Masterstudierende, Erstsemester-Angebote in der Orientierungsphase der Hochschulen, Schulungen in Literaturverwaltung (Citavi und Zotero) sowie Themen wie wissenschaftliches Schreiben, Plagiatsvermeidung, Themenfindung und Ähnliches. Die Schulungen wurden nach dem *Framework for Information Literacy for Higher Education* (ACRL 2015) didaktisch konzipiert, sind modular aufgebaut und sowohl vor Ort als auch online buchbar. In diesem Bereich zeigt sich, dass eine Standardisierung, wie sie in den Angeboten für Schülerinnen und Schüler möglich ist, höchstens im Bereich der Erstsemestereinführungen didaktisch sinnvoll ist. Bei allen weiterführenden Angeboten wird immer wieder auf Teile der modularen Themen (Start in die Recherche, Suchinstrumente, Bewertung von Suchergebnissen, die BLB als Lernort, Fachspezifische Recherche für Einsteigende beziehungsweise für Fortgeschrittene, Plagiatsvermeidung, Literaturverwaltung) zurückgegriffen, jedoch ist hier die individuelle Absprache und das konkrete Anpassen auf die Bedürfnisse der Seminare notwendig. Die Schulungen für Studierende werden sowohl vom Team der Teaching Library wie auch von Fachreferentinnen und Fachreferenten durchgeführt.

Neben den Schulungen für ganze Seminare bietet die Teaching Library zudem eine individuelle Rechercheberatung für Studierende an, die an einer Abschlussarbeit schreiben. Nicht selten wird dieses Angebot von Studierenden in einem Fernstudiengang wahrgenommen, die sich eine zusätzliche Ansprechperson vor Ort wünschen. Ein weiteres individuelles Angebot ist die bibWerkstatt, eine wöchentliche Veranstaltungsreihe zu den Themen wissenschaftliches Arbeiten und Recherchieren, die während der COVID-19-Pandemie in den digitalen Raum transferiert wurde.

Veranstaltungsprogramm in den Bereichen Medienproduktion, Zukunftskompetenzen, Digitalkompetenzen und bewegungsorientiertes Lernen

Im Frühjahr 2023 wurde die Lernwerkstatt in der Badischen Landesbibliothek eröffnet. Es handelt sich um eine flexibel möblierte Lernlandschaft inklusive Veranstaltungsprogramm. Touch Displays für Screensharing, ein Media Studio für Foto- und Filmaufnahmen, zwei Schnittplätze, ausleihbare Medientechnik, eine Ladestation, frei verwendbare Design-Thinking-Materialien und ein hybrider Seminarraum laden zum Lernen und Arbeiten ein.

Der Slogan der Lernwerkstatt „gemeinsam.flexibel.kreativ" steht für die Vision hinter diesem neuen Lernort: *Gemeinsam* mit einem Netzwerk an Kooperationspartnerinnen und -partnern wird ein breites Veranstaltungsprogramm gestaltet. Zusammen mit den Nutzenden wird sich die Lernwerkstatt stetig bedarfsorientiert verändern. *Flexibel* sind die Ausstattung, das Mobiliar sowie die Medientechnik, aber auch das Mindset der dahinterstehenden Menschen. *Kreativ* bedeutet, dass didaktischen Formaten Raum gegeben wird, um etwas zu erschaffen: eine neue Idee, ein gemeinsames Vorhaben, eine neue Fähigkeit.

Die Lernwerkstatt ist kein stiller Ort, sondern ein Ort für Diskussion und Austausch. Dies bezieht sich einerseits auf die dort Lernenden, andererseits auf das Veranstaltungsprogramm, das mit Peer-to-Peer- oder partizipativen Angeboten sowie der Ausweitung des inhaltlichen Spektrums Begegnungen zwischen den Bibliotheksnutzenden und das niedrigschwellige Kennenlernen von neuen Themen fördern möchte. Ausgehend von der These, dass sich das wissenschaftliche Arbeiten radikal verändert und Informationskompetenzförderung alltags- und berufsnah in ein größeres Themenspektrum eingeordnet werden muss, wurde das Programm auf die vier Bereiche

Medienpraxis, Skills für Studium und Beruf, digitales Leben und bewegungsorientiertes Lernen erweitert. Durch das Team der Bibliothek selbst sowie durch eine Vielzahl sehr unterschiedlicher Kooperationspartnerinnen und -partner wird ein kostenfreies, für alle offenes Programm angeboten. Dies können zum Beispiel Workshops im Bereich Bildbearbeitung und Videoproduktion, Film, Future Skills, Design Thinking, die Methode LEGO® Serious Play® und digitale Kompetenzen sein.

Informationskompetenzförderung an den Leipziger Städtischen Bibliotheken

Chancengerechtigkeit durch standardisierte Veranstaltungsformate

Die Leipziger Städtischen Bibliotheken (LSB) zählen zu den größten kommunalen Öffentlichen Bibliotheken in Deutschland. Hervorgegangen aus dem Nachlass des Advokaten Huldreich Groß (1677) bieten sie circa 800.000 physische und digitale Medien, darunter auch wertvolle historische Bestände. Die LSB entwickeln sich zunehmend zu Informations- und Kommunikationszentren und sehen sich darüber hinaus als Treffpunkt und Erlebnisort. Als wichtiger Teil der Leipziger Bildungs- und Kulturlandschaft führen sie jährlich 1.500 bis 2.000 Veranstaltungen durch. Die Förderung von Informationskompetenz ist ein essenzieller Bestandteil dieser Veranstaltungstätigkeit. Insbesondere die Programmarbeit beinhaltet vielfältige Formate für Gruppen aus Kindertagesstätten sowie für Schulklassen von der ersten bis zur zehnten Klasse, die zur kontinuierlichen Kompetenzbildung beitragen. Im Sinne der Chancengerechtigkeit und des Lebenslangen Lernens ist es ein erklärtes Ziel, jedes Kind in den Bildungsabschnitten Vorschule, Primarstufe und Sekundarstufe 1 mit jeweils einem Bibliotheksbesuch zu erreichen. Das standardisierte Veranstaltungsprogramm der LSB dient hierbei als strategische Grundlage für ein flächendeckendes und qualifiziertes Angebot. In sechs aufeinander aufbauenden Modulen stehen zunächst Lesemotivation und Lesekompetenz sowie die Orientierung in der Bibliothek im Fokus. Sie bilden die Basis für die daran anschließende Stärkung von Medien-, Recherche- und Bewertungskompetenz. Ein Modul umfasst in der Regel zwei Jahrgangsstufen und enthält neben einer Bibliothekseinführung eine literarische Veranstaltung und ein breites Spektrum an thematischen Veranstaltungen. Im zweijährigen Rhythmus werden die Angebote evaluiert, aktualisiert oder bei Bedarf ausgetauscht.

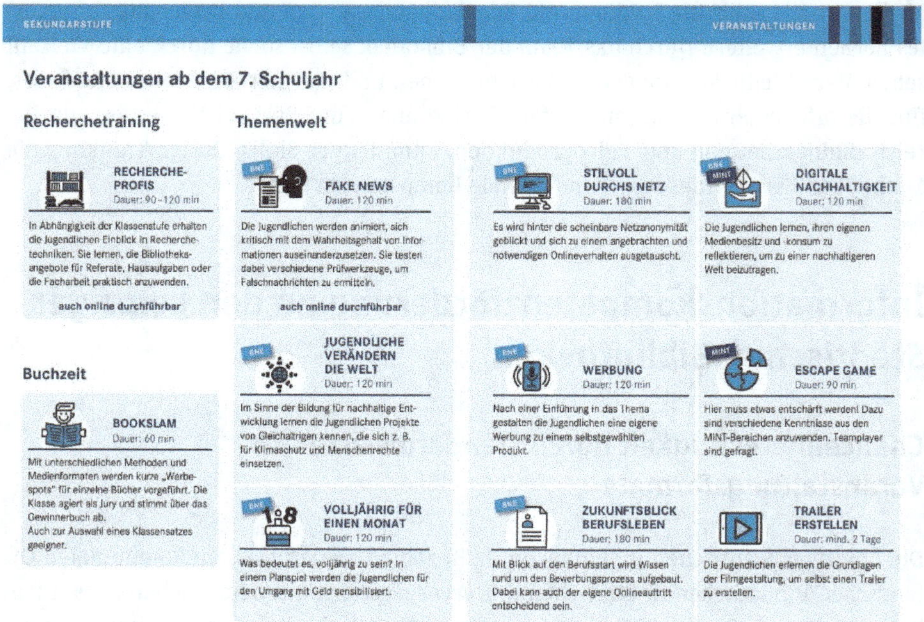

Abb. 1: Auszug aus dem Flyer „Sekundarstufe: Veranstaltungen – Klassensätze – Medienboxen" (Stand Juli 2023; Quelle: Leipziger Städtische Bibliotheken).[1]

Das bestehende Konzept ist eine Weiterentwicklung des Spiralcurriculums, welches bereits 2012 eingeführt wurde. Ziel dieses didaktischen Modells ist die nachhaltige Förderung verschiedener Kompetenzen auf einem stetig steigenden Niveau, indem Inhalte in verschiedenen Entwicklungsstufen erneut aufgegriffen und vertieft werden. An der Entwicklung waren neben den LSB sowohl der Masterstudiengang Bibliotheks- und Informationswissenschaft der Hochschule für Technik, Wirtschaft und Kultur Leipzig als auch das Regionalschulamt Leipzig – heute Landesamt für Schule und Bildung Leipzig – beteiligt. In Abstimmung mit dem sächsischen Lehrplan wurden für jedes Modul Lernziele, Themenschwerpunkte und didaktische Methoden festgelegt. Darüber hinaus fanden auch Freizeitinteressen und die Medienwelten der Zielgruppen Berücksichtigung (Keller-Loibl 2016, 403–405). Erweitert wurde das Spiralcurriculum 2014 um Angebote für Gruppen aus Kindertagesstätten (Noack 2014). Die genannten Grundsätze sind weiterhin Bestandteil des aktuellen Konzepts, wenngleich das Themenangebot, der Technikeinsatz und die Methoden fortwährend angepasst werden.

1 Weitere Angebote für Kindertagesstätten und Schulen finden sich unter: https://stadtbibliothek.leipzig.de/kita-und-schule.

Themenbasierte Förderung von Informationskompetenz

Im Rahmen von bibliothekspädagogischen Klassenführungen findet die Stärkung von Informationskompetenz in erster Linie im thematischen Kontext statt. Inhaltliche Frage- oder Problemstellungen bilden die Grundlage für die Informationssuche (Keller-Loibl 2016, 405). Die Einbeziehung der Interessen der Heranwachsenden sorgt für hohe Motivation und aktive Mitarbeit. Beispielhaft sei die Einführungsveranstaltung *Die Olchis brauchen Hilfe* für Klasse 1 und 2 genannt. In einer Rallye rund um die beliebten Figuren von Erhard Dietl erkunden die Kinder die Bibliothek. Während sie Rätsel lösen und die Aufstellung der Medien nachvollziehen, wird die Entwicklung von Lese- und Bibliothekskompetenz als Vorstufe zur Informationskompetenz unterstützt.[2]

Spielerisch lernen die Schülerinnen und Schüler ab Klassenstufe 5, gezielt Informationen aus gedruckten wie digitalen Nachschlagewerken oder aus Sachbüchern zu gewinnen. Dabei verwenden sie Inhaltsverzeichnisse, Sachregister oder Glossare. Ihre Ergebnisse werden in Form einer Nachrichtensendung der Klasse präsentiert.[3]

In der Veranstaltung *Jugendliche verändern die Welt* haben die Teilnehmenden die Aufgabe, Laudationen zu Gleichaltrigen, die sich zum Beispiel für Nachhaltigkeit, Bildung oder Frieden engagieren, zu verfassen und vorzutragen. Die Aufgabe beinhaltet neben der Recherche nach geeigneten analogen und digitalen Informationsquellen das Aufbereiten und Präsentieren der Suchergebnisse.

Neben diesen und anderen bibliothekspädagogischen Konzepten gibt es eine Vielzahl medienpädagogischer Formate, die für den Umgang mit Informationen und Daten sensibilisieren, zum Beispiel die Veranstaltungen *Das Internet entdecken* (Klasse 3 und 4), *Datenschutz* (Klasse 5 und 6) oder *Stilvoll durchs Netz* (ab Klasse 7).

Recherchetraining und Fake News-Veranstaltung

Innerhalb des standardisierten Veranstaltungsprogramms ab Klassenstufe 7 befassen sich zwei Formate speziell mit der Förderung von Informationskompetenz: das Recherchetraining und die Veranstaltung zum Thema Fake News.

Das primäre Ziel des Recherchetrainings ist es, die Teilnehmenden zur selbstständigen und zielgerichteten Recherche zu befähigen. Gegliedert in einen Theorie- und einen Praxisteil werden zunächst die verschiedenen (Online-)Angebote der LSB anhand konkreter Beispiele vorgestellt. Neben dem Bibliothekskatalog werden Datenbanken und Portale präsentiert und erklärt. Die Schülerinnen und Schüler erhalten dabei Empfehlungen, wie sie ihre Suchanfragen vereinfachen, einschränken oder er-

---

2 Die Idee und Materialien zur *Olchi-Rallye* finden sich auf der Webseite der Verlagsgruppe Oetinger unter: https://www.oetinger.de/vgo-schule-olchi-rallye.

3 Abwandlung der Veranstaltung *Rasende Reporter* (Keller-Loibl 2008, 119–141).

weitern, welche Schlussfolgerungen sie aus den Treffern ziehen können und mit welchen Tastenkombinationen und Sonderzeichen sie schnell zum gewünschten Inhalt gelangen.

Bei der Vermittlung der Theorie wechseln sich Vortrag und Gruppengespräch ab. Aktivierende Elemente, wie das Einbauen von Fehlern oder Ratespielen, animieren die Jugendlichen, bereits vorhandenes Wissen abzurufen. Darüber hinaus haben sie die Möglichkeit, ihre eigenen Interessen in die Beispielrecherchen einfließen zu lassen und damit die Suchbegriffe zu bestimmen.

Im Anschluss an den Theorieteil setzen die Teilnehmenden das Gelernte paarweise in die Praxis um. Sie erhalten Suchaufträge, die je nach Altersgruppe in Umfang und Schwierigkeitsgrad variieren. Die Aufgaben sind dabei so formuliert, dass es keinen geradlinigen Weg zum Ziel gibt. So ist es beispielsweise erforderlich, Synonyme, Oberbegriffe oder Unterbegriffe zu bilden, was zusätzlich die Sprachkompetenz schult. Im Fall der Aufgaben, die mithilfe des Katalogs beantwortet werden sollen, ist nicht allein die Onlinerecherche von Bedeutung. Die Teilnehmenden müssen auch beweisen, dass sie sich selbstständig in der Bibliothek orientieren und die geforderten Medien vorlegen können. Bei Fragen unterstützt das Bibliothekspersonal die eigenständige Lösungsfindung der Teilnehmenden.

Nach der Erarbeitungsphase wird im Gruppengespräch ausgewertet, wie die Schülerinnen und Schüler zurechtgekommen sind und wo noch Klärungsbedarf besteht. Daran schließt sich ein digitales Quiz an, bei dem die erworbenen Kenntnisse spielerisch abgefragt werden.

Bezüglich Veranstaltungsdauer, Auswahl und Umfang der zu vermittelnden Angebote und der zu lösenden Aufgaben wird in zwei Altersgruppen unterschieden. Während in den Klassenstufen 7 und 8 die Grundkenntnisse zur Recherche vermittelt werden, erhalten die Schülerinnen und Schüler ab Klassenstufe 9 im Hinblick auf ihre Facharbeiten ein detaillierteres und umfänglicheres Programm. Letztere haben zudem die Möglichkeit, zu ihren eigenen Facharbeitsthemen zu recherchieren. Das Angebot wird in der Klassenstufe 10 intensiv genutzt.

Das Recherchetraining kann auch als Onlineveranstaltung gebucht werden. Diese Variante unterscheidet sich insofern von dem Inhouse-Format, als dass sich bei der Durchführung die Theorie- und Praxisteile abwechseln. Die Konzentration liegt somit immer auf einem einzelnen Angebot, das zunächst vorgestellt und anschließend von den Jugendlichen angewendet wird. Die Suchaufträge werden hier per Link zu einer digitalen Pinnwand an die Klasse übermittelt. Die Suche im Haus entfällt.

Nicht nur das zielgerichtete Recherchieren, auch die kritische Auseinandersetzung mit und die Bewertung von Informationen und deren Quellen gehören zum Aufgabengebiet der Kompetenzförderung der LSB. Gerade in den letzten Jahren ist das Thema Fake News immer präsenter geworden. Seit einiger Zeit bedienen die LSB diesen wichtigen Themenkomplex daher mit einem eigenständigen Format.

Die Fake News-Veranstaltung basiert auf dem prämierten Planspiel *Die FakeHunter* (Büchereizentrale Schleswig-Holstein o. J.), wurde jedoch modifiziert. Die Veranstaltung lebt vom Wechsel der Methoden sowie von der Interaktion zwischen Teilnehmenden und Durchführenden. Zu Beginn erhalten die Schülerinnen und Schüler je eine Karte mit einer Schlagzeile und einem Bild. Hier soll der erste Eindruck entscheiden, ob eine richtige oder falsche Nachricht vorliegt. Die Auflösung erfolgt jedoch erst am Ende.

Nach der Begriffsklärung werden Motive für das Generieren von falschen Nachrichten gesammelt und die Grenzen der Meinungsfreiheit erläutert. Ferner schildern die Jugendlichen ihre eigenen Erfahrungen mit Fake News. Im Plenum werden anschließend die Bestandteile einer seriösen Nachricht zusammengetragen. Die Teilnehmenden erarbeiten sich so die Prüfwerkzeuge zum Identifizieren von Fake News. In der ersten Erarbeitungsphase verteilen sich die Jugendlichen auf Kleingruppen, die sich jeweils einem Prüfwerkzeug widmen und notieren, worauf geachtet bzw. was überprüft werden sollte. Die Gruppen präsentieren anschließend ihre Ergebnisse vor der Klasse, während die Durchführenden zusammenfassen und ergänzen.

In der zweiten Erarbeitungsphase werden die Prüfwerkzeuge angewendet. Das eigens für das Planspiel *Die FakeHunter* entwickelte Newsportal bietet hierfür die optimale Oberfläche. In Einzelarbeit überprüfen die Jugendlichen die Artikel formal und inhaltlich, recherchieren beispielsweise die Verantwortlichen der Texte sowie der Webseite und kontrollieren die verwendeten Bilder über Tools für die Rückwärtsbildersuche. Neben der Bewertungs- und Recherchekompetenz werden so auch Computer- bzw. Internetkompetenz gefördert.

Haben die Jugendlichen ihre Artikel eingehend überprüft, treten sie in einem Onlinespiel[4] in einer Klassen-Challenge gegeneinander an. Ziel ist es, nun selbst glaubhafte Fake News zu verbreiten. Gewonnen hat, wer die meisten Follower generiert. In der darauffolgenden Auswertung schildern die Jugendlichen, zu welchen Ergebnissen sie gekommen sind und wie sie künftig mit Fake News umgehen wollen. Abschließend kommt auch hier ein digitales Quiz für die Wiederholung des erlernten Wissens zum Einsatz.

Die Fake News-Veranstaltung kann ebenfalls online durchgeführt werden. In dieser Version wird mit Umfragetools und der Chatfunktion gearbeitet, um die Schülerinnen und Schüler einzubeziehen. Wie schon bei der Onlinevariante des Recherchetrainings werden die Ergebnisse auf einer digitalen Pinnwand festgehalten.

Laut statistischer Auswertung der Vermittlungsarbeit in den LSB stehen die Zielgruppen Kinder und Jugendliche besonders im Fokus. Sie sind die Adressaten für zwei Drittel aller Veranstaltungen. Dennoch gibt es auch Bedarfe bei den Erwachsenen, insbesondere, wenn sie sich in einer speziellen Lebenssituation befinden. Hierzu zählen beispielsweise Auszubildende oder Arbeitsuchende. Besonders gefragt sind Bibliothekseinführungen und Recherchetrainings, die häufig auch in Kombination durchgeführt werden. Im Wesentlichen wird hier auf die Konzepte für die höheren Schulklassen zurückgegriffen. Da sich die Teilnahme der Erwachsenen aber meist auf

4 Onlinespiel zum Thema Fake News: *Bad News*. https://www.getbadnews.de/.

ein spezifisches inhaltliches Interesse gründet, fließen die jeweiligen Bedürfnisse zum Beispiel in die Wahl der Suchbegriffe ein, während sie für Schulklassen allgemein gehalten werden. Ansprache und Vermittlung der Inhalte sind weniger spielerisch, sondern eher alltags- beziehungsweise berufsbezogen. Den Arbeitssuchenden werden beispielsweise die relevanten Angebote online und inhouse gezeigt, die ihnen bei der Berufswahl oder im Bewerbungsprozess helfen.

Fazit

Einen umfassenden Überblick über die praktische Umsetzung der Förderung von Informationskompetenz an Wissenschaftlichen wie Öffentlichen Bibliotheken zu geben, ist im Rahmen dieses Beitrags nicht möglich. Wie eingangs erwähnt, sind die hier dargestellten Perspektiven die einer öffentlichen Großstadtbibliothek und einer wissenschaftlichen Regionalbibliothek ohne universitäre Anbindung. Dies führt zwangsläufig zu einem spezifischen Blick auf die Förderung von Informationskompetenz. Denn die Möglichkeiten, die sich in der Umsetzung der Theorie in die Praxis ergeben, sind regional, personell und auch inhaltlich so vielfältig, dass jede Bibliothek – ob Öffentliche Bibliothek, Regional-, Hochschul-, Spezial- oder Schulbibliothek – dies auf ihre Weise gestalten wird.

Bei der Förderung von Informationskompetenz folgen die BLB und die LSB trotz ihrer Unterschiedlichkeit ähnlichen Ansätzen und stehen vor ähnlichen Herausforderungen: Informationskompetent zu sein, beginnt im Kindesalter und geht über die Schule bis hin zu Ausbildung und Studium hinein ins Lebenslange Lernen und in die Fort- und Weiterbildung. Je nach Kompetenzen innerhalb der Bibliotheken und Bedürfnissen der jeweiligen Stadtgesellschaft ergeben sich daher zahlreiche Handlungsfelder, um alle Lebensphasen mit pädagogischen Angeboten abzudecken. Nicht immer ist es einfach, gerade die sehr heterogenen Bedürfnisse von Gruppen jenseits von Schule, Ausbildung und Studium zielgerichtet zu bedienen. Öffentliche und Wissenschaftliche Bibliotheken sollten sich an ihren konkreten Standorten in diesem Sinne absprechen. Kooperationen mit Kindertagesstätten, Schulen, außerschulischen Lernorten, Hochschulen sowie Fort- und Weiterbildungseinrichtungen sind essenziell für das Gelingen von Angeboten. Inhaltlich ist die Förderung von Informationskompetenz in einen breiteren Ansatz von Schlüsselkompetenzförderung einzubetten.[5] Die inhalt-

---

5 Ein Beispiel für ein erfolgreiches und seit Jahren erprobtes Konzept zur Förderung von Schlüsselkompetenzen ist das House of Competence am KIT in Karlsruhe. Das House of Competence legt Wert auf eine enge Verbindung zwischen Lehre und Forschung und bietet Services in vier Laboren, dem LernLabor, dem SchreibLabor, dem MethodenLabor und dem PerspektivenLabor. Seit vielen Jahren kooperieen sowohl die KIT-Bibliothek wie auch die Badische Landesbibliothek mit dem House of Competence: https://www.hoc.kit.edu/index.php. Einen guten Überblick über das Thema „Future Skills" bietet Ehlers (2020; 2022).

liche wie didaktische Ausrichtung erfolgt zielgruppenorientiert. Die zugrunde liegende Pädagogik ist handlungsorientiert sowie interaktiv und enthält möglichst viele Anteile an Partizipation und Peer-to-Peer-Learning. Das Ineinandergreifen von analogen und digitalen (synchronen wie asynchronen) Angeboten ist hierbei selbstverständlich.

Auch bei der praktischen Gestaltung von Angeboten im Bereich Informationskompetenzförderung lohnt sich also der Austausch zwischen Wissenschaftlichen und Öffentlichen Bibliotheken als gewinnbringender Blick über den Tellerrand und im Sinne eines ganzheitlichen Angebots für die Menschen vor Ort.

Literatur

ACRL – The Association of College and Research Libraries (2015): *Framework for Information Literacy for Higher Education*. https://www.ala.org/acrl/standards/ilframework.

ACRL – The Association of College and Research Libraries (2021): Framework Informationskompetenz in der Hochschulbildung. *o-bib. Das offene Bibliotheksjournal* 8/2. https://www.o-bib.de/bib/article/view/5674/8390.

Büchereizentrale Schleswig-Holstein (o. J.): *Die FakeHunter*. https://www.diefakehunter.de.

dbv – Deutscher Bibliotheksverband (2009): *Standards für Informationskompetenz*. https://www.informationskompetenz.de/wp-content/uploads/2015/02/DBV_Standards_Infokompetenz_03.07.2009_endg.pdf.

Ehlers, U.-D. (2020): *Future Skills. Lernen der Zukunft. Hochschule der Zukunft*. Wiesbaden: Springer

Ehlers, U.-D. (2022): *Future Skills im Vergleich. Zur Konstruktion eines allgemeinen Rahmenmodells für Zukunftskompetenzen in der akademischen Bildung*. https://next-education.org/downloads/2022-01-Future-Skills-Bildungsforschung_final_Vs_3.pdf.

Keller-Loibl, K. (2008) (Hrsg.): *Bibliothekspädagogische Klassenführungen*. Bad Honnef: Bock + Herchen.

Keller-Loibl, K. (2016): Förderung von Lese- und Informationskompetenz mit dem Spiralcurriculum. In: W. Sühl-Strohmenger (Hrsg.): *Handbuch Informationskompetenz*. Berlin; Boston: De Gruyter Saur, 398–405.

Leipziger Städtische Bibliotheken (2020): *Bibliotheksentwicklungskonzeption. Fortschreibung 2021–2025*. https://static.leipzig.de/fileadmin/mediendatenbank/stadtbibliothek-leipzig-de/Dokumente/Bibliotheksentwicklungskonzeption-2021-2025.pdf.

Leipziger Städtische Bibliotheken (o. J.): *Veranstaltungsprogramm der Leipziger Städtischen Bibliotheken*. https://stadtbibliothek.leipzig.de/kita-und-schule.

Noack, S. (2014): Das Leipziger Spiralcurriculum für Kindergartenkinder. Ein weiterer Schritt auf dem Weg zur Bildungspartnerschaft. *BIS – Das Magazin der Bibliotheken in Sachsen* 7/1, 52–53. https://nbn-resolving.org/urn:nbn:de:bsz:14-qucosa-136961.

Themenschwerpunkt: Framework for Information Literacy for Higher Education. *o-bib. Das offene Bibliotheksjournal* 8/2. https://doi.org/10.5282/o-bib/5704.

Literatur

Ute Engelkenmeier

Information, Auskunft und Beratung

Einleitung

Auskunft- und Informationsdienste sind ein wesentlicher Bestandteil des Dienstleistungsangebots von Bibliotheken. Aufgabe der Auskunftgebenden ist es, den Nutzenden bei der Suche nach bestimmten Informationen, nach konkreten Titeln oder Literatur zu einem Thema zu helfen, oder sich im Gebäude zurechtzufinden. Im Zuge der Automatisierung und Digitalisierung finden Auskunfts- und Informationsdienste neben dem klassischen Gespräch vor Ort auch am Telefon, per E-Mail oder Ticketsystem, über Chat oder Videokonferenz statt.

In einem weiteren Verständnis von Informationsdiensten zählen auch Schulungen von Nutzerinnen und Nutzern darunter. Hobohm unterscheidet fünf grundsätzliche Arten von Informationsdiensten:

- allgemeine Informationen (zur Orientierung, zu Öffnungszeiten etc.),
- technische Hilfestellungen (bei der Benutzung von Geräten),
- Nachschlageinformationen (wie „Kurzanfragen per Telefon oder E-Mail"),
- Informationsrecherchen („die ein regelrechtes Auskunftsinterview verlangen: diese werden von Informationsspezialisten, z. B. nach Vereinbarung durchgeführt"),
- Nutzerinnen- und Nutzerberatung und -schulungen, die entweder separat organisiert oder zusammen mit anderen Diensten durchgeführt werden (Hobohm 2002, 5).

Informationsdienste wie auch Beratungsdienste sind planmäßig konzipierte Dienstleistungen für Nutzende und dienen der Unterstützung bis hin zur Empfehlung bei der Informationsbeschaffung oder der Vermittlung von Information (Hobohm 2002, 1, nach Lewe 1999, 12).

Während Informationsdienstleistung definiert ist als „Potenziale, Prozesse und Produkte, die eingesetzt werden mit dem Ziel, den Informationsbedarf Dritter zu decken" (Rösch et al. 2019, 201), stellt der Informationsdienst eine spezifische Form des Vermittelns dar (Rösch et al. 2019, 212).

Geht man vom allgemeinen Begriffsverständnis der „Information" als Dienstleistung aus, so bezieht sich „Information" auf die (einseitige) Weitergabe von Fakten oder Daten, die Fragende darüber informieren, was sie wissen sollten. Eine Auskunft bezieht sich hingegen oft auf eine konkrete Fragestellung, auf welche Fragende eine Antwort erwarten. Eine Beratung schließt häufig die Weitergabe von Rat oder Empfehlungen ein und ist interaktiver. Die Übergänge sind fließend. Häufig umfassen eine Information, eine Auskunft oder eine Beratung gleichermaßen das Ziel, Fragenden dabei zu helfen, die besten Schritte zu wählen.

https://doi.org/10.1515/9783111032030-030

Im Bibliothekskontext werden die Begriffe Information und Auskunft (als Dienstleistung Informationsdienst und Auskunftsdienst) häufig synonym verwendet (Lewe 1999, 12; Rösch et al. 2019, 212).

Dieser Beitrag betrachtet insbesondere die synchronen Auskunft-, Informations- und Beratungssituationen, die in Bibliotheken im klassischen Sinn an Servicetheken und Informationstheken als direkte Dienstleistung angeboten werden. Er geht dabei der Frage nach, ob und in welcher Ausprägung Bibliotheksbeschäftigte in der Auskunft pädagogisch handeln und wenn ja, welche Herausforderungen sich dabei stellen.

Auskunft zwischen Kommunikation und pädagogischem Handeln

Viele Prozesse der Informationsdienste und insbesondere der Auskunftserteilung und Schulung für Nutzende beruhen auf Kommunikation und erfordern entsprechende Fähigkeiten (Koltay 2007).

Das Herzstück der Information und Auskunft ist das sogenannte Auskunftsinterview. Nach Rösch handelt es sich dabei um eine ergebnisoffene Kommunikation, in welcher die Interviewenden das Gespräch strukturieren, Fragen stellen, aktiv zuhören, auch durch Paraphrasieren, Feedback geben und resümieren (Rösch 2007, 72). Die Gesprächslenkung ist dabei mit dem Ziel verbunden, die Fragenden zu einem Erkenntnisgewinn zu führen. Aus einer pädagogischen Perspektive betrachtet sollte das Auskunftsgespräch nicht manipulativ sein, sondern einen Dialog zwischen den Gesprächsteilnehmenden darstellen.

Dass bibliothekarische Auskunft – wie jede zwischenmenschliche Interaktion – im Wesentlichen auf Kommunikation beruht, beschreibt Becker anhand der Axiome Watzlawicks (Becker 2007, 22–27). Eine offene Haltung den Nutzenden gegenüber, Augenkontakt und freundliche Mimik bei Face-to-Face-Interaktionen, das deutliche Signal, dass Nutzende wahrgenommen werden, sind genauso Voraussetzungen für ein Gelingen der Kommunikation wie das Bemühen um eine Gesprächsebene auf Augenhöhe bei gleichzeitiger Unvoreingenommenheit (Becker 2007 22–27). „[...] das Verhalten der Auskunftsperson [ist] ausschlaggebend dafür [...], ob und wie die Kommunikationssituation verläuft. Der Auskunftgebende muss einfühlsam und situationenimmanent re-agieren [sic!]“ (Becker 2007, 27).

Einen im wahrsten Sinne spielerischen Ansatz beschreibt Becker beim Vergleich der Auskunftssituation mit einem Improvisationstheater. Hier wird das Konzept des Status-Spiels genutzt, um Machtgefälle in Kommunikationssituationen darzustellen, zu erkennen und zu reflektieren, um flexibel und angemessen zu agieren, positive Interaktionen zu fördern und Kommunikationsmissverständnisse zu vermeiden. Professionelle Distanz, Selbstreflexion und kollegiales Feedback sind dabei hilfreiche Instrumente, um das eigene Statusverhalten zu erkennen und zu verbessern (Becker 2022).

Ansätze, auf Grundlage der Pädagogik[1] oder Lerntheorien[2] konkret die Tätigkeit der Auskunft zu reflektieren oder in Bezug zu setzen, finden sich in der deutschsprachigen Literatur bei Zimmermann, indem sie beispielweise beschreibt, dass in den Auskunftsstandards der Stadtbibliothek Reutlingen aktive Benutzerschulung in das Auskunftsgespräch integriert und eigenständige Recherchen gefördert werden (Zimmermann 2007, 65). Auch Schoenbeck beschreibt bezogen auf die Aufgabe der Informationskompetenzentwicklung in Bibliotheken, dass dies als Gesamtaufgabe in Hinblick auf Kompetenz*entwicklung* von Nutzenden betrachtet werden muss. Kompetenz*entwicklung* sei dabei ein geeigneterer Begriff als Kompetenzvermittlung, da man bei „Vermittlung“ eher etwas verstehe „das den Nutzern fehlt, das ihnen beigebracht werden muss“ (Schoenbeck 2015, 85). Die Entwicklungsaufgabe individueller Kompetenzen bezieht Schoenbeck nicht allein auf Schulungen, sondern auf weitere bibliothekarische Kernangebote wie Auskunft und Beratung. Ein Auskunftsgespräch sei einem Tutorial zudem in der Hinsicht überlegen, dass es individuell auf Nutzende und ihre Kompetenzentwicklung eingehen könne (Schoenbeck 2015, 87).

> Bei der Auskunft ergibt sich die Möglichkeit, im Dialog mit dem Nutzer Verständnisfragen zu klären, Missverständnisse auszuräumen und z. B. durch die gemeinsame Recherche Funktionsweisen technischer Schnittstellen zu Katalogen und Datenbanken zu erläutern. Erst durch diesen direkten Austausch ist vielfach individuelle Kompetenzentwicklung möglich. (Schoenbeck 2015, 87)

Als zwei wesentliche Hauptrichtungen der Lernunterstützung sehen Hanke und Sühl-Strohmenger zum einen die Informationskompetenzgrundlagen oder die -vertiefung, die durch formale Schulungen oder Kurse gefördert werden und zum anderen den „projekt-, themen- und anlassbezogenen Unterstützungsbedarf beim Umgang mit Informationen [...] oder beim Schließen von individuellen Kompetenzlücken“, die durch individuelle Beratung oder Coaching gefördert werden (Hanke/Sühl-Strohmenger 2016, 41).

Schultka sieht die Aufgaben der Informationsdienste im Randbereich zwischen Pädagogik, Kulturvermittlung und Kontaktarbeit (Schultka 2018, 338). Sind bibliothekarische Angebote ohne pädagogische Fundierung entwickelt worden und fehlen lernfördernde Ansätze, spricht Schultka jeglichen Angeboten auch im Bereich der bibliotheksspezifischen Informationskompetenzentwicklung einen pädagogischen Zweck ab (Schultka 2018, 302).

> Die bibliothekarischen Informationsdienste können zwar kurzzeitig individuelle Lehr-/Lernsituationen kreieren, sofern ein Bibliotheksnutzer an der Informationstheke genau so etwas wünscht,

1 Siehe auch Stang (2024) in diesem Band.

2 Siehe auch Eigenbrodt (2024) in diesem Band.

> doch zielen die Informationsdienste der Bibliothek nicht darauf ab, permanent Lehr-/Lernsituationen zu schaffen. (Schultka 2018, 337)

Sind Tätigkeiten jedoch in Richtung Lehren/Lernen verlagert, besteht der Bezug zur Bildungsarbeit, „dem planvollen Inszenieren von Lehr-/Lernsituationen“ in welchen man „schließlich auf die Menschen in ihrer gesamten Vielfalt und mit ihren speziellen Lernvoraussetzungen und -bedürfnissen [schaut]“ (Schultka 2018, 306). Hier stellen sich dann die „Fragen nach geeigneten Methoden, um das Lernen zu ermöglichen“ (Schultka 2018, 297).

Die Auseinandersetzung pädagogischer Ansätze im Zuge von Auskunftstätigkeiten ist in der deutschsprachigen Literatur noch marginal. Schultka stellt fest, dass hier weitere Studien erforderlich seien (Schultka 2018, 338). Auch Rösch weist darauf hin, dass das Bewusstsein um die Bedeutung des bibliothekarischen Auskunftsdienstes in Deutschland weniger ausgeprägt sei als im angloamerikanischen Raum (Rösch 2007, 81).

Elmborg schlägt vor, auf Grundlage der konstruktivistischen Lerntheorie eine Pädagogik für den Auskunftsdienst zu entwickeln. Er betrachtet Auskunftsdienste als eine Form des Lehrens und weist Bibliothekarinnen und Bibliothekaren eine pädagogische Rolle zu (Elmborg 2002).

> [...] the reference desk can be a powerful teaching station – more powerful, perhaps, than the classroom. If we want to realize this potential, we will need a new framework for understanding reference work – a pedagogy for the reference desk. (Elmborg 2002, 455)

Für Lankes ist die Rolle von Bibliotheksbeschäftigten die von Unterstützenden. Sie helfen anderen Menschen bei der Aneignung von Wissen. In diesem Rollenverständnis blickt Lankes unter der Perspektive „Unterstützung des Lernens“ auf Bibliothekarinnen und Bibliothekare. Sie „wirken unterstützend auf das Lernen eines Gemeinschaftsmitglieds oder auch mehrerer Mitglieder ein, und jede Interaktion im Rahmen einer bibliothekarischen Auskunft ist auch gleichzeitig eine Lerninteraktion“ (Lankes 2017, 401).

Reale verdeutlicht die Notwendigkeit, die Auskunft nicht nur als Dienstleistung zu betrachten, sondern auch durch eine „pädagogische Brille“ zu sehen. Sie betont die notwendige Kenntnis von Herausforderungen, die Schülerinnen und Schüler beziehungsweise Studierende haben. Es sollte versucht werden, diese als konkrete „teachable moments“, als Lehrmomente zu nutzen (Reale 2018, 17). In der Auskunftssituation findet eine Transaktion statt und wahrscheinlich nehmen die Fragenden mehr mit als mit dem, womit sie gekommen sind (Reale 2018, 20). Dass die Bibliothek als außerschulischer Lernort dabei einen Raum bietet, der für non-formales und insbesondere informelles Lernen die passenden Voraussetzungen schafft, wird von Reale als großer Vorteil gesehen. An der Auskunftstheke wird nicht benotet, es werden keine Methoden kritisiert oder Hausaufgaben gegeben, sondern es werden Möglichkeiten geschaffen, mit individuellen Fragen und Problemen zu kommen und Hilfe zu erhalten (Reale 2018, 16).

Die Befähigung von Nutzenden, unabhängig zu handeln, ihre eigenen Bedürfnisse zu erfüllen, steht für Saunders und Wong als zentraler Ansatz bei der Betrachtung des Auskunftsgesprächs als Lehr-/Lernsituation:

> This approach aligns with the focus on self-actualization and self-direction of humanist and andragogical theories of learning, and supports critical pedagogy's emphasis on empowering learners and helping them develop agency. (Saunders/Wong 2020, 330)

Das Maß, in welchem Bibliotheksbeschäftigte pädagogisch handeln, wird dabei vom Informationsumfeld und Trägereinrichtungen beeinflusst. Saunders und Wong unterscheiden dabei drei Ansätze:
- Liberal oder Maximum: Die Auskunftsperson recherchiert für Nutzende, es wird weder Anleitung erwartet noch angeboten (in Firmen-, Medizin- oder Rechtsbibliotheken).
- Moderat oder mäßig: Die Auskunftsperson führt Recherchen für Nutzende durch oder unterstützt diese bei ihren eigenen Recherchen (häufig in Öffentlichen Bibliotheken anzutreffen, wo die Vorgehensweise an die Komplexität der Frage und die Bedürfnisse der Zielgruppen angepasst wird).
- Konservativ oder minimal: Die Auskunftsperson gibt Anleitungen in die Benutzung der Bibliothek und ihrer Ressourcen, es wird erwartet, dass Nutzende ihre eigenen Recherchen durchführen (häufig in Schulbibliotheken und Wissenschaftlichen Bibliotheken) (Saunders/Wong 2020, 330–331).

Wissenschaftliche Bibliotheken und Schulbibliotheken nehmen dabei eine besondere Rolle ein. Da sie den Bildungsauftrag ihrer Einrichtungen unterstützen (sollen), liegt die Aufgabe nahe, Schülerinnen, Schülern und Studierenden zu helfen, sich mit Informationsquellen zurechtzufinden. Ihnen auf ihre Fragen einfach nur Antworten zu geben, würde diesen Bildungsauftrag untergraben (Saunders/Wong 2020, 331). Auskunftsdienste können demnach nicht nur als Serviceleistungen betrachtet werden, sondern ebenso als Lernunterstützung. „Teachable moments“ gilt es dabei bewusst zu reflektieren und durch entsprechende pädagogische Kompetenzen des Auskunftgebenden als solche zu gestalten.

(Lern-)Situationen in der Auskunft

An den Auskunftstheken wird eine Vielzahl von unterschiedlichen Anfragen gestellt, von der Frage nach konkreten Räumen oder der Frage, ob man einen Locher ausleihen könne, bis zur Frage, wie der Kopierer oder Scanner funktioniert oder wo Bücher über Pinguine stehen oder wie man eine Internetseite richtig zitiert. Die Art der Anfrage ist darüber entscheidend, in welcher Art und in welchem Umfang Bibliotheksbeschäftige antworten und unterstützen.

Ein „lehrreicher“ Moment, eine Situation, in welcher Bibliotheksbeschäftigte situatives, spontanes Lernen unterstützen können, ist insbesondere dann gegeben, wenn Fragende dies entweder direkt einfordern, oder erkennbar offen dafür sind, etwas Neues zu lernen. Das unmittelbare Bedürfnis der Fragenden wird zu einem Katalysator für das Lernen, wobei in diesen Situationen die Bibliotheksbeschäftigten in die Rolle von Lehrenden schlüpfen (Saunders/Wong 2020, 331). Solche „lehrreichen Momente“ sind jedoch insofern herausfordernd, dass sie nicht vorhersehbar sind, Bibliotheksbeschäftigte müssen daher empfänglich und flexibel sein, bei Nutzenden spontan und sensibel, auf die Bedürfnisse angepasst, auf Fragen einzugehen (Avery 2008, 177).

Ob Nutzende, die sich an die Auskunft wenden, überhaupt offen sind, zu lernen, ist eine grundlegende Frage. Nutzende, die gestresst wirken, gehetzt sind oder direkt mitteilen, dass sie es eilig haben, sind für schnelle Informationen dankbar. Auch gibt es Situationen, in welchen kurze instruktive Antworten ausreichend sind, wenn es um Spezifika der Dienstleistungen vor Ort geht (z. B. „zum Abspeichern benötigt man einen USB-Stick“). Saunders und Wong geben als Indikatoren, die zeigen, ob Nutzende offen für eine Lehr-/Lernsituation sind, an, dass Nutzende zum Beispiel Fragen stellen in der Art „Können Sie mir zeigen, wie man…?“ oder ihr Interesse durch ihre Körpersprache signalisieren, wenn sie beispielsweise interessiert auf den Recherchebildschirm schauen; auch ist es möglich, als Auskunftgebende direkt zu fragen „Soll ich Ihnen zeigen, wie Sie das Gesuchte finden können?“ (Saunders/Wong 2020, 331–332). Wichtig ist dabei in der Gesprächssituation, dass Nutzende stets die Kontrolle über ihre Fragestellung behalten und Auskunftgebende nicht vorschnell auf eine Lösung drängen, hier bieten sich offene Fragestellungen an wie „Was möchten Sie über dieses Thema erfahren?“ (Saunders/Wong 2020, 332).

> Wann immer wir die Frage eines Schülers beantworten, ohne dem Schüler beizubringen, wie wir sie beantwortet haben oder warum wir sie so beantwortet haben, wie wir sie beantwortet haben, nehmen wir dem Schüler im Grunde die Frage weg und schaffen damit eine Abhängigkeit bei ihm, die den Lernprozess eher untergräbt als stärkt. (Elmborg 2002, 459)

Mit dem Ziel, Lernende/Nutzende dabei zu unterstützen, ihr eigenes Lernen zu fördern, eigene Ziele zu verfolgen und zu erreichen, gilt es den Prozess so zu gestalten, dass die Fragenden bei einem ähnlichen Fall das nächste Mal ohne die Hilfe einer Auskunft zu einer Lösung kommen: Also zu lernen, das Wissen auf ähnliche Situationen hin zu übertragen.

Vossoughi und Zavala stellten bei ihrer Analyse von Interviewtranskripten fest, dass es vor allem auf interaktive, soziale Beziehungen im Rahmen des Dialogs ankommt, damit Wissen konstruiert wird. Die Rollen als Interviewende und Fragende sollten dabei eher als Denkende und Lernende verstanden werden, auf beiden Seiten, als Menschen, die mit Ideen ringen und diese entwickeln (Vossoughi/Zavala 2020, 153).

Bei der Formulierung grundlegender Lernziele im Rahmen der Auskunft kann man zwischen breiterem konzeptionellem Wissen und prozeduralem Wissen (Saunders/Wong 2020, 333) unterscheiden. *Konzeptionelles Wissen* umfasst grundlegende Prinzipien, wie zum Beispiel das Wissen, dass in Datenbanken Literatur recherchierbar und zum Teil enthalten ist oder wie Informationen durch Metadaten erschlossen werden können und wieder abrufbar sind, *prozedurales Wissen* bezieht sich auf Anwendungswissen und Fähigkeiten, geeignete Strategien anzuwenden, wie zum Beispiel die Anwendung Boole'scher Operatoren bei einer Recherche oder die Bedienung eines Scanners.

Grundlage für Auskunftsgespräche, die lernunterstützend sind, ist ein gutes Auskunftsinterview (Saunders/Wong 2020, 336). Saunders und Wong empfehlen eine Reihe von Strategien, um ein Auskunftsgespräch „pädagogisch zu gestalten", wie „lautes (Nach-)Denken", das Verbalisieren des Suchprozesses Eine weitere Möglichkeit ist das Demonstrieren von Schritten am Bildschirm, um die Handlungen des Auskunftgebenden nachvollziehbar zu machen und Nutzende am Prozess zu beteiligen oder Fragen zu stellen wie „Sieht eines dieser Ergebnisse hilfreich aus?", um zum aktiven Mitmachen aufzufordern und die Nutzenden einzubinden (Saunders/Wong 2020, 333–334). Insbesondere sind Ansätze effektiver, die aktive Lernsituationen schaffen und die Nutzenden „selbst machen lassen"; ebenso förderlich ist es, herauszufinden, was Nutzende bereits wissen, um sie in kleinen Schritten an neue Fähigkeiten heranzuführen (Saunders/Wong 2020, 334).

Kompetenzen

Bezogen auf die Tätigkeit „Auskunft als Service-Dienstleistung" beschreiben Rösch et al. das Kompetenzprofil in sieben Bereichen:

- Ressourcenkompetenz (Informationsmittel kennen; Fachkenntnis in der Recherche),
- Methodenkompetenz (Recherchestrategien entwickeln, problemspezifische Information identifizieren, bewerten, verdichten; eigene Informationskompetenz),
- Kommunikationskompetenz/soziale Kompetenz (Dialogtechniken, Auskunftsinterview, Vermittlung von Informationskompetenz zielgruppengerecht planen und durchführen, Konfliktsituationen beherrschen),
- Sprachenkompetenz (mind. Englisch),
- anwendungsorientierte IT-Kompetenz (technisches Hintergrundwissen),
- betriebswirtschaftliche Kompetenz (Planung des Informationsdienstes, Auswahl Informationsmittel, Marketingstrategien),
- breite Allgemeinbildung (mit politischen und gesellschaftlichen Diskursen vertraut sein, bei Anfragen breite Allgemeinbildung heranziehen können) (Rösch et al. 2019, 213–214).

Kommunikative Kompetenzen werden als besonders wichtig erachtet, um den Informationsbedarf der Nutzenden überhaupt erst verstehen zu können (Rösch et al. 2019, 213). Ergänzt sei neben der Kommunikationsfähigkeit noch insbesondere „Empathie": Um die konkreten Bedarfe der Nutzenden erkennen und auf sie einzugehen zu können, sollten Auskunftsmitarbeitende in der Lage sein, eine vertrauensvolle Beziehung zu den Nutzenden aufbauen zu können und ein angenehmes Gesprächsklima zu schaffen.

Bezogen auf (Lern-)Situationen im Rahmen von Auskunft als pädagogisches Handeln sind Handlungswissen der Bezugswissenschaft Pädagogik, Kenntnisse über motivationale und soziale Lerneffekte bis hin zu lerntheoretischen Annahmen als Grundlage für die Gestaltung von Lernstrategien hilfreich, hierzu gehört ebenso die Gestaltung von entsprechenden Lernräumen (Keller-Loibl 2018, 52). Junge Lernende haben andere Bedürfnisse und Herausforderungen als erwachsene Lernende, auch hängt der Lernprozess von Faktoren wie Motivation, Selbstwirksamkeit bis hin zum Lernumfeld ab. Es ist wichtig zu erkennen, welche Art und welchen Grad der Unterstützung die jeweiligen Nutzenden in der betreffenden Situation benötigen. Hier sind grundlegende Kenntnisse beziehungsweise ein Verständnis der Entwicklungsstufen und Lerntheorien (Eigenbrodt 2024) hilfreich. Beispielsweise ist im Umgang mit der Zielgruppe Grundschulkinder (Alter zwischen sechs und zehn Jahren) neben sozialkommunikativen Kompetenzen und empathischem Vermögen wichtig, in der Gesprächssituation Rücksicht auf die individuelle Sprachentwicklung und Lesekompetenz zu nehmen (Seifried 2022, 142).

Die Qualität der Auskunft und Beratung hängt von den Fähigkeiten der betreffenden Auskunftsmitarbeitenden ab. Neben der Aus-, Fort- und Weiterbildung, in denen grundlegende Kenntnisse erworben werden, ist ein „Training on the Job" unerlässlich. Kollegiales Feedback kann zudem ein geeignetes Instrument zur Qualitätssicherung darstellen (Becker 2009).

Interne wie auch durch Gremien und Berufsverbände erarbeitete Auskunftsstandards sichern die Qualität. Hier sind insbesondere die *Guidelines for Behavioral Performance of Reference and Information Service Providers* zu nennen, die seit Jahrzehnten als Leitlinienpapier aktualisiert und angepasst werden (ALA/RUSA 2023). Im Tool „User Skills Assessment" wird eine Checkliste präsentiert, welche die einzelnen Standards der Association of College and Research Libraries (ACRL) für Informationskompetenz aufgreift und die Ergebnisse verdichtet auf diejenigen, die am wahrscheinlichsten während des Auskunftsgesprächs auftreten (Avery/Ward 2010, 48).

Fazit

„Instruction-at-the-point-of-use", eine individuelle Betreuung bei der Lösung eines konkreten Informationsproblems (Rösch et al. 2019, 227) muss nicht zwingend an einer

Auskunftstheke geschehen. Es stellt sich die Frage, welche anderen Lernsettings Konzepte zu Auskunft, Information und Beratung hinsichtlich der Perspektive der Lernunterstützung umfassen können. Das aus der angloamerikanischen Bibliothekswelt bekannte Konzept der *Roving Librarians*, die außerhalb von Theken in Nutzungsbereichen für Fragen bereit stehen und auch aktiv auf Lernende zugehen, ist in Deutschland sehr selten (Rösch et al. 2019, 216). Auch das Konzept des *Liason Librarian* ist betrachtenswert. Für Beratungs- und Unterstützungsdienste mit Gesprächstermin, neben den bisher bekannten fachlichen Beratungsterminen in Wissenschaftlichen Bibliotheken, führen Rösch et al. ein Beispiel aus Yale an, wo Studierenden *Personal Librarians* zugewiesen werden, die als Beratende bei Informationsproblemen aller Art bereitstehen (Rösch et al. 2019, 218).

In unterschiedlichen Interaktionen mit Nutzenden nehmen Bibliotheksbeschäftigte mal mehr oder mal weniger Rollen als Informationsgebende, als Lehrende, als Coaches, als Beratende wahr. Die Informationstätigkeit ist daher sowohl eine informationsvermittelnde als auch (je nach Situation) eine pädagogische Rolle. Eine persönliche Kompetenzentwicklung kann im Rahmen einer Auskunftssituation gefördert werden, die insbesondere den Vorteil hat, individuell und anwendungsnah auf die Fragestellungen einzugehen. Fragenden zu helfen, die jeweiligen Informationsbedürfnisse zu klären und Lernen zu unterstützen, setzt eine ganzheitliche Betrachtung des Handelns und eine ganzheitliche Haltung voraus. Wenn Auskunft auch als Lernsituationen verstanden wird, dann nehmen Bibliotheksbeschäftigte eher die Rolle von Lernberatenden ein, die reflektiert mit ihrer Rolle umgehen und dabei selbst lernen müssen, mehr Fragen zu stellen und sich auf eine kooperative Lernsituation einzustellen.

Die professionelle Auseinandersetzung mit dem Aspekt des pädagogischen Handelns in Auskunftssituationen ist (in Deutschland) in den Anfängen, hier sind weitere Betrachtungen erforderlich, insbesondere, wie informelles Lernen durch Bibliotheksbeschäftigte unterstützt werden kann.

Die Bibliothek ist ein Ort, an welchem nicht nur Informationen aufbewahrt und zugänglich gemacht werden, sondern an dem man auch lernt, wie man mit Informationen und Medien umgehen kann. Grundlegende pädagogische Kenntnisse sind dabei für alle Beschäftigten unerlässlich.

Literatur

ALA/RUSA – American Library Association (ALA), Reference and User Services Association (RUSA) (2023): *Guidelines for Behavioral Performance of Reference and Information Service Providers*. https://www.ala.org/rusa/resources/guidelines/guidelinesbehavioral.

Avery, S. (2008): When Opportunity Knocks. Opening the Door Through Teachable Moments. *The Reference Librarian* 49/2, 109–118. https://doi.org/10.1080/02763870802101260.

Avery, S.; Ward, D. (2010): Reference Is My Classroom. Setting Instructional Goals for Academic Library Reference Services. *Internet Reference Services Quarterly* 15/1, 35–51. https://doi.org/10.1080/10875300903530264.

Becker, T. (2009): Kollegiales Feedback im Auskunftsdienst. Qualitätsstandards als Instrument der kooperativen Qualitätssicherung. *BIBLIOTHEK – Forschung und Praxis* 33/3, 346–359. https://doi.org/10.1515/bfup.2009.039.

Becker, T. (2022): Improvisationstheater Auskunft. *BIBLIOTHEK – Forschung und Praxis* 46/1, 108–127. https://doi.org/10.1515/bfp-2022-0002.

Eigenbrodt, O. (2024): Lerntheorien. In: U. Engelkenmeier; K. Keller-Loibl; B. Schmid-Ruhe; R. Stang (Hrsg.): *Handbuch Bibliothekspädagogik*. Berlin; Boston: De Gruyter Saur, 107–117. https://doi.org/10.1515/9783111032030-010.

Elmborg, J. K. (2002): Teaching at the Desk. Toward a Reference Pedagogy. *Portal: Libraries and the Academy* 2/3, 455–464. https://doi.org/10.1353/pla.2002.0050.

Hanke, U.; Sühl-Strohmenger, W. (2016): *Bibliotheksdidaktik. Grundlagen zur Förderung von Informationskompetenz*. Berlin; Boston: De Gruyter Saur.

Hobohm, H.-C. (2002): Informationsdienstleistungen. In: H.-C. Hobohm; K. Umlauf (Hrsg.): *Erfolgreiches Management von Bibliotheken und Informationseinrichtungen*. Hamburg: Dashöfer, Abschnitt 8.2.

Keller-Loibl, K. (2018): Zur Etablierung einer Bibliothekspädagogik. Professionalisierung der Bildungsarbeit Öffentlicher Bibliotheken. In: R. Stang; K. Umlauf (Hrsg.): *Lernwelt Öffentliche Bibliothek. Dimensionen der Verortung und Konzepte*. Berlin; Boston: De Gruyter Saur, 47–56. https://doi.org/10.1515/9783110590982-005.

Kotay, T. (2007): A New Direction for Library and Information Science: the Communication Aspect of Information Literacy. *Information Research* 12/4, paper colise06. http://InformationR.net/ir/12-4/colise06.html.

Lankes, R. D. (2017): New Librarianship. Warum wir eine Wissensperspektive brauchen. *BuB. Forum Bibliothek und Information* 69/7, 400–403. https://www.b-u-b.de/fileadmin/archiv/imports/pdf_files/2017/bub_2017_07_400_403.pdf.

Lewe, B. (1999): *Informationsdienst in Öffentlichen Bibliotheken. Grundlagen für Planung und Praxis*. Köln: Greven.

Reale, M. (2018): *The Indispensable Academic Librarian. Teaching and Collaborating for Change*. Chicago: ALA Editions.

Rösch, H. (2007): Das Auskunftsinterview. In: T. Becker; C. Barz (Hrsg.): *Was für ein Service. Entwicklung und Sicherung der Auskunftsqualität von Bibliotheken*. Wiesbaden: Dinges & Frick, 69–82.

Rösch, H.; Seefeldt, J.; Umlauf, K. (2019): *Bibliotheken und Informationsgesellschaft in Deutschland. Eine Einführung*. 3. Aufl. Wiesbaden: Harrassowitz.

Saunders, L.; Wong, M. (2020): *Instruction in Libraries and Information Centers*. Urbana, Ill.: Windsor & Downs Press. https://doi.org/10.21900/wd.12.

Schoenbeck, O. (2015): Informationskompetenz als Gestaltungsaufgabe. *Zeitschrift für Bibliothekswesen und Bibliographie* 62, 85–93 http://dx.doi.org/10.3196/186429501562241.

Schultka, H. (2018): *Bibliothekspädagogik. Lehren und Lernen in wissenschaftlichen Bibliotheken*. München. kopaed.

Seifried, P. (2022): Kompetenzen von Bibliothekar*innen im Auskunftsgespräch mit Grundschulkindern. *BIBLIOTHEK – Forschung und Praxis* 46/1, 140–143. https://doi.org/10.1515/bfp-2021-0056.

Stang, R. (2024): Pädagogik. In: U. Engelkenmeier; K. Keller-Loibl; B. Schmid-Ruhe; R. Stang (Hrsg.): *Handbuch Bibliothekspädagogik*. Berlin; Boston: De Gruyter Saur, 97–106. https://doi.org/10.1515/9783111032030-009.

Vossoughi, S.; Zavala, M. (2020): The Interview as Pedagogical Encounter. Nurturing Knowledge and Relationships with Youth. In: A. I. Ali; T. L. McCarty (Hrsg.): *Critical Youth Research in Education*. New York: Routledge, 136–154.

Zimmermann, J. (2007): Auskunftsdienstkonzepte. In: T. Becker; C. Barz (Hrsg.): *Was für ein Service. Entwicklung und Sicherung der Auskunftsqualität von Bibliotheken*. Wiesbaden: Dinges & Frick, 57–67.

Richard Stang

Raumperspektiven: Öffentliche Bibliotheken

Einleitung

Öffentliche Bibliotheken sind von jeher physische Orte, die multifunktional gestaltet sind. Zunächst waren es Orte, die den Zugang zu Büchern für alle Bevölkerungsschichten eröffneten, auch wenn meistens das Bibliothekspersonal noch als Filter zwischen den Nutzerinnen und Nutzern und den Medien zwischengeschaltet war. In Deutschland wurde der Bestand für die Menschen erst langsam frei zugänglich und der Weg zum Regal ohne Barrieren nur nach und nach möglich. Mit der Zeit bekam die Beratung der Nutzerinnen und Nutzer eine zunehmende Bedeutung. Öffentliche Bibliotheken wurden zum Kommunikationsort, den auch immer mehr Menschen aufsuchten, um dort zu lesen, Medien zu nutzen und zu lernen. Heute wird die Diskussion darüber geführt, wie sich die Bibliotheken als sozialer Ort noch weiter öffnen und zum *Dritten Ort* werden können.

Gerade in Bezug auf die Gestaltung der Lernwelt Öffentliche Bibliothek (Stang/Umlauf 2018) zeigen sich Veränderungsprozesse, wie dies Umlauf zeigt:

> Die Öffentliche Bibliothek als Lernwelt zu verstehen ist ein pädagogischer Anspruch. Und von einem pädagogischen Impetus wurden die Öffentlichen Bibliotheken – oder die Volksbüchereien, wie man sie bis in die 1960er Jahre meistens nannte – getragen. Aber von diesem frühen pädagogischen Selbstverständnis her konnte kein Weg zum Verständnis der Bibliothek als Ort selbstgesteuerten Lernens führen. Erst über mehrmalige Wandel des Selbstverständnisses und des Profils Öffentlicher Bibliotheken führte die Entwicklung zu den aktuellen Lernwelten Öffentlicher Bibliotheken. (Umlauf 2018, 19)

Die Rolle der Bibliotheken in der deutschen Bildungslandschaft ist heute nicht zu unterschätzen. Im lokalen, regionalen und überregionalen Kontext nehmen sie wichtige Aufgaben der Informationsversorgung sowie der Unterstützung von Lernenden wahr (Umlauf/Gradmann 2012; Stang 2016, 97–119). Vor allem mit der Diskussion über das Lebenslange Lernen Anfang der 2000er Jahre rückte eine veränderte Perspektive der Verortung der Öffentlichen Bibliotheken im Bildungssystem in den Blick (Stang/Puhl 2001). Darauf haben die Öffentlichen Bibliotheken mit einer veränderten Fokussierung ihrer Aktivitäten reagiert, wie dies Seefeldt darlegt:

> Neben der Information und Allgemeinbildung dienen sie [die Öffentlichen Bibliotheken] der beruflichen Aus-, Fort- und Weiterbildung, der sinnvollen Gestaltung der Freizeit und im besonderen Maße der Leseförderung und Vermittlung von Medien- und Informationskompetenz. Vielerorts sind sie zu Stätten der Kommunikation geworden, die sich, je nach ihren räumlichen Möglichkeiten, zu einem multimedialen und multikulturellen Treffpunkt mit Veranstaltungen aller Art entwickelt haben. (Seefeldt 2015, 19)

https://doi.org/10.1515/9783111032030-031

Dieser Perspektivenwechsel hatte auch Auswirkungen auf die räumliche Gestaltung von Öffentlichen Bibliotheken (Umlauf/Stang 2018; Werner 2022). Aus Lesesälen wurden Lernareale oder andere neue Bereiche wie Makerspaces (Stang 2020b). Der Bestand wurde teilweise drastisch reduziert, um freie Flächen für neue Raumangebote unter anderem zum Lernen zur Verfügung stellen zu können. Die Unterstützung des Lebenslangen Lernens rückte dabei immer stärker in den Blick.

Lebenslanges Lernen als Katalysator

Die Herausforderungen zur Unterstützung Lebenslangen Lernens können heute nicht alleine durch Angebote klassischer Bildungseinrichtungen wie Schule, Hochschule oder Erwachsenenbildung/Weiterbildung bewältigt werden, sondern Lernwelten wie Museen (Giese/Stang 2021) oder Öffentliche Bibliotheken (Stang/Umlauf 2018) werden hier immer wichtiger. So entwickeln sich Öffentliche Bibliotheken zu zentralen Supportstrukturen für das Lebenslange Lernen. Durch die Niedrigschwelligkeit des Zugangs öffnen sie für alle Bevölkerungsschichten Optionen, die eigene Bildungsbiographie zu gestalten.

Dabei bilden Angebote der non-formalen Bildung – wie Einführung ins Internet, Grundlagen der Informationsbeschaffung oder die Förderung von Informations- und Medienkompetenz sowie Beratungsangebote zum Beispiel zur Informationsrecherche – eine Grundlage dafür, die Herausforderungen der Digitalgesellschaft zu meistern.

Neben diesen inhaltlichen Angeboten wächst die Bedeutung Öffentlicher Bibliotheken als Lernraum, der unterschiedlichste Lernplätze und Lernsettings zur Verfügung stellt. Dies bedeutet – wie Werner es beschreibt – einen grundlegenden Wandel des Selbstverständnisses von Bibliotheken:

> In der Zukunft bedeutet Bibliothek als Wissensraum der Informations-, Wissens- und Freizeitgesellschaft für die allermeisten Bibliotheken nicht mehr in erster Linie, Speicher oder Anbieter gedruckter oder anderer Medien zu sein. Die weltweit diskutierte Zielrichtung für die Bibliotheken der Zukunft ‚from collection to access and from preservation to communication' meint dabei ganz besonders den Ort. (Werner 2015, 95, H. i. O.)

Diese Formierung Öffentlicher Bibliotheken als Lern- und Wissensräume (Eigenbrodt/Stang 2014) schafft die Voraussetzung dafür, dass perspektivisch das Lebenslange Lernen nicht nur durch Informations- und Beratungsangebote sowie Lernmöglichkeiten noch zielgerichteter unterstützt werden kann, sondern eben auch durch veränderte Raumkonzepte, wie sie heute besonders im skandinavischen Raum zu finden sind.

Das Oodi in Helsinki[1] oder das DOKK1[2] in Aarhus sind Beispiele dafür, wie die Ausrichtung der inhaltlichen Angebote an den Bedürfnissen der Bevölkerung zu einer fluiden Bibliotheksstruktur (Eigenbrodt 2014) führt. So sind zum Beispiel im DOKK1 in Aarhus die Übergänge zwischen Lern-, Arbeits- und Entspannungsflächen fließend. Die Seminar- und Lernräume im Haus können von Bürgerinnen und Bürgern gebucht werden beziehungsweise können spontan genutzt werden, wenn sie frei sind. Auch die Flächen für einzelne Zielgruppen wie Kinder, Jugendliche und Erwachsene sind in sich gestaltet, öffnen sich allerdings zu den anderen Flächen, sodass die Übergänge fließend sind. Die Bibliothek wird zum sozialen Raum, zum Lernraum und zum offenen Treffpunkt, der generationenübergreifend Angebote zur Verfügung stellt und die Kommunikation zwischen den Generationen und unterschiedlichen Bevölkerungsschichten anregt (Hapel/Schulz 2015). So liefert die Bibliothek die Voraussetzungen dafür, dass die Bürgerinnen und Bürger ihre unterschiedlichen Bedürfnisse befriedigen können und das Lebenslange Lernen niedrigschwellig unterstützt wird.

Die Grundidee für solche Konzepte besteht darin, Raumstrukturen in Öffentlichen Bibliotheken von den Bedürfnissen der Nutzerinnen und Nutzer her zu denken. Unter der Perspektive der Gestaltung eines Lernraums geht es vor allem darum, den verschiedenen Interessen von Lernenden gerecht zu werden, das heißt auch, verschiedene Funktionsbereiche durch Zonierung zu etablieren.

Raumstrukturen für das Lernen

Öffentliche Bibliotheken sind seit Jahren damit konfrontiert, dass der Bedarf an Lernplätzen wächst. Dies war nicht nur in der Vor-COVID-Zeit der Fall, sondern ist es auch danach. In vielen Öffentlichen Bibliotheken stellt sich die Frage, wie solche Flächen generiert werden können, da nur die wenigsten einen Neubau oder umfangreichen Umbau (z. B. KAP1 in Düsseldorf) planen können. Letztendlich bedeutet dies, dass die Medienbestände reduziert werden müssen, um Flächen in neue Lernareale umzuwandeln. Dabei gilt es zu berücksichtigen, für welche Funktionen Flächen genutzt werden sollen. Hier gibt es unterschiedliche Anforderungen wie:

- Einzelarbeitsplatz,
- Gruppenarbeitsplatz,
- Laborflächen wie Makerspaces,
- Seminarraum oder
- Lesesaal.

1 https://oodihelsinki.fi/en/.
2 https://www.dokk1.dk/english.

Da die Bedarfe der Nutzerinnen und Nutzer sehr unterschiedlich sind, stellen sich besondere Herausforderungen. So kann der Bedarf nach Einzelarbeitsplätzen unterschiedlich aussehen. Auf der einen Seite gibt es Nutzerinnen und Nutzer, die in Stille arbeiten wollen, auf der anderen Seite welche, die eine belebte Umgebung präferieren. Dies gilt auch für Gruppenräume. Während die einen Nutzerinnen und Nutzer einen abgeschlossenen Raum bevorzugen, bevorzugen es die anderen, in einer lebendigen Umgebung zu arbeiten, in der man auch Anderen beim Arbeiten zuschauen kann. Laborflächen wie Makerspaces erfordern eine spezifische Ausstattung, die gelegentlich auch eine Lärmquelle darstellt – zum Beispiel Drucker, Näh- oder Bohrmaschinen. Seminarräume oder Flächen für die Vermittlung stehen nicht in allen Bibliotheken zur Verfügung. Wenn es solche Flächen gibt, stellt sich die Frage nach der Auslastung dieser Flächen. Die gleiche Frage stellt sich auch bezogen auf Lesesäle.

Da die Anforderungen für die Öffentlichen Bibliotheken jeweils unterschiedlich sind, bedarf es immer individueller Konzepte für jede Bibliothek. Die Möblierung kann hierbei ein wichtiges Element sein, um die zur Verfügung stehenden Flächen optimal zu nutzen. Eine hohe Flexibilität der Möbel ermöglicht zwar eine angepasste Nutzung von Flächen, schafft aber auch eine gewisse „Unordnung", was für viele Mitarbeitende ein Problem darstellt, obwohl dies die Lernenden kaum stört. Hier bedarf es auch eines Umdenkens bei den Bibliothekarinnen und Bibliothekaren. Das Thema Ordnung ist sicher eines der am intensivsten diskutierten, wenn es darum geht, flexible Lernflächen in Bibliotheken zu gestalten. Oft werden aus der Ordnungsperspektive heraus die Potenziale der Gestaltung nicht ausgeschöpft.

Die Entwicklung hin zu flexiblen Lernlandschaften, in denen das Raumangebot im Hinblick auf die Bedarfe der Nutzerinnen und Nutzer differenziert ist, wird in Zukunft sicher eine Option sein. Neben den Lesebereichen werden Einzelarbeitsplätze, Gruppenarbeitsplätze, Arbeitskabinen sowie Kommunikationsflächen und Loungebereiche die räumliche Gestaltung bestimmen, um gleichzeitig Lernen, Kommunikation und Entspannung zu ermöglichen. Diese Ermöglichungsräume gilt es zu gestalten. Peschl und Fundneider sprechen auch von Enabling Spaces:

> Enabling Spaces […] bieten Rand-/Rahmenbedingungen, die Prozesse der Innovation, des individuellen und kollaborativen Lernens und der Wissensgenerierung ermöglichen und unterstützen, diese aber nicht explizit und mechanistisch vorgeben. (Peschl/Fundneider 2012, 75, H. i. O.)

Die Grundlage für die Konzeptentwicklung von Raumstrukturen in Öffentlichen Bibliotheken sollte immer ein Lehr-/Lernkonzept bilden, in dem ein gemeinsames Verständnis von Lernen und Lehren festgehalten wird. Dazu ist es wichtig, sich mit Lerntheorien[3] und didaktischen Konzepten[4] zu beschäftigen (Stang 2016, 22–63). Auf der Basis eines solchen Konzeptes können dann auch sehr viel fundierter Entscheidungen

3 Siehe auch Eigenbrodt (2024) in diesem Band.
4 Siehe auch Seidl (2024) in diesem Band.

darüber getroffen werden, wie die Raumstrukturen für das Lernen gestaltet werden können, als wenn keines vorliegt.

Letztendlich geht es um die Inszenierung von Lernen in Form von gestalteten Lernarrangements, die neugierig machen, Lernende unterstützen und zur Nutzung einladen. Sie sollten allerdings auch konzeptionell gestaltet sein. Die Bereitstellung von Möbeln alleine schafft noch keinen inspirierenden Lernort. Vielmehr müssen Handlungsoptionen für die Nutzerinnen und Nutzer über die Gestaltung vermittelt werden.

Jochumsen et al. sprechen in diesem Zusammenhang von einem „aktiven Erlebnis- und Inspirationsraum" (Jochumsen et al. 2014, 67). Sie sehen die Hauptaufgaben der Öffentlichen Bibliotheken darin, Erlebnisse zu gestalten, Beteiligung zu ermöglichen, Empowerment zu fördern und Innovation anzustoßen. Um den Anforderungen der Zukunft gerecht werden zu können, haben Jochumsen et al. ein Vier-Räume-Modell entwickelt (siehe Abbildung 1).

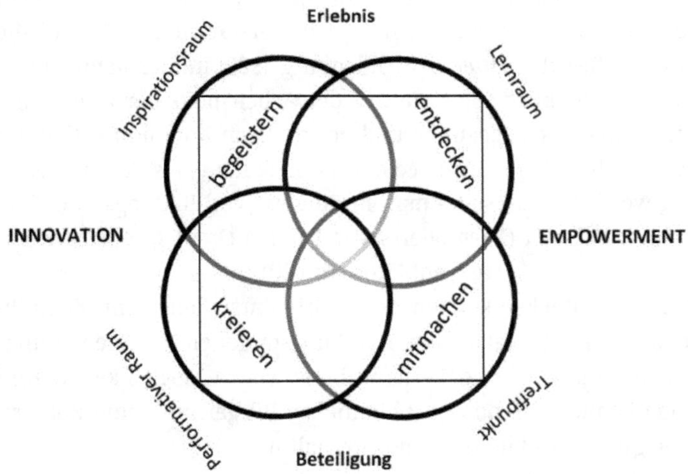

Abb. 1: Das Vier-Räume-Modell der Öffentlichen Bibliothek (Jochumsen et al. 2014, 70).

Das Vier-Räume-Modell umfasst folgende Räume:
- den *Inspirationsraum*, in dem die Menschen begeistert werden und bedeutungsvolle Erfahrungen machen sollen,
- den *Lernraum*, in dem Menschen Dinge entdecken, Erkenntnisse gewinnen und Kompetenzen entwickeln können,
- den *Treffpunkt*, in dem Menschen sich mit anderen treffen, gemeinsam aktuelle Probleme diskutieren und entspannen können,
- den *performativen Raum*, in dem Menschen kreativ und künstlerisch aktiv werden können sowie Zugang zu Werkzeugen und Materialien zum Gestalten haben (Jochumsen et al. 2014, 70–77).

Für Jochumsen et al. (2014) geht es bei diesem Modell vor allem darum, eine Orientierung zu bieten, wie Räume in Öffentlichen Bibliotheken gestaltet und strukturiert werden können. Auf der Basis dieses Modells wurde unter anderem auch das Konzept für das bereits oben erwähnte DOKK1 in Aarhus entwickelt. Bei der Entwicklung des Konzepts stand die Öffnung in die Stadtgesellschaft im Fokus, um durch niedrigschwellige Rauminszenierungen möglichst viele Nutzerinnen und Nutzer in die Einrichtung zu bringen. Es ging um die Gestaltung eines – wie es etwas plakativ formuliert wird – *Dritten Ortes*.

Öffnung zum Stadtraum und Dritter Ort

Städte und Kommunen benötigen anhand der aktuellen gesellschaftlichen Herausforderungen Orte der Vergemeinschaftung und des Lebenslangen Lernens. Öffentliche Bibliotheken haben sich in den letzten Jahren zu Orten entwickelt, die den Fokus nicht mehr ausschließlich auf die Medien richten, sondern in verstärktem Maße auf die Menschen. Dabei rückte der Begriff *Dritter Ort* (Oldenburg 1989) immer mehr in den Fokus. Das Zuhause ist für Oldenburg der erste Ort, der Arbeitsplatz der zweite und der Dritte Ort steht für Räume der Begegnung und der sozialen Kommunikation. Da Oldenburg vor allem Cafés, Shopping Malls et cetera im Blick hatte, also Locations, in denen auch konsumiert werden muss, sollte man im Kontext von Bildungs- und Kultureinrichtungen besser von *Vierten Orten* oder sogar *Fünften Orten* sprechen, wenn man den digitalen Raum als *Vierten Ort* ansieht (Morisson 2019).

Vor allem Öffentliche Bibliotheken können solche Orte darstellen, wenn sie in ihrer Raumstruktur vielfältige Aufenthalts- und Handlungsoptionen eröffnen. Durch eine breite Palette von Informations- und Lernangeboten sowie Möglichkeiten zum Gaming und zum Making können Öffentliche Bibliotheken Bürgerinnen und Bürgern einen niedrigschwelligen Zugang zu Bildung und Unterhaltung schaffen.

Diese Rolle gilt es auch in der Außendarstellung in den kommunalen Strukturen deutlicher zu adressieren. Dazu bedarf es eines Leitbildes, das vor allem auch die Bedeutung Öffentlicher Bibliotheken für das soziale Miteinander und Bildung klar herausstellt. Dabei ist es wichtig, deutlich zu machen, wie die spezifischen Leistungen der Bibliothek im Verhältnis zu anderen Bildungsakteurinnen und -akteuren aussehen. Die Öffentlichen Bibliotheken haben besonders in Bezug auf die Migrationswellen der letzten Jahre gezeigt, welche wichtige Funktion sie dabei haben, Menschen den Zugang zu Bildung zu ermöglichen. Doch auch die immense Nachfrage von Schülerinnen und Schülern nach flexiblen Lernarrangements, die ihnen in den Schulen meistens nicht zur Verfügung stehen, zeigt die Bedeutung eines Ortes wie der Öffentlichen Bibliothek, die hier vielfältige Optionen bietet. Die Verknüpfung von (Lern-)Medienbereitstellung und Lernraum kann keine andere Institution in diesem Umfang bieten.

Unabhängig von den eigenen Kompetenzen in Bibliotheken wird die Vernetzung mit anderen Bildungsakteurinnen und -akteuren in den nächsten Jahren an Bedeutung gewinnen. Dabei wird es notwendig sein, mit Kindergärten, Schulen, Hochschulen oder Erwachsenenbildungs-/Weiterbildungseinrichtungen jeweils spezifische Kooperationsabsprachen zu treffen. In den letzten Jahren hat es auch vielfältige Ansätze auf kommunaler Ebene gegeben, Öffentliche Bibliotheken mit anderen Institutionen – besonders oft mit Volkshochschulen – in einem gemeinsamen Gebäude oder einer gemeinsamen Organisationsstruktur in Bildungs- und Kulturzentren zu verorten (Stang 2020a). Dabei geht es vor allem darum, die spezifischen Kompetenzen der Bildungseinrichtungen optimal für die Bürgerinnen und Bürger zu verknüpfen (Stang 2023).

Letztendlich können Öffentliche Bibliotheken so ein wichtiger Baustein einer kommunalen Bildungslandschaft sein und die Entwicklung einer *Lernenden Stadt/Gemeinde* (Stang/Eigenbrodt 2014) unterstützen. Dies kann als Grundlage dafür dienen, ein *atmendes Bildungssystem* (Stang 2016, 191–192) so zu gestalten, dass die Bildungsinfrastrukturen von den Bedürfnissen der Lernenden her gedacht werden. Wichtig sind dabei fließende Übergänge zwischen den Bildungsinstitutionen. Die Öffentlichen Bibliotheken könnten hier als Bindeglied fungieren. Für die Bürgerinnen und Bürger würden sich daraus neue Lernraumoptionen ergeben und die Bildungsinfrastruktur würde nicht aus der Perspektive der Institutionen gestaltet, sondern auf der Basis der gesellschaftlichen Bedarfe.

Solche Bildungslandschaften könnten flexibel auf verschiedene Herausforderungen reagieren und den Bedürfnissen der Bürgerinnen und Bürger gerecht werden, indem sie

- Orte des Wissens und der Information,
- Orte als sozialen Ankerpunkt,
- Orte der Kommunikation und Diskussion,
- Orte für Integration und Inklusion,
- Orte der Entspannung und des Spiels,
- Orte fürs Lernen und Arbeiten,
- kommunale beziehungsweise regionale „Wohnzimmer“ und
- Fünfte Orte

zur Verfügung stellen.

Fazit

Öffentliche Bibliotheken sind wichtige Einrichtungen in kommunalen Bildungslandschaften. Sie haben die Möglichkeit, Bürgerinnen und Bürgern einen niedrigschwelligen Zugang zu Lerninfrastrukturen zu schaffen. Werner bringt die Potenziale von Lernarchitekturen in Bibliotheken auf den Punkt:

> Die Formen *kollaborativen Lernens* und Arbeitens verändern und erweitern sich, aber der einladende, soziale Ort Bibliothek hat das Potenzial auch zur post-COVID-bedingten Transformation in zukünftig sicher noch deutlich hybridere Lernumgebungen. Unter Berücksichtigung altersspezifischer Besonderheiten geben einerseits das Experimentieren mit Flächen und Ausstattungsangeboten (Lernumgebungen im Selbstverständnis als *Laboratorien*) und andererseits die Orientierung an modernen Arbeitswelten (z. B. Adaptieren von Elementen des Coworking Space) entscheidende Orientierungshilfen für die Fortentwicklung von Lernarchitekturen in Bibliotheken. (Werner 2022, 172, H. i. O.)

Der Lernort Öffentliche Bibliothek wird sich in den nächsten Jahren weiter ausdifferenzieren. Dabei wird er sich im Kontext kommunaler Bildungslandschaften neu positionieren müssen. Der Gestaltung multifunktionaler Lernräume wird dabei eine besondere Bedeutung zukommen, um das kommunale Bildungsangebot zu erweitern. Auch das Wirken in den Stadtraum mit vielfältigen Kooperationen mit anderen Bildungseinrichtungen kann dabei forciert werden. Viele Bibliotheken haben bereits den Weg des Veränderungsprozesses eingeschlagen. Nun heißt es, pädagogisch fundierte Konzepte als Grundlage für die Lernraumentwicklung zu erarbeiten. Eine theoretisch fundierte Bibliothekspädagogik ist dafür die Grundlage. Bezugspunkt sollten dabei aktuelle Erkenntnisse aus der Lehr-/Lernforschung sein. Auf dieser Basis können sich Öffentliche Bibliotheken zu Lernwelten entwickeln, die die Menschen unterstützen, die Herausforderungen einer zunehmend komplexer werdenden Welt zu bewältigen.

Literatur

Eigenbrodt, O. (2014): Auf dem Weg zur Fluiden Bibliothek. In: O. Eigenbrodt; R. Stang (Hrsg.): *Formierungen von Wissensräumen. Optionen des Zugangs zu Information und Bildung*. Berlin; Boston: De Gruyter Saur, 207–220.

Eigenbrodt, O. (2024): Lerntheorien. In: U. Engelkenmeier; K. Keller-Loibl; B. Schmid-Ruhe; R. Stang (Hrsg.): *Handbuch Bibliothekspädagogik*. Berlin; Boston: De Gruyter Saur, 107–117. https://doi.org/10.1515/9783111032030-010.

Eigenbrodt, O.; Stang, R. (Hrsg.) (2014): *Formierungen von Wissensräumen. Optionen des Zugangs zu Information und Bildung*. Berlin; Boston: De Gruyter Saur.

Giese, T.; Stang, R. (Hrsg.) (2021): *Lernwelt Museum. Dimensionen der Kontextualisierung und Konzepte*. Berlin; Boston: De Gruyter Saur.

Hapel, R.; Schulz, K. (2015): The library as an open meeting place. Dokk1. A modern hybrid library. In: R. Hapel; K. Schulz; Ostergard, M.; Holst Jensen, K. (Hrsg.): *Space for change. Dokk1 Aarhus' new meeting place*. Aarhus: Aarhus Kommunes Biblioteker, 21–29.

Jochumsen, H.; Skot-Hansen, D.; Hvenegaard-Rasmussen, C. (2014): Erlebnis, Empowerment, Beteiligung und Innovation. Die neue Öffentliche Bibliothek. In: O. Eigenbrodt; R. Stang (Hrsg.): *Formierungen von Wissensräumen. Optionen des Zugangs zu Information und Bildung*. Berlin; Boston: De Gruyter Saur, 67–80.

Morisson A. (2019). A Typology of Places in the Knowledge Economy. Towards the Fourth Place. In: F. Calabrò; L. Della Spina; C. Bevilacqua C. (Hrsg.): *New Metropolitan Perspectives. Local Knowledge and Innovation Dynamics Towards Territory Attractiveness Through the Implementation of Horizon/E2020/Agenda2030. Volume 1*. Cham: Springer, 444–451.

Oldenburg, R. (1989): *The Great Good Place: Cafés, Coffee Shops, Bookstores, Bars, Hair Salons and Other Hangouts at the Heart of a Community*. Cambridge, MA: Da Capo.

Peschl, M. F.; Fundneider, T. (2012): Räume bilden Wissen. Kognitive und epistemologische Grundlagen der Ermöglichung von Wissensgenerierung in Enabling Spaces. In: H. Schröteler-von Brandt; T. Coelen; A. Zeising; A. Ziesche (Hrsg.): *Raum für Bildung: Ästhetik und Architektur von Lern- und Lebensorten*. Bielefeld: transcript, 73–80.

Seefeld, J. (2015): Strukturen und Entwicklungen des öffentlichen Bibliothekssektors in Deutschland. In: R. Griebel; H. Schaffler; K. Sollner (Hrsg.): *Praxishandbuch Bibliotheksmanagement. Band 1*. Berlin; Boston: De Gruyter Saur, 17–36.

Seidl, T. (2024): Didaktische Grundlagen. In: U. Engelkenmeier; K. Keller-Loibl; B. Schmid-Ruhe; R. Stang (Hrsg.): *Handbuch Bibliothekspädagogik*. Berlin; Boston: De Gruyter Saur, 119–127. https://doi.org/10.1515/9783111032030-011.

Stang, R. (2016): *Lernwelten im Wandel. Entwicklungen und Anforderungen bei der Gestaltung zukünftiger Lernumgebungen*. Berlin; Boston: De Gruyter Saur.

Stang, R. (2020a): Häuser für Bildung und Kultur. Entwicklungen, Chancen und Grenzen kommunaler „Dritter Orte". In: B. Käpplinger (Hrsg.): *Neue Häuser der Erwachsenenbildung 1959 und 2019. Bleibt alles anders?* Berlin: Peter Lang, 23–40.

Stang, R. (2020b): Makerspaces in Öffentlichen Bibliotheken. Optionen und Herausforderungen. In: V. Heinzel; T. Seidl; R. Stang (Hrsg.): *Lernwelt Makerspace. Perspektiven im öffentlichen und wissenschaftlichen Kontext*. Berlin; Boston: De Gruyter Saur, 127–140.

Stang, R. (2023): *Bildungs- und Kulturzentren als kommunale Lernwelten. Konzepte, Umsetzungen und Perspektiven*. Berlin; Boston: De Gruyter Saur.

Stang, R.; Eigenbrodt, O. (2014): Informations- und Wissensräume der Zukunft. Von Hochgefühlen und lernenden Städten. In: O. Eigenbrodt; R. Stang (Hrsg.): *Formierungen von Wissensräumen. Optionen des Zugangs zu Information und Bildung*. Berlin; Boston: De Guyter Saur, 232–244.

Stang, R.; Puhl, A. (Hrsg.) (2001): *Bibliotheken und lebenslanges Lernen. Lernarrangements in Bildungs- und Kultureinrichtungen*. Bielefeld: W. Bertelsmann.

Stang, R.; Umlauf, K. (Hrsg.) (2018): *Lernwelt Öffentliche Bibliothek. Dimensionen der Verortung und Konzepte*. Berlin; Boston: De Gruyter Saur.

Umlauf, K. (2018): Lernort als Leitbild. Öffentliche Bibliotheken im Wandel. In: R. Stang; K. Umlauf (Hrsg.): *Lernwelt Öffentliche Bibliothek. Dimensionen der Verortung und Konzepte*. Berlin; Boston: De Gruyter Saur, 19–29.

Umlauf, K.; Gradmann, S. (Hrsg.) (2012): *Handbuch Bibliothek: Geschichte, Aufgaben, Perspektiven*. Stuttgart: Metzler.

Umlauf, K.; Stang, R. (2018): Zur Relevanz physischer Verortung. Raum- und Zonierungskonzepte für Öffentliche Bibliotheken. In: R. Stang; K. Umlauf (Hrsg.): *Lernwelt Öffentliche Bibliothek. Dimensionen der Verortung und Konzepte*. Berlin; Boston: De Gruyter Saur, 107–120.

Werner, K. U. (2015): Bibliothek als Ort. In: R. Griebel; H. Schaffler; K. Sollner (Hrsg.): *Praxishandbuch Bibliotheksmanagement. Band 1*. Berlin; Boston: De Gruyter Saur, 95–107.

Werner, K. U. (2022): Vom Lesesaal zum Coworking Space. Lernarchitekturen in Bibliotheken. In: M. Kirschbaum; R. Stang (Hrsg.): *Architektur und Lernwelten. Perspektiven für die Gestaltung*. Berlin; Boston: De Gruyter Saur, 160–175.

Christine Gläser

Raumperspektiven: Wissenschaftliche Bibliotheken

Einleitung

Wissenschaftliche Bibliotheken – mit dem Schwerpunkt auf Hochschulbibliotheken – leisten als Lernorte im Hinblick auf die Förderung von Kompetenzen für Studierende einen wichtigen Beitrag. Im Folgenden soll die besondere Rolle, die Bibliotheken als lernrelevante Orte innerhalb der Hochschulen spielen, betrachtet werden. Dazu werden die Herausforderungen und Dynamiken der Lernraumentwicklungen an Hochschulen überblickt und die spezifische Entwicklung von Bibliotheken als Lernorte bestimmt. Im Hinblick auf die Kompetenzförderung zielen die Hochschulbibliotheken in der Umsetzung als Teaching Library[1] traditionell auf die Informationskompetenz. Hier soll ein auf digitale Schlüsselkompetenzen erweiterter Ansatz betrachtet werden, um die Angebote der Bibliotheken im Hinblick auf zeitgemäße Kompetenzprofile der Studierenden zu schärfen. Abschließend werden die Möglichkeiten herausgestellt, die die Entwicklung und Profilierung der Wissenschaftlichen Bibliotheken als Lernort bieten, um die Angebote und Serviceportfolios erfolgreich zu gestalten.

Lernraumentwicklungen in Hochschulen

Mit Blick auf die letzten gut zwei Dekaden der Lernraumentwicklungen an Hochschulen im internationalen wie nationalen Kontext sind die stärksten Veränderungen aus dem Zusammenspiel zweier Faktoren festzustellen, nämlich der Digitalisierung und den pädagogisch didaktischen Entwicklungen hin zum „Shift from Teaching to Learning“ (Barr/Tagg 1995) an den Hochschulen. Konzepte der Learning Commons in den USA und Canada sowie der Learning Center in Großbritannien und Australien illustrieren dies deutlich. In Deutschland werden diese Entwicklungen unter den Begriffen Lernraum, Lernort, Lernzentrum, Lernwelt geführt, nicht selten werden Begriffe aus dem anglo-amerikanischen Raum adaptiert (Learning Center). Diese Entwicklungen stehen für physische und zunehmend virtuelle Räume, in denen die Lernaktivitäten von Studierenden im Mittelpunkt stehen. In dem Maße, in dem die Bedeutung der Frontallehre schwindet, nehmen aktivierende Lehrformate, das Selbststudium und selbstverantwortliche Lernen für die Studierenden einen immer größer werdenden Teil der Lernaktivitäten ein. Das Lernen findet ohne Anwesenheit der Lehrperson und

1 Siehe auch Sühl-Strohmenger (2024) in diesem Band.

https://doi.org/10.1515/9783111032030-032

außerhalb der Orte des formalen Lernens statt. „Die Vervielfältigung und Virtualisierung der lernrelevanten Orte führt verstärkt zu einer Entgrenzung der klassischen und formalen Lehr- und Lernszenarien" (Gläser 2019, 470). Diese Entgrenzung hat sehr konkrete Auswirkungen im Hinblick auf die physischen Nutzungsszenarien an den Hochschulen, denn diese informellen Lernaktivitäten spielen sich an unterschiedlichen Orten der Hochschulen ab.

Bibliotheken spielen hier als zentrale Serviceeinrichtungen eine führende innovative Rolle in den Hochschullandschaften, wie die Entwicklungen der letzten beiden Jahrzehnte zeigen (Gläser 2019, 476). Waren zu Beginn die Auswirkungen der Digitalisierung und des Bologna-Prozesses Treiber von Veränderungen in Bibliotheken, wurde im Laufe der Zeit die Rolle der Wissenschaftlichen Bibliotheken zunehmend aktiver. Lernortkonzepte abgestimmt auf den Kontext der Bibliotheken zu gestalten, ist dabei die besondere Herausforderung, für die es keine universellen Konzepte gibt. Seminarräume, Hörsäle, Labore als Orte des formalen Lernens haben (scheinbar) qua Funktion die pädagogische Gestaltung integriert. Jenseits der klassischen formalen Lernorte erfährt die lernunterstützende Gestaltung der Räume, in denen non-formal/informell[2] gelernt wird, eine zunehmende Bedeutung. Kompetenzorientierung und konstruktivistische Lerntheorie[3] leiten dabei die pädagogisch-didaktischen Überlegungen. Im Mittelpunkt steht die individuelle Wissenskonstruktion und Lernerfahrung, daher werden sowohl die Vielfalt wie auch die Wandelbarkeit und Flexibilität von Lernumgebungen besonders wichtig.

Die Digitalisierung ist eine wichtige Treiberin und ein Gestaltungsfeld der Entwicklungen für Lernräume an Hochschulen. Nach den Erfahrungen mit den Auswirkungen der COVID-19-Pandemie gilt es umso mehr, das digitale Lernen zu unterstützen; dafür müssen die Besonderheiten berücksichtigt werden. Dazu gehören die Nutzung digitaler Medien (E-Books, E-Journals, Videos), webbasierter Lernplattformen (Lernmanagementsysteme) und von E-Learning-Angeboten.[4] Das Lernen in digitalen Formaten kann so zeit- und ortsunabhängig in asynchroner Form erfolgen und stellt damit eine mögliche Form des hybriden Lernens dar (Reinmann 2021, 4). Mit dem digitalen Lernen steigt der Anteil des selbstregulierten Lernens. Aus der Angebotsperspektive für die Lernumgebung bedarf es damit mehr Begleitung und Vorbereitung im digitalen Kontext. Das betrifft auch die Auswahl und das Zurverfügungstellen der Tools und technischer Ausstattung (Melikov/Eitel 2021). Digitales Lernen, sei es in Form von Video-Conferencing, Nutzung digitaler Lernplattformen oder kollaborativer Arbeit an Dokumenten, findet jedoch nicht nur im virtuellen Raum, sondern ebenso im physischen Setting statt. Der Wechsel zwischen Präsenzphasen des Lernens und individuel-

---

2 Informelles Lernen gilt als Selbst- und Erfahrungslernen und non-formales Lernen wird als außercurriculare Lernaktivität im Rahmen von Bildungseinrichtungen verstanden.

3 Siehe auch Eigenbrodt (2024) in diesem Band.

4 Umfassende Informationen bietet der Themenschwerpunkt „Digitales Lernen und Lehren in der Hochschule" (DIPF 2022).

lem Selbstlernen in virtuellen Szenarien bringt räumliche und technische Anforderungen mit sich, die an Lernräume gestellt werden. Ninnemann et al. definieren den Begriff hybride Lernumgebung entsprechend weit. Es geht dabei nicht nur um die Verbindung von physischen und virtuellen Räumen, sondern auch von formalen und informellen Räumen (Ninnemann et al. 2020).

Wie können Lernräume an den Kompetenzbedarf und daraus resultierenden Lernbedarf zukunftsweisend angepasst werden und welche Rolle spielen Wissenschaftliche Bibliotheken dabei? Dazu sollen der Kompetenzbedarf der Studierenden und das Kompetenzverständnis im Hochschulkontext genauer betrachtet werden.

Erweiterte Kompetenzförderung

Die Anforderungen an die Studierenden, die aus der Kompetenzorientierung von Lehrkonzepten entstehen, werden immer komplexer. Lehre läuft weniger standardisiert ab, das schafft Offenheit, bedeutet aber auch mehr Bedarf zur Selbstorganisation der Studierenden. Über das Fachwissen hinaus wird die Entwicklung von Handlungskompetenzen immer wichtiger (Ehlers 2020, 368). Im Zentrum der Kompetenzförderung Wissenschaftlicher Bibliotheken stand lange Zeit die Informationskompetenz, deren Bedeutung in Zeiten von medialem Überkonsum und Ablenkung, in denen Fake News sowie Fake Science allgegenwärtig sind, immer wichtiger zu werden scheint. So werden kritisches Denken und das Wissen um die Qualität von Quellen unabdingbar (Holländer et al. 2021, 9).

Die zeitgemäßen Kompetenzprofile werden erweitert und geöffnet. So wurde aus der Verbindung der Informations- und Medienkompetenz „die wichtigste Schlüsselkompetenz des 21. Jahrhunderts“ (Schüller-Zwierlein/Stang 2011, 523). Die Herausforderungen des digitalen Lernens und digitalen Arbeitens werden immer drängender, daher ist diese Kontextualisierung auch für die Kompetenzförderung naheliegend. Im *Digital Competence Framework (DigComp 2.0)* der Europäischen Kommission (2017) wird die Informationskompetenz erweitert zu Informations- und Datenkompetenz. Und auch das britische *Digital Capability Framework* (JISC 2022) bündelt Informations-, Daten- und Medienkompetenz in dem Kompetenzgerüst. In der Praxis wird diese Erweiterung bereits vielfach mit dem sichtbaren Label des „Digitalen“ umgesetzt, wie das Beispiel der Universitätsbibliothek Basel zeigt. Das Projekt „Digital Literacies“ wurde dort aufgesetzt, um „die inhaltliche und konzeptuelle Erweiterung der bisherigen Informationskompetenz-Kurse“ zu erreichen (Melikov/Eitel 2021).

Im Zuge der Erweiterung des Schlüsselkompetenzverständnisses ist auch der Sprung „von der Informationskompetenz zu Future Skills“ (Börner et al. 2022, 494) nicht weit. Unter Future Skills werden dabei Fähig- und Fertigkeiten verstanden, die in der nahen Zukunft für das Berufsleben und die gesellschaftliche Teilhabe wichtiger werden. Hierzu gehören Aspekte des Sozial- und Methodenkompetenz sowie des

Selbstmanagements (Ehlers 2021; Stifterverband 2021). Digitale Schlüsselkompetenzen nehmen dabei einen wichtigen Platz ein, zukunftsorientierte Kompetenzmodelle, wie das *P21 Framework for 21st Century Learning*, erweitern das für die digitale Arbeitswelt notwendige Kompetenzportfolio um die vier Kernkompetenzen Kommunikation, Kollaboration, Kreativität und kritisches Denken (OECD 2010).

Das Erweitern und Verbinden der Schlüsselkompetenzen macht gleichzeitig auch den ganzheitlichen Kompetenzansatz deutlich.

> Diese Zukunftskompetenzen zeichnen sich in erster Linie durch einen ganzheitlichen Kompetenzbegriff aus und zielen darauf ab, die Anforderungen, die sich aus den Transformationsprozessen ergeben, bewältigen und mit den stets neuen Herausforderungen proaktiv umgehen zu können. (Börner et al. 2022)

Aus diesem erweiterten Kompetenzauftrag heraus entstehen neue Herausforderungen an die Lernorte in Wissenschaftlichen Bibliotheken.

Von der Teaching Library zum Lernort Bibliothek

Als der Begriff *Teaching Library* geprägt wurde, stand die Förderung von Informationskompetenz im Zentrum der entsprechenden Vermittlungsangebote in Wissenschaftlichen Bibliotheken. Heute wird der „Bildungsauftrag wissenschaftlicher Bibliotheken“ (dbv 2018) weiter gefasst. Bibliotheken entwickeln sich „als Supportstrukturen für lebenslanges Lernen“ (Schüller-Zwierlein/Stang 2011, 523). Wissenschaftliche Arbeitskulturen verändern sich, in diesem Sinn orientieren sich die Bibliotheken an dem zunehmend digital geprägten Kompetenzbedarf der Wissenschaft und Forschung und lösen sich von der Fokussierung auf Informationskompetenz hin zu weitergefassten Kompetenzprofilen (Börner et al. 2022, 494).

Auch im Bereich der Informationskompetenz selbst wird zunehmend mit erweiterter Perspektive und Kontextualisierung gearbeitet. So schafft auch das *Framework for Information Literacy for Higher Education* (ACRL 2015) – als ein wesentlicher internationaler Standard zur Entwicklung von Vermittlungsformaten der Informationskompetenz – eine Grundlage für ganzheitliche Ansätze der Vermittlung. Dabei wird die Informationskompetenzperspektive erweitert auf wissenschaftliche Recherche und den Schreib- und Forschungsprozess. Melikov und Eitel beschreiben beispielhaft den praktischen Einsatz des ACRL-Frameworks an der Universitätsbibliothek Basel und wie damit nicht nur die Prozesse der Recherche im Kontext des wissenschaftlichen Schreibens, sondern auch soziale und ethische Aspekte mit aufgenommen werden können (Melikov/Eitel 2021).

Aus der Verbindung von Teaching Library-Konzepten, die den erweiterten Kompetenzbedarf berücksichtigen, mit Lernraumkonzepten entsteht somit eine neue Qualität an Angeboten und Services für die Wissenschaftlichen Bibliotheken.

> Die Entwicklung und Förderung von Kompetenzen ihrer Nutzenden gehört zum Selbstverständnis wissenschaftlicher Bibliotheken. Diese verstehen sich als Teaching Libraries und Lernorte, engagieren sich demzufolge bei der Kompetenzförderung, vor allem im Hinblick auf jene Kernkompetenzen, die für den Umgang mit Informationen und Medien, ungeachtet ihrer Formate, bedeutsam sind. (Sühl-Strohmenger 2022, 478)

Lernflächen in Wissenschaftlichen Bibliotheken bieten räumliche Gestaltungen sowie Ausstattungen im Hinblick auf Mobiliar und Technik, die das Lernen ermöglichen und fördern, die zum Beispiel soziale Situationen für das Lernen schaffen oder auch die spezifische Nutzung technischer Geräte anbieten. Werner identifiziert als konkrete Tätigkeiten der Studierenden in Wissenschaftlichen Bibliotheken, die für die funktionale Gestaltung des Lernorts leitend sind,

> das Lesen (jedweder Medien), das Recherchieren, den Medienkonsum im weitesten Sinne, das Exzerpieren, das Schreiben, Prüfungsvorbereitungen, Kommunikation, Inspiration sowie einen Aufenthalt geprägt von Anregung und Entspannung (Werner 2022, 161).

Die Vielfalt der Lernaktivitäten in Bibliotheken ist stark gewachsen, dabei berücksichtigt diese Liste erweiterte Aspekte der Medienproduktion noch nicht, wie sie zum Beispiel über in Bibliotheken integrierte Makerspaces[5] bereits realisiert sind.

Je vielfältiger, differenzierter und auch ganzheitlicher Kompetenzbedarfe werden, desto wichtiger werden die Lernumgebungen. Diese Lernumgebungen schaffen Ermöglichungsräume für die individuelle Kompetenzentwicklung. Dies gelingt, indem didaktische Überlegungen ganz bewusst in die Lernraumkonzepte integriert werden. Dazu ist es hilfreich, unterschiedlichen Fragen nachzugehen, wie zum Beispiel:

- Welche Bedingungen sind lernfördernd und motivierend?
- Wie wird Konzentration erhalten?
- Wie werden der Austausch und die kreative Aktivität unterstützt?
- Welche Angebote unterstützen hybride Lernszenarien?

Die räumlichen Antworten darauf werden unterschiedlich ausfallen. Die korrespondierenden Entwürfe können störungsfreie Arbeitsplätze für die Einzelarbeit vorsehen, Gruppenräume mit technischer Ausstattung für Projektarbeiten und Präsentationen gestalten oder schallgeschützte Kabinen integrieren, die eine Teilnahme an Videokonferenzen gestatten. Vielfalt und Flexibilität sind entscheidende Aspekte, um den Raum als „dritten Pädagogen"[6] mit einzubeziehen. Möglichst viele Kenntnisse über die Nutzenden und deren Bedarfe zu erforschen, hilft entscheidend bei der Entwicklung der Konzepte (Gläser/Schulz 2014).

---

5 Praxisbeispiel SLUB Dresden: https://www.slub-dresden.de/mitmachen/slub-makerspace.

6 Der Raum ist der dritte Pädagoge. Dieser Ansatz stammt vom Erziehungswissenschaftler Loris Malaguzzi (1920–1994). Erste und zweite Pädagogen sind demnach die Mitschülerinnen und Mitschüler sowie die Lehrenden.

Wichtig ist hierbei, dass das Lernortverständnis Wissenschaftlicher Bibliotheken nicht nur durch Aspekte des Raums, der Technologie, der Ausstattung, der Möblierung oder der Informationsressourcen geprägt ist. Die Services und vor allem auch die Serviceorientierung sind von zentraler Bedeutung. Das Spektrum hierfür ist mit Angeboten wie Auskunft, Beratung, Technik-Support, Schulungen, Workshops, Tutorials vielfältig gestaltbar.

> Wir haben es dabei mit einem vielschichtigen und mehrdimensionalen Begriff ‚Lernort Bibliothek' zu tun, unter den räumlichen Aspekten, verschiedene Lernformen (Informelles Lernen, Selbstgesteuertes Lernen, E-Learning, Blended Learning etc.) und die klassischen Services und Medienangebote der Bibliothek subsumiert und mit dem Konzept der Teaching Library kombiniert werden. (Wittenauer/Neumann 2015, H.i.O.)

In diesem Sinne bieten Lernortkonzepte die Möglichkeit, die Dienstleistungen der Wissenschaftlichen Bibliothek neu zu profilieren.

Die gesamte Hochschule als Lernraum in den Blick zu nehmen und Zusammenhänge zwischen den Lernorten in Fakultäten oder übergeordneten Serviceeinrichtungen herzustellen, ist dabei im Sinne der Studierenden (Becker/Stang 2020). Wenn der Lernraum Hochschule ganzheitlich betrachtet wird, liegt es für den Lernort Bibliothek nahe, auch Servicepartnerschaften einzugehen. Damit werden die Servicekonzepte nicht nur inhaltlich, sondern auch strukturell erweitert bis hin zur Servicekooperation mit weiteren Infrastruktureinrichtungen, die Unterstützung und Services für Lernprozesse und Studienbelange der Studierenden anbieten. Die Profilierung der Lernorte im Gesamtlernraum Hochschule ermöglicht es damit auch, die gemeinsamen Angebote der Kompetenzförderung zu bündeln. Dies kann eine Kooperation mit dem hochschuleigenen Schreibzentrum sein, die Ergänzung durch Angebote der Studienberatung zu Lerntechniken beinhalten oder auch medientechnische Unterstützung durch das Medien- beziehungsweise Rechenzentrum einschließen.

Der Bedarf nach Verschränkung von analogem und digitalem Arbeiten ist nach der COVID-19-Pandemie deutlich umfassender. Hybride Szenarien gehören ganz selbstverständlich in den Lernort Bibliothek:

> Die Formen kollaborativen Lernens und Arbeitens verändern und erweitern sich, aber der einladende, soziale Ort Bibliothek hat das Potenzial auch zur post-COVID-bedingten Transformation in zukünftig sicher noch deutlich hybridere Lernumgebungen. (Werner 2022, 172)

Der physische Raum erfährt damit sogar eine Stärkung in der Bedeutung: „In an academic environment that is shifting to hybrid learning modes, librarians must reimagine their space as a service delivered to students" (Bell 2022). Bibliotheksräume sind nicht einfach eine Selbstverständlichkeit der Gebäudenutzung, sondern werden aufgewertet zum Service. Dazu ist die systematische Entwicklung von Lernortqualitäten im Sinne der didaktischen Konzeptelemente wichtig. In dem Beitrag von Holländer et al. wird in dem Zusammenhang von „pädagogische[r] Flankierung" (Holländer et al.

2021, 15) gesprochen, die die Profilierung der Wissenschaftlichen Bibliothek als lernunterstützende Einrichtungen und Dienste in der Hochschule voranbringt.

Fazit

Die Dynamiken rund um die Lernraumentwicklungen an Hochschulen wurden aufgezeigt und auch welche Rolle die Lernorte in Wissenschaftlichen Bibliotheken hierbei spielen. Wie der anfangs zitierte *Shift from Teaching to Learning* bereits auf Verschiebungen und Veränderungen aufmerksam macht, so vollziehen sich auch in den Lernorten der Wissenschaftlichen Bibliotheken Transformationen. Das betrifft die Erweiterung der Kompetenzprofile und korrespondierender Angebotsportfolios im Zusammenhang mit dem Kompetenzerwerb (Börner et al. 2022, 498). Diese Transformationen ermöglichen den Shift von der Teaching Library zur *Learning Library*:

> Der Begriff sieht die Lernende Bibliothek sozusagen als Weiterentwicklung der [...] Teaching Library. Sie versteht die Bibliothek vornehmlich als Ort des studentischen und sonstigen Lernens, das durch Kursangebote, durch elektronisch vermittelte Dienste, durch eine geeignete Raumgestaltung, durch eine technische Lerninfrastruktur gefördert werden kann. (Holländer et al. 2021, 14)

Die Profilierung als Lernorte bietet den Wissenschaftlichen Bibliotheken wichtige Perspektiven; es gilt, die spezifischen Bedingungen der Lernorte aktiv und systematisch zu gestalten. Dazu gehören klare Ziele im Hinblick auf die kompetenzfördernde Funktion und eine beständige Anpassung an sich verändernde Bedarfe.

Literatur

ACRL – Association of College and Research Libraries (2015): *Framework for Information Literacy for Higher Education*. https://www.ala.org/acrl/standards/ilframework.

Barr, R. B.; Tagg, J. (1995): From Teaching to Learning. A New Paradigm for Undergraduate Education. *Change: The Magazine of Higher Learning* 27/6, 13–25.

Becker, A.; Stang, R. (2020): *Lernwelt Hochschule. Dimensionen eines Bildungsbereichs im Umbruch*. Berlin; Boston: De Gruyter Saur. https://doi.org/10.1515/9783110591026.

Bell, S. (2022): *Moving to Mobile. Space as a Service in the Academic Library*. https://er.educause.edu/articles/2022/4/moving-to-mobile-space-as-a-service-in-the-academic-library.

Börner, C.; Weidle, F.; Augsten, M. T. (2022): *Future Skills für Future Librarians. Impulse für Kompetenzanforderungen und Gestaltungsaufgaben von Bibliotheken der Zukunft*. https://doi.org/10.1515/bfp-2022-0026.

dbv – Deutscher Bibliotheksverband e. V., (2018): *Wissenschaftliche Bibliotheken 2025. Positionspapier*. https://www.bibliotheksverband.de/sites/default/files/2021-08/2018_02_27_WB2025_Endfassung_endg.pdf.

DIPF (2023): *Digitales Lernen und Lehren in der Hochschule*. https://www.bildungsserver.de/hochschule-12719-de.html.

Ehlers, U.-D. (2021): Future Skills für die Welt von morgen. Das Future-Skills-Triple-Helix-Modell der Handlungsfähigkeit in emergenten Praxiskontexten. In: HFD (Hrsg.): *Digitalisierung in Studium und Lehre gemeinsam gestalten. Innovative Formate, Strategien und Netzwerke*. Wiesbaden: Springer, 355–373.

Eigenbrodt, O. (2024): Lerntheorien. In: U. Engelkenmeier; K. Keller-Loibl; B. Schmid-Ruhe; R. Stang (Hrsg.): *Handbuch Bibliothekspädagogik*. Berlin; Boston: De Gruyter Saur, 107–117. https://doi.org/10.1515/9783111032030-010.

European Commission (2017): *DigComp 2.0. The digital competence framework for citizens*. Publications Office. https://data.europa.eu/doi/10.2791/11517.

Gläser, C. (2019): Vom Lernort Bibliothek zum Lernraum Hochschule. In: F. Schade; U. Georgy (Hrsg.): *Praxishandbuch Informationsmarketing: Konvergente Strategien, Methoden und Konzepte*, Berlin; Boston: De Gruyter Saur, 465–478. https://doi.org/10.1515/9783110539011-030.

Gläser, C.; Schulz, U. (2014): Bibliotheken als Schmelztiegel der Kulturen. Ein Bericht aus der Werkstatt ethnographischer Methoden der Kundenforschung. *BIBLIOTHEK – Forschung und Praxis*. 38/2, 190–198. https://doi.org/10.1515/bfp-2014-0024.

Holländer, S.; Sühl-Strohmenger, W.: Syré, L. (2021): *Hochschulbibliotheken auf dem Weg zu Lernzentren. Beispiele aus Deutschland, Österreich und der Schweiz*. Wiesbaden: b. i. t.

HRK – Hochschulrektorenkonferenz (2012): *Fachgutachten zur Kompetenzorientierung in Studium und Lehre*. https://www.hrk-nexus.de/fileadmin/redaktion/hrk-nexus/07-Downloads/07-02-Publikationen/fachgutachten_kompetenzorientierung.pdf.

JISC (2022): *Building digital capabilities. The six elements defined*. https://repository.jisc.ac.uk/8846/1/2022_Jisc_BDC_Individual_Framework.pdf.

Melikov, S.; Eitel, C. (2021): Informationskompetenz. Eine Schlüsselkompetenz im Wandel. *o-bib. Das Offene Bibliotheksjournal* 8/2, 1–13. https://doi.org/10.5282/o-bib/5654.

Ninnemann, K.; Liedtke, B.; den Heijer, A.; Gothe, K.; Loidl-Reisch, C.; Nenonen, S.; Nestler, J.; Tieva, A.; Wallenborg, C. (2020): *Hybrid environments for universities*. Münster: Waxmann. https://www.waxmann.com/index.php?eID=download&buchnr=4179.

Reinmann, G. (2023): *Hybride Lehre. Ein Begriff und seine Zukunft für Forschung und Praxis*. https://gabi-reinmann.de/wp-content/uploads/2021/02/Impact_Free_35.pdf.

Schüller-Zwierlein, A.; Stang R. (2011): Bibliotheken als Supportstrukturen für Lebenslanges Lernen. In: R. Tippelt; A. von Hippel, (Hrsg.): *Handbuch Erwachsenenbildung/Weiterbildung*. 5. Aufl. Opladen: Leske + Budrich, 515–526.

Stifterverband für die Deutsche Wissenschaft (Hrsg.) (2021): *Future Skills 2021. 21 Kompetenzen für eine Welt im Wandel*. https://www.stifterverband.org/medien/future-skills-2021.

Sühl-Strohmenger, W. (2022): Digitale Kompetenz, Informationskompetenz, Medienkompetenz, Datenkompetenz, Schreibkompetenz ...? Was sollen wissenschaftliche Bibliotheken fördern und für wen? *Bibliotheksdienst* 56/12. 729–751. https://doi.org/10.1515/bd-2022-0116.

Sühl-Strohmenger, W. (2024): Teaching Library. In: U. Engelkenmeier; K. Keller-Loibl; B. Schmid-Ruhe; R. Stang (Hrsg.): *Handbuch Bibliothekspädagogik*. Berlin; Boston: De Gruyter Saur, 141–150. https://doi.org/10.1515/9783111032030-013.

Werner, K. U. (2022): Vom Lesesaal zum Coworking Space. Lernarchitekturen in Bibliotheken. In: M. Kirschbaum; R. Stang (Hrsg.): *Architektur und Lernwelten. Perspektiven für die Gestaltung*. Berlin; Boston: De Gruyter Saur 2022, 160–175.

Wittenauer, V.; Neumann, M. (2015): Von der Bibliothek zum Lernort. Ganzheitliche Konzepte für studentische Lernräume. *Bibliotheksdienst* 49/10-11, 1053–1063. https://doi.org/10.1515/bd-2015-0124.

Silke Frye und Tobias Haertel

Maker Education und Makerspaces

Einleitung

Die Aufgabe von Bibliotheken, einen niedrigschwelligen und chancengerechten Zugang zu Informationen sicherzustellen, hat sich in der aktuellen Zeit deutlich über das Angebot klassischer Printmedien wie Bücher und Zeitschriften hinaus entwickelt. Heute sind auch die Möglichkeiten zum Umgang mit neuen Technologien und digitale Schlüsselkompetenzen ein Element gleichberechtigter Teilhabe und Bildung geworden. Dies hat zu ganz wesentlichen Veränderungen im Arbeitsfeld und Selbstverständnis von Bibliotheken geführt:

> [...] Bibliotheken bieten heute nicht mehr nur kompetente Auskunft, wie man fliegen lernen, wie man Fliegen binden kann oder wie sich Fliegen ernähren, sondern sie bieten den atmosphärischen Raum zum Fliegen lernen. (Wissen 2017, 1)

Einen solchen atmosphärischen und kreativen (Lern-)Raum bieten unter anderen Makerspaces, mit denen auch Bibliotheken einen gemeinschaftsorientierten Zugang zu Technologien und Innovationen als eine weitere „Community-Dienstleistung" anbieten und ermöglichen können (Maceli 2019, 781).

„Making it up as I go" – Lernraum Makerspace

Ein Makerspace ist ein Ort, an dem Menschen zusammenkommen, um im eigenen Interesse an kreativen Projekten zu arbeiten und an dem informelles, kreatives und kollaboratives Lernen durch praktisches Machen stattfindet. Es handelt sich in der Regel um eine physische Umgebung, die den Zugang zu Werkzeugen, Maschinen, technischen Geräten und Technologien, die vom traditionellen Handwerk bis zur Hightech-Elektronik reichen können, ermöglicht (Anderson 2012, 33). Der Fokus liegt dabei auf dem kreativen Schaffen und dem Austausch von Wissen und Fähigkeiten. In der Kollaboration können sowohl Expertinnen und Experten als auch Fachunkundige ihre Kompetenzen und Fertigkeiten wie beispielsweise das Konstruieren, Programmieren, Fertigen oder auch Kommunizieren kombinieren und gewinnbringend einsetzen (Haertel et al. 2017, 22). Dabei gilt der Grundsatz des „Making it up as I go" (Canino-Fluit 2014), also des freien und spontanen Ausprobierens in kleinen Schritten. Ein Makerspace ist somit ein geschützter Raum zum Experimentieren, um Fehler zu machen und um Anregungen und Feedback zu erhalten und daraus zu lernen (Stager/Buechley 2013, 47). Mit diesem besonders niedrigschwelligen Zugang zu Technik haben Makerspaces das Potenzial, technische Bildung zu demokratisieren, denn sie können es auch

https://doi.org/10.1515/9783111032030-033

Personen ermöglichen, Expertise im Umgang mit Techniken der Industrie 4.0 zu gewinnen, denen dieser Weg sonst versperrt oder erschwert geblieben wäre (Oehlandt et al. 2019). Damit verbindet Makerspaces und Bibliotheken allgemein die Erleichterung des gleichberechtigten Zugangs zu Materialien, Informationen und Wissen als gemeinsames Ziel (Slatter/Howard 2013).

„In the Making" – Bibliotheken als Geburtsorte der Makerbewegung

Werden heutige Ansätze der Makerbewegung rückblickend auf die Vergangenheit übertragen, kann bereits die Gründung der Gowanda Ladies Social Society 1873 als erster Makerspace bezeichnet werden (Chivukula 2019; Manufacturing Makerspaces 2013). In der Gowanda Free Library trafen sich Frauen, um gemeinsam zu nähen, zu stricken und zu häkeln und sich dabei über die Handwerksarbeiten und andere Themen auszutauschen. Eine weitere, der Makerbewegung ähnliche Einrichtung in Bibliotheken lässt sich ebenfalls bereits 1905 in der Carnegie Library of Pittsburgh beobachten, in der Kinder in Handwerke wie Nähen und Korbflechterei eingeführt wurden (Good 2013; Wang et al. 2016). Wang et al. (2016) führen noch weitere Beispiele von Bibliotheken auf, die schon vor der eigentlichen Makerbewegung den gemeinsamen, praktischen Umgang mit Techniken als Teil ihrer Aufgabe betrachteten. Gemeinsam ist ihnen mit heutigen Makerspaces in Bibliotheken das Verständnis, dass Bibliotheken sich als Orte des Lernens verstehen, wobei sich das Lernen nicht auf das Lesen von und das Wissen in Büchern beschränkt. Bibliotheken waren im Prinzip schon immer Orte, die den Erwerb von Wissen für die gesellschaftliche Teilhabe beziehungsweise das gesellschaftliche Miteinander allgemein fördern und Material und Anleitungen für die eigene geistige, kreative, künstlerische Entfaltung sowie die Aneignung von kognitiven und psychomotorischen Fertigkeiten und Fähigkeiten bis hin zur Bewältigung neuer Anforderung auf dem Arbeitsmarkt anbieten. Folgerichtig sollen es auch Bibliotheken gewesen sein, die als erste die Ansätze der Makerbewegung aufgegriffen haben: „The maker movement and maker culture were first embraced by public libraries " (Wang et al. 2016, 6).

Mit dem Rückgriff auf die beschriebene Historie stimmt dies, auch wenn die eigentliche Geburtsstunde der Makerbewegung mit dem Make Magazin 2005 und der ersten Maker Faire 2006 zunächst losgelöst von Aktivitäten in Bibliotheken stattfand (Burke 2014). Der erste Makerspace in einer Bibliothek, der dann den Prinzipien der neuen Makerbewegung folgte, wurde 2011 in der Fayetteville Free Library (FFL) in Fayetteville im Bundesstaat New York eröffnet und bezeichnete sich selbst als „FabLab – Fabolous Laboratory" (McCue 2011). Die Ausstattung des FabLabs war für diese Zeit bemerkenswert (3D-Drucker, 3D-Scanner, Lasercutter, Vinylschneider, Nähmaschinen, elektronische Experimentierkästen, Podcast- und Videostudios) und unterschied sie sich damit kaum von heutigen Makerspaces. Dabei standen die Lernprozesse im Umgang mit den neuen Techniken von Anfang an im Fokus der FFL, hier gab es Hands-On-Anleitungen, kleine Workshops und Selbstlernmaterialien (McCue 2011). Es folgten dann schnell viele weitere Makerspaces zunächst in Öffentlichen Bibliotheken und dann auch immer mehr in Universitätsbibliotheken, beginnend in den USA und dann zunehmend auch in Europa und allen anderen Kontinenten. Gemeinsam ist allen, dass sie Lernprozesse in den Blick nehmen, die sich dann zwischen Öffentlichen Bibliotheken und Universitätsbibliotheken noch einmal ausdifferenzieren:

> However, makerspaces have been approached differently by public and academic libraries. Public libraries in general aim to foster lifelong learning and community engagement through programs that appeal to a broad demographic with widely varying interests. Their maker programs, such as crafts nights and Lego workshops, are informative, entertaining and suitable for all ages. Academic library makerspaces, on the other hand, tend to be tied to the educational mission of the university and pedagogical needs of the curriculum. The makerspace programs in academic libraries are developed to help students acquire knowledge and skills in emerging technologies and support creative curriculum development. An academic library makerspace is the perfect place for students to interact, collaborate and create as they gain practical knowledge and digital skill sets. (Wang et al. 2016, 13)

„Be a Maker, Not a Taker" – Maker-Education

Sowohl Öffentliche Bibliotheken als auch Universitätsbibliotheken sind etablierte Orte der Sammlung und des Austauschs von Wissen. Sie sind erfahren in der Beratung von Lernenden, häufig auch im Angebot von Kursen und Workshops für heterogene Zielgruppen. Zudem verfügen Bibliotheken über erprobte Verwaltungssysteme und -strukturen und über Mitarbeitende, die Erfahrungen im Kundenservice haben. Bibliotheken bieten somit eine umfassende Infrastruktur, auf die bei der Einrichtung eines Makerspace aufgebaut werden kann. Die Verbindung von Bibliotheken und Makerspaces bringt aber auch besondere Herausforderungen und neue Aufgaben mit sich. Mathuews und Harper (2018, 358) weisen beispielsweise darauf hin, dass sich Bibliotheken nicht allein auf den physischen Prozess des Machens konzentrieren dürfen, weil der Lernraum Makerspace dadurch auf eine Sammlung und Bereitstellung von Werkzeugen und Geräten reduziert wird. Vielmehr ist ein umfassenderes Konzept einer Maker-Education erforderlich, um einen wirklichen Lernraum zu realisieren.

Wesentliche Grundlage der Maker-Education ist dabei das lerntheoretische Grundverständnis des Konstruktivismus, demzufolge Lernen immer im Kontext von Erfahrungen der jeweiligen Person abhängig ist, in der lernenden Person selbst geschieht und nicht durch Instruktionen von außen erfolgen kann. Darauf aufbauend entwickelte Papert, ehemaliger Leiter des MIT Media Lab Anfang der 1980er Jahre die Idee des sogenannten Konstruktionismus:

> From constructivist theories of psychology we take a view of learning as a reconstruction rather than as a transmission of knowledge. Then we extend the idea of manipulative materials to the idea that learning is most effective when part of an activity the learner experiences as constructing a meaningful product. (Papert 1986, 2)

Zentral ist damit der Ansatz, dass an und mit Artefakten gelernt wird, die in Interaktion mit anderen entwickelt und selbst als Produkt realisiert werden, indem diese „gezeigt, diskutiert, untersucht, erforscht und bewundert werden können" (Papert 1993, 142). Der konkrete Begriff der Maker wurde in Bezug darauf aber erst später von Dougherty geprägt. Für ihn sind Maker Personen, die durch die Entwicklung von Ideen und die Arbeit mit Werkzeugen und Technologien Neues erschaffen (Dougherty 2012, 11). Sie sind darin verbunden, den Geist der Innovation, die Zusammenarbeit und Gemeinschaft in allen Altersgruppen und mit allen Fähigkeiten zu fördern. Für Dougherty ist ein wichtiger Aspekt dieser Makerbewegung die Freiheit, selbst zu bestimmen, was man macht und wie man es macht, sowie das Vertrauen in die eigenen Fähigkeiten. Maker sind somit Menschen, die durch ihre Tatkraft und Neugierde angetrieben werden und ihre Kreativität einsetzen, um ihre Umgebung zu verbessern und die Welt um sie herum zu gestalten.

Es gibt verschiedene Ansätze, Maker-Education oder allgemein Lernprozesse in Makerspaces genauer zu charakterisieren. Ein Beispiel ist das *Learning Dimensions Framework* der Forschungsgruppe Tinkering Studio des Exploratorium Museums San Francisco. Hier werden fünf Dimensionen des Lernens im Makerspace definiert (The Tinkering Studio 2023):

- Eigeninitiative & Intentionalität,
- Problemlösen & Kritisches Denken,
- Verständnis von Konzepten,
- Kreativität & Selbstentfaltung,
- Soziale & Emotionale Teilhabe.

Diese Dimensionen zeigen die Breite und Vielfalt von Maker-Education auf, die somit deutlich über eine Informationskompetenz hinausgeht, mit der bisher die klassische Zieldimension von Bibliotheken beschrieben wurde. Um diese Vielfalt mit Leben zu füllen, braucht es mehr als nur den physischen Raum und das Bereitstellen von Materialien, Werkzeugen und Technologien. Gebraucht werden vielmehr auch kompetente Ansprechpartnerinnen und -partner bei technischen Fragen und Problemen, die nicht nur die Nutzbarkeit der Ausstattung sicherstellen, sondern auch die Sicherheit der Nutzenden bei der Verwendung von Werkzeugen und Technologien. Und um eine breite Zugänglichkeit und Nutzbarkeit für wirklich alle Nutzenden zu ermöglichen, ergeben sich auch besondere Anforderungen hinsichtlich der Barrierefreiheit des Lernraums, die über die üblichen Fragestellungen im Rahmen einer Bibliotheksnutzung hinausgehen. Somit wird deutlich, dass Makerspaces in Bibliotheken zwar viel Potenzial für Kreativität und Neugierde bieten, es für eine echte, funktionierende und lebendige Maker-Community aber ein kollaboratives Netzwerk unterschiedlicher Professionen und Fachdisziplinen auf der gesamten Breite der genannten Dimensionen von Maker-Education braucht.

Das Hybrid Learning Center der TU Dortmund

Als erste Öffentliche Bibliothek Deutschlands richtete die Stadtbibliothek Köln 2013 einen Makerspace ein. Heute gibt es im deutschsprachigen Raum mehr als 300 registrierte Lernorte, an denen sich Maker treffen und gemeinsam Werkzeuge und Wissen teilen, darunter viele an öffentlichen Einrichtungen wie Schulen, Hochschulen und Bibliotheken (Maker-Faire 2022). Auffällig ist, dass lange nur ein Makerspace in der Sächsischen Landesbibliothek – Staats- und Universitätsbibliothek Dresden (SLUB) in Trägerschaft einer wissenschaftlichen Bibliothek zu finden war (Heinzel et al. 2020, 66). Im Rahmen einer Förderung durch die Stiftung Innovation in der Hochschullehre wurde dann im Jahr 2021 die *Maker World* als Teil des Hybrid Learning Center (HyLeC) in der Universitätsbibliothek der Technischen Universität Dortmund eingerichtet.

Ziel des HyLeC ist es insgesamt, einer von Diversität geprägten Studierendenschaft die Möglichkeit zu geben, frei und kreativ digitale Medien und Technologien zu nutzen und so allgemein digitale Schlüsselkompetenzen zu fördern. Dazu werden Ressourcen, Räume und Beratungsangebote entlang des Anspruchs auf Barrierefreiheit gestaltet und als physische, digitale und hybride Lernumgebungen bereitgestellt. Mittelpunkt ist die Bibliothek der Technischen Universität Dortmund als Lernumgebung, die Studierende aller Fakultäten für ihre Lernaktivitäten nutzen. Alle Angebote des HyLeC werden besonders niedrigschwellig gestaltet. Sie sollen motivieren, sich mit digitaler Technik zu befassen und fördern die aktive Nutzung und die Entwicklung von eigenen digitalen Inhalten. Im Sinne des Community-Gedankens eines gegenseitigen Unterstützens werden dabei auch Methoden zum Wissenstransfer der Nutzenden untereinander implementiert. Realisiert wird das HyLeC in sechs Lernwelten (siehe Abbildung 1). Sie bilden verschiedene Themenschwerpunkte ab, stehen dabei aber nicht abgegrenzt nebeneinander, sondern gehen ineinander über, sind miteinander verknüpft und ergänzen sich gegenseitig. Mit der *Maker World* ist ein zentraler, technisch gut ausgestatteter Makerspace in der Universitätsbibliothek entstanden (siehe Abbildung 2). Dieser wurde nach den Prinzipien der Barrierefreiheit eingerichtet und kann von Studierenden aller Fakultäten unabhängig von ihrem Studiengang und -fortschritt oder ihren theoretischen und praktischen Vorerfahrungen genutzt werden. Zur Ausstattung des Makerspace gehören neben verschiedenen 3D-Druckern und -Scannern, Lasercuttern, Schneidplottern, Lötstationen und Handwerkzeugen auch Näh- und Stickmaschinen, einfache Programmier- und Robotikanwendungen sowie diverse Kreativ- und Bastelmaterialien.

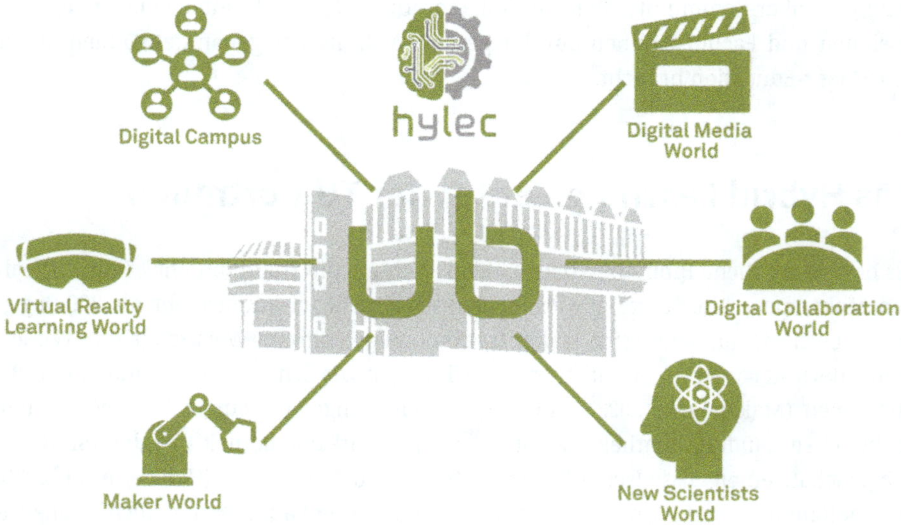

Abb. 1: Lernwelten im Hybrid Learning Center der Technischen Universität Dortmund (Quelle: Hybrid Learning Center / TU Dortmund).

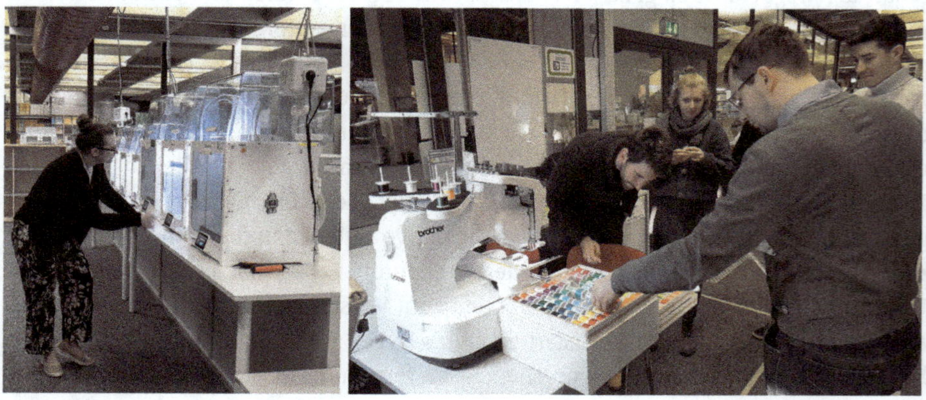

Abb. 2: 3D-Drucker und eine Stickmaschine gehören zur Ausstattung der „Maker World" (Quelle: Eigene Fotos).

Entwickelt und betreut wird die *Maker World* von interdisziplinären Teams in den Themenbereichen Technik, Didaktik und Barrierefreiheit. In diesen Teams arbeiten Expertinnen und Experten aus den Bereichen der Bibliothek, der Ingenieurwissenschaften, der Ingenieurdidaktik, der Informatik und den Rehabilitationswissenschaften zusammen. Dabei bietet die Realisierung des Makerspace als Teil der Universitätsbibliothek eine optimale Grundlage für die fach- und institutionsübergreifende Zusammenarbeit und ermöglicht es, bei Bedarf verschiedene weitere Akteurinnen und Akteure der Hochschule in die strukturelle und strategische Weiterentwicklung einzubinden. Die Teams etablieren ein Serviceangebot rund um die vorhandenen Materialien und Technologien, das den Anforderungen der zunehmenden Digitalisierung entspricht. Es gibt Lernangebote in Form von Workshops und digitalen Selbstlerneinheiten sowie projektbezogenes, freies Arbeiten und Thementage im Rahmen regelmäßiger Öffnungszeiten.

Für die Nutzung der *Maker World* ist keine Anmeldung erforderlich, es werden regelmäßige Öffnungszeiten angeboten und die Nutzung ist für Studierende kostenfrei. Voraussetzung ist lediglich das Absolvieren einer allgemeinen Sicherheitsunterweisung zur Nutzung des Raums sowie gegebenenfalls ergänzende gerätespezifische Unterweisungen für die verschiedenen Geräte und Technologien, um eine sichere und verletzungsfreie Verwendung zu gewährleisten. Der Makerspace wird als offener Lernraum angeboten, die Studierenden können hier also sowohl Projekte realisieren, die mit konkreten Lehrveranstaltungen im Rahmen des Studiums in Verbindung stehen als auch eigene Ideen aus persönlichem Interesse umsetzen. Ein wichtiger Aspekt ist dabei das Abbauen von Ressentiments gegenüber Technologien, das Entwickeln von Begeisterung für die Möglichkeiten, die Technik bietet und das Erleben einer positiven Selbstwirksamkeit beim Umgang mit Technik, auch wenn diese bisher unbekannt war.

Rahmenbedingungen und Herausforderungen

Aus der praktischen Erfahrung im Rahmen der Entwicklung, Realisierung und des laufenden Betriebs des Hybrid Learning Center können einige wesentliche Rahmenbedingungen und Herausforderungen identifiziert werden, die mit der Umsetzung von Maker-Education in der Bibliothek einhergehen:

- Maker-Education erfordert einen umfassenden Zugang zu entsprechenden *technischen Ressourcen*. Nur mit einer ausreichenden Vielfalt an Materialien, Werkzeugen und Technologien ermöglicht ein Makerspace die Umsetzung komplexer und somit reizvoller und motivierender Projekte durch die Lernenden.
- Ein wesentlicher Erfolgsfaktor ist ein passender *Raum*, der ausreichend Platz, geeignete Sicherheitseinrichtungen sowie eine ausreichende und zuverlässige Strom- und Internetversorgung bietet. Die Lernenden müssen sich wohlfühlen und sich ausbreiten können und nicht nur in Bezug auf die Barrierefreiheit müssen alle Materialien und Technologien präsent und leicht zugänglich sein.
- Die *Diversität* der Nutzenden muss unbedingt bereits bei der Planung und Einrichtung eines Makerspace berücksichtigt werden. Nur so kann erreicht werden, dass das Konzept der Maker-Education alle Nutzenden gleichermaßen einbezieht, unabhängig von Behinderungen, von Alter, Geschlecht und Hintergrund, und die

Idee der „Community" und einer (technischen) Bildung für alle realisiert werden kann.

- Die Entwicklung, Konzeption und Betreuung eines Makerspace erfordert *Interdisziplinarität*. Dies bezieht sich zum einen auf die Expertisen im Team als auch auf die Perspektiven, die bei der Planung und Realisierung einfließen sollten. Unterschiedliche (Fach-)Domänen sehen unterschiedliche Nutzungsszenarien und Erwartungen und bereichern so die Vielfalt des Lernraums.
- Die in der Betreuung beteiligten Personen benötigen sowohl hinsichtlich der technischen als auch didaktischen Anforderungen eine entsprechende Aus- und Weiterbildung, damit sie in der Lage sind, das Konzept der Maker-Education und die vorhandenen Technologien zu verstehen, selbst anzuwenden und nach außen darstellen und vertreten zu können.
- Maker-Education benötigt *Zeit:* Zeit zum Kennenlernen, zum Einarbeiten, zum Helfen, zum Verwerfen und nochmal neu anfangen und einfach Zeit zum Ausprobieren. Dies gilt sowohl für die Lernenden als auch für die Personen, die die Nutzenden des Makerspace betreuen und unterstützen.

Im HyLeC hat sich die Zusammenarbeit der unterschiedlichen Perspektiven und Disziplinen von Beginn an als sehr fruchtbar erwiesen. 3D-Drucker, die in einem anderen Makerspace auf Sideboards gestellt waren, wurden hier beispielsweise auf unterfahrbare Tische gestellt. Nur so können Menschen, die auf einen Rollstuhl angewiesen sind, nah genug an den 3D-Drucker gelangen, um ihn von vorne und nicht stark eingeschränkt seitlich bedienen zu können. Steckdosen-Würfel über den Arbeitsplätzen wurden mit einem elektrischen Antrieb versehen, sodass sie auf die Tischebene herabgelassen werden können. Bei der Erstellung der Selbstlernmaterialien wurde von Beginn an darauf geachtet, möglichst barrierefreie digitale Techniken zu nutzen. Während die Barrierefreiheit bei bestehenden Office-Programmen mitunter schwierig und nur begrenzt herzustellen ist, setzte das HyLeC beispielsweise auf *decker*, ein offenes Präsentationsprogramm, das auf HTML basiert. Es erstellt Webseiten, die sich auf jedem Browser mit den individuellen Anpassungen (z. B. Schriftgröße, Kontrast) anzeigen und deren Textelemente sich mit Hilfe üblicher Screenreader vorlesen lassen. Eingebundene Bilder enthalten fast zwangsläufig einen Alternativtext, und eine in *decker* implementierte Funktion ermöglicht es, live gesprochenen Text während einer Präsentation (z. B. in den Workshops) in Echtzeit zu transkribieren und damit lesbar zu machen. Ohne die interdisziplinäre Zusammenarbeit im HyLeC wären diese und viele weitere Entscheidungen anders, und mit Blick auf eine Nutzbarkeit für alle, schlechter ausgefallen.

Bei Berücksichtigung dieser Aspekte bieten der Makerspace als Lernort und das Konzept der Maker-Education sowohl in Wissenschaftlichen als auch Öffentlichen Bibliotheken die Möglichkeit, das Lernen auf innovative und kreative Weise zu fördern und allen Interessierten eine Chance zu geben, ihre Kreativität, ihr kritisches Denken und ihre Problemlösungsfähigkeiten zu fördern und zeitgemäße und zukunftsorientierte digitale Schlüsselkompetenzen zu entwickeln.

Literatur

Anderson, C (2012): *Makers. The New Industrial Revolution*. New York: Crown Publishing.

Burke, J. (2014): *Makerspaces. A Practical Guide for Librarians*. Lanham: Rowman & Littlefield.

Canino-Fluit, A. (2014): School Library Makerspaces. Making It up as I Go. *Teacher Librarian* 41/5, 21–27.

Chivukula, D. (2019): *Makerspace. The future of public libraries* [NC Docks]. http://oatd.org/oatd/record?record=oai%5C%3Alibres.uncg.edu%5C%2F26509.

Dougherty, D. (2012): The maker movement. *Innovations: Technology, Governance, Globalization* 7/3, 11–14.

Good, T. (2013): Manufacturing MAKER SPACES. *American Libraries* 44/1/2, 44–49.

Haertel, T.; Frye, S.; Schwuchow, B.; Terkowsky, C. (2017): CreatING: Makerspace im ingenieurwissenschaftlichen Studium. *Synergie – Fachmagazin für Digitalisierung der Lehre* 4, 20–23.

Heinzel, V.; Seidl, T.; Späth, K. (2020): Makerspaces an Universitäten in Deutschland. Status quo und Entwicklungsperspektiven. In: V. Heinzel; T. Seidl; R. Stang (Hrsg.): *Lernwelt Makerspace. Perspektiven im öffentlichen und wissenschaftlichen Kontext*. Berlin; Boston: De Gruyter Saur, 59–87.

Maceli, M. G. (2019): Making the future makers. Makerspace curriculum in library and information science graduate programs and continuing education. *Library Hi Tech* 37/4, 781–793.

Maker-Faire (2022): *Übersicht von Makerspaces, FabLabs, Hack(er)spaces und offenen Werkstätten in Deutschland*. https://maker-faire.de/makerspaces/.

Manufacturing Makerspaces (2013): *American Libraries Magazine*. https://americanlibrariesmagazine.org/2013/02/06/manufacturing-makerspaces/.

Mathuews, K.; Harper, D. (2018): One size does not fit all. Maintaining relevancy in the modern makerspace movement. *College & Research Libraries News* 79/7–8, 358–359.

McCue, T. J. (2011): *First Public Library to Create a Maker Space*. Forbes. https://www.forbes.com/sites/tjmccue/2011/11/15/first-public-library-to-create-a-maker-space/.

Oehlandt, S.; Fota, K.-U.; Schwuchow, B.; Haertel, T.; Frye, S.; Lensing, K. (2019): Makerspace. Technische Bildung für alle. In: A. Dederichs-Koch; A. Mohnert; G. Kammasch (Hrsg.): *Diversität und kulturelle Vielfalt. Differenzieren, Individualisieren – Oder integrieren? Wege zu technischer Bildung*. Tagungsband 13. Ingenieurpädagogischen Regionaltagung. 07.-09.06.2018, Bochum, 219–224.

Papert, S. (1986): *Constructionism. A New Opportunity for Elementary Science Education*. Boston: Massachusetts Institute of Technology, Media Laboratory, Epistemology and Learning.

Papert, S. (1993): *The Children's Machine. Rethinking School in the Age of the Computer*. New York: Basic Books.

Slatter, D.; Howard, Z. (2013): A place to make, hack, and learn. Makerspaces in Australian public libraries. *The Australian Library Journal*, 62/4, 272–284.

Stager, G.; Buechley, L. (2013): The Maker Movement. *Scientific American* 309/3, 46–53.

The Tinkering Studio (2023): *Learning Dimensions of Making and Tinkering: A professional development tool for educators*. https://www.exploratorium.edu/tinkering/our-work/learning-dimensions-making-and-tinkering.

Wang, F.; Wang, W.; Wilson, S.; Ahmed, N. (2016): The State of Library Makerspaces. *International Journal of Librarianship* 1/2, 2–16.

Wissen, D. (2017): Fliegen lernen. Editorial. *BuB. Forum Bibliothek und Information* 69/1, 1. https://www.b-u-b.de/fileadmin/archiv/imports/pdf_files/2017/bub_2017_01_001.pdf.

Literatur

Peter Jobmann

Demokratiepädagogik

Einleitung

Der Einstieg in das Themenfeld der Demokratiepädagogik wird von zwei grundsätzlichen Fragen begleitet, die auch im Zentrum zahlreicher kontroverser Diskussionen der vergangenen 20 Jahre stehen. Dies ist einerseits die Frage nach der Abgrenzung zum Aufgabenfeld der politischen Bildung und andererseits die Frage nach der Notwendigkeit beziehungsweise dem Bedarf einer eigenständig etablierten Pädagogik zur Demokratie. Da es sich bei der Demokratiepädagogik zudem um eine Schulpädagogik handelt, die sich demnach mit Erziehungs- und Bildungsprozessen innerhalb von Schule und Unterricht beschäftigt, ist mit Blick auf Anknüpfungspunkte für einen bibliothekspädagogischen Diskurs beziehungsweise mit Blick auf das Aufgabenportfolio von Bibliotheken auch die Frage nach der Umsetzbarkeit außerhalb der Schule zu beantworten.

Entwicklungslinien der Demokratiepädagogik

Der pädagogische Fachbegriff der *Demokratiepädagogik* ist ein noch junger Begriff. Er wurde im Zusammenhang mit dem Schulentwicklungsprogramm *Demokratie lernen & leben* der Bund-Länder-Kommission für Bildungsplanung und Forschungsförderung (BLK) 2001 eingeführt (Deutsche Gesellschaft für Demokratiepädagogik 2018, 4). Hauptziel dieses Programms war es, mit Blick auf die Lernenden die demokratische Handlungskompetenz der Schülerinnen und Schüler zu fördern und mit Blick auf die Institution eine demokratische Schulkultur zu entwickeln. Die Einführung des Begriffs wurde begleitet durch einen zwar in der Intensität abnehmenden, aber noch immer sichtbaren Diskurs innerhalb der Politikdidaktik, der politischen Bildung und der demokratiepädagogisch orientierten Schulpädagogik (Beutel et al. 2022). Hierbei erinnert der Diskurs in gewissem Sinne an die Debatten als Folge der Re-Education-Politik der westlichen Besatzungsmächte der Nachkriegszeit. Diese waren in dem Bestreben, eine demokratisch politische Bildung als neue Bildungsaufgabe im Rahmen des Unterrichts durch ausgebildete Lehrkräfte zu etablieren, aufgekommen und geprägt vom Gegensatz einer auf staatsbürgerliche Erziehung orientierten und einer „nicht mehr staatszentrierten, sondern erfahrungsbezogenen und sozialerzieherischen" (Sander 2014, 19) Sichtweise. Um hier nicht zu weit in die folgenden Entwicklungen der Didaktik der politischen Bildung einzusteigen, sei nur der weithin bekannte Minimalkonsens benannt, der unter dem Namen *Beutelsbacher Konsens* die Polarisierung der Diskussion

https://doi.org/10.1515/9783111032030-034

beendete. Auch die Kontroversen zur Demokratiepädagogik folgen einer ähnlichen Richtung, nämlich der Frage,

> ob ein Lernen als Beitrag zur Herausbildung demokratischer Handlungskompetenz mit Priorität auf Schule und Jugendbildung in der institutionellen Dimension sowie auf Basis von Erfahrung und Handeln oder als systematisch fach- und wissenschaftsbezogenes Lernen von Politik in den Formen und Strategien der etablierten politischen Bildung in den Mittelpunkt der politisch-demokratischen Bildung rücken soll (Beutel et al. 2022, 154).

Neben dem BLK-Programm *Demokratie lernen & leben* können das *Magdeburger Manifest* und die Gründung der *Deutschen Gesellschaft für Demokratiepädagogik* als weitere wichtige Meilensteine benannt werden. Das *Magdeburger Manifest* wurde im Rahmen einer Konferenz nach der Hälfte der Laufzeit des BLK-Programms verabschiedet und benennt in zehn Punkten die Notwendigkeit demokratiepädagogischer Aktivitäten in Deutschland. Es ist zugleich das Gründungsmanifest der Deutschen Gesellschaft für Demokratiepädagogik. Diese Gründung erfolgte, um noch während der Laufzeit des BLK-Programms die Nachhaltigkeit der Vorhaben zu sichern.

Definition Demokratiepädagogik

Die bereits angedeuteten kontroversen Debatten um die Schnittpunkte zwischen und die Abgrenzung von der politischen Bildung haben auch einen Einfluss auf die Frage nach einer einheitlichen Definition. Zahlreiche ähnliche Begriffe werden diskutiert, wie zum Beispiel Demokratiebildung, Demokratielernen, Demokratiedidaktik und demokratische Erziehung. Edelstein, einer der frühen Initiatoren und Gutachter des BLK-Programms „Demokratie lernen & leben", benennt Aktivitäten im Rahmen demokratiepädagogischen Handelns als pädagogische, insbesondere schulische und unterrichtliche Aktivitäten zur Förderung von Kompetenzen, die Menschen benötigen,
- um an Demokratie als Lebensform teilzuhaben und diese aktiv in Gemeinschaft mit anderen Menschen zu gestalten,
- um sich für Demokratie als Gesellschaftsform zu engagieren und sie durch partizipatives Engagement in lokalen und globalen Kontexten mitzugestalten,
- um Demokratie als Regierungsform durch aufgeklärte Urteilsbildung und Entscheidungsfindung zu erhalten und weiterzuentwickeln (Edelstein 2011, 203–204).

Zentrale Elemente dieser Definition sind einerseits der Bezug zur Schule und andererseits die Unterscheidung der Bedeutungsgehalte von Demokratie in Demokratie als Herrschaftsform, Demokratie als Gesellschaftsform und Demokratie als Lebensform, als Kultur und soziale Idee.

Demokratie als Herrschaftsform

Demokratie als Herrschaftsform kommt dem am nächsten, was in der Breite das allgemeine Verständnis von Demokratie ist. Dies nimmt unter anderem Bezug auf die Anerkennung der Menschen- und Bürgerrechte, der Rechtsstaatlichkeit, der Gewaltenteilung, des Parlamentarismus, einschließlich des Parteienwettbewerbs, sowie des Mehrheitsprinzips und des Minderheitenschutzes (Himmelmann 2004, 2022). Politikunterricht – ein Schulfach, das deutschlandweit keine feste Fachbezeichnung hat, da die Empfehlung der Kultusministerkonferenz aus dem Jahr 1950 zwar besondere Fachstunden empfahl, jedoch die Bezeichnung des Faches freigab (Sander 2014) – zielt eher auf die entsprechende Wissensvermittlung ab. Nach Himmelmann hat sich der Anspruch an den Demokratiebegriff jedoch bedeutend erweitert:

> Aus philosophischer Perspektive wird Demokratie heute als eine spezifische Form menschlicher, gesellschaftlicher und politischer Kooperation betrachtet. Sie wird als stets neuer gesellschaftlicher Lernprozess beschrieben, der von der Basis her immer wieder neu belebt werden muss. (Himmelmann 2022, 47)

Dementsprechend kann Demokratie nicht als gesicherter Zustand gelten, sondern als ein dauerhaft in Gefahr befindliches soziales Experiment, das unentwegt interpretiert, ausgehandelt und somit weiterentwickelt werden muss.

Demokratie als Gesellschaftsform

Neben der Demokratie als Herrschaftsform, also der vorrangig auf den Staat fokussierten Sichtweise, gilt es die Ebene unterhalb von Staat und Politik zu adressieren. Nach Himmelmann hat die empirische Forschung zum Übergang von Diktaturen zu Demokratien gezeigt, dass Demokratie als Staatsform „eine gesellschaftliche und individuelle Verankerung braucht, um dauerhaft lebensfähig zu sein“ (Himmelmann 2022, 47). Kinder und Jugendliche müssen demnach lernen, in welcher Gesellschaft sie leben und welche Merkmale und Verhaltensweisen in dieser Gesellschaft vorherrschen. Als Grundprinzipien der Demokratie als Gesellschaftsform wären somit beispielhaft der Pluralismus der Parteien, von Interessenverbänden und Vereinigungen von Bürgerinnen und Bürgern oder ganz allgemein die „Existenz des gesellschaftlichen Pluralismus“ zu nennen. Auch die Unabhängigkeit und Vielfalt der Medien, die Schaffung angemessenen sozialen Ausgleichs und der Verzicht auf Gewalt in Auseinandersetzungen beschreiben das Maß einer kulturell-gesellschaftlich verankerten Demokratie.

Demokratie als Lebensform, als Kultur und soziale Idee

Zum Dreiklang der Bedeutungsgehalte des Demokratiebegriffs gehört abschließend die Demokratie als Lebensform. Hier wird die Verankerung demokratischen Handelns in unserer Haltung und Lebenspraxis angesprochen – also die soziale Grundlage. Dabei betreffen die Grundprinzipien demokratischen Handelns, die Menschenrechte, alltägliche Handlungsweisen: die Anerkennung der Würde des Menschen, die Möglichkeit, die eigene Persönlichkeit frei zu entfalten, sowie die Möglichkeit, ein freies, selbstbestimmtes und selbstverantwortliches Leben zu führen. Mit Blick auf Kinder und Jugendliche findet sich auch hier noch einmal die wiederkehrende Aufforderung zur beständigen Erneuerung jeder Demokratie. Die demokratisch-politische Enkulturation und Sozialisation der nachfolgenden Generationen beinhaltet eine wiederkehrende Auseinandersetzung mit den bestehenden Herrschaftsregeln und sozialen Prinzipien, die durch jedes Individuum aufs Neue interpretiert und gegebenenfalls infrage gestellt werden.

Zusammenfassung

Alle drei vorgenannten Bedeutungsgehalte von Demokratie sind voneinander abhängig. Sie bauen aufeinander auf und müssen alle erlernt und erfahren werden. Neben dem eingangs zitierten „Versuch einer Definition" durch Edelstein und den dafür grundlegenden durch Himmelmann zusammengefassten Bedeutungsgehalt von Demokratie, kann Demokratiepädagogik auch als „ein pädagogischer und bildungspolitischer Sammel- und Integrationsbegriff für sehr unterschiedliche Konzepte, Initiativen und Programme" (Fauser 2011, 37) verstanden werden – einen Überblick bietet die Deutsche Gesellschaft für Demokratiepädagogik e. V.

Die Aneignung eines demokratischen Habitus bedarf der Erfahrung eines gelebten demokratischen Umfeldes, das es ermöglicht, die Überzeugung eigener Wirksamkeit zu erlangen und sich der Anerkennung als Person sicher zu sein. Hieraus kann Verantwortungsbereitschaft erwachsen, die die Kooperation sozial verantwortlicher Individuen ermöglicht. Hierin liegt die Basis, auf der die Demokratie als Gesellschafts- und Herrschaftsform aufbaut.

Demokratiepädagogik und Pädagogik im Bibliotheksraum

Aus der Grundannahme der Notwendigkeit eines demokratischen Habitus, der als Ausgangspunkt für die Zukunftsfähigkeit eines demokratischen Staates verstanden werden kann, entsteht der ausgeprägte schulpädagogische Ansatz der Demokratiepädagogik. Schulpädagogik, als Teildisziplin der Erziehungswissenschaft, beschäftigt sich mit Erziehungs- und Bildungsprozessen im Rahmen des Unterrichts und der Institution Schule. Sie beinhaltet insbesondere aber auch die Beschreibung und Diskussion gesellschaftlicher Funktionen von Schule und deren Voraussetzungen. Dementsprechend sind die Methoden der Demokratiepädagogik stark an Schule orientiert und bieten dort „ein Repertoire von Lernangelegenheiten und Kontexten, die zum Erwerb demokratischer Kompetenzen der Individuen und zur Entwicklung demokratischer Schulqualität beitragen“ (Edelstein 2009, 10). Hervorzuheben ist dabei, dass der Erwerb demokratischer Kompetenzen im Gleichschritt mit der institutionellen Weiterentwicklung, der Schulqualität, erfolgt.

Demokratiepädagogischer Bildungsauftrag in Schule und Bibliothek

Demokratische Schulentwicklung ist somit bereits in der Institution Schule angelegt. Das Grundgesetz definiert in Artikel 7, dass das gesamte Schulwesen unter Aufsicht des Staates stehe. Sowohl in der *Charta der Grundrechte der Europäischen Union* (in Artikel 14) als auch in der *Allgemeinen Erklärung der Menschenrechte* ist das Recht auf Bildung verbrieft. Schulgesetze definieren den Bildungsauftrag der Schulen, demokratische Werte zu fördern und formulieren zudem die Erwartung, im Sinne bestehender Landesverfassungen und des Grundgesetzes zu erziehen. Auch die Rechte der Schülerinnen und Schüler, der Eltern und der Lehrkräfte sind in Verwaltungsbestimmungen et cetera geregelt. Hierin wird Demokratie als Herrschaftsform offenbar. Weiterhin ist „Demokratie als Ziel, Gegenstand und Praxis historisch-politischer Bildung und Erziehung in der Schule“ als Beschluss der Kultusministerkonferenz (KMK 2018) zu konstatieren. Zur Umsetzung der vielschichtigen Vorgaben bedarf es aber dem Handeln in der Schule.

Nun liegt der Versuch nahe, eine Kontextualisierung demokratiepädagogischer Handlungsweisen hinsichtlich der Institution *Bibliothek* beziehungsweise der im Bibliotheksraum stattfindenden Lernarrangements/pädagogischen Prozesse zuerst in fremd- oder selbst-definierten Bildungsaufträgen zu suchen – analog zum Bildungsauftrag der Schulen. Auch für die pädagogische Arbeit in Bibliotheken bedarf es eines Bildungsauftrages beziehungsweise eines übergeordneten Zieles. Die Übersichtsseite des Deutschen Bibliotheksverbandes e. V. (dbv) zum Thema Bibliotheksgesetzgebung, in denen ein entsprechender Bildungsauftrag definiert sein könnte, nennt verschiedene Landesgesetze und einen Mustergesetzestext. Auffällig ist hierbei, dass innerhalb der fünf Bibliotheksgesetze und der drei Kulturraum- beziehungsweise Kulturfördergesetze allein die Landesbibliotheksgesetze des Landes Rheinland-Pfalz und des Landes Schleswig-Holstein sowie das Kulturgesetzbuch Nordrhein-Westfalen Demokratie erwähnen, indem sie auf den freien Zugang zu Informationen verweisen. Dieser habe eine Bedeutung für die demokratische Willensbildung und fördere durch den Wissenserwerb die demokratische Teilhabe. Dasselbe gilt auch für das Musterbibliotheksgesetz des Deutschen Bibliotheksverbandes und die ethischen Grundsätze der Dachorganisation der Bibliotheks- und Informationsverbände in Deutschland Bibliothek & Information Deutschland (BID) e. V.

Ein konkreter (Bildungs-)Auftrag, der Bibliotheken zur Förderung der Demokratie als Lebens-, Gesellschafts- und Herrschaftsform auffordert, scheint demnach derzeit weder innerhalb gesetzgebender Verfahren noch im Berufsstand gesehen zu werden – zumindest wird er so nicht formuliert. Auch die Stellungnahme des dbv zum Demokratiefördergesetz mit dem Titel „Bibliotheken als Orte gelebter Demokratie" (dbv 2022) geht über die eher passive Form der Demokratieförderung (informationelle Grundversorgung, Förderung von Bildungsprozessen und Orte der Informationsfreiheit) nicht hinaus. Allein die Förderung von Medien- und Informationskompetenz reicht nicht aus, denn

> die Förderung der politischen Urteilskompetenz bedarf Zeit – die Lernenden bei ihrem Dreischritt sehen – analysieren – urteilen zu begleiten und sie zu guten rationalen politischen Urteilen zu befähigen. [...] Deshalb sei an dieser Stelle vor allem die Teilkompetenz der Reflexion der Wertgebundenheit beim politischen Urteilen hervorgehoben. Gelingt es nicht, die Lernenden gezielt zur Reflexion der Werte anzuleiten, die hinter einem Urteil stehen, und ihnen damit die Möglichkeit zu eröffnen, die eigene Wertgebundenheit zu erkennen, kann politisches Urteilen zur reinen Technik verkommen (Gloe 2022, 470).

Insofern stellt der Methodentransfer der demokratiepädagogischen Grundsätze zur bibliothekarischen Pädagogik die Frage nach dem ethischen Fundament. Konkreter gefasst: die drei bereits dargestellten Bedeutungsgehalte der Demokratie sollten sich in der bibliothekarischen Pädagogik und im institutionellen Handeln – im besten Fall einer Form demokratiepädagogischer Bibliotheksentwicklung – wiederfinden.

Für das Handeln im bibliothekspädagogischen Alltag gilt eine Einschränkung, die grundsätzlich zu bedenken ist. Im Gegensatz zu Schulen bilden Bibliotheken keinen geschlossenen Raum. Während Schulen in wiederkehrender Form mit denselben Lehrkräften und Schülerinnen und Schülern an Themen arbeiten können, auch fächerübergreifend, sind entsprechende Möglichkeiten für bibliothekspädagogische Arbeit nur sehr begrenzt vorhanden. Als Ausnahme können hier Schulbibliotheken genannt werden, die zum Alltag einer Schule gehören (können). Zielführend ist es demnach, Methoden zu identifizieren, die bibliothekspädagogische Arbeit durch demokratiepädagogische Ansätze ergänzen können beziehungsweise Verständnis für entsprechende und weiterführende Inhalte zu erzeugen. Eine Methode, deren Ziel explizit der Kontakt zu außerschulischen Institutionen wie beispielsweise Bibliotheken ist, deren Lerninhalte curricular angebunden sind und die zugleich soziale, moralische und demokratische Kompetenzen fördert, ist die Methode des Lernens durch Engagement, auch Service-Learning genannt.

Lernen durch Engagement

Lernen durch Engagement (LdE) spricht als Methode zahlreiche Demokratiekompetenzen direkt an und verbindet diese zudem mit einem konkreten Nutzen für die lehrende Institution und für die Lernenden. Definiert wird LdE wie folgt: „Service-Learning – Lernen durch Engagement (LdE) ist eine Lehr- und Lernform, die gesellschaftliches Engagement von Schüler/innen mit fachlichem Lernen verbindet." (Seifert et al. 2019, 13). Dabei orientiert sie sich am Konzept der Demokratie als Lebens-, Gesellschafts- und Herrschaftsform. Für dieses aus dem nordamerikanischen Raum stammende Modell wurden sechs Qualitätsstandards (Seifert et al. 2019, 14) definiert:

- Realer Bedarf – es soll kein fiktives Problem behandelt werden. Im Vorfeld muss demnach sorgfältig ein mögliches Engagement geplant werden.
- Curriculare Anbindung – LdE ist sowohl strukturell als auch inhaltlich in der Schule angelegt. Eine Verknüpfung zum Bildungsplan ist notwendig.
- Reflexion – ein Kernelement dieser Methode ist die beständige Reflexion über die eigenen Erwartungen, das Erlebte und die Veränderung durch die gesammelten Erfahrungen.
- Partizipation von Schülerinnen und Schülern – echte Teilhabe, also möglichst große Machtabgabe der Lehrenden und die Steuerung eines größtmöglichen Teils des Prozesses stehen hier im Vordergrund.
- Engagement außerhalb der Schule – die Erweiterung der Lebenswelt der Schülerinnen und Schüler beim Kontakt mit Kita, Pflegeheimen oder eben Bibliotheken, also Orten außerhalb der Schule, schaffen neue Räume für Erfahrungen und Interessen.
- Anerkennung und Abschluss – die Selbstwirksamkeitserfahrung konkret zu benennen und den Dank für das Engagement zu formulieren sind elementarer Teil des LdE.

Die Abgrenzung zu verwandten Konzepten wie dem Ehrenamt (Community Service) oder praxisnahem Unterricht (Community-Based Learning) ergibt sich aus der Verbindung mit dem Fachunterricht. Im Sinne des Ehrenamts ist die Tätigkeit nicht zwingend an Schule oder fachlichem Lernen im Unterricht gebunden. Praxisnaher Unterricht verlagert das Lernen in das schulische Umfeld und nutzt beispielsweise im Rahmen des Geschichtsunterrichts das Stadtmuseum (Frank et al. 2009, 154–155). Als praktisches Beispiel für LdE sei folgende Projektbeschreibung zitiert:

> Im Fach Naturwissenschaft und Technik (NwT) führt die 8. Klasse eines Gymnasiums ein LdE-Projekt durch, in dem sie eine nahe gelegene Kindertagesstätte bei der frühkindlichen naturwissenschaftlichen Bildung unterstützt. Die Schüler/innen bereiten in Kleingruppen Mitmachexperimente vor, die sie sechs Wochen lang an je zwei Nachmittagen pro Woche mit den Kindern in der Kita durchführen. (Frank et al. 2009, 151)

Die eigenständige Planung und Durchführung des Projektes, die beständige Reflexion des Gelernten und der Erfahrungen mit anderen fördern vielfältige Demokratiekompetenzen (Mauz 2019). Mauz und Gloe ordnen diese im Rahmen des LdE in drei Bereiche mit elf Teilkompetenzen ein:

- Wissen und kritisches Denken: Reflektierte Selbstkenntnis, Demokratiekonzepte, Informierte Offenheit und analytische Denkweise,
- Praktische Handlungsfähigkeiten: Perspektivübernahme und Empathie, Selbstwirksamkeit, Partizipationsfähigkeit und -bereitschaft, Konflikt- und Dialogfähigkeit,
- Einstellungen und Werte: Anerkennung von Vielfalt und Gleichwertigkeit, Anerkennung demokratischer Prinzipien und Werte, Toleranz für Mehrdeutigkeit und Unsicherheit, soziales Verantwortungsbewusstsein.

Eine Adaption der Qualitätsstandards des LdE erscheint insofern als gute Möglichkeit, bibliothekspädagogische Angebote um demokratiepädagogische Elemente zu ergänzen, deren positive Effekte gut erforscht sind (Mauz 2019, 9). Bibliothekspädagogische Lernarrangements können somit an Alltagstauglichkeit gewinnen, schulische Vorgaben direkter adressieren und insgesamt ein breiteres Kompetenzfeld ansprechen.

Ein bibliotheksnahes Beispiel liefert die Informationsbroschüre des Netzwerkes Lernen durch Engagement: „Grundschulkinder üben in der Klasse das betonte Vorlesen, sprechen über geeignete Kinderliteratur und gestalten Märchenvorlesetage in der öffentlichen Bücherei […]“ (Seifert et al. 2019, 12). Hier können alle Qualitätsstandards adressiert werden:

- Realer Bedarf – im Bibliotheksraum findet als Ergebnis eine Veranstaltung für Kinder statt, die sich der Leseförderung widmet.
- Curriculare Anbindung – die Beschäftigung mit Märchen ist Teil curricularer Vorgaben für den Unterricht.
- Reflexion – die Erfahrungen und Erwartungen können mit den Kindern reflektiert werden.
- Partizipation von Schülerinnen und Schülern – die Ausgestaltung der Märchenvorlesetage obliegt den Kindern, ebenso die Auswahl der Märchen.
- Engagement außerhalb der Schule – die Veranstaltung selbst findet außerhalb des schulischen Rahmens statt.
- Anerkennung und Abschluss – die teilnehmenden Kinder können zum Ende der Märchentage ausgezeichnet und hervorgehoben werden.

Fazit

Der Einbezug demokratiepädagogischer Methoden in bibliothekspädagogisches Handeln erfordert zwei hier dargestellte und einen weitergehenden Aspekt.

1. Bibliothekspädagogische Arbeit sollte eine ethische Fundierung erhalten.[1] Kompetenzförderung erfüllt in einer Demokratie keinen technokratischen Selbstzweck, sondern ist Teil einer demokratischen Erziehung. Dementsprechend ist bei der Planung einer Unterrichtseinheit die Wahrnehmung der einzelnen Individuen und ihrer Bedürfnisse zentral. Dies beginnt bei der Reflexion der Erwartungen und endet mit der Reflexion des Erlebten durch die Teilnehmenden. Die Themen Perspektivübernahme und Empathie, Selbstwirksamkeit, Partizipationsfähigkeit und -bereitschaft sowie Konflikt- und Dialogfähigkeit sollten als selbstverständlicher Teil bibliothekspädagogischer Angebote verstanden werden. Ziel ist es, die jeweilige Zielgruppe soweit verständigungsfähig zu machen, dass sie an der Demokratie teilnehmen können.
2. Bibliothekspädagogische Angebote sollte sich an realen Bedürfnissen orientieren und die geleistete Arbeit der Lernenden gemeinsam mit ihnen konstruktiv nutzen. Selbst aus kleinen und weithin bekannten Angeboten wie zum Beispiel Buchcastings kann ein Ergebnis geschöpft werden, das im öffentlichen Bibliotheksalltag genutzt wird, beispielsweise als Buchempfehlung für die Kinderbibliothek.
3. Demokratiepädagogik endet nicht bei den Lernenden. Eine autoritäre Institution kann schwerlich demokratieförderlich agieren. Daher gehört zur Demokratiepädagogik auch die demokratische Schulentwicklung. Mit Blick auf die Bibliotheken wäre dies eine Form demokratischer Bibliotheksentwicklung.

Im Zentrum steht dabei die demokratiebezogene – im Sinne der Demokratie als Lebens-, Gesellschafts- und Herrschaftsform – und fortwährende Förderung sozialer Kompetenzen, der Ausbildung eines entsprechenden reflektierten Führungs- und Arbeitsverständnisses, einschließlich der Wahl entsprechender Führungsinstrumente sowie der zugehörigen Organisationsstruktur. Eine demokratisch angelegte Organisationsstruktur kann dabei in Anlehnung an Schulprogrammarbeit entwickelt werden. Das niedersächsische Schulgesetz beschreibt Schulprogramme wie folgt:

> Die Schule gibt sich ein Schulprogramm. In dem Schulprogramm legt sie in Grundsätzen fest, wie sie den Bildungsauftrag erfüllt. Das Schulprogramm muss darüber Auskunft geben, welches Leitbild und welche Entwicklungsziele die pädagogische Arbeit und die sonstigen Tätigkeiten der Schule bestimmen. (§ 32 Absatz 2 Sätze 1–3 NSchG)

Im Kern geht es dabei um die Frage, in welcher Form alle an Schule beteiligte Gruppen bei der Gestaltung und Weiterentwicklung der Schule einbezogen werden. Wenn-

1 Siehe dazu Rösch (2024) in diesem Band.

gleich der Aufwand sehr hoch ist, verspricht eine transparente und partizipative Ausgestaltung eines solchen Entwicklungsprozesses eine hohe Identifikation aller Beteiligten sowie die Möglichkeit, gemeinschaftlich weitere demokratische Prozesse in den Alltag zu integrieren.

In diesem Sinne stünde eine demokratische Bibliotheksentwicklung in einem konkreten Gegensatz zur aktuell viel diskutierten agilen Arbeit, deren propagierte Ziele das soziale Miteinander ökonomisieren. Das Mittel der institutionellen und demokratiepädagogisch orientierten Weiterentwicklung der Bibliotheken ist die Offenheit bezüglich der Ziele und der Handlungen, die Definition einer demokratischen Wertebasis, die Reflexion der Erwartungen und des Erlebten der Mitarbeitenden wie auch der Bibliotheksnutzerinnen und -nutzer und die Schaffung echter Partizipation, also einer Form institutioneller Machtabgabe. Dies beginnt innerhalb der Institution *Bibliothek* und setzt sich im alltäglichen (pädagogischen) Handeln fort.

Literatur

Beutel, W.; Gloe, M.; Reinhardt, V. (2022): Die Kontroverse „Demokratiepädagogik und politische Bildung". In: W. Beutel; M. Gloe; G. Himmelmann: D. Lange; V. Reinhardt; A. Seifert (Hrsg.): *Handbuch Demokratiepädagogik*. Frankfurt a. M.: Debus Pädagogik, 154–183.

Deutsche Gesellschaft für Demokratiepädagogik e. V. (2018): *ABC der Demokratiepädagogik. Initiativen, Konzepte, Programme und Aktivitäten.* https://degede.de/wp-content/uploads/2018/11/degede-abc-der-demokratiepaedagogik.pdf.

dbv – Deutscher Bibliotheksverband e. V. (2022): *Bibliotheken als Orte gelebter Demokratie: Stellungnahme des Deutschen Bibliotheksverbandes e. V. (dbv) zum Demokratiefördergesetz.* https://www.bibliotheksverband.de/sites/default/files/2022-04/2022_03_dbv_Stellungnahme_Demokratief%C3%B6rdergesetz_-final.pdf.

Edelstein, W. (2009): Demokratie als Praxis und Demokratie als Wert. In: W. Edelstein; S. Frank; A. Sliwka (Hrsg.): *Praxisbuch Demokratiepädagogik. Sechs Bausteine für die Unterrichtsgestaltung und den Schulalltag*. Weinheim; Basel: Beltz, 7–19.

Edelstein, W. (2011): Was ist Demokratiepädagogik? Versuch einer operativen Bestimmung. In: W. Beutel; P. Fauser (Hrsg.): *Demokratiepädagogik. Lernen für die Zivilgesellschaft.* Schwalbach/Ts.: Wochenschau, 203–204.

Fauser, P. (2011): Demokratiepädagogik und politische Bildung. Ein Diskussionsbeitrag. In: W. Beutel; P. Fauser (Hrsg.): *Demokratiepädagogik. Lernen für die Zivilgesellschaft.* Schwalbach/Ts.: Wochenschau, 16–41.

Frank, S.; Seifert, A.; Sliwka, A.; Zentner, S. (2009): Service-Learning – Lernen durch Engagement. In: W. Edelstein; S. Frank; A. Sliwka (Hrsg.): *Praxisbuch Demokratiepädagogik. Sechs Bausteine für die Unterrichtsgestaltung und den Schulalltag*. Weinheim und Basel: Beltz, 151–192.

Gloe, M. (2022): Medienpädagogik und Medienbildung. In: W. Beutel; M. Gloe; G. Himmelmann; D. Lange; V. Reinhardt, A. Seifert (Hrsg.): *Handbuch Demokratiepädagogik*. Frankfurt a. M.: Debus Pädagogik, 459–474.

Himmelmann, G. (2004): *Demokratie-Lernen. Was? Warum? Wozu?* Berlin: BLK. URN: urn:nbn:de:0111-opus-2168; DOI: 10.25656/01:216.

Himmelmann, G. (2022): Demokratie als Lebensform, Gesellschaftsform und Herrschaftsform. Herausforderungen für die Demokratie, Aufgaben für die Pädagogik. In: W. Beutel, M. Gloe, G. Himmelmann,

D. Lange, V. Reinhardt, A. Seifert (Hrsg.): *Handbuch Demokratiepädagogik*. Frankfurt a. M.: Debus Pädagogik, 43–51.

KMK – Kultusministerkonferenz (Hrsg.) (2018): *Demokratie als Ziel, Gegenstand und Praxis historisch-politischer Bildung und Erziehung in der Schule*. https://www.kmk.org/fileadmin/Dateien/veroeffentlichungen_beschluesse/2009/2009_03_06-Staerkung_Demokratieerziehung.pdf.

Mauz, A.; Gloe, M. (2019): *Demokratiekompetenz bei Service-Learning. Modellentwicklung und Anregungen für die Praxis*. Berlin: Stiftung Lernen durch Engagement – Service-Learning in Deutschland SLIDE gGmbH. https://www.servicelearning.de/fileadmin/Redaktion/Dokumente/Stiftung/Eigene_Publikationen/Stiftung_Lernen_durch_Engagement_2019_Mauz_Gloe_Demokratiekompetenz.pdf.

Rösch, H. (2024): Bibliothekspädagogik und Ethik. In: U. Engelkenmeier; K. Keller-Loibl; B. Schmid-Ruhe; R. Stang (Hrsg.): *Handbuch Bibliothekspädagogik*. Berlin; Boston: De Gruyter Saur, 225–236. https://doi.org/10.1515/9783111032030-021.

Sander, W. (2014): Geschichte der politischen Bildung. In: W. Sander (Hrsg.): *Handbuch politische Bildung*. Schwalbach/Ts.: Wochenschau (Lizenzausgabe für die Bundeszentrale für politische Bildung), 15–30.

Seifert, A.; Zentner, S.; Nagy, F. (2019): *Praxisbuch Service-Learning. „Lernen durch Engagement" an Schulen*. Weinheim; Basel: Beltz.

Nadine Rousseau und Susanne Endres

Spielkultur als kulturpädagogischer Möglichkeitsraum

Einleitung

Spielkultur kann als die Verbindung von Spiel und Kultur, die in engem Zusammenhang mit Identität, Gesellschaft und Zeit stehen, verstanden werden. Die bisherige „Beschränkung“ auf Spielpädagogik wird damit bewusst aufgehoben, da Spielen weitaus mehr Bereiche berührt als „nur“ die Pädagogik.

> Seit langer Zeit hat sich bei mir die Überzeugung in wachsendem Maße befestigt, dass menschliche Kultur im Spiel – als Spiel – aufkommt und sich entfaltet. Es handelt sich für mich nicht darum, welchen Platz das Spielen mitten unter den übrigen Kulturerscheinungen einnimmt, sondern inwieweit die Kultur selbst Spielcharakter hat. (Huizinga 2004, 7)

Die Spielkultur vereint alle Aspekte des Spielens in einer bestimmten Kultur und umfasst sowohl die Regeln, Rituale und Codes, die von den Spielenden akzeptiert und eingehalten werden, die Orte, an denen das Spiel stattfindet, als auch die Identitäten, die durch das Spiel gebildet werden. Spielkultur ist somit ein wichtiger Bestandteil einer Gesellschaft und reflektiert die Werte, Überzeugungen und Vorstellungen, die in dieser Gesellschaft vorherrschen. Somit kann Spielkultur auch als ein Ort der Innovation und Kreativität betrachtet werden, da das Spiel den Spielenden die Möglichkeit gibt, neue Ideen und Konzepte auszuprobieren und zu entwickeln. Insgesamt ist die Spielkultur also ein faszinierendes und vielschichtiges Phänomen, das sowohl als Spiegel der Gesellschaft als auch als Motor für ihre Veränderung betrachtet werden kann (Huizinga 2004).

Spielkulturelle Welten

Spielwelten sind selbstbestimmt und werden von den Spielerinnen und Spielern konstruiert. Spiel als intrinsischer Moment kann nur dem Prinzip der Freiwilligkeit unterliegen und muss immer in Verbindung mit den jeweiligen Spielräumen betrachtet werden, da beides – Raum sowie Spielerinnen und Spieler – wechselseitig aufeinander wirken (Heimlich 2023, 33–35, 62–63). Raum ist hier als fluktuierendes Element zu verstehen, produziert durch Reziprozität von Subjekt und Objekt. So verstanden wird Raum gleichwohl durch Gesellschaft strukturiert und wirkt gesellschaftsstrukturierend: „(Social) space is a (social) product“ (Lefèbvre 1974, zit. nach Löw/Sturm 2005, 36).

https://doi.org/10.1515/9783111032030-035

Spielkulturelle Bildung eröffnet in diesem Zusammenhang Freiräume für Gedanken und Erkundungen, ermöglicht den Spielerinnen und Spielern Perspektivenwechsel und erlaubt es, in Als-ob-Situationen verschiedene Gefühle und – auch im positiven Sinne – emotionale Herausforderungen zu durchleben und zu reflektieren. Dieser Fokus auf die Analyse von Wertgerüsten, Normativitätsstrukturen und Bildwelten wird in einer zunehmend pluralisierenden Gesellschaftsstruktur immer wichtiger und mittels inszenierter Spielräume erlebbar. Hier sei als Beispiel das Rollenspiel „Drama Games“ der Waldritter genannt.

> Drama Games sind kurze Bildungs-Liverollenspiele, die sich durch einen hohen Emotionalisierungsgrad auszeichnen und in wenigen Stunden komplexe Bildungsinhalte aufzeigen. Die Teilnehmenden erhalten grob skizzierte Rollenbeschreibungen und verkörpern im freien Spiel Figuren in differenzierten Settings. (Waldritter 2023)

Mithilfe dieser Games werden anhand der spielerischen Rollenausgestaltung anschließend komplexe Dynamiken reflektiert, wie zum Beispiel Mobbing oder Meinungsbildung, die sich innerhalb des Spielsettings gezeigt haben. Hier hilft die spielerische Herangehensweise, die Strukturen und Mechanismen zu verdeutlichen, zu sensibilisieren und so auch präventiv zu wirken ohne erst den Ernstfall erlebt haben zu müssen.

Spiel kann als eine Art symbolische Kommunikation gesehen werden, die dazu dient, die Erwartungen an das Normale und Konventionelle zu überschreiten. Das Spielen wird zur Handlung, die frei von Erwartungen und Einschränkungen ist und die Möglichkeit bietet, sich in einer Art und Weise auszudrücken, die nicht durch (aktuelle) gesellschaftliche Normen und Regeln begrenzt wird. In diesem Kontext kann das Spiel als eine Möglichkeit angesehen werden, sich von den Einschränkungen und Zwängen der Alltagsrealität zu befreien und eine spielerische, kreative und imaginative Welt zu betreten (Thiedeke 2010, 18).

Spielen und Bildung

Spielen und Bildung sind eng miteinander verbunden, insbesondere in der frühkindlichen Bildung. Bildung wird hier in Anlehnung an Paolo Freire als dialektischer Prozess zwischen Mensch und Mitwelt verstanden, in welchem Bewusstwerdungs- und Erkenntnisprozesse es dem Menschen erlauben, Lern- und Veränderungsprozesse zu initiieren:

> Gerade in den dialektischen Beziehungen zur Wirklichkeit soll Bildung als ein Prozeß [sic!] beständiger Befreiung des Menschen behandelt werden, als Bildung, die deshalb weder den Menschen isoliert von der Welt begreift [...] noch die Welt ohne den Menschen, den man unfähig glaubt, sie zu verändern. (Schreiner et al. 2007, 69)

Für die kindliche Entwicklung ist Spielen unabdingbar, da es die Möglichkeit zur Entdeckung der Mitwelt und sich selbst eröffnet. Das Spielen fördert die kognitiven, motorischen, sprachlichen und sozialen Fähigkeiten von Kindern (Zimpel/Hüther 2016). Durch das Experimentieren und Ausprobieren in unterschiedlichen Kontexten und Situationen lernen Kinder, Zusammenhänge zu erkennen, Probleme zu lösen und eigene Entscheidungen zu treffen. So können mittels spielerischer Methoden komplexe Sachverhalte veranschaulicht, abstrakte Konzepte verdeutlicht und das Verständnis vertieft werden (Heimlich 2017, 12). Hier sei auf die Spiel- und Lernmaterialien unter dem Markennamen Fex bei HABA und Wehrfritz verwiesen, die die Wichtigkeit der Ausbildung der exekutiven Funktionen für gelungenes Lernen ausformulieren und auch die Gestaltung der Räumlichkeit beschreiben. Aus neurowissenschaftlicher Sicht wird hier nochmal mehr deutlich, welche Möglichkeiten sich mittels spielerischer Methoden für die menschliche Entwicklung ergeben (Walk/Evers 2013; Bauer et al. 2016; Brown 2010, 33–42).

Allerdings ist es wichtig zu betonen, dass nicht jedes Spiel automatisch zu einem messbaren Ergebnis und spürbar positiver Veränderung führt und dass nicht alles auf spielerische Weise erfolgen muss und kann. Die Beschränkung auf Spielen als Lerninstrument, wie dies beim Trend der Lernspiele zu beobachten ist, wäre zu oberflächlich, da Lernen nur ein Aspekt ist, der Spielen ausmacht. Spielen kann auf den ersten Blick unsinnig und abstrakt erscheinen, wird aber auf den zweiten Blick durchaus sinnhaft und bildlich, sofern man sich für die Möglichkeitsräume und subjektiven Wahrnehmungen der Spielenden öffnet. „Spiel hat deshalb bildenden Charakter, weil es Kinder in die Lage versetzt, sich selbstständig mit der kulturellen Umgebung auseinander zu setzen" (Heimlich 2023, 138). Spiel darf und ist nicht immer zweckgerichtet und zieloptimiert beziehungsweise darf auch explizit kein Ziel haben, es darf auch ‚einfach so' passieren. Gleichwohl hat es aber immer Effekte und prägt die Spielenden, möglicherweise auch ohne deren aktives Zutun, zum Beispiel indem einfach entspannt wird.

Intrinsische Motivation und kultureller Ausdruck

Weiterhin sind zentrale Aspekte des Spielens die intrinsische Motivation und der kulturelle Ausdruck, die die Leichtigkeit und Vielfältigkeit des Spiels prägen. Dasselbe Spiel kann in verschiedenen Kontexten andere Namen, Bedeutungen, Regeln und Symbole haben, auch wenn es demselben Prinzip entspringt. Auch der Zugang zum Spielen ist niedrigschwellig und ohne große Vorbereitung möglich. Gespielt werden kann nahezu überall und es bedarf keiner besonderen Fähigkeiten. Wir tragen die Spielmotivation quasi in uns, können uns durch sie ausdrücken und variieren. Obwohl das Spielen so einfach erscheint, ist es jedoch in Wirklichkeit sehr komplex und bietet viele Möglichkeiten, um die intrinsische Motivation der Menschen zu fördern und Zugänge zu verschiedenen Bild- und Raumwelten zu schaffen. Spielen ermöglicht unterschiedliche Impulse für (Spiel-)Persönlichkeiten sowie Interaktionsmöglichkeiten mit Dingen und Personen und ist somit auch für die Persönlichkeitsentwicklung von Bedeutung:

> We are built to play and built through play. When we play, we are engaged in the purest expression of our humanity, the truest expression of our individuality. (Brown 2010, 5)

Spielkulturen sind in einem hohen Maß differenziert und teilen innerhalb ihrer jeweiligen Kultur eigene, ästhetische Merkmale und zeichnen sich durch spezifische Praktiken und Codes aus. Die Vielfalt der Akteurinnen und Akteure bildet daher den Ausgangspunkt für eine neue Betrachtung des Begriffs der Spielkultur. Es ist wichtig, die Potenziale des Spielens zu nutzen, damit Kinder und Jugendliche sich in einer teils unübersichtlichen, beschleunigten, pluralen Gesellschaft selbstbestimmt und selbstwirksam entwickeln und ausdrücken können (Keuchel/Werker 2020).

Es stellt daher eine kontinuierliche Herausforderung für Spiel- und Kulturpädagoginnen und -pädagogen dar, Kinder und Jugendliche in den diversifizierten Spielwelten zu begleiten. Kritische Fragen, welche konkreten Bilder von Realität in Spielwelten vermittelt werden und welche Repräsentationen unterschiedlicher Gruppierungen von Spiel(kultur)pädagogik weitergetragen werden, sollten immer wieder gestellt werden. Da Spiele Träger kultureller Codes, Verhaltensweisen und Urteile sind, ist es umso wichtiger zu erkennen, dass sie auch Stereotypen und Vorurteile transportieren, die möglicherweise schädlich sind. Daher ist es wichtig, die Konstrukte vorgegebener Bildwelten sowie deren gesellschaftliche Deutungsraster fortwährend kritisch zu hinterfragen. Als Beispiel sei hier die Rosa-Hellblau-Falle genannt, die sich vor allem mit der Binarität von Spielmitteln für Kinder auseinandersetzt und diese kritisch hinterfragt (Schnerring/Verlan 2014). Eine kontinuierliche Auseinandersetzung mit diesen Bildern und unseren inneren Bildern ist, vor allem in pädagogischen und kulturellen Bereichen, zwingend notwendig. Auch hier bietet ein spielerischer Zugang vielfältige Möglichkeiten, diesen Diskurs anzuregen und zu unterstützen. Ein offener und kreativer Umgang mit Spielen kann somit dazu beitragen, dass Kinder und Jugendliche ihre Identität und ihre Beziehungen zu anderen auf spielerische Weise entdecken und gestalten können. Daher sollten spielkulturpädagogische Ansätze darauf abzielen, Kindern und Jugendlichen die Möglichkeit zu geben, ihre eigenen Spielkulturen zu entdecken, zu erforschen und zu gestalten, indem möglichst anregende Räume, Orte und Inszenierungen geschaffen werden, die einladen, sich dem Spielen hinzugeben. Bibliotheken können mit entsprechenden Angeboten solche anregenden Räume sein, da viele Bibliotheken Spiele zum Ausleihen zur Verfügung stellen, mit Ludotheken zusammenarbeiten oder Spielenachmittage veranstalten. Einige Bibliotheken bieten bereits eigene Escape Games an und unterbreiten Angebote für Pen and Paper-Rollenspiele. Viele Escape Games bedienen sich einer Bibliothek als Setting.

Spielmobile als Beispiel für eine vielfältige Spielkultur

Das Konzept des Spielmobils kommt aus den 1970er Jahren, als die mobilen spielkulturellen Angebote sich deutschlandweit in der Kinder- und Jugendarbeit etablierten. So divers Spielkultur ist, so unterschiedlich sind auch die Konzepte von Spielmobilen. Grundlegend gemein ist ihnen, dass sie Spielräume temporär etablieren – von Lastenrädern bis hin zu Spielbussen – und vielfältiges, anregendes Spielmaterial zur Verfügung stellen. Bespielt werden sowohl öffentliche Räume, Parks und „Bra(u)chländer"[1] als auch Unterkünfte für Geflüchtete oder Erstaufnahmeeinrichtungen. Die stark ausdifferenzierten Angebote reichen von unterschiedlichsten Spielmitteln, Schnitzwerkstätten, Gruppenspielen, Kinderstädten, Spielinszenierungen, Klimamobilen über Bastel- und Kreativangebote, den Einsatz von Multimedia zur Stadt-/Ortserkundung bis hin zu partizipativen Sozialraumprojekten. Im Hinblick auf fehlende oder nicht erreichbare Spielflächen für Kinder und Jugendliche sind Spielmobile nach wie vor eine gute Möglichkeit, temporäre Spielräume zu (er)öffnen, Spielflächen zu etablieren und den Sozialraum partizipativ zu gestalten.[2]

Durch die mobilen und niedrigschwelligen Angebote werden Kinder und Jugendliche eingeladen, sich auszuprobieren, zu entdecken, zu forschen und gemeinsam zu spielen. Durch Kooperationen mit Institutionen vor Ort – zum Beispiel Kinder- und Jugendbüros oder Kinder- und Jugendbibliotheken – entstehen vielfältige und nachhaltige Projekte[3], die das Recht auf Spiel (§ 31 UN-Kinderrechtskonvention) unmittelbar, spielerisch und erlebbar umsetzen.

Literatur

Bauer, D.; Evers, W.; Otto, M.; Walk, L. (2016): *Förderung exekutiver Funktionen durch Raumgestaltung*. Bad Rodach: Wehrfritz.

Brown, S. (2010): *Play. How it shapes the brain, opens the imagination, and invigorates the soul*. New York: Avery.

Heimlich, U. (2023): *Einführung in die Spielpädagogik*. 4. Aufl. Bad Heilbrunn: UTB.

Heimlich, U., (2017): *Das Spiel mit Gleichaltrigen in Kindertageseinrichtungen. Teilhabechancen für Kinder mit Behinderung*. Weiterbildungsinitiative Frühpädagogische Fachkräfte. München: Deutsches Jugendinstitut.

Huizinga, J. (2004): *Homo Ludens Vom Ursprung der Kultur im Spiel*. 19. Aufl. Hamburg: Rowohlt.

---

1 Begriff übernommen von den Kolleginnen und Kollegen aus Mannheim. Siehe hierzu: https://spielmobil.majo.de/brauchland.

2 www.spielmobile.de.

3 Zum Beispiel: https://www.kassel.de/buerger/familie_und_soziales/kinder-und-jugendliche/einmischen/kinder-und-jugendbeteiligung-in-kassel.php.

Keuchel, S.; Werker, B. (Hrsg.) (2020): *Gesellschaftspolitische Dimensionen der Kulturellen Bildung*. Bielefeld: transcript.

Löw, M.; Sturm, G. (2005): Raumsoziologie. In: F. Kessl, C. Reutlinger, S. Maurer, O. Frey (Hrsg.): *Handbuch Sozialraum*. Wiesbaden: VS, 31–48.

Schnerring, A.; Verlan, S. (2014): *Die Rosa-Hellblau-Falle. Für eine Kindheit ohne Rollenklischees*. München: Kunstmann.

Schreiner, P.; Mette, N.; Oesselman, D.; Kinkelbur, D. (2007): *Paolo Freire. Unterdrückung und Befreiung*. Münster; New York; München; Berlin: Waxmann.

Thiedeke, U. (2010): Spiel-Räume: Kleine Soziologie gesellschaftlicher Exklusionsbereiche. In: C. Thimm (Hrsg.): *Das Spiel. Muster und Metapher der Mediengesellschaft*. Wiesbaden: VS, 17–32.

Waldritter e. V. (2023): *Drama Games in der Politischen Bildung. Diversität und Autismus*. https://www.waldritter.de/events/drama-games-in-der-politischen-bildung-diversitaet-und-autismus.

Walk, L.; Evers, W. (2013): *Förderung exekutiver Funktionen. Wissenschaft Praxis Förderspiele*. Bad Rodach: Wehrfritz.

Zimpel, A. F.; Hüther, G. (2016): *Lasst unsere Kinder spielen! Der Schlüssel zum Erfolg*. Göttingen: Vandenhoeck & Ruprecht.

Christoph Deeg

Gaming

Einleitung

Im Laufe der letzten Jahre hat das Thema *Gaming* im Kontext der Arbeit von Bibliotheken massiv an Bedeutung gewonnen. Vor allem Öffentliche aber in zunehmendem Maße auch Wissenschaftliche Bibliotheken versuchen, Gaming für ihre Arbeit zu nutzen. Das Anwendungsspektrum ist dabei sehr unterschiedlich und reicht vom Verleih digitaler Spiele oder der Durchführung von Gaming-Events bis hin zur Anwendung von Gamification als Element der Bibliotheksarbeit, beispielsweise im Kontext von Führungen. In diesem Beitrag geht es um die Frage, ob und, wenn ja, wie Gaming ein Element der Bibliothekspädagogik sein kann. Meine These ist, dass das Thema Gaming den Optionsraum der Bibliothekspädagogik massiv erweitert, eine erfolgreiche Implementierung aber weitreichende Strategien erfordert.

Verständnis von Gaming

Zunächst sollte geklärt werden, was wir überhaupt meinen, wenn wir über Gaming sprechen. Gaming meint landläufig das Spielen von digitalen Spielen. Dabei ist es unerheblich, ob dies auf einem Computer, einer Gaming-Konsole, einem Smartphone oder Tablet stattfindet. Auch hybride Ansätze, bei denen analoge Inhalte und Gegenstände mit digitalen Interaktionen verbunden werden, gehören dazu. Digitale Spiele haben die gleichen Grundkonzepte und Spielmechaniken wie ihre analogen „Geschwister".

Die Grundkonzepte von Spielen

Ein Grundkonzept von Spielen ist, einen einfachen Zugang zu komplexen Systemen zu erlauben. Sie tun dies auf vielfältige Art und Weise:

– *Zugang durch Fokussierung auf die Kernkonzepte:* Hierbei werden komplexe Systeme und Modelle auf ihre Kernkonzepte reduziert, um dann einen spielerischen Zugang zu ermöglichen. Bibliothekarische Datenbanken, Bibliothekskataloge sind beispielsweise komplexe Systeme. Kernkonzepte sind unter anderem das Suchen und Erschließen von Inhalten. Spiele können das Suchen und Erschließen von Inhalten auf vereinfachte Art und Weise simulieren und trainieren. Hierfür ist ein gutes Verständnis sowohl der zu vermittelnden Inhalte und Kompetenzen als

https://doi.org/10.1515/9783111032030-036

auch der dazu passenden Spielmechaniken wichtig. Zudem ist es wichtig, dass die Funktionen des Spiels in sich schlüssig und vor allem einfach sind.

- *Zugang durch Schaffen von Komplexität:* Hierbei geht es um die Fähigkeit von Spielen, aus einfachen Aufgaben sehr komplexe Prozesse zu erschaffen, die aber so motiviert gestaltet wurden, dass sich Menschen gerne damit beschäftigen. Ein Beispiel ist das Spiel „Golf". Die Aufgabe, einen Ball in ein Loch zu bringen ist an sich sehr einfach. Jedoch muss ich für diese Aufgabe einen Schläger nutzen, eine lange Strecke zurücklegen und mit verschiedenen Hindernissen umgehen. So wird aus der Aufgabe „Ball in Loch" ein komplexes System. Golf ist als Spiel aber so gut gemacht, dass es viele Menschen interessiert. Aus Sicht der Bibliothekspädagogik bedeutet dies, dass Spiele und/oder pädagogische Prozesse durchaus komplex und herausfordernd sein können, wenn sie an sich gut gemacht sind. Hier muss ein gutes Verständnis der gewünschten Lern- und Entwicklungskurven der Spielerinnen und Spieler vorhanden sein.
- *Zugang durch neue beziehungsweise fiktive Rollen:* Hierbei geht es darum, in eine andere Rolle schlüpfen zu können. Ich kann jemand anders sein, jemanden anderes spielen. So entstehen die Möglichkeiten des Perspektivenwechsels und der positiven Abkopplung von der eigenen Situation. Es entsteht ein gedanklicher Freiraum und die Möglichkeit, auf anderen Wegen zum Ziel zu kommen. Eine digitale Schnitzeljagd in der Bibliothek, bei der ich als Detektiv verschiedene Inhalte recherchieren muss, bedeutet, dass ich die Bibliothek, ihre Funktionen und Angebote anders wahrnehme. Fiktive Rollen bedeuten aber auch, dass ich diese Rollen selbst ausgestalten kann. Die Figur an sich muss durch das Spielen eine Entwicklung erleben. Fiktive Rollen sind also keine passiven Narrative, sondern vielmehr ein Spiegel des eigenen Erlebens und der eigenen Erfahrung.
- *Zugang durch Ausprobieren und Fehlerkultur:* In Spielen ist Ausprobieren und Lernen aus den eigenen Fehlern sehr wichtig. Spielerinnen und Spieler lernen durch Ausprobieren und die Option, Fehler zu machen. Beherrschen Spielerinnen und Spieler ein Spiel komplett, geht jede Motivation verloren, sich mit dem Spiel weiter zu beschäftigen. Aus der Sicht der Bibliothekspädagogik bedeutet dies vor allem, dass lineare Abläufe ohne die Möglichkeit, eigene Entscheidungen zu treffen und daraus zu lernen, wenig zielführend sind. Wenn beispielsweise Bibliotheksführungen als Spiel konzipiert werden, sollte es darin die Möglichkeit geben, eigene Wege zu gehen, eigene Kontexte zu erstellen und Fehler zu machen, sie zu erkennen und daraus zu lernen. Je öfter ich den Lernprozess selbst gestalten kann, desto höher ist die Akzeptanz des Prozesses.

Einführung in die Welt der Spielmechaniken

Es gibt eine Vielzahl an Mechaniken – je nach Sichtweise bis zu 150 – und alle sind grundsätzlich relevant. Trotzdem beschränkt sich dieser Beitrag auf vier Mechaniken. Ziel ist also nicht, alle Spielmechaniken zu vermitteln, sondern aufzuzeigen, was Spielmechaniken sind und wie sie wirken.

– *Zielsysteme:* In Spielen gibt es klar definierte Ziele und Unterziele. Die Spielerinnen und Spieler wissen, was sie tun sollen und warum. Die Ziele sind verständlich und umsetzbar. Die Spielerinnen und Spieler verstehen, warum es genau diese Ziele sind und was durch die Erreichung der Ziele ermöglicht wird. In vielen Bildungsprozessen ist den Teilnehmenden nicht klar, welche Ziele existieren. In vielen Fällen werden Ziele mit Aufgaben verwechselt. Dabei ist eine Aufgabe nur eine Tätigkeit, die ich umsetzen muss, um mein Ziel erreichen zu können. Manche spielerische Bibliotheksführung ist eine Ansammlung von Aufgaben ohne ein wirkliches Zielsystem. Ziele können im und außerhalb des Spiels liegen.
– *Feedbacksysteme:* Ein weiterer wichtiger Punkt ist ein auf den Prozess passendes und zugleich motivierendes Feedbacksystem. Das Feedbacksystem soll helfen zu verstehen, wo man im Kontext der Erreichung der Ziele steht. Ein Feedbacksystem muss kleinteilig und genau sein. Es darf nicht nur den Abschluss einer Aufgabe aufzeigen, sondern es muss den gesamten Prozess begleiten. Zudem muss es verschiedene Feedbackformen geben. Punkte oder Badges sind nur eine von vielen Optionen. Zudem ist wichtig zu verstehen, dass die Aufgaben nicht erfüllt werden müssen, um das Feedback zu bekommen. Eine Belohnung über Punkte, Badges et cetera erzeugt – wenn überhaupt – nur eine kurzfristige Wirkung. Punkte und Badges sollen nur anzeigen, wie weit man schon gekommen ist.
– *Information Transparency:* Hierbei handelt es sich um eine Kombination aus Ziel- und Feedbacksystemen. Information Transparency besagt, dass alle Informationen, die man benötigt, um ein Spiel zu spielen, im Spiel enthalten sein müssen. Es werden keine Informationen zurückgehalten. Zudem müssen die Informationen so aufbereitet beziehungsweise zur Verfügung gestellt werden, dass sie anwendbar sind. Ein einfaches Beispiel ist das Brettspiel „Mensch ärgere Dich nicht“. Auf dem Spielbrett sind alle relevanten Informationen enthalten. Ich sehe alle Optionen und ebenso den Ist-Zustand. Nun können die Spielerinnen und Spieler auf dieser Basis ihre nächsten Schritte planen.
– *Path to mastery:* Diese Mechanik wird oft missverstanden. Einige Spielerinnen und Spieler kennen sie auch unter dem Betriff des „Level Design“. Zumeist wird davon ausgegangen, dass die Aufgaben immer etwas schwieriger werden. Diese Definition ist aber fehlerhaft. Der Path to mastery funktioniert folgendermaßen: Auf Basis der individuellen Kompetenzen und Erkenntnisse der Spielerinnen und Spieler wird eine Aufgabenstellung entwickelt, bei der die vorhandenen Kompetenzen und Erkenntnisse angewandt beziehungsweise neu kombiniert werden müssen. Es geht also nicht um eine statische Wiederholung. Durch den Prozess

der Aufgabenbearbeitung entstehen – unabhängig davon, ob ich die Aufgabe richtig löse oder nicht – neue Kompetenzen und Erkenntnisse die in das Gesamtportfolio der Spielerinnen und Spieler einfließen. Auf Basis dieses Portfolios werden dann wieder neue Aufgaben zur Verfügung gestellt. Diese Mechanik erfordert vor allem ein sehr gutes Verständnis der jeweiligen Kompetenzen und Erkenntnisse der Spielerinnen und Spieler sowie ein ebenso gutes Verständnis der dazu passenden Aufgabenmodelle. Die Besonderheit ist hierbei, dass es sich nicht (!) um ein redundantes Wiederholen von ähnlichen Aufgaben im Sinne eines Trainings handelt, sondern um einen kontinuierlichen, kleinteiligen Entwicklungsprozess sowohl auf der Ebene der Inhalte als auch der Formate und Funktionen.

Die hier beschriebenen vier Spielmechaniken sind von großer Bedeutung für die Anwendung in der Bibliothekspädagogik. Dabei ist es unerheblich, ob sie als Blaupause oder Inspiration genutzt werden, um bestehende Angebote von Bibliotheken (weiter-) zu entwickeln oder ob es um die Auswahl der passenden Spiele beziehungsweise Spielmodelle für einen Vermittlungsprozess geht. Das Wissen um Spielmechaniken ist wichtig, um qualitativ hochwertige Spiele und auf Spielmechaniken basierende Prozesse (Gamification) zu entwickeln. Es wird auch benötigt, um die Qualität, die Funktionen und mögliche Wirkungen von existierenden Spielen analysieren beziehungsweise bewerten zu können.

Nachdem zunächst das Spiel im Allgemeinen betrachtet wurde, wird nun auf das digitale Spiel im Besonderen eingegangen. Wie bereits erwähnt, basieren digitale Spiele grundsätzlich auf dem gleichen Grundkonzept und den gleichen Spielmechaniken. Durch den Einsatz digitaler Technologien ist ein erweiterter Optionsraum entstanden. Zum einen ist es nun möglich, hochkomplexe interaktive Welten zu schaffen. Dabei ist es unerheblich, ob versucht wird „Kopien“ der Realität zu erzeugen (Simulationen), oder ob fiktionale Räume entwickelt werden sollen. Zum anderen können die Spielerinnen und Spieler und die Spielwelten, in denen sie agieren, miteinander vernetzt werden. Es entstehen digitale und digital-analoge Erfahrungsräume.

Gaming und Bibliothekspädagogik

Nachdem grundsätzlich geklärt wurde, was mit Begriffen wie Gaming und Spielen überhaupt gemeint ist, soll nun gefragt werden, warum das Thema Gaming für die Bibliothekspädagogik relevant sein kann. Hierfür ist es wichtig zu überlegen, ob es spezifische Funktion im Bereich Gaming gibt, die für die Bibliothekspädagogik einen besonderen Mehrwert bedeuten.

Dabei soll zuerst auf ein paar wichtige Aspekte des Spiels an sich eingegangen werden. Wie bereits erwähnt, basieren digitale und analoge Spiele auf den gleichen Grundkonzepten und Spielmechaniken. Aus Sicht der Bibliothekspädagogik erscheint es deshalb sinnvoll, sich auch mit dem Spiel an sich zu beschäftigen. Die Frage ist dabei, ob und wenn ja, wie Spiele eine besondere Form der Erschließung und Wahrnehmung von Inhalten ermöglichen.

Einen interessanten Ansatz beschreibt Dewey (2021). Dewey stellt dabei die Theorie auf, dass Kunst immer eine Interaktion mit einem Werk bedeutet. Für ihn ist Kunst demnach nicht nur das Werk an sich, sondern ein individueller Erfahrungsraum. Erst durch die Interaktion mit einem Kunstwerk entstehen neue Kontexte, die wiederum eine individuelle Wahrnehmung und Erschließung ermöglichen. Kunst ist also nicht nur ein Werk, sondern ein weitergehender Prozess. Dies bedeutet aber auch, dass die Möglichkeit zur Interaktion beziehungsweise dem Erschaffen dieses Erfahrungsraumes berücksichtigt und aktiv entwickelt werden muss. Dieser Ansatz lässt sich auf andere Bereiche übertragen und ermöglicht auch eine erweiterte Perspektive auf die Bibliothekspädagogik.

Ein ähnliches Gedankenmodell liefert Huizinga (2006). Huizinga geht davon aus, dass alle Kulturformen der Menschheit auf dem Konzept des Spiels basieren. Für ihn ist das Spiel eine intrinsisch motivierte Handlung, die Kultur im Sinne von individuellen und kollektiven Denk- und Handlungsweisen (inkl. Religion und Politik) ermöglicht. Daraus lässt sich ableiten, dass das Spiel an sich eine Grundfunktion menschlichen Handelns darstellt, die also nicht mehr erlernt werden muss. Dabei ist das Spiel aber kein statisches System. Es ermöglicht vielmehr die Generierung immer neuer (Kultur-)Muster.

Beide Ansätze können aus der Perspektive der Bibliothekspädagogik diskutiert werden. Dewey fokussiert sich auf die individuelle und kollektive Erfahrung durch Interaktion, ohne dabei explizit das Spiel zu nennen. Huizinga beschreibt einen spielbasierten, individuellen und kollektiven Erfahrungsraum, betont dabei aber die Bedeutung für die Entwicklung von Denk- und Handlungsweisen. Beide Modelle gehen davon aus, dass Interaktion ein wesentliches Element für die Erschließung unserer Umwelt darstellt und dass dieses Verhalten angeboren ist. Übertragen auf die Bibliothekspädagogik würde dies bedeuten, dass vor allem solche Modelle zur Anwendung kommen, die über Interaktion eine individuelle und/oder kollektive Erfahrung mit den jeweiligen Inhalten ermöglichen. Und genau das ist das Konzept des Spiels.

Digitale Spiele erweitern das Spektrum der Erfahrungsräume, ermöglichen aber auch andere Formen des Spiels. So ist ein Spielen zwischen Menschen ebenso möglich wie ein Spielen Mensch gegen Maschine. Durch das Aufkommen moderner Smartphones und den damit verbundenen Rechenleistungen wird das Spiel mobil. Das bedeutet nicht nur, dass ein Spielen „überall“ möglich ist, sondern dass der physische Raum zu einem Teil des Spiels werden kann. Beispiele sind digitale Schnitzeljagten aber auch Spiele wie Pokemon Go. Es ist davon auszugehen, dass die technologischen Entwicklungen beispielsweise im Bereich der Smartphones immer auch zu einer Anwendung in digitalen beziehungsweise digital-analogen Spielen führen.

Drei Beispiele für die Anwendung des Themas Gaming

Das erste Beispiel fokussiert sich auf das Game-Design an sich. Es gibt eine Vielzahl an Publikationen zu diesem Thema. Aus der Sicht der Bibliothekspädagogik sind die Überlegungen von Schell (2015) empfehlenswert. Dieses Werk beschäftigt sich mit der Anwendung von Spielmechaniken. Es ist eigentlich für die Arbeit an Spielen gedacht, kann aber ebenso für die Entwicklung von pädagogischen Formaten genutzt werden. Das Besondere an diesem Ansatz ist, dass versucht wird, anhand von verschiedenen Fragestellungen zu überlegen, welche Spielmechaniken für welche Situation oder welchen Prozess nutzbar sind.

Das zweite Beispiel bezieht sich auf die erweiterte Kontextualisierung von Inhalten über das Spiel. Hier ist insbesondere auf die Arbeit von McGonigal (2011) zu verweisen. Sie stellt die These auf, dass sehr viele Menschen intensiv digitale Spiele spielen, weil sie in diesen Spielen Muster und Erfahrungen finden, die sie in der analogen/realen Welt vermissen. Aus dieser Beobachtung leitet McGonigal ab, dass die Optionen und Funktionen digitaler Spiele in die analoge/reale Welt übertragen werden sollten. Auf dieser Basis beschreibt sie viele verschiedene Ansätze, die auch in der Bibliothekspädagogik angewandt werden können.

Die dritte Perspektive geht auch von einer Übertragung von Spielmodellen in andere Kontexte aus, um daraus neue Formen der Erfahrung zu entwickeln. Allerdings wird hier ein direkter Zusammenhang zur Pädagogik hergestellt. Gee (2007) hat eine umfassende Idee für die Implementierung von Handlungsmustern und Mechaniken aus Spielen in der Pädagogik skizziert. Er fokussiert sich auf bestimmte Muster und deren Wirkungen auf die individuelle Motivation und das individuelle Lernen.

Umsetzung in der Bibliothekspädagogik

Zu fragen ist, welche Optionen sich durch das Thema Gaming für die Bibliothekspädagogik ergeben. Im Kern geht es dabei um zwei Bereiche: die Nutzung der Logik des Spiels für die Vermittlung von Inhalten und die Weiterentwicklung von Nicht-Spiel-Prozessen sowie die Nutzung und Anwendung von (digitalen) Spielen im Rahmen der Bibliothekspädagogik. Die sich ergebenden Optionen werden anhand folgender Beispiele skizziert:

- *Vermittlung von Gaming Literacy:* Hierbei geht es darum, Wissen über Spielmechaniken und ihre Anwendung in Bildungskontexten zu vermitteln. Die Kulturtechnik Spiel kann auch genutzt werden, um Inhalte besser zu verstehen und zu vermitteln sowie eigene und fremde Kompetenzen besser zu verstehen und weiterzuentwickeln.

- *Lernen durch das Spielen von Games:* In diesem Kontext muss man zwischen zwei Ansätzen unterscheiden. Zum einen geht es um das Lernen von Fakten und Inhalten et cetera im Spiel. Sollen Inhalte im Spiel kennengelernt beziehungsweise erlernt werden, wird ein Übertragungs- beziehungsweise Übersetzungsprozess der Inhalte in die Realität benötigt. Spielerinnen und Spieler übernehmen Inhalte aus einem Spiel nicht automatisch in die Realität. Eine alternative Option ist es, dass Inhalte außerhalb des Spiels erlernt und das damit verbundene Wissen im Rahmen des Spiels angewendet wird. Zum anderen geht es um den Erwerb von Kompetenzen durch das Spielen. Hier stehen nicht bestimmte Inhalte, sondern Handlungen im Fokus. Im Bereich der Leseförderung könnte dies bedeuten, dass Spiele gespielt werden, in denen man besonders viel lesen muss, um das Spiel spielen zu können. Hierdurch ist man in den Themen flexibel und kann sich nach den Bedürfnissen der Spielerinnen und Spieler richten.
- *Entwicklung von Spielen:* Hierbei handelt es sich um Projekte, bei denen die Zielgruppe zu einem Themenbereich ein eigenes Spiel entwickelt. Die Aufgabe könnte beispielsweise sein, ein Spiel zur Informationskompetenz zu entwickeln. Um das Spiel entwickeln zu können, muss man den jeweiligen Inhalt verstanden haben, denn das Spiel ist dessen Übersetzung. Die Teilnehmenden an einem solchen Projekt müssen sich also mit dem Thema Informationskompetenz und dem Thema Spiel beschäftigen. Die Spiele könnten dann sogar in das Angebot der Bibliothek aufgenommen werden.
- *Arbeit mit dem Thema Games:* Hiermit sind Aktivitäten rund um das Kulturgut Spiel gemeint. Das Interesse an Gaming wird dazu genutzt, neue Zielgruppen anzusprechen und ihnen neue Kompetenzen zu vermitteln. So kann man ein Gaming-Magazin erstellen, bei dem die Inhalte von den Spielerinnen und Spielern kommen. Sie müssen dann nach vorgegebenen Parametern recherchieren und die Inhalte erstellen.
- *Games erstellen durch die Bibliothek:* Natürlich können auch durch die Bibliothek Spiele entwickelt werden. Bekanntestes Beispiel ist sicherlich Actionbound, eine App, die schon alle Funktionen für eine digitale Schnitzeljagt in der Bibliothek beinhaltet und bei der nur noch die jeweiligen Inhalte eingefügt werden müssen. Der Vorteil von Anwendungen wie Actionbound ist sicherlich, dass keine neuen Spiele programmiert werden müssen. Somit sind die Kosten weitaus geringer und die Administration liegt beim Anbieter. Gleichwohl gibt es hier auch Risiken: das Vorhandensein einer App beziehungsweise die Möglichkeit, das Smartphone zu nutzen, erzeugt, wenn überhaupt nur eine kurzfristige Motivation. Nur umfassende und spannende Spiele sind bei der Vermittlung von Inhalten erfolgreich.

Implementierung von Gaming in die Bibliothekspädagogik

Nachdem grundsätzliche Szenarien für die Anwendung des Themas Gaming für die Bibliothekspädagogik beschrieben wurden, geht es nun um strategische Fragestellungen. Es reicht nicht aus, situativ Spiele oder Spielelemente in die Bibliothekspädagogik einfließen zu lassen. Vielmehr wird ein umfassender und zugleich nachhaltiger Ansatz gefordert, der das Thema Gaming als inhaltliche und funktionale Querschnittsfunktion durch die Bibliothekspädagogik versteht. Dies soll anhand einer erweiterten Fassung des Vier-Säulen-Modells für eine strategische Nutzung des Themas Gaming in Bibliotheken beschrieben werden. Das Modell teilt das Thema in vier Säulen auf: den Gaming-Bestand, weitergehende Service-Angebote, die Bibliothek als Gaming-Ort und die Idee einer Bibliothek, deren Logiken, Prozesse und Strukturen auf Spielmechaniken beruhen.

Der Gaming-Bestand

Ein wichtiges, man könnte auch sagen, ein immer noch wichtiges Element, ist ein umfangreicher Gaming-Bestand. Hier gibt es bereits einige Herausforderungen. Die wichtigste ist die Digitalisierung und damit verbunden das zunehmende Verschwinden des physischen Datenträgers. Gerade für Konsolen, aber auch bei den meisten PC-Spielen gibt es zumeist keinen physischen Datenträger mehr, sondern Download-Codes, die an eine Person gebunden sind und somit nicht ausleihbar sind. Zudem sind gerade die Spiele im Bildungsbereich zumeist nur noch online spielbar beziehungsweise downloadbar. Dies bedeutet, dass ein Verleih mit dem Ziel, möglichst aktuelle Spiele anzubieten, keine Zukunft hat. Gleichwohl lässt sich ein Bestand aufbauen. So ist es möglich, ältere Spiele für ältere Konsolen anzubieten. In Teilen wird es dann nötig sein, ebenso die Hardware zu beschaffen, was aber in der Regel ohne weiteres möglich ist. Hinzu kommen frei verfügbare Games. Hier bietet die Bibliothek keinen exklusiven Zugang, sondern das Wissen über die Spiele und wo man sie finden kann. Werden Spiele in der Bibliothek selbst entwickelt, werden diese ebenfalls zum exklusiven Bestand der Bibliothek. Ein weiteres wichtiges Element sind Bücher, Filme und weitere Inhalte über Games und das Thema Gaming inklusive pädagogischer Werke. Grundsätzlich würde die Bestandsarbeit im Bereich Gaming eine andere Zielsetzung bekommen: weg von der Idee, meinen möglichst aktuellen Bestand zu haben und hin zu einer bibliothekspädagogischen Perspektive.

Der Gaming-Ort

Der Gaming-Ort ist aus Sicht der Bibliothekspädagogik von großer Bedeutung. Es geht dabei nicht nur um das Spielen von Spielen in der Bibliothek an sich. Es geht ebenso um alle damit verbundenen Aktivitäten, wenn sie ebenfalls in der Bibliothek stattfinden. Das Spielen von digitalen Spielen in der Bibliothek einfach „zum Zeitvertreib" wäre zukünftig nur noch eine untergeordnete Funktion. Vielmehr würde es auch hier um bibliothekspädagogische Ziele gehen. Angefangen vom Kennenlernen von Spielen, über das Spielen in bestimmten Kontexten bis hin zur Bibliothek als Ort, an dem Games durch die Nutzerinnen und Nutzer selbst entwickelt werden, wäre sehr viel möglich. Die Spiele wären dann nicht ein „Lockmittel", sondern sie wären das zentrale Format und Medium für die Bibliothekspädagogik. Hinzu kommen Aktivitäten in der Erschließung, Bewertung und Kommunikation von Games ebenfalls mit dem Ziel, Inhalte und Kompetenzen zu vermitteln. Um dies zu erreichen, muss der Ort Gaming-kompatibel sein und über die passenden Ressourcen verfügen. Dabei sollte der Gaming-Bereich *nicht* der Kinder- und/oder Jugendbibliothek zugeordnet werden. Gaming ist ein Thema für alle Altersklassen und somit sollte der Ort nicht nur für alle Altersklassen zugänglich sein, sondern auch den jeweiligen Bedürfnissen entsprechen. Hier wäre zudem zu überlegen, ob man die Art der Aufteilung einer Bibliothek nicht generell überdenken und die Funktionen in den Mittelpunkt stellen sollte.

Gaming-Services

Gaming-Services sind alle Service-Angebote der Bibliothek, die den Nutzerinnen und Nutzern sowie den Mitarbeitenden der Bibliothek helfen, das Thema Gaming zu erschließen und die Angebote der Bibliothek besser zu nutzen. Hierbei geht es aus Sicht der Bibliothekspädagogik um zwei zentrale Felder. Zum einen geht es um ein grundsätzliches Verständnis der Kulturtechnik Spiel und der analogen und digitalen Spiele als Kulturgut. Diese Betrachtung ist wichtig, da eine weitergehende Nutzung von Spielen im Kontext der Bibliothekspädagogik nur dann erfolgreich sein kann, wenn Spiel und Spielen an sich in der Bibliothek, aber auch im Bibliotheksteam wahrgenommen wird. Nur so kann der damit verbundene Optionsraum verstanden werden. Zum anderen geht es um die pädagogische Perspektive auf das Thema. So sollte es ein Informations- und Beratungsangebot für Eltern geben, die beispielsweise ihre Kinder durch Gaming bei der Verbesserung der Lesekompetenz unterstützen möchten. Die meisten Beratungsangebote von Bibliotheken im Bereich Gaming zielen eher auf Medienpädagogik als auf Bibliothekspädagogik. Dadurch wird zwar in Teilen eine Prävention geschaffen, der Optionsraum für die Bibliothekspädagogik wird aber nicht erschlossen. In Teilen liegt hier eine Verbindung zur Bestandsarbeit vor, denn das Service-Angebot ließe sich auch auf weiterführende Literatur etc. erweitern.

Die Gamified Library

Dieser Punkt ist für die Bibliothekspädagogik von besonderem Interesse. Es geht im Kern darum, die ganze Bibliothek inklusive ihrer Angebote, Prozesse, Strukturen, Ressourcen aus der Perspektive des Spiels zu verstehen und weiterzuentwickeln. Die Logik des Spiels wird dabei zu einer Querschnittsfunktion der Bibliotheksarbeit. In Verbindung mit der Bibliothekspädagogik würde dies folgendes bedeuten: Die Bibliothekspädagogik ist die Querschnittsfunktion einer Bibliothek und das Spiel ist der zentraler Enabler für diesen Prozess. Anders ausgedrückt: Gaming wird genutzt, um die Bibliothek mit dem Fokus auf Bibliothekspädagogik zu transformieren. Angefangen vom Kennenlernen der Bibliothek über die räumlichen Ressourcen, die digitalen und analogen Angebote bis hin zur Nutzung für die Transformation des Bibliotheksteams werden Spielmechaniken und Logiken, aber auch ganze Spiele genutzt, um die Bibliothek zu analysieren und weiterzuentwickeln. Ein Beispiel: im Kontext der Gamification spricht man von sogenannten Motivationsportfolios. Das Konzept dahinter ist sehr einfach: beobachtet man Menschen beim Spiel so kann man eine Reihe von wiederkehrenden Motivationen für das Spielen beobachten. Dazu gehören unter anderem:

– Neugierde: die Befriedigung und das Schaffen von Neugierde,
– Ermächtigung: die individuelle und stetige Weiterentwicklung,
– Vernetzung: die Vernetzung mit anderen und das gemeinsame Spiel,
– Bedeutung: Teil von etwas Größerem sein,
– Knappheit: reduzierte Ressourcen et cetera.

Die Idee bei diesem, ursprünglich von Chou (2014) entwickelten und von Deeg und Rackwitz weiterentwickelten, Modell ist es, Prozesse, Strukturen, Räume und Ressourcen so zu gestalten, dass sie möglichst jede einzelne Motivation triggern. Dabei wird davon ausgegangen, dass alle Menschen über individuelle Motivationsportfolios verfügen, die eine Kombination aus den Einzel-Motivationen darstellen.

Fazit

Gaming im Kontext der Bibliothekspädagogik ist ein spannendes, aber an sich kein neues Thema. Gerade weil das Thema Gaming in – vor allem Öffentlichen – Bibliotheken grundsätzlich etabliert ist, sollte aus Sicht der Bibliothekspädagogik genau überlegt werden, welche Rolle Gaming spielen kann und soll. Aus meiner Sicht geht es vor allem darum, den Optionsraum zu verstehen, der durch das Thema Gaming für die Bibliothekspädagogik entsteht. Digitale Spiele ermöglichen individuelle Erfahrungen durch Interaktionen mit Menschen und Inhalten. Auf diesem Weg lassen sich erweiterte Formen der Bibliothekspädagogik umsetzen. Allerdings bedeutet dies einen erheblichen Aufwand. Der Erfolg solcher Angebote ist unter anderem davon abhängig, ob die jeweilige Bibliothek in der Lage ist, einen mit dem Thema Gaming kompatiblen Kulturraum zu erschaffen. Das Thema Gaming könnte so zu einer Querschnittsfunktion der Bibliothekspädagogik werden. Empfohlen wird in diesem Kontext eine Überarbeitung der bibliothekspädagogischen Ausbildung mit dem Ziel, die unterschiedlichen Facetten des Themas inklusive der Beschäftigung mit Spielmechaniken und ihrer Übertragung in Nicht-Spiel-Kontexte zu berücksichtigen.

Literatur

Chou Y.-K. (2014): *Actionable Gamification. Beyond Points, Badges, and Leaderboards*. Milpitas: Octalysis Media.

Dewey, J. (2021): *Kunst als Erfahrung*, 10. Auflage. Frankfurt a. M.: Suhrkamp.

Gee, J.-P. (2007): *What Video Games have to teach us about learning and literacy*. New York: Palgrave MACMILLAN.

Huizinga, J. (2006): *Homo Ludens. Vom Ursprung der Kultur im Spiel*. 20. Auflage. Hamburg: Rowohlt.

Lorber, M.; Schutz T. (2016): *Gaming für Studium und Beruf. Warum wir lernen, wenn wir spielen*. Bern: hep.

McGonigal, J. (2011): *Reality is broken. Why games make us better and how they can change the world*. London: Random House.

Prensky, M. (2001): *Digital game-based learning: practical ideas for the application of digital game-based learning*. St. Paul: Paragon House.

Schell, J. (2015): *The Art of Game Design. A Book of Lenses*. Boca Raton: CRC Press.

Squire, K. (2011): *Video games and learning. Teaching and participatory culture in the digital age*. New York: Teachers College Press.

Berufliche und professionelle Perspektiven

Frank Raumel

Strukturen, Gremien und Ziele

Einleitung

Die Wahrnehmung von Bibliotheken verändert sich. Ihre Funktion als Bildungseinrichtung kristallisiert sich immer stärker heraus. Bibliotheken arbeiten schon lange pädagogisch, jedoch oftmals unbewusst und „aus dem Bauch heraus". Doch durch die Zunahme an Bildungspartnerschaften und der Ausdifferenzierung der bibliothekspädagogischen Angebote macht sich die Erkenntnis breit, dass es ohne eine theoretische Fundierung zwar auch *irgendwie* geht, aber eben nicht ohne die inzwischen notwendige Strukturierung und Effizienz. Die bibliothekarische Bildungsarbeit wird von den Durchführenden – unter anderem auch im Austausch mit dem Personal in Kitas und Schulen – zunehmend differenziert wahrgenommen. Es wird ersichtlich, dass das Wissen über die Grundlagen des pädagogischen Handelns und damit die Qualität des Lehrens erweitert werden müssen, um nachhaltiges Lernen zu ermöglichen.

Dieser Bewusstseinswandel wird begleitet und verstärkt durch

- die Automatisierung des Ausleihbetriebs, die eine Verschiebung bibliothekarischer Arbeit in die Förderung der Nutzungskompetenzen neuer Medienformen möglich macht,
- die vielfach notwendigen Anleitungen zur Nutzung digitaler Medienerschließung (Katalog, Discoverysysteme etc.) und digitaler Informationen (z. B. Recherche in Datenbanken),
- die Zunahme der digitalen Medienarten, die zum Bedarf an ergänzenden Angeboten der Medienpädagogik führen.

Zeichen für diesen Wahrnehmungswandel finden sich an vielen Stellen:

- 2003 gründet der Deutsche Bibliotheksverband (dbv) in der Folge des PISA-Schocks die *dbv-Expertengruppe Bibliothek und Schule.*
- 2005 wird in Schleswig-Holstein die „Arbeitsstelle Bibliothek und Schule" auf Fachstellenebene gegründet.
- 2007 geben Ute Hachmann (dbv-Expertengruppe Bibliothek und Schule) und Helga Hofmann (dbv-Expertengruppe Kinder- und Jugendbibliotheken) unter dem Titel „Wenn Bibliothek Bildungspartner wird ... Leseförderung mit dem Spiralcurriculum in Schule und Vorschule" vier Thesen und ausgewählte Konzepte heraus (Hachmann/Hofmann 2007).
- Das *Forum Bibliothekspädagogik*[1] startet 2013 als lose Fortbildungsreihe der bibliothekarischen Hochschulen, unterstützt durch den Berufsverband Information Bi-

1 https://www.bib-info.de/fortbildung/forum-bibliothekspaedagogik/.

https://doi.org/10.1515/9783111032030-037

bliothek (BIB), um die Bibliothekspädagogik als zentrales Thema in Theorie und Praxis zu behandeln. Ziel der hochschulübergreifenden Initiative ist es, „den Entwicklungsstand der Bibliothekspädagogik in Deutschland zu eruieren, Defizite aufzudecken und mögliche Entwicklungsperspektiven abzuleiten" (Keller-Loibl 2013). Als Ergebnis der Tagung in Mannheim wurden zehn Thesen veröffentlicht, die bis heute nichts an Aktualität verloren haben (Keller-Loibl 2013). Die 6. Veranstaltung des *Forum Bibliothekspädagogik* fand im Januar 2022 online statt.

- 2014 wird die Fachkommission *Bibliothekspädagogik* des Landesverbandes Baden-Württemberg im dbv[2] gegründet und führt in der Folge einen *Bibliothekspädagogischen Tag* sowie mehrere Fortbildungsveranstaltungen zu den „Grundlagen der Pädagogik" durch. Sie begreift Bibliotheken als Lernbegleiterinnen im lebenslangen Lernprozess ihrer Nutzerinnen und Nutzer und setzt sich für eine bessere Qualifizierung der Mitarbeitenden ein (Landesverband 2019).
- Das Schwerpunktheft „Auf dem Weg zu einer eigenen Bibliothekspädagogik" (BuB 06/2020) sowie zahlreiche Artikel zum Thema „Lesen, lernen, leben: Die Schulbibliothek" (BuB 04/21), Beiträge auf den Bibliothekartagen und Bibliothekskongressen sowie Publikationen beschäftigen sich mit dem Thema[3] und versuchen, eine Definition zu erstellen.
- In die *AG Bibliothekspädagogik* wurden 2020 vom dbv Bundesverband Expertinnen und Experten einberufen, um sich Gedanken über eine strukturelle Verankerung der Querschnittsaufgabe Bibliothekspädagogik innerhalb der bibliothekarischen Community zu machen.
- 2021 starten regelmäßige Onlinetreffen der Schulbibliotheksberaterinnen und Schulbibliotheksberater. Daraus entsteht eine Arbeitsgruppe, die sich mit der Qualifizierung von Schulbibliotheksmitarbeitenden beschäftigt.

Ansätze der Bibliothekspädagogik

Die theoretischen Grundlagen der Bibliothekspädagogik sind seit einigen Jahren in der Diskussion und es bedarf einer Strukturierung schon bestehender beziehungsweise noch nötiger Bausteine, um eine Übersicht über das breite Feld zu bekommen und es gezielt weiterzuentwickeln. Die zahlreichen Ansätze haben bislang nicht zu einer umfassenden und verbindlichen Definition der Bibliothekspädagogik geführt. Vereinfacht und übergreifend für beide Bibliothekstypen (Wissenschaftliche und Öffentliche Bibliotheken) lässt sich sagen, dass Bibliothekspädagogik „die Theorie und Praxis des Lehrens und Lernens in und durch die Bibliothek ist" (Schultka 2018, 25). Dabei kon-

2 https://www.bibliotheksverband.de/fachkommission-bibliothekspaedagogik.

3 Eine Übersicht findet sich unter: http://www.schulmediothek.de/index.php?id=630.

zentriert sich die Bibliothekspädagogik in Wissenschaftlichen Bibliotheken bisher auf die Informationskompetenz ihrer Studierenden:

> Die Gestaltung von Bildungsangeboten orientiert sich an den besonderen Bedingungen des Lernens und Lehrens sowie an bibliothekarischen Inhalten. Der zu lehrende und lernende Gegenstand ist die Informationskompetenz im weitesten Sinn. Die Funktion der Bibliothek als Lernort oder Wissensraum für informelles Lernen wird zunehmend erweitert auf aktive Lernunterstützung durch bibliothekarisches Personal. (Hanke/Sühl-Strohmenger 2016)

Öffentliche Bibliotheken fokussieren entsprechend ihrer breiteren Zielgruppen hingegen auf das Lebenslange Lernen:

Bibliotheken unterstützen ihre KundInnen in allen Etappen ihrer Bildungsbiografie mit passenden Medien- und Informationsangeboten. Das trägt zu einer nachhaltigen Sprach-, Lese-, Medien- und Informationskompetenz bei und unterstützt Bildungsgerechtigkeit und Chancengleichheit. Bei dieser bildungspolitischen Arbeit handeln Bibliotheken pädagogisch im Sinne jener Definition, die Theorie und Praxis des Lehrens und Lernens in und durch die Bibliothek als Bibliothekspädagogik definiert. Bibliothekspädagogik orientiert sich an den Zielen der Bibliothek, den Interessen der Lernenden und den inhaltlichen Vorgaben der (vor-)schulischen Partner. Sie soll auf fundierten Kenntnissen der Pädagogik und Didaktik basieren und Erkenntnisse der Lern- und Hirnforschung berücksichtigen. Bibliothekspädagogik ist strategisch ausgerichtet und hat die pädagogischen Ziele im Leitbild der Bibliothek verankert.[4]

Argumente für eine qualitätsvollere Bibliothekspädagogik

Für eine qualitative Verbesserung der bestehenden bibliothekspädagogischen Arbeit sprechen sowohl betriebswirtschaftliche als auch bildungspolitische und organisatorische Gründe.

Effekte einer professionellen Bibliothekspädagogik

Um die Nutzung der Bibliothek zu forcieren und die Unterhaltsträgerinnen und -träger durch hohe Besuchenden- und Nutzungszahlen von der großen Bedeutung der Bibliothek zu überzeugen, wurden in der Vergangenheit vor allem in Öffentlichen Bibliotheken „Führungen" für Nutzende angeboten. Zielsetzung war lange Zeit, Neukundinnen und Neukunden zu werben, indem sie mit den Angeboten der Bibliothek vertraut gemacht wurden. Dabei zeigten sich den Öffentlichen (aber zunehmend auch

4 https://www.bibliotheksverband.de/fachkommission-bibliothekspaedagogik.

Wissenschaftlichen) Bibliotheken vor allem Schulklassen als besonders geeignet, da einer gut organisierten und relativ großen Gruppe die Räumlichkeiten, die Medienbestände und zunehmend auch deren Nutzung nahegebracht werden konnte.

Um Personalkapazitäten im Service einsparen und Angebote erweitern zu können, geriet auch das Ziel des autonomen, sich weitgehend selbst bedienenden Kunden in den Fokus. Je häufiger und regelmäßiger Kindergartengruppen, Schulklassen und weitere Zielgruppen (Migrantinnen und Migranten, Literaturinteressierte, Seniorinnen und Senioren etc.) in die Nutzung der multimedialen Bibliotheksbestände eingeführt werden konnten, desto effizienter konnten die Ziele der Kundengewinnung umgesetzt werden. Man ging davon aus, dass je intensiver diese „Einführung" erfolgte, desto höher die Nachhaltigkeit der Kundenbindung sein würde: Wer von den Angeboten begeistert ist und sich auskennt, wird eher und länger Kundin oder Kunde bleiben – eine nachhaltige Kundenbeziehung entsteht. Doch die Kundengewinnung bedarf zudem einer Grundlage, die vor allem auch eine pädagogische Perspektive hat. Die Umsetzung erfordert qualifiziertes Personal.

Bildungspolitische Notwendigkeit einer qualitätsvollen Bibliothekspädagogik

Die bildungspolitischen Begründungen, bibliothekspädagogisch tätig zu sein, werden uns fortlaufend und immer dramatischer durch die Leistungsuntersuchungen im Schul-, aber auch im Erwachsenenbereich geliefert. PISA, VERA, IGLU, ICILS, PIIAC et cetera zeigen uns seit 20 Jahren, dass die Lese-, Medien- und Informationskompetenz nicht nur unzureichend ist, sondern in allen Altersstufen abnimmt, während deren Abhängigkeit vom Sozialstatus wächst. Die Ziele der Bildungsgerechtigkeit und Chancengleichheit rücken in Deutschland trotz zahlreicher (Hilfs-)Programme, neuer Schulformen und Projektideen in immer weitere Ferne.

Viele Bibliotheksmitarbeitende haben inzwischen wahrgenommen, dass ihre bisherige „Veranstaltungsarbeit" die Ziele der Kompetenzförderung unterstützt, nur eben nicht immer bewusst und optimal zielgerichtet. Welche Ziele werden mit den Einzel- oder Reihenveranstaltungen verfolgt? Geht es um Unterhaltung, Werbung für die Bibliothek, Literaturförderung, Leseanimation, Förderung der Lesekompetenz, Information über ein Sachthema et cetera? Ist die Veranstaltung für die Zielgruppe geeignet? Welche Erkenntnisse sollen bei den Lernenden angeregt werden? Ist das Konzept nur bunt und lustig oder bietet es Anlässe für handlungsorientiertes Lernen? Ist es nicht nur gut gemeint, sondern auch gut gemacht? Diese Fragen gilt es zu beantworten, um ein strukturiertes bibliothekspädagogisches Angebot zu entwickeln.

Nachhaltige Organisation einer professionellen Bibliothekspädagogik

Schultka hat sich schon früh Gedanken über eine Organisation des Themenfeldes gemacht und die Forderung nach Fachdidaktiken aufgestellt. Die Formulierung von groben und feinen Lernzielen für unterschiedliche Zielgruppen (Grundschule, Sekundarstufe I und II, Studierende etc.) könnte eine praktikable Lösung sein, die der gesamten Community zugute kommt (Schultka 2005). Wobei natürlich auch immer darauf zu achten ist, dass die Bibliothek nicht zur „zweiten“ Schule wird.

Es bedarf angesichts fehlender zentraler Dienstleistungen im Bibliothekswesen wenigstens einer funktionierenden ehrenamtlichen Struktur (z. B. der Fachkommissionen im dbv), um die Herausforderungen zu bewältigen. Um das Themenfeld umfassend darzustellen, in der Bibliothekscommunity Bewusstsein dafür zu entwickeln, praktische Hilfestellung durch zahlreiche Beispiele und unterstützendes Material zu ermöglichen und das pädagogische und didaktische Wissen bei den bibliothekarischen Mitarbeitenden auszubauen, ist eine Organisationsform notwendig, die auf bereits bestehende Strukturen aufbaut und eine schnelle Umsetzung ermöglicht.

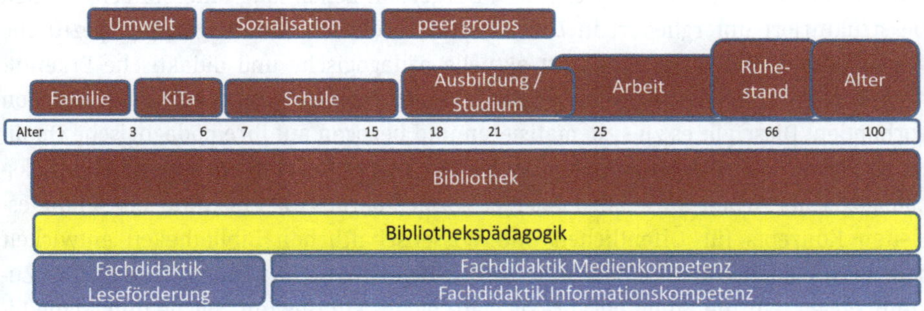

Abb. 1: Bibliotheken als lebenslange Lernbegleiter (Quelle: Eigene Darstellung).

Innerhalb des dbv könnte zum Beispiel die Fachkommission (FK) Kinder- und Jugendbibliotheken eine Fachdidaktik Leseförderung entwickeln, die FK Informationskompetenz eine Fachdidaktik zu ihrem Thema, die FK Bibliothek & Schule zur curricularen Einbindung der Bibliotheksangebote in den schulischen Bereich, die Expertengruppe Medienkompetenz dann eine Didaktik für Medienkompetenz und eine neue bundesweite FK Bibliothekspädagogik eine Fachdidaktik zur Erwachsenenpädagogik ausarbeiten. Außerdem könnten von diesen Expertinnen und Experten die Begrifflichkeiten eindeutig definiert und andere inhaltliche Beziehungen (z. B. die Medienbildung über das Netzwerk Medienbildung, die Literaturpädagogik) integriert werden. Themen wie Lernraumgestaltung, Personalqualifizierung, statistische Erfassung nach Zielsetzungen in der Deutschen Bibliotheksstatistik (DBS), Digitalkompetenz, Makerspace, Data Literacy et cetera wären hier ebenfalls anzusiedeln.

Auf einer *gemeinsamen Plattform* für Öffentliche und Wissenschaftliche Bibliotheken, dem *Portal Bibliothekspädagogik*, könnten theoretische und praktische Ergebnisse gesammelt und gebündelt werden. Bibliothekarinnen und Bibliothekare, die hier ihre qualifizierten bibliothekspädagogischen Angebote anderen zur Verfügung stellen und damit vergleichbar und breiter verwendbar machen, könnten durch bundeseinheitliche Standards unterstützt werden. Unabhängig davon ist eine Personalqualifizierung durch Aus-, Fort- und Weiterbildung unumgänglich. Entsprechende Angebote müssen gezielt ausgebaut werden. Denn nur wenige Bibliotheken werden einen der wenigen ausgebildeten Bibliothekspädagoginnen und -pädagogen anstellen können, müssen sich das pädagogisch-didaktische Grundwissen in der Regel also selbst aneignen, sofern es nicht bereits im Studium gefördert wurde.

Bibliotheken als Lernbegleiterinnen

Wenn man Bibliotheken als Lernbegleiterinnen betrachtet, die mit der Bereitstellung von Medien und Informationen, mit der Gestaltung von Lernumgebungen und speziellen Lernangeboten die Bürgerinnen und Bürger ein Leben lang unterstützen, können sie strukturiert untergliedert in Lebens- und Lernabschnitte zielgruppenspezifische Angebote entwickeln, die möglichst aktuelle pädagogische und didaktische Erkenntnisse berücksichtigen und professionell umgesetzt werden. Viele Bausteine sind schon vorhanden. Diese gilt es zu systematisieren und bezogen auf ihre pädagogische Qualität zu überprüfen. Die gemeinsame Entwicklung einer Gesamtkonzeption bibliothekspädagogischer Arbeit wäre dabei das Ziel. Ob sich daraus die Erstellung eines bundesweiten Konzepts für Öffentlichen und Wissenschaftlichen Bibliotheken entwickelt oder verschiedene Bildungsbausteine zur Verfügung gestellt werden, wird sich in Zukunft zeigen. Für die Bibliothekspraxis wäre beides ein Gewinn. Solche unterschiedlichen Bausteine könnten zur Qualifizierung von Bibliotheksmitarbeitenden beitragen. Denn nach wie vor sind die Zielgruppen – nicht nur bezogen auf die unterschiedlichen Bibliothekstypen – sehr unterschiedlich und erfordern differenzierte Konzepte. Für Bibliotheken ergeben sich hier Chancen für Bildungspartnerschaften:

> Für alle Ansätze gilt: Die Förderung von Lese- und darauf aufbauend Informations- und Medienkompetenz ist nicht als eindeutig terminierbare bzw. einer Institution zuzuordnende Aufgabe zu verstehen. Die Lesebiographie eines Heranwachsenden ist über Jahre aktiv zu begleiten und zu gestalten. Hier erweisen sich Bibliotheken – die Schulbibliothek genauso wie auch die öffentliche bzw. wissenschaftliche Bibliothek – mit ihren differenzierten Angeboten als kongeniale Bildungspartner. (Hachmann/Hofmann 2007, 4)

Im Hinblick auf alle Lern- und Lebensphasen der Bibliothekskunden könnte eine Struktur entwickelt werden, die wie folgt gegliedert werden könnte:

– Etappe 1: Lust auf Bücher und Lesen wecken – bei Babys und Kleinkindern,

- Etappe 2: Lesekompetenz fördern – in der Grundschule,
- Etappe 3: Medienkompetenz fördern – in der Sekundarstufe I,
- Etappe 4: Recherche- und Informationskompetenz fördern – in der Sekundarstufe II,
- Etappe 5: Informationskompetenz vertiefen – in der Ausbildung,
- Etappe 6: Fundiertes Expertenwissen entwickeln – während Masterstudium und Promotion,
- Etappe 7: Das informelle Lernen in der digitalen Gesellschaft unterstützen (Hobby, Freizeit, Familie etc.),
- Etappe 8: Der „Ruhephase" Impulse geben, das Altern unterstützen.

Jede Etappe wäre in Theorie (Entwicklungspsychologie, Literatur, Bibliothekspolitik etc.) und Praxis (nach Alter bzw. Zielgruppen) gegliedert und nach Lernphasen ausdifferenziert. Neben Lernzielen finden sich Lernformen und passende Beispiele. Eine entsprechende Datenbank enthält als ergänzende Themenkomplexe:
- Lernen: Die Pädagogik endet am Kopf des Lernenden,
- Lernraumgestaltung,
- Aus-, Fort- und Weiterbildung Bibliothekspädagogik,
- Zusammenarbeit mit weiteren Bildungspartnerinnen und -partnern,
- Einbindung von Multiplikatorinnen und Multiplikatoren,
- Statistik,
- Politik: Integration der Bibliotheken ins Bildungssystem.

Relevanz der Weiterentwicklung

Ab dem Schuljahr 2026/2027 haben Eltern in Deutschland einen Rechtsanspruch auf Ganztagsbetreuung ihrer Kinder. Beginnend in Klasse 1 wird der Anspruch auf 40 Betreuungsstunden pro Woche während 48 Wochen pro Jahr bis zum Schuljahr 2029/2030 auf die gesamte Grundschulzeit ausgedehnt. Der bestehende Mangel an Lehrerinnen und Lehrern, die erhöhten Anforderungen an die Kompetenzen von Kindern und die durch den Fachkräftemangel zu erwartende Nachfrage der Eltern wird dazu führen, dass unser Bildungssystem qualifizierte Unterstützung durch externe Bildungspartnerinnen und -partner dringend benötigt. Bibliotheken sind dafür prädestiniert, da sie Zielsetzungen verfolgen, die bereits in den Bildungsplänen verankert sind: Vermittlung von Lesekompetenz, Medienkompetenz, Informationskompetenz, Recherchekompetenz und Datenkompetenz. Bibliotheken können durch professionelle Angebote in ihren Einrichtungen oder (noch besser) direkt in den Schulen ihre Position in der Bildungslandschaft stärken.

Natürlich bedarf es dazu zusätzlichen Personals, dessen Finanzierung geklärt werden muss. Ein möglicher Weg ergibt sich aus der Monetarisierungsmöglichkeit von zusätzlichen Lehrerstunden für den Ganztag: Die Schulen schließen mit Bibliotheken Verträge über verbindliche Betreuungsangebote ab und bezahlen diese aus den Mitteln, die sie vom Land für nichteingesetzte Lehrerinnen und Lehrer erhalten. Die Bibliothek beschäftigt dafür Personal, welches eine entsprechende Qualifikation mitbringt.

Dieses Kooperationsmodell hätte für die Schulen zahlreiche Vorteile:

1. Bibliotheken können im rhythmisierten Ganztag auch vormittags Leseförderung und Förderung der Medienkompetenz einbringen.
2. Bibliotheken können (zumindest in größeren Bibliotheken) eine Vertretung verlässlich garantieren.
3. Bibliotheken können mit ihrem spezifischen Fachwissen nicht nur für irgendein (zufälliges) Betreuungsangebot, sondern zur Erfüllung der Lernziele des Bildungsplans eingesetzt werden und unterstützen den Unterricht.
4. Bibliotheken sind schon lange pädagogisch tätig. Dadurch ist eine zielgerichtete Kooperation auf Augenhöhe möglich.

Für die Bibliotheken würden sich ebenfalls Vorteile ergeben:

1. Einbindung in die Bildungslandschaft (Land und Kommune) und damit systemische Absicherung für Bibliotheken,
2. stärkere Anerkennung unserer bibliothekspädagogischen Bildungsarbeit,
3. Weiterentwicklung der Angebote durch praktische Erprobung im Alltag,
4. Entlastung des Bibliotheksbetriebes durch Aktivitäten in der Schule,
5. stärkere Anerkennung innerhalb der Kommune, denn diese muss die Betreuung während 40 Stunden je Woche und 48 Wochen je Jahr absichern. Und wenn sie das verlässlich und qualitativ hochwertig ohne eigenen Verwaltungsaufwand leisten kann, ist das ein großer Vorteil.
6. Ersatz für die wegfallenden freien Lesefördermaßnahmen in der Altersgruppe 6–10 Jahre, da diese Zielgruppe zunehmend fast ganzjährig bis 16 Uhr im gesetzlichen Ganztag der Grundschule ist,
7. auch Schulbibliotheken bieten hier zahlreiche Synergieeffekte (Leseförderung vor Ort, Rechercheübungen, Autorenlesungen, Verwaltung der Klassensätze, Lehrerhandbücher und Lernmedien etc.), um Bibliotheken nach außen zu öffnen und zur Kompetenzförderung zielgerichtet beizutragen.

Was hier exemplarisch für die Bildungspartnerschaft mit der Schule entfaltet wurde, ließe sich auch auf andere Zielgruppenbereiche übertragen. Auch im Bereich der Wissenschaftlichen Bibliotheken sind hier viele Aktivitäten in Richtung neuer Bildungspartnerschaften festzustellen.

Fazit

Die hier skizzierte Stärkung der Bibliothekspädagogik könnten die bibliothekarischen Verbände nutzen, um den Bildungsbeitrag der Bibliotheken noch stärker ins Bewusstsein der Bildungspolitik zu bringen und Bibliotheken mithin strategisch zu stärken. Ziel sollte sein, Bibliotheken als Teil der Bildungslandschaft zu verankern, ihre bibliothekspädagogischen Angebote enger mit den Bildungsplänen zu verknüpfen und sowohl bei Erzieherinnen und Erziehern als auch beim Lehrpersonal in Ausbildung und Praxis bekannt zu machen[5].

Ziel der Entwicklung sollte sein, eine stärkere Strukturierung der Bibliothekspädagogik zu realisieren und dabei die Aktivitäten sowohl theoretisch als auch praktisch zu unterfüttern. Wichtig in diesem Zusammenhang ist, dass Bibliotheken ihr eigenes Profil entwickeln und nicht zu einer „zweiten" Schule, Erwachsenenbildungs-/Weiterbildungseinrichtungen et cetera werden. Dann wäre ihr Beitrag zur Bildungslandschaft nicht durch andere Institutionen zu übernehmen. Um diese Herausforderungen zu bewältigen, bedarf es verstärkter Anstrengungen.

Literatur

BuB (2020): Auf dem Weg zu einer eigenen Bibliothekspädagogik. Themenschwerpunkt *BuB. Forum Bibliothek und Information* 72/6. https://www.b-u-b.de/archiv/pdf-archiv-bub/pdf-archiv-detailseite/06/2020%20Schwerpunkt:%20Bibliotheksp%C3%A4dagogik.

BuB (2021): Lesen, lernen, leben: Die Schulbibliothek. Themenschwerpunkt. *BuB. Forum Bibliothek und Information* 73/4. https://www.b-u-b.de/archiv/pdf-archiv-bub/pdf-archiv-detailseite/04/2021%20Schwerpunkt:%20Schulbibliothek.

Forum Bibliothekspädagogik (2022): https://forumbibliothekspaedagogik.wordpress.com/thesen-zur-bibliothekspadagogik-und-diskussion/.

Hachmann, U.; Hofmann, H. (2007): *Wenn Bibliothek Bildungspartner wird. Leseförderung mit dem Spiralcurriculum in Schule und Vorschule.* Frankfurt a. M.: Abcdruck.

Hanke, U.; Sühl-Strohmenger, W. (2016): *Bibliotheksdidaktik. Grundlagen zur Förderung von Informationskompetenz.* Berlin; Boston: De Gruyter Saur.

Keller-Loibl, K. (2013). *Thesenpapier zur Bibliothekspädagogik* https://www.bib-info.de/fortbildung/forum-bibliothekspaedagogik/forum-bibliothekspaedagogik-fortbildung-bib/thesen-bibliothekspaedagogik-forum-bib.

Landesverband Baden-Württemberg im Deutschen Bibliotheksverband, Fachkommission Bibliothekspädagogik (2019): *Bibliotheken als Lernbegleiter. Ein Leben lang.* https://www.bibliotheksverband.de/sites/default/files/2021-03/2019_02_LV_BW_broschuere_lernbegleiter.pdf.

Reckling-Freitag, K. (2024): Kooperation und Vernetzung: Fokus Öffentliche Bibliotheken. In: U. Engelkenmeier; K. Keller-Loibl; B. Schmid-Ruhe; R. Stang (Hrsg.): *Handbuch Bibliothekspädagogik.* Berlin; Boston: De Gruyter Saur, 61–72. https://doi.org/10.1515/9783111032030-006.

5 Siehe auch Reckling-Freitag (2024) in diesem Band.

Schultka, H. (2005): Bibliothekspädagogik. *Bibliotheksdienst* 39/11, 1462–1488.
Schultka, H. (2018): *Bibliothekspädagogik. Lehren und Lernen in wissenschaftlichen Bibliotheken*. München: kopaed.

Kerstin Keller-Loibl

Rollen- und Selbstverständnis

Einleitung

Das Rollen- und Selbstverständnis von Bibliotheken verändert sich mit der Entwicklung hin zu einer Bildungseinrichtung, die nicht nur Medien und Informationen bereitstellt, sondern aktiv Kompetenzen fördert und Lernprozesse anregt. Im Positionspapier *Warum wir eine Bibliothekspädagogik brauchen!* kommt dieses neue Rollenverständnis deutlich zum Ausdruck:

> Die Stärke von Bibliotheken aller Typen und in allen Trägerschaften ist es, als Beratungsinstitutionen, Lernbegleiter, Unterstützer und Helfer zu fungieren. Diese Rolle gilt es auszubauen, um zielgerichtet und strategisch Bürger*innen, nicht nur mit Informationen zu versorgen, sondern diese Informationen auch praktisch handhabbar zu machen und Lernprozesse nicht nur zu begleiten, sondern aktiv zu gestalten. (AG Bibliothekspädagogik 2021, 490)

Ist dieses neue Verständnis über die Bildungsrolle von Bibliotheken bereits in der Praxis etabliert? Welche Rollenerwartungen prägen das pädagogische Handeln in Bibliotheken und welches Selbstverständnis haben Mitarbeitende von ihrer Arbeit? Im Zuge des Wandels der Lernkulturen fächern sich nicht nur die Anforderungen an Bibliothekarinnen und Bibliothekare immer weiter auf, sondern es entstehen im Kontext der Entwicklung einer Bibliothekspädagogik neue Berufsrollen, die die Professionslinien verändern und entgrenzen und deshalb eine große Herausforderung für das Personal und die Organisation darstellen. In der Berufspraxis werden Fragen zu diskutieren sein, wie die vielfältigen und sich im Wandlungsprozess befindlichen Tätigkeitsfelder der Bibliothekspädagogik konkret auszugestalten sind und wie eine individuelle und institutionelle Professionalisierung befördert werden kann.

Rollen- und Selbstverständnis von Bibliotheken

Rollen- und Selbstverständnis von Bibliotheken sind miteinander verzahnt, da die Rollen und Erwartungen, die mit einer Institution verbunden sind, das Selbstverständnis entscheidend prägen. Das Rollenverständnis von Bibliotheken ist vielfältig und kann je nach Schwerpunkt unterschiedlich ausgeprägt sein. Grundsätzlich lassen sich jedoch allgemeine Aufgaben benennen, die das Rollenverständnis von Bibliotheken und ihrer institutionsgebundenen Pädagogik prägen. So verstehen sich Bibliotheken beispielsweise als Institutionen, die Informationen bereitstellen und vermitteln (dbv 2012). In diesem Zusammenhang kann die Rolle der Bibliothekspädagogik zum Beispiel darin bestehen, in der Auskunft und Beratung sowie mit pädagogisch fundierten

https://doi.org/10.1515/9783111032030-038

Schulungs- und Vermittlungsangeboten die Nutzerinnen und Nutzer zu befähigen, Informationen gezielt zu finden, zu bewerten und effizient zu nutzen. Bibliotheken verstehen sich auch als Bildungseinrichtungen (dbv 2012; 2021), die Bildungsprozesse unterstützen und fördern. Hier besteht die Rolle der Bibliothekspädagogik unter anderem darin, mit bibliothekspädagogischen Angeboten und der Schaffung lernförderlicher Rahmenbedingungen den Nutzerinnen und Nutzern zu helfen, ihre Fähigkeiten zu verbessern, Schlüsselkompetenzen zu erwerben oder ihr Wissen zu erweitern. Bibliotheken sehen sich auch als Orte der kulturellen Bildung (BIB 2020; dbv 2021; Engelkenmeier/Sträter 2022, 231). Der Bibliothekspädagogik kommt hier die Rolle zu, durch gezielte und didaktisch fundierte Angebote einen niedrigschwelligen Zugang zur Kultur und Teilhabe zu ermöglichen.[1]

Während das Rollenverständnis die Erwartungen und Anforderungen an Bibliotheken und ihre Mitarbeitenden umfasst, bezieht sich das Selbstverständnis auf die Identität und die Werte, die Bibliotheken und ihre Mitarbeitenden als Organisation und Individuen ausmachen. Hierbei geht es auch um die Vorstellung davon, wie eine Bibliothekspädagogin oder ein Bibliothekspädagoge ihre oder seine Rolle in der Bibliothek versteht und welche Ziele und Werte sie oder er verfolgt.

Das Rollen- und Selbstverständnis soll im Folgenden auf der Grundlage von empirischen Daten, die im Forschungsprojekt *Bedarfe und Probleme der Bibliothekspädagogik in Öffentlichen und Wissenschaftlichen Bibliotheken* (Keller-Loibl/Schneider 2021; Keller-Loibl 2022; 2023) gewonnen wurden, analysiert und dargestellt werden. Die Daten wurden 2021 und 2022 mit den Methoden eines standardisierten Onlinefragebogens und eines leitfadengestützten Experteninterviews in der Berufspraxis erhoben.

Relevanz bibliothekspädagogischer Arbeit

Die Bedeutung der Bibliothekspädagogik schätzt die Berufspraxis als hoch ein: 93 Prozent der an der Befragung teilgenommenen Bibliotheken[2] bewerten dieses Thema als „sehr wichtig“ oder als „einigermaßen wichtig“. Nur fünf Prozent geben an, dass das Thema „nicht sehr wichtig“ oder „überhaupt nicht wichtig“ sei (Keller-Loibl/Schneider 2021, 710).

Vertiefend wurde in den Experteninterviews[3] gefragt, welche Bedeutung die Bibliothekspädagogik für die interviewte Person persönlich hat und welche Relevanz

1 Eine differenzierte Beschreibung von „Rollen“, die sich unter anderem aus Leitbildern und Zieldefinitionen von Bibliotheken ableiten lassen, kann aus Platzgründen hier nicht geleistet werden. Die genannten „Rollen“ sind exemplarisch zu verstehen.

2 Zur Onlinebefragung wurden alle Mitglieder des dbv in den Sektionen 1, 2, 3A, 3B und 4 eingeladen. Von diesen 1.676 Bibliotheken beteiligten sich 574, was einem Rücklauf von 34 Prozent entspricht.

3 Es wurden 24 leitfadengestützte vertiefende Experteninterviews mit Bibliotheksmitarbeitenden geführt, die im Rahmen der Onlinebefragung Interesse an diesem Thema bekundeten.

diesem Tätigkeitsfeld in der Bibliothek zukommt. Während die Befragten vom persönlichen Standpunkt aus der Bibliothekspädagogik eine große und wachsende Bedeutung zuschreiben, wird die Wertschätzung dieser Arbeit und deren Bedeutung seitens der Institution *Bibliothek* unterschiedlich eingeschätzt: Häufig werden die Bemühungen der Bibliotheksleitung hervorgehoben, der Bedeutung der Bibliothekspädagogik gerecht zu werden. Einige Befragte vermissen hingegen die Wertschätzung bibliothekspädagogischer Arbeit durch die Bibliotheksleitung. Zudem werden mehrfach Mitarbeitende erwähnt, die die Bibliothekspädagogik für nicht so bedeutsam einschätzen. Hierzu zwei Zitate aus den Experteninterviews:

> Für mich persönlich [hat die Bibliothekspädagogik] eine sehr hohe Bedeutung. Das ist hier in der Bibliothek relativ verschieden. Die älteren Kolleginnen und Kollegen, ich würde nicht sagen, sie halten es für unnötig, aber es ist nicht so etabliert. (Keller-Loibl 2023)
>
> Aus meiner Sicht sind Öffentliche Bibliotheken vor allem Bildungseinrichtungen. Deshalb haben wir hier in [Stadt] früh auf pädagogische Angebote gesetzt und darauf einen Schwerpunkt gelegt, was natürlich intern zu Diskussionen führt. Das gefällt nicht allen Kolleginnen und Kollegen, vor allem den älteren nicht, die ja anders großgeworden sind in der Bibliothek. (Keller-Loibl 2023)

Dass im Studium der Bibliotheks- und Informationswissenschaft die Vermittlung pädagogischer Inhalte lange Zeit keine Rolle spielte, kann als eine Ursache für das teilweise geringere Interesse älterer Kolleginnen und Kollegen an der Bibliothekspädagogik gesehen werden. Die Experteninterviews belegen jedoch, dass sich dies tendenziell mit der Einstellung von neuem Personal verändert. So äußerte eine Befragte zum Beispiel: „Das Team verjüngt sich gerade und damit steigt der Stellenwert der Bibliothekspädagogik" (Keller-Loibl 2023).

Eine zum Teil fehlende Motivation von Bibliotheksmitarbeitenden, sich mit dem Thema Bibliothekspädagogik zu beschäftigen, bestätigt auch die Onlinebefragung. Hier wurde mit einer offenen Frage nach Problemen gefragt, mit denen sich die Befragten in ihrer eigenen Bibliothek konfrontiert sehen, wenn es darum geht, die Bibliothekspädagogik weiter zu professionalisieren. Wenngleich das Hauptproblem in einer fehlenden oder zu geringen Personalausstattung (49 %) gesehen wird, nennen immerhin 17 Prozent ein fehlendes Bewusstsein für das Tätigkeitsfeld der Bibliothekspädagogik und/oder die mangelnde Motivation, sich mit diesem zu befassen, als Problem (Keller-Loibl/Schneider 2021, 712).

Rollenunklarheit und Organisationsstruktur

Ein fehlendes Bewusstsein für die Notwendigkeit bibliothekspädagogischer Arbeit beim Bibliothekspersonal verweist auf eine Rollenunklarheit und auf Unsicherheiten über die eigene Rolle im Bildungskontext. Ein Grund dafür könnte in Organisationsstrukturen liegen, die das neue und bereichsübergreifende Arbeitsfeld *Bibliothekspädagogik* nicht ausreichend verankern. Die komplexe Aufgabe *Bildung* (z. B. Lernanregung, Lehren, Helfen, Beraten) kann nur erfüllt werden, wenn diese in Teil- und Einzelaufgaben aufgefächert wird, die dann verschiedenen Aufgabenträgerinnen und -trägern in Form von Stellen zugewiesen werden. Damit die Stelleninhaberinnen und -inhaber die erwarteten Rollen erfüllen, ist neben der Eignung (Qualifikation) auch die Berechtigung (Kompetenz) erforderlich. (Timmermann/Strikker 2007, 158)

Fast die Hälfte der an der Onlinebefragung beteiligten Bibliotheken gibt an, dass für die Aufteilung der bibliothekspädagogischen Aufgaben unter den Mitarbeitenden die jeweilige Zielgruppe, für die Angebote gemacht werden, entscheidend ist. In Öffentlichen Bibliotheken werden die Aufgaben häufig vom Kinder- und Jugendbereich übernommen, in Wissenschaftlichen Bibliotheken vom Schulungsteam. Nur ein Drittel (31 %) haben konkrete Verantwortliche für die Bibliothekspädagogik benannt, 19 Prozent verfügen über keine feste Regelung. Fünf Prozent geben an, dass sie über eine Abteilung Bibliothekspädagogik verfügen. (Keller-Loibl/Schneider 2021, 710)

Diese Befragungsergebnisse verweisen auf einen Handlungsbedarf im Hinblick auf die Aufgabendifferenzierung und die Festlegung von Verantwortlichkeiten. Bibliothekspädagogik ist kein Arbeitsfeld, das auf die Durchführung von pädagogisch fundierten Veranstaltungen und Schulungen begrenzt ist, sondern das verschiedene Tätigkeitsbereiche (z. B. digitale Dienste, Auskunft und Beratung) betrifft und mehrere Teil- und Einzelaufgaben umfasst, die sich als Arbeitsvorgänge beschreiben lassen, wie es ansatzweise bereits für Öffentliche Bibliotheken (Böttcher et al. 2020) erfolgt ist. In der Praxis wird jedoch häufig die Verantwortung allein beim Personal im Kinder- und Jugendbereich oder im Schulungsteam gesehen.

Weitere Quellen für die Betrachtung des Rollen- und Selbstverständnisses sind zum einen die Vision- und Leitbild-Statements von Bibliotheken, die neben Aufgaben auch Werte beschreiben, zum anderen die Stellenbeschreibungen, in denen die spezifischen Aufgaben und Verantwortlichkeiten festgelegt sind, die von den Stelleninhaberinnen und Stelleninhabern erwartet werden. Die Befragungsergebnisse zeigen, dass die Aufnahme von konkreten Bildungszielen in Vision- und Leitbild-Statements noch ausbaufähig ist. In den Stellenausschreibungen der befragten Expertinnen und Experten, die fast alle im Bereich der Bibliothekspädagogik tätig sind, steht als auszuübende Tätigkeit häufig die Konzipierung und Durchführung von Veranstaltungen und Schulungen. Weitere bibliothekspädagogische Tätigkeiten werden in den Stellenbeschreibungen nicht angegeben beziehungsweise konnten diese während des Interviews nicht erinnert werden.

Werteorientiertes Selbstverständnis

Vergleicht man die Begründungen für die Relevanz der Bibliothekspädagogik für die Institution und für die eigene Arbeit, lassen sich signifikante Unterschiede feststellen: Für die Bibliothek als Institution sind die drei wichtigsten Gründe, die Bibliothekspädagogik als „sehr wichtig" einzuschätzen, die Imageverbesserung, die benutzerorientierte Bibliotheksarbeit sowie das Rollen- und Selbstverständnis der Bibliothek als Bildungseinrichtung. Vorrangige persönliche Gründe sind hingegen die Sinnhaftigkeit dieser Tätigkeit (z. B. Bildungsbenachteiligung ausgleichen, Kompetenzen fördern) und die Freude an der pädagogischen Arbeit sowie am Umgang mit Menschen. Erst danach wird das Rollenverständnis der Bibliothek als Bildungseinrichtung genannt. Hier zeigen sich deutlich die Unterschiede zwischen dem institutionellen Rollenverständnis und dem individuellen Rollen- und Selbstverständnis. Einigkeit herrscht darüber, dass Pädagogik und Didaktik wichtig für die eigene Arbeit sind. Hierzu zwei Stimmen aus den Experteninterviews:

> Jeder Mensch und jede Gruppe hat einen anderen Informationsbedarf und den muss man herausfinden [...], man muss das auch didaktisch aufbereiten und sich auf die entsprechende Zielgruppe einstellen. Das ist eine sehr anspruchsvolle Aufgabe, die mir wirklich Spaß macht. (Keller-Loibl 2023)
>
> Meine Motivation besteht darin, dass ich denke, dass eine Bibliothek ein Ort sein kann, der dazu beitragen kann, dass Bildungsbenachteiligungen ausgeglichen werden. Das motiviert mich Tag für Tag und in diesem Sinne ist auch für mich die Pädagogik ein ganz zentraler Faktor. Pädagogik im weitesten Sinne. Das bezieht sich jetzt nicht nur auf Kinder, sondern darauf, Leuten zu helfen, sie zu befähigen, am Lebenslangen Lernen teilzunehmen und kulturelle Teilhabe zu ermöglichen. (Keller-Loibl 2023)

Diese Aussagen verweisen auf ein Rollen- und Selbstverständnis von Bibliothek als Lernort, Lernbegleiterin und Bildungseinrichtung. Teilhabe zu ermöglichen wird als wichtiges Ziel der Bibliothekspädagogik gesehen. Das Rollenverständnis und das Selbstverständnis sind hier eng miteinander verbunden und beeinflussen sich gegenseitig. Unterschiede lassen sich vor allem beim Selbstverständnis feststellen, in dem grundsätzliche Haltungen und Überzeugungen ausgedrückt werden, wie zum Beispiel die Vorstellung, mit bibliothekspädagogischer Arbeit etwas Sinnvolles zu tun, zur Bildungsgerechtigkeit beizutragen oder Menschen zu helfen. Je nachdem, welche Ziele und Werte verfolgt werden, können verschiedene Rollen in den Vordergrund treten. Das Selbstverständnis kann beispielsweise darauf ausgerichtet sein, die Bibliothek als Ort der kulturellen Teilhabe zu fördern oder die Informationsfähigkeit der Nutzerinnen und Nutzer zu verbessern.

Aufgabenfelder der Bibliothekspädagogik

Das Rollenverständnis bezieht sich auch auf die konkreten Aufgaben und Tätigkeiten, die Mitarbeitende auf dem Feld der Bibliothekspädagogik ausüben. Hierbei geht es zum Beispiel um die Planung, Organisation und Durchführung von Bildungs- und Vermittlungsangeboten in der Bibliothek, aber auch um Arbeitsvorgänge, die in einem weiten Verständnis zur Bibliothekspädagogik zählen. In der Befragung sollten deshalb ausgewählte Tätigkeiten und Angebote dahingehend eingeschätzt werden, ob sie dem Bereich Bibliothekspädagogik zuzuordnen sind. Zudem wurde gefragt, ob diese Tätigkeit oder dieses Angebot auch in der eigenen Bibliothek umgesetzt wird.

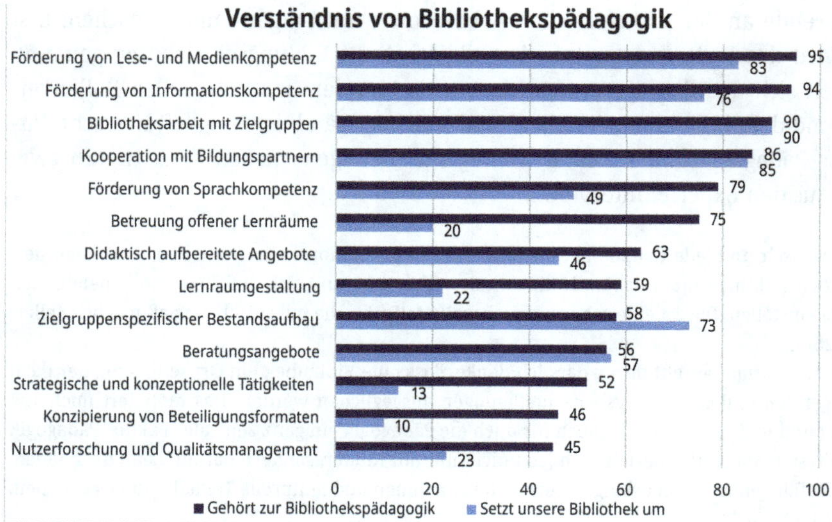

Abb. 1: „Welche Tätigkeiten und Angebote zählen Ihrer Meinung nach zur Bibliothekspädagogik? Welche davon werden in Ihrer Bibliothek umgesetzt?", alle Befragten, die Angaben machten (n=379), Mehrfachantworten, Angaben in Prozent (Keller-Loibl/Schneider 2021, 710–711).

Wie das Diagramm (siehe Abbildung 1) zeigt, werden vier der vorgegebenen 13 Kategorien von über 85 Prozent der Befragten der Bibliothekspädagogik zugeordnet: Förderung von Lese- und Medienkompetenz (95 %) sowie Informationskompetenz (94 %), Bibliotheksarbeit mit Zielgruppen (90 %) und Kooperation mit Bildungspartnern (86 %). Diese Tätigkeiten entsprechen weitgehend dem bisherigen Rollen- und Selbstverständnis von Bibliotheken im Hinblick auf die Bildungsrolle, die in verschiedenen Positionspapieren und Stellungnahmen der Bibliotheksverbände – in der Regel mit einer Schwerpunktsetzung auf die Lese-, Medien- und Informationskompetenzförderung – dargestellt wird (dbv 2012; 2018; 2021)[4].

Mehrheitlich werden auch in der Betreuung offener Lernräume, in der Lernraumgestaltung, im zielgruppenspezifischen Bestandsaufbau, in der Beratung sowie im Bereich strategisch-konzeptioneller Tätigkeiten wichtige Tätigkeitsfelder der Bibliothekspädagogik gesehen. Die Aufgabenfelder „Konzipierung von Beteiligungsformaten" sowie „Nutzerforschung und Qualitätsmanagement" werden hingegen mehrheitlich nicht als Arbeitsfelder der Bibliothekspädagogik eingeschätzt. Hier liegen die Werte unter 50 Prozent.

4 Siehe auch Keller-Loibl (2024) in diesem Band.

Diese Angaben korrelieren mit den Erfahrungen der Bibliotheken, die mit der Frage „Was wird davon in Ihrer Bibliothek umgesetzt?“ angesprochen wurden. Die Ergebnisse (siehe Abbildung 1) zeigen, dass die Lernraumgestaltung, die Betreuung offener Lernräume sowie strategische und konzeptionelle Tätigkeiten (z. B. das Erstellen von Bildungskonzepten) zwar mehrheitlich als Aufgabenfelder der Bibliothekspädagogik gesehen werden, aber nur von weniger als einem Viertel bereits praktiziert werden. Die Einschätzungen von Öffentlichen und Wissenschaftlichen Bibliotheken unterscheiden sich hierbei nur geringfügig. Die ermittelten Unterschiede lassen sich auf die unterschiedlichen Zielgruppen und Zielstellungen der Bibliothekstypen zurückführen. So handelt es sich bei „Förderung von Sprachkompetenz“ um ein Thema, welches besonders für Öffentliche Bibliotheken relevant ist. Hingegen sehen sich Wissenschaftliche Bibliotheken häufiger mit Beratungsangeboten konfrontiert, Aspekte wie Informationskompetenz und Lernraumgestaltung sind hier ebenfalls wichtiger (Keller-Loibl/Schneider 2021, 712).

Auffallend ist, dass neben diesen Unterschieden aufgrund der spartenspezifischen Arbeitsfelder der für beide Sparten relevante zielgruppenspezifische Bestandsaufbau zwar von 73 Prozent umgesetzt wird, aber nur von 58 Prozent als Tätigkeitsfeld der Bibliothekspädagogik verstanden wird. Auch „didaktisch aufbereitete Angebote“ werden nur von 46 Prozent der befragten Bibliotheken angeboten. Hier wird die teilweise fehlende pädagogische Fundierung erkennbar, die Stang (2020, 317) monierte.

Pädagogische Kenntnisse und Fähigkeiten

Die Antworten auf die offene Frage „Welche Kenntnisse und Kompetenzen benötigen Sie und/oder das Personal Ihrer Bibliothek am dringlichsten, um die bibliothekspädagogische Arbeit zu professionalisieren?“ verweisen auf einen Bedarf an fachspezifischen Kenntnissen und Fähigkeiten: Die häufigsten Antworten auf diese Frage lassen sich den Kategorien „didaktische Kenntnisse und Fähigkeiten“ (50 %), „pädagogische Kenntnisse und Fähigkeiten“ (44 %) und „digitale Kompetenzen“ (31 %) zuordnen (Keller-Loibl/Schneider 2021, 712).

Die Auswertung der Experteninterviews belegt diesen Befund. In der Berufspraxis wird ein Nachholbedarf am Erwerb pädagogischer Fähigkeiten artikuliert. Diese werden als essenziell für eine fundierte bibliothekspädagogische Arbeit gesehen. Hierzu eine Stimme aus den Experteninterviews:

> Für mich wäre es wichtig pädagogische Fähigkeiten zu haben, für die jeweiligen Einführungen, nicht nur für die Erstsemester, sondern eben auch für die höheren Semester, aber auch für die wissenschaftlichen Mitarbeiterinnen und Mitarbeiter, die Professorinnen und Professoren usw. [...]. Dann brauche ich bibliothekspädagogische oder grundlegende pädagogische Kenntnisse auch, wenn es um die Fortbildung der Mitarbeiterinnen und Mitarbeiter geht. (Keller-Loibl 2023)

Neben (Mitarbeitenden-)Schulungen und Veranstaltungen, für deren Konzipierung und Durchführung pädagogische und didaktische Kenntnisse und Fähigkeiten erforderlich sind, wird die Pädagogik wichtig empfunden, „weil man in der Pädagogik einfach bestimmte Haltungen kennenlernt, wie Menschen sich Wissen aneignen, wie Menschen überhaupt zusammen agieren und das glaube ich, ist hilfreich insgesamt" (Keller-Loibl 2023).

Die befragten Expertinnen und Experten, die in der Regel über Erfahrungen in der Bibliothekspädagogik verfügen, zeichnet insgesamt eine hohe Selbstreflektion des eigenen Arbeitsfeldes und eine große Lernbereitschaft aus. Eine Diskrepanz zwischen Theorie und Praxis wird von vielen Befragten reflektiert. Eine Expertin formuliert es wie folgt: „Was ist da Bibliothekspädagogik in dem, was wir tun? Da gehen dann Theorie und Praxis immer ein bisschen auseinander" (Keller-Loibl 2023).

Dass eine bibliothekspädagogische Arbeit ein hohes Maß an kommunikativen und sozialen Kompetenzen voraussetzt, wird ebenfalls mehrheitlich gesehen. Bibliothekspädagogik wird als Beziehungsarbeit verstanden:

> Also wir brauchen fröhliche, positiv gestimmte, zugewandte Menschen, die gerne mit anderen Menschen arbeiten, die geduldig sind. Da würden wir die Sozialkompetenzen immer über die fachlichen Kompetenzen stellen. (Keller-Loibl 2023)

Diese Aussage bestätigten die Ergebnisse der Onlinebefragung. Dort wurde nach benötigten Kompetenzen und Einstellungen, welche als wichtig für eine professionelle bibliothekspädagogische Arbeit angesehen werden, gefragt: Als „sehr wichtig" werden kommunikative und soziale Kompetenzen, Flexibilität und Offenheit sowie Fantasie und Kreativität eingeschätzt – erst darauf folgen fachspezifische Kenntnisse und Kompetenzen wie didaktische, pädagogische und konzeptionelle Kenntnisse und Fähigkeiten (Keller-Loibl/Schneider 2021, 710; Keller-Loibl 2022).

Bibliothekspädagogik in der Aus- und Fortbildung

Das dringliche Bedürfnis, sich grundlegende pädagogische Kenntnisse und Fähigkeiten anzueignen, belegen auch die Antworten auf die Frage, zu welchen Themen Fortbildungen gewünscht werden: Digitale Kompetenzen für die Entwicklung neuer (digitaler) bibliothekspädagogischer Konzepte und Angebote (73 %) sowie grundlegende pädagogische und didaktische Kenntnisse und Fähigkeiten (63 %) werden am häufigsten genannt. Danach folgen Wünsche nach Fortbildungen zur Entwicklung von zielgruppenspezifischen Angeboten (57 %) und zur Förderung von Sprach-, Lese- und Informationskompetenz (52 %) (Keller-Loibl/Schneider 2021, 713).

Ebenso wichtig wird die Einbindung pädagogischer Inhalte in das Studium zur Bibliothekarin und zum Bibliothekar gesehen. Die Studierenden sollten zudem im Studium die Möglichkeit erhalten, sich praktisch zu erproben, wie es die folgende Stimme aus den Experteninterviews beschreibt:

> Das Studium muss auf jeden Fall pädagogische Grundkenntnisse [...] beinhalten, Kommunikationsmodelle, Entwicklungspsychologie und methodisch-didaktisches Arbeiten und dann idealerweise auch mal selber Konzepte erstellen und das Ganze selber durchführen. Im Grunde sollte jede Bibliothekarin und jeder Bibliothekar, egal ob sie oder er nachher in der Kinderbibliothek oder wo auch immer landet, mal eine Führung gemacht haben. (Keller-Loibl 2023)

Die Etablierung einer eigenständigen Ausbildung zur Bibliothekspädagogin und zum Bibliothekspädagogen wird von den Expertinnen und Experten aus der Berufspraxis allerdings nicht favorisiert. Die benötigten Kenntnisse und Fähigkeiten sollten stattdessen im Rahmen des bibliothekswissenschaftlichen Studiums – im Kontext des Aufgabenprofils und der Rahmenbedingungen von Bibliotheken – vermittelt werden. Eine solche Integration pädagogischer Inhalte in das Fachstudium praktizieren beispielsweise auch die Museumspädagogik (Museologie) und die Theaterpädagogik (Theaterwissenschaft).

Die akademische Professionalisierung und Qualifizierung gilt es weiterhin zu thematisieren: Einige bibliotheks- und informationswissenschaftliche Studiengänge erweiterten zwar in den letzten Jahren ihre Curricula um pädagogische und/oder didaktische Inhalte, aber nach wie vor ist die Bibliothekspädagogik nur in wenigen Studiengängen ein explizit formuliertes Qualifikationsziel. Didaktische Grundlagen werden vor allem im Kontext der Vermittlung von Informationskompetenz gelehrt (Giesberg/Keller-Loibl 2011; Keller-Loibl 2020; Tappenbeck et al. 2022).

Fazit

Erlernte und erworbene Kenntnisse und Fähigkeiten stellen in der Regel die Grundlage für das Selbstverständnis dar. Die Untersuchungsergebnisse zeigen, dass vor allem jenes Bibliothekspersonal, welches in der Ausbildung oder im Studium mit pädagogischen und didaktischen Fragen konfrontiert wurde und/oder über positive Erfahrungen in der Bibliothekspädagogik verfügt, sich durch Rollenklarheit auszeichnet und ein Selbstverständnis von der Bedeutsamkeit dieses Arbeitsfeldes entwickelt hat. Hier wird ein Rollen- und Selbstverständnis erkennbar, das die Bibliothek als Lernort, Lernbegleiterin und Bildungseinrichtung versteht und die Sinnhaftigkeit dieser bibliothekspädagogischen Arbeit als wichtigen Wert betont. Bibliothekspädagogik wird als Beziehungsarbeit verstanden, als Arbeit mit Menschen, die Spaß macht. Kommunikative und soziale Kompetenzen gehören deshalb zum Berufsbild ganz selbstverständlich dazu. Dieses starke Selbstverständnis führt dazu, dass diese Mitarbeitenden ihre Rolle in der Bibliothek mit größerem Engagement und viel Motivation wahrnehmen.

Umgekehrt kann ein klar definiertes Rollenverständnis dazu beitragen, dass das Selbstverständnis des Personals gestärkt wird. Es hat sich gezeigt, dass in der Praxis ein neues Rollenverständnis der Bibliotheken im Bildungsbereich, das sich durch eine aktive Gestaltung von Lernprozessen auszeichnet, noch keine Selbstverständlichkeit ist und mitunter ein entsprechendes Bewusstsein dafür erst entwickelt werden muss. Die Bibliothekspädagogik wird vor allem dann vom Bibliothekspersonal als weniger relevant eingeschätzt, wenn dieses über keine Kenntnisse oder Erfahrungen auf diesem Gebiet verfügt oder dieses Tätigkeitsfeld noch nicht in der Bibliothek etabliert ist.

Das Rollenverständnis „Bibliotheken fördern Lese-, Medien- und Informationskompetenz" ist in der Praxis bisher die dominierende Vorstellung vom Arbeitsbereich Bibliothekspädagogik und erklärt sich aus der Historie (Keller-Loibl 2024). Deutlich wurde aber auch, dass weitere Aufgabenfelder der Bibliothekspädagogik wie die Betreuung offener Lernräume, die didaktische Aufbereitung von Angeboten und die Lernraumgestaltung an Bedeutung gewonnen haben.

Die Ergebnisse der Studie *Bedarfe und Probleme der Bibliothekspädagogik in Öffentlichen und Wissenschaftlichen Bibliotheken* (Keller-Loibl/Schneider 2021; Keller-Loibl 2022; 2023) belegen, dass die Notwendigkeit einer weiteren Professionalisierung der bibliothekspädagogischen Arbeit von den befragten Bibliotheken und den Expertinnen und Experten aus der Berufspraxis mehrheitlich gesehen wird. Der Bedarf an Fortbildungen, in denen Grundlagen der Pädagogik und Didaktik vermittelt werden, ist groß. Dieses Bedürfnis entsteht aus der konkreten Arbeitserfahrung, in der pädagogische Grundlagen für viele Bereiche als sehr nützlich eingeschätzt werden. Für die Entwicklung eines professionellen Rollen- und Selbstverständnisses ist zudem essenziell, in der Aus- und Hochschulbildung bibliothekspädagogische Kenntnisse und Fähigkeiten zu vermitteln.

Literatur

AG Bibliothekspädagogik (2021): Diskussionspapier. Warum wir eine Bibliothekspädagogik brauchen! *BuB. Forum Bibliothek und Information*. 73/08–09, 490–491. https://www.b-u-b.de/fileadmin/archiv/imports/pdf_files/2021/bub_2021_08_490_491.pdf.

BIB – Berufsverband Information Bibliothek e.V. (2020): *5. Forum Bibliothekspädagogik. Pluspunkt Kultur erleben*. https://www.bib-info.de/fortbildung/forum-bibliothekspaedagogik/forum-bibliothekspaedagogik-bib-fortbildung-1.

Böttcher, K.-P.; Brodmann, K.; Folter, W.; Fritz, V.; Sablowski, F., Schepp, H.; Sterzenbach, H. (2020): *Arbeitsvorgänge in Bibliotheken. 1. Öffentliche Bibliotheken im Geltungsbereich des TVöD-VKA (AVÖB)*, Reutlingen: Berufsverband Information Bibliothek e. V.

dbv – Deutscher Bibliotheksverband e. V. (2012): *Bildungsverständnis des Deutschen Bibliotheksverbandes e. V. (dbv) und Bildungsziele von Bibliotheken*. https://www.bibliotheksverband.de/sites/default/files/2020-12/2012_02_20_dbv_Stellungnahme_Bildungsverst%C3%A4ndnis_Bildungsziele.pdf.

dbv – Deutscher Bibliotheksverband e. V. (2018): *Wissenschaftliche Bibliotheken 2025*. Beschlossen von der Sektion 4 „Wissenschaftliche Universalbibliotheken" im Deutschen Bibliotheksverband e. V. (dbv) im

Januar 2018. Berlin: Deutscher Bibliotheksverband e. V. https://www.bibliotheksverband.de/sites/default/files/2020-11/2018_02_21_dbv_Positionspapier_Wissenschaftliche%20Bibliotheken%202025%20der%20dbv-Sektion%204.pdf.

dbv – Deutscher Bibliotheksverband e. V. (2021): *Öffentliche Bibliotheken 2015. Leitlinien für die Entwicklung Öffentlicher Bibliotheken*. Berlin: Deutscher Bibliotheksverband e. V. https://www.bibliotheksverband.de/sites/default/files/2021-06/Positionspapier%20%C3%96ffentliche%20Bibliotheken%202025.pdf.

Engelkenmeier, U.; Sträter, E. (2022): Bibliothek und Berufsbild. Rollen, Funktionen und Anforderungen. *BuB. Forum Bibliothek und Information* 74/5, 230–234. http://b-u-b.de/fileadmin/archiv/imports/pdf_files/2022/bub_2022_05_0230_0234.pdf.

Giesberg, D.; Keller-Loibl, K. (2011): *Wir brauchen mehr pädagogische Inhalte*. München: Goethe-Institut. https://www.goethe.de/de/kul/bib/nab/20365676.html.

Keller-Loibl, K. (2020): Bibliothekspädagogik in der Hochschullehre. Eine Bestandsaufnahme und ein Plädoyer für die Etablierung einer Bibliothekspädagogik als Wissenschaftsdisziplin. *BuB. Forum Bibliothek und Information* 72/6, 319–321. https://www.b-u-b.de/fileadmin/archiv/imports/pdf_files/2020/bub_2020_06_319_321.pdf.

Keller-Loibl, K. (2022): *Bedarfe und Probleme der Bibliothekspädagogik. Ergebnisse einer Befragung Wissenschaftlicher und Öffentlicher Bibliotheken*. https://opus4.kobv.de/opus4-bib-info/frontdoor/index/index/year/2022/docId/17992.

Keller-Loibl (2023): *Forschungsprojekt „Bedarfe und Probleme der Bibliothekspädagogik in Wissenschaftlichen und Öffentlichen Bibliotheken." Transkript von 24 leitfadengestützten Experteninterviews*. Unveröffentlichtes Manuskript. Leipzig: HTWK Leipzig.

Keller-Loibl, K. (2024): Bibliothekspädagogik: Entwicklung, Begriff, Potenziale und Herausforderungen. In: U. Engelkenmeier; K. Keller-Loibl; B. Schmid-Ruhe; R. Stang (Hrsg.): *Handbuch Bibliothekspädagogik*. Berlin; Boston: De Gruyter Saur, 15–27. https://doi.org/10.1515/9783111032030-002.

Keller-Loibl, K.; Schneider, E. (2021): Bedarfe und Probleme der Bibliothekspädagogik. Ergebnisse einer Befragung Wissenschaftlicher und Öffentlicher Bibliotheken. *BuB. Forum Bibliothek und Information* 72/12, 709–713. https://www.b-u-b.de/fileadmin/archiv/imports/pdf_files/2021/bib_bub_2021_12_709_713.pdf.

Stang, R. (2020): Viel Bibliothek, wenig Pädagogik. *BuB. Forum Bibliothek und Information* 72/6, 316–318. https://www.b-u-b.de/fileadmin/archiv/imports/pdf_files/2020/bub_2020_06_316_318.pdf.

Tappenbeck, I.; Michel, A.; Wittich, A.; Werr, N.; Gäde, M.; Spree, U.; Gläser, C.; Griesbaum, J.; Mandl, T.; Keller-Loibl, K.; Stang, R. (2022): Framework Informationskompetenz. Ein gemeinsamer Standard für die Qualifikation in den bibliotheks- und informationswissenschaftlichen Studiengängen in Deutschland. *o-bib. Das offene Bibliotheksjournal* 9/1, 1–18. https://doi.org/10.5282/o-bib/5794.

Timmermann, D.; Strikker, F. (2007): Organisation, Management, Planung. In: H.-H. Krüger; W. Helsper (Hrsg.): *Einführung in Grundbegriffe und Grundfragen der Erziehungswissenschaft*. 8. Aufl. Opladen; Farmington Hills: Barbara Budrich.

Cornelia Vonhof

Managementaufgaben in der Bibliothekspädagogik

Orientierungsrahmen für das Management pädagogischen Handelns

Zielgruppe dieses Kapitels sind Führungskräfte, das heißt Personen, die für Fragen der Entwicklung und Steuerung des bibliothekspädagogischen Handelns und der Zielerreichung verantwortlich sind. In kleineren Einrichtungen kann es durchaus vorkommen, dass die Leitungsrolle und die bibliothekspädagogische Fachrolle von einer Person wahrgenommen werden. In diesem Fall ist es hilfreich, sich darüber im Klaren zu sein, „welchen Hut man jeweils aufhat", um mit den unvermeidlichen Rollenkonflikten zwischen Führungs- und Fachrolle konstruktiv umgehen zu können.

Managementtätigkeiten umfassen eine Vielzahl miteinander verbundener und voneinander abhängiger Aufgaben. Für das vorliegende Kapitel dient daher ein Managementmodell als Strukturgeber, um die vielfältigen Aufgaben zu sortieren und zu systematisieren. Dies hilft, den Überblick zu behalten und die Managementaufgaben als Bestandteile eines gemeinsamen, ganzheitlichen Bildes zu verorten. Das als Strukturgeber verwendete Managementmodell ist das EFQM-Modell (EFQM 2023). Als anerkannter Handlungsrahmen unterstützt es Organisationen aller Art (auch Bibliotheken) dabei, ihre Leistungsfähigkeit auf- und auszubauen, aktuelle und zukünftige Herausforderungen zu erkennen und Lösungsansätze zu entwickeln.

Durch die Fokussierung auf das Handlungsfeld Bibliothekspädagogik werden nur die für dieses Handlungsfeld relevanten Aspekte betrachtet. Die Orientierung an diesem ganzheitlichen Modell stellt dennoch sicher, dass nicht aus dem Blick gerät, dass Bibliothekspädagogik – unter Managementgesichtspunkten – nur eines von vielen Handlungsfeldern einer Bibliothek ist und daher immer auch über Priorisierung und interne Konkurrenz nachgedacht werden muss.

Die Struktur des EFQM-Modells folgt einer einfachen, aber starken Logik, aus der sich das Managementhandeln und der Einsatz konkreter Managementinstrumente ableiten lässt (siehe Abbildung 1):

- *Ausrichtung* Hier wird die Frage nach dem WARUM gestellt. Warum wird Bibliothekspädagogik als zentrales oder zumindest wichtiges Handlungsfeld der Bibliothek gesehen? Wie ist das Handlungsfeld begründet und wie ist es in die Strategie der Bibliothek und ihres Trägers eingebunden?
- *Realisierung* Hier wird die Frage nach dem WIE gestellt. Wie geht die Bibliothek vor, um die Bedeutung, die dem Handlungsfeld Bibliotheks-

https://doi.org/10.1515/9783111032030-039

pädagogik in der Strategie zugewiesen wurde, auch mit Leben zu füllen und die Ziele zu erreichen?

– *Ergebnisse* Hier wird die Frage nach dem WAS gestellt. Was wurde bisher erreicht und was muss konkret getan werden, um diese Ergebnisse auch dauerhaft abzusichern? Welche weiteren Ziele sollen künftig erreicht werden? Welche Wirkungen wurden erreicht?

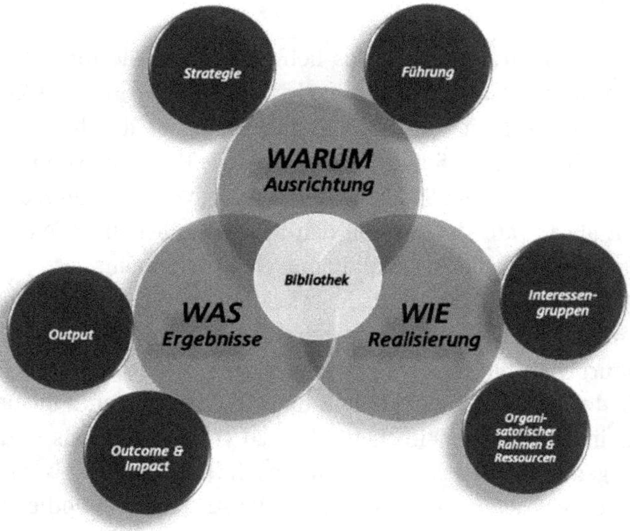

Abb. 1: Management mit dem EFQM-Modell (Quelle: Eigene Darstellung).

Der „rote Faden“ des Modells ergibt sich aus der Verknüpfung dieser drei Fragen. Die systematische Auseinandersetzung mit den Impulsfragen erhöht die Wahrscheinlichkeit, dass die Bibliothek ihr Handlungsfeld Bibliothekspädagogik professionell und am Nutzen für die Interessengruppen orientiert managt und kontinuierlich weiterentwickelt.

Um die Fragen nach dem WARUM, dem WIE und dem WAS in der Praxis beantworten zu können, muss man sich ausgewählter Managementinstrumente bedienen. Die für Bibliotheken wichtigsten und praktikabelsten werden vorgestellt. Was wir beim Blick auf die Managementinstrumente keinesfalls aus den Augen verlieren sollten: Managementinstrumente sind kein Selbstzweck, sondern sie sind Mittel zum Zweck. Der Zweck – also das WARUM – ist das, worum es geht.

Ausrichtung: Die Frage nach dem WARUM

Warum ausgerechnet Bibliothekspädagogik? Es gibt so viele Optionen für Bibliotheken, sodass die Entscheidung, Bibliothekspädagogik zu einem wichtigen oder gar zum zentralen Handlungsfeld zu machen, keine Selbstverständlichkeit ist. Wenn man dies tut, dann sollte man wissen und klar benennen können, warum man das tut und welche kurz-, mittel- und langfristigen Ziele damit verfolgt werden.

Die Strategie setzt den Rahmen und gibt die Antwort auf das WARUM

Das Managementinstrument, das geeignet ist, die Frage nach dem WARUM zu beantworten, ist die Strategie.[1] Eine Strategie entwirft ein Zukunftsbild, das beschreibt, wo eine Organisation in Zukunft stehen will. Weit in die Zukunft zu planen, ist in unserer schnelllebigen Zeit kaum mehr möglich und auch nicht sinnvoll. Der Zeithorizont, der daher sehr häufig für Strategien gewählt wird, umfasst fünf Jahre. Auch wenn fünf Jahre in die Zukunft zu denken fast kurzfristig erscheint, reicht diese Zukunftsperspektive aus, um sich von „den Mustern der Vergangenheit und den aktuellen Tagesproblemen“ (Nagel 2014, 2) zu lösen. Denn genau darum geht es: Eine Strategie schreibt kein „Weiter so“ fest, sondern beschreibt Entwicklungsperspektiven. Wenn Bibliothekspädagogik eine Entwicklungsperspektive sein oder werden soll, dann muss die Strategie dieses Handlungsfeld aufnehmen.

Was kann eine Strategie leisten? Sie kann eine ganz wesentliche Kommunikationsfunktion übernehmen. Nach außen gegenüber dem Täger dient sie der Positionierung und kann das Images beeinflussen, indem sie deutlich macht, wofür die Bibliothek steht, was sie leistet und was sie nicht leistet. Dies sorgt für Transparenz, Legitimation, Imagegewinn und trägt im besten Fall zur Existenzsicherung bei. Die Kommunikationsfunktion nach innen klärt das Selbstverständnis durch die Diskussion, wofür die Bibliothek steht und was sie leistet oder auch ganz bewusst nicht leistet. Dies dient der Selbstvergewisserung und schafft Identifikation und Motivation.

Damit dies gelingt, stellt sich die Frage, wie eine Strategie aufgebaut und entwickelt werden kann. In der Literatur[2] finden sich verschiedene Ansätze, die sich in den folgenden Bausteinen zusammenfassen lassen (siehe Abbildung 2):

---

1 Im Bibliothekssektor werden Bibliotheksprofil und Bibliothekskonzeption als synonyme Begriffe verwendet.

2 Praxisorientierte Handreichungen zur Erstellung einer Strategie bieten Düren/Lipka (2019) und Flachsmann (2016).

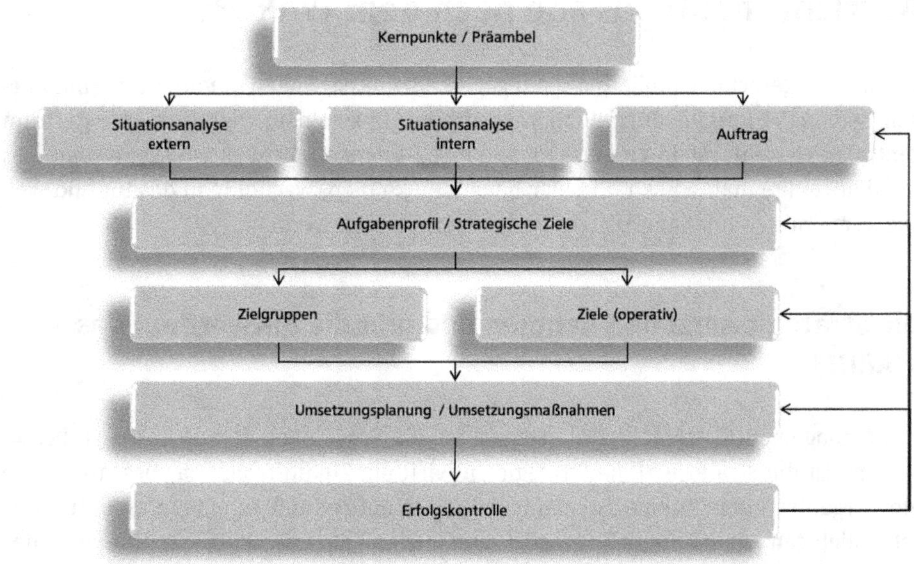

Abb. 2: Bausteine einer Strategie (Quelle: Eigene Darstellung).

Externe, interne Analysen und der Auftrag des Trägers als Grundlagen

In der Analysephase geht es darum, verschiedene Perspektiven einzunehmen, um die Ausgangssituation einer Bibliothek zu erfassen. Das mag trivial erscheinen, birgt aber erfahrungsgemäß doch die eine oder andere Überraschung, wenn bisher blinde Flecken gezielt ausgeleuchtet werden. Durch ein systematisches Vorgehen, das die Mitarbeiterinnen und Mitarbeiter aktiv einbindet, wird die Grundlage geschaffen, auf der gemeinsame Zukunftsentscheidungen getroffen werden können. Bei der externen Situationsanalyse geht es darum, die Chancen und Risiken zu erfassen, die von außen auf die Bibliothek zukommen. Konkret bedeutet dies, die bisher erreichten Zielgruppen zu analysieren und sich mit Blick auf das Handlungsfeld Bibliothekspädagogik zu fragen, welche potenziellen Zielgruppen erreicht werden müssen oder sollten. Die Analyse erfolgt anhand statistischer Daten zu demografischer Entwicklung, zu Bildungsstruktur, Mobilität, Migration, Kaufkraft und ähnlichen Indikatoren. Zum Blick nach außen gehört aber auch, die Wettbewerbenden (z. B. andere Kultur-, Freizeit- und Bildungsanbieter, aber auch Medienanbieter wie Streamingdienste) zu betrachten und zu analysieren, welche Chancen und Risiken sich aus diesem Wettbewerb für die Bibliothek ergeben können.

Die interne Situationsanalyse untersucht die Stärken und Schwächen der eigenen Organisation. Dabei geht es um die Ressourcen, die der Bibliothek quantitativ und qualitativ zur Verfügung stehen. Es geht also nicht nur darum, welche Personalkapazität zur Verfügung steht, sondern auch darum, welche Kompetenzen bei den Mitarbeiterinnen und Mitarbeitern vorhanden sind. Darüber hinaus werden die räumlichen, die technischen und die finanziellen Ressourcen sowie das bereits vorhandene Angebotsportfolio analysiert. Auch bestehende Partnerschaften (z. B. mit Bildungs- und Kultureinrichtungen) sollten als Ressourcen verstanden und erfasst werden.

Der letzte Analysebaustein, der für Bibliotheken von besonderer Bedeutung ist, ist der Auftrag des Trägers. Das Missliche an diesem Baustein ist, dass sich kaum explizit formulierte Aufträge von Seiten des Trägers – sei es von der Verwaltungsspitze oder den politischen Gremien – finden lassen. Selten wird formuliert, was die Bibliothek leisten soll, was sie anbieten soll und was nicht. Hier ist oft detektivische Arbeit nötig, um den Willen des Trägers aufzuspüren. Haushaltsreden und Haushaltsbeschlüsse lassen sich dazu ebenso interpretieren, wie Sonntagsreden zu besonderen Anlässen oder Planungspapiere. Manchmal zeigen aber auch eher sperrige Dokumente wie Benutzungsordnungen oder Gebührensatzungen, was politisch gewollt ist und was nicht. Auch wenn es nicht einfach ist, ist die Auseinandersetzung mit dem Willen des Trägers unerlässlich. In diesem Zusammenhang ist es wichtig zu ermitteln und für die weitere Planung zu berücksichtigen, welche strategischen Ziele der Träger (häufig ist es die Kommune) selbst hat. Hat sie sich auf die Fahnen geschrieben, eine familienfreundliche Stadt zu werden? Spielen Tourismus, Wirtschaftsförderung, Nachhaltigkeit, Digitalisierung eine politische Rolle? Die Bibliothek als kommunale Einrichtung ist gut beraten, diese strategische Ausrichtung sehr aufmerksam wahrzunehmen und zu prüfen, wie sie sich in diese Strategie einbinden und ihren Beitrag zur Erreichung der Ziele des Trägers deutlich machen kann.

Strategische und operative Ziele beschreiben den Weg

Nach der Analysephase liegen die Erkenntnisse wie Mosaiksteine auf dem Tisch. Jetzt beginnen die strategische Arbeit und das strategische Denken. Welche Schlussfolgerungen sind aus den Analyseergebnissen zu ziehen? Wie lassen sich die Mosaiksteine zu einem stimmigen Bild zusammensetzen? Welche Schwerpunkte sollen gesetzt werden, um sich für die Zukunft zu positionieren? Diese Schwerpunktsetzung darf nicht zu einem „Wunschkonzert“ werden. Angesichts begrenzter Ressourcen hat die Entwicklung einer Strategie immer auch die Funktion, bewusst zu entscheiden, was nicht (mehr) geleistet werden kann. Vor diesem Hintergrund werden strategische Ziele oder auch strategische Handlungsfelder formuliert und es ist die Frage zu beantworten, wie sich das Handlungsfeld der Bibliothekspädagogik hier einpasst. In der Strategie einer Bibliothek, für die Bibliothekspädagogik einen hohen Stellenwert hat oder in Zukunft haben soll, wird mindestens ein strategisches Ziel sein, Bibliothekspädagogik als Handlungsfeld festzuschreiben. Strategische Ziele oder Leitsätze sind notwendigerweise sehr abstrakt formuliert: „Unsere Bibliothek ist Stützpunkt für lebenslanges, selbstgesteuertes Lernen“ ist beispielsweise der Leitsatz, den die Stadtbücherei Biberach formuliert hat (Stadtbücherei Biberach 2022). Damit solche Leitsätze im Alltag handlungsleitend werden, müssen sie mit messbaren operativen Zielen, Maßnahmen, Verantwortlichkeiten und auch Überlegungen zu wichtigen Partnerinnen und Partnern unterfüttert werden. Der Zielhorizont ist üblicherweise ein Jahr. Vereinfacht formuliert kann jedes strategische Ziel als Projekt verstanden werden, das ein umfassendes Projektmanagement erfordert, um das Ziel zu erreichen. Nur wenn die Ziele klar und messbar formuliert sind, ist eine Evaluation möglich. Diese wiederum kann einen Lern- und Verbesserungsprozess anstoßen.

Führung initiiert und gestaltet den Veränderungsprozess

Die Ausrichtung und die Beantwortung der Frage nach dem Warum erschöpft sich nicht in der Entwicklung einer Strategie. Sowohl für die Entwicklung als erst recht die Umsetzung einer Strategie und der Ziele im Alltag müssen Rahmenbedingungen für erfolgreiche Veränderungen gestaltet und Kreativität und Innovation nachdrücklich gefördert werden. Das sind Führungsaufgaben. Ohne die explizite Unterstützung der Bibliotheksleitung werden eine Strategieentwicklung und ein davon ausgehender Veränderungsprozess nicht gelingen. Gleichwohl ist Führung eine Tätigkeit und keine Rolle, die der Bibliotheksleitung allein zuzuordnen ist. Geführt wird auf allen Ebenen und in allen Organisationsbereichen. Das heißt im Umkehrschluss, dass auch eine entschlossene Bibliotheksleitung ohne die Unterstützung des Teams nicht erfolgreich sein wird.

Realisierung: Die Frage nach dem WIE

Mit ihrer Ausrichtung – festgehalten in den strategischen und operativen Zielen – bereitet die Bibliothek ihren Weg vor. Nun geht es um die Realisierung und die Frage, wie die Ziele erreicht werden können. Die Voraussetzungen, die das Management einer Bibliothek dafür schaffen muss, sind anspruchsvoll. Dazu gehört, die Bedarfe der verschiedenen Interessengruppen zu kennen, um ihnen möglichst passgenau Leistungen anbieten zu können und damit Nutzen zu stiften. Es gilt aber auch, die organisatorischen Voraussetzungen dafür zu schaffen, dass das Tagesgeschäft effizient und in hoher Qualität erledigt wird, sich die Bibliothek aber gleichzeitig nicht im Alltag verliert, sondern zukünftige Entwicklungspotenziale im Blick behält.

Interessengruppen kennen und verstehen

Fokussieren wir uns auf die Interessengruppen, die für das Handlungsfeld Bibliothekspädagogik, von Bedeutung sind, so lassen sich Nutzende, Partnerinnen und Partner und Mitarbeitende als die wichtigsten Interessengruppen identifizieren. Die Aufgabe des Managements besteht nun darin, gemeinsam mit dem Team, die Interessengruppen genauer zu analysieren und zu verstehen.

Nutzende bibliothekspädagogischer Angebote sind in erster Linie Kinder und Jugendliche, Schülerinnen und Schüler, in zunehmendem Maße aber auch Erwachsene. Schon bei dieser sehr groben Segmentierung wird deutlich, wie unterschiedlich die Bedürfnisse mutmaßlich sein werden und wie unterschiedlich demzufolge auch die Wege und Methoden sein müssen, mit denen die Bedürfnisse erhoben werden. Hier steht das ganze Set empirischer, aber auch ethnografischer Methoden[3] zur Verfügung. Darüber hinaus sind Formate der direkten Beteiligung (von Schülerbeiräten bis zu LEGO-Serious-Play-Workshops oder Design Thinking) von hoher Wirksamkeit, um die Bedarfe diesen Interessengruppen kennenzulernen. Ein professionelles Management wird die Notwendigkeit einer systematischen Analyse aufgreifen, um nicht gut gemeint, aber spekulativ und aus dem Bauch heraus, ein Dienstleistungsportfolio zu entwickeln. Auch die begeisterte aber unhinterfragte Übernahme von „Best Practices" anderer Bibliotheken greift oft zu kurz.

Neben den primären Nutzenden muss sich das Management im Kontext von Bibliothekspädagogik auch mit dem nicht minder heterogenen Feld der Partnerinnen und Partner auseinandersetzen. Zu nennen sind hier die Schulen und andere Bildungseinrichtungen beziehungsweise deren Vertreterinnen und Vertreter, von den Leitungspersonen bis zu den Lehrpersonen. Hinzu kommen die Eltern, die als Unterstützende oder auch als Kritikerinnen und Kritiker eine wichtige Multiplikatorenrolle haben. Ähnlich wie bei den Nutzenden liegen auch die Bedarfe der Partnerinnen und Partner keineswegs auf der Hand, sondern müssen erhoben werden. Dies gilt insbesondere dann, wenn die Zusammenarbeit von Bibliothek und Bildungseinrichtung formalisiert, das heißt die Partnerschaft durch Verträge abgesichert werden soll. Der Aufbau eines Partnerschaftsmanagements ist ein Erfolgsfaktor für Bibliotheken, die Bibliothekspädagogik zu ihrem strategischen Handlungsfeld erklären.

Die weitere Interessengruppe, die aus der Managementperspektive betrachtet werden muss, sind die Mitarbeitenden. Bibliothekspädagogik ist eine Dienstleistung. Insofern gelten für alle bibliothekspädagogischen Angebote auch die Merkmale von Dienstleistungen. Ein wichtiges Merkmal von Dienstleistungen ist, dass eine Dienstleistung im Moment der Begegnung von Dienstleisterin beziehungsweise Dienstleister (in unserem Fall also der Bibliothekspädagogin oder dem Bibliothekspädagogen) und der nutzenden Person (also beispielsweise einer Schülerin oder einem Schüler) erbracht

3 Einen Überblick über nutzerbezogene Marktforschungsmethoden für Bibliotheken bieten Siegfried/Nix (2014).

wird. In diesem „Moment der Wahrheit" muss die Dienstleistung gelingen. Dafür sind neben vielfältigen fachlichen Kompetenzen auch persönliche und soziale Kompetenzen erforderlich. Die (steigenden) Anforderungen an bibliothekspädagogische Dienstleistungen machen eine konsequente Fort- und Weiterbildung der Mitarbeitenden unabdingbar. Der sich dramatisch verschärfende Fachkräftemangel stellt das Personalmanagement vor weitere Herausforderungen. Stichworte sind neue Wege der Rekrutierung, der Mitarbeiterbindung oder des Onboardings von Quereinsteigenden.

Schließlich dürfen aus Managementperspektive zwei weitere Interessengruppen nicht aus den Augen verloren werden: Die Öffentlichkeit (v. a. der Teil der Öffentlichkeit, der die bibliothekspädagogischen Angebote und vielleicht nicht einmal die Bibliothek an sich nutzt) und die Unterhaltsträgerinnen und -träger sind wichtige Interessengruppen, wenn es darum geht, den Stellenwert bibliothekspädagogischer Aktivitäten im Kontext einer gesellschaftlich relevanten und damit förderungswürdigen Aufgabe einer Bibliothek zu platzieren – gerade weil für diese Gruppen kein unmittelbarer Nutzen entsteht.

Organisatorischer Rahmen und Ressourcenmanagement

Die Realisierung der Strategie hängt nicht nur von der aktiven, systematischen und letztlich erfolgreichen Gestaltung der Beziehung zu den Interessengruppen ab, sondern auch von organisatorischen Rahmensetzungen – einem weiteren Handlungsfeld des Managements. Hier geht es darum, organisatorische Strukturen und Prozesse zu schaffen, die die bibliothekspädagogische Arbeit strukturell unterstützen und die dafür sorgen, dass bibliothekspädagogische Aktivitäten nicht als „neuestes Hobby" einzelner Kolleginnen und Kollegen eingeordnet werden, das neben der „eigentlichen Bibliotheksarbeit" eben auch noch erledigt werden muss. Die gemeinsame Strategieentwicklung hat die Grundlage dafür geschaffen, den Stellenwert der Bibliothekspädagogik angemessen zu platzieren. Die organisationalen Strukturen und die Prozesse schaffen nun einen stabilen Rahmen für die tägliche Arbeit. Bibliotheken sind häufig davon geprägt, dass Organisationsstrukturen und Prozesse über Jahre gewachsen sind. Selten werden sie strukturiert analysiert und auf ihren Nutzen und ihre unterstützende Funktion für die zu erfüllenden Aufgaben überprüft. Wird Bibliothekspädagogik zu einem strategischen Handlungsfeld, dann muss über die organisatorische Zuordnung und – bei dieser Gelegenheit – über die übrige Aufbau- und Ablauforganisation[4] nachgedacht werde.

Das weitere Managementhandeln, um die bibliothekspädagogische Strategie zu realisieren, richtet sich auf das weite Feld der Ressourcen: Hierzu zählt der Umgang mit der Ressource Wissen, das in den Köpfen der Mitarbeitenden steckt. Ohne geeig-

4 Weiterführende Informationen zur Organisationsstruktur und Organisationsgestaltung finden sich in Vonhof (2023).

nete Maßnahmen ist diese Ressource, die über Jahre aufgebaut wurde, derzeit durch den Generationenwechsel in den Bibliotheken massiv bedroht. Ressourcen umfassen aber auch alle Aspekte der Infrastruktur (räumlich wie technologisch) und letztlich die finanziellen Ressourcen, die vom Unterhaltsträger bereitgestellt, immer wieder neu erkämpft und in aller Regel durch Fundraising ergänzt werden müssen.

Die Ergebnisse: Die Frage nach dem WAS

Der letzte Punkt des roten Management-Fadens für Bibliothekspädagogik fragt nach den erzielten Ergebnissen. Was wurde erreicht? Wie können die Ergebnisse gesichert, aber auch weiterentwickelt werden? Wo sollte sich die Bibliothek neue oder andere Ziele setzen?

Eine Voraussetzung, um diese Fragen beantworten zu können, hat das Management bei der Strategieentwicklung und vor allem bei der Umsetzungsplanung geschaffen. Wenn nicht nur abstrakte strategische Ziele formuliert, sondern diese durch operative Ziele, die messbar und terminiert sind, konkretisiert wurden, dann kann deren Zielerreichung relativ einfach überprüft werden. Das Controlling (verstanden als kritische Evaluation des eigenen Tuns) richtet sich dann darauf, zu ermitteln, ob durch das Umsetzen der operativen Ziele ein erkennbarer und auch belegbarer Beitrag zur Erreichung der strategischen Ziele geleistet wurde. Aus der Managementperspektive eröffnen die erzielten Ergebnisse vielfältige Perspektiven und Gesprächsanlässe. Folgende Beispiele illustrieren, dass Controlling mehr ist als das Abhaken von Kennzahlen. Es ist die Basis für eine faktenbasierte Weiterentwicklung des Handelns und der Einstieg in einen kontinuierlichen Entwicklungsprozess:

- Die Ziele wurden erreicht: Wie kann sichergestellt werden, dass die Ziele auch im nächsten Planungszeitraum erreicht werden? Wo gibt es noch weiteres Entwicklungspotenzial?
- Die Ziele wurden in kurzer Zeit erreicht oder übererfüllt: Wie können im nächsten Planungszeitraum Ziele so formuliert werden, dass sie keine „Selbstläufer" sind?
- Ziele wurden nicht erreicht: Hier gilt es, Ursachenforschung zu betreiben: Waren die Ziele unrealistisch hoch gesteckt? Waren die Instrumente und Methoden ungeeignet oder gab es Störfaktoren? Waren die Analysen, die der Zielsetzung vorausgingen, nicht zutreffend?
- Bilden die Ziele das Handeln der Bibliothek umfassend ab, oder gibt es neue oder andere Zielfelder, die bislang nicht berücksichtigt wurden?

Von Leistungsergebnissen zu Wirkung

Die messbaren Leistungsergebnisse, die eine Bibliothek im Bereich Bibliothekspädagogik erbringt, beschreiben in aller Regel den Output, also das, was konkret getan wurde. Gemessen werden beispielsweise die Anzahl der durchgeführten Veranstaltungen, die Anzahl der Teilnehmenden, die Anzahl der formalisierten Partnerschaften oder Kooperationen oder die angebotenen Schulungsstunden. Diese Output-Größen geben einen guten Eindruck von der Quantität der erbrachten Leistungen und haben den Vorteil, dass sie leicht zu erheben und zu vergleichen sind. Sie sagen jedoch nichts aus über die erzielte Wirkung bei den Interessengruppen. Ob eine Veranstaltung zur Vermittlung von Informationskompetenz tatsächlich zu mehr Informationskompetenz geführt hat, bleibt Hoffnung und Spekulation.

Wirkungsziele hingegen beziehen sich auf zwei Ebenen: zum einen auf die Ebene der Interessengruppen und zum anderen auf eine gesellschaftliche Ebene.

Wirkungsziele auf der Ebene der Interessengruppen – die Outcomes – beschreiben die gewünschte Wirkung bei der jeweiligen Interessengruppe. Sie beantworten die Frage, welchen Nutzen das Projekt hatte und welche konkreten Veränderungen (im Bewusstsein, in den Fähigkeiten, im Handeln) es bei der jeweiligen Interessengruppe ausgelöst hat.

Wirkungsziele auf gesellschaftlicher Ebene – der Impact – beschreiben eine langfristige Wirkung, die durch das bibliothekspädagogische Handeln erzielt wird. Hier wird der Rückbezug zum Ausgangspunkt des Managementhandelns, dem WARUM, sichtbar.

Der Umgang mit Wirkungszielen ist ungleich anspruchsvoller als der mit Output-Zielen. Das Formulieren von Wirkungszielen und erst recht das Messen ihrer Zielerreichung ist im Bibliothekssektor bislang kaum zu finden. Hier liegt ein großes Potenzial. Denn wenn durch bibliothekspädagogisches Handeln belegbar Wirkung bei den Interessengruppen und darüber hinaus in der Gesellschaft erzielt werden, dann ist dies ein kaum zu schlagendes Argument, hier zu investieren.

Fazit

Dass Bibliothekspädagogik ein Handlungsfeld ist, dem sich Bibliotheken bereits intensiv widmen und dem sie sich zukünftig angesichts gesellschaftlicher, medialer und technologischer Entwicklung verstärkt widmen müssen, ist unbestritten und das vorliegende Buch illustriert das eindrucksvoll. Gleichwohl kann dieses fachlich geprägte Thema nicht alleine stehen, sondern muss im besten Sinne gemanagt werden. Die dargestellten Managementkonzepte und -instrumente schaffen die Voraussetzungen und den Rahmen für ein systematisches, zielorientiertes und zugleich praktikables Vorgehen der Bibliotheken, damit der Bibliothekspädagogik die Durchschlagskraft zuwächst, die sie verdient.

Literatur

Düren, P.; Lipka, R. (2019): *Praxishandbuch Strategische Planung und Controlling in Bibliotheken*. Berlin; Boston: De Gruyter Saur.

EFQM (2023): *Organisationen verbessern*. https://efqm.org/de/.

Flachsmann, L. (2016): *Schritt für Schritt zum Bibliothekskonzept. Entwicklung einer Toolbox*. Wiesbaden: Dinges & Frick.

Nagel, R. (2014): *Lust auf Strategie. Workbook zur systemischen Strategieentwicklung*. 3. Aufl. Stuttgart: Schäffer-Poeschel.

Siegfried, D.; Nix, S. J. (2014): *Nutzerbezogene Marktforschung für Bibliotheken. Eine Praxiseinführung*. Berlin; Boston: De Gruyter Saur.

Stadtbücherei Biberach (Hrsg.) (2022): *Unsere Aufgaben, Strategien und Ziele. Leitbild des Medien- und Informationszentrums Stadtbücherei Biberach*. https://www.medienzentrum-biberach.de/documents/304357/0/Leitbild_2022.pdf/c2206cbd-0b2e-f6aa-68a5-2724a566664f.

Vonhof, C. (2023): *Organisationsstruktur und Organisationsgestaltung*. In: K. Umlauf; C. Vonhof (Hrsg.): *Erfolgreiches Management von Bibliotheken und Informationseinrichtungen*. Loseblatt-Ausg., 80. Lieferung. Hamburg: Dashöfer, Abschnitt 3/8.2.

Sabine Rauchmann

Qualifikation Personal

Einleitung

Die Bedeutung einer pädagogischen und didaktischen Qualifizierung von Beschäftigten in Bibliotheken und Informationseinrichtungen wurde zuletzt 2021 im Diskussionspapier der AG Bibliothekspädagogik betont (2021, 493). Zuvor machten Forschungsarbeiten auf die steigende Anzahl von Stellenausschreibungen aufmerksam, die pädagogische Kompetenzen für die Arbeit in Öffentlichen und Wissenschaftlichen Bibliotheken verlangten (Menzel 2019, 36–46; Tappenbeck et al. 2017, 33–35).

Qualifikation als Begriff fasst Fähigkeiten, Fertigkeiten und Kompetenzen zusammen, die zum Zeitpunkt des Erwerbs eines Abschlusses vorgegebenen Standards entsprechen (Bund-Länder-Koordinierungsstelle für den DQR 2013, 46). Im Deutschen Qualifikationsrahmen (DQR) bezeichnet Kompetenz „die Fähigkeit und Bereitschaft des Einzelnen, Kenntnisse und Fertigkeiten sowie persönliche, soziale und methodische Fähigkeiten zu nutzen und sich durchdacht sowie individuell und sozial verantwortlich zu verhalten" (Bund-Länder-Koordinierungsstelle für den DQR 2013, 45). Als berufliche Handlungskompetenz verstanden, beschreibt Kompetenz das subjektive Leistungspotenzial einer Person (Arnold 2010, 172–173). Kompetenzen werden zusammengefasst in:

- *Kompetenzlisten* und *-profilen*, die eine Person im Verlauf ihres Berufslebens erworben hat oder die eine Person für eine konkrete Aufgabe erfüllen muss,
- *Anforderungsprofilen*, die aus Kompetenzprofil und Funktionsprofil (gegenwärtige und zukünftige Anforderungen an die Stelle) bestehen (Trauth/Nadig 2007, 6) sowie
- *Qualifikationsprofilen* mit den Lernzielen für die Aus- und Fortbildung innerhalb eines *Qualifikationsrahmens* (KMK 2017, 12).

In Deutschland stehen Überlegungen für ein Kompetenz- und Qualifikationsprofil für die Bibliothekspädagogik am Anfang. Gleichwohl liegen Grundlagen in Form von Kompetenzlisten, Anforderungs- und Qualifikationsprofilen in den mit Bibliothekspädagogik verbundenen Aufgabenbereichen vor.

Im vorliegenden Beitrag wird daher zuerst der Status quo eines Kompetenz- und Qualifikationsprofils für Bibliothekspädagoginnen und -pädagogen erfasst. Anschließend wird die Entwicklung im deutschsprachigen Raum für drei Praxisfelder innerhalb der Bibliothekspädagogik aufgezeigt: für Teaching Librarians (Informationskompetenz), für Medienpädagoginnen und Medienpädagogen (Medienkompetenz) und für Leseexpertinnen und -experten (Leseförderung). Abschließend wird diskutiert, wie diese Erfahrungen in die Weiterentwicklung eines Kompetenz- und eines Qualifikationsprofils für die Bibliothekspädagogik einfließen können.

https://doi.org/10.1515/9783111032030-040

Status quo: Kompetenz- und Qualifikationsprofil für Bibliothekspädagogik

Der erste Studiengang, der Bibliothekspädagogik als Bezeichnung einer Profilierungsrichtung 2010 einführte, ist der Masterstudiengang *Bibliotheks- und Informationswissenschaft* an der Hochschule für Technik, Wirtschaft und Kultur (HTWK) in Leipzig. Hier werden – aufbauend auf bibliothekspädagogischen Inhalten im Bachelorstudiengang – in der Profillinie *Bibliothekspädagogik* unter anderem die Module *Grundlagen der Pädagogik und Erwachsenenbildung* und *Lernort Bibliothek* angeboten. Zudem absolvieren die Studierenden Projektmodule, ein Projektpraktikum und die Masterarbeit innerhalb der fachlichen Profilierung (HTWK 2018).

Im Jahr 2020 behandelten mehrere bibliotheks- und informationswissenschaftliche Studiengänge didaktische Grundlagen im Rahmen von Studieninhalten zur Vermittlung von Informationskompetenz. Drei von sieben Hochschulen verwendeten die Begriffe *Pädagogik* oder *Bibliothekspädagogik* für die Beschreibung pädagogischer Inhalte: Köln im Zusammenhang mit Öffentlichen Bibliotheken, Stuttgart als Titel eines Moduls und Leipzig als Titel der Profillinie im Masterstudium für Öffentliche und Wissenschaftliche Bibliotheken (Keller-Loibl 2020). Im Jahr 2022 bot die Hochschule der Medien in Stuttgart (HdM) das erste Mal den Zertifikatskurs *Certificate of Advanced Studies (CAS) Bibliothekspädagogik* an (HdM 2022).

Einen konkreten Eindruck, welche Kompetenzen Bibliotheksmitarbeitende für eine professionelle, bibliothekspädagogische Arbeit als relevant einschätzten, vermitteln Ergebnisse einer 2021 von Keller-Loibl und Schneider durchgeführten Befragung, an der 547 Öffentliche und Wissenschaftliche Bibliotheken teilnahmen: Sehr wichtig wurden *kommunikative und soziale Kompetenzen, Flexibilität und Offenheit, Fantasie und Kreativität* bewertet, gefolgt von *didaktischen, pädagogischen und konzeptionellen Kenntnissen und Fähigkeiten* sowie *digitalen Kompetenzen*. Den Abschluss bildeten *Kenntnisse aus dem Bereich Konfliktmanagement, über das E-Learning, aus der Lern- und Entwicklungspsychologie* und *aus der Diversity- und Inklusionspädagogik*. Hervorzuheben ist, dass überfachliche Metakompetenzen und Dispositionen von den Befragten in ihrer Bedeutung höher eingeschätzt wurden als didaktisches und pädagogisches Fachwissen (Keller-Loibl/Schneider 2021, 713–714).

Explizit als Stellenbezeichnung wurde *Bibliothekspädagogin* oder *Bibliothekspädagoge* laut einer Analyse von Abicht aus dem Jahr 2020, die den Bedarf fachfremden Personals untersuchte, lediglich in einer Ausschreibung verwendet. Zudem hatten neun der 247 untersuchten Stellenanzeigen der Jobbörse OpenBiblioJobs einen pädagogischen Bezug. Pädagogisch-didaktische Qualifikationen fanden sich im Text von 105 Anzeigen, davon 32 Prozent in Bezug auf Bibliothekspädagogik, 17 Prozent auf Medienpädagogik und 14 Prozent auf allgemeine Didaktikkenntnisse (Abicht 2020, 32–33, 50–51).

Zusammenfassend wird festgestellt, dass einzelne Hochschulen mit bibliotheks- und informationswissenschaftlichen Studiengängen im Jahr 2023 für den Bereich Bibliothekspädagogik qualifizieren, aber ein hochschulübergreifendes Anforderungs- und Kompetenzprofil sowie ein gemeinsames Qualifikationsprofil für Bibliothekspädagoginnen und Bibliothekspädagogen von Seiten der Verbände noch nicht vorliegen.

Da mit Bibliothekspädagogik unterschiedliche Aufgabenbereiche verknüpft werden, wird im Folgenden beispielhaft die Entwicklung der Bereiche Informationskompetenz, Medienkompetenz und Lesekompetenz dargestellt.

Teaching Librarian im Aufgabenbereich Informationskompetenz

Die Entwicklung in Deutschland startete 2002 mit dem Absatz zum schulenden Personal in den *Standards zur Vermittlung von Informationskompetenz* der AGIK Nordrhein-Westfalen (Nilges et al. 2003). Das erste Anforderungsprofil lag 2007 in den USA mit den *Standards für Proficiencies for Instruction Librarians and Coordinators* vor (ACRL 2008) und wurde von den *Roles and Strenghts of Teaching Librarians* abgelöst (ACRL 2017), die Kompetenzen anstelle von Fertigkeiten formulierten.

Die erste Diskussion von Fachleuten in Deutschland, die sich auf Einladung der Gemeinsamen Kommission Informationskompetenz des dbv und VDB 2014 trafen und einen Entwurf für das *Qualifikationsprofil des Teaching Librarian* vorlegten, orientierte sich am DQR (Scholle 2016, 451). Um eine Differenzierung nach den Niveaustufen des DQR vorzunehmen, befragte die Gemeinsame Kommission zusammen mit der Fachgruppe Informationskompetenz der Konferenz der informations- und bibliothekswissenschaftlichen Ausbildungs- und Studiengänge (KIBA) auf Basis einer aktualisierten, auf die Tätigkeit in Wissenschaftlichen Bibliotheken zugeschnittenen Version des Qualifikationsprofils in einer Umfrage in Inetbib 2017 schulende Bibliothekarinnen und Bibliothekare, welche Relevanz diese den Elementen zuweisen (Tappenbeck et al. 2017, 36). Personale Kompetenzen und Persönlichkeitsmerkmale, insbesondere Dienstleistungskompetenz, kontinuierliche Lernbereitschaft sowie Neugier, Offenheit und Ausdauer bewerteten die Befragten auf allen drei Qualifikationsstufen (FaMI, Bachelor, Master) mit hoher Relevanz. Für die fachlichen Kompetenzen zeigten sich hingegen große Unterschiede: Kenntnisse zu Grundlagen der Lerntheorie und Bibliotheksdidaktik sowie didaktisch-methodische Kompetenzen werden in ihrer Bedeutung für Personen mit einem Masterabschluss am wichtigsten eingeschätzt (Tappenbeck et al. 2017, 40–46).

Aus der Sicht der Öffentlichen Bibliotheken ergänzt Menzel das Bild durch einen Katalog von 67 Kompetenzen mit 15 Hauptkompetenzen. Während in den Interviews Kenntnisse zu pädagogischen Grundlagen im Vergleich zu anderen Nennungen unbedeutender erscheinen, wird die Relevanz von Softskills betont (Menzel 2019, 55–56, 63).

Als Weiterentwicklung des Qualifikationsprofils, als Erleichterung eines Vergleiches von Studieninhalten unterschiedlicher Hochschulen und als Abbildung der Vielfalt der Tätigkeiten in unterschiedlichen Bibliothekstypen und -sparten entwickelte die Fachgruppe Informationskompetenz der KIBA auf Basis der Ergebnisse von Tappenbeck et al. 2017 den *Framework Informationskompetenz*. Der Qualifikationsrahmen gliedert sich in drei Teile: *Fachkompetenzen, Überfachliche Metakompetenzen* sowie *Dispositionen, Haltungen und Einstellungen*. Didaktische Kompetenzen werden dem Bereich *Fachkompetenzen* mit dem Punkt *D Zielgruppenspezifische Informationsdidaktik* zugeordnet (Tappenbeck/Michel 2018, 20–25).

Im Jahr 2022 bildeten die Hochschulen mit bibliotheks- und informationswissenschaftlichen Studiengängen ihre Studierenden gemäß den Anforderungen des Qualifikationsrahmens aus. Einige Kompetenzfelder werden von allen Hochschulen adressiert, andere sind spezifisch für einen Standort (Tappenbeck et al. 2022, 16). Damit ist die Förderung von Informationskompetenz jetzt Inhalt der bibliotheks- und informationswissenschaftlichen Studiengänge und löst den vom Zentrum für Bibliotheks- und Informationswissenschaftliche Weiterbildung der TH Köln (ZBIW) angebotenen Zertifikatskurs *Teaching Librarian* ab (Georgy/Scholle 2014).

Medienpädagogin und -pädagoge im Aufgabenbereich Medienkompetenz

Viele Kompetenzmodelle für Medienpädagogik entstanden im Rahmen der Lehrkräfteausbildung (Tuldesziecki 2012). Im Jahr 2014 forderte die Initiative *Keine Bildung ohne Medien!* eine „Grundbildung Medien“ für alle pädagogischen Fachkräfte (KBoM 2014). Hieran anknüpfend verabschiedete die Sektion Medienpädagogik der Deutschen Gesellschaft für Erziehungswissenschaft (DGfE) im Jahr 2017 den *Kompetenzorientierte[n] Rahmen zur Entwicklung von Curricula für medienpädagogische Studiengänge und Studienanteile* (Orientierungsrahmen Medienpädagogik). Die Aufgabenfelder und Wissens-, Könnens- und Reflexionsbereiche können flexibel gestaltet werden, abhängig vom Studiengang, dem zur Verfügung stehenden zeitlichen Umfang sowie den personellen Ressourcen (DGfE 2017, 1–3). Diese vielfältigen Möglichkeiten interpretiert Hugger so, dass die Entwicklung von einem festen Berufsbild weg hin zur Formulierung medienpädagogischer Kernkompetenzen geht (Hugger 2020).

Im Gegensatz hierzu besteht in Bezug auf die Medienpädagogik in Bibliotheken das Bestreben, klare Stellenprofile mit Qualifikationsanforderungen zu definieren (Kranz et al. 2021, 7) und ein Kompetenzprofil für medienpädagogische Tätigkeiten in Öffentlichen Bibliotheken zu erstellen (Wittich 2021, 512). Auf Basis von Experteninterviews mit Medienpädagoginnen und Medienpädagogen in Öffentlichen Bibliotheken wurde ein Kompetenzkatalog erarbeitet. Er umfasst *Berufspraktisches Wissen und Können, Professionelle Werthaltungen und Überzeugungen, Professionelle Selbststeuerung* und *Fach- und feldspezifisches Wissen* (Wittich 2021, 513–514).

In Stellenausschreibungen für Öffentliche Bibliotheken wird für Fachkräfte im Bereich der Medienpädagogik häufig die Stellenbezeichnung *Medienpädagog/in oder Bibliothekar/in (m/w/d)* gewählt. In einer Untersuchung richteten sich nur 20 der 76 Stellenanzeigen auf Inetbib und OpenBiblioJobs für Öffentliche Bibliotheken ausschließlich an Medienpädagoginnen und Medienpädagogen. Diese forderten häufiger didaktische Kenntnisse. Medienpädagogische Kenntnisse und Fähigkeiten selbst wurden ausschließlich für Medienpädagoginnen und Medienpädagogen verlangt, bibliothekspädagogische Kenntnisse von beiden Berufsgruppen (Petter 2021, 28–35, 48–49). Abschließend stellt Petter fest, dass eine Steigerung der medienpädagogischen sowie didaktischen Inhalte und Module in einigen bibliothekarischen und informationswissenschaftlichen Studiengängen erkennbar ist (Petter 2021, 49).

Leseexpertin und -experte im Aufgabenbereich Leseförderung

Der *Kompetenzrahmen Lese- und Literaturpädagogik* des Bundesverbands Leseförderung (BVL) in Kooperation mit der Akademie Remscheid und dem Kinder- und Jugendliteraturzentrum NRW (jugendstil) orientiert sich am DQR (Bund-Länder-Koordinierungsstelle für den DQR 2013). Er ist die Grundlage für die Weiterbildung *Lese- und Literaturpädagogik*, die vom BVL seit 2013 angeboten wird und fünf Module – *Pädagogik und Entwicklungspsychologie, Kinder- und Jugendliteratur, Planung, Organisation, PR und Management* und *Erzählen, Vorlesen und Schreiben, Literacy und Lesedidaktik* – beinhaltet. Besonders im ersten Modul werden mit *Grundlagen pädagogischen Handelns, Motivationsmethoden und zielgruppenspezifische Lernszenarien, pädagogische Gesprächsführung* und *Grundlagen der Erwachsenenbildung* pädagogische Grundlagen gelegt (Knieling 2013, 738–739).

Speziell für Beschäftigte aus Öffentlichen Bibliotheken konzipiert, wird vom ZBIW in Zusammenarbeit mit der Forschungsstelle Jugend-Medien-Bildung an der TU Dortmund der Zertifikatskurs *XPRTN für das Lesen* angeboten. Es beinhaltet die Module *Lesen und Medien, Zielgruppen der Lese- und Medienkompetenzförderung, Mediendidaktisch planen und handeln* sowie *Praxismodelle professionell planen, kommunizieren und reflektieren* (ZBIW 2022, 5–10).

Leseförderung ist darüber hinaus auch eine Aufgabe für Schulbibliothekarinnen und Schulbibliothekare. Den Richtlinien der International Federation of Library Associations and Institutions (IFLA) für Schulbibliotheken zufolge gehört daher auch Lesekompetenz zu den Qualifikationen (IFLA 2018), dies findet sich auch in den Kompetenz- und Qualifikationsprofilen der Curricula österreichischer Ausbildungsstätten für Schulbibliothekarinnen und Schulbibliothekare (z. B. PHT 2018).

In der Qualifizierung für die Tätigkeit in der Leseförderung zeigen sich somit Überschneidungen von Kompetenzfeldern unterschiedlicher Bibliothekstypen und Kooperationspartnerinnen und -partnern.

Fazit

Die Qualifikation des Bibliothekspersonals für die Bibliothekspädagogik als Institutionenpädagogik im ganzheitlichen Sinne steht am Anfang. Die fehlende Klarheit des Umfangs der bibliothekspädagogischen Tätigkeiten über Bibliothekssparten hinweg hat bedingt, dass Profile und Rahmen unkonkret geblieben sind. Zudem steht die Entwicklung eines Qualifikationsrahmens vor der Herausforderung, alle Aufgabenbereiche und Zielgruppen der Bibliothekspädagogik zu berücksichtigen.

Beispielhaft zeigt der vorliegende Beitrag, dass Grundlagen bestehen, die als Inspiration für ein Kompetenz- und Qualifikationsprofil sowie einen Qualifikationsrahmen für Bibliothekspädagogik dienen können. Die Ermittlung der relevanten Fertigkeiten, Fähigkeiten und Kompetenzen für Kompetenzlisten und Qualifikationsprofile erfolgte teilweise strukturiert mithilfe von Umfragen unter Berufspraktikerinnen und -praktikern, Expertinnen und Experten und Arbeitgebenden sowie durch die Analyse von Stellenanzeigen. Die Inhalte in Bezug auf den Begriff *pädagogisch/didaktisch* werden dabei selten konkretisiert. Viele Arbeiten analysieren den Ist-Stand. Notwendig ist darüber hinaus eine regelmäßige Trendanalyse, die im Rahmen der Strategie der Einrichtungen eine Soll-Perspektive unter Einschluss zukünftiger, zu entwickelnder Kompetenzen für die bibliothekspädagogische Qualifizierung entwickelt. Dabei muss auch reflektiert werden, was das Berufsbild der Bibliothekarin und des Bibliothekars leisten möchte und wann bibliothekarisch fachfremde Expertinnen und Experten erforderlich sind. Dabei ist noch nicht untersucht worden, ob Stellenanzeigen für bibliothekspädagogische Tätigkeiten auch mit bibliothekspädagogisch qualifizierten Absolventinnen und Absolventen der bibliotheks- und informationswissenschaftlichen Ausbildungseinrichtungen besetzt werden.

Nicht vergessen werden darf außerdem, dass der Erwerb einer Qualifizierung nur als Basis für das Lernen durch Erfahrung dienen kann. Schulungstätigkeiten (Baer 2021), Selbstwahrnehmung der eigenen Qualifikation (Kirker 2022) und Selbstverständnis der eigenen Rolle (Nichols Hess 2020)[1] verändern sich, sodass neben einer ersten Ausbildung auch die weitere Qualifizierung von großer Bedeutung ist. Ein guter Einstieg in die Berufspraxis kann durch (Mentoring-)Programme erfolgen, die Theorie und Praxis zusammenbringen können (McNiff/Hays 2017). Im weiteren Be-

1 Siehe auch Keller-Loibl (2024) in diesem Band.

rufsleben könnten Zertifikate, CAS-Abschlüsse, Micro-Badges oder innerbetriebliche Qualifizierungsangebote informelle Austauschformate ergänzen (Berghaus-Sprengel/Söllner 2022, 463). Offen bleibt bisher die Frage, welchen Einfluss die pädagogische Qualifikation auf die Lehrpraxis des Bibliothekspersonals selbst hat.

Zusammenfassend zeigen die Ausführungen, dass ein Gesamtkonzept für die Bibliothekspädagogik – mit einem Kompetenz- und Qualifikationsprofil in Verbindung mit einem Qualifikationsrahmen – einer aufgabenbereichs-, bibliothekssparten- und zielgruppenübergreifenden Zusammenarbeit bedarf. Dadurch können Bibliotheken ihr Personal gezielt für die Bibliothekspädagogik qualifizieren und dieses im Rahmen des Qualitätsmanagements nachweisen.

Literatur

Abicht, K. (2020): *Analyse des Bedarfs von fachfremdem Personal in Bibliotheken anhand von aktuellen Stellenausschreibungen*. Leipzig, HTWK Leipzig, Masterarbeit. https://d-nb.info/1239181396/34.

ACRL – American College and Research Libraries (2008): *Standards for Proficiencies for Instruction Librarians and Coordinators. A Practical Guide*. Chicago, IL: ALA. http://www.ala.org/acrl/sites/ala.org.acrl/files/content/standards/profstandards.pdf.

ACRL – American College and Research Libraries/Standards and Proficiencies for Instruction Librarians and Coordinators Revision Task Force (2017): Roles and Strenghts of Teaching Librarians. Approved by the ACRL Board of Directors, April 2017. *College & Research Libraries News* 78/7, 364–370.

AG Bibliothekspädagogik (2021): Diskussionspapier: Warum wir eine Bibliothekspädagogik brauchen. *BuB. Forum Information und Bibliothek* 73/8–9, 490–491. https://www.b-u-b.de/fileadmin/archiv/imports/pdf_files/2021/bub_2021_08_490_491.pdf.

Arnold, R. (2010): Kompetenz. In: R. Arnold; S. Nolda; E. Nuissl (Hrsg.): *Wörterbuch der Erwachsenenbildung*. 2. Aufl. Bad Heilbrunn: Klinkhardt, 172–173.

Baer, A. (2021). Librarians' Development as Teachers. *Journal of Information Literacy* 15/1, 26–53.

Berghaus-Sprengel, A.; Söllner, K. (2022): Ausbildung für oder in Bibliotheken. Wie sind wir aufgestellt? *BIBLIOTHEK – Forschung und Praxis* 46/3, 457–464. https://doi.org/10.1515/bfp-2022-0025.

Bund-Länder-Koordinierungsstelle für den DQR (Hrsg.) (2013): *Handbuch zum Deutschen Qualifikationsrahmen. Struktur – Zuordnungen – Verfahren – Zuständigkeiten*. Berlin: BMBF. https://www.dqr.de/dqr/shareddocs/downloads/media/content/dqr_handbuch_01_08_2013.pdf.

DGfE – Deutsche Gesellschaft für Erziehungswissenschaft/Sektion Medienpädagogik (2017): Orientierungsrahmen für die Entwicklung von Curricula für medienpädagogische Studiengänge und Studienanteile. *MedienPädagogik* 4, 1–7. https://doi.org/10.21240/mpaed/00/2017.12.04.X.

Georgy, U.; Scholle, U. (2014): Zertifikatskurs „Teaching Librarian" des ZBIW. Informationskompetenz in der wissenschaftlichen Aus- und Weiterbildung. *B. I. T. online* 17/5, 474–479.

HdM – Hochschule der Medien (2022): *HdM bietet Certificalte of Advanced Studies (CAS) Bibliothekspädagogik an*. Stuttgart: HdM. https://www.hdm-stuttgart.de/view_news?ident=news20220113121259.

HTWK – Hochschule für Technik, Wirtschaft und Kultur Leipzig (2018): *Studienordnung für den Masterstudiengang Bibliotheks- und Informationswissenschaft an der Hochschule für Technik, Wirtschaft und Kultur Leipzig (StudO-BKM)*. Fassung vom 27. März 2018 auf der Grundlage von §§ 13 Abs. 4, 36 SächsHSFG. Leipzig: HTWK. https://www.htwk-leipzig.de/fileadmin/portal/htwk/studieren/1_unsere_studiengaenge/3_studien_pruefungsordnungen/2018-03-27_StudO_BKM_2018_onlinefassung.pdf.

Hugger, K.-U. (2020): Medienpädagogik als eigener Beruf. *Medien + Erziehung* 64/2, 22–28.

IFLA – International Federation of Library Associations and Institutions) (2018): *Die Richtlinien der IFLA für Schulbibliotheken*. 2. Ausg. Den Haag: IFLA. https://www.ifla.org/files/assets/school-libraries-resource-centers/publications/ifla-school-library-guidelines-de.pdf.

KBoM – Keine Bildung ohne Medien! (2014): *Grundbildung Medien für alle pädagogischen Fachkräfte*. https://www.keine-bildung-ohne-medien.de/wp-content/uploads/2014/11/Position_Grundbildung_KBoM.pdf.

Keller-Loibl, K. (2020): Bibliothekspädagogik in der Hochschullehre. *BuB. Forum Information und Bibliothek* 72/6, 319–321. https://www.b-u-b.de/fileadmin/archiv/imports/pdf_files/2020/bub_2020_06_319_321.pdf.

Keller-Loibl, K. (2024): Rollen- und Selbstverständnis. In: U. Engelkenmeier; K. Keller-Loibl; B. Schmid-Ruhe; R. Stang (Hrsg.): *Handbuch Bibliothekspädagogik*. Berlin; Boston: De Gruyter Saur, 407–417. https://doi.org/10.1515/9783111032030-038.

Keller-Loibl, K.; Schneider, E. (2021): Bedarfe und Probleme der Bibliothekspädagogik. Ergebnisse einer Befragung Wissenschaftlicher und Öffentlicher Bibliotheken. *BuB. Forum Information und Bibliothek* 73/12, 709–713. https://www.b-u-b.de/fileadmin/archiv/imports/pdf_files/2021/bib_bub_2021_12_709_713.pdf

Kirker, M. J. (2022): Am I a Teacher Because I Teach? A Qualitative Study of Librarians' Perceptions of Their Role as Teachers. *portal: Libraries and the Academy* 22: 2, 335–354.

Knieling, B. (2013): Lese- und Literaturpädagogik in der Bibliothek. *Bibliotheksdienst* 47/10, 734–741.

Kranz, D.; Müller, R.; Opheiden, L. (2021): Medienbildung in Bibliotheken als Orte der gesellschaftlichen Teilhabe. In: M. Brüggemann; S. Eder; M. Gerstmann; H. Sulewski (Hrsg.): *Medienkultur und Öffentlichkeit. Meinungs- und Medienbildung zwischen Engagement, Einfluss und Protest*. München: kopaed, 141–148.

KMK – Kultusministerkonferenz (Hrsg.) (2017): *Qualifikationsrahmen für deutsche Hochschulabschlüsse. (Im Zusammenwirken von Hochschulrektorenkonferenz und Kultusministerkonferenz und in Abstimmung mit Bundesministerium für Bildung und Forschung erarbeitet und von der Kultusministerkonferenz am 16.02.2017 beschlossen)*. Berlin: KMK. https://www.hrk.de/fileadmin/redaktion/hrk/02-Dokumente/02-03-Studium/02-03-02-Qualifikationsrahmen/2017_Qualifikationsrahmen_HQR.pdf.

McNiff, L.; Hays, L. (2017): SoTL in the LIS Classroom. Helping Future Academic Librarians Become More Engaged Teachers. *Communications in Information Literacy* 11/2, 366–377.

Menzel, S. (2019): *Die Förderung von Informationskompetenz durch Öffentliche Bibliotheken in Deutschland. Aktuelle Anforderungen an Teaching Librarians*. Masterarbeit, Humboldt-Universität zu Berlin. https://doi.org/10.18452/20076.

Nichols Hess, A. (2020). Instructional Experience and Teaching Identities. How Academic Librarians' Years of Teaching Experience Impact Their Perceptions of Themselves as Educators. *Communications in Information Literacy* 14/2, 153–180.

Nilges, A.; Reessing-Fidorra, M.; Vogt, R. (2003): Standards für die Vermittlung von Informationskompetenz an der Hochschule. *Bibliotheksdienst* 37/4, 463–465.

PHT – Pädagogische Hochschule Tirol (Hrsg.) (2018): *Curriculum für den Hochschullehrgang Schulbibliothekar/in APS*. Version Juni 2018. https://ph-tirol.ac.at/sites/default/files/I-4/701101-HLG_SchulbibliothekarIn_aps.pdf.

Petter, L (2021): *Fachkräfte im Bereich der Medienpädagogik an öffentlichen Bibliotheken Anforderungen und Aufgaben*. Geringfügig überarbeitete Fassung vom 01.09.2021. Stuttgart: Hochschule der Medien, Bachelorarbeit. https://d-nb.info/1240832370.

Scholle, U. (2016): Kompetenzen für Teaching Librarians. In: W. Sühl-Strohmenger (Hrsg.): *Handbuch Informationskompetenz*. Berlin; Boston: De Gruyter Saur, 449–458.

Tappenbeck, I.; Michel, A. (2018): Framework Informationskompetenz. Ein Qualifikationsrahmen für Hochschulen und Ausbildungseinrichtungen. *o-bib. Das Offene Bibliotheksjournal* 5/4, 18–30.

Tappenbeck, I.; Michel, A.; Wittich, A.; Werr, N.; Gäde, M.; Spree, U.; Gläser, C.; Griesbaum, J.; Mandl, T.; Keller-Loibl, K.; Stang, R. (2022): Framework Informationskompetenz. Ein gemeinsamer Standard für die Qualifikation in den bibliotheks- und informationswissenschaftlichen Studiengängen in Deutschland. *o-bib. Das Offene Bibliotheksjournal* 9/1, 1–18.

Tappenbeck, I.; Wittich, A.; Gäde, M. (2017): Fit für die Vermittlung von Informationskompetenz? Anforderungen an die Qualifikation von Teaching Librarians in bibliothekarischen Studiengängen und Ausbildungseinrichtungen. *o-bib. Das Offene Bibliotheksjournal* 4/1, 32–47.

Trauth, F.; Nadig, T. (2007): Kompetenzprofil bestimmen. Schritt 3 in der Planung der Besetzung von Spitzenfunktionen. In: S. Laske; A. Orthey; M. Schmid (Hrsg.): *PersonalEntwickeln. Das aktuelle Nachschlagewerk für Praktiker*. (Loseblattsammlung). Hürth: Deutscher Wirtschaftsdienst, 7.26, 1–38.

Tuldesziecki, G. (2012): Medienpädagogische Kompetenz und Standards in der Lehrerbildung. In: R. Schulz-Zander; B. Eickelmann; H. Moser; H. Niesyto; P. Grell (Hrsg.): *Qualitätsentwicklung in der Schule und medienpädagogische Professionalisierung* (Jahrbuch Medienpädagogik, 9). Wiesbaden: Springer, 271–279.

Wittich, A. (2021): Medienpädagogik in Öffentlichen Bibliotheken. Eine Tätigkeit auch für bibliothekarisches Personal!? *B. I. T. online* 24/5, 511–517.

ZBIW – Zentrum für Bibliotheks- und Informationswissenschaftliche Weiterbildung (Hrsg.) (2022): *Zertifikatskurs XPRTN für das Lesen. Digital-analoge Vermittlungskonzepte für Öffentliche Bibliotheken. [Modulhandbuch]*. https://www.th-koeln.de/mam/downloads/deutsch/weiterbildung/zbiw/angebote/modulhandbuch_zk_xprtn_2023_24.pdf.

Volker Fritz

Eingruppierungsaspekte

Einleitung

Die Eingruppierung von Beschäftigten im Bereich Bibliothekspädagogik ist für den öffentlichen Dienst in den drei maßgeblichen Tarifverträgen (Tarifvertrag für den Öffentlichen Dienst Bund (TVöD-Bund), Tarifvertrag für den Öffentlichen Dienst Kommunen (TvöD-VKA) sowie Tarifvertrag für den Öffentliche Dienst Länder (TV-L)) und den dazugehörigen Entgeltordnungen geregelt. Dazu gibt es zum Beispiel in Hessen einen landeseigenen Tarifvertrag für Landesbeschäftigte. Die Tarifverträge von Kommunen und Ländern verzeichnen in ihren jeweiligen Entgeltordnungen (EGO) mittlerweile nur noch marginale Unterschiede. Die Eingruppierungsmöglichkeiten für Beschäftigte in Bibliotheken reichen bei beiden Arbeitgebergruppen von der Entgeltgruppe (EG) 1 bis zur EG 15.

Die Entgeltordnungen des TVöD-VKA und des TV-L verzeichnen – im Gegensatz zum durch sie abgelösten Bundesangestelltentarifvertrag – keine speziellen Tätigkeitsmerkmale im Bibliotheksbereich mehr, es findet sich lediglich in beiden der Hinweis, dass die betreffenden Merkmale des Teiles der allgemeinen Verwaltung anzuwenden sind. Lediglich für die Beschäftigten des Bundes (und von Zuwendungsempfängern des Bundes, welche den TVöD-Bund und seine EGO anwenden) gibt es noch spezielle Tätigkeitsmerkmale für Beschäftigte in Bibliotheken, die weniger günstig sind als die bei Kommunen und Ländern, und auch im Bibliotheksbereich nicht über die EG 12 hinausgehen, obschon es auch hier ab Oktober 2022 nochmals leichtere Verbesserungen gab (Folter 2023).

Grundlagen der Eingruppierung

Die Eingruppierung von Beschäftigten erfolgt aufgrund der Erfüllung von Tätigkeitsmerkmalen von Entgeltgruppen. Im TVöD heißt es in § 12 VKA (und quasi gleichlautend bei den Ländern ebenfalls in § 12):

> [2]Die gesamte auszuübende Tätigkeit entspricht den Tätigkeitsmerkmalen einer Entgeltgruppe, wenn zeitlich mindestens zur Hälfte Arbeitsvorgänge anfallen, die für sich genommen die Anforderungen eines Tätigkeitsmerkmals oder mehrerer Tätigkeitsmerkmale dieser Entgeltgruppe erfüllen. [...] [5]Ist in einem Tätigkeitsmerkmal ein von den Sätzen 2 bis 4 abweichendes zeitliches Maß bestimmt, gilt dieses. (TVöD, § 12 VKA)

Für die Eingruppierung in eine Entgeltgruppe muss also deren Tätigkeitsmerkmal erfüllt sein – und dies wird durch Arbeitsvorgänge und Zeitanteile bestimmt. Zu den

https://doi.org/10.1515/9783111032030-041

Grundlagen der Eingruppierung und den Tätigkeitsmerkmalen gibt es eine große Zahl einführender und vertiefender Literatur (Kaufung 2020), und speziell zu Arbeitsvorgängen in Öffentlichen Bibliotheken sei auf Böttcher et al. 2020 (insbes. Kap. 4.12) sowie für Wissenschaftliche Bibliotheken auf BIB 2024 (insbesondere Kap. II,4) verwiesen. Diese Grundlagen hier zusammenzufassen und zu erläutern würde den Rahmen des Beitrages sprengen.

Die Eingruppierung und Stellenbewertung bezieht sich immer auf die auszuübenden, also übertragenen Tätigkeiten. Dies bedeutet, dass bei Angaben zu Berufs- oder Studienabschlüssen in einem Tätigkeitsmerkmal immer auch entsprechende Tätigkeiten ausgeführt werden müssen, um die Anforderungen eines Tätigkeitsmerkmales zu erfüllen.

Die genaue Eingruppierung lässt sich nur in einem Stellenbewertungsverfahren klären, dass durch die bewertende Stelle vorgenommen wird. Dabei kommt es darauf an, wie viele Zeitanteile auf die jeweiligen Tätigkeitsmerkmale entfallen.

Im Folgenden sollen die Tätigkeitsmerkmale und Entgeltgruppen nach ihrer Bedeutung im Bereich Bibliothekspädagogik betrachtet werden. Da die Tätigkeitsmerkmale der EG 1 bis 4 keine Berufsausbildung als Voraussetzung haben, werden diese nicht behandelt, ebenso die EG 5 und 6, die bei Kommunen und Ländern keine – im Sinne der Tarifverträge – selbstständigen Leistungen erfordern, sondern lediglich diejenigen der EG 7 bis 15. Dies bedeutet nicht, dass Beschäftigte mit bibliothekspädagogischen Tätigkeiten nicht nach EG 5 oder 6 eingruppiert werden können – dies ist dann möglich, wenn die bibliothekspädagogischen Anteile nicht in einem für eine Eingruppierung nach EG 7 oder höher relevanten Zeitanteil vorkommen.

Zu beachten ist, dass es in den Tätigkeitsmerkmalen noch sogenannte Fallgruppen geben kann – diese beinhalten unterschiedliche Tätigkeitsmerkmale. Auch diese Fallgruppen werden nur behandelt, wenn sie Relevanz für bibliothekspädagogische Tätigkeiten haben.

Arbeitsvorgang

Arbeitsvorgänge führen immer zu einem Arbeitsergebnis, sie beinhalten in der Regel Arbeitsschritte. In den Protokollerklärungen zum Beispiel zu § 12, Abs. 2 TVöD sind Arbeitsvorgänge wie folgt definiert: „[1]Arbeitsvorgänge sind Arbeitsleistungen (einschließlich Zusammenhangsarbeiten), die [...] zu einem bei natürlicher Betrachtung abgrenzbaren Arbeitsergebnis führen“ (TVöD § 12, Abs. 2). Eine gleichlautende Definition findet sich auch im TV-L.

Arbeitsschritte können Einzeltätigkeiten sein, sofern sie in direktem zeitlichem und sachlichem Zusammenhang stehen und zum Arbeitsergebnis beitragen. Gerade wenn dieser sachliche und zeitliche Zusammenhang besteht, greift das sogenannte Atomisierungsverbot, das ebenfalls in der oben angegebenen Protokollerklärung aufgeführt ist: „[2]Jeder einzelne Arbeitsvorgang ist als solcher zu bewerten und darf dabei hinsichtlich der Anforderungen zeitlich nicht aufgespalten werden“ (TVöD § 12, Abs. 2).

Synopse der Tätigkeitsmerkmale in den Entgeltordnungen der Tarifverträge im Öffentlichen Dienst

Für den Bereich Bibliothekspädagogik können die nachstehenden Tätigkeitsmerkmale in Betracht kommen:

- Beschäftigte mit erfolgreich abgeschlossener Berufsausbildung, deren Tätigkeit vielseitige Fachkenntnisse und zusätzlich selbstständige Leistungen erfordert (TVöD-VKA: EG 7 (mind. ⅕ selbstständige Leistungen), EG 8 (mind. ⅓ selbstständige Leistungen), EG 9a (mind. ½ selbstständige Leistungen); TV-L: EG 8 (mind. ⅓ selbstständige Leistungen), EG 9a (mind. ½ selbstständige Leistungen); TVöD-Bund: EG 6 (mind. ¼ selbstständige Leistungen), EG 8 (mind. ½ selbstständige Leistungen)).
- Beschäftigte mit abgeschlossener Hochschulbildung und entsprechender Tätigkeit (TVöD-VKA EG 9b, Fallgruppe 1; TVöD-Bund EG 9b; TV-L: EG 9b, Fallgruppe 3) sowie sonstige Beschäftigte, die aufgrund gleichwertiger Fähigkeiten und ihrer Erfahrungen entsprechende Tätigkeiten ausüben (nur TVöD-VKA und TVöD-Bund) beziehungsweise Beschäftigte, deren Tätigkeit gründliche, umfassende Fachkenntnisse und selbstständige Leistungen erfordert (TVöD-VKA & TV-L EG 9b, Fallgruppe 2).
- Beschäftigte mit abgeschlossener Hochschulbildung und besonders verantwortungsvoller Tätigkeit (TVöD-VKA und TVöD-Bund EG 9c; TV-L EG 9b, Fallgruppe 1).
- Beschäftigte mit abgeschlossener Hochschulbildung, deren Tätigkeit sich zusätzlich durch besondere Schwierigkeit und Bedeutung heraushebt (EG 10 (mindestens zu ⅓); EG 11 (mindestens zu ½)).
- Beschäftigte mit abgeschlossener Hochschulbildung, deren Tätigkeit sich zusätzlich durch das Maß der damit verbundenen Verantwortung erheblich heraushebt (EG 12).
- Beschäftigte mit abgeschlossener wissenschaftlicher Hochschulbildung und entsprechender Tätigkeit sowie sonstige Beschäftigte, die aufgrund gleichwertiger Fähigkeiten und ihrer Erfahrungen entsprechende Tätigkeiten ausüben (EG 13, bei VKA hier Fallgruppe 1).
- Beschäftigte mit abgeschlossener wissenschaftlicher Hochschulbildung, deren Tätigkeit sich zusätzlich durch besondere Schwierigkeit und Bedeutung heraushebt

(TVöD-VKA: EG 14 (mind. ⅓); TVöD-Bund und TV-L: EG 14, Fallgruppe 1 (mind. ½), EG 14, Fallgruppe 2 (mind. ½)).
- Beschäftigte mit abgeschlossener wissenschaftlicher Hochschulbildung, deren Tätigkeit sich durch besondere Schwierigkeit und Bedeutung und zusätzlich durch das Maß der Verantwortung heraushebt (EG 15).

Zur detaillierten Erläuterung der sogenannten unbestimmten Rechtsbegriffe wie „selbstständige Leistungen", „besonders verantwortungsvoll" oder „besondere Schwierigkeit und Bedeutung" kann die einschlägige Fachliteratur (Kaufung 2020, Kap. III) herangezogen werden.

Anwendung der Tätigkeitsmerkmale für die Bibliothekspädagogik

Die Tätigkeiten in der Bibliothekspädagogik lassen sich grob in zwei Bereiche oder Komplexitätsstufen einordnen, nämlich die Konzeption und Planung dieser Angebote zum einen und die Durchführung zum anderen.

Konzeption und Planung bibliothekspädagogischer Angebote

Die Konzeption und Planung bibliothekspädagogischer Angebote bildet die Grundlage der Dienstleistungen in diesem Bereich. In der Regel kommen zu den notwendigen Fachkenntnissen der zu vermittelnden Inhalte pädagogische und didaktische Kenntnisse hinzu, um nicht nur zu vermittelnde Inhalte und die Lernziele, sondern auch die Art und Weise, also Methodik und Didaktik, der Vermittlung unter Berücksichtigung zum Beispiel von Blooms Taxonomie (Hanke et al. 2013, Kap. 8.2) zu entwickeln.

Somit gehen die Kenntnisse über bibliotheksbezogenes Fachwissen hinaus und entsprechend kann von einem wissenschaftlichen Hochschulabschluss beziehungsweise gleichwertigen Fähigkeiten und Erfahrungen ausgegangen werden. In diesem Fall wären die Arbeitsvorgänge also im Bereich der EG 13 bis 15 zu bewerten. Dies gilt nicht nur für wissenschafts-, forschungs- und lehrbezogene Angebote in Wissenschaftlichen Bibliotheken, sondern durchaus zum Beispiel auch für schulbezogene Angebote in Öffentlichen Bibliotheken mit entsprechenden zu vermittelnden Inhalten. Die Planung einfacherer Bibliothekseinführungen hingegen ist eher den Bereichen der EG 9b bis 12 zuzuordnen.

Es sei nochmals klargestellt, dass die genaue Eingruppierung immer das Ergebnis eines Stellenbewertungsverfahrens ist, bei dem alle Tätigkeiten und ihre Zeitanteile auf die Erfüllung von Tätigkeitsmerkmalen hin betrachtet und geprüft werden.

In Bibliotheken – und insbesondere in der Bibliothekspädagogik – werden auch Personen beschäftigt, die über keine bibliotheksspezifische Ausbildung oder einen entsprechenden Studienabschluss verfügen, zum Beispiel Medienpädagoginnen und Medienpädagogen. Sofern entsprechende Tätigkeiten ausgeübt werden, wäre die Bewertung identisch. Wichtig wäre aber, bereits die Stellenausschreibung entsprechend offen zu formulieren.

Durchführung bibliothekspädagogischer Angebote

Aufsteigend nach der Komplexität und den Inhalten der Angebote ergibt sich bei der Durchführung derselben eine Spanne, die von Tätigkeiten mit dem Erfordernis selbstständiger Leistungen, also ab der EG 6 (Bund) beziehungsweise EG 7 (Kommunen) oder EG 8 (Länder) bis zur EG 15 reichen kann. Dabei spielen die zu vermittelnden Inhalte und die Komplexität sowie die unterschiedlichen Lernziele und Zielgruppen eine entscheidende Rolle: Eine Ersteinführung in einer Öffentlichen Bibliothek für Grundschulklassen oder eine allgemeine Einführung für die interessierte Öffentlichkeit in einer Wissenschaftlichen Bibliothek stellt andere Anforderungen an die Fachkenntnisse als die Vermittlung von Recherche- und Medienkompetenz für Schülerinnen und Schüler weiterführender Schulen oder für Studierende an Hochschulen.

Je nach zu vermittelnden Inhalten und Zielgruppen beginnen die erfüllten Tätigkeitsmerkmale bei der besonders verantwortungsvollen Tätigkeit (EG 9c bei Kommunen und Bund, EG 9b, Fallgruppe 1 bei den Ländern) und reichen bis zu Tätigkeiten für Beschäftigte mit wissenschaftlichem Hochschulabschluss, mit einem erheblichen Maß der damit verbundenen Verantwortung (EG 15 in allen drei Entgeltordnungen).

Bewertungsverfahren

Jeder einzelne Arbeitsvorgang wird einem Tätigkeitsmerkmal zugeordnet. Die Zeitanteile der Arbeitsvorgänge werden anschließend für jedes Tätigkeitsmerkmal addiert, wodurch sich die Übersicht der Tätigkeitsmerkmale in Bezug auf die gesamte Tätigkeit ergibt.

In den seltensten Fällen gibt es eine Arbeitsplatzbeschreibung, in der zu 100 Prozent die Tätigkeitsmerkmale einer EG erfüllt sind. In der Regel sind unterschiedliche Tätigkeitsmerkmale zutreffend. Ein konkretes Beispiel: Wenn jemand zu 45 Prozent seiner Arbeitszeit Tätigkeiten ausübt, die das Tätigkeitsmerkmal der EG 12 (besonderes Maß der Verantwortung) erfüllt, aber zu 55 Prozent Tätigkeiten, die nur darunterliegende Tätigkeitsmerkmale erfüllen, kann das Ergebnis der Bewertung und damit die Eingruppierung nicht die EG 12 sein. Dabei ist auch von Bedeutung, dass Entgeltgruppen prinzipiell auch die Tätigkeitsmerkmale von in der Entgeltordnung darunterliegenden Entgeltgruppen beinhalten. Zu beachten ist jedoch in den oben beschriebenen Heraushebungsfällen, dass auch die Tätigkeitsmerkmale der EG, aus der herausgehoben wird, erfüllt sein müssen.

Abschließend sollte das Bewertungszwischenergebnis nochmals zusammenfassend betrachtet werden, da die Möglichkeit besteht, dass die Erfüllung eines Tätigkeitsmerkmals sich endgültig erst aus dieser Gesamtschau ergibt – so könnten mehrere Arbeitsvorgänge mit besonders verantwortungsvoller Tätigkeit dazu führen, dass auch besondere Schwierigkeit und Bedeutung erfüllt sind.

Literatur

BIB - Berufsverband Information Bibliothek (Hrsg.) (2024): *Arbeitsvorgänge in Bibliotheken 2. Wissenschaftliche Bibliotheken (AVWB) und Staatliche Bücherei- und Bibliotheksfachstellen* (AVBF). Berlin; Boston: De Gruyter Saur.

Böttcher, K.-P.; Brodmann, K.; Folter, W.; Fritz, V.; Sablowski, F., Schepp, H.; Sterzenbach, H. (2020): *Arbeitsvorgänge in Bibliotheken 1. Öffentliche Bibliotheken im Geltungsbereich des TVöD-VKA (AVÖB)*, Reutlingen: Berufsverband Information Bibliothek e. V.

Folter, W.; Kommission für Eingruppierungsberatung (KEB); Berufsverband Information Bibliothek (BIB) (2023): *Verbesserte Möglichkeiten zur Eingruppierung beim Bund*. https://www.b-u-b.de/detail/verbesserte-eingruppierungsmoeglichkeiten-beim-bund.

Hanke, U.; Straub, M.; Sühl-Strohmenger, W. (2013): *Informationskompetenz professionell fördern. Ein Leitfaden zur Didaktik von Bibliothekskursen*. Berlin; Boston: De Gruyter.

Kaufung, H. (2020): *Tätigkeitsbewertung nach TVöD und TV-L. Eingruppierung – Bewertungsvefahren – Stellenbeschreibung – Arbeitshilfen und Übersichten*, 4. Aufl. Stuttgart: Richard Boorberg.

TvöD – Tarifvertrag für den Öffentlichen Dienst vom 13. September 2005. https://www.verdi.de/++file++6253e9bae3cf3f8b28b29315/download/TVOeD_Allgemeiner%20Teil.pdf.

Frank Raumel

Bibliothekspädagogische Angebote gestalten

Einleitung

Pädagogik beschäftigt sich mit der Theorie und der Praxis von Bildung und Erziehung.[1] Bibliothekspädagogik kann definiert werden als die Theorie und Praxis des Lehrens und Lernens in und durch die Bibliothek.

Grundsätzlich stellt sich in diesem Zusammenhang allerdings die Frage, ob Lehren und die Unterstützung von Lernen überhaupt Aufgabe einer Bibliothek ist? Wenn diese Frage mit Ja beantwortet wird, stellt sich gleich die nächste: Wie können Bibliotheksmitarbeitende zu guten Lernbegleiterinnen und -begleitern qualifiziert werden? Doch die Qualifizierung alleine schafft noch keine guten Angebote. Es geht also um die Frage, wie sich gute bibliothekspädagogische Angebote gestalten lassen? Im Folgenden sollen hier eine Annäherung an diese Frage erfolgen und Erfahrungen aus der Praxis reflektiert werden.

Pädagogisch/didaktische Qualifizierung

Die Erfahrung, die der deutsche Journalist und Lyriker Arnfried Astel 1968 in seinem Gedichtband *Notstand* schildert „Ich hatte schlechte Lehrer. Das war eine gute Schule", haben wahrscheinlich viele Schülerinnen und Schüler gemacht. Ein Pädagogikstudium muss nicht zwangsläufig zu einem guten Lernbegleitenden führen und auch aus schlechten Beispielen können Lehren gezogen werden. Trotzdem sollte das Ziel bibliothekspädagogischen Handelns eine möglichst optimale Unterstützung der Lernenden sein. Die Qualität der Lernbegleiterin beziehungsweise des Lernbegleiters – das hat der neuseeländische Bildungsforscher Hattie ausreichend nachgewiesen (Zierer 2014) – ist der entscheidende Faktor beim Lernen. Der Lerneffekt kann demnach auch bei Lernbegleitenden ohne fachtheoretischen Hintergrund durchaus hoch sein, wenn die entsprechende Begeisterung und Empathie vorhanden sind.

Viele Fachangestellte für Medien- und Informationsdienste sowie Bibliothekarinnen und Bibliothekare machen *Klassenführungen* seit vielen Jahren „aus dem Bauch heraus" und es gelingt ihnen, Kinder für Literatur und Bibliothek zu begeistern sowie für das Lesen zu motivieren. Sie lehren die Kinder, wie Medien und Büchereien „funktionieren", wie Ordnungssysteme aufgebaut sind, wie eine effiziente Recherche ablaufen kann und vieles mehr. Sie arbeiten dabei pädagogisch, oft ohne sich dessen bewusst zu sein.

1 Siehe auch Stang (2024) in diesem Band.

https://doi.org/10.1515/9783111032030-042

Um ein besseres Bewusstsein und mehr Möglichkeiten für die pädagogische Arbeit zu schaffen, ist es erforderlich, dass das Personal qualifiziert wird. Die Lernergebnisse könnten noch besser und die Lernarbeit noch effizienter werden, wenn Bibliotheksmitarbeitende das Lernvermögen der Lerngruppe (Stand der kognitiven und emotionalen Entwicklung), die darauf abgestimmten Feinziele einer Lerneinheit, passende Methoden und eine funktionierende Absicherung des Gelernten kennen würden. Mit diesem Wissen wäre ein strukturierter Aufbau der bibliothekspädagogischen Angebote der Bibliothek leichter zu erstellen, ein Gespräch mit Pädagoginnen und Pädagogen auf Augenhöhe effektiver zu führen und eine Implementierung der bibliothekspädagogischen Angebote in der Bildungslandschaft einfacher zu verankern. Bibliotheken – sowohl Öffentliche als auch Wissenschaftliche – könnten davon profitieren. Vor dem Hintergrund dieser Herausforderungen stellt sich die Frage, wie das Bibliothekspersonal im laufenden Betrieb für die bibliothekspädagogische Arbeit qualifiziert werden kann? Am Beispiel der Bildungspartnerschaft mit der Schule sollen im Folgenden einige Grundlagen der Angebotsentwicklung und -gestaltung aufgefächert werden.

Herausforderung „Klassenführung“

Eine Klassenführung, die nicht nur eine Präsentation der Räume und Angebote einer Bibliothek sein will, stellt hohe Anforderungen an den Lernbegleitenden.[2] Eine unbekannte Gruppe in Klassenstärke (bis 30 Kinder), meist mit erheblicher Heterogenität, soll in maximal 90 Minuten durch eine, ihr unbekannte, Lehrperson in unbekannter Umgebung Neues lernen. Die Zielsetzungen der Beteiligten dieses Lernprozesses unterscheiden sich dabei oft erheblich und sind den Beteiligten selbst nicht immer bewusst. An einem exemplarischen Beispiel aus der alltäglichen Praxis lassen sich die Herausforderungen gut ablesen:

- Die *Lehrperson der Schule* hat bereits Unterrichtsstunden mit Kolleginnen und Kollegen getauscht und den Besuch der Bibliothek organisiert (einen Bus für die An- und Rückfahrt zu organisieren, ist heute im ländlichen Bereich mitunter ein fast aussichtsloses Unterfangen). Im Bezug auf die Lehrperson der Schule stellen sich verschiedene Fragen:
  - Welche Erwartungshaltung hat die Lehrperson?
  - Ist das Ziel des Besuchs dieses außerschulischen Lernorts die Leseförderung oder das Kennenlernen einer Ausleihstation von Lesestoff?
  - Hat die Lehrperson den Besuch mit den Kindern vorbereitet?
  - Ist er Teil ihres Stoffplans im Rahmen des Schulcurriculums oder des Bildungsplans?

2 Siehe vertiefend zum Thema *Bibliothekspädagogische Klassenführung* Keller-Loibl (2008).

  - Plant sie eine Nachbereitung?
  - Welche Lerninhalte sind ihr besonders wichtig und ist dies dem Bibliothekspersonal bekannt?
- Für die *Schülerinnen und Schüler* bringt der Ausflug Abwechslung ins tagtägliche Unterrichtsgeschehen. Sie erhoffen sich zwei abwechslungsreiche, womöglich spannende Stunden in noch unbekannter Umgebung. Es drohen keine Hausaufgaben, Unterricht fällt aus.
- Das *Bibliothekspersonal* freut sich auf viele Kinder, denen es in der knappen Zeit möglichst viele Informationen über die Angebote der Bibliothek, die Bestandsaufstellung, die Ausleihbedingungen, den Katalog, die informativen Datenbanken et cetera näherbringen möchte und dabei die Motivation, fleißige Leserinnen und Leser und häufige Bibliotheksbesucherinnen und -besucher zu werden, stärken möchte. Dazu wurden teils aufwendige Rahmenhandlungen und/oder technisch/organisatorische Umsetzungen (Actionbound mit Tablet, Lernbuffet, Bibliotheksrallye etc.) ausgedacht, die neben der Lesekompetenz auch noch die Medien- und Recherchekompetenz steigern sollen. Die Anspannung ist groß und stützt sich auf die Hoffnung, dass alle Schülerinnen und Schüler sowie die Lehrpersonen mitmachen.
- *Die Bibliotheksleitung* begrüßt die Besuche von Schulklassen sehr, denn diese helfen, Neukundinnen und Neukunden zu gewinnen und eine hohe Kundenbindung herzustellen. Die bibliothekspädagogischen Angebote und die Zusammenarbeit mit Kindergärten und Schulen sind inzwischen ein wichtiges strategisches Standbein geworden: Bei abnehmender analoger Ausleihe versucht die Bibliotheksleitung zwar, die Bibliothek als *Dritten Ort* zu positionieren und damit die Kundenfrequenz zu erhöhen, aber nachdem sich inzwischen selbst Museen als „Wohnzimmer der Stadt" bezeichnen, sieht sie größere Zukunftschancen in der frühen und flächendeckenden Kundengewinnung und deren Qualifizierung bezüglich der Nutzungskompetenzen.

Die hier aufgezeigte Gemengelage macht deutlich, dass die Interessen der Beteiligten sehr unterschiedlich sein können. Deshalb ist eine differenzierte Planung des Angebots von besonderer Relevanz und aus gesellschaftlicher Perspektive von großer Bedeutung.

Die aktuellen Leistungsuntersuchungen der Schulen zeigen wachsende Defizite beim Lesen und Zuhören, in der Medien- und Informationskompetenz, beim Demokratieverständnis et cetera. Deshalb wird die Bibliothek als Bildungspartnerin immer wichtiger. Natürlich muss die bibliothekspädagogische Arbeit auf hohem fachlichen Niveau stattfinden, weshalb der qualitative und quantitative Ausbau der pädagogischen und didaktischen Kompetenzen der Mitarbeitenden wichtig ist. Wenn die Medienbereitstellung und -ausleihe weitgehend automatisiert und zur Selbstbedienung aufbereitet ist, ergeben sich auch die nötigen Ressourcen, damit sich die Mitarbeitenden verstärkt um die Förderung der Lese-, Medien- und Informationskompetenz der Kundinnen und Kunden kümmern können.

Voraussetzung: Wissen über das Lehren und Lernen

Um die Bibliothekspädagogik und deren Angebote strategisch und differenzierter ausrichten zu können, brauchen wir allerdings ein genaueres und tieferes Verständnis der Voraussetzungen des Lehrens und Lernens. Fragen sind dabei: Was können Kinder wann und wie „begreifen"? Wie lernen Menschen in welchem Alter? Welche Methoden unterstützen dieses Lernen am besten? Welche Lernziele verfolge ich genau und in welchen Zwischenschritten kann ich sie erreichen?

Ein Beispiel: Um überprüfen zu können, ob die richtigen Inhalte zur richtigen Zeit gefördert werden, braucht es Kenntnisse aus der Entwicklungspsychologie: Hat eine Erstklässlerin beziehungsweise ein Erstklässler eine ausreichende Zeitvorstellung, um den Unterschied der Ausleihfristen (7, 14, 28 Tage) verstehen zu können? Mit dem Thema Zeit beschäftigt sich die Schule allerdings erst in der 2. Klasse. Ist es also nicht sinnvoll, unterschiedliche Ausleihfristen frühestens ab Klasse 2 zu erklären?

Muss ich Zweitklässlerinnen und Zweitklässlern, die in der Regel nicht über eigenes Geld verfügen, die Höhe der Mahngebühren erläutern oder ist es besser, dies den zahlenden Eltern zu kommunizieren? Zum Beispiel, indem die Bibliothek die Eltern auf die Bedeutung der Leseförderung hinweist und um Begleitung der Kinder beim Leselernprozess, aber auch bei der Überwachung der Leihfristen bittet? Großen Spaß haben Schülerinnen und Schüler auch, wenn sie ihren Eltern die „Hausaufgabe" der Leihfristüberwachung übertragen und dabei in die Rolle der Lehrerin beziehungsweise des Lehrers schlüpfen dürfen.

Lerninhalte und Lernziele

Nur wenn klar ist, welche Kenntnisse und Fähigkeiten gefördert werden können, kann zielgerichtetes Lehren funktionieren. Auch hier müssen Fragen beantwortet werden: Welche Inhalte des bibliothekarischen Wissens sind denn relevant? Welche sind geeignet, um exemplarisch zum Beispiel über Ordnungssysteme oder Suchstrategien zu lernen? Oder um es mit Schultka zu sagen „Was ist lehr- und lernnotwendig und warum?" (Schultka 2011, 1).

Dazu gibt es zahlreiche Ansätze, bei denen sich jedoch oftmals pädagogische Grob- und Feinziele mit der Förderung konkreter Fähigkeiten und abstrakter Kompetenzen mischen. Schultka (2005) differenziert zum Beispiel die bibliothekspädagogischen Ziele und Lerninhalte nach den verschiedenen Altersstufen:

Für Vorschulkinder:
- bei den Kindern Medien- und Leseinteresse wecken,
- Sprachkompetenz bei den Kindern entwickeln (Inhalte nacherzählen können),
- Kindern vorlesen,
- Kinder lernen, sich zu konzentrieren, zuzuhören,
- Kinder lernen, Gehörtes und Gesehenes bildnerisch zu gestalten (z. B. indem sie malen).

Für Grundschülerinnen und -schüler:
- Lesekompetenz bei den Schülerinnen und Schülern entwickeln,
- Schreibkompetenz bei den Schülerinnen und Schülern entwickeln,
- quellenorientiertes Lernen befördern,
- Schülerinnen und Schüler befähigen, sich Inhalte selbst zu erarbeiten,
- Kinder befähigen, gezielt Fragen zu stellen,
- Schülerinnen und Schüler lernen, Fragen mit Hilfe von Lexika zu beantworten,
- mit Schülerinnen und Schülern die Ordnung des Alphabets üben.

Für Mittelstufenschülerinnen und -schüler:
- bei den Schülerinnen und Schülern Interesse am Lesen erhalten,
- Schülerinnen und Schüler lernen, mit unterschiedlichen Recherchehilfsmitteln Informationen zu finden,
- Schülerinnen und Schüler lernen, gefundene Informationen zu ordnen und neu zusammenzustellen,
- Schülerinnen und Schüler befähigen, sich zu einem selbst gewählten Thema selbstständig Wissen zu erarbeiten,
- Schülerinnen und Schüler befähigen, Meinungen und Fakten voneinander zu unterscheiden.

Für Oberstufenschülerinnen und -schüler: Schülerinnen und Schüler werden befähigt
- Recherchestrategien zu entwickeln,
- Texte miteinander zu vergleichen,
- Informationen in unterschiedlichen Textsorten darzustellen,
- Literaturverzeichnisse anzulegen,
- korrekt zu zitieren,
- Verweisungssysteme (z. B. Register, Systematiken, Konkordanzen) zu benutzen,
- Suchergebnisse zu bewerten,
- Schülerinnen und Schüler werden angeregt, kritisch und diskursiv zu denken.

Aufbau bibliothekspädagogischer Angebote

Das Spiralcurriculum

Das etwas sperrige Wort *Spiralcurriculum* bezeichnet ein didaktisches Grundprinzip aufeinander aufbauender und entsprechend der zunehmenden Lernfähigkeiten komplexer werdender Lerninhalte. Die Idee berücksichtigt entwicklungs- und lernpsychologische Bedingungen und ordnet den Lernstoff nicht linear, sondern spiralförmig an: vom Einfachen zum Komplexen. Die Ordnungssysteme einer Bibliothek können beispielsweise durch entsprechende „didaktische Reduktion“ (Lehner 2012, 9) bereits in der 1. Klasse gelehrt und in den folgenden Klassen Schritt für Schritt differenzierter dargestellt werden. Ein Beispiel soll dies veranschaulichen:

- Klasse 1: Wie viele Bücher habt ihr denn zu Hause (persönlich/in der Familie)? Wie sind diese sortiert (durcheinander, nach Größe, nach Farbe ...)?
- Klasse 2: Wenn ihr ganz viele Bücher, also eine Bibliothek hättet: wie würdet ihr die Bücher so sortieren, damit ihr ein bestimmtes Buch schnell wiederfindet? (Geschichten – Wissensbücher)?
- Klasse 3: Welche unterschiedlichen Geschichtenbücher (Märchen, Abenteuer, Sport ...) kennt ihr? Zu welchen Themen habt ihr Wissensbücher?
- Klasse 4: Wenn ihr ganz viele Märchenbücher hättet, wie würdet ihr diese ordnen (Titel, Autor ...)? Und die vielen spannenden Themen?

Bibliothekspädagogische Angebote erstellen

Um in der Praxis überprüfen zu können, ob Lehrinhalte spiralcurricular aufgebaut sind, Inhalte nicht nur wiederholt, sondern auch vertieft werden, ob es sinnvoll ist, das zu tun und in welchen Abständen et cetera, benötigen wir nicht nur Beschreibungen der einzelnen bibliothekspädagogischen Angebote, sondern auf der Mikroebene detaillierte Regieanweisungen nach einheitlichem Planungsraster. Ein Planungsraster ist eine feste Struktur, die es den Durchführenden erleichtert, die Angebote standardisiert zu planen und durchzuführen. Es benennt sowohl die Grobziele der pädagogischen Einheit als auch die Feinziele und alle Bedingungen ihrer Umsetzung: Lerninhalte, Lernziele, Umsetzungsschritte im zeitlichen Verlauf, Methoden sowie alle benötigten Materialien und Geräte. Zudem verhindert es unnötige Überschneidungen der Inhalte, macht Vergleiche und eine strukturelle Überwachung möglich (z. B. Ausrichtung an Altersstruktur, Schulart). Durch einen differenzierten Ablaufplan erleichtert ein einheitliches Planungsraster auch das Einüben beziehungsweise die kurzfristige Übernahme der pädagogischen Produkte durch andere Mitarbeitende.

Qualitätssicherung bibliothekspädagogischer Angebote

Jeder Mensch lernt anders. Im Vordergrund steht handlungsorientiertes Lernen, aber auch die Berücksichtigung der unterschiedlichen Lerntypen. In diesem Zusammenhang ist es allerdings sinnvoller von Lernmodi zu sprechen. Um alle Lernmodi anzusprechen und für eine abwechslungsreiche und individualisierte Umsetzung zu sorgen, ist es hilfreich, passende Methoden für die Erschließung des Lernstoffes zu kennen und einsetzen zu können.

Eine qualitative Differenzierung kann durch „Bonusaufgaben“ für die „Schnellen“ in der Gruppe und individuelle Unterstützung der „Langsameren“ gelöst werden, um so einerseits Überforderung und andererseits Unterforderung entgegenzuwirken. Besser ist eine Erhöhung der Lehrqualität durch eine Binnendifferenzierung nach den formalen Niveaustufen G, M, E (Grund-, Mittel-, Erweitertes Niveau).

Zu professionellem pädagogischen Handeln gehört auch dessen Überprüfung anhand der angestrebten Lernerfolge. Eine Evaluation der Zielerreichung, die dann für die Weiterentwicklung der pädagogischen Produkte genutzt werden kann, setzt jedoch exakt formulierte Lernziele voraus. Je genauer und messbarer dies geschieht, desto leichter lässt sich überprüfen, ob das bibliothekspädagogische Produkt die erwünschte Lernwirkung erreicht hat.

Wenn man überprüfen will, wieviel Lernstoff bei den Lernenden angekommen ist, kann man die in die Einheit integrierte Stoffwiederholungsrunde, die zugleich eine Verankerung des Gelernten (Ergebnissicherung) bedeutet, nutzen. Günstig ist es, den Lernabschnitt mit einer Frage zu beginnen (z. B. Wie findet ihr unter diesen vielen Büchern das passende Buch für eure Buchvorstellung? Wie sind die Medien sortiert?), deren Lösung am Ende des Lernabschnitts bei den Schülerinnen und Schülern abgefragt und richtig beantwortet werden kann.

Die Überprüfung am Ende der Einheit stellt also nicht vorrangig fest, ob es den Teilnehmenden Spaß gemacht hat, sondern vor allem, ob das Lernziel erreicht wurde. Ist das nicht der Fall, sollten mögliche Ursachen eruiert und andere Vorgehensweisen ausprobiert werden. Natürlich muss auch überprüft werden, ob die Ziele der Gruppenleitungen (Erzieherinnen und Erzieher, Lehrkräfte) erreicht wurden. Ein informelles und anschließend protokolliertes Gespräch und/oder ein standardisierter Feedbackbogen ermöglichen es, Schwachstellen in Ablauf und Methode zu beseitigen und die Angebote kontinuierlich weiter zu entwickeln.

Es ist auch von Relevanz, ob die durchführenden Bibliotheksmitarbeitenden mit ihrer Arbeit zufrieden waren. Dabei stellt sich auch die Frage, wie das bibliothekspädagogische Angebot verbessert werden kann. Auch ein kollegialer Erfahrungsaustausch unter den Bibliotheksmitarbeitenden ist hilfreich.

Ob die Bibliotheksleitung mit der Effizienz des Ressourceneinsatzes zufrieden ist und die gewünschten Effekte (Lernzuwachs bei der Zielgruppe, Begeisterung für das Lesen und die Bibliothek, verlässliche, qualitätsvolle Zusammenarbeit mit den Bildungspartnern, nachhaltige Kundenbindung etc.) erreicht wurden, lässt sich an der Zahl der Neukunden, den Rückmeldungen aus dem lokalen Bildungsbereich, der Marktdurchdringung der Zielgruppen et cetera ablesen.

Die Entwicklung qualifizierter bibliothekspädagogischer Angebote ist ohne Frage aufwendig. Damit diese Entwicklungsarbeit nicht in jeder Bibliothek vollzogen werden muss, ist ein Organisationsmodell vorstellbar, das Raumel skizziert.[3]

---

3 Siehe auch Raumel (2024) in diesem Band.

Berufsbegleitende Qualifizierung des Personals

Da es in den bibliothekarischen Bachelorstudiengängen nicht überall Angebote zur Bibliothekspädagogik gibt und auch in den Masterstudiengängen nur wenige einschlägige Möglichkeiten angeboten werden (z. B. Masterstudiengang HTWK Leipzig), gibt es auf dem Bewerbendenmarkt nur eine geringe Zahl von spezifisch qualifizierten Bibliothekarinnen und Bibliothekaren. Gleichzeitig können sich, abgesehen von der Arbeitsmarktlage, die wenigsten Bibliotheken eine ausgebildete Pädagogin beziehungsweise einen ausgebildeten Pädagogen (EG/A 13) für diese Arbeit leisten. Es bietet sich deshalb für viele nur die berufsbegleitende Qualifizierung des Bibliothekspersonals an.

Da in manchen Bibliotheken sowohl Fachangestellte als auch Bibliothekarinnen und Bibliothekare bibliothekspädagogisch tätig sind, bieten sich auch Inhouse-Schulungen durch Erzieherinnen und Erzieher, Lehrkräfte und qualifizierte Bibliothekarinnen und Bibliothekare an.

Sowohl Begrifflichkeiten (Medien – Kompetenzen – Bibliothekspädagogik) als auch fachliche Fragen (Wie entwickle und dokumentiere ich einen bibliothekspädagogischen Baustein? Wie differenziere ich Lernziele und welche Methoden kann ich anwenden?) können so geklärt werden.

Auch passende Sachbuch-Autorenlesungen aus den Bereichen Pädagogik, Entwicklungspsychologie, Leseförderung et cetera können für externe und interne Zuhörerinnen und Zuhörer gewinnbringend sein.

Durch externe Fortbildungen der Berufsverbände (BIB, Fachkommission Bibliothekspädagogik des dbv-Landesverbandes Baden-Württemberg), der Hochschulen (Forum Bibliothekspädagogik, XPRTN für das Lesen (Köln), Master mit Profillinie Bibliothekspädagogik an der Hochschule für Technik, Wirtschaft und Kultur (HTWK) Leipzig, CAS Bibliothekspädagogik der Hochschule der Medien Stuttgart) oder der überregionalen Fortbildungseinrichtungen (Akademie der Kulturellen Bildung Remscheid, Bibliocon etc.) können einzelne Mitarbeitende qualifiziert werden und ihre Erkenntnisse ins Bibliotheksteam weitertragen.[4]

Daneben sind Gespräche und inhaltliche Kooperationen mit Lehrkräften, Fachschaften, Erzieherinnen und Erziehern vor Ort von großer Bedeutung. Denn die Unterschiede in den Bildungsplänen und den jeweiligen Schulcurricula spielen für die Planung bibliothekspädagogischer Angebote eine große Rolle. Je passgenauer diese an den Unterricht andocken, desto größer wird die Nachfrage danach sein.

4 Zu Fort- und Weiterbildung siehe Georgy/Buhlmann (2024) in diesem Band.

Marketing der bibliothekspädagogischen Produkte

Selbstverständlich helfen professionell ausgestaltete bibliothekspädagogische Angebote nur, wenn sie auch genutzt werden. Deshalb ist neben Gesprächen mit der lehrenden Zielgruppe die zielgruppenspezifische Bewerbung der Angebote von entscheidender Bedeutung.

Für eine Lehrkraft, die mit ihrer Arbeit gut ausgelastet ist, ist die Nutzung eines Angebots externer Bildungspartnerinnen und -partner nur interessant, wenn es in Abwägung von Aufwand und Nutzen zumindest keinen Mehraufwand bedeutet. Der Aufwand ist mit dem „Opfern“ von Unterrichtszeit für die vorgeschriebenen Lehrinhalte im Bildungsplan/Schulcurriculum, den schulinternen Absprachen zur Zusammenlegung von Unterrichtsstunden und der Wegeplanung schon erheblich. Er wird gemindert durch einen kurzen Weg (z. B. in die Bibliothek auf dem Schulcampus) und einen deutlichen Mehrwert für den Unterricht. Dieser Mehrwert kann in der Förderung notwendiger Kompetenzen der Schülerinnen und Schüler bestehen oder/und in der Erarbeitung von notwendigem Wissen. Dieser Synergieeffekt aus gleichzeitiger Erarbeitung von Wissen (z. B. Informationen über Ötzi) mit der Förderung von Informationskompetenz kann natürlich nur gelingen, wenn die Bibliothek weiß, wann im Unterrichtsjahr der 5. Klasse jeweils das Thema Steinzeit behandelt wird und der Baustein in diesem Zeitfenster stattfinden kann.

Bei der Beschreibung der bibliothekspädagogischen Angebote ist für die Lehrenden der Bezug zum Orientierungs- und Bildungsplan wichtig. Damit können sie die Nutzung des Angebots leichter gegenüber Kollegen und Kolleginnen sowie der Schulleitung rechtfertigen. Die Angabe von Lernzielen, Dauer, Inhalt et cetera erleichtert der Lehrperson zudem die konkrete Planung, ermöglicht Vor- und Nachbereitung und genaue Absprachen mit den durchführenden Bibliothekspädagoginnen und -pädagogen.

Fazit

Die Qualifizierung von Bibliotheksmitarbeitenden zu guten Lernbegleiterinnen und -begleitern ist kein einfaches und kein kurzfristiges Unterfangen. Trotzdem ist eine pädagogische und didaktische Grundausbildung notwendig, um die Qualität bibliothekspädagogischer Angebote zu verbessern, die Angebotsbreite systematisch und strategisch auszubauen und die Bibliothek als verlässlichen und qualifizierten Anbieter im lokalen Bildungsbereich zu verankern. Die erschreckenden Ergebnisse vieler Leistungsuntersuchungen seit PISA haben gezeigt, dass unser Bildungssystem diese Unterstützung der außerschulischen Bildungspartnerinnen und -partner dringend braucht.

Literatur

Astel, H. A. (1968): *Notstand.* 100 Gedichte. Wuppertal: Hammer.

Georgy, U.; Buhlmann, F. (2024): Bibliothekspädagogik und die Vielfalt an Weiterbildungsmöglichkeiten. In: U. Engelkenmeier; K. Keller-Loibl; B. Schmid-Ruhe; R. Stang (Hrsg.): *Handbuch Bibliothekspädagogik.* Berlin; Boston: De Gruyter Saur, 457–468. https://doi.org/10.1515/9783111032030-043.

Keller-Loibl, K. (2008): *Bibliothekspädagogische Klassenführungen. Ideen und Konzepte für die Praxis.* Bad Honnef: Bock+Herchen.

Lehner, M. (2012): *Didaktische Reduktion.* Bern: Haupt.

Raumel, F. (2024): Strukturen, Gremien und Ziele. In: U. Engelkenmeier; K. Keller-Loibl; B. Schmid-Ruhe; R. Stang (Hrsg.): *Handbuch Bibliothekspädagogik.* Berlin; Boston: De Gruyter Saur, 397–406. https://doi.org/10.1515/9783111032030-037.

Schultka, H. (2005): Bibliothekspädagogik. *Bibliotheksdienst* 39/11, 1462–1488.

Schultka, H. (2011): *Informationskompetenz und/oder Bibliothekspädagogik? – Was „Bibliothekspädagogik" ist und sein kann.* https://www.db-thueringen.de/servlets/MCRFileNodeServlet/dbt_derivate_00023148/Bibliothekspaedagogik_2011.pdf.

Stang, R. (2024): Pädagogische Grundlagen. In: U. Engelkenmeier; K. Keller-Loibl; B. Schmid-Ruhe; R. Stang (Hrsg.): *Handbuch Bibliothekspädagogik.* Berlin; Boston: De Gruyter Saur, 97–106. https://doi.org/10.1515/9783111032030-009.

Zierer, K. (2014): *Hattie für gestresste Lehrer. Kernbotschaften und Handlungsempfehlungen aus John Hatties „Visible Learning" und „Visible Learning for Teachers".* Baltmannsweiler: Schneider Hohengehren.

Ursula Georgy und Frauke Buhlmann

Bibliothekspädagogik und die Vielfalt an Weiterbildungsmöglichkeiten

Einleitung

Die Tätigkeiten und die damit verbundenen Dienstleistungen in Bibliotheken führen durch Digitalisierung, Modernisierung und neue Technologien zu neuen Herausforderungen und erfordern einen Wandel im Denken und Arbeiten. Bibliothek der Dinge, Gaming/Gamification und Makerspace/Reallabor sind aus Öffentlichen Bibliotheken nicht mehr wegzudenken. Um diesen Wandel aktiv mitzugestalten, sind neue Tätigkeitsfelder in Bibliotheken zu etablieren und dahingehend auch das Personal regelmäßig fort- und weiterzubilden.[1] Die Bibliothekspädagogik, für die es noch keine einheitliche Definition und Abgrenzung zu anderen pädagogischen Fachrichtungen gibt, ist ein solches junges und bisher noch wenig erforschtes Arbeitsfeld. Die Grafik (siehe Abbildung 1) zeigt am Beispiel der Medienpädagogik auf, dass der Weg in die Bibliothekspädagogik sowohl aus dem bibliothekarischem Umfeld als auch aus einem nicht-bibliothekarischen Background erfolgen kann. Das bedeutet, dass auch andere Berufsgruppen im Sinne von Kreuzqualifikationen[2] bibliothekspädagogische Tätigkeiten übernehmen können.

Der vorliegende Beitrag zeigt die unterschiedlichen Wege und Formen der Weiterbildung in der Bibliothekspädagogik und angrenzenden Disziplinen auf, ohne dabei detailliert auf Inhalte einzugehen, da diese in einem dynamischen Markt wie der Weiterbildung zu flüchtig sind. Vielmehr werden exemplarisch Angebote beziehungsweise Inhalte im Kontext der Weiterbildungsformate vorgestellt.

1 Im vorliegenden Beitrag wird durchgängig der Begriff Weiterbildung verwendet. Da es meistens individuell ist, ob es sich um Fort- oder Weiterbildung handelt, wird auf eine Differenzierung verzichtet.

2 Unter Kreuzqualifikation ist die Kombination eines erfolgreich abgeschlossenen Primärstudiums in einem Fach 1 und eines Weiterbildungsstudiums in einem Fach 2 zu verstehen.

https://doi.org/10.1515/9783111032030-043

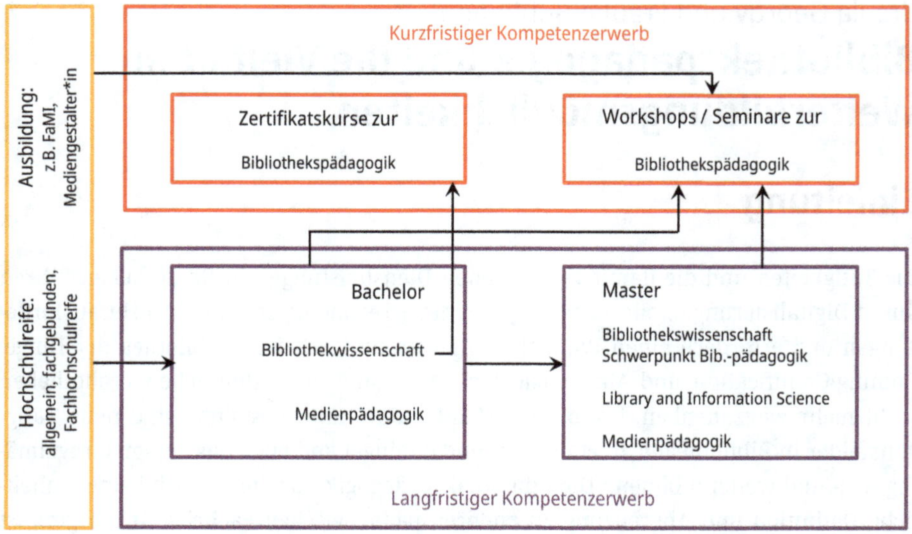

Abb. 1: Wege zur Bibliothekspädagogik (Quelle: Eigene Darstellung).

Personalentwicklung und Kompetenzen

Aufgrund des aktuellen und sicher langfristig anhaltenden Fachkräftemangels wird es nur durch systematische Personalentwicklung möglich sein, neue Tätigkeitsfelder in Bibliotheken zu integrieren. Wie erfolgreich eine Bibliothek dabei ist, hängt davon ab, ob sie dazu strategische Ziele formuliert hat, denn nur so können die (künftigen) Personalkompetenzen benannt werden. Das Personal in Bibliotheken verfügt bislang zu größten Teilen über einen bibliothekarischen (Studien-)Abschluss. Bachelor- und Masterstudiengänge sind überwiegend generalistisch ausgerichtet, sieht man einmal von solchen mit Schwerpunktbildung und fachspezifischen Weiterbildungsstudiengängen ab. Diese generalistische Ausrichtung bedingt, dass nicht alle Kompetenzen in der Tiefe vermittelt werden können. Spezialwissen muss somit über gezielte Weiterbildung erlangt werden; diese beginnt heutzutage nicht erst nach einigen Jahren Berufstätigkeit, sondern unmittelbar nach dem Einstieg ins Berufsleben beziehungsweise spätestens nach Übernahme einer neuen Position/eines neuen Aufgabenfeldes und endet auch erst mit der Aufgabe der beruflichen Tätigkeit, zum Beispiel mit der Verrentung.

Bibliotheken müssen sich daher eine systematische Personalentwicklung zu eigen machen, um den künftigen Anforderungen neuer Tätigkeitsfelder gerecht zu werden. Aus einer 2021 vom ZBIW – Zentrum für Bibliotheks- und Informationswissenschaftliche Weiterbildung in Auftrag gegebenen Befragung geht hervor, dass bei mehr als 95 Prozent der Befragten die Initiative für Weiterbildung von den Beschäftigten selbst ausgeht (Fühles-Ubach et al. 2022, 176–177). Die Motivation für die Weiterbildung liegt vor allem in der Kompetenzerweiterung, um für zukünftige Herausforderungen gewappnet zu sein, und der Intention, den eigenen Arbeitsplatz interessant zu gestalten. Dies bedeutet, dass sich Weiterbildung möglicherweise eher an eigenen Interessen als an den Zielsetzungen der Bibliothek orientiert – zumindest ist es nicht auszuschließen (Fühles-Ubach et al. 2022, 177).

Für eine systematische Personalentwicklung bietet es sich an, eine Kompetenzmatrix zu erstellen, bei der die Kompetenzstärke des Personals gegen den Kundenwert aufgetragen wird (siehe Abbildung 2). Hilfreich ist es, diese Kompetenzen nicht einzelnen Personen, sondern *Rollen* zuzuordnen, zum Beispiel Auskunft, Bestandsaufbau, Leseförderung et cetera. Damit werden die Fachkompetenzen durch die Bewertung des Kundenwertes auch priorisiert (Georgy 2021, 44).

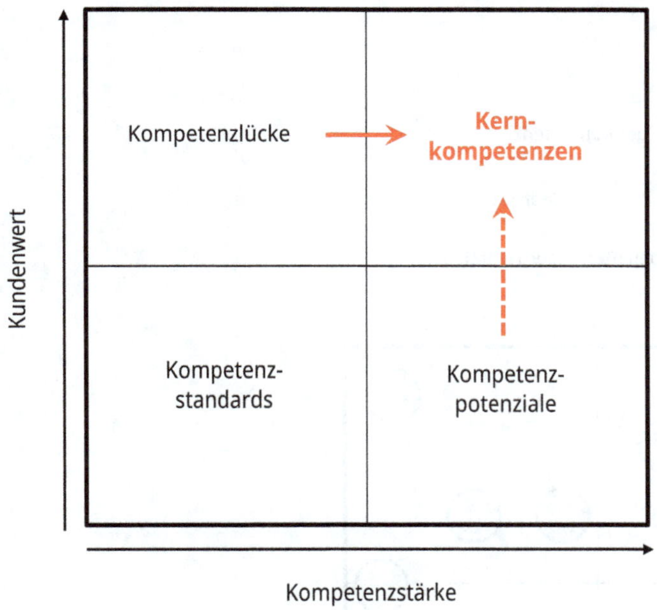

Abb. 2: Kompetenzmatrix – Zuordnung nach Rollen (Georgy 2021, 44).

Im nächsten Schritt erfolgt ein Abgleich mit den Fachkompetenzen der einzelnen Personen. So lässt sich zum Beispiel in einem Personalgespräch aus der individuellen Leistungsfähigkeit und den vorhandenen Kompetenzen der jeweilige Weiterbildungsbedarf ermitteln, und zwar ausgerichtet an den Zielen der Bibliothek und nicht an individuellen Wünschen. Durch einen Soll-Ist-Abgleich (siehe Abbildung 3) können der Weiterbildungsbedarf (Ist-Wert kleiner Soll-Wert) und das (unbekannte) Potenzial für die Bibliothek (Ist-Wert größer Soll-Wert) ermittelt werden.

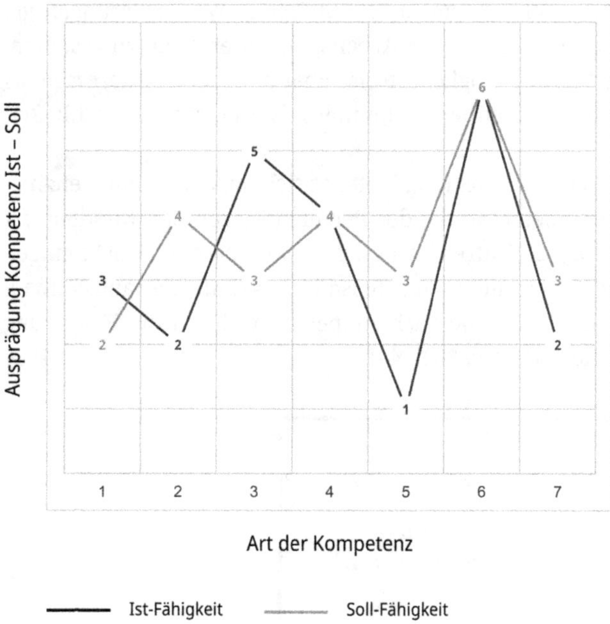

Abb. 3: Soll-Ist-Matrix der Kompetenzen (Georgy 2021, 45).

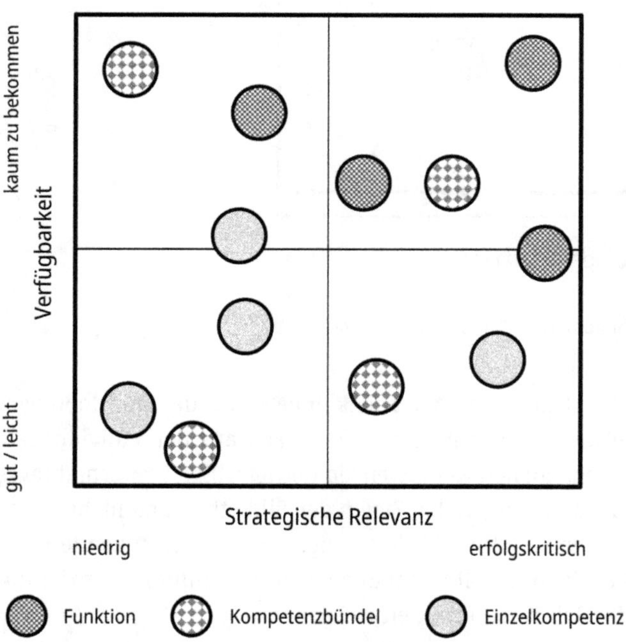

Abb. 4: Beispiel einer Verfügbarkeitsmatrix (Georgy 2021, 46).

Je größer der Fachkräftemangel, desto unverzichtbarer ist die Erstellung einer Matrix, bei der die strategische Relevanz gegen die Verfügbarkeit aufgetragen wird (siehe Abbildung 4). Je schwieriger Personal zu erfolgskritischen Aufgaben auf dem Arbeitsmarkt zu bekommen ist, desto dringlicher wird die systematisch initiierte Weiterbildung.

Auswahl geeigneter Weiterbildungsformate

Nicht zuletzt die Digitalisierung hat dazu geführt, dass die Lehr- und Lernformen im Bereich Weiterbildung vielfältiger geworden sind. So reichen die Angebote heute von Weiterbildungsstudiengängen über Zertifikatskurse und ein- oder mehrtägige Seminare bis hin zu Massive Open Online Courses (MOOCs) und Microlearning-Angeboten. Die Digitalisierung hat Weiterbildung nicht nur vielfältiger und flexibler, sondern gleichzeitig niedrigschwelliger gemacht.

Um möglichst viele positive Effekte durch Weiterbildung zu generieren, sollten Bibliotheken für kurzfristige und deutlich wahrnehmbare Erfolge sorgen. Größere Veränderungen können durch Kumulierung kleiner Zieleinheiten erreicht werden, vor allem, wenn die Personen ihr neu gewonnenes Wissen direkt im Alltag einsetzen können. Damit ergänzen sich die Maßnahmen *on the job* und *off the job* sinnvoll, da inzwischen viele Weiterbildungsangebote bereits auf diese Verzahnung ausgerichtet sind, indem (digitale) Präsenzphasen mit Aufgaben aus dem Berufsalltag gekoppelt werden.

Im Folgenden wird detaillierter auf die verschiedenen Weiterbildungsformate eingegangen.

Langfristiger Kompetenzerwerb durch Studiengänge

Studiengänge sind langfristig ausgerichtete Aus- und Weiterbildungsformate. *Bachelorstudiengänge* dauern mindestens drei Jahre, Masterstudiengänge üblicherweise mindestens eineinhalb Jahre. Dies muss den Bibliotheken bewusst sein: Kurzfristig können Kompetenzerweiterungen im Bereich Bibliothekspädagogik durch (Master-) Studiengänge nicht erzielt werden, sofern sie auf eigenes Personal setzen.

Grundständige Studiengänge (Bachelorabschluss) sind definitorisch nicht der Weiterbildung zuzuordnen, müssen im Rahmen der Weiterbildung trotzdem Erwähnung finden. Sie richten sich an alle, die eine Form der Hochschulreife erlangt haben, zum Beispiel über (Fach-)Abitur, eine Ausbildung als Fachangestellte/Fachangestellter für Medien- und Informationsdienste (FaMI) oder Mediengestalterin/Mediengestalter. Berufserfahrung kann Voraussetzung für ein Studium sein, sofern dieses ohne (Fach-) Abitur angestrebt wird.

Nach dem Bachelorabschluss bietet sich die Möglichkeit, ein *Masterstudium* aufzunehmen. Dieses kann konsekutiv oder als Weiterbildung (oft berufsbegleitend) absolviert werden. *Weiterbildungsstudiengänge* erfordern üblicherweise eine Berufstätigkeit von mindestens einem Jahr. Wie bei jeder Weiterbildung muss auch bei einem berufsbegleitenden Masterstudium sowohl der finanzielle als auch der zeitliche Aspekt berücksichtigt werden.

Es ist eine individuelle Entscheidung, welcher Bildungs- und Karriereweg gewählt wird. Konsekutive Master schließen sich meistens unmittelbar an einen Bachelorabschluss an. Einzelfallentscheidungen der Hochschulen regeln, inwieweit Kreuzqualifikationen möglich sind. Vorteil eines konsekutiven Master-Vollzeitstudiums ist der Fokus auf ein Studium ohne zusätzliche berufliche Belastung. Trotzdem will auch ein solches Studium finanziert werden. Masterstudiengänge im Sinne der Weiterbildung werden üblicherweise in Teilzeit konzipiert, da bei der Planung durch die Hochschulen bereits davon ausgegangen wird, dass die Studierenden parallel einer Berufstätigkeit nachgehen. Letztendlich muss das Studium zur individuellen Lebenssituation passen:

- Gibt es Präsenzwochen verteilt über das Semester oder regelmäßige Wochenendtermine?
- Gibt es Onlinetermine, hybride Veranstaltungen oder findet das Studium vor Ort statt?
- Wie weit ist der Studienort entfernt? Welcher Zeit- und Kostenaufwand entsteht dadurch?

Die Informationsangebote zu den jeweiligen Studiengängen liefern dazu Antworten.

Zudem sollte die Wahl eines Weiterbildungsstudiengangs – auch im Sinne der Personalentwicklung – mit der Bibliotheksleitung abgestimmt und koordiniert werden. Im Idealfall können Prüfungsleistungen/Praxisprojekte für die Bibliothek erstellt werden, sodass ein Teil des Workloads des Studiums im Arbeitskontext erbracht werden kann, was (indirekt) zu einer Zeitersparnis führt. Wenn eine Bibliothek ein Studium als relevant erachtet, ist sie gegebenenfalls auch bereit, Freistellungsphasen oder/und Sonder-/Bildungsurlaub zu gewähren oder auch das Studium (teilweise) zu finanzieren – etwas, was in der freien Wirtschaft längst gang und gäbe ist, denn der Arbeitgeber profitiert mittel- beziehungsweise langfristig von dem Engagement des Bibliothekspersonals. Laut Befragung von MBAStudium.de (o. J.) erhalten in der Industrie über 40 Prozent der Studierenden eines MBA einen Zuschuss vom Unternehmen; eine gängige Gegenleistung ist eine Verpflichtungsvereinbarung, nach dem Studium noch mehrere Jahre im Unternehmen zu bleiben. Für Bibliotheken wäre dies eine ideale Form der Personalbindung.

Wie in Abbildung 1 dargestellt, bieten sich zwei Wege an, bibliothekspädagogische Tätigkeiten zu etablieren beziehungsweise zu intensivieren. Zum einen können die bibliothekspädagogischen Tätigkeiten von bibliothekarisch ausgebildetem Personal übernommen werden, zum anderen können Fachkräfte aus anderen Bereichen über einen Quereinstieg in der Bibliothek bibliothekspädagogisch arbeiten. Beide Wege finden in den folgenden Ausführungen Berücksichtigung.

Bachelor

In einem bibliothekarischen grundständigen Studium nach (Fach-)Abitur oder Ausbildung zur/zum FaMI werden die wichtigen Grundlagen der Bibliothekswissenschaft vermittelt (Bibliotheksportal, 2022; Gantert et al. 2019, 195; Georgy et al. 2023, 75). Das „Fach“ Bibliothekspädagogik ist im Curriculum nur eines von vielen. Eine Spezialisierung auf Bibliothekspädagogik kann erst nach dem Bachelor erfolgen.

Für den Quereinstieg in bibliothekspädagogische Tätigkeiten favorisieren Bibliotheken Personal mit unterschiedlichen Studienabschlüssen, zum Beispiel der Kultur-, Medien-, Theaterpädagogik, aber auch der Kindheits- beziehungsweise Frühpädagogik oder der Sozialen Arbeit. Der Begriff der Bibliothekspädagogik ist also sehr weit gedacht. Setzt eine Bibliothek auf diesen Quereinstieg, dann muss sie attraktiv für potenzielles Personal sein, denn der Fachkräftemangel wird sich auch in den originären Berufsfeldern dieser Studiengänge weiter verschärfen. Da sich die Bibliotheken somit in einem direkten Wettbewerb befinden, sollten sie von den Personalabteilungen darin unterstützt werden, im Sinne von Employer Branding auch für andere Branchen/Bereiche attraktiv zu werden, denn das *Berufsfeld Bibliothek* muss erst einmal in das Blickfeld dieser Personen rücken. Auch eine genaue Kenntnis der Kompetenzen aus anderen Branchen ist ein Muss: Es besteht sonst die Gefahr, dass sich potenziell geeignete Personen nicht bewerben, da sie die Stellenausschreibungen nicht als relevant einstufen. Die dazugehörige Tätigkeitsdarstellung muss realistisch sein, weil Personal mit Quereinstieg kein bibliothekarisches Fachpersonal ist, und klassische bibliothekarische Tätigkeiten nur in Ausnahmefällen von diesem übernommen werden kann.

Master

Beim Master muss ebenfalls zwischen bibliothekarischen und nicht-bibliothekarischen Studiengängen unterschieden werden.

Einem bibliothekarischen Bachelorabschluss kann ein Master aus dem Bereich Bibliothek mit Schwerpunkt Bibliothekspädagogik angeschlossen werden, wobei die Schwerpunktbildung unterschiedlich ausgeprägt ist. Der konsekutive Master an der Hochschule für Technik, Wirtschaft und Kultur (HTWK) Leipzig, der auf Leitung und Management fokussiert, bietet eine Profillinie Bibliothekspädagogik an, in der Kenntnisse zu Bildungsprozessen und Lebenslangem Lernen, methodisch-didaktischen Fähigkeiten, zum Lernort Bibliothek sowie zur Konzeption von Angeboten unter Berücksichtigung der Bibliothekspädagogik vermittelt werden (Gantert et al. 2019, 197; Georgy et al. 2023, 77). Die Hochschule der Medien Stuttgart (HdM) verfolgt dagegen das Konzept eines Kontaktstudiums als Weiterbildung: Module lassen sich individuell zusammenstellen. Zu jedem erfolgreich absolvierten Modul wird ein Zertifikat verliehen. Der Abschluss ist ein Certificate of Advances Studies (CAS)[3] oder ein Master (Georgy et al. 2023, 78). Modulinhalte sind neben Bibliothekspädagogik unter anderem Teaching Literacy, Lernort Bibliothek und Kooperationen in der Bildungslandschaft. Die Profilierung im bibliothekspädagogischen Bereich kann somit unterschiedlich stark ausfallen.

Auch ein Master außerhalb des Bibliotheksbereichs ist für bibliothekarisch ausgebildetes Personal, zum Beispiel in Medien- und Spielpädagogik möglich. Ein Master der Medienpädagogik enthält unter anderem Elemente der Mediendidaktik, -kompetenz, -nutzung sowie -produktion. Die Spielpädagogik beinhaltet sowohl Gaming als auch analoges Spiel. Freies Spiel, Spielerisches Lernen, Serious Gaming und Planspiele sind mögliche Inhalte. In jedem Fall eröffnet ein Master neue Blickwinkel und liefert Input und Raum für kreative Umsetzungen primär im eigenen Arbeitskontext, aber auch für die gesamte Bibliothek.

Wer nicht aus dem Bibliotheksbereich kommt, kann aus einer Vielzahl von konsekutiven und nicht-konsekutiven Masterstudiengängen wählen, die den Bereichen Kultur, Medien(-pädagogik), Museum, Spiele und Theater zuzuordnen sind. Seitens der Bibliotheken sollte Offenheit herrschen, neue Wege zu gehen und unter anderem folgende Fragen für sich zu beantworten:

- Was könnte etwa die Abenteuer- und Erlebnispädagogik in Bibliotheken leisten?
- Welche Qualifikationen im Bereich E-Learning gibt es und welche innovativen Dienstleistungen sind denkbar?
- Wie und wo kann sozialpädagogisch ausgebildetes Personal eingesetzt werden?

In der Diversität des Personals – auch hinsichtlich der Kompetenzen – liegt die Zukunft der Bibliotheken.

Alternativ kann ein berufsbegleitender Masterstudiengang der Bibliotheks- und Informationswissenschaft absolviert werden, um auch bibliothekarische Kerntätigkeiten und später Führungsaufgaben in einer (größeren) Bibliothek übernehmen zu können. Diese Master berechtigen gegebenenfalls zum höheren Bibliotheksdienst (Georgy et al. 2023, 78).

Kurzfristiger Kompetenzerwerb

Neben Hochschulen bieten eine Reihe an privaten und öffentlichen Einrichtungen/Institutionen Weiterbildungen an, die sich der Bibliothekspädagogik zuordnen lassen und auf einen kurzfristig(er)en, zielgerichteten Kompetenzerwerb ausgelegt sind. Es

3 Als CAS werden berufsbegleitende Weiterbildungsprogramme bezeichnet, für die mindestens 10 ECTS vergeben werden. Bei einem CAS handelt es sich um eine Weiterbildung auf Hochschulniveau.

ist lohnend, über den bibliothekarischen Tellerrand hinauszublicken und auch die Angebote von Weiterbildungsanbietern zu prüfen, deren Fokus außerhalb der bibliothekarischen Weiterbildung liegt. Der Vielfalt sind dabei kaum Grenzen gesetzt: Die Angebote reichen von Tools, mit denen sich Gaming- oder E-Learning-Inhalte erstellen lassen, über die Medienproduktion bis hin zu Veranstaltungen, die sich mit digitaler/hybrider Lehre beschäftigen.

Zertifikatskurse

Wer kein Studium absolvieren, sich aber ein neues Berufsfeld erschließen möchte, ist mit einem Zertifikatskurs an einer Hochschule gut beraten. Dieser hat üblicherweise eine Laufzeit von circa sechs bis zwölf Monaten, ist eng mit der Praxis verzahnt und erfordert mindestens ein Jahr Berufserfahrung. In kleinen Gruppen werden die Inhalte durch Lehrende aus Wissenschaft und Praxis mittels unterschiedlicher Formate vermittelt. Die Angebote verzahnen aktuelle Erkenntnisse aus dem Hochschulbereich mit praxisrelevanten Fragestellungen; sie orientieren sich am gesellschaftlichen Bedarf und an aktuellen und zukunftsweisenden Themen sowie an der beruflichen Praxis der Teilnehmenden. Ziel ist der nachhaltige Wissenstransfer in die berufliche Praxis. Eine wissenschaftliche Leitung dieser Kurse garantiert eine maximale Beratung und Betreuung vor, während und teilweise auch noch nach den Kursen. Parallel zu dem Kurs sollten bereits adäquate Tätigkeiten in der Bibliothek übernommen werden, damit Aufgaben und kleinere Projektarbeiten des Kurses unmittelbar für die eigene Bibliothek bearbeitet werden können. So entsteht ein maximaler Nutzen für die Bibliothek und die Teilnehmenden. Zertifikatskurse an Hochschulen haben noch einen Vorteil: sie können mit einer Prüfung abgeschlossen werden, die zu einem Zertifikat mit Vergabe von ECTS führt[4]; somit können diese Kurse zum Beispiel als Wahlpflichtfächer in Studiengängen angerechnet werden (Förstner et al. 2022, 344).

Ein Beispiel ist der Zertifikatskurs *XPRTN für das Lesen – Futures Literacy* des ZBIW, in dem über mehrere eng verzahnte Module Lese- und Medienkompetenz unter Berücksichtigung von Inklusion, Diversität, Mehrsprachigkeit, Literalität, Digitalität und Künstlicher Intelligenz für Öffentliche Bibliotheken in mehreren Modulen behandelt werden: „Haltungen, Reflexionen und Perspektiven“, „Lesen, Medien und Sprache“, „Zukunft erfassen und gestalten“, „Praxisprojekte planen“ sowie „Abschluss und Projektbericht“ (ZBIW 2023).

---

4 Ein Zertifikatskurs kann im Gegensatz zu einem CAS auch weniger als 10 ECTS umfassen.

Seminare und Workshops

Die bekanntesten Formen der Weiterbildung stellen Seminare und Workshops dar. Es handelt sich um Einzelveranstaltungen zu allgemeinen oder speziellen Themen, die eine Laufzeit von einem Tag bis zu einer Woche haben. Viele Veranstaltungen werden online angeboten, wodurch Weiterbildung noch flexibler wird, sodass von Bibliotheken auch Angebote nicht-regionaler, internationaler Weiterbildungsanbieter gebucht werden können, um Kompetenzlücken gezielt zu schließen. Die Angebote umfassen inzwischen die gesamte Breite des Tätigkeitsfeldes der Bibliothekspädagogik.

Weitere Weiterbildungsformate

Massive Open Online Courses (MOOCs) sind Onlinekurse insbesondere von Hochschulen, die auf große Teilnehmerzahlen ausgerichtet sind und keine Zugangs- und Zulassungsbeschränkungen aufweisen. Kaum eine Lehr- und Lernform hat so viel Aufmerksamkeit in der Öffentlichkeit erlangt, was nicht zuletzt durch das vielfältige und attraktive Angebot bekannter US-Universitäten wie Harvard befördert wurde. MOOCs ersetzen kein Studium, doch bieten sie die Chance, zum Beispiel Fächer zu belegen, die von der eigenen Hochschule oder im eigenen Studienfach nicht angeboten werden. Zudem haben sie das Potenzial, die Hochschulen von Standardthemen zu entlasten. So bietet zum Beispiel der MOOC *Startchance kita.digital* einen Überblick über die vielfältigen Themen alltagsintegrierter digitaler Bildung in Kindertageseinrichtungen; er ist entstanden als Teilprojekt des Bayerischen Modellversuchs *Medienkompetenz in der Frühpädagogik stärken*.

Microlearning ist ebenfalls dem E-Learning zuzuordnen. Über dieses Format kann Micro beziehungsweise Snackable Content ohne großen Aufwand in kurzer Zeit konsumiert werden. Microlearning ist durch seinen informellen Charakter gekennzeichnet und fokussiert vor allem auf die Interaktion zwischen den Lernenden. Die Stärke des Microlearning liegt im selbstgesteuerten Lernen: die kurzen Lerneinheiten lassen sich problemlos in den Alltag integrieren und auf die individuellen Bedürfnisse der Lernenden anpassen. Daher sind diese kompakten Lerneinheiten auch für Bibliotheken geeignet, weshalb sie selbst Microlearning-Angebote im Kontext der Bibliothekspädagogik erstellen und anbieten könnten. Auch dazu gibt es etablierte Angebote.

Training on the Job

Eine zentrale Rolle in der Weiterbildung spielt auch das Training on the Job. Nicht immer ist formale Weiterbildung erforderlich, um in einem neueren Tätigkeitsfeld wie der Bibliothekspädagogik tätig zu werden. Diese Variante der Weiterbildung bietet unterschiedliche Ausprägungen: Learning by Doing, Job Mentoring oder Job Rotation (Förstner et al. 2022, 344–345).

Das Training on the Job kann je nach Herangehensweise und Personalentwicklungsstrategie ein „Curriculum" umfassen, womit es geplant und/oder zumindest kontrolliert erfolgt. Bei Learning by Doing ist es im Allgemeinen ausreichend, wenn die Person von einer erfahrenen Person am Arbeitsplatz begleitet wird, die das Arbeitsumfeld sowie die Aufgaben zeigt und erklärt, in alle wichtige Prozesse einführt und für Fragen zur Verfügung steht. Beim Mentoring ist die Betreuung stärker ausgeprägt, und es gibt zum Beispiel feste Termine zwischen Mentor/Mentorin und Mentee, bei denen der Zielerreichungsgrad diskutiert und das Konzept gegebenenfalls angepasst wird. Eine alternative Vorgehensweise ist Job Rotation. In vorher festgelegten Intervallen wechseln Personen ihren Arbeitsplatz sowie die damit zusammenhängenden Aufgaben und lernen so neue Tätigkeitsfelder und Aufgaben kennen. Damit können zwar keine Spezialkenntnisse erworben, jedoch das Verständnis für andere/neue Aufgaben verbessert und die Voraussetzungen für das Erreichen von (neuen) Zielen und Aufgabenfeldern besser verstanden werden:

- Warum ist Bibliothekspädagogik für die eigene Bibliothek ein relevantes Tätigkeitsfeld?
- Was versteht die Bibliothek konkret darunter?
- Welche Dienstleistungen werden in dem Kontext angeboten?

Gleichzeitig können bisher unentdeckte Talente und Kompetenzen zutage treten und anschließend systematisch gefördert werden (siehe Abbildung 3).

Training on the Job erfordert jedoch, dass in der Bibliothek bereits Fachkräfte beziehungsweise erfahrene Personen arbeiten, die mit Bibliothekspädagogik vertraut sind und ihr Know-how weitergeben können. Das dürfte vor allem in größeren Bibliotheken der Fall sein, aber je mehr Personen für das Tätigkeitsfeld der Bibliothekspädagogik qualifiziert sind, desto leichter wird es für Bibliotheken, diesen Weg der Weiterbildung zu beschreiten (Förstner et al. 2022, 345).

Der große Vorteil liegt insbesondere darin, dass diese Form der Weiterbildung maßgeschneiderte Lernerfahrungen liefert: das Lernen orientiert sich genau an den Erfordernissen der Bibliothek. Zudem ist es eine preiswerte Form der Weiterbildung, die auch über verschiedene Hierarchiestufen möglich ist.

Fazit

Die Weiterbildung in der Bibliothekspädagogik ist ein Themenfeld, das eine große Varianz und Vielfalt aufweist. Umso wichtiger ist es, dass Weiterbildung systematisch, gezielt und auf die Bibliothek angepasst erfolgt. Hierzu sind Kompetenzermittlung, Systematisierung und gezielte Förderung der Mitarbeitenden notwendig. Welche

Wege beschritten werden, ist individuell. Deutlich ist aber, dass Weiterbildung nur dann erfolgreich sein kann, wenn eindeutige Absprachen zwischen Arbeitgeber und Arbeitnehmer vorhanden sind und das Ziel der Weiterbildung klar definiert ist. Hier sind insbesondere die Arbeitgeber gefragt, Ziele und Strategien für die Bibliothek festzulegen, Bedarfe zu ermitteln und auf ihr Personal zu- und einzugehen. Je stärker Berufstätigkeit und Weiterbildung miteinander verzahnt werden, desto größer ist der Profit für beide Seiten.

Da Weiterbildung sowohl hinsichtlich der Inhalte als auch der Lehr- und Lernformen sehr dynamisch ist, gilt es für Bibliotheken, die Entwicklung genau zu beobachten oder/und auch mitzugestalten, indem sie Wünsche auch gegenüber Anbietern aktiv platzieren.

Literatur

Bibliotheksportal (2022): *Studium mit Bachelor- und Masterabschluss bis hin zur Promotion – I. Studium (Bachelor-Abschluss)*. https://bibliotheksportal.de/informationen/beruf/berufswege/studium/?cn-reloaded=1.

Förstner, K. U.; Georgy, U.; Seidler-de Alwis, R. (2022): Aktuelle Wege zum Data Librarian. *b. i. t. online* 25/4, 339–345. https://www.b-i-t-online.de/heft/2022-04-fachbeitrag-foerstner.pdf.

Fühles-Ubach, S.; Georgy, U.; Albers, M. (2022): Digital. Persönlich. Weiter – Veränderungen in der bibliothekarischen Weiterbildung seit 2016. *BIBLIOTHEK – Forschung und Praxis* 46/1, 174–182. https://doi.org/10.1515/bfp-2021-0078.

Gantert, K.; Neher, G.; Schade, F. (2019): Lehre und Forschung in der Informationswissenschaft. In: W. Bredemeier (Hrsg.): *Zukunft der Informationswissenschaft. Hat die Informationswissenschaft eine Zukunft*? Berlin: Simon Verlag für Bibliothekswesen, 187–212.

Georgy, U. (2021): Digitale Transformation. Herausforderung in der Personalentwicklung Wissenschaftlicher Bibliotheken. *DUZ – Personal in Hochschulen und Wissenschaft entwickeln* 1, 37–51.

Georgy, U.; Schade, F.; Schmunk, S. (2023): A 5 Ausbildung, Studium und Weiterbildung in der Informationswissenschaft. In: R. Kuhlen; D. Lewandowski; W. Semar; C. Womser-Hacker. (Hrsg.): *Grundlagen der praktischen Information und Dokumentation*. 7. Aufl. Berlin; Boston: De Gruyter Saur, 71–81. https://doi.org/10.1515/9783110769043.

MBA-Studium.de (o. J.): *MBA Studium: Finanzierung/ Förderung durch Arbeitgeber*. https://www.mba-studium.de/finanzierung/arbeitgeber/.

ZBIW (2023): *Zertifikatskurs XPRTN für das Lesen. Futures Literacy*. https://www.th-koeln.de/weiterbildung/zertifikatskurs-xprtn-fuer-das-lesen_68793.php.

Perspektiven

Kerstin Keller-Loibl, Richard Stang, Bernd Schmid-Ruhe und Ute Engelkenmeier

Herausforderungen und Perspektiven

Einleitung

Bibliotheken unterstützen das Lebenslange Lernen, fördern Schlüsselqualifikationen und leisten als Bildungspartnerinnen einen wesentlichen Beitrag in der Bildungslandschaft. Dabei unterscheidet sich die Rolle von Wissenschaftlichen und Öffentlichen Bibliotheken zwar bei näherer Betrachtung, aber im Grunde prägen beide ähnliche Herausforderungen. Beide Sparten haben in den letzten Jahren durch die fortschreitende Digitalisierung und den dadurch ausgelösten Wandel ihr Aufgabenportfolio und ihre Angebote angepasst beziehungsweise stark ausgebaut. Dabei kommt der Bibliothekspädagogik eine besondere Rolle zu. Sie ist jedoch noch nicht flächendeckend etabliert. Die *Arbeitsgruppe Bibliothekspädagogik* des Deutschen Bibliotheksverbandes e. V. (dbv) stellte 2021 fest: „Bisher ist es in Deutschland nur teilweise gelungen, eine Bibliothekspädagogik strukturell zu etablieren und Bibliotheken in ihrer Vielfalt und Breite in die deutsche Bildungslandschaft nachhaltig zu integrieren“ (AG Bibliothekspädagogik 2021, 490).

Herausforderungen

Aufgrund des Wandels der Lernkulturen im 21. Jahrhundert wird nicht nur eine neue Qualität der pädagogischen Arbeit und eine entsprechende (Weiter-)Qualifikation des Personals, sondern auch eine grundlegende Positionierung und Verortung der Bibliotheken im Bildungsbereich vonnöten sein. Die Etablierung und strukturelle Verankerung neuer Lernkulturen kann nur gelingen, wenn neben einer bibliothekarischen auch eine pädagogische Perspektive zugelassen und eingenommen wird. Diese Perspektive bietet die Bibliothekspädagogik.

„Bibliothekspädagogik ist ein spezielles Theorie- und Praxisfeld der Pädagogik“ (Schultka 2018, 475). Dieses „Spezielle“ erläutert und vertieft das vorliegende *Handbuch Bibliothekspädagogik*[1], in dem aus verschiedenen Wissenschaftsdisziplinen und unterschiedlichen Perspektiven theoretische Grundlagen und Praxisbezüge dargestellt werden. Die vielfältigen Begriffe und Bezeichnungen im Kontext von *Bildung, Lernen, Pädagogik* und *Kompetenzförderung* verweisen auf die Bedeutsamkeit des Themas, lassen aber auch unterschiedliche und teilweise divergierende Verständnisansätze und Positionierungen im Bibliothekswesen erkennen. Fast 80 Begriffe beziehungswei-

1 Engelkenmeier et al. (2024).

https://doi.org/10.1515/9783111032030-044

se Komposita im Kontext von Kompetenz zeigen, wie diffus derzeit noch die Begriffskontexte sind. Umso mehr helfen Publikationen, wie das *Handbuch Bibliothekspädagogik*, hier mehr Klarheit, nicht nur über die Begrifflichkeiten, sondern auch die dahinterliegenden Konzepte zu erlangen.

Chancen

Bibliothekspädagogik schafft gezielt Lernanlässe und gestaltet didaktische Situationen. Sie fragt danach, wozu und wie Lernsituationen gestaltet werden können und hat die Spezifik der jeweiligen Zielgruppe im Blick. So ist zum Beispiel eine bibliothekspädagogische Arbeit mit Kindern und Jugendlichen keine Fortsetzung der schulischen Bildung[2], auch wenn Dienstleistungen für Kindertagesstätten und Schulen wie die Ausleihe von Klassensätzen oder Medienkisten selbstverständlich auch weiterhin in Öffentlichen Bibliotheken von großer Bedeutung sind. Öffentliche Bibliotheken sind in erster Linie außerschulische Lernorte, die Kommunikation und Austausch ermöglichen. Hier kann man sich treffen und gemeinsamen Hobbys nachgehen oder an Gaming-Nachmittagen teilnehmen. Spielen und Lernen gehören insbesondere in der kindlichen Bildung eng zusammen. „Durch Entdecken, Erforschen und Anregung mit multiplen Sinnen sollen in einer anregenden Umgebung Lernerfahrungen in der Bibliothek ermöglicht werden“ (Keller-Loibl 2021, 56). Gerade das projektorientierte, spielerische und gemeinsame Arbeiten mit einer intrinsischen Motivation ermöglicht besondere Lernerfolge im Sinne einer „creative society“ (Resnick 2017, 158–182). Dazu bedarf es einer pädagogischen Haltung, die von einem ganzheitlichen und emanzipatorischen Bildungsbegriff ausgeht.

Dies gilt auch im Kontext von Wissenschaftlichen Bibliotheken. Auch wenn hier auf die Förderung der Informationskompetenz ein besonderes Augenmerk gelegt wird, sind die Anforderungen in den letzten Jahren viel komplexer geworden. Für die Unterstützung von Studierenden und Wissenschaftlerinnen und Wissenschaftlern sind inzwischen sehr komplexe Angebotsstrukturen entwickelt worden, die auch einen spezifischen pädagogischen Zugang erfordern. Dabei spielt auch die Entwicklung von Lernarrangements durch die Gestaltung veränderter Lernraumstrukturen eine wichtige Rolle.

Dieser Aspekt ist auch für Öffentliche Bibliotheken von großer Relevanz. Die Diskussion über den *Dritten Ort* macht deutlich, dass Raumkonzepte an Bedeutung gewinnen. Dass dabei neue Wege gegangen werden müssen, ist weitgehend Konsens. Doch die Frage, wie Räume pädagogisch sinnvoll gestaltet werden können, wird noch immer diskutiert, wobei auch festzustellen ist, dass es hier keine Patentrezepte gibt,

2 Mit Ausnahme von Schulbibliotheken, die eng mit dem Bildungskonzept der Schule verknüpft sind und die auch für einen Unterricht in der Bibliothek ausgerichtet sind.

sondern jede Bibliothek – sei es eine Öffentliche oder eine Wissenschaftliche – ihren eigenen Weg gehen muss, da die Rahmenbedingungen jeweils sehr unterschiedlich sind. Letztendlich geht es für jede Bibliothek darum, ihr eigenes spezifisches Konzept zu entwickeln, das sich auf ihre Umwelt bezieht, aber auch die agierenden Personen in der Bibliothek repräsentiert.

Eine sich weiterhin abzeichnende große gesellschaftliche Herausforderung wird die Frage nach der Integration der zunehmenden kulturellen und sprachlichen Heterogenität sein. Sie stellt angesichts der demografischen Entwicklung eine Chance dar, aber nur, wenn es gelingt, gesellschaftliche Kohäsion zu erzeugen, die jenseits von Herkunft Chancengleichheit und Bildungsgerechtigkeit zulässt. Hierfür ist es notwendig, den Bildungserfolg von klassen- beziehungsweise schichtspezifischen Rahmenbedingungen zu entkoppeln und die sprachliche Integration in diesem Kontext als Schlüsselaufgabe zu verstehen und voranzutreiben. Hier ist die Rolle Öffentlicher Bibliotheken nicht zu unterschätzen. Auch Wissenschaftliche Bibliotheken werden sich mit dieser Problematik auseinandersetzen müssen, wenn es um die Integration von Erwachsenen mit akademischem Hintergrund in entsprechende Bildungs- und Karriereverläufe mit ihren lokalen Gegebenheiten und Anforderungen geht. Bibliotheken werden hier mit einer etablierten spezifischen Pädagogik eine wichtige Rolle spielen und die reklamierte gesellschaftliche Relevanz unter Beweis stellen können.

Theorie und Praxis

In Theorie und Gegenstandsdefinitionen der Bibliothekspädagogik schafft das *Handbuch Bibliothekspädagogik* deutlich mehr Klarheit: Bibliothekspädagogik wird als institutions- und anwendungsbezogene Pädagogik verstanden, die auf theoretischen Grundlagen aus verschiedenen Wissenschaftsdisziplinen gründet.

Der Bezug auf theoretische Grundlagen aus dem pädagogischen Kontext bedeutet aber nicht, dass die Bibliothekspädagogik Lernmodelle und instruktive Methoden, zum Beispiel aus der Schulpädagogik oder der Hochschuldidaktik, einfach übernehmen sollte. Die Beiträge in diesem Handbuch gehen in der Regel von einem lernendenzentrierten Ansatz aus, der eine Beteiligung der Lernenden intendiert. Die Spezifik der Bibliothekspädagogik besteht darin, dass sie im Kontext der Aufgaben und Rahmenbedingungen von Bibliotheken Lehr- und Lernsituationen kreiert, die aktivieren und das selbstständige und selbstgesteuerte Lernen auf vielfältige Art und Weise fördern. Letztendlich geht es darum, Menschen bei der Entwicklung „biographischer Gestaltungskompetenz" (Stang 2016, 5) zu unterstützen.

Für Praxis und Theoriebildung sind die Weiterführung der in diesem Handbuch begonnenen Diskurse entscheidend. Dies beinhaltet insbesondere die Schaffung von Einigkeit innerhalb der Bibliothekscommunity in Bezug auf grundlegende *pädagogische* Fragen. Dies schließt die Formulierung spezifischer Bildungsziele und die Festlegung von qualitativen Ansprüchen an die pädagogische Arbeit in und durch Bibliotheken mit ein. Die Diskussion über das Verständnis von Lernen und Lehren und über neue Ansätze in der Bildungsforschung sollte ebenfalls fortgeführt werden. Auch wenn unterschiedliche pädagogische Ansätze und Konzepte in Öffentlichen und Wissenschaftlichen Bibliotheken verfolgt werden können, sollten diese immer auf einer fundierten Grundlage basieren. Die bibliothekspädagogische Praxis bedarf einer wissenschaftlichen Fundierung. Zugleich sind Forschung und Theoriebildung auf Rückbezüge in die Praxis angewiesen, um die Bibliothekspädagogik als Wissenschaft und praktische Handlungslehre praxisnah zu entwickeln.

Strukturen

Der große Wandel, dem sowohl Öffentliche als auch Wissenschaftliche Bibliotheken in den letzten Jahren unterworfen waren und den sie häufig auch selbst eingeleitet haben, hat viel mit ihrem Wunsch nach Sicherung ihrer Relevanz gegenüber ihren Zielgruppen und Trägern zu tun. Daher müssen auch in Gesellschaft und Politik Bildungspotenziale von Bibliotheken sichtbarer werden. Durch ein entsprechendes Marketing haben einzelne Bibliotheken hier bereits lokal Versuche unternommen. Durch den Deutschen Bibliotheksverband e. V. (dbv), aber auch durch die Berufsverbände, gab und gibt es ebenfalls entsprechende Versuche, den gesellschaftlichen Mehrwert der bibliothekarischen Pädagogik herauszustellen. Die *Arbeitsgruppe Bibliothekspädagogik* im dbv wurde zunächst als loser Arbeitszusammenhang gegründet, um explorativ die unterschiedlichen Positionen zu erfassen und zusammenzuführen. Um nun effizienter kommunizieren zu können, wäre die Verstetigung eines Austauschs dringend notwendig, wobei sich allerdings die Frage stellt, ob und in welcher Form andere Strukturen, andere Formate sinnvoll sind, bis hin zur Frage, ob bisher bestehende Kommissionen im dbv, die ähnliche oder sich überschneidende Arbeitsbereiche haben, damit im Sinne eines effizienten Ressourceneinsatzes und der Möglichkeit einer Profilschärfung neu gruppiert werden sollten.

Institutionenverband wie auch Personalverbände sollten bei der weiteren „Herausbildung" der Bibliothekspädagogik eine wichtige Rolle übernehmen. Sie sind neben den Hochschulen eine Triebkraft, um Fachwissen und theoriefundierte Praktiken in die Fachwelt zu bringen. Die Förderung einer entsprechenden Infrastruktur für einen nachhaltigen Diskurs von Expertinnen und Experten in Kommissionen, Arbeitsgruppen oder auf Plattformen in enger Kooperation mit den Hochschulen sichert den Aufbau und den Ausbau von Fachwissen und die Übertragung des Wissens in die Praxis jeder Bibliothek vor Ort. Die Organisation und das Angebot an Schulungen, Workshops, Konferenzen gerade in der Schnittmenge zu Pädagogik und Bildung gilt es auszubauen, um Kompetenzen über die eigenen Bibliothekswände hinaus zu erwerben und Partnerschaften zu fördern. Auf der praktischen Ebene führen diese Bemühungen zur Erarbeitung von gemeinsamen Leitlinien und Materialien zur Unterstützung der pädagogischen Arbeit. Auch auf der politischen Ebene sind Verbände gefordert, die Interessen der Bibliotheken in der Bildungs- und Kulturpolitik hervorzuheben und mittelfristig zu verankern. In engem Austausch und Zusammenarbeit mit den Hochschulen können die Verbände das Themenfeld der Bibliothekspädagogik weiterentwickeln, indem sie Wissensaustausch und Diskurse fördern.

Pädagogische Profilierung

In dem Maße, in dem sich die Bibliothekswelt ihrer eigenen Pädagogik gewahr wird und sie definiert, wird sich die Bibliothek auch bildungspolitisch als wirkmächtige Institution aufstellen können. Derzeit ist die pädagogische Fassade noch fragil und hielte einer echten Einbindung in die Bildungsstrukturen nicht flächendeckend stand. Das liegt zum Teil an der großen Heterogenität des Bibliothekswesens an sich, aber eben auch an der konzeptuellen Armut, die weitgehend noch herrscht. Im Umkehrschluss gilt aber auch: Je mehr die Bibliotheken ihre eigene Pädagogik etablieren, desto wirksamer werden sie auch ihre Rolle darstellen und politisch „vermarkten" können. Nur so können sie bildungspolitisch reüssieren und jenseits der gängigen Klischees als Gleiche unter Gleichen im Kreis der Akteurinnen und Akteure der formalen und informellen Bildung wahrgenommen werden.

Eine große Herausforderung wird daher sein, ob und wie es jeder einzelnen Bibliothek in den nächsten Jahren gelingen wird, sich als pädagogisch agierende Einrichtung zu profilieren und in der jeweils spezifischen Bildungslandschaft zu verorten. Hierzu bedarf es nicht nur einer Professionalisierung der pädagogischen Arbeit, sondern auch einer neuen Prioritätssetzung und der Schaffung entsprechender organisatorischer und personeller Strukturen.

Um anderen Bildungseinrichtungen auf Augenhöhe zu begegnen, sollten Bibliotheken ihr Grundverständnis von pädagogischem Handeln transparent machen, gleichzeitig allerdings auch deutlich formulieren, wo die spezifischen Kompetenzen der Bibliotheken liegen. Kooperationspartnerinnen und -partner im Bildungsbereich können von den Kompetenzen der Bibliotheken profitieren. Dazu müssen diese klar positioniert werden. Dies gilt sowohl für Öffentliche als auch für Wissenschaftliche Bibliotheken.

In der Aus-, Fort- und Weiterbildung bedarf es weiterer Initiativen, um eine qualitätsvolle Bildungs- und Vermittlungsarbeit in Bibliotheken zu ermöglichen. Die Beiträge in diesem Handbuch verweisen an mehreren Stellen darauf, dass in der Ausbildung, insbesondere aber im Hochschulstudium zur Bibliothekarin/zum Bibliothekar in ausreichendem Maße theoretische Grundlagen der Pädagogik und Didaktik gelehrt werden sollten. Die bibliotheks- und informationswissenschaftlichen Studiengänge erweiterten zwar in den letzten Jahren ihre Inhalte um pädagogische und didaktische

Grundlagen, allerdings mit unterschiedlichem Umfang und individuellen Schwerpunktsetzungen. Neben den wissenschaftlichen Grundlagen der Bibliothekspädagogik sind auch fallbezogene praktische Lernsituationen im Studium erforderlich, um Fähigkeiten situationsgerechten pädagogischen Handelns zu erwerben.

Fazit

Bibliothekspädagogik in Öffentlichen und Wissenschaftlichen Bibliotheken zu etablieren und zu profilieren ist kein triviales Unterfangen. Probleme wie zum Beispiel eine fehlende oder zu geringe Personalausstattung, die teilweise geringe finanzielle Ausstattung oder die fehlende Sensibilisierung für die Thematik werden von Bibliotheken häufig als konkrete Probleme bei der Etablierung der Bibliothekspädagogik genannt (Keller-Loibl/Schneider 2021, 711). Hier gilt es, die Trägerinstitutionen von Bibliotheken und die politischen Entscheidungsträgerinnen und -träger weiterhin für dieses Thema zu sensibilisieren und die vielfältigen Bildungsoptionen von Bibliotheken aufzuzeigen.

Das Herausarbeiten der Spezifik von Bibliothekspädagogik dürfte im Hinblick auf eine notwendige Profilierung der Bibliotheken im Bildungsbereich ebenfalls eine große Herausforderung sein. Sich dabei in Bezug auf Kinder und Jugendliche an schulischen Strukturen zu orientieren, könnte eine Sackgasse sein, da das immense Potenzial einer freien Lernumgebung in Öffentlichen Bibliotheken durch Curriculums- und Zertifikatsorientierung eingeschränkt wird. Auch Wissenschaftliche Bibliotheken haben die Möglichkeit, der Reglementierung durch den Bologna-Prozess etwas entgegenzusetzen, wenn sie aktivierende und den neuen (digitalen) Lernformen angepasste Lehr-/Lernformen in ihren Angeboten realisieren. Auf der Lernraumebene ist es sowohl den Öffentlichen als auch den Wissenschaftlichen Bibliotheken bereits gelungen, Impulse für offene Lernumgebungen im Bildungsdiskurs zu setzen.

Derzeit sind die Lernwelten in Schule, Hochschule und Erwachsenenbildung/Weiterbildung im Wandel (Stang 2016), sodass Öffentliche und Wissenschaftliche Bibliotheken sich sehr gut in diesen Wandlungsprozessen positionieren können. Dazu bedarf es konzeptioneller Überlegungen, wie die bibliothekspädagogische Arbeit gestaltet werden soll. Das *Handbuch Bibliothekspädagogik* gibt hierzu vielfältige Anregungen. Doch sind es letztendlich die Menschen, die in Öffentlichen und Wissenschaftlichen Bibliotheken die Zukunft gestalten. Pädagogisch arbeiten heißt auch, immer das Risiko einzugehen, zu scheitern, da wir nur bedingt Einfluss haben, was die Lernenden lernen. Doch gerade diese Herausforderung macht pädagogisches Arbeiten so spannend. Je mehr Mitarbeitende in Bibliotheken dieses Wagnis eingehen, desto wahrscheinlicher ist es, dass sich Bibliotheken in Zukunft als kompetente Bildungseinrichtung etablieren und aus der Bildungslandschaft nicht mehr wegzudenken sind.

Literatur

AG Bibliothekspädagogik (2021): Diskussionspapier. Warum wir eine Bibliothekspädagogik brauchen! *BuB. Forum Bibliothek und Information* 73/08-09, 490–491. https://www.b-u-b.de/fileadmin/archiv/imports/pdf_files/2021/bub_2021_08_490_491.pdf.

Engelkenmeier, U.; Keller-Loibl, K.; Schmid-Ruhe, B.; Stang, R. (2024) (Hrsg.): *Handbuch Bibliothekspädagogik*. Berlin; Boston: De Gruyter Saur.

Keller-Loibl, K. (2021): Entwicklung und Perspektiven der Bibliotheksarbeit mit Kindern und Jugendlichen. In: K. Keller-Loibl (Hrsg.): *Handbuch Kinder- und Jugendbibliotheksarbeit*. 3. Aufl. Bad Honnef: Bock + Herchen, 13–73.

Keller-Loibl, K.; Schneider, E. (2021): Bedarfe und Probleme der Bibliothekspädagogik. Ergebnisse einer Befragung Wissenschaftlicher und Öffentlicher Bibliotheken. *BuB. Forum Bibliothek und Information* 72/12, 709–713. https://www.b-u-b.de/fileadmin/archiv/imports/pdf_files/2021/bib_bub_2021_12_709_713.pdf.

Resnick, M. (2017): *Lifelong Kindergarten. Cultivating Creativity through Projects, Passion, Peers and Play*. Cambridge: MIT Press.

Schultka, H. (2018): *Bibliothekspädagogik. Lehren und Lernen in wissenschaftlichen Bibliotheken*. München: Kopaed.

Stang, R. (2016): *Lernwelten im Wandel. Entwicklungen und Anforderungen bei der Gestaltung zukünftiger Lernumgebungen*. Berlin; Boston: De Gruyter Saur.

Literatur

Zu den Autorinnen, Autoren, Herausgeberinnen und Herausgebern

Susanne Brandt, geb. 1964, studierte Bibliothekswesen und berufsbegleitend Kulturwissenschaften und Nachhaltigkeitsmanagement, qualifiziert als Rhythmikpädagogin und als Bildungsreferentin für nachhaltige Entwicklung, seit mehr als 35 Jahren an verschiedenen Orten Norddeutschlands im Bibliothekswesen tätig, seit 2011 bei der Büchereizentrale Schleswig-Holstein verantwortlich unter anderem für Projekte im Bereich frühkindliche Lese- und Sprachförderung sowie Bildung für nachhaltige Entwicklung in Bibliotheken und Kooperationen, Autorin verschiedener Fachveröffentlichungen und Praxisbücher zum Thema. Kontakt: brandt@bz-sh.de

Frauke Buhlmann seit 2018 Bibliothekarin bei der Stadtbibliothek Köln, mit den Schwerpunktaufgaben Recherchetraining, Veranstaltungen zu Fake News, Künstliche Intelligenz, Robotik und Vermittlung digitaler Angebote. Seit 2021 berufsbegleitendes Studium der Spiel- und Medienpädagogik (M. A.) an der EAH Jena. Kontakt: buhlmann@stbib-koeln.de

Christoph Deeg bezeichnet sich selbst als „Gestalter des digital-analogen Lebensraumes". Er berät und begleitet international Kultur- und Bildungsinstitutionen sowie Unternehmen bei der Entwicklung nachhaltiger und umfassender digital-analoger Gesamtstrategien. In diesem Kontext hat er mit mehr als 100 Bibliotheken gearbeitet. Er beschäftigt sich zudem mit dem Konzept der „Transformativen Gamification". Dabei geht es um die Frage, wie Prozesse, Räume und Organisationen durch die Anwendung von Spielmechaniken neu gedacht werden können. Er ist Gründer des Netzwerkes „games4culture" und Autor des Buches „Gaming und Bibliotheken". Weitere Informationen unter www.christoph-deeg.com – Kontakt: c.deeg@christoph-deeg.com

Yvonne Earnshaw, Ph. D., is an Assistant Professor of Instructional Design and Technology in the School of Instructional Technology and Innovation at Kennesaw State University. Dr. Earnshaw has an extensive industry background in technical writing, instructional design, and usability consulting. Her research interests include learning experience design, how power structures impact online learning, and workplace preparation. Kontakt: yearnsha@kennesaw.edu

Olaf Eigenbrodt ist seit 2019 stellvertretender Direktor der Staats- und Universitätsbibliothek Hamburg mit der Zuständigkeit für den Programmbereich Bibliothekssystem, Benutzungsdienste und Bau. Er ist Lehrbeauftragter am Institut für Bibliotheks- und Informationswissenschaft der Humboldt-Universität zu Berlin sowie an der Bibliotheksakademie Bayern. Schwerpunkte seiner Vorträge und Veröffentlichungen sind neben Lernräumen im Hochschulkontext vor allem Bibliotheksbau, -soziologie und -management. Er ist Mitherausgeber der Fachzeitschrift *BuB. Forum Bibliothek und Information* sowie im Editorial Board der *New Review of Academic Librarianship*. Freiberuflich berät er Hochschulen, Bibliotheken, Unterhaltsträger und Architekturbüros. Kontakt: olaf.eigenbrodt@sub.uni-hamburg.de

Susanne Endres ist Dozentin für Spielkulturpädagogik, Akademie der Kulturellen Bildung. Studium der Sozialpädagogik (Diplom) sowie Sozialraumentwicklung und -organisation (M. A.). Systemische Beraterin (SG), Ausbildung zur Naturlehrerin. Gründung und Aufbau des Kinderbauernhofs Kassel. Koordinatorin beim Verein Spielmobil Rote Rübe für Spielmobil- und Stadtteilprojekte, Ganztagsschule, Fortbildungen und Spielmobile an Flüchtlingsunterkünften. Schwerpunkte: Mobile spielerische Interventionen, Spielraumgestaltung, Partizipation, Sozialraum, Spielkultur und Naturpädagogik. Kontakt: endres@kulturellebildung.de; www.kulturellebildung.de

https://doi.org/10.1515/9783111032030-045

Ute Engelkenmeier studierte in Köln, Stuttgart und Berlin Bibliothekswesen/Bibliothekswissenschaft und promovierte an der Humboldt-Universität zu Berlin. An der Universitätsbibliothek Dortmund ist sie Teil der Bibliotheksdirektion und verantwortet insbesondere den Bereich Information und Lernort. Seit 2020 ist sie für die Bibliothek Projektpartnerin im interdisziplinären Projekt „Hybrid Learning Center" an der TU Dortmund; außerhalb der TU Dortmund engagiert sie sich in der DINI AG Lernräume, der Ad-hoc AG Bibliothekspädagogik im dbv, und der dbv-vdb-BIB Kommission Personalgewinnung. Seit 2018 ist sie Bundesvorsitzende des qualifikations- und spartenübergreifenden Personalverbands Berufsverband Information Bibliothek e. V. (BIB). Kontakt: ute.engelkenmeier@tu-dortmund.de

Björn Fisseler, Dr., hat Sonderpädagogik studiert, war im Schuldienst tätig und hat in Rehabilitationswissenschaften promoviert. Er arbeitet als Experte für digitale Bildung an der FernUniversität in Hagen. Dabei unterstützt er Lehrende in Fragen rund um die Digitalisierung und Innovierung der Lehre. Seit mehr als 15 Jahren forscht er zu Fragen der barrierefreien und inklusiven Gestaltung digitaler Bildung. Seine Expertise bringt er in zahlreiche nationale und internationale Projekte ein (u. a. Hochschulforum Digitalisierung, Project Ed-ICT, ELoQ-Projekt). Kontakt: bjoern.fisseler@fernuni-hagen.de

Claudia Frick ist promovierte Meteorologin und Professorin für Informationsdienstleistungen und Wissenschaftskommunikation am Institut für Informationswissenschaft der Technischen Hochschule Köln. Neben Lehre und Forschung rund um Wissenschaftskommunikation hat sie vielfältige Erfahrung in der Unterstützung von Forschenden und in eigenen Formaten. Kontakt: claudia.frick@th-koeln.de

Volker Fritz schloss sein Studium im Studiengang öffentliche Bibliotheken 1993 an der damaligen Fachhochschule für Bibliothekswesen Stuttgart ab. Nach Tätigkeiten im Stadtarchiv Ludwigsburg und dem Statistischen Landesamt Baden-Württemberg baute er ab 1999 die neu geschaffene Mediathek der Stadt Wehr auf und leitete diese. Von 2002 bis 2010 war er Leiter der Stadtbibliothek Radolfzell am Bodensee. Im November 2010 folgte der Wechsel zur Stadtbibliothek Villingen-Schwenningen, ebenfalls als Leiter. Seit Mitte der 1990er-Jahre ist er in den Beratungsgremien zu Tarif und Eingruppierung zunächst des Vba und später des BIB aktiv. Seit 2015 ist er Vorsitzender der Kommission für Eingruppierungsberatung im BIB e. V. Kontakt: volker.fritz@bib-info.de

Silke Frye ist wissenschaftliche Mitarbeiterin der IngenieurDidaktik an der Fakultät Maschinenbau der Technischen Universität Dortmund. Sie befasst sich mit der Gestaltung technischer Lehr- und Lernumgebungen, ‚Hands-On-Learning' sowie der Einbindung von Nachhaltigkeit als Thema in der Ausbildung von Ingenieurinnen und Ingenieuren. Kontakt: silke.frye@tu-dortmund.de

Ursula Georgy seit 2000 Professorin für Informationsmarketing an der TH Köln und mit den Themen Kundenmanagement, Qualitätsmanagement sowie Innovationsmanagement betraut. Mitherausgeberin der Praxishandbücher *Bibliotheks- und Informationsmarketing* sowie *Informationsmarketing*. Leiterin des ZBIW – Zentrum für Bibliotheks- und Informationswissenschaftliche Weiterbildung der TH Köln von 2011–2023. Im Rahmen dieser Tätigkeit stehen Themen der Aus- und Weiterbildung sowie neuer Lehr- und Lernformate im Mittelpunkt. Kontakt: ursula.georgy@th-koeln.de

Christine Gläser ist seit 2008 Professorin für Informationsdienstleistungen, elektronisches Publizieren, Metadaten und Datenstrukturierung an der HAW Hamburg. Aktuelle Lehr- und Forschungsschwerpunkte: Lernraum Hochschule, Bibliotheksethnografie, Forschungsdatenmanagement, Informations- und Datenkompetenz. Kontakt: christine.glaeser@haw-hamburg.de

Joachim Griesbaum promovierte 2006 an der Universität Konstanz. 2008 wurde er als Juniorprofessor für Informationswissenschaft an die Universität Hildesheim berufen. Seit 2014 ist er Professor für Informationswissenschaft an der Universität Hildesheim. Forschungsschwerpunkte stellen die Bereiche E-Learning, Informationsverhalten und Onlinemarketing dar. Griesbaum ist Mitglied der KIBA Fachgruppe Informationskompetenz und des Projektteams „Intercultural Perspectives on Information Literacy and Metaliteracy". Kontakt: griesbau@uni-hildesheim.de

Tobias Haertel ist Leiter der IngenieurDidaktik an der Fakultät Maschinenbau der Technischen Universität Dortmund. Seine Forschungsinteressen beinhalten die Förderung von Kreativität und Entrepreneurship in der Lehre, Kompetenzbedarfe in Zeiten von Industrie 4.0 sowie die Digitalisierung im Technikunterricht. Kontakt: tobias.haertel@tu-dortmund.de

Carolin Hannich studierte Bibliotheks- und Informationswissenschaft an der Hochschule für Technik, Wirtschaft und Kultur Leipzig. Das Studium schloss sie 2016 als Master of Arts mit der Profillinie Bibliothekspädagogik ab. Seitdem ist sie bei den Leipziger Städtischen Bibliotheken im Sachgebiet Kinder- und Jugendbibliotheksarbeit tätig. Kontakt: carolin.hannich@leipzig.de

Claudia Holzmann Dipl.-Bibl. (WB), arbeitet nach verschiedenen Stationen in Wissenschaftlichen und Öffentlichen Bibliotheken sowie im Buchhandel und der Hochschulverwaltung seit Juli 2023 im Landesbibliothekszentrum Rheinland-Pfalz als Abteilungsleitung „Bibliotheksberatung und Landesförderung" und stellvertretende Fachbereichsleitung der Landesbüchereistelle. Zuvor hat sie bereits vier Jahre Fachstellenerfahrung in Hessen gesammelt. Sie beschäftigt sich seit Jahren intensiv mit dem Thema Desinformation und der Medienbildungs- sowie der bibliothekarischen Perspektive darauf. Ein zusätzliches Interessengebiet ist die therapeutische Wirkung von Lesen und Schreiben und Anwendungsmöglichkeiten in Bibliotheken. Kontakt: Holzmann@lbz-rlp.de

Isa Jahnke ist Professorin für Learning Technologies und Gründungsvizepräsidentin für Studium, Lehre und Internationales an der neuen TU Nürnberg. Zuvor war sie zehn Jahre im Ausland: Professorin und Direktorin des Information Experience Labs an der University of Missouri (2015–2021) sowie Interactive Media and Learning, Umeå Universität, Schweden (2011–2015). Von 2008–2011 war sie Juniorprofessorin an der TU Dortmund. Ihre Forschung fokussiert digitale Didaktik, digitales Lehren und Lernen, Educational Technologies und Learning Experience Design. Kontakt: isa.jahnke@utn.de

Stephanie Jentgens, Dr. phil., war von 1995 bis 2018 Leiterin des Fachbereichs Literatur an der Akademie für Kulturelle Bildung in Remscheid. Dort hat sie die Qualifizierung Literaturpädagogik entwickelt. 2016 ist ihr Buch *Lehrbuch Literaturpädagogik* im Beltz-Verlag erschienen. Sie arbeitet als wissenschaftliche Mitarbeiterin am Arbeitsbereich Deutschdidaktik für die Primarstufe an der Martin-Luther-Universität Halle-Wittenberg. Arbeits- und Forschungsschwerpunkte sind Kinder- und Jugendliteratur, Erzähldidaktik, Literaturdidaktik und -pädagogik. Kontakt: stephanie.jentgens@paedagogik.uni-halle.de

Peter Jobmann hat Demokratiepädagogische Schulentwicklung und soziale Kompetenzen (M. A.) und Bibliothekswissenschaft (Diplom) in Berlin und Potsdam studiert. Er leitet seit 2015 die Schulbibliothek der IGS Buxtehude und seit 2020 die Stadtbibliothek Buxtehude. Arbeits- und Forschungsschwerpunkte sind schulbibliothekarische Arbeit, Demokratiepädagogik, Spielkulturpädagogik, Berufsbild und -soziologie sowie die Kritik an der Verwendung der Begriffe Kundinnen und Kunden in Bibliotheken.
Kontakt: peter.jobmann@posteo.de

Yvonne Kammerer ist Professorin für Informations- und Kommunikationspsychologie an der Hochschule der Medien Stuttgart. In Forschung und Lehre beschäftigt sie sich mit kognitiven Prozessen beim Recherchieren, Lesen und Lernen in digitalen Informationsumgebungen sowie mit der menschzentrierten Gestaltung von Informationsmedien. Kontakt: kammerer@hdm-stuttgart.de

Kerstin Keller-Loibl, Dr. phil., Studium der Germanistik, Geschichte und Pädagogik, ist seit 2000 Professorin für Bibliotheks- und Informationswissenschaft an der Fakultät Informatik und Medien an der Hochschule für Technik, Wirtschaft und Kultur (HTWK) in Leipzig. Sie leitet seit 2010 die Profillinie Bibliothekspädagogik im Masterstudiengang „Bibliotheks- und Informationswissenschaft". Lehr- und Forschungsschwerpunkte sind: Lese- und Informationskompetenz, Literatur- und Medienvermittlung, Bibliothekspädagogik sowie Kinder- und Jugendbibliotheksarbeit. Zurzeit arbeitet sie an einem Forschungsprojekt zu „Bedarfen und Problemen der Bibliothekspädagogik in Öffentlichen und Wissenschaftlichen Bibliotheken". Kontakt: kerstin.keller-loibl@htwk-leipzig.de

Christina Kläre absolvierte im Anschluss an ihr Studium der Wirtschaftswissenschaften den Master Bibliotheks- und Informationswissenschaft/ MALIS an der TH Köln. Nach der Entwicklung eines Kurses an der FH Bielefeld, der Kompetenzen im Umgang mit Alltagsstatistiken förderte, ist sie seit 2016 als Fachreferentin in der Universitätsbibliothek Duisburg-Essen tätig und koordiniert seit 2020 gemeinsam mit einem Kollegen den DataCampus UDE, ein Hochschulprojekt zur Förderung von Datenkompetenzen.
Kontakt: christina.klaere@uni-due.de

Maren Krähling-Pilarek ist seit 2024 Leiterin der Stadtbibliothek Karlsruhe. Nach einem Studium der Soziologie, Gender Studies und Neueren Deutschen Literaturgeschichte an der Albert-Ludwigs-Universität Freiburg i. Br. und einem Referendariat in Konstanz und München leitete sie von 2010 bis 2023 die Teaching Library der Badischen Landesbibliothek. Seit 2014 ist sie Mitglied der Fachkommission Bibliothekspädagogik des Landesverbands Baden-Württemberg im Deutschen Bibliotheksverband.
Kontakt: Maren.Kraehling-Pilarek@kultur.karlsruhe.de

Gudrun Marci-Boehncke, Dr. phil., seit 2010 Professorin für Neuere deutsche Literatur/Elementare Vermittlungs- und Aneignungsaspekte an der TU Dortmund. Leiterin der Forschungsstelle Jugend-Medien-Bildung. Lehraufträge an der HU Berlin/IBI und verantwortlich für die Entwicklung des Fortbildungsangebots „XPRTN für das Lesen" in Kooperation mit dem ZBIW/TH Köln. Forschung und Lehre zu Mediatisierung, Leseförderung, Literaturpädagogik und Medienbildung entlang der Bildungskette.
Kontakt: gudrun.marci@tu-dortmund.de

Christine Ott, Dr. phil, ist seit 2023 Akademische Rätin am Lehrstuhl für die Didaktik der deutschen Sprache und Literatur und Verantwortliche für das Zusatzzertifikat Kulturvermittlung an der JMU Würzburg. Studium der Neueren deutschen Literaturgeschichte, Deutschen Sprachwissenschaft sowie Evangelischen Theologie und Religionspädagogik (Mag. Art.), Studium der Germanistik, Geschichte und Erziehungswissenschaften für das Lehramt an Gymnasien (1. Staatsexamen) an der JMU Würzburg. 2017 Promotion im Fach Deutsche Sprachwissenschaft; Wissenschaftliche Assistentin am Lehrstuhl für die Didaktik der deutschen Sprache und Literatur der JMU Würzburg; Vertretungsprofessuren an der LMU München (2019–2020) und der KU Eichstätt-Ingolstadt (2021–2022). Kontakt: christine.ott@uni-wuerzburg.de

Anke Petschenka, Dr. phil., Studium der Diplom-Pädagogik mit den Schwerpunkten Betriebliche Bildung und Kommunikationswissenschaft, ist seit 2022 Professorin für Bibliotheksdidaktik an der Fakultät für Informations- und Kommunikationswissenschaften der Technischen Hochschule Köln. Lehr- und Forschungsschwerpunkte sind unter anderem: Informationsdidaktik und E-Learning, Bibliothekspädagogik und Informationskompetenz. Kontakt: anke.petschenka@th-koeln.de

Sabine Rauchmann, Dr. phil., Dipl.-Bibl. (FH), M. Sc., studierte in Potsdam Bibliothekswesen, promovierte 2009 an der Humboldt-Universität zu Berlin zum Thema *Bibliothekare in Hochschulbibliotheken als Vermittler von Informationskompetenz*. 2006–2014 Mitarbeiterin der Staats- und Universitätsbibliothek Bremen, seit Juli 2014 Fachreferentin in der Bibliothek WISO/BWL der Fakultät für Wirtschafts- und Sozialwissenschaften der Universität Hamburg. Konzipiert und führt für diverse Zielgruppen Veranstaltungen für die Förderung von Informationskompetenz durch. Kontakt: sabine.rauchmann@uni-hamburg.de

Frank Raumel ist seit 1990 Leiter des Medien- und Informationszentrums Stadtbücherei Biberach (MIZ). Neben zwei Schulbibliotheks-Zweigstellen für vier weiterführende Schulen unterstützt das MIZ 14 Büchereien in Grundschulen und acht in Kindertagesstätten. Im „Netzwerk Lesen Biberach" hat das MIZ 59 lokale und regionale Bildungspartner zusammengeführt, um die Leseförderung voranzubringen. Ehrenamtlich engagiert sich Raumel seit 2014 als Mitglied der Fachkommission „Bibliothekspädagogik" im Landesverband Baden-Württemberg des dbv und seit 2020 als Mitglied der „AG Bibliothekspädagogik" des Deutschen Bibliotheksverbandes sowie seit 2021 als Vorsitzender der dbv-Fachkommission „Bibliothek & Schule". Kontakt: F.Raumel@Biberach-Riss.de

Kathrin Reckling-Freitag ist Diplom-Bibliothekarin, Kultur- und Bildungsmanagerin und eTrainerin. Seit Oktober 2005 ist sie tätig in der Arbeitsstelle Bibliothek und Schule/Stabsstelle Bibliothekspädagogik der Büchereizentrale Schleswig-Holstein. Sie ist dort zuständig für die landesweite Beratung von Kooperationen zwischen Bibliotheken und Schulen und die Entwicklung und Förderung von bibliothekspädagogischen Angeboten. Sie unterstützt die Bibliotheken mit Arbeitshilfen und Projekten bei ihrer bibliothekspädagogischen Arbeit. In ihrer freiberuflichen Tätigkeit ist sie Referentin für Vorträge, Seminare und Schulungen (in Präsenz und online) und Autorin.
Kontakt: kathrin.reckling-freitag@gmx.de (freiberuflich) oder reckling-freitag@bz-sh.de (dienstlich)

Sabine Reisas leitet die Abteilung Lernen und Lehren an der Universitätsbibliothek Kiel und ist zuständig für die Service- und Beratungsangebote im Bereich Lehr- und Curriculumentwicklung sowie digitale Lehre im Geschäftsbereich Qualitätsentwicklung, Referat Lehrentwicklung. Arbeitsschwerpunkte: Partizipative Lernraumgestaltung, Lehr- und Curriculumsentwicklung mit dem Schwerpunkt hybride Lehre, gestaltungsorientierte Forschung und Entwicklung. Kontakt: reisas@ub.uni-kiel.de

Vera Marie Rodewald ist studierte Medienpädagogin und Kulturwissenschaftlerin. Sie erforscht und erprobt Formen und Formate handlungsorientierter Medienpädagogik in Theorie und Praxis. Bis zuletzt war sie wissenschaftliche Mitarbeiterin für den Bereich Medienkompetenz an der HAW Hamburg. Derzeit koordiniert sie das Zentrum für Kulturelle Bildung und Vermittlung in Hamburg. Als Mitglied der Initiative Creative Gaming e. V. und des jaf – Verein für medienpädagogische Praxis Hamburg e. V. konzipiert und setzt sie medienpraktische Workshops und Projekte, unter anderem für Kinder und Jugendliche, um.
Kontakt: rodewald@jaf-hamburg.de

Hermann Rösch, Prof. Dr., war von 1997 bis 2019 am Institut für Informationswissenschaft der TH Köln tätig. Zu seinen Schwerpunkten in Forschung und Lehre gehören Informationsethik, Bibliotheksethik, Informationsdienstleistungen sowie historische und soziologische Aspekte des Bibliotheks- und Informationswesens. Von seinen monografischen Publikationen seien die Bände „Bibliotheken und Informationsgesellschaft in Deutschland" (3. Aufl. 2019, gemeinsam mit Jürgen Seefeldt und Konrad Umlauf) sowie „Infor-

mationsethik und Bibliotheksethik. Grundlagen und Praxis“ (2021) genannt.
Kontakt: Hermann.Roesch@th-koeln.de

Nadine Rousseau ist Dozentin für Spielkulturpädagogik, Akademie der Kulturellen Bildung. Studium der Literatur, Kultur- und Medienwissenschaften (B. A.) und Interkulturelle Europa- und Amerikastudien (M. A.). Seit 2010 Projektpraxis, wissenschaftliche Prozessbegleitung und Kulturentwicklungsplanung für Stiftungen, öffentliche Förderer und Bildungseinrichtungen. Schwerpunkte: Diversität, internationale Begegnung, gesellschaftliche Transformationsprozesse, spielerische und künstlerische Interaktionen, Partizipation und Spielkultur. Gründerin des Netzwerks Diversitätsbewusste Kulturelle Bildung an der Akademie der Kulturellen Bildung. Kontakt: rousseau@kulturellebildung.de

Peter Salden, Dr., leitet das Zentrum für Wissenschaftsdidaktik der Ruhr-Universität Bochum, dessen Arbeitsschwerpunkte Hochschul-, Medien- und Schreibdidaktik sind. Er ist unter anderem Mitherausgeber der Onlinezeitschrift *die hochschullehre* sowie Mitglied unterschiedlicher Beiräte und Expertengremien im Bereich lehrbezogener Hochschulentwicklung. Kontakt: Peter.Salden@rub.de

Bernd Schmid-Ruhe war zehn Jahre lang der Leiter der Stadtbibliothek Mannheim und hat sich als Mitinitiator des „Forums Bibliothekspädagogik“ und einschlägigen Publikationen früh mit der bibliothekarischen Pädagogik auseinandergesetzt. Als Professor für Informationspädagogik lehrte er an der Hochschule der Medien im Studiengang Informationswissenschaften und vertrat dort nicht nur pädagogische Themen, sondern arbeitete auch an der Schnittstelle von Kultur und Medien. Heute ist Schmid-Ruhe Leiter des Fachbereichs Bildung bei der Stadt Mannheim. Kontakt: bernd.schmid-ruhe@mannheim.de

Matthew Schmidt, Ph. D., is Associate Professor at the University of Florida (UF) in the Educational Technology program, faculty in the Institute for Advanced Learning Technologies, and director of the Advanced Learning Technologies Studio. His primary research interest includes design and development of innovative educational courseware and computer software with a particular focus on individuals with disabilities and their families/caregivers. His secondary research interests include immersive learning and learning experience design. Kontakt: matthew.schmidt@coe.ufl.edu

Oliver Schoenbeck ist unter anderem Fachreferent für Pädagogik, Psychologie, Philosophie und Buch- und Bibliothekswesen und Ausbildungsleiter am BIS – Bibliotheks- und Informationssystem der Carl von Ossietzky Universität Oldenburg. Er arbeitet seit vielen Jahren regional und überregional in Arbeitsgemeinschaften zum Thema Informationskompetenz mit, unter anderem in der DINI, im GBV und als Sprecher der gemeinsamen Kommission Informationskompetenz von VDB und dbv.
Kontakt: oliver.schoenbeck@uni-oldenburg.de

Tobias Seidl, Dr. phil., ist Professor für Schlüssel- und Selbstkompetenzen Studierender an der Fakultät Information und Kommunikation der Hochschule der Medien Stuttgart. Er lehrt und forscht im Bereich Future Skills, Future Foresight und Veränderungsprozesse in Öffentlichen Bibliotheken. Er ist Fellow des Programms LehreN und wurde mehrfach (u. a. durch den Stifterverband) für seine didaktische Arbeit an der Hochschule ausgezeichnet. Kontakt: seidl@hdm-stuttgart.de

Melanie Seltmann arbeitet am Institut für Bibliotheks- und Informationswissenschaft der Humboldt-Universität zu Berlin im Datenkompetenzzentrum QUADRIGA im Bereich Vernetzungsorte. Sie kann auf vielfältige Projekterfahrungen in den Bereichen Citizen Science, Schulungen sowie Forschungsdateninfrastrukturen zurückblicken. Sie arbeitet an einer Dissertation zu textuellen Annotationsverfahren in den Digital

Humanities. Zudem steht sie als Co-Convenorin der AG digitale Wissenschaftskommunikation und Public Humanities des DHd-Verbandes vor. Kontakt: melanie.seltmann.1@hu-berlin.de

Richard Stang, Dr. phil., Diplom-Pädagoge und Diplom-Soziologe, ist Professor für Medienwissenschaft im Studiengang „Informationswissenschaften" an der Fakultät Information und Kommunikation der Hochschule der Medien Stuttgart (HdM). Er leitet gemeinsam mit Prof. Dr. Frank Thissen das Learning Research Center (www.learning-research.center). Arbeitsschwerpunkte sind: Lernwelten, Bildungs- und Kulturzentren, Lernarchitektur, Medienentwicklung, Medienpädagogik und Innovationsforschung. Er leitet Forschungsprojekte zu Bildungs- und Kulturzentren und zur Lernwelt Hochschule. Er berät Kommunen und Einrichtungen bei der Gestaltung von Lernräumen und kooperativen Strukturen. Er gibt die Reihe *Lernwelten* im De Gruyter-Verlag heraus. Kontakt: stang@hdm-stuttgart.de

Katrin Stolz, Dr., Diplom-Pädagogin. 2007–2010 Leiterin der Arbeitsstelle für Lehrevaluation an der medizinischen Fakultät der Universität Ulm. 2011–2014 Wissenschaftliche Mitarbeiterin am Zentrum für Hochschul- und Weiterbildung der Universität Hamburg und 2014–2016 im Projekt „Hamburger Modell Studierfähigkeit" der Universität Hamburg. Seit 2016 wissenschaftliche Mitarbeiterin im Bereich Hochschuldidaktik des Zentrums für HochschulBildung der TU Dortmund und seit 2017 Leitung des Bereichs.
Forschungsgebiete: Studierfähigkeit, Professionalisierung der Hochschuldidaktik, Transformation der Lehre. Kontakt: katrin.stolz@tu-dortmund.de

Wilfried Sühl-Strohmenger, Dr. phil. (Promotion 1983 im Fach Erziehungswissenschaft), war bis 2015 an der UB Freiburg als Dezernatsleiter und Fachreferent tätig. Sein besonderes Interesse gilt dem Lehr-/Lernort Bibliothek (Teaching Library), dem digitalen Wandel wissenschaftlicher Bibliotheken und der Förderung von Informationskompetenz, eng damit verbunden: der Förderung des Schreibens in der Hochschule. Er bietet Kurse und Workshops zu den genannten Themenschwerpunkten an verschiedenen Hochschulen an, ist Lehrbeauftragter sowie Autor und Herausgeber zahlreicher Veröffentlichungen.
Kontakt: willy.suehl-strohmenger@web.de

Andrew Tawfik, PhD, is an Associate Professor of Instructional Design & Technology at the University of Memphis, where he also serves as the director for the Instructional Design & Technology Studio. His research interests include problem-based learning, case-based reasoning, case library instructional design, and computer-supported collaborative learning. Kontakt: aatawfik@memphis.edu

Frank Thissen, Dr. phil., ist seit 1997 Professor an der Hochschule der Medien Stuttgart (HdM). Er beschäftigt sich seit dem Ende der 1980er Jahre mit den Möglichkeiten des computerunterstützten Lernens. Nach Tätigkeiten an der Heinrich-Heine-Universität Düsseldorf und in der Industrie (Siemens, SAP) unterrichtet er Medienpädagogik, Lernmedien, Kreativitätstechniken und Interkulturelle Kommunikation. 2001 wurde der von ihm konzipierte Studiengang Informationsdesign als neuer interdisziplinärer Studiengang gegründet. Forschungsschwerpunkte sind das geschichtenbasierte Lernen, die Rolle von Emotionen und kulturellen Einflüssen auf Lernprozesse sowie Transformationsprozesse in Schulen. Gemeinsam mit Prof. Dr. Richard Stang leitet er das Learning Research Center der HdM. Kontakt: thissen@hdm-stuttgart.de

Tatjana Vogel-Lefèbre, M.Ed., ist wissenschaftliche Mitarbeiterin an der Forschungsstelle Jugend-Medien-Bildung der Technischen Universität Dortmund. Ihre Forschungsschwerpunkte sind Teachers' und Librarians' Beliefs zum Einsatz digitaler Medien, Digital Literacy und Leseförderung sowie Bildungskooperationen zwischen Schulen und Bibliotheken. Seit 2020 ist sie im Team des Weiterbildungsprogramms „XPRTN für das Lesen" am ZBIW in Köln. Aktuell ist sie außerdem Lehrbeauftragte an der Fakultät Information und Kommunikation der HdM Stuttgart. Kontakt: Tatjana.Vogel@tu-dortmund.de

Cornelia Vonhof ist Professorin für Public Management an der Hochschule der Medien Stuttgart (HdM). Ihre Arbeitsschwerpunkte sind Managementinstrumente in Bibliotheken und Informationseinrichtungen, insbesondere Qualitätsmanagement, Organisations- und Personalentwicklung, Prozessmanagement und strategische Steuerung. Sie ist Studiengangsleiterin des Masterstudiengangs Bibliotheks- und Informationsmanagement und aktiv als Autorin, Herausgeberin und Expertin in Fachgremien.
Kontakt: vonhof@hdm-stuttgart.de

Maike Wiethoff leitet das Schreibzentrum der Ruhr-Universität Bochum, das seit 2017 zum Zentrum für Wissenschaftsdidaktik gehört. Seit mehr als 20 Jahren beschäftigt sie sich damit, wie das Schreibenlernen und -lehren an der Universität sinnvoll unterstützt werden kann. Kontakt: Maike.Wiethoff@rub.de

Sarah Wildeisen ist Veranstaltungsmanagerin der Kinder- und Jugendbibliothek der Zentral- und Landesbibliothek Berlin, studierte Kunstgeschichte, war Wissenschaftliche Mitarbeiterin an der Hochschule für angewandte Wissenschaften Hamburg und Fachjournalistin für Kinder- und Jugendliteratur.
Kontakt: sarah.wildeisen@gmx.de

Anke Wittich, Dr. phil., Studium Bibliothekswesen und Informations- und Wissensmanagement, ist seit 2019 Lehrkraft für besondere Aufgaben an der Hochschule Hannover in der Fakultät III, Medien, Information und Design. Sie betreut den Studiengang „Informationsmanagement – berufsbegleitend". Sie lehrt zum Thema Informationsdidaktik und Wissenskommunikation. Kontakt: anke.wittich@hs-hannover.de

Register

https://doi.org/10.1515/9783111032030-046

www.ingramcontent.com/pod-product-compliance
Lightning Source LLC
LaVergne TN
LVHW081517300926
849161LV00006B/1199